# GROLL
# MIKROWELLENMESSTECHNIK

# MIKROWELLEN MESSTECHNIK

VON PROF. DR.-ING. HORST GROLL

FRIEDR. VIEWEG & SOHN · BRAUNSCHWEIG

ISBN-13: 978-3-322-83160-6          e-ISBN-13: 978-3-322-83159-0
DOI: 10.1007/978-3-322-83159-0

1969


L. C. Catalog No. 78-80658

Best.-Nr. 8241

# VORWORT

In vielen Zweigen von Physik und Technik spielt die Meßtechnik zur Entwicklung neuer Bauteile, Anlagen und Verfahren eine wichtige Rolle. So hat sich auch in der Mikrowellentechnik, die im Lauf der Jahre ein Sondergebiet der Hochfrequenztechnik wurde, eine spezielle Meßtechnik herausgebildet, die sich von den bei niedrigeren Frequenzen angewendeten Verfahren unterscheidet und sich an die Eigenschaften der Mikrowellenbauteile anpaßt. Wenn auch durch die rasche technische Entwicklung die Konstruktionen und Bauelemente von Meßgeräten sehr schnell veralten, so bleiben doch die grundlegenden Meßmethoden und die Prinzipien konstruktiver Gestaltung von Mikrowellenbauteilen über lange Jahre die gleichen. Deshalb erschien es sinnvoll, an Hand von Beispielen heute gebräuchlicher Meßgeräte die Meßmethoden zu erläutern und mit Hilfe zahlreicher Konstruktionsskizzen auf die Eigenarten von Mikrowellenbauteilen hinzuweisen, auch wenn diese schon nach kurzer Zeit im Detail verändert sein werden.
Die Entwicklung der letzten Jahre ließ in der Mikrowellenmeßtechnik zwei Richtungen erkennen: die Erhöhung der Meßgenauigkeit und die Automatisierung der Meßverfahren. Die erste führte zu steigender mechanischer Präzision mancher Bauteile und zur Berücksichtigung auch kleiner Fehlerursachen. Die zweite ist gekennzeichnet durch die Einführung breitbandiger Wobbelverfahren mit oszillografischer Sichtanzeige des Meßwertes. Vorwiegend in den Abschnitten 6 und 7 wurde auf diese Verfahren eingegangen.
Meinem hochverehrten Lehrer, Herrn Professor Meinke, an dessen Institut ich seit vielen Jahren arbeite, verdanke ich viele Anregungen. Meiner Frau, die die Reinschrift des Manuskripts vornahm, und dem Verlag, der mit Sorgfalt die Herstellung des Buches besorgte, sei an dieser Stelle besonders gedankt.

München, im Januar 1968 *H. Groll*

# INHALTSVERZEICHNIS

# KAPITEL 1 · ALLGEMEINES

## 1.1    Mikrowellen

Unter „Mikrowellen" versteht man allgemein den Wellenlängenbereich elektromagnetischer Wellen von $\lambda_0 = 1$ m bis $\lambda_0 = 1$ mm, wobei häufig die Unterteilung in dm-, cm- und mm-Wellen vorgenommen wird. Für diese drei Gruppen finden auch die Bezeichnungen UHF, SHF und EHF Anwendung. Diesen Wellenlängen entspricht der Frequenzbereich von 300 MHz bis 300 GHz $= 3 \cdot 10^{11}$ Hz. Die in diesem Frequenzbereich gebräuchliche Meßtechnik besitzt ebensoviele Gemeinsamkeiten wie Unterschiede, da einerseits Meßverfahren, die z.B. bei dm-Wellen noch zuverlässige Ergebnisse liefern, bei cm- oder mm-Wellen aus mancherlei Gründen nicht mehr brauchbar sind. Andererseits sind einige mm-Wellenmeßaufbauten bei dm-Wellen nicht mehr zweckmäßig, weil z.B. die Abmessungen der Bauteile oft proportional zur Wellenlänge sind und zu viel Raum oder Gewicht beanspruchen würden. Ferner haben sich durch die technische Anwendung der Mikrowellen bevorzugte Frequenzbereiche ausgebildet, für welche dann auch die Entwicklung von Meßgeräten besonders gefördert wurde. So kommt es, daß die Anwendungsbereiche mancher Meßgeräte, die für verschiedene Wellenlängen verfügbar sind, nicht immer lückenlos aneinanderschließen. Oftmals werden für gängige Frequenzbereiche Kurz-

**Tabelle 1.1** *Kurzbezeichnungen von Frequenzbändern*

| Bezeichnung | Frequenzbereich |
|---|---|
| P-Band | 225–390 MHz |
| L-Band | 0,4–1,6 GHz |
| S-Band | 2,6–4 GHz |
| C-Band | 4–6 GHz |
| J-Band | 5,3–8,2 GHz |
| H-Band | 7,05–10,0 GHz |
| X-Band | 8,2–12,5 GHz |
| M-Band | 10–15 GHz |
| Ku-Band | 10,9–17,2 GHz |
| K-Band | 18–33 GHz |
| Q-Band | 33–46 GHz |
| V-Band | 46–56 GHz |
| W-Band | 56–100 GHz |

bezeichnungen verwendet, wobei die verschiedenen Autoren jedoch sehr unterschiedliche Bereiche angeben [1.2, 1.3a, 1.4, 1.23, 1.34, 1.35]. Die Zahlen in Tabelle 1.1 geben daher nur einen ungefähren Anhaltspunkt.
Die Mikrowellentechnik und damit auch die Mikrowellenmeßtechnik unterscheiden sich von der Hochfrequenztechnik tieferer Frequenzbereiche vor allem dadurch, daß

die verwendeten Bauteile und die Längen der Zuleitungen in die Größenordnung der Wellenlängen kommen oder sie übersteigen. Die Laufzeiten der Ladungsträger in Entladungsgefäßen oder Halbleiterbauelementen erreichen ebenfalls die Größenordnung der Periodendauer der Steuerschwingungen. Die Verhältnisse bei diesen hohen Frequenzen sind auch dadurch gekennzeichnet, daß die zwischen allen Leitern verschiedenen Potentials existierenden elektrischen Felder und die alle stromführenden Medien umschließenden magnetischen Felder mit zunehmender Frequenz immer häufiger auf- und abgebaut werden müssen, was zum Umsatz sehr hoher Blindleistungen führt. Bei Mikrowellen haben die Serieninduktivitäten und Querkapazitäten aller Verbindungsleitungen schon derart hohe Längswiderstände und Querleitwerte, daß z.B. bei einer Spannungsmessung auch der Ort der Messung und die Eigenschaften der Leitung zum Meßgerät genau definiert sein müssen, um verwertbare Meßergebnisse zu erhalten. Eine mechanisch lose Anordnung solcher Verbindungsleitungen würde durch Verschiebung oder Erschütterung ihre Eigenschaften stark verändern können und Meßwerte gänzlich unreproduzierbar machen. Dazu kommt noch, daß ungeschirmte Leitungen mit zunehmender Frequenz immer mehr Leistung in den umgebenden Raum abstrahlen. Aus diesen Gründen ist die Kenntnis des Verhaltens von Wellen auf Leitungen für die Durchführung von Messungen im Mikrowellenbereich eine unerläßliche Voraussetzung.

## 1.2    Leitungsbauformen

Die Serien- und Parallelblindwiderstände, die jede Leitung besitzt, sind für Leitungslängen, die sich der Größenordnung der Wellenlänge nähern, als gleichmäßig verteilt anzunehmen. Sie führen im allgemeinen Falle zu einer Widerstandstransformation, auf die unten noch eingegangen werden soll. Für den Energietransport auf einer Leitung muß der Widerstand des am Leitungsende liegenden Verbrauchers $R_v$ an den Wellenwiderstand $Z_L$ der Leitung angepaßt sein, wenn keine Reflexionen auftreten, d.h., auf der Leitung eine rein fortschreitende Welle existieren soll ($R_v = Z_L$). Der Wellenwiderstand einer als verlustfrei angenommenen Leitung bestimmt sich aus den Leitungskonstanten nach

$$Z_L = \sqrt{\frac{L^*}{C^*}}, \tag{1.1}$$

wobei $L^*$ die Induktivität pro Längeneinheit und $C^*$ die Kapazität pro Längeneinheit bedeuten. Um klare und reproduzierbare, der Rechnung einfach zugängliche Verhältnisse zu schaffen, verwendet man im Mikrowellenbereich nach Möglichkeit für alle Verbindungen homogene Leitungen, deren Konstanten also längs der Leitung gleichbleiben. Die Leitungsbauformen sollen einfach und möglichst genau herstellbar sein. Geometrisch einfache Querschnitte, die auch eine gute Schirmwirkung besitzen, also keine nennenswerten Felder in den umgebenden Raum austreten lassen, werden bevorzugt. In Abb. 1.1 sind die Querschnitte der hauptsächlich verwendeten Leitungstypen skizziert. Am häufigsten findet man die Koaxialleitung (a) und den Rechteckhohlleiter (f).

Die Koaxialleitung wird in Meßaufbauten und innerhalb von Geräten meist mit Luft als Dielektrikum verwendet. Bei biegsamen Kabeln zur Fortleitung der Energie über längere Strecken ist der Innenraum mit festem, etwas plastischem Dielektrikum ganz oder teilweise – z. B. wendelförmig – ausgefüllt. Die Leitungskonstan-

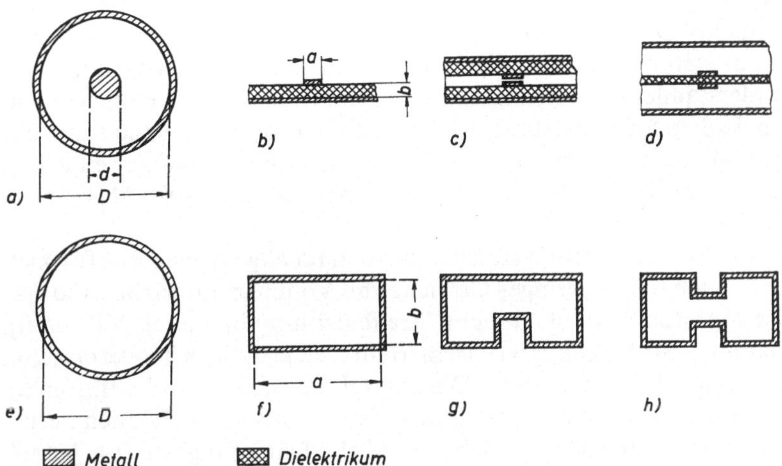


**Abb. 1.1 Leitungsquerschnitte**
a) Koaxialleitung; b) Streifenleitung; c) „Triplate"-Leitung; d) „High-Q-Triplate"; e) Hohlleiter mit Kreisquerschnitt; f) Rechteckhohlleiter; g) und h) Steghohlleiter

ten der Koaxialleitung lassen sich einfach berechnen [1.4a, 1.6]. Der Wellenwiderstand hängt nur vom Durchmesserverhältnis $D/d$ (vgl. Abb. 1.1) ab, wenn Luft als Dielektrikum verwendet wird:

$$Z_\mathrm{L}/\Omega = 60 \ln \frac{D}{d} \tag{1.2}$$

Die Wellenlänge auf dieser Leitung ist gleich der Wellenlänge im freien Raum, die Phasengeschwindigkeit ist gleich der Lichtgeschwindigkeit. Ist der Innenraum der Koaxialleitung mit einem Dielektrikum gefüllt, so erniedrigen sich Wellenwiderstand, Leitungswellenlänge und Phasengeschwindigkeit um den Faktor $1/\sqrt{\varepsilon_\mathrm{r}}$, wobei $\varepsilon_\mathrm{r}$ die mittlere relative Dielektrizitätskonstante darstellt.
Der in der Koaxialleitung auftretende Wellentyp ist dadurch gekennzeichnet, daß elektrische und magnetische Feldstärken nur in transversaler Richtung existieren (TEM-Wellen), in Längsrichtung der Leitung Null sind. Dieser Wellentyp ist von den tiefsten Frequenzen bis zu der Frequenz brauchbar, bei welcher auch in der Koaxialleitung Hohlrohrwellen (s. unten) mit magnetischen Längskomponenten auftreten können. Diese Frequenzgrenze wird als Grenzfrequenz oder kritische Frequenz der Koaxialleitung bezeichnet. Die zugehörige Freiraumwellenlänge wird kritische Wellenlänge $\lambda_\mathrm{k}$ genannt. Sie ist für gebräuchliche Durchmesserverhältnisse $D/d$ und Luft als Dielektrikum etwa

$$\lambda_\mathrm{k} \approx 2{,}2 D; \tag{1.3}$$

sie hängt also vom Innendurchmesser des Außenleiters [1.4b] ab. Für sehr hohe Frequenzen kann man also nur Koaxialleitungen geringen Durchmessers verwenden. Andererseits steigt mit kleineren Abmessungen die Dämpfung stark an. Bei hohen Frequenzen füllt nämlich der Leitungsstrom nicht mehr den ganzen Querschnitt des metallischen Leiters aus, die Stromdichte nimmt von der Oberfläche her exponentiell zum Inneren hin ab. Dieser „Skineffekt" [1.6] äußert sich in mit steigender Frequenz immer dünner werdenden Leitschichtdicken und einem entsprechenden Anstieg des Verlustwiderstandes der Leitungen. Ferner haben auch die in manchen Kabeln eingebetteten Isolierstoffe dielektrische Verluste, die im allgemeinen mit der Frequenz ansteigen. (Die Verluste eines Kabels mit Kupferleitern und gewendeltem Dielektrikum aus Trolitul betragen für $D = 18$ mm bei $f = 1000$ MHz etwa 7 Np/km $= 61$ dB/km [1.4a].)

Die in Abb. 1.1 b–d skizzierten Leitungsformen werden im allgemeinen nur für kleinere Baugruppen, die sich durch geringes Gewicht und Volumen auszeichnen sollen, eingesetzt. Die der sog. Bandleitung ähnliche Streifenleitung (b) – auch Mikrostrip oder Stripline genannt – wird aus kupferkaschiertem dielektrischem Trägermaterial durch Abätzen der Kupferfolie hergestellt. Die Dämpfung ist meist verhältnismäßig hoch. Die Bauform (c) – als Triplate bezeichnet – besteht aus spiegelbildlich hergestellten, übereinandergelegten Teilen und hat ähnliche Dämpfung wie (b), jedoch wesentlich bessere Schirmwirkung [1.48 bis 1.52]. Bauform (d) benutzt Luft als Dielektrikum und hat wesentlich geringere Verluste, da das Kunststoff-Trägermaterial sich nicht im elektrischen Feld befindet. Diese Leitungsform wird deshalb als High-Q-Triplate bezeichnet [1.33].

Spannung und Strom lassen sich nur bei Leitungen mit dem TEM-Wellentyp und da auch nur in einer verschiebungsstrom- und induktionsfreien Fläche definieren [1.4c, 1.9]. Bei den Bauformen a bis d der Abb. 1.1 ist dies möglich, wenn sie unterhalb ihrer Grenzfrequenz betrieben werden. Bei Anpassung entspricht hier der Quotient aus Spannung und Strom dem Wellenwiderstand ($Z_\mathrm{L} = U/I$).


## 1.3  Hohlleiter

Innerhalb von metallischen Rohren kann oberhalb einer bestimmten Frequenz auch ohne Vorhandensein eines „Innenleiters" ein Energietransport stattfinden, wenn eine Längskomponente der magnetischen oder elektrischen Feldstärke existiert. Für diese Hohlleiter bevorzugt man ebenfalls einfache Querschnitte (z. B. die Formen e–h in Abb. 1.1). Strom und Spannung sind in Hohlleitern nicht mehr zu definieren. An ihre Stelle tritt die transversale magnetische und elektrische Feldstärke. Es sind verschiedene Wellentypen möglich. Bei magnetischen Längskomponenten spricht man von H-Wellen oder TE- (transversal elektrischen) Wellen, bei elektrischen Längskomponenten gebraucht man die Bezeichnung E-Wellen oder TM- (transversal magnetische) Wellen. Alle Hohlleiter haben Hochpaßcharakter, d. h., erst oberhalb einer kritischen Frequenz ist eine Wellenausbreitung möglich. Dies ist der wesentlichste Unterschied gegenüber einer Doppel- bzw. Koaxialleitung, der auch aus der Gegenüberstellung der beiden Ersatzschaltbilder in Abb. 1.2 hervorgeht:

Erst wenn die Resonanzfrequenz der Parallelresonanzkreise der Ersatzschaltung des Hohlleiters (b) überschritten ist, überwiegt der kapazitive Leitwert und die Schaltung geht in die Ersatzschaltung der gewöhnlichen Leitung (a) über. Unterhalb der Grenzfrequenz breiten sich die im Hohlleiter angeregten Felder nur aperiodisch aus, die Feldstärken klingen in axialer Richtung exponentiell ab.

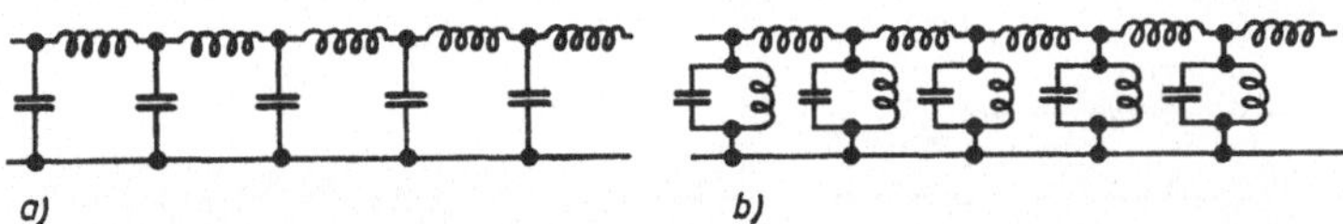


*Abb. 1.2  Leitungsersatzbilder*
a) Koaxialleitung; b) Hohlleitung

Es ist in Hohlleitern eine Vielzahl von Schwingungsformen möglich, die durch den Zusatz von Indices zur Wellentypbezeichnung gekennzeichnet werden, wobei die Indices bei Rechteckhohlleitern für jede Koordinate die Zahl der Halbwellen der Feldstärkelängskomponenten angeben. Bei runden Hohlleitern richtet sich die Indexzahl nach der Ordnung der die Feldstärkeverteilung beschreibenden Besselfunktion (genauere Definition in [1.4b, 1.7, 1.10 u. 1.11]). So ist z. B. die Längskomponente der E-Feldstärke der $E_{01}$-Welle im Hohlleiter mit Kreisquerschnitt unabhängig von der Koordinate $\varphi$ und besitzt längs des Durchmessers ein Maximum. Die $H_{10}$-Welle im Rechteckhohlleiter zeigt ein Maximum der Feldverteilung längs der breiten Seite $a$ (vgl. Abb. 1.1f bzw. Abb. 1.4c).
Alle Wellentypen höherer Ordnungszahl haben eine kritische Frequenz, die höher liegt als diejenige des entsprechenden Wellentyps niedrigerer Ordnungszahl. Deshalb sind in einem Hohlleiter, dessen Abmessungen die Wellenform höherer Ordnung existieren lassen, auch diejenigen der niedrigeren Ordnung möglich, was zu störenden Wellentypumwandlungen und zu undefinierten Verhältnissen führen kann. Aus diesem Grunde wählt man in fast allen Anwendungsfällen bei gegebener Frequenz die Hohlleiterabmessungen so, daß nur die H-Welle niedrigster Ordnungszahl existenzfähig ist, die man als „magnetische Grundwelle" bezeichnet. Sie hat auch eine längere kritische Wellenlänge als die sog. elektrische Grundwelle, so daß nur die erste als stabiler Wellentyp verwendet werden kann. Für den Rechteckquerschnitt ist dies die $H_{10}$-Welle, für den Kreisquerschnitt die $H_{11}$-Welle [1.4b].

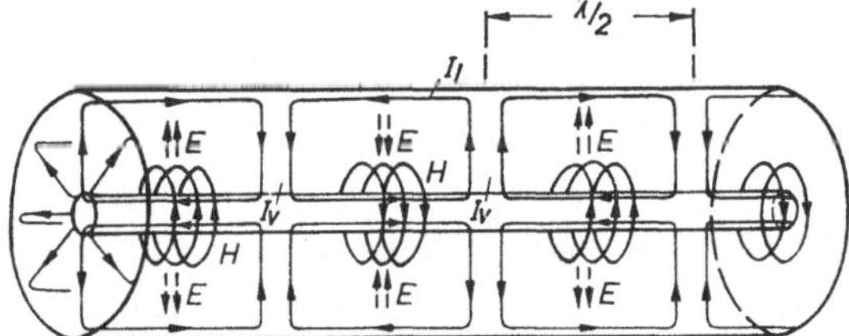


*Abb. 1.3  Feldverteilung
der Koaxial-(TEM-)Welle*

In der Praxis findet man vorwiegend die $H_{10}$-Welle im Rechteckhohlleiter. In Fällen, die eine Drehung des Hohlleiters um die Längsachse erfordern (Drehkupplung), wird die $E_{01}$-Welle im Kreisquerschnitt wegen ihrer Rotationssymmetrie benutzt; für Übertragung über sehr lange Strecken wird die $H_{01}$-Welle im runden Hohlleiter wegen ihrer geringen Dämpfung verwendet. Eine ausführliche Gegenüberstellung der verschiedenen Hohlleiterwellentypen findet man in [1.4b und 1.7]. Berechnungsunterlagen für kompliziertere Hohlleiterquerschnitte sind in [1.24 und 1.25] angegeben.

In Abb. 1.3 ist das Feldbild für die Leitungswelle auf der Koaxialleitung und in Abb. 1.4a für die $H_{10}$-Welle im Rechteckhohlleiter schematisch dargestellt. Mit $I_\mathrm{L}$

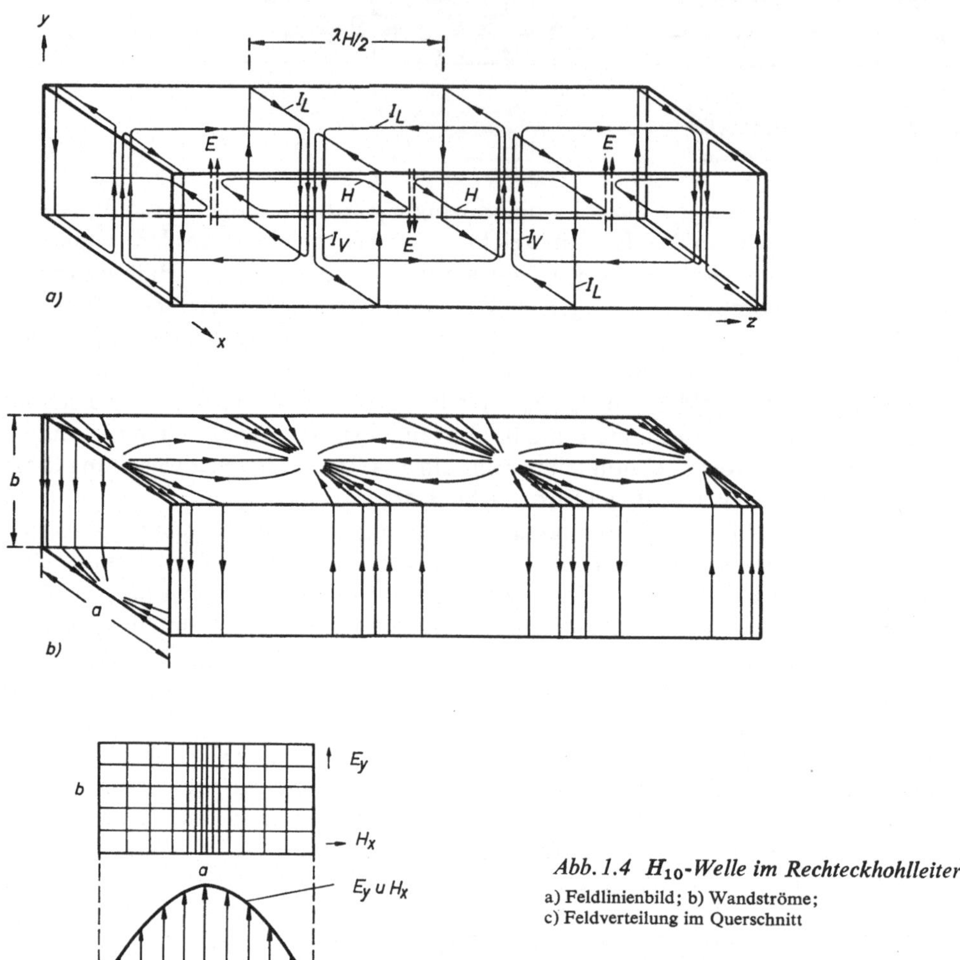


*Abb. 1.4* $H_{10}$*-Welle im Rechteckhohlleiter*
a) Feldlinienbild; b) Wandströme;
c) Feldverteilung im Querschnitt

sind Ströme im metallischen Leiter, mit $I_\mathrm{V}$ sind Verschiebungsströme durch das Dielektrikum und mit $H$ sind die magnetischen Feldlinien bezeichnet. Die gestrichelt eingezeichneten Linien der Maxima der elektrischen Feldstärken $E$ sind gegenüber den Maxima der Verschiebungsströme um $\lambda/4$ verschoben. Der Vergleich der beiden Skizzen läßt erkennen, daß nur bei der Hohlleiterwelle axiale $H$-Komponenten auftreten. Die in Abb. 1.4b und c angedeutete Wandstrom- und Feldstärkeverteilung zeigt, daß es bei dieser Wellenform möglich ist, in der Mitte der breiten Seite $a$

einen Längsschlitz anzubringen ohne den Feldverlauf zu stören, da hier nur Ströme in Längsrichtung fließen. Hiervon macht man zur Einführung beweglicher Sonden, z. B. bei Meßleitungen (vgl. Abschn. 6), Gebrauch.

Die Wellenlänge in Hohlleitern ist größer als im freien Raum. Sie ist für $\varepsilon_r = 1$:

$$\lambda_H = \frac{\lambda_0}{\sqrt{1 - \left(\dfrac{\lambda_0}{\lambda_k}\right)^2}} \tag{1.4}$$

Die Phasengeschwindigkeit ist um den gleichen Faktor größer als die Lichtgeschwindigkeit

$$v = \frac{c_0}{\sqrt{1 - \left(\dfrac{\lambda_0}{\lambda_k}\right)^2}}, \tag{1.5}$$

wobei die kritische Wellenlänge für die $H_{10}$-Welle im Rechteckquerschnitt von der breiten Seite $a$ des Hohlleiters abhängt:

$$\lambda_k = 2a. \tag{1.6}$$

Bei der kritischen Frequenz wird die Hohlleiterwellenlänge und die Phasengeschwindigkeit unendlich. Der Betriebsfrequenzbereich wird auf der einen Seite durch das Anwachsen der Dämpfung, auf der anderen Seite durch die Annäherung an die Grenzfrequenz der $H_{20}$- bzw. $H_{01}$-Welle vorgegeben. Üblich ist [1.4b]:

$$1{,}25 f_k < f < 1{,}9 f_k. \tag{1.7}$$

Der Quotient der aufeinander senkrecht stehenden transversalen Feldkomponenten $E_y$ und $H_x$ ist bei Anpassung reell und stellt den sog. Feldwellenwiderstand des Hohlleiters dar. Er ist für H-Wellen

$$Z_F = \frac{E_y}{H_x} = \frac{Z_0}{\sqrt{1 - \left(\dfrac{\lambda_0}{\lambda_k}\right)^2}}, \tag{1.8}$$

wobei $Z_0$ den Feldwellenwiderstand des freien Raumes bedeutet:

$$Z_0 = \sqrt{\frac{\mu_0}{\varepsilon_0}} = 377 \ \Omega \tag{1.9}$$

Da für Hohlleiter wegen der Längskomponenten der Feldstärken keine Spannungs- und Stromdefinition möglich ist, läßt sich auch der Leitungswellenwiderstand $Z_L$ nicht wie bei gewöhnlichen Leitungen definieren [1.12]. Man kann jedoch, um die Hohlleiterabmessungen zu berücksichtigen, sich bei der Definition auf die übertragene Leistung, auf die Wandströme oder auf die elektrische Feldstärke beziehen [1.9, 1.14, 1.15, 1.16]. Alle Definitionen führen zum gleichen Ausdruck, der sich nur um einen Zahlenfaktor $F$ unterscheidet [1.13]:

$$Z_L = F \cdot \sqrt{\frac{\mu_r}{\varepsilon_r}} \cdot \frac{b}{a} \cdot \frac{1}{\sqrt{1 - (\lambda_0/\lambda_k)^2}} \tag{1.10}$$

Für die Berechnung von Leitungstransformationsschaltungen (s. unten) lassen sich jedoch auch bei Hohlleitern in gleicher Weise wie bei gewöhnlichen Leitungen relative Widerstände definieren und messen, ohne daß die Kenntnis des Zahlenwertes von $Z_L$ erforderlich wäre.

Das übliche Seitenverhältnis von Rechteckhohlleitern ist $b/a = 0,5$. Für Sonderfälle, z.B. innerhalb von Geräten, benutzt man auch Schmalprofilhohlleiter mit $b/a \approx 0,2$ [1.16]. Eine kapazitive Belastung über die gesamte Hohlleiterlänge kann die kritische Frequenz wesentlich erniedrigen. Solche Steghohlleiter (Abb. 1.1 g und h) werden häufig aus Gründen der Raumersparnis verwendet, da sich bei gleicher kritischer Wellenlänge die äußeren Abmessungen gegenüber dem normalen Rechteckquerschnitt stark reduzieren lassen [1.53]. Auch der nutzbare Frequenzbereich wird vergrößert, weil die kritische Frequenz der $H_{20}$-Welle nicht im gleichen Maße vermindert wird wie die der $H_{10}$-Welle. Allerdings wird die Spannungsfestigkeit durch den Steg erheblich verringert, was sich in einer geringeren max. übertragbaren Impulsleistung äußert. Flexible Hohlleiter elliptischen Querschnitts sind in [1.54] beschrieben.

Um einen Vergleich mit dem auf S. 16 angegebenen Dämpfungswert für Koaxialkabel zu erlauben, seien auch einige Zahlen für Rechteckhohlleiter (Kupfer) mit $H_{10}$-Welle angeführt:

| $f$ | $a$ | $b$ | $\lambda_H$ | $\alpha$ |
|---|---|---|---|---|
| 1 GHz | 25 cm | 12,5 cm | 47,5 cm | etwa 0,5 Np/km $\approx$ 4 dB/km |
| 10 GHz | 2,54 cm | 1,27 cm | 4,47 cm | etwa 10 Np/km $\approx$ 87 dB/km |

Genauere Berechnungsunterlagen findet man in [1.4b], Tabellen in [1.3] und [1.55]. Die Hohlrohrdämpfung bei Frequenzen unterhalb der kritischen Frequenz ist für die Dimensionierung von Hohlrohrspannungsteilern und von Lüftungskaminen interessant. Es ist für $f < 0,1 f_k$:

$$\alpha = \frac{2\pi}{\lambda_k} \tag{1.11}$$

Zur Berechnung von Lüftungskaminen ist bei Rechteckquerschnitt $\lambda_k = 2a$ zu setzen, beim Kreisquerschnitt ist, wenn die mögliche Anregung unbekannt ist, die Grenzwellenlänge für die $H_{11}$-Welle, nämlich $\lambda_k = 1,71 \cdot D$, anzuwenden, und für Spannungsteiler, die mit der $E_{01}$-Welle angeregt werden, ist $\lambda_k = 1,31 \cdot D$ einzusetzen.


## 1.4  Leitung und Abschlußwiderstand

Im folgenden soll der Einfluß des Abschlußwiderstandes auf die Spannungs- und Stromverteilung längs einer homogenen Leitung, deren Verluste vernachlässigbar klein sind, betrachtet werden. Die Ableitung der hier angeführten Gleichungen aus den Differentialgleichungen der verlustlosen Leitung findet man ausführlich dargestellt in [1.5, 1.6, 1.4a, 1.9 und 1.1].

In den Skizzen ist der Einfachheit halber eine Zweidrahtleitung gezeichnet. Die Zusammenhänge gelten jedoch für jeden Leitungstyp; bei Hohlleitern ist nur an Stelle von Spannung oder Strom die entsprechende Transversalfeldstärke zu setzen, an Stelle eines Widerstandes die auf den Feldwellenwiderstand $Z_F$ bezogene relative Größe [1.4c, 1.7, 1.13] und statt $\lambda$ die Hohlleiterwellenlänge $\lambda_H$.

Auf einer Leitung, die mit einem beliebigen komplexen Verbraucherwiderstand $Z_2$ abgeschlossen ist, überlagern sich zwei Wellen: Die „hinlaufende" Welle bewegt sich gegen die Koordinatenrichtung $z$ vom Generator zum Verbraucher (Abb. 1.5). Ihr entspricht die Spannung $\underline{U}_G$. Am Verbraucher $Z_2$ wird, sofern er nicht an den Wellenwiderstand der Leitung angepaßt ist, ein Teil der Energie der Welle reflektiert und läuft als „reflektierte" Welle wieder zurück. Die Spannung $\underline{U}_R$ entspricht dieser reflektierten Welle. Das Verhältnis

$$\frac{\underline{U}_R}{\underline{U}_G} = \underline{r} = \frac{\underline{I}_R}{\underline{I}_G} \tag{1.12}$$

wird als Reflexionsfaktor bezeichnet. Die Überlagerung der beiden in verschiedener Richtung laufenden Wellen ist gekennzeichnet durch einen Spannungsverlauf längs der Leitung, wie er in Abb. 1.5 skizziert ist. Weil das Vorzeichen der Phasendrehung bei reflektierter und hinlaufender Welle entgegengesetzt ist, ergibt die vektorielle

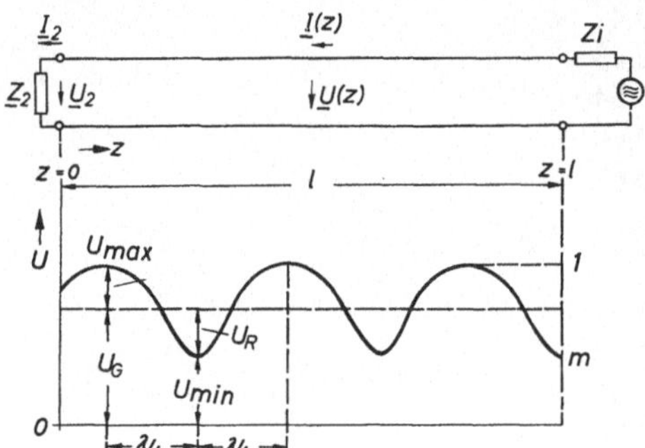

Abb. 1.5
*Spannungsverteilung auf einer Leitung*

Addition der beiden Spannungen einen von der Koordinate $z$ abhängigen Absolutbetrag, der als Maximalwert die Spannung $U_{max} = |\underline{U}_G| + |\underline{U}_R|$ und als Minimalwert die Spannung $U_{min} = |\underline{U}_G| - |\underline{U}_R|$ erreicht. Das Verhältnis dieser beiden Spannungen wird Welligkeitsfaktor $s$ genannt:

$$s = \frac{U_{max}}{U_{min}} = \frac{I_{max}}{I_{min}} = \frac{1 + |\underline{r}|}{1 - |\underline{r}|} \tag{1.13}$$

Im amerikanischen Sprachgebrauch wird $s$ mit V.S.W.R. (Voltage Standing Wave Ratio) bezeichnet. Häufig wird der Reziprokwert von $s$, der sog. Anpassungsfaktor $m$ bevorzugt, da er nur Werte zwischen 0 und 1 annehmen kann:

$$m = \frac{1}{s} = \frac{U_{min}}{U_{max}} = \frac{I_{min}}{I_{max}} = \frac{1 - |\underline{r}|}{1 + |\underline{r}|} \tag{1.14}$$

Einige Zahlenwerte zum Vergleich von $m$, $s$ und $|\underline{r}|$ zeigt Tabelle 1.2. Die Größe der entstehenden Welligkeit hängt von Betrag und Phase des Abschlußwiderstandes $Z_2$ ab. Der Abstand zwischen zwei Spannungsmaxima beträgt immer $\lambda/2$, der Abstand zwischen Maximum und Minimum ist $\lambda/4$. Der Stromverlauf ist stets von gleicher

Tabelle 1.2 Zusammenhang zwischen Anpassungsfaktor $m$, Stehwellenverhältnis $s$ und Reflexionsfaktor $|\underline{r}|$

| $m$ | $s$ | $s/\mathrm{dB}\,(+)$<br>$m/\mathrm{dB}\,(-)$ | $|\underline{r}|$ |
|---|---|---|---|
| 1,0 | 1,0 | 0 | 0 |
| 0,95 | 1,05 | 0,42 | 0,025 |
| 0,9 | 1,11 | 0,91 | 0,053 |
| 0,85 | 1,18 | 1,42 | 0,083 |
| 0,8 | 1,25 | 1,94 | 0,11 |
| 0,75 | 1,33 | 2,50 | 0,14 |
| 0,7 | 1,43 | 3,10 | 0,18 |
| 0,65 | 1,54 | 3,75 | 0,22 |
| 0,6 | 1,67 | 4,43 | 0,25 |
| 0,55 | 1,85 | 5,34 | 0,29 |
| 0,5 | 2,00 | 6,02 | 0,33 |
| 0,45 | 2,22 | 6,93 | 0,37 |
| 0,4 | 2,5 | 7,95 | 0,42 |
| 0,35 | 2,86 | 9,14 | 0,48 |
| 0,3 | 3,33 | 10,4 | 0,54 |
| 0,25 | 4,00 | 12,0 | 0,60 |
| 0,2 | 5,00 | 14,0 | 0,67 |
| 0,15 | 6,67 | 16,5 | 0,74 |
| 0,1 | 10,0 | 20,0 | 0,82 |
| 0,08 | 12,5 | 22,0 | 0,86 |
| 0,06 | 16,7 | 24,4 | 0,88 |
| 0,04 | 25,0 | 28,0 | 0,92 |
| 0,02 | 50,0 | 34,0 | 0,96 |
| 0,01 | 100,0 | 40,0 | 0,99 |
| 0 | $\infty$ | — | 1 |

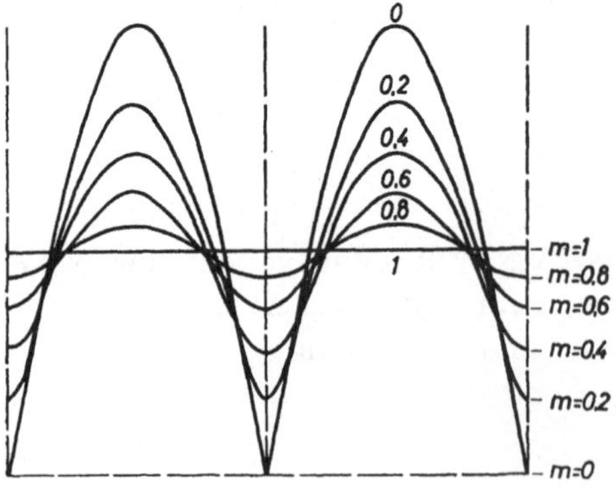


Abb. 1.6 Spannungsverteilung in Abhängigkeit vom Anpassungsfaktor $m$

Art wie der Spannungsverlauf, gegen diesen jedoch um $\lambda/4$ verschoben (vgl. Abb.1.7).
In Abb.1.6 sind die Verteilungen für verschiedene Werte von $m$ dargestellt.
Beim Abschluß der Leitung mit $Z_2 = Z_L$ herrscht Anpassung, es tritt keine Reflexion auf; es ist $\underline{r} = 0$, $m = 1$, Spannung und Strom haben längs der Leitung überall den gleichen Betrag (Abb.1.7a). Ihre Phase ändert sich linear mit der Koordinate $z$.

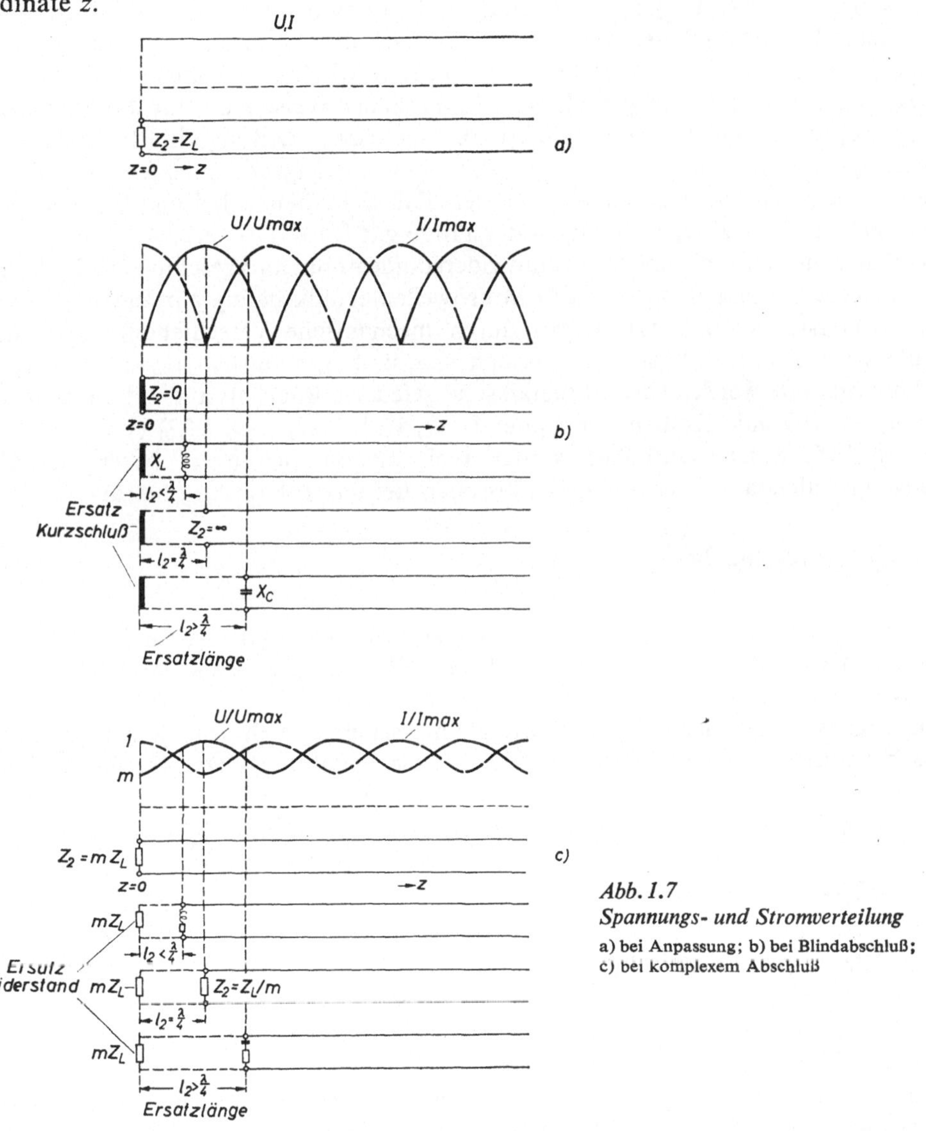

*Abb. 1.7*
*Spannungs- und Stromverteilung*

a) bei Anpassung; b) bei Blindabschluß;
c) bei komplexem Abschluß

Bei Abschluß mit einem reinen Blindwiderstand wird die ankommende Welle voll reflektiert, auf der Leitung bildet sich eine stehende Welle aus. Es ist $|\underline{r}| = 1$ und $m = 0$ (Abb.1.7b). Der Blindwiderstand kann durch eine verlustfreie Induktivität oder Kapazität bzw. durch einen Kurzschluß ($R_2 = 0$) oder Leerlauf ($R_2 = \infty$)

gebildet werden. In all diesen Fällen ist der prinzipielle Strom- und Spannungsverlauf der gleiche, lediglich die Phasenlage hängt von Größe und Vorzeichen des Blindwiderstandes ab. Die Phasendifferenz zwischen Strom und Spannung ist konstant $\pm\pi/2$, der Vorzeichenwechsel erfolgt jeweils am Ort des Minimums.

Bei Kurzschluß ($Z_2 = 0$) am Leitungsende ($z = 0$) ist an dieser Stelle die Spannung $\underline{U}_2 = 0$ und der Strom $\underline{I}_2$ ein Maximum. Ist die Leitung mit einem induktiven Blindwiderstand $X_L$ abgeschlossen, so verschieben sich die Strom- und Spannungsverteilungen dergestalt, als wäre die Leitung um das Stück $l_2 < \lambda/4$ länger und am Ende dieser Zusatzlänge $l_2$ kurzgeschlossen. In ähnlicher Weise kann für die offene Leitung ($Z_2 = \infty$) und für die kapazitiv abgeschlossene Leitung eine Ersatzlänge $l_2$ bestimmt werden, mit deren Hilfe die Verteilung wieder auf die der kurzgeschlossenen Leitung zurückzuführen ist. Für den Fall der offenen Leitung (Leerlauf) ist $l_2 = \lambda/4$, für kapazitive Abschlußwiderstände gilt $\lambda/4 < l_2 < \lambda/2$.

Die Tatsache, daß sich beliebige Blindwiderstände durch kurzgeschlossene Leitungsstücke ersetzen lassen, wird in der Mikrowellentechnik häufig zur Erzeugung von Blindwiderständen benutzt, wobei durch mechanische Verschiebung des Kurzschlusses alle Blindwiderstände zwischen $+\infty$ und $-\infty$ einstellbar sind. Als Kurzschlußkontakte werden sowohl metallische gefederte Bügel als auch „kontaktlose", kapazitiv wirkende Kolben verwendet [1.17, 1.21, 1.28, 1.29, 1.32] (vgl. auch Abschnitt 7.45). Solche Leitungen werden auch als „Blindleitungen" bezeichnet. Der Eingangswiderstand einer kurzgeschlossenen Leitung der Länge $l$ beträgt:

$$jX = jZ_L \tan 2\pi \frac{l}{\lambda} \tag{1.15}$$

Für $l = \lambda/4$ wird $X = \infty$, für $l < \lambda/4$ ist das Vorzeichen positiv, für $l > \lambda/4$ ist es negativ. Die $\lambda/4$-lange Leitung besitzt also die Eigenschaften eines Parallelresonanzkreises.

Die Eigenschaften der offenen Leitung unterscheiden sich von denen der kurzgeschlossenen theoretisch nur insofern, als die Spannungs- bzw. Stromverteilung gegenüber der letzteren um $\lambda/4$ verschoben ist. Bei $z = 0$ ist hier $\underline{I}_2 = 0$ und die Spannung besitzt ein Maximum. Der Eingangswiderstand der offenen Leitung ist:

$$jX = -jZ_L \cot 2\pi \frac{l}{\lambda} \tag{1.16}$$

In der Praxis besteht allerdings die Möglichkeit, daß das offene Ende einer Leitung nicht völlig reflektiert, sondern einen Teil der Welle abstrahlt. Bei Koaxialleitungen macht sich diese Abstrahlung meist erst in der Nähe ihrer Grenzwellenlänge (s. Gl. (1.3)) bemerkbar und ist stark davon abhängig, ob sich die Enden des Innen- und Außenleiters in der gleichen Ebene befinden oder nicht. Bei offenen Hohlleiterenden ist immer eine starke Abstrahlung bemerkbar, so daß sich meist $m > 0{,}5$ ergibt.

Der Spannungsverlauf auf Leitungen, die mit einem beliebigen komplexen Widerstand abgeschlossen sind, läßt sich am einfachsten beschreiben, wenn zunächst ein reeller aber von $Z_L$ abweichender Abschlußwiderstand vorausgesetzt wird (Abb. 1.7c).

Ist dieser Widerstand $Z_2$ um den Faktor $m$ kleiner als der Wellenwiderstand ($Z_2 = mZ_L$), so besitzt auch die Spannungsverteilung eine Welligkeit, die dem Anpassungsfaktor entspricht ($U_{min}/U_{max} = m$). Die gleiche Welligkeit ergibt sich aber auch, wenn $Z_2 = Z_L/m$ ist. Im ersten Fall befindet sich das Minimum der Spannung am Ort des Abschlußwiderstandes, im letzten Fall befindet sich das Spannungsmaximum an dieser Stelle. In gleicher Weise, wie bei reinen Blindwiderstandsabschlüssen, lassen sich auch bei den komplexen Abschlußwiderständen alle vorkommenden Werte mit Hilfe einer Ersatzlänge $l_2$ auf den reellen Abschluß $m \cdot Z_L$ zurückführen. In Abb. 1.7c ist dies für die verschiedenen Fälle gezeigt.

Häufig wird der komplexe Widerstand $Z$ auch durch seinen komplexen Reflexionsfaktor beschrieben:

$$\frac{Z}{Z_L} = \frac{1 + r}{1 - r} \quad \text{bzw.} \quad r = |r|\, e^{j\beta} = \frac{Z - Z_L}{Z + Z_L} \tag{1.17}$$

Die Größe $\beta = 2\pi l/\lambda$ wird auch als Phasenkonstante bezeichnet.


## 1.5     Leitungsdiagramm und Widerstandstransformation

Die an Hand von Abb. 1.7 geschilderten Verhältnisse sind der Berechnung am einfachsten mit Hilfe der sog. Leitungsdiagramme [1.4a, 1.5, 1.6, 1.9, 1.36] zugänglich. In Abb. 1.8a ist ein $m$-Kreis eingezeichnet, auf dem alle Widerstände mit gleichem Anpassungsfaktor $m$ liegen. Er schneidet die reelle Achse der Widerstandsebene in den Punkten $mZ_L$ und $Z_L/m$ und hat seinen Mittelpunkt auf der reellen Achse. Der komplexe Widerstand $Z_2$ wird durch einen $l/\lambda$-Kreis als zweite Koordinate festgelegt. Dieser $l/\lambda$-Kreis geht durch den Punkt $Z_L$ und hat seinen Mittelpunkt auf der imaginären Achse. Seine Tangente in $Z_L$ schließt mit der reellen Achse den Winkel $4\pi l_2/\lambda$ ein. Der $l/\lambda$-Kreis durch $Z_2$ beschreibt also die zur Zurückführung auf $mZ_L$ notwendige Ersatzlänge $l_2$.

Wird dem Widerstand $Z_2$ eine Leitung vom Wellenwiderstand $Z_L$ mit der Länge $l_1$ vorgeschaltet, so wird der Widerstand $Z_2$ in den Widerstand $Z_1$ transformiert, d. h., an den Klemmen 1 erscheinen Strom und Spannung nach Betrag und Phase so verändert, als wäre dort der Widerstand $Z_1$ angeschlossen. Die Transformationsgleichung lautet:

$$Z_1 = \frac{Z_2 + jZ_L \tan\,(2\pi l_1/\lambda)}{1 + j\,\dfrac{Z_2}{Z_L} \tan\,(2\pi l_1/\lambda)} \tag{1.18}$$

Die kartesischen Koordinaten dieses Widerstandes sind im Leitungsdiagramm sofort abzulesen. Abb. 1.8a zeigt $Z_1$ als Schnittpunkt des zugehörigen $m$-Kreises mit dem $l/\lambda$-Kreis, der sich durch die Drehung um $4\pi l_1/\lambda$ von dem $l_2/\lambda$-Kreis aus ergibt. In den üblicherweise verwendeten Leitungsdiagrammen ist der Ausschnitt der

Widerstandsebene mit einem dichten Koordinatennetz von $m$- und $l/\lambda$-Kreisen überzogen, so daß sich alle möglichen Transformationen schnellstens ablesen lassen. In Abb. 1.9 ist dieses Diagramm grob angedeutet. Zweckmäßig setzt man $Z_L = 1$ und rechnet mit relativen Widerständen $Z/Z_L$. Selbstverständlich lassen sich die gleichen Leitungstransformationen auch in der Leitwertebene durchführen. Die

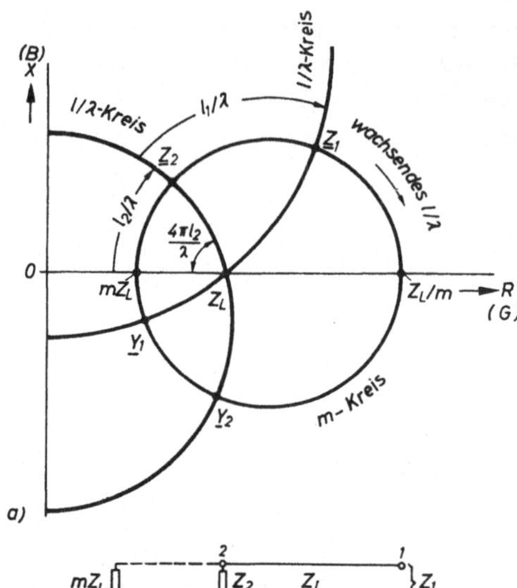



Abb. 1.8  *Zur Widerstandstransformation einer Leitung*

Umrechnung eines komplexen Widerstandes $Z = R + jX$ in den entsprechenden Leitwert $Y = G + jB = 1/Z$ kann im Leitungsdiagramm auf die einfachste Weise erfolgen: Man sucht den zweiten Schnittpunkt des entsprechenden $m$- und $l/\lambda$-Kreises auf. (In Abb. 1.8a sind die beiden Kehrwerte $Y_1 = 1/Z_1$ und $Y_2 = 1/Z_2$ eingezeichnet.)

Zur Berechnung von Widerstandstransformationsschaltungen, die aus Kombinationen von Leitungsschaltungen und konzentrierten Widerständen bestehen, lassen sich die graphischen Methoden, die auch für niedrigere Frequenzen bekannt sind [1.4d, 1.6, 1.8, 1.38], zusammen mit dem Leitungsdiagramm vorteilhaft anwenden. Für Transformationen, die ohne oder mit nur geringem Leistungsverlust vorgenommen werden können, kommen Serien- oder Parallelschaltungen von Induktivitäten (L) oder Kapazitäten (C) in Frage. Um bei den graphischen Methoden einfache Verschiebungen längs Geraden zu bekommen, verwendet man für Serienschaltungen zweckmäßig die Widerstandsebene und geht zur Berechnung von Parallelschaltungen auf die Leitwertebene über. Die Transformationsrichtungen sind in Abb. 1.10 skizziert.

Leitungen, die mit $Z_L$ abgeschlossen sind, transformieren nicht und können daher beliebige Länge haben. Leitungen der Länge $\lambda/2$ verursachen ebenfalls keine Widerstandstransformation, jede Frequenzänderung ruft selbstverständlich eine Widerstandsänderung hervor, wenn $Z_2 \neq Z_L$ ist.

Leitungslängen von $\lambda/4$ werden häufig zur Transformation des Widerstandes $mZ_\text{L}$ in den Widerstand $Z_\text{L}/m$ benutzt, wenn zwei Leitungen verschiedenen Wellenwiderstandes reflexionsfrei hintereinandergeschaltet werden sollen. Hat die erste Leitung

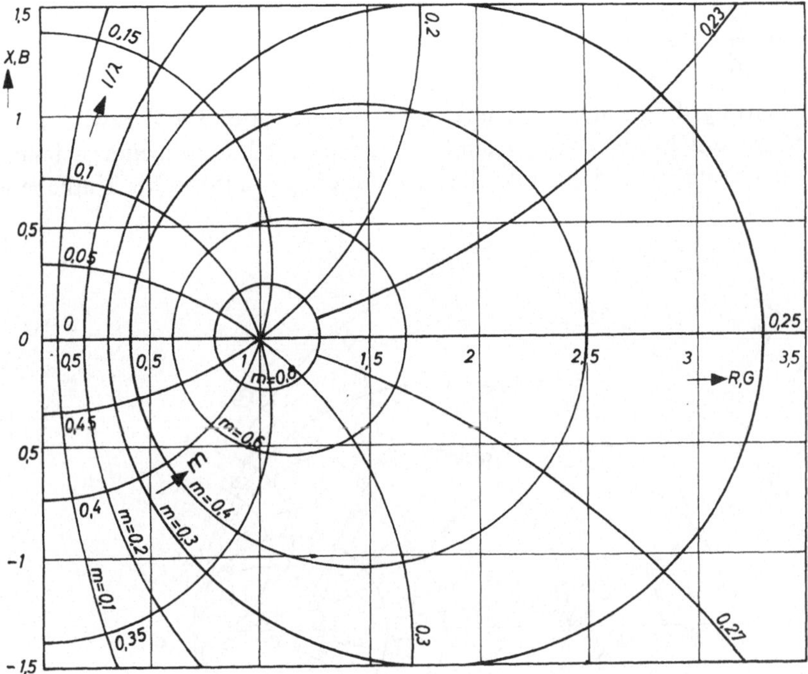

*Abb. 1.9 Leitungsdiagramm mit kartesischen Widerstandskoordinaten*

den Wellenwiderstand $Z_\text{L1}$ und die zweite Leitung $Z_\text{L2}$, so ist das zwischenzuschaltende Leitungsstück von $\lambda/4$-Länge mit dem Wellenwiderstand $Z_\text{L} = \sqrt{Z_\text{L1} \cdot Z_\text{L2}}$ zu versehen.

Auf Leitungen, die mit merkbaren Verlusten behaftet sind, ändert sich $m$ mit wachsender Leitungslänge. Hier erfolgt die Transformation nicht auf einem $m$-Kreis,

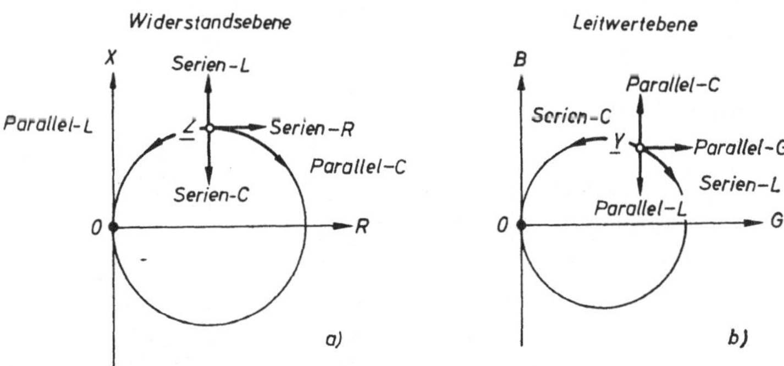


*Abb. 1.10 Transformation durch Blindwiderstände*

sondern auf einer den Punkt $Z_L$ umlaufenden Spirale. Bei genügender Länge ist der Eingangswiderstand dann gleich $Z_L$. Aus Gl. (1.18) wird dann:

$$Z_1 = \frac{Z_2 + Z_L \tanh \gamma l}{1 + \frac{Z_2}{Z_L} \tanh \gamma l} \; ; \quad \text{mit } \gamma = \alpha + j\beta \tag{1.19}$$

Nachteilig am Leitungsdiagramm mit kartesischen Koordinaten für $Z$ bzw. $Y$ nach Abb. 1.9 ist, daß nur ein Teil der komplexen Ebene erfaßt wird. Durch eine geeignete Koordinatentransformation läßt sich der Bereich auf die gesamte rechte Halbebene

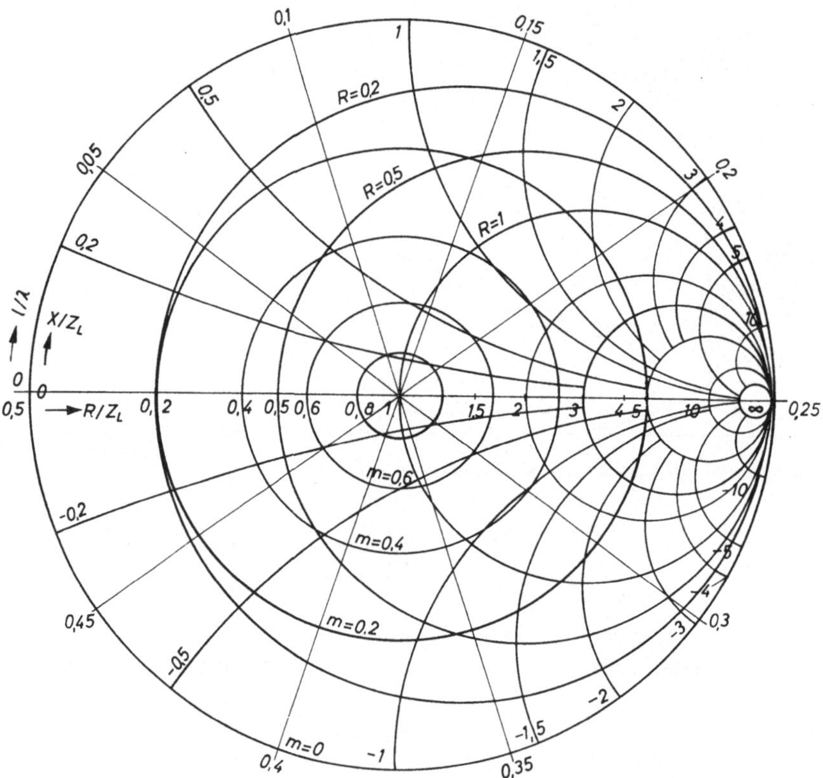


Abb. 1.11 *Leitungsdiagramm (Reflexionsfaktor- oder „Smith"-Diagramm)*

(Realteil von 0 bis $+\infty$, Imaginärteil von $-\infty$ bis $+\infty$) erweitern, wobei die imaginäre Achse in einen Kreis übergeht (Abb. 1.11). Diese häufig als „Smith"-Diagramm bezeichnete Darstellung wird auch Reflexionsfaktordiagramm genannt [1.4a, 1.37, 1.39], weil die Teilung für den Reflexionsfaktor $r$ hier linear ist. Die $m$-Kreise liegen hier konzentrisch, die $l/\lambda$-Koordinaten sind Radien. Bis auf die reelle Achse sind alle Linien konstanten Wirk- oder Blindwiderstandes und die üblichen Transformationswege Kreise.

## 1.6  Leitungsschaltungen zur Anpassungstransformation

Für eine große Anzahl von Mikrowellenmessungen ist die Anpassung eines Verbraucherwiderstandes an die Übertragungsleitung oder an einen Generator Voraussetzung. Hierfür sind verschiedene verstellbare Leitungstransformationsschaltungen möglich. Die Kontrolle der richtigen Einstellung solcher Anpassungsglieder erfolgt zumeist mittels Impedanzmeßverfahren (vgl. Kap. 6).

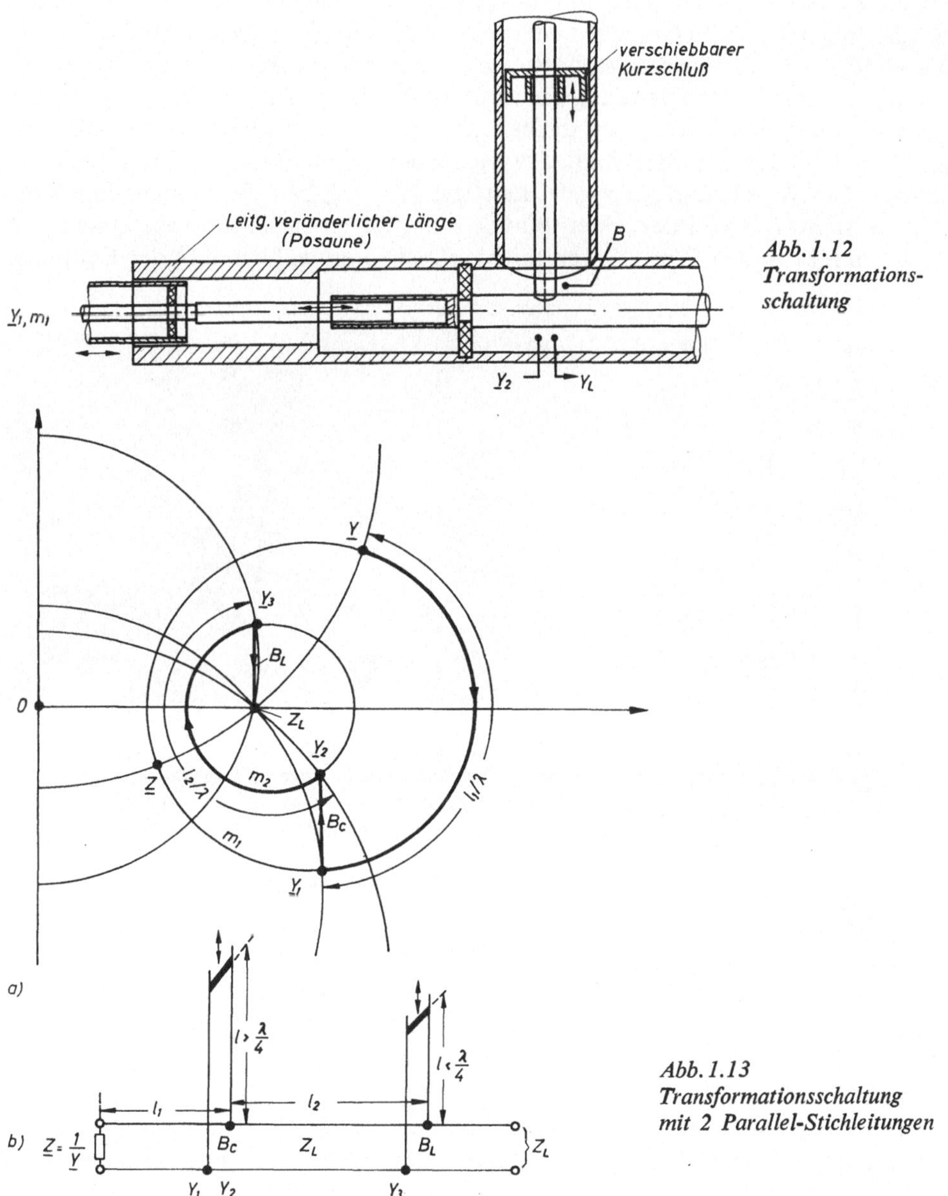


*Abb. 1.12*
*Transformations-*
*schaltung*

*Abb. 1.13*
*Transformationsschaltung*
*mit 2 Parallel-Stichleitungen*

Eine derartige Anpassungsschaltung besteht aus einer Leitung veränderlicher Länge und der Parallelschaltung einer zweiten Leitung mit verschiebbarem Kurzschluß (Blindleitung). Eine Ausführung in Koaxialtechnik ist in Abb. 1.12 skizziert. Der Abschlußleitwert $Y_1$ wird mit Hilfe der Leitung veränderlicher Länge (Posaune) auf seinem $m$-Kreis soweit verschoben, bis der Leitwert $Y_2$ im Diagramm senkrecht über oder unter dem Punkt 1 liegt. Die Parallelschaltung des Blindleitwertes $B$, welcher der Blindkomponente von $Y_2$ entgegengesetzt gleich ist, führt zur Anpassung an $Y_L = 1/Z_L$. Die Konstruktion der Posaune kann so getroffen werden, daß trotz des Ineinanderschiebens der Leiterteile an allen Stellen $D/d$ gleichbleibt [1.17].
Eine andere, viel verwendete Anpassungsschaltung ist in Abb. 1.13 b skizziert. Sie besteht aus einer Koaxialleitung, der im Abstand $l_2$ zwei Blindleitungen parallelgeschaltet sind. Ein Foto eines solchen „Double Stub Tuners" [1.2, 1.18, 1.19] zeigt Abb. 1.14. Der Transformationsvorgang sei an einem Beispiel in Abb. 1.13a erläutert: Der Widerstand $Z$ bzw. der Leitwert $Y = 1/Z$ befindet sich auf dem Kreis $m_1$ im Abstand $l_1/\lambda$ von der ersten Blindleitung, die einen kapazitiven Leitwert $B_c$ erzeugt und $Y_1$ in den Wert $Y_2$ verschiebt. $B_c$ ist so zu wählen, daß der Endpunkt

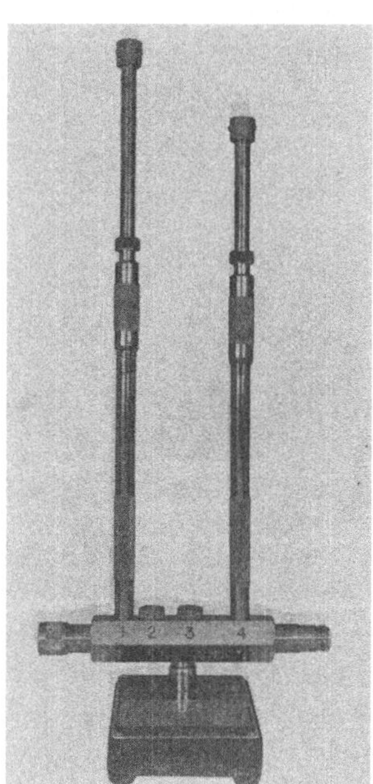

Abb. 1.15 *Transformationsglied*
*mit 2 Hohlleiterblindleitungen – E-H-Tuner*
(Werkfoto Fa. Dr. Spinner, München)

Abb. 1.14 *Praktische Ausführung*
*der Schaltung von Abb. 1.13*
(Werkfoto Fa. Weinschel, Gaithersburg, Md.)

$Y_3$ der Länge $l_2/\lambda$, die ja durch den Abstand der beiden Blindleitungen vorgegeben ist, über den Punkt 1 zu liegen kommt. Die Parallelschaltung von $B_L$, erzeugt durch die zweite Blindleitung mit $l < \lambda/4$, führt dann zur Anpassung.
In Verbindung mit Hohlleitern werden andere Schaltungen bevorzugt: Bei dem in Abb. 1.15 abgebildeten Transformationsglied, das auch E-H-Tuner genannt wird, bestehen die beiden Seitenarme aus je einer Hohlleitung mit verschiebbarem Kurz-

schluß. Der die Schmalseite der durchgehenden Hauptleitung unterbrechende Seitenarm stellt dann die Parallelschaltung eines Blindleitwertes dar und der die breite Seite unterbrechende Seitenarm wirkt als Serienschaltung eines Blindwiderstandes

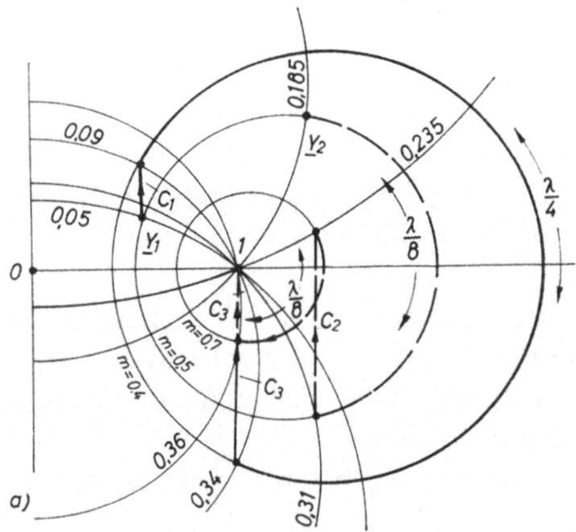

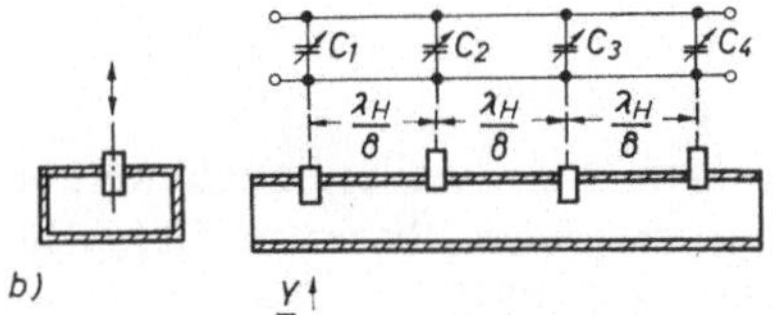

Abb. 1.16  *Transformationsschaltung mit 4 Tauchstiften*

[1.4e]. Durch Variation der beiden Kurzschlußschieberstellungen läßt sich jede beliebige Widerstandstransformation einstellen [1.2, 1.26, 1.40, 1.41].
Eine andere, in ihrer mechanischen Konstruktion recht einfache Anordnung ist in Abb. 1.16b skizziert. Hier sind vier metallische Tauchstifte in der Mitte der breiten Seite des Hohlleiters angebracht. Sie wirken bei veränderlicher Tauchtiefe als vari-

Abb. 1.17  *Transformationsglied mit längsverschiebbarem Tauchstift*
(Werkfoto Fa. Hewlett–Packard, Palo Alto, Cal.)

able Querkapazitäten. Ihr Abstand muß etwa $\lambda_H/8$ betragen. Da im Gegensatz zu Blindleitungen hier nur der Wert des Parallelleitwertes, nicht aber sein Vorzeichen veränderbar ist, sind mehr als zwei Einstellglieder notwendig. Es werden jedoch meist nur zwei von ihnen eingetaucht, die Auswahl hängt von Betrag und Phase des Abschlußleitwertes $Y$ ab. In Abb. 1.16a sind für zwei Leitwerte $Y_1$ und $Y_2$ die Transformationswege eingezeichnet. Für $Y_1$ muß $C_1$ und $C_3$, für $Y_2$ muß $C_2$ und $C_3$ betätigt werden. Bei der Konstruktion der Tauchstifte ist auf geringe Übergangswiderstände zwischen Stift und Hohlleiterwand zu achten. Auch bei den Transformationsschaltungen mit Blindleitungen können vor allem die Übergangswiderstände der beweglichen Kurzschlußschieber zu Wirkleistungsverlusten und so in manchen Fällen zu Meßfehlern führen.

Eine weitere Anpassungsschaltung bedient sich ebenfalls eines Tauchstiftes als variable Querkapazität, der in Längsrichtung des Hohlleiters um mindestens $3\lambda_H/4$ in einem Schlitz verschiebbar ist (Abb. 1.17). Für sehr hohe Frequenzen, also sehr kleine Hohlleiterabmessungen, wird die Längsverschiebung durch eine Pendelbewegung um eine weit außerhalb des Hohlleiters liegenden Drehpunkt ersetzt, da dies mechanisch genauer zu bauen ist [1.30].

## 1.7 Sonstige Leitungsbauelemente

Im Zusammenhang mit Meßschaltungen kommt einigen Mikrowellenbauelementen besondere Bedeutung zu. Im übrigen sei jedoch auf die Spezialliteratur [1.1, 1.3, 1.4c, e, 1.9, 1.10] verwiesen. Genormte Schaltzeichen in [1.47].

In den vorhergehenden Abschnitten wurde schon auf die Bedeutung der Anpassung von Verbraucher- und Generatorinnenwiderstand an den Wellenwiderstand der Übertragungsleitung hingewiesen. Die üblichen in der Mikrowellentechnik verwendeten Signalgeneratoren besitzen alle einen irgendwie gearteten komplexen und auch von der Frequenz stark abhängigen Innenwiderstand, so daß regelmäßig zur Erzeugung einer Quelle definierten Innenwiderstandes ein passendes Dämpfungsglied oder eine Richtungsleitung vorgeschaltet werden muß. Dämpfungsglieder und Richtungsleitungen haben ferner noch die Aufgabe, die Wirkung von Änderungen des Abschlußwiderstandes auf die Frequenz und Leistungsabgabe des Generators zu vermindern bzw. ganz zu vermeiden. Bei einigen Meßverfahren muß als Verbraucher ein ohmscher Widerstand (Absorber) als Leitungsabschluß angeschaltet werden, der auf einem breiten Frequenzband möglichst reflexionsarm ist. Die verschiedenen Arten von Dämpfungsgliedern und ihre Eigenschaften sowie der Aufbau von Absorbern wird in Kap. 4 besprochen.

Besitzen Generator und Verbraucher die gewünschten Eigenschaften, so ist Sorgfalt darauf zu verwenden, daß die Homogenität der Verbindungsleitung nirgends gestört wird, d. h., daß der Wellenwiderstand überall konstant ist und keine Reflexionen auftreten. Gerade feste Koaxial- oder Hohlleitungen lassen sich mit ausreichender Präzision bauen; jeder Übergang von einem auf einen anderen Leitungstyp, jede Steckverbindung und jede Krümmung kann jedoch schon zu Reflexionen führen, wenn nicht besondere Kompensationsmaßnahmen getroffen werden. Schon die

Biegung mit zu kleinem Krümmungsradius eines an sich flexiblen Kabels kann zu
meßbaren Reflexionen Anlaß geben [1.42, 1.43]. Nach [1.17] erleidet eine gekrümm-
te Koaxialleitung, deren Krümmungsradius gleich dem vierfachen Außendurchmesser $D$ ist, eine Wellenwiderstandserniedrigung von 10%. Der Übergang einer
Koaxialleitung des Durchmessers $D_1$ auf eine solche des Durchmessers $D_2$, der sog.
Querschnittssprung, besitzt auch dann merkliche Reflexion, wenn $D_1/d_1 = D_2/d_2$

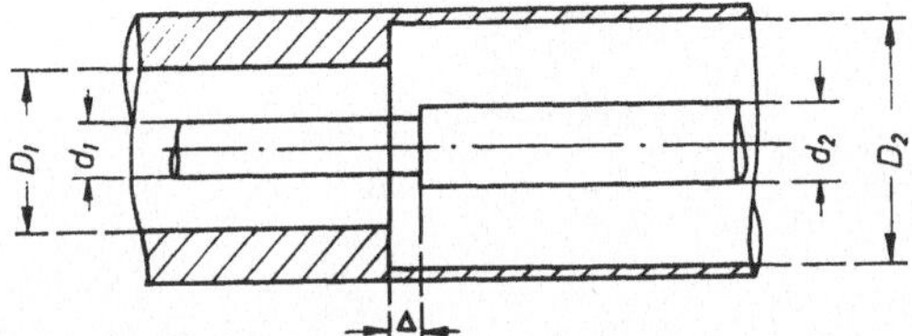

Abb. 1.18
*Kompensierter Querschnittssprung*

genau eingehalten wird. An der Sprungstelle tritt nämlich eine Feldverzerrung auf,
die einer zusätzlichen Querkapazität entspricht. Sie kann durch eine Weiterführung
des Innenleiters mit $d_1$ über die Strecke $\Delta \approx D_2/8$ kompensiert werden, wie dies in
Abb. 1.18 gezeichnet ist. Diese Verlängerung des dünneren Innenleiters entspricht
einer Serieninduktivität. Eine ähnliche Kompensation ist für die Isolierstützen, die
den Innenleiter zu haltern haben, notwendig. Die Erhöhung der Querkapazität
durch die Dielektrizitätskonstante $\varepsilon_r$ der Isolierscheibe wird durch Vergrößern des
Außen- und Verkleinern des Innenleiterdurchmessers ausgeglichen. Der Einfluß der
Randstreuungen wird durch eine zusätzliche Verminderung des Innendurchmessers
kompensiert, so daß eine Ersatzschaltung nach Abb. 1.19b entsteht. Diese zeigt, daß
die kompensierte Isolierstütze sich wie ein Tiefpaß verhalten muß. Tatsächlich ist
auch die Reflexion bei genügendem Abstand von der Grenzfrequenz zu Null zu

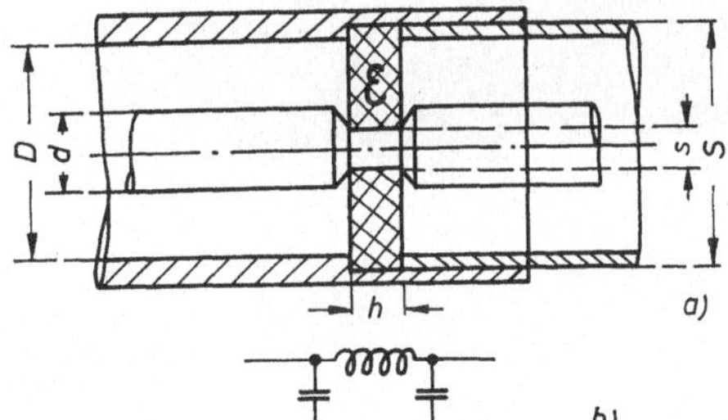

Abb. 1.19 *Kompensierte Isolierstütze*

machen. Durch konisches Abdrehen des Innenleiters (Abb. 1.19a) und durch Ein-
drehungen an der Fläche der Isolierscheibe sowie durch geringes $\varepsilon_r$ (Teflon) kann die
Grenzfrequenz erhöht werden. Die elektrische Länge der Stütze ist [1.4c]:

$$l_e = \frac{h \ln S/s}{\ln D/d} \tag{1.20}$$

Durch eine besondere Formgebung der Scheibe kann nach [1.20] die Grenzfrequenz
der Stütze bis zur Grenzfrequenz der Koaxialleitung (Gl. (1.3)) hinaufgeschoben
werden.

Ähnliche Probleme wirft die konstruktive Gestaltung der Steckverbindungen auf, mit denen die Schaltungsteile und Kabel aneinandergefügt werden [1.44 bis 1.46]. Man unterscheidet zwei Arten von Koaxialsteckern: polarisierte und symmetrische Stecker. Die polarisierten Stecker (Abb. 1.20a) sind so ausgebildet, daß zwei un-

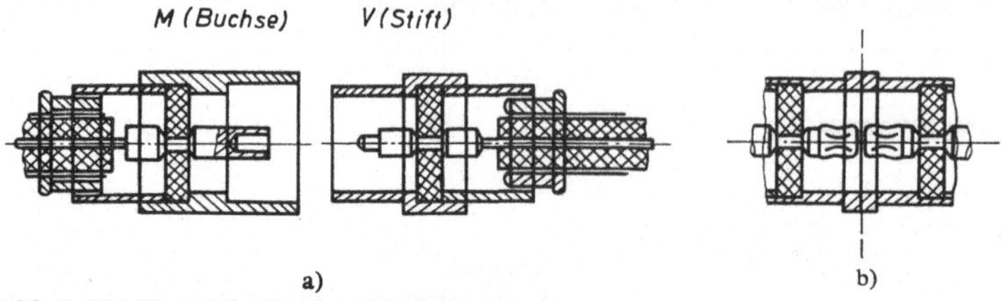


*Abb. 1.20  Koaxiale Steckverbindungen*
a) polarisiert; b) symmetrisch

gleiche, konzentrisch aufgebaute Teile (Vater- und Mutter-Stecker) ineinandergeschoben werden können, während bei symmetrischen Steckern beide gleich sind und gewöhnlich mit ihren Stirnseiten axial aufeinandergepreßt werden (Abb. 1.20b). Das Zusammenpressen wird bei den meisten Steckerarten durch Überwurfmuttern mit Gewinden oder Bajonettverschlüssen besorgt. Gute Kontaktgabe ist vor allem am Innenleiter wegen der größeren Stromdichte wichtig. Dabei ist zu beachten, daß die wegen des Skineffektes nur an der Leiteroberfläche laufenden Ströme nicht zu

*Abb. 1.21  Gebräuchliche polarisierte Koaxialkabelstecker*
*Bezeichnungen:*
a) BNC; b) N; c) C; d) 7/16; e) 13/30
(Werkfoto Fa. Dr. Spinner, München)

Umwegen innerhalb der Steckerteile gezwungen werden, was eine Erhöhung der Längsinduktivität zur Folge hätte [1.4a]. Konstruktiv wird dies in Steckern nach Abb. 1.20a dadurch gelöst, daß das aufgebohrte Innenleiterstück geschlitzt ist und radial federt. Auch am Außenleiter geschlitzte Stecker sind bekannt [1.21]. Im Stecker nach Abb. 1.20b wird der Kontaktdruck auf die Stirnflächen der Innenleiter durch axiale Federung erzeugt. Die Abb. 1.21 und 1.22 zeigen Fotos einiger

gebräuchlicher Koaxialsteckertypen. Für Frequenzen von 8 bis 16 GHz setzen sich zunehmend symmetrische 7-mm-Stecker durch [1.56 bis 1.58].
Trotz gut konstruierter Stecker können durch fehlerhafte Montage – z. B. beim Anlöten des Kabelinnenleiters oder beim Abtrennen des Kabeldielektrikums an falscher

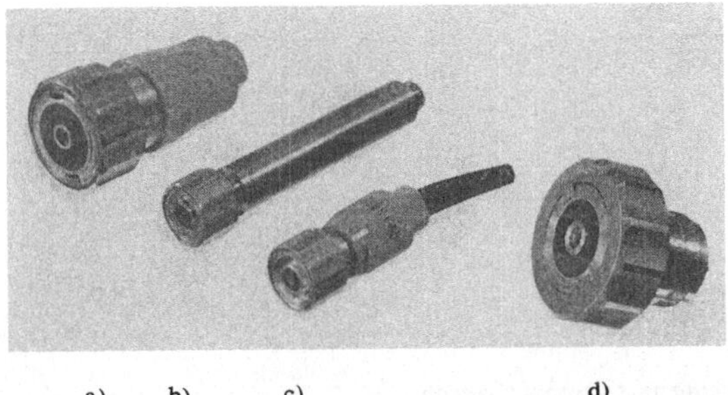

Abb. 1.22 *Gebräuchliche symmetrische Koaxialkabelstecker*

*Bezeichnungen:*

a) Dezifix-B; b) Precifix-A; c) Dezifix-A;
d) Precifix-B
(Werkfoto Fa. Rohde & Schwarz, München)



Stelle – erhebliche Reflexionen verursacht werden. Auch nicht ganz ineinandergeschobene Stecker oder gelockerte Gewinde der Innenleiterbefestigung können Längsinduktivitäten erzeugen und dadurch grobe Meßfehler hervorrufen. Schlechte Kontakte an den Steckeraußenleitern oder an der Verbindung Kabelaußenleiter – Stecker führen zu „undichten" Stellen, sie erhöhen den Kopplungswiderstand (vgl. Abschnitt 10.4).
Hohlleiter und Hohlleiterbauteile werden mit Flanschen aneinandergefügt [1.55]. Für große Querschnitte werden diese Flansche gewöhnlich mit Schrauben zusammengehalten, wobei das axiale Fluchten oft mit Paßstiften verbessert wird. Die

Abb. 1.23 *Klauenflanschverbindung für Hohlleiter für mm-Wellen*
(Werkfoto Fa. Philips, Eindhoven)

Flansche von Hohlleitern kleinerer Abmessungen sind außen häufig kreisförmig und werden durch Überwurfmuttern mit Gewinden, Bajonettverschlüssen oder Klauen (Abb. 1.23) zusammengehalten [1.59]. Hohlleiter, die der Witterung und damit der Korrosion ausgesetzt sind, werden mit sog. Drossel-Flanschen (Choke-Flanges) ausgerüstet, die eine ring- oder rechteckförmige Vertiefung von solchen Abmessungen besitzen, daß sie wie eine $\lambda/2$-Leitung wirken. Die Kontaktfläche wird im Abstand $\lambda/4$ an den Ort kleinsten Stromes gelegt (Abb. 1.24) [1.4e]. Zum Schutz der Innenwandungen vor Korrosion werden die Flansche mit Gummidichtungsringen ausgerüstet und innen unter Überdruck (getrocknete Luft [1.21]) gesetzt. In jüngster Zeit sind auch Flanschdichtungen aus leitendem Kunststoff bzw. Gummi bekannt geworden [1.31].

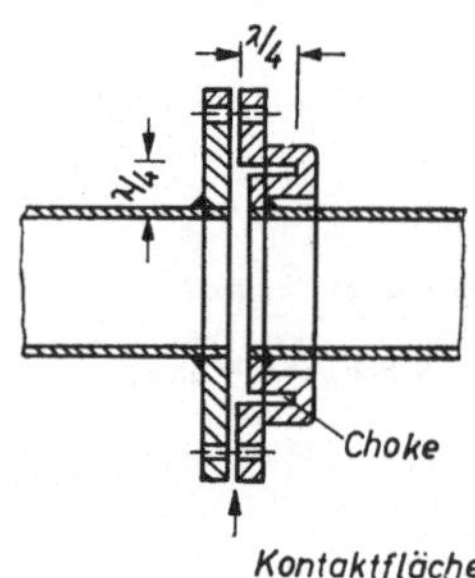


*Abb. 1.24*
*Hohlleiterverbindung mit Drosselflansch*

Drossel-Flansche erzeugen naturgemäß bei Abweichung von ihrer Sollfrequenz zusätzliche Blindwiderstände, so daß für Meßaufbauten, die nicht im Freien betrieben werden, von ihrer Verwendung abgeraten werden sollte. Flansche mit völlig planer Oberfläche wie z.B. in Abb. 1.15 oder mit geringfügig vorstehenden Preßkanten an der Hohlleitereinlötung ergeben breitbandig die geringsten Reflexionen. Auf kräftige Verschraubung und gutes Fluchten der Hohlleiterwandungen ist bei Präzisionsmessungen zu achten [1.27].

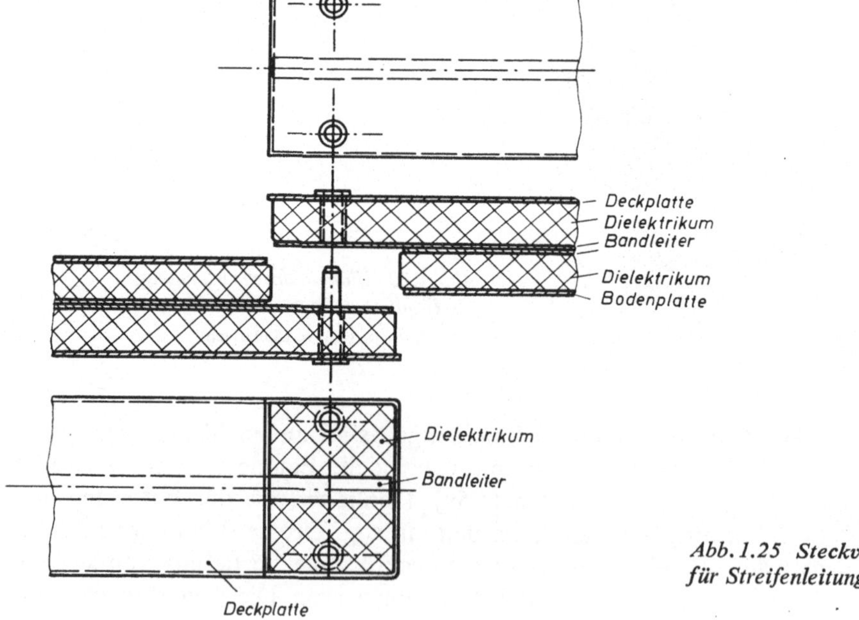


*Abb. 1.25 Steckverbindung*
*für Streifenleitungen*

Die einzige dem Verfasser bekannte „Steckverbindung" für Streifenleitungen ist nach [1.22] bei Bauteilen in Triplate-Ausführung angewandt und zeigt bis zu einigen GHz recht geringe Reflexion. Sie ist vereinfacht in Abb. 1.25 skizziert.

Für flexible Verbindungen kommen meist Koaxialkabel in Betracht. Flexible Hohlleiter (z. B. aus Wellrohr) sollten nur dort verwendet werden, wo die Forderungen an die Impedanzgenauigkeit nicht sehr hoch sind. Für Übergangsstücke von Hohl-

*Abb. 1.26  Hohlleiter-Schalter*
(Werkfoto Fa. Dr. Spinner, München)

leitern auf Koaxialleitungen sind eine große Anzahl von Konstruktionen bekannt [1.4e]. In den meisten Fällen muß jedoch bei großen Bandbreiten ein frequenzabhängiger Anpassungsfehler in Kauf genommen werden. Einige Ausführungen besitzen zusätzliche abstimmbare Transformationselemente, die bei einer Frequenz den Fehler zu Null zu machen gestatten.

Bei Meßschaltungen, in welchen eine Vertauschung von Meßobjekten oder dgl. häufig vorgenommen werden muß, empfiehlt es sich oft, an Stelle des Austausches von Steckverbindungen einen Umschalter vorzusehen. Für die verschiedensten Koaxial- und Hohlleiterquerschnitte sind solche Umschalter erhältlich, die nur sehr geringe Reflexion aufweisen (Koaxialschalter z. B. $r < 0{,}03$ bis 5 GHz, Hohlleiterschalter, Abb. 1.26, $r < 0{,}005$). Die Nebensprechdämpfung solcher Schalter liegt

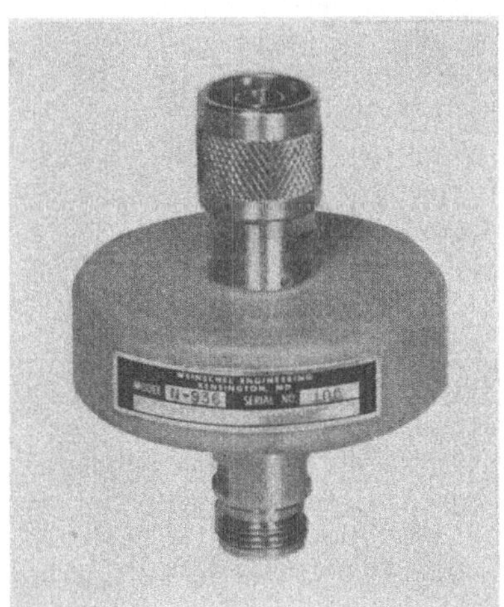

*Abb. 1.27*
*Störspannungsfilter für Koaxialleitungen*
(Werkfoto Fa. Weinschel, Gaithersburg, Md.)

bei 60 bis 100 dB [1.21]. Für automatisierte Meßschaltungen ist auch motorische oder magnetische Betätigung der Schalter möglich.

In vielen Meßschaltungen werden Leistungs- oder Spannungsindikatoren benutzt, die sehr breitbandig sind (vgl. Kap. 3 und 5) und nicht nur auf Mikrowellen, sondern auch auf niederfrequente Störspannungen reagieren. Es kommt häufig vor, daß innerhalb eines Mikrowellenaufbaues z. B. durch Mehrfach-Erdungen verschiedener Netzanschlußteile oder über kapazitive Nebenschlüsse an ungeschirmten Netztransformatoren Ausgleichsströme der Netzfrequenz oder ihrer Oberwellen fließen, die dann vor allem bei sehr empfindlichen Meßgeräten zu erheblichen Fehlmessungen führen können. Diese Fehler sind oft schwer zu erkennen und manchmal noch schwerer zu beseitigen. Abhilfe kann oft durch spezielle Hochpaßfilter geschaffen werden, die jedoch bei Koaxialleitungen nicht nur in den Innenleiter gelegt werden dürfen, sondern auch den Außenleiter für tiefe Frequenzen unterbrechen müssen. Auch bei Hohlleitern bringt eine kapazitive Unterbrechung der Hohlleiterwand die Befreiung von solchen Störspannungen. Abb. 1.27 zeigt ein derartiges Bauteil, das unter dem Namen „Noise-Suppression-Filter" [1.19] geliefert wird.

## Literatur

[1.1] *G. L. Ragan:* Microwave Transmission Circuits. M.I.T. Radiation Lab. Series, Bd. 9. McGraw-Hill, New York, Toronto, London (1948).

[1.2] *F. J. Tischer:* Mikrowellen-Meßtechnik. Springer, Berlin (1958).

[1.3] *A. F. Harvey:* Microwave Engineering, Academic Press, London & New York (1963) a) S. XXI, b) S. 48.

[1.4] *H. H. Meinke, F. W. Gundlach:* Taschenbuch der Hochfrequenztechnik, 2. Aufl., Springer, Berlin (1962), a) Abschn. C, b) Abschn. D, c) Abschn. E, d) Abschn. B, e) Abschn. F.

[1.5] *H. H. Meinke:* Theorie der Hochfrequenzschaltungen. Oldenbourg, München (1951).

[1.6] *H. H. Meinke:* Einführung in die Elektrotechnik höherer Frequenzen. Springer, Berlin (1961).

[1.7] *H. H. Meinke:* Felder und Wellen in Hohlleitern. Oldenbourg, München (1949).

[1.8] *H. H. Meinke:* Die komplexe Berechnung von Wechselstromschaltungen, Samml. Göschen Bd. 1156/1156a, Berlin (1957).

[1.9] *G. Megla:* Dezimeterwellentechnik, Berliner Union, Stuttgart, 5. Aufl. (1962) S. 288.

[1.10] *A. Rihaczek:* Abschn. Hohlleiter in Handbuch für Hochfrequenz- und Elektrotechniker Bd. III., Verl. f. Radio, Foto-Kinotechnik, Berlin (1954) S. 443.

[1.11] I.R.E. – Standards on Antennas and Waveguides, Proc. Inst. Radio Engrs. 41 (1953) S. 1721–1726.

[1.12] *H. H. Meinke:* Zeitschr. f. angew. Physik 1 (1948) S. 90.

[1.13] *H. H. Meinke* u. *H. W. Urbarz:* Der Wellenwiderstand von Rechteckhohlleitern mit $H_{10}$-Welle. Fernmeldetechn. Zeitschr. 7 (1954) S. 247–248.

[1.14] *F. Borgnis:* Über die Bedeutung der Leitungsgleichungen und des Wellenwiderstandes für beliebige Wellentypen auf zylindrischen Leitungen. Arch. Elektr. Übertr. 5 (1951) S. 181.

[1.15] *A. Riedinger:* Elektromagnetische Wellen in metallischen Hohlzylindern; Fortschritte der Hochfrequenztechn. Bd. 1. Leipzig (1941) S. 187.

[1.16] *M. Müller:* Vorteile von Schmalprofil-Hohlleitern für die Gestaltung von Breitband-Richtfunkgeräten. Nachr. Techn. Fachberichte 6 (1957) S. 112–116.

[1.17] *H. H. Meinke:* Meßgeräte und Meßverfahren für Dezimeterwellen. Als Manuskript gedruckt, T.H. München (1948).

[1.18] New Coaxial Tuner with Neutral Setting. General Radio Experimenter 39 (1965) Nr. 1, S. 15.

[1.19] Firmenprospekt Fa. Weinschel Engineering, Gaithersburg, Maryland (1964).

[1.20] *G. Spinner:* Probleme der Isolierstütze der koaxialen Leitung unter Berücksichtigung der Eigenresonanzen. Dissertation Techn. Hochsch. München (1962).

[1.21] Firmenprospekt, Fa. Dr.-Ing. G. Spinner GMbH., München.

[1.22] Firmenprospekt, Fa. Sanders Ass., Nashua, New Hampshire.

[1.23] Firmenprospekt, Fa. De Mornay-Bonardi, Pasadena, Cal. (1963).

[1.24] *H. H. Meinke, K. P. Lange* u. *J. F. Ruger:* TE- und TM-Waves in Waveguides of Very General Cross Section Proc. Inst. E.E.E. 51 (1963) S. 1436–1443.

[1.25] *H. H. Meinke* u. *W. Baier:* Die Eigenschaften von Hohlleitern allgemeineren Querschnitts. Nachr. Techn. Zeitschr. 19 (1966) S. 662.

[1.26] *H. Brand:* Der Doppel-T-Anpassungstransformator. Arch. Elektr. Übertragung 18 (1964) S. 204.

[1.27] *U. v. Kienlin* u. *A. Kürzl:* Reflexionen an Hohlleiterflanschverbindungen. Nachr. Techn. Zeitschr. 11 (1958) S. 561.

[1.28] *J. Deutsch* u. *O. Zinke:* Kontaktlose Kolben f. Mikrowellen-Meßgeräte. Fernm. Techn. Zeitschr. 7 (1954) S. 419.

[1.29] *G. Spinner:* D.B. Pat. 1 035 711.

[1.30] *C. W. v. Es, M. Gevers* u. *F. C. de Ronde:* Hohlleiterapparatur für 2 mm Wellenlänge. Philips Techn. Rundschau 22 (1960) S. 175, S. 205.

[1.31] Firmenprospekt, Fa. Chomerics, Inc., Vertr. E. Fey, München (1964).

[1.32] *H. H. Meinke:* Kurven, Formeln und Daten aus der Dezimeterwellentechnik. Als Manuskript gedruckt, Techn. Hochschule München (1947) Abschn. IX.

[1.33] Microwave Strip Circuits – Special Issue. Transact. Inst. Radio Engrs. MTT-3 (1955) Nr. 2.

[1.34] Firmenprospekt Fa. Hewlett-Packard, Palo Alto, Cal. (1964).

[1.35] Firmenprospekt Fa. Philips-Elektro Spezial, Hamburg (1965).

[1.36] *H. H. Meinke:* Ein Kreisdiagramm zur Berechnung der Vorgänge auf Leitungen. Hochfrequenztechn. u. Elektroakust. 57 (1941) S. 17. ·

[1.37] *F. W. Gundlach:* Grundlagen der Hochfrequenztechnik. Springer, Berlin (1950) S. 446.

[1.38] *W. Altar* u. *J. W. Coltman:* Microwave Impedance-Plotting Device. Proc. Inst. Radio Engrs. 35 (1947) S. 734.

[1.39] *P. H. Smith:* Negative Smith Charts. International Electronics 10 (1965) Nr. 4, S. 33.

[1.40] *W. Stösser:* Das Magische T. Frequenz 14 (1961) S. 98.

[1.41] *G. L. Matthair, L. Young* u. *E. M. T. Jones:* Microwave Filters, Impedance-Matching Networks and Coupling Structures. McGraw-Hill, New York, Toronto, London (1964).

[1.42] *H. H. Meinke:* Das Verhalten elektromagnetischer Wellen in stark inhomogenen Leitungsbauelementen. Zeitschr. f. angew. Physik 2 (1950) S. 473.

[1.43] *H. E. Green:* The Numerical Solution of Some Important Transmission-Line Problems. Transact. Inst. E.E.E. MTT-13 (1965) S. 676.

[1.44] *M. C. Selby, E. C. Wolzien* u. *R. M. Jickling:* Coaxial Radio-Frequency Connectors and Their Electrical Quality. Journ. Res. Nat. Bur. Stand. 52 (1954) S. 121.

[1.45] *F. R. Huber* u. *H. Neubauer:* Dezifixstecker und andere koaxiale HF-Leitungsbauelemente. Rohde & Schwarz-Mitteilungen Nr. 16 (1961) S. 75 u. Nr. 17 (1962) S. 86.

[1.46] *M. Meisels:* 7-mm Precision Connector Specified. Microwaves 4 (1965), Nr.10, S.10.

[1.47] Normblatt Schaltzeichen Bauelemente der Höchstfrequenztechnik. DIN 40700, Blatt 11 (Sept. 1964).

[1.48] *S.B. Cohn:* Characteristic Impedance of the Shielded Strip Transmission Line. Transact. Inst. Radio Engrs. – MTT 2 Nr.2 (July 1954).

[1.49] *W. Krank:* Der Einfluß der Herstellungsgenauigkeit von geschirmten Streifenleitungen auf den Wellenwiderstand. Telefunken-Zeitg. 39 (1966) S.215.

[1.50] *P. Schiffres:* How Much CW Power Can Strip Lines Handle? Microwaves 5 (1966) Nr.6, S.25.

[1.51] *H. Kaden:* Leitungs- und Kopplungskonstanten bei Streifenleitungen. Arch. El. Übertrag. 21 (1967) S.109.

[1.52] *W. Bräckelmann, D. Landmann* u. *W. Schlosser:* Die Grenzfrequenzen von höheren Eigenwellen in Streifenleitungen. Arch. El. Übertrag. 21 (1967) S.112.

[1.54] *W. Krank* u. *E. Schüttlöffel:* Eine trommelbare Mikrowellen-Energieleitung geringer Dämpfung. Nachr. Techn. Zeitschr. 18 (1965) S.607.

[1.53] *J.R. Pyle:* The Cutoff Wavelength of the $TE_{10}$ Mode in Ridged Rectangular Waveguide of Any Aspect Ratio. Transact. Inst. E.E.E., MTT-14 (1966) S.175.

[1.55] Worldwide Specs on Rectangular Waveguides and Flanges. Microwaves 6 (1967) Nr.7, S.33.

[1.56] *M. Meisels:* 7 mm-Precision Connector specified. Microwaves 4 (1965) Nr.10, S.10.

[1.57] *H. Neubauer* u. *F.R. Huber:* Coaxial Precision Connectors: Theory and Realization. Microw. Journ. 9 (1966) Nr.10, S.75.

[1.58] *B.O. Weinschel:* Standardization of Precision Coaxial Connectors. Proc. Inst. E.E.E. 55 (1967) S.923.

[1.59] *F.C. de Ronde:* The Clawflange: An International Standardized Millimeter Waveguide Flange. Microw. Journ. 9 (1966) Nr. 5, S. 55.

Für beinahe alle Messungen benötigt man eine Spannungsquelle, welche die gewünschte Frequenz möglichst frei von Oberwellen und sonstigen Störspannungen abgibt. Frequenz und Amplitude sollen möglichst stabil und unabhängig von äußeren Einflüssen und in einem möglichst großen Bereich reproduzierbar einzustellen sein. Ferner wird in vielen Fällen noch Modulierbarkeit in der Amplitude oder Frequenz gewünscht.

Es wird häufig zwischen sog. Leistungsmeßsendern und Empfängerprüfsendern unterschieden, wobei die ersten größere Leistungen abgeben sollen (bis einige W), die letzteren nur geringe Leistung an ihrem Teilerausgang zur Verfügung stellen ($10^{-2}$ bis $10^{-14}$ W), jedoch besonders gut abgeschirmt sein sollen. Die Praxis zeigt, daß es oft zweckmäßig wäre, diesen Unterschied nicht zu machen und alle Meßsender mit der maximalen, wirtschaftlich tragbaren Leistung auszustatten und bestmöglich abzuschirmen. Große Leistung erlaubt es nämlich, in vielen Fällen dem Senderausgang ein Dämpfungsglied großer Dämpfung nachzuschalten, wodurch die Rückwirkungen der äußeren Beschaltung auf den – in fast allen Modellen einstufig ausgeführten – Sender auf ein Minimum reduziert werden. Hat man aber hohe Dämpfung zwischen Generator und Meßaufbau geschaltet, so bestehen große Pegelunterschiede zwischen dem Inneren des Senders und dem Außenraum und kleinste Undichtigkeiten der Senderabschirmung führen dann eventuell zu äußeren Störspannungen, die gleich oder größer als die Meßspannung sind und zu erheblichen Meßfehlern Anlaß geben können.

Gute Abschirmungen sind bei Mikrowellen mit einigen wenigen Prinzipien zu erreichen [2.1]: Das Metallgehäuse soll völlig geschlossen sein, möglichst ohne Schraub- und Nietverbindungen. Betriebsspannungszuführungen dürfen nur über Drosselketten, die aus Durchführungskondensatoren und Serieninduktivitäten oder Ferritdämpfungsröhrchen (z. B. Durchführungsfilter nach [2.2]) bestehen und selbst wieder geschirmt sein sollten (vgl. z. B. Abb. 2.3), an Schaltungspunkte gelegt werden, die möglichst geringe HF-Spannung besitzen. Lüftungsöffnungen dürfen nur mittels metallischer, mit dem Gehäuse verbundener Dämpfungskamine angebracht werden. Die Durchmesser dieser Rohre sollten $D < \lambda_{min}/6$, ihre Länge $L > 3D$ sein (vgl. Gl. (1.11)). Mechanische Betätigungsachsen dürfen nur aus Isoliermaterial bestehen und müssen ebenfalls in Metallrohren geführt sein, deren Durchmesser $D < \lambda_{min}/6 \sqrt{\varepsilon_r}$ ist. Hierbei ist $\lambda_{min}$ die kleinste vorkommende Wellenlänge und $\varepsilon_r$ die rel. Dielektrizitätskonstante des Materials der Betätigungsachse. Schraubdeckel – z. B. zum Röhrenwechsel – sollen ein vielgängiges Feingewinde und eine gut bearbeitete Preßkante besitzen. Die Wandstärke der Schirmung ist bei Mikrowellen wegen des Skineffektes ohne Einfluß.

Bei kommerziellen Mikrowellenmeßsendern unterscheidet man zwei Arten: In der ersten Gruppe sind die Generatorröhre nebst Schwingkreis usw., die Zubehörgeräte wie Stromversorgung, Modulationsteil, Frequenzmesser und Ausgangsteiler (Dämpfungsglied) in ein gemeinsames Gehäuse eingebaut. Bei der zweiten Art bestehen diese Elemente aus getrennten Baugruppen, die mit Kabeln verbunden werden. Die zweite Art findet man vorwiegend bei Klystronsendern mit Innenresonator.

## 2.1 Triodensender

Von den intensitätsgesteuerten Elektronenröhren kommen im Mikrowellenbereich wegen der Elektronenlaufzeiten und der Induktivität der Elektrodenzuführungen nur noch Trioden in Betracht. Für Meßsender haben sich in den letzten Jahren hierfür die sog. Scheibenröhren [2.3a, 2.4b, 2.5, 2.6, 2.7a, 2.110] durchgesetzt, bei denen die Elektroden in parallelen Scheiben senkrecht zur Mittelachse und die Zuführungen ebenfalls in Scheiben- oder Zylinderform koaxial angeordnet sind. Als Grundschaltung findet man durchwegs die Gitterbasisschaltung. Abb. 2.1 a zeigt diese, wobei Kathodenkreis und Anodenkreis als Leitungskreise mit verschiebbaren Kurzschlüssen zur Abstimmung angedeutet sind. Als Rückkopplungskapazität $C_R$ reicht manchmal die interne Röhrenkapazität $C_{ak}$ schon aus, häufig dient hierfür eine Bohrung mit Koppelstift in der die beiden Kreise trennenden Abschirmwand. Wegen des niedrigen Eingangswiderstandes der Kathoden-Gitter-Strecke ist der Kathodenkreis stark gedämpft und kann oft durch eine Drossel ersetzt werden (Abb. 2.1 b), was den mechanischen Aufwand für die Abstimmung wesentlich reduziert

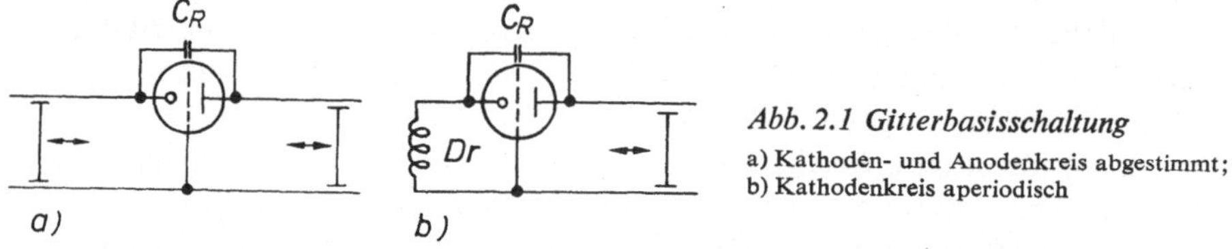



**Abb. 2.1 Gitterbasisschaltung**
a) Kathoden- und Anodenkreis abgestimmt;
b) Kathodenkreis aperiodisch

Als Schwingkreise kommen für Triodensender vorwiegend sog. Schmetterlingskreise, Bandleitungs- und Koaxialleitungskreise in Frage. Hohlraumresonatoren sind verhältnismäßig selten. Mit Schmetterlingskreisen (Abb. 2.2) [2.3d, 2.4d, 2.79] erreicht man Frequenzbereiche von etwa 200–600 MHz, wobei zur Frequenzvariation nicht nur die Kapazitätsänderung durch das Eintauchen der Rotorplatten in das Statorpaket, sondern auch die induktive Verdrängung bei Annäherung der Platten an die als $L$ wirkenden Verbindungsbügel ausgenützt wird (s. a. [2.70]). Abb. 2.3 zeigt eine Konstruktion, die eine Scheibenröhre in Verbindung mit kapazitiv verstimmbaren Bandleitungskreisen verwendet [2.8, 2.3d, 2.4d]. Die Bandleitungen sind 2-seitig kurzgeschlossen und in der Mitte durch Röhre und Drehkondensator DK kapazitiv belastet. Die rechts gelegenen Kurzschlußbügel verschiedener Länge sind zur Bereichumschaltung (BU) ähnlich wie bei einem Spulenrevolver austauschbar. Die Versorgungsspannungen für Anode (A), Kathode (K)

2.1 Triodensender

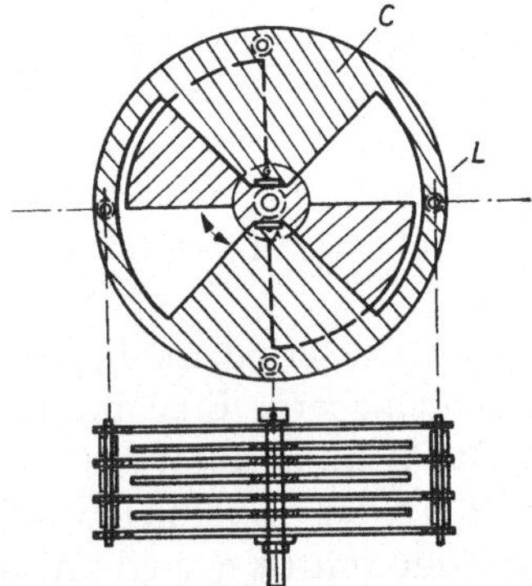


Abb. 2.2  Schmetterlingskreis

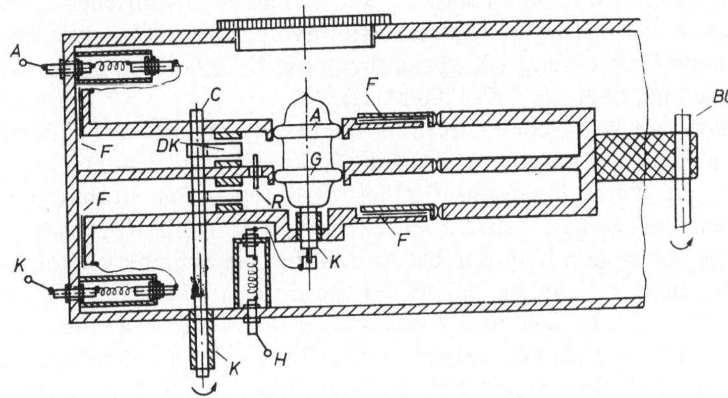


Abb. 2.3
Scheibentrioden-Sender
mit Bandleitungskreisen

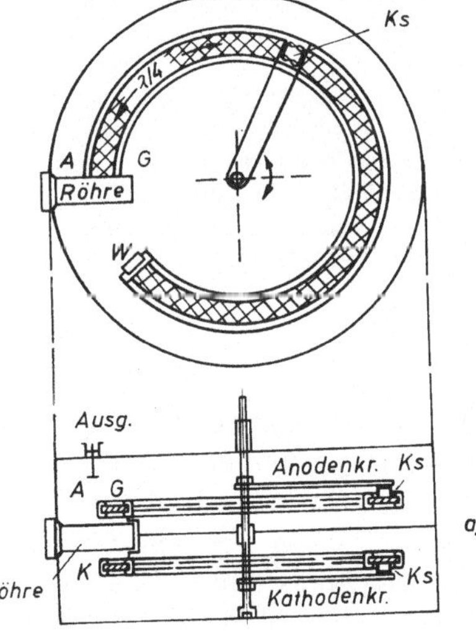


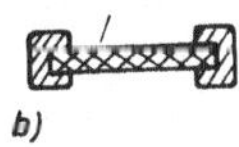


Abb. 2.4  Abstimmung
mit kurzgeschlossenen kreisförmigen
Bandleitungen

und Heizung (H) werden über Drosselketten mit Durchführungskondensatoren zugeführt. Die Gleichspannungstrennung erfolgt mittels Isolierfolien (F) an sog. Kurzschlußkondensatoren (Klatschen). Die Durchführungen der Betätigungsachsen sind mit Metallrohren (Kamin K) zur Schirmung versehen. Die Frequenzvariation durch reine C-Änderung beträgt bei dieser Konstruktion etwa 15%. Als Gesamtbereich läßt sich mit Umschaltung der Leitungsbügel etwa 300–1100 MHz erreichen.

Eine Möglichkeit, große Abstimmbereiche ohne Umschaltung zu erhalten, liegt in der Verwendung von Bandleitungskreisen mit Kurzschlußschiebern. Eine mechanisch einfache Lösung bietet sich durch die kreisförmige Bandleitung [2.1]:
In Abb. 2.4a ist der Leitungsquerschnitt gezeigt, in Abb. 2.4b der prinzipielle Aufbau. Anoden- und Kathodenkreis liegen übereinander und sind mittels gemeinsamer Achse zu verstimmen. Das der Röhre abgewandte Ende der Bandleitungen ist mit einem Widerstand zu dämpfen, um etwaige über den Kurzschlußschieber hinweg wirkende parasitäre Resonanzen zu unterbinden. Nachteilig bei galvanischen Kurzschlußschiebern dieser Art ist das während des Abstimmvorganges auftretende Rauschen und die durch die Haftreibung oft etwas ruckweise Schieberbewegung. Der erreichbare Frequenzbereich liegt bei 200–1200 MHz.

Die der koaxialen Bauform von Scheibenröhren am besten angepaßte Form der Schwingkreise ist der koaxiale Leitungskreis. Für Röhren mit gleichem Durchmesser für Anoden- und Kathodenanschluß (Bleistiftröhren – Penciltubes) liegt zunächst die Form nach Abb. 2.5a nahe, doch ist hier jeder Röhrenwechsel mit einer Demontage eines der beiden Kreise nebst Antrieb für die Schieberverstellung usw. verbunden. Eine leichtere Zugänglichkeit der Röhre ermöglicht der Aufbau nach Abb. 2.5b. Hier sind Kathoden- und Anodenkreis ineinandergeschoben, die Schieberantriebe sind auf der gleichen Seite angeordnet. Für große Frequenzbereiche müssen häufig die beiden Schieber wegen der verschiedenen Eingangskapazität von

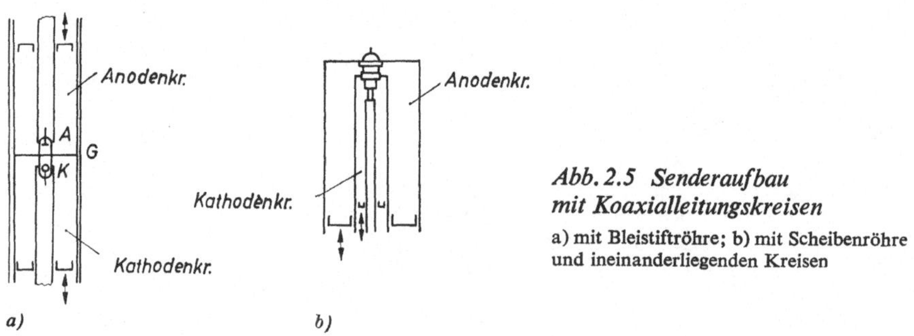


*Abb. 2.5 Senderaufbau mit Koaxialleitungskreisen*
a) mit Bleistiftröhre; b) mit Scheibenröhre und ineinanderliegenden Kreisen

Anoden-Gitter- und Kathoden-Gitter-Strecke unterschiedlich verstellt werden, um die Schwingbedingungen zu erfüllen und keine Schwinglöcher entstehen zu lassen. Dies wird durch entsprechende Getriebe, Kurvenscheiben oder ähnliches erreicht. Auch die Rückkopplungskapazität muß in manchen Fällen mechanisch verändert werden. Als Kurzschlußschieber werden häufig aus mechanischen Gründen an Stelle von galvanischen Federkontakten kapazitive Spaltkolben [2.9] benutzt. Für kleinere Abstimmbereiche sind radial bewegte kapazitive Stempel in Anodennähe am vorteilhaftesten [2.17].

Die obere Frequenzgrenze für Oszillatoren mit Scheibentrioden liegt heute bei etwa 7 GHz [2.10]. Die Schwingkreise müssen hierfür meist so abgestimmt werden, daß der äußere Kurzschluß im zweiten Knoten liegt, weil das erste Spannungsminimum wegen der von der Röhre erzeugten Endkapazität schon sehr nahe an der Röhren-

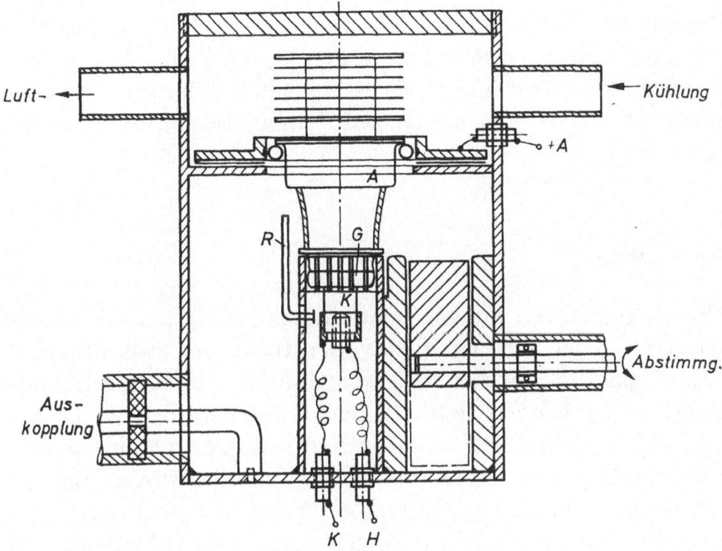


*Abb. 2.6 Scheibentriodensender mit Abstimmung durch exzentrische Metallscheibe*

fassung auftritt. Da die elektrischen Feldlinien in Röhrennähe parallel zur Röhrenachse liegen und in Konstruktionen nach Abb. 2.5 b im weiteren Verlauf des Leitungskreises um 90° verdreht werden, können bei sehr hohen Frequenzen schon keilförmige Ablösungen im Knick nach [2.11] auftreten. Deshalb sind hier Hohlraumresonatoren oft zweckmäßiger als $\lambda/4$-Leitungen.

Für motorisch durchstimmbare Sender (z. B. Wobbelsender) im Bereich um 1 GHz ist der Aufbau nach Abb. 2.6 [2.12] vorteilhaft. Der Kathodenkreis ist hier unabgestimmt (Abb. 2.1 b), die Frequenz des Anodenkreises wird durch Verdrehung einer exzentrischen Metallscheibe verändert. In ihrer oberen Lage ist die kapazitive Belastung am größten, in der unteren Lage ergibt sich induktive Verdrängung. Der Frequenzvariationsbereich beträgt etwa 20 %.

Die Auskopplung der Leistung erfolgt entweder kapazitiv an der Stelle maximaler Spannung, also in Anodennähe oder mit einer induktiven Schleife in Nachbarschaft des Kurzschlusses. Bei mechanisch bewegten Kurzschlußschiebern muß in diesem Falle die Koppelschleife mitbewegt und über eine flexible Leitung angeschlossen werden.

Die einzig mögliche Modulation bei Mikrowellentrioden ist Pulsmodulation, die gewöhnlich durch Tastung der Anodenspannung vorgenommen wird. Hier sind die durch Zuführungsfilter und Verblockungskapazitäten hervorgerufenen Zeitkon-

stanten meist für die erreichbare Anstiegszeit der Impulsflanken maßgebend. Eine
stetige Amplitudenmodulation läßt sich wegen der mit der Arbeitspunktänderung
verbundenen Änderung der Raumladungskapazitäten im allgemeinen nicht durchführen, da die gleichzeitig auftretende Frequenzmodulation zu große Werte annimmt. Umgekehrt ist auch jede z.B. durch Anodenspannungsänderung hervorgerufene Frequenzmodulation mit großen Amplitudenschwankungen gekoppelt.
Die Abhängigkeit der Leistungsabgabe und Schwingfrequenz vom Belastungs-
widerstand ist bei selbsterregten Generatoren ziemlich groß [2.13, 2.14]. Sie kann
durch lose Ankopplung beträchtlich vermindert werden [2.15]. Zur Verkleinerung
der Lasteinflüsse und des Frequenzrauschens ist es vorteilhaft, den Wellenwiderstand des Anodenkreises sehr niedrig zu halten [2.16]; man verringert hierdurch
allerdings den Abstimmbereich.


## 2.2    Reflexklystron-Sender

Die besonders für höhere Frequenzen bei Meßsendern am häufigsten verwendete
Röhre ist das Reflexklystron. Hier wird ein Elektronenstrahl, der zwei an einem
Resonator liegende Gitter passiert, in seiner Geschwindigkeit moduliert. Diese
Geschwindigkeitsmodulation verwandelt sich in einem Laufraum in eine Dichtemodulation; beim Reflexklystron wird der Strahl im Laufraum durch eine negativ
vorgespannte Elektrode (Reflektor) zum Resonatorgitter zurückgeworfen und vermag hier bei richtiger Phasenlage durch die Dichtemodulation Energie an den Resonator abzugeben [2.18, 2.19, 2.3b, 2.4b, 2.7a]. Wegen dieser Phasenbedingung ist
eine Schwingungserzeugung nur innerhalb definierter Reflektorspannungsbereiche
möglich. Diese Bereiche sind in Abb. 2.7c schraffiert eingezeichnet [2.23]. Die Zahl $n$
der Schwingungsperioden, die vom ersten Durchlauf des Elektronenstrahls durch die
Resonatorgitter bis zum Wiedereintreffen vergeht, bezeichnet den sog. Modus. Die
Leistungsabgabe bei verschiedenen Moden und auch innerhalb der Moden selbst
ist unterschiedlich und von der Reflektorspannung abhängig (Abb. 2.7a). Die Ausgangsfrequenz ist sowohl von der Resonanzfrequenz des Resonators, von der
Anodenspannung und von der Reflektorspannung abhängig und kann innerhalb
der Moden verhältnismäßig linear und leistungslos durch Variation der Reflektorspannung moduliert werden. Der mögliche Hub beträgt etwa $\Delta f \approx 5 \cdot 10^{-3} \cdot f_R$,
ist aber von Modus zu Modus verschieden (Abb. 2.7b). Die Linearität hängt von der
äußeren Beschaltung des Resonators ab und ist am größten für feste Kopplung des
Belastungswiderstandes. Die Modulationsverzerrungen sind unabhängig vom Modus, die Modulationssteilheit $df/dU_R$ wächst mit der Ordnungszahl $n$ des Modus
[2.21].
Die Frequenzkonstanz von Klystronoszillatoren [2.22] hängt vorwiegend von der
Konstanz der Betriebsspannungen (Heizungs-, Anoden- und Reflektorspannung)
und von der mechanischen Stabilität des Resonators ab. Deshalb wird für gute
Stabilisierung und Siebung der Versorgungsspannung meist großer Aufwand getrieben. Besonders die Reflektorzuleitung ist für kapazitive Einstreuung von Störspannungen sehr anfällig, da der Reflektor keinen Strom aufnimmt, seine Span-

nungsversorgung also meist eine Quelle sehr hohen Innenwiderstandes darstellt. Ebenso wird dem Schutz vor mechanischen Erschütterungen und thermischen Schwankungen des Resonators viel Aufmerksamkeit gewidmet. Bei der Wärmeisolation ist allerdings meist ein Kompromiß am Platze: Großer Wärmeübergangs-

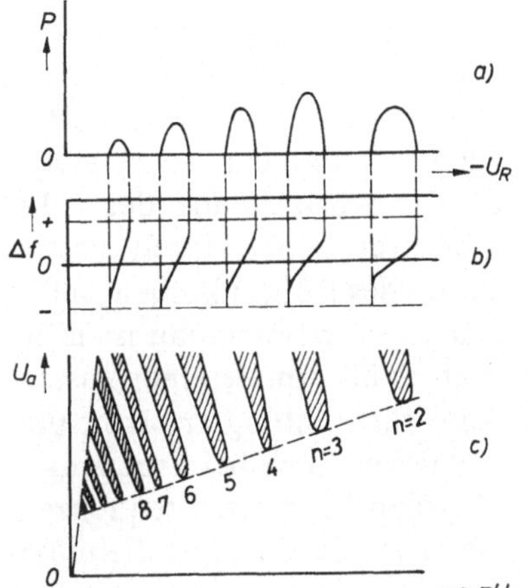


Abb. 2.7
*Schwingverhalten des Reflexklystrons*

widerstand und große Wärmekapazität des Resonatorgehäuses sichern zwar gute Frequenzkonstanz, verlängern aber die Einlaufzeit bis zum Erreichen thermischen Gleichgewichts beträchtlich.

Konstruktiv kann man zwei Gruppen von Reflexklystrons unterscheiden: solche, bei denen sich der Resonator innerhalb des Vakuumgefäßes befindet, und solche mit Außenresonator [2.3b, 2.4b, 2.7a, 2.18, 2.19, 2.20, 2.23, 2.24, 2.57, 2.80, 2.81, 2.85, 2.86, 2.87, 2.107]. Klystrons mit Außenresonator werden vorwiegend für Frequenzen unterhalb 6 GHz verwendet. Die Resonatorgitter sind hier gewöhnlich an

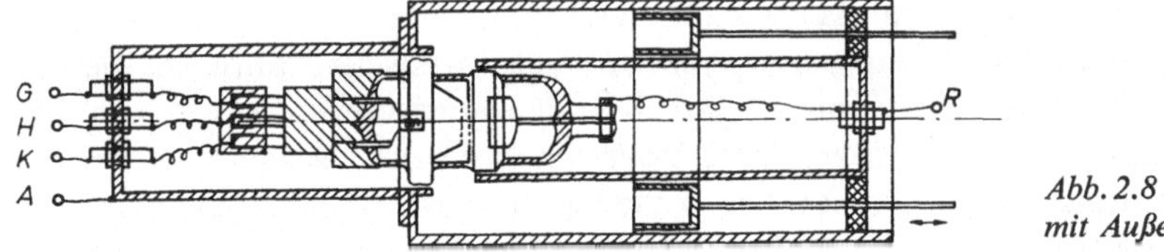


Abb. 2.8 *Reflexklystron
mit Außenresonator*

scheiben- oder zylinderförmige Anschlüsse gelegt und werden in der gleichen Weise, wie bei Scheibentrioden schon erwähnt, mit Koaxial- oder Hohlraumresonatoren verbunden. Abb. 2.8 zeigt ein Konstruktionsbeispiel eines Klystrons mit Außenresonator. Die mechanische Verstellung des Resonators ist in einigen Fällen mit dem Potentiometerantrieb zur Einstellung der Reflektorspannung durch ein Getriebe gekoppelt [2.25]. Bei anderen Geräten ist zur Frequenzabstimmung eine Zwei-Knopf-Betätigung nötig, wobei die mechanische Resonatorverstellung meist mit einer Skale verbunden ist und die Reflektorspannung an Hand einer Eichkurve

einzustellen ist (s. Abb. 2.20). Die Leistung solcher Klystrons mit Außenresonator
liegt bei einigen zehn mW.

Für Frequenzen oberhalb von 6 GHz werden vornehmlich Reflexklystrons verwendet, bei denen der Resonator ein Bestandteil des Röhrensystems ist. Die Auskopplung der Hochfrequenzleistung erfolgt dann entweder über eine Koppelschleife im Resonator und eine kleine Koaxialleitung, die mit Dielektrikum ausgefüllt ist, um vakuumdicht zu sein, oder über einen schlitzgekoppelten Hohlleiter,
der zur Abdichtung des Vakuums ein Glimmerfenster besitzt. Die Röhrenkolben
sind durchweg metallisch und die an die Resonatorgitter unmittelbar anschließenden Resonatorwandungen sind etwas deformierbar. Die Abstimmung der – für
mm-Wellen z. B. schon sehr kleinen – Hohlraumresonatoren erfolgt durch mechanische Deformation, die meist mit Hilfe einer Deformation des Röhrenkolbens selbst
erreicht wird. Auch eine Deformation des Resonators durch Erwärmung ist möglich. In einigen Klystrons ist ein Teil des Innenresonators als Anode einer zusätzlichen Triode ausgebildet und kann über ihre Anodenverlustleistung erwärmt und
dadurch abgestimmt werden [2.71]. Die Hochfrequenzleistung liegt bei Frequenzen
um einige GHz zwischen 1 W und einigen 10 mW; bei den höchsten Frequenzen,
für welche Reflexklystrons erhältlich sind, nämlich bei etwa 130 GHz, ist die maximale Leistung etwa 10 mW [2.57].


## 2.3  Carcinotron-Sender


Mit Carcinotron werden sog. Rückwärtswellenröhren bezeichnet, die zur Gruppe
der Wanderfeld- bzw. der Lauffeldröhren gehören. Bei den Wanderfeldröhren ist
die Verstärkung einer auf einer Verzögerungsleitung laufenden Welle durch die
Wechselwirkung zwischen Elektronenstrahl und Welle dann möglich, wenn die
Phasengeschwindigkeit der Welle gleich der Elektronengeschwindigkeit ist. In der
als Verstärkerröhre dienenden Wanderwellenröhre wird als Leitungswelle eine Welle
benutzt, deren Phasengeschwindigkeit gleiche Richtung wie die Gruppengeschwindigkeit besitzt; in der als Oszillator verwendeten Rückwärtswellenröhre hat die mit
der Elektronenströmung synchrone Welle eine Phasengeschwindigkeit, die zur
Gruppengeschwindigkeit entgegengesetztes Vorzeichen besitzt. Deshalb erfolgt die
Leistungsauskopplung beim Carcinotron im Gegensatz zum Wanderwellenverstär-
ker am kathodenseitigen Ende der Röhre. Ausführliche Theorie und Beschreibung
verschiedener Ausführungsformen von Rückwärtswellenröhren findet man in [2.26
bis 2.35, 2.39a, 2.3c, 2.4c, 2.7b und 2.88].

Die wesentlichste Eigenschaft der Carcinotrons ist ihre elektrische Durchstimmbarkeit über einen sehr großen Frequenzbereich. Ein mechanisch abgestimmter Resonator ist nicht nötig. Da bei den verwendeten Verzögerungsleitungen infolge der
Dispersion die Phasengeschwindigkeit sich stark mit der Frequenz ändert, ist eine
Selbsterregung nur für die Frequenz möglich, für welche die Phasengeschwindigkeit
mit der Elektronengeschwindigkeit übereinstimmt. Die Geschwindigkeit der Elektronen wird durch die Spannung der Leitung und des Kollektors bestimmt, wobei

$v \sim \sqrt{U}$. Deshalb ist auch die Frequenz etwa proportional zur Wurzel aus der Leitungsspannung. Der Durchstimmbereich beträgt oft mehr als eine Oktave. Abb. 2.9 zeigt die Frequenzcharakteristik einer derartigen Rückwärtswellenröhre (nach [2.26]). Etwas nachteilig ist die hier erkennbare Änderung der Ausgangsleistung innerhalb dieses Frequenzbereiches, die auch durch eine Stromregelung

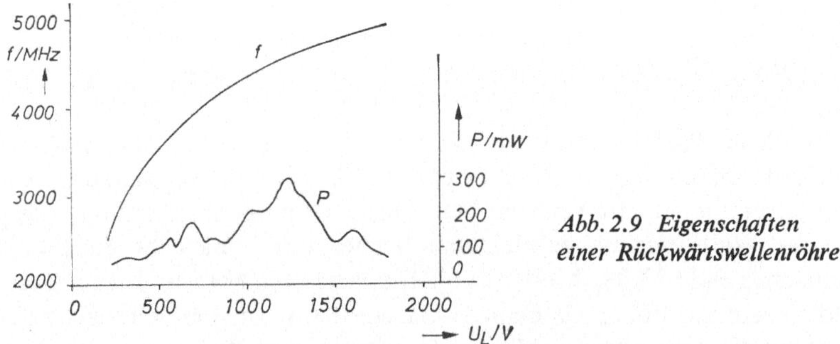

Abb. 2.9  *Eigenschaften einer Rückwärtswellenröhre*

nicht völlig ausgeglichen werden kann. So vorteilhaft die elektrische Durchstimmbarkeit z. B. für die Anwendung als Wobbelsender ist, so problematisch ist die Gewinnung einer Frequenzmodulation großer Linearität. Die Frequenzkennlinie der meisten Carcinotrons besitzt nämlich eine Feinstruktur, d. h. die Steilheit $df/dU_L$ ändert sich nicht stetig längs des Durchstimmbereiches, sondern ist mit einer Welligkeit behaftet, die von der Gleichmäßigkeit der Verzögerungsleitung, von der Re-

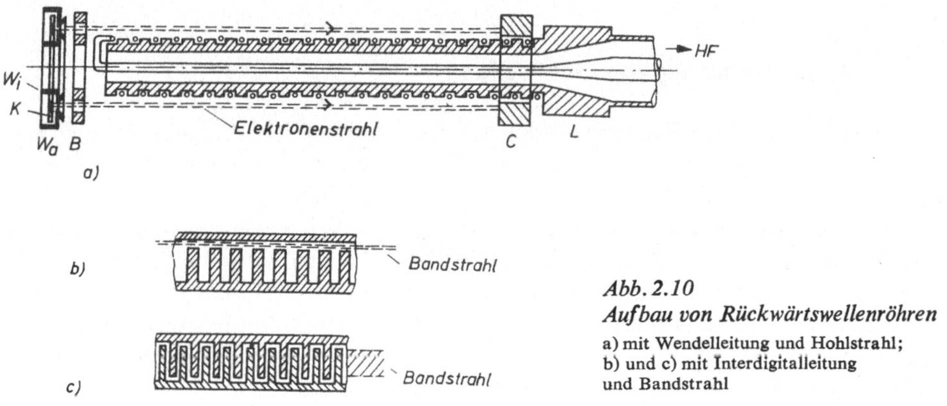


Abb. 2.10
*Aufbau von Rückwärtswellenröhren*

a) mit Wendelleitung und Hohlstrahl;
b) und c) mit Interdigitalleitung und Bandstrahl

flexion am kollektorseitigen Ende und von der äußeren Belastung abhängt [2.35]. Durch passenden reellen Abschluß kann diese Welligkeit verbessert werden [2.36]. Für geringe Stör-Frequenzmodulation ist ähnlich wie beim Klystron großer Aufwand für die Konstanthaltung der Stromversorgung nötig.

Als Verzögerungsleitung werden beim Carcinotron vorwiegend inhomogene Strukturen verwendet, die eine kräftige Rückwärtswelle ermöglichen [2.32, 2.34]. In Abb. 2.10a ist eine Röhre mit Doppelwendel skizziert [2.28], die eine ringförmige

Kathode und einen Hohlstrahl benutzt. Zur Fokussierung des Strahls ist ein longitudinales Magnetfeld erforderlich. Innerer und äußerer Wehneltzylinder dienen zur Stromsteuerung und in Verbindung mit der Beschleunigungselektrode $B$ zur Strahljustierung. Zur Erzeugung sehr hoher Frequenzen werden Verzögerungsleitungen mit Fingerstruktur, z. B. nach Abb. 2.10 b und c in Verbindung mit einem oder zwei bandförmigen Elektronenstrahlen, bevorzugt.

Die Ausgangsleistung von Carcinotrons beträgt etwa 100 bis 500 mW bei einigen GHz, im Bereich von 40 bis 60 GHz liegt sie bei 10 mW, zwischen 60 und 80 GHz beträgt sie einige mW [2.37, 2.111]. Die höchste bisher erreichte Frequenz ist etwa 150 GHz [2.26].

Neben dem oben beschriebenen Carcinotron – auch als O-Carcinotron bezeichnet – sind zwei weitere Röhrenarten, das M-Carcinotron und bestimmte Magnetrons, als elektrisch abstimmbarer Generator verwendbar. Diese Röhren besitzen ein quer zur Laufrichtung der Welle wirkendes elektrostatisches und senkrecht dazu ein konstantes magnetisches Feld [2.38, 2.39 b, 2.66]. Ihr Wirkungsgrad und ihre Ausgangsleistung sind wesentlich höher als beim O-Carcinotron. Im Bereich zwischen 2,5 und 4 GHz beträgt die Leistung des M-Carcinotrons einige W bis etwa 100 W. Die Verwendung derartiger Röhren scheint sich in jüngster Zeit auch in der Meßtechnik anzubahnen [2.112, 2.113].

Festfrequenz-Magnetrons werden im allgemeinen nicht als Meßsender verwendet und nur in besonderen Fällen, wo sehr hohe Impuls- oder Dauerleistungen benötigt werden, auch in der Meßtechnik benutzt. Zur Simulation sehr hoher Leistungen mit Sendern geringeren Aufwandes kann man Traveling-Wave-Resonatoren verwenden [2.40, 2.89, 2.90 und 5.18].

## 2.4  Die Anwendung von Oberwellen

Häufig ist es aus reinen Kostengründen erwünscht, den Frequenzbereich eines Meßsenders dadurch zu erweitern, daß man die vom Sender erzeugten Oberwellen ausnützt. Manchmal sind den Meßsendern zusätzlich noch Bandpaß- oder Tiefpaßfilter nachgeschaltet, die eine Abgabe von Oberwellen verhindern sollen. Solche Filter müssen dann natürlich umgangen werden. Bei Triodensendern ist die Erzeugung von Oberwellen häufig schon ohne besondere Maßnahmen stark ausgeprägt, wobei geradzahlige Harmonische meist geringere Amplituden besitzen als ungeradzahlige. Bei leistungsstarken Sendern können dann oft noch die 5. und 7. Harmonischen zu Meßzwecken verwendet werden, wenn man selektive Meßempfänger verwendet (vgl. Kap. 4) und sich durch eine geeignete grobe Frequenzmessung über die Ordnungszahl der Oberwelle informiert. Ohne den Einsatz irgendwelcher Filter lassen sich derartige Oberwellen in Verbindung mit breitbandig angepaßten Indikatoren selbstverständlich *nicht* anwenden. Eine Leistungsmessung mit Hilfe einer Koaxialfassung des Absorbers oder eine nur über ein einfaches Transformationsglied angepaßte Detektorsonde zur Spannungsmessung kann z. B. eine etwa gewünschte Oberwelle von der mit meist größerer Amplitude vorhandenen Grundwelle nicht trennen. Mit Hohlleiterschaltungen ist jedoch bei passendem Querschnitt und genügender Länge des Hohlleiters durch sein Hochpaßverhalten eine Unterdrückung der Grundwelle meist sehr einfach, so daß zusätzliche Selektionsmittel nicht eingesetzt werden müssen.

Der Oberwellengehalt von Generatoren mit üblichen Reflexklystrons und Carcinotrons ist wesentlich geringer als der von Triodenoszillatoren [2.39c], so daß diese nur in Verbindung mit Verzerrer- bzw. Vervielfacherdioden oder ähnlichen Bauelementen zur Gewinnung von Harmonischen eingesetzt werden. Während im dm- und cm-Bereich die Anwendung von Oberwellen zu Meßzwecken meist nur dazu dient, die Kosten für einen zusätzlich benötigten Meßsender zu sparen, kann im mm-Wellenbereich die Frage der Leistungsausbeute der Klystron- bzw. Carcinotrongeneratoren die Verwendung von Vervielfacher-Bauelementen zweckmäßig erscheinen lassen. Weniger gebräuchlich sind Klystrons, deren zweiter Resonator auf die 2. Harmonische abgestimmt ist, Wanderwellenvervielfacher mit zwei verschiedenen in Kaskade geschalteten Wendeln und in Hohlleiter eingebaute Ferrite, die jedoch sehr hohe Grundwellenleistungen erfordern [2.39c und 2.41].

Vervielfacher mit Halbleiterdioden werden im gesamten Mikrowellenbereich angewendet, wobei die sog. Kapazitätsvariationsdioden (Varaktoren) den normalen Richtleitern, die bei Aussteuerung vorwiegend ihren Wirkleitwert ändern, im Vervielfacherwirkungsgrad überlegen sind. Theorie, Aufbau und Anwendung von Halbleitervervielfachern sind in [2.39c, 2.42 bis 2.52 und 2.114 bis 2.118] beschrieben. Eine Hohlleiteranordnung nach [2.52] für die Frequenzverdopplung einer 4-mm-Welle ist in Abb. 2.11 skizziert. In jüngster Zeit finden zur Oberwellenerzeugung die sog. „Step-Recovery"-Dioden Verwendung [2.92 bis 2.94]. Auch Spezial-Transistoren dringen bis zu Mikrowellenfrequenzen vor [2.108, 2.109].

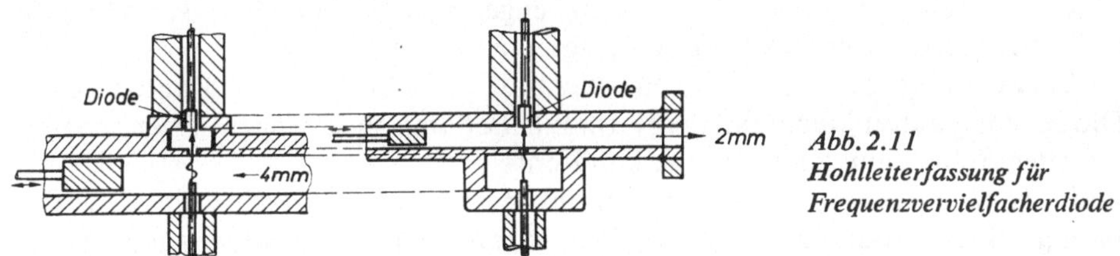


*Abb. 2.11*
*Hohlleiterfassung für*
*Frequenzvervielfacherdiode*

Eine weitere Anwendung der Frequenzvervielfachung bildet die Erzeugung von Normalfrequenzen sehr hoher Frequenzkonstanz, die von Quarzoszillatoren im Bereich von 100 kHz bis 1 MHz abgeleitet und bis hinauf zu Mikrowellenfrequenzen vervielfacht werden (vgl. auch Kap. 12). Meist sind solche Normalfrequenzgeneratoren dekadisch in Stufen einstellbar; durch Mischung mit frei verstimmbaren Interpolationsoszillatoren können auch Zwischenwerte der Frequenz ohne Genauigkeitseinbuße erzeugt werden [2.53, 2.54]. Die kleinen Amplituden der Oberwellen hoher Ordnungszahl werden üblicherweise nicht direkt zu Meßzwecken verwendet, sondern zur Frequenzregelung leistungsstärkerer Klystron- oder Carcinotronoszillatoren benutzt (s. unten).

## 2.5 Modulation, Amplituden- und Frequenzregelung

### 2.51 *Amplitudenmodulation und -regelung*

Wie oben schon erwähnt, ist bei allen einstufigen Mikrowellensendern eine an der Senderstufe selbst vorgenommene stetige Amplitudenmodulation nicht möglich, weil eine beträchtliche Frequenzmodulation immer gleichzeitig auftritt. Die für eine selektive Niederfrequenzverstärkung auf der Empfängerseite oft erwünschte Amplitudenmodulation wird deshalb meist durch eine 100%-Impulsmodulation passender Folgefrequenz ersetzt, wobei als Tastverhältnis in vielen Fällen 1:2 gewählt wird. Empfangsseitig wird aus dem Modulationsspektrum dann nur die Grundwelle ausgefiltert. Bei Trioden wird diese Impulsmodulation üblicherweise durch Tastung der Anodenspannung gewonnen, was mit einer in die Kathoden- oder Anodenzuleitung gelegten Serien-Röhre besorgt wird. Bei Klystronsendern findet man sowohl Anoden- (Resonatorgitter), Wehnelt- als auch Reflektor-Tastung. Die Tastung der Reflektorspannung hat den Vorteil, daß sie leistungslos erfolgen kann, sie bringt aber auch die größte Gefahr der Frequenzverwerfung mit sich. Beim Carcinotron ist ebenfalls die Rechteckmodulation durch Tasten der Wehnelt- oder Leitungsspannung möglich. Bei allen Senderarten ist auf große Flankensteilheit und verschwindende Dachschräge des Modulationssignals zu achten, um Frequenzverwerfungen zu vermeiden. Da die impulsgetasteten Sender bei jedem Impuls erneut mit beliebiger Phase anschwingen, sind die Schwingungen verschiedener Pulsperioden gewöhnlich nicht kohärent. Wird Kohärenz gefordert, so sind sog. Lock-Sender, die dauernd schwingen, an den getasteten Sender lose anzukoppeln. Auch Senderresonatoren sehr hoher Güte können bei geringer Verbraucherlast und relativ hoher Tastfrequenz zu kohärenten Schwingungen führen.
Bei der Verwendung von Dioden zur Frequenzvervielfachung läßt sich durch Tasten der Diodenvorspannung ebenfalls eine Impulsmodulation erzeugen. Hier sind die abgegebenen Schwingungen ebenfalls kohärent.
In Sonderfällen, in denen eine stetige Amplitudenmodulation gefordert wird, sind mehrstufige Sender oder zusätzliche Modulationsvierpole zu verwenden. Mehrstufige Sender bedeuten einen wesentlich höheren Aufwand, da für den Gleichlauf der Abstimmkreise und für Rückwirkungsfreiheit auf die Vorstufe gesorgt werden muß. Nachgeschaltete Modulationsvierpole können nur beschränkte Leistungen aufnehmen und besitzen merkbare Durchgangsdämpfung. Ein derartiges Modulationsglied kann z.B. aus einer entkoppelten E-H-Verzweigung (Abb. 2.12) bestehen, deren Seitenarme 3 und 4 mit Dioden abgeschlossen sind. Eingang 1 und Ausgang 2 sind entkoppelt, wenn die Arme 3 und 4 mit dem gleichen Widerstand belastet sind. Steuert man nun eine der Dioden mit dem Modulationssignal an, so ändert sich ihr Widerstand und die Entkopplung zwischen Arm 1 und 2 wird vermindert. Auf diese Weise läßt sich eine steuerbare Dämpfung (etwa 30 dB), also eine Amplitudenmodulation des konstanten Eingangssignals erreichen [2.55].
Ein anderes Bauelement, nämlich die PIN-Diode hat als Modulations- und Regelglied für Mikrowellen in jüngster Zeit an Bedeutung gewonnen [2.56, 2.60, 2.68,

2.73, 2.74, 2.75, 2.78, 2.95, 2.96]. Diese Diode besteht aus drei Schichten, von denen zwei so dotiert sind, daß sie P- bzw. N-leitend sind und bei Anlegen einer Spannung in die dritte, aus reinem Germanium bestehende, Intrinsic-Schicht Ladungsträger zu injizieren vermögen. Die PIN-Dioden-Modulatoren werden nun so aufgebaut,

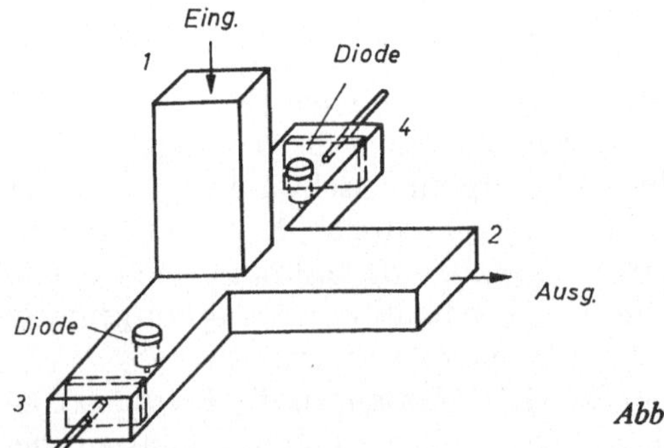


*Abb. 2.12 Modulationsanordnung*

daß sich nur die I-Schicht der Diode im Inneren des felderfüllten Raumes einer Streifenleitung befindet. Sind keine Ladungsträger vorhanden, so wirkt das Germanium als verlustarmes Dielektrikum ($\varepsilon_r \approx 15$); werden Ladungsträger injiziert, so entstehen Verluste, die zu einer Dämpfung führen. Aus Leistungs- und Anpassungsgründen werden häufig mehrere PIN-Dioden längs eines Hohlleiter- oder Bandleitungsstückes angeordnet [2.60]. Diese Modulatoren haben HF-Bandbreiten von etwa 1 Oktave und werden bis zu Frequenzen von 150 GHz gebaut. In [2.52] ist für 2 mm Wellenlänge eine Dämpfungsvariation von 5 bis 30 dB bei 10 mW Steuerleistung und 50 kHz Modulationsbandbreite angegeben.
Auch der Einbau von üblichen Punktkontaktdioden oder von Varaktordioden direkt in den Leitungszug von Hohlleitern führt zu veränderbaren Querleitwerten und zu Modulatoren bzw. Schaltern mit Dämpfungsvariationen von etwa 25 dB [2.61, 2.62, 2.119]. Germaniumdioden sind hierfür den Siliziumdioden vorzuziehen [2.69].
Für Messungen bei einer festen Frequenz ist eine Amplitudenkonstanz der Sender von $10^{-3}$ im allgemeinen ausreichend. Hierfür genügt für gewöhnlich eine elektronische Stabilisierung der Betriebsspannungen nach den herkömmlichen Methoden. Auch auf eine Stabilisierung der Heizspannungen (mittels Transistorschaltungen oder Eisen-Wasserstoffwiderständen) sollte Wert gelegt werden. Eine automatische Amplitudenregelung ist deshalb für normale Meßsender nicht üblich, sie kann jedoch mit Vorteil zur Anpassung des Generatorinnenwiderstandes an den Verbraucher eingesetzt werden [2.91]. In Sonderfällen (z.B. Kap. 5, Abb. 5.40) kann man neben PIN-Dioden-Modulatoren auch Impulsbreiten-Modulation und für nicht zu schnelle Pegeländerungen auch vormagnetisierte Ferrit-Dämpfungsglieder (s.auch Abschn. 4.31) zur Amplitudenregelung benutzen [2.63, 2.67, 2.76, 2.77, 2.97, 2.98]. Bei Wobbelsendern jedoch sind Regelschaltungen häufig notwendig (s. unten).
In jüngster Zeit sind an Stelle von Regelschaltungen auch Begrenzerschaltungen mit Hilfe von Varaktor- und PIN-Dioden bekannt geworden, die sich bis zu Frequenzen von 18 GHz verwenden lassen [2.72].

## 2.52    *Frequenzmodulation und -regelung*

Bei Mikrowellentriodengeneratoren ist eine Frequenzmodulation durch Betriebs-
spannungsänderungen zwar möglich, doch wegen der gleichzeitig auftretenden
Amplitudenänderungen nicht sehr gebräuchlich. Es lassen sich Frequenzhübe von
$\Delta f/f \approx 5 \cdot 10^{-4}$ mit erträglicher Linearität erzielen. Bei Reflexklystrons ist der maximale Hub etwa eine Zehnerpotenz größer, doch treten auch hier Amplitudenschwan-
kungen auf (vgl. Abb. 2.7), so daß man sich meist mit kleinerem Hub begnügt. Bei
Carcinotrons entspricht der maximale Frequenzhub dem Betriebsbereich ($\Delta f/f$
$\approx 1:2$), Linearität in kleineren Bereichen und Amplitudenschwankungen hängen
weitgehend vom Röhrenaufbau und Abschluß ab (vgl. Abschn. 2.3). Im Gegensatz
zum Klystron, welches durch Reflektorspannungsänderung leistungslos in der Frequenz modulierbar ist, muß beim Carcinotron Modulationsleistung aufgebracht
werden, da hier die Leitungs- und Kollektorspannung zu ändern ist.
Wichtiger als die Amplitudenkonstanz ist für viele Messungen die Frequenzkonstanz eines Meßsenders. Durchschnittlich erreicht man eine Frequenzkonstanz der
Generatoren von etwa $10^{-3}$ mit LC- oder Bandleitungskreisen und von etwa $10^{-4}$
mit Koaxial- oder Hohlraumresonatoren mit kapazitiver Abstimmung. Benutzt man
eine von einem zusätzlichen Resonator hoher Güte gesteuerte Regelung, so ist etwa
$10^{-5}$ erreichbar. Bei Steuerung durch vom Quarz abgeleitete Frequenzen ist eine
Konstanz von $10^{-7}$ bis $10^{-9}$ zu erzielen. Die Kurzzeitkonstanz ist – oft für die
Dauer einer Messung maßgebend – gewöhnlich um eine Größenordnung besser als
die Langzeitkonstanz.

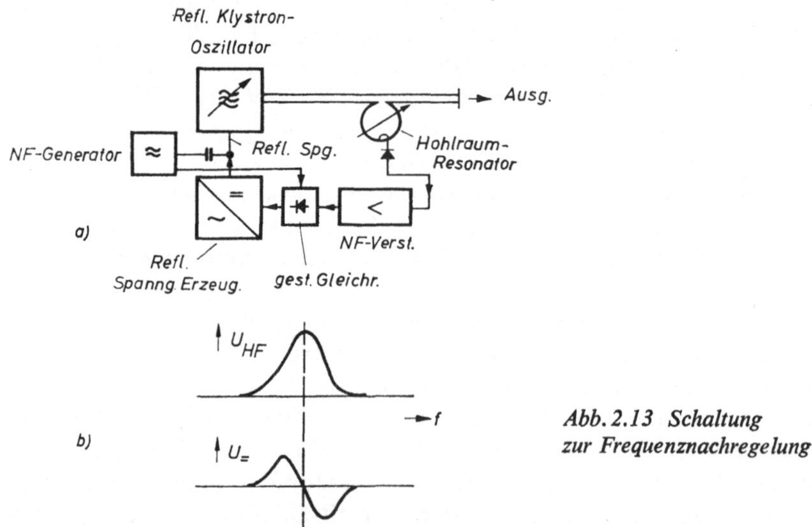


Abb. 2.13  Schaltung
zur Frequenznachregelung

Frequenznachregelschaltungen [2,39 d, 2.58, 2.99 bis 2.101] sind vielfach nach
Abb. 2.13 a aufgebaut. An den Oszillatorausgang ist ein Resonator hoher Güte lose
angekoppelt. Die Ankopplung kann über einen Richtkoppler oder einen Schlitz im
Hohlleiter oder dgl. erfolgen. Die an den Resonator angeschlossene Diode gibt eine

der HF-Amplitude proportionale Gleichspannung ab. Wird die Reflektorspannung durch ein niederfrequentes Signal beaufschlagt, so ist das Oszillatorsignal frequenzmoduliert und die Resonatordiode gibt eine der Frequenzabweichung entsprechende NF-Spannung ab. Nach Verstärkung und zweiter gesteuerter Gleichrichtung entsteht

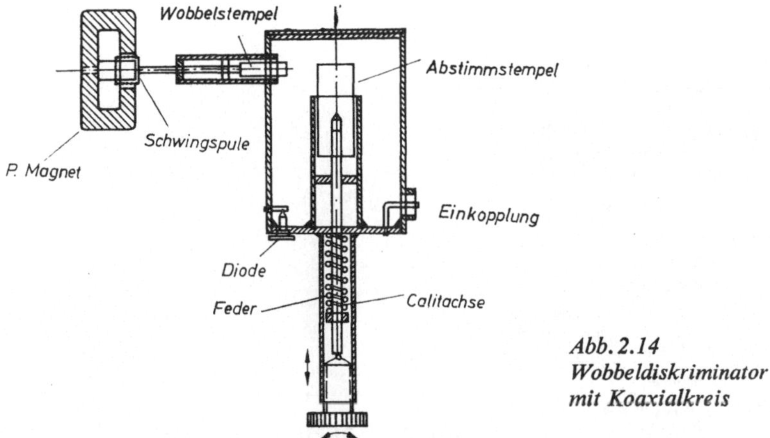


*Abb. 2.14*
*Wobbeldiskriminator*
*mit Koaxialkreis*

eine Regelgleichspannung nach Abb. 2.13b. Diese wird dem Netzgerät zugeführt und der Reflektorspannung überlagert und dient der Konstanthaltung der Mittenfrequenz. Nachteilig ist die hierbei auftretende Frequenzmodulation des Ausgangssignals.

Verwendet man eine rhythmische Verstimmung des Vergleichsresonators, so kann man auf die Frequenzmodulation des Oszillators verzichten und bekommt die gleiche Diskriminatorkurve für die Regelspannung. Die Verstimmung eines Koaxial-Resonators kann z. B. durch mechanische Verschiebung eines kleinen zusätzlichen kapazitiven Stempels erfolgen, wie dies in Abb. 2.14 skizziert ist. Die Wobbelfrequenz muß in diesem Fall dem gesteuerten Gleichrichter und der Schwingspule im Magnetsystem – z. B. wie im dynamischen Lautsprecher – zugeführt werden. Bei Hohlraumresonatoren kann zum Wobbeln z. B. eine Deckplatte als bewegliche Membrane ausgebildet werden.

Ohne eine Wobbelfrequenz läßt sich ein Mikrowellendiskriminator auch mit zwei etwas gegeneinander verstimmten Resonatoren bilden (Abb. 2.15). Die an den beiden Resonatordioden enststehenden Gleichspannungen sind dann gegeneinanderzuschalten und erzeugen über einen Gleichspannungsverstärker die dem Reflektor zuzuführende Regelspannung. Die zwei in ihrer Herstellung teuren Resonatoren bedeuten natürlich einen größeren Aufwand, vor allem wenn Gleichlauf über einen größeren Frequenzbereich bei Antrieb durch ein gemeinsames Abstimmorgan gefordert wird.

Bei Triodensendern kann eine Frequenznachregelung in ähnlicher Weise über die zugeführte Anodenspannung erfolgen, wobei der Nachstimmbereich jedoch geringer ist. Eine Nachsteuerung über größere Frequenzbereiche wird vorteilhaft in eine elektrische Feinabstimmung und eine mechanische Grobabstimmung aufgegliedert. Letztere ist in Abb. 2.16 skizziert: Ein kapazitiver Abstimmstempel wird durch einen

kleinen Motor in Längsrichtung verschoben, wenn die Regelspannung einen Schwellwert überschritten hat und das polarisierte T-Relais zum Anzug gebracht hat [2.3e].
Eine vor allem für Reflex-Klystrons mit Innenresonator sehr vorteilhafte Frequenzregelschaltung, die mit einer automatischen Suchvorrichtung für die Reflektor-

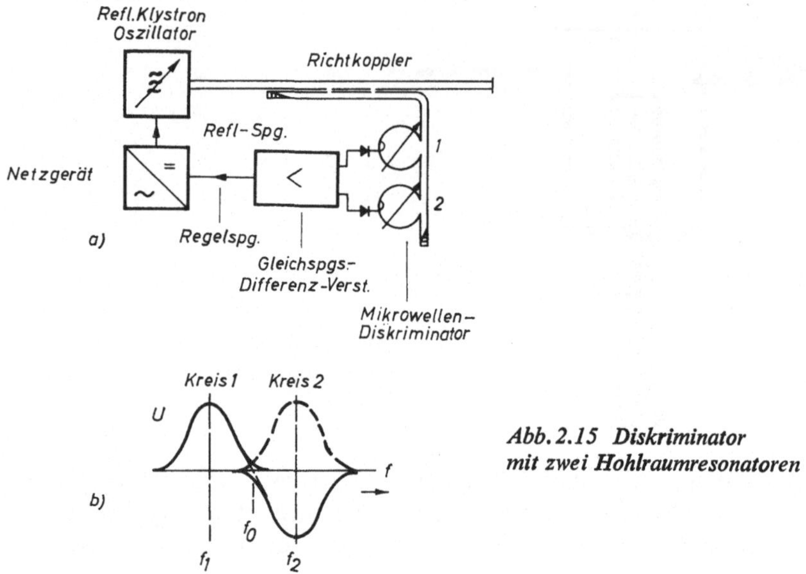


**Abb. 2.15  Diskriminator**
**mit zwei Hohlraumresonatoren**

spannung kombiniert ist, wird in [2.59] beschrieben. Da bei diesen Klystrons die durch mechanische Deformation erfolgende Resonatorabstimmung schlecht mit einer Anzeigeskala zu kombinieren ist, stößt die Abtimmung auf eine bestimmte Frequenz wegen der gleichzeitig zu erfüllenden Forderung nach richtiger Reflektor-

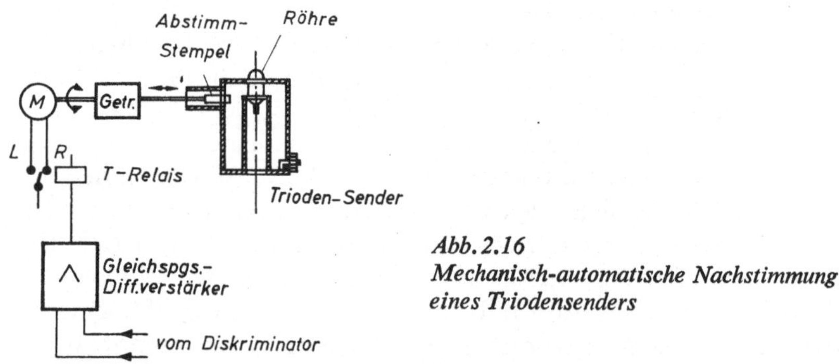


**Abb. 2.16**
**Mechanisch-automatische Nachstimmung**
**eines Triodensenders**

spannung *und* richtiger Resonatorabstimmung oft auf Schwierigkeiten, was vor allem bei Ungeübten zu großem Zeitverlust führt. Die in Abb. 2.17 gezeichnete Anordnung besitzt einen Kippgenerator, der den Reflektor im Anfangszustand der Abstimmung den gesamten möglichen Spannungsbereich periodisch durchlaufen läßt. Der mit einer genauen Eichung versehene an den Oszillatorausgang angekoppelte Vergleichsresonator wird auf die Sollfrequenz gestellt. Die Einstellung des Klystroninnenresonators ist zunächst unbekannt. Immer, wenn der Reflektor einen Spannungswert durchläuft, der zur Innenresonatoreinstellung paßt, gibt das Klystron kurzzeitig Leistung ab. Durch stetige Verstellung des Innenresonators erreicht

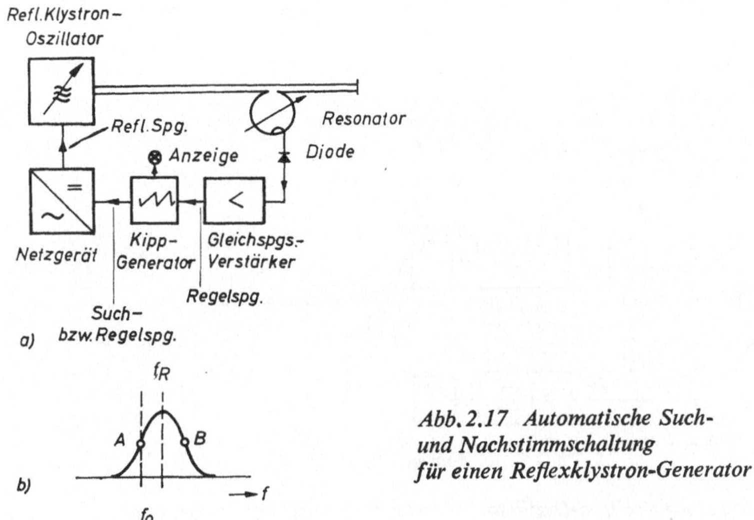


*Abb. 2.17 Automatische Such- und Nachstimmschaltung für einen Reflexklystron-Generator*

man nach kurzer Zeit auch diejenige Frequenz, auf die der Vergleichsresonator abgestimmt wurde. Beim Durchlaufen der Reflektorspannung wird dann von der am Vergleichsresonator liegenden Diode eine Spannung abgegeben. Diese setzt im gleichen Augenblick den Kippgenerator still und unterbricht so den Suchvorgang. Gleichzeitig wird der Regelvorgang eingeleitet, bei dem der Vergleichsresonator als Flankendiskriminator dient und die Reflektorspannung über den Gleichspannungsverstärker nachregelt. Das Stillsetzen des Suchvorganges wird angezeigt, z.B. durch Erlöschen einer von der Kippspannung gespeisten Glimmlampe, so daß die Innenresonatorverstellung im richtigen Augenblick unterbrochen werden kann. Die Ansprechspannung, die zur Unterbrechung des Kippvorganges führt, kann so eingestellt werden, daß sich die Anordnung nur bei demjenigen Modus (vgl. Abb. 2.7) fängt, der die größte Leistung abgibt. Die festgehaltene Oszillatorfrequenz liegt etwas neben der Resonanzfrequenz des Resonators (Abb. 2.17b), doch ist dies bei den bei cm-Wellen gängigen Kreisgüten von etwa 5000 unerheblich. Nur bei *einer* Flanke (z.B. Punkt A) der Resonanzkurve ist die Regelung stabil. Durch hohe obere Grenzfrequenz des Gleichspannungsverstärkers lassen sich durch die beschriebene Anordnung auch sehr schnelle Frequenzschwankungen noch ausregeln – auch diejenigen, die von Restschwankungen oder -welligkeiten der Netzversorgung herrühren. Dies bedeutet gegenüber der unter Abb. 2.14 beschriebenen Anordnung einen Vorteil.

In [2.58] sind zwei weitere Schaltungen beschrieben, die bei Mikrowellen eine Diskriminatorkennlinie zu erzeugen gestatten: Beide benutzen einen Hohlraumresonator; die erste läßt zwei Diodensonden in seine Zuleitung eintauchen, die zweite verwendet eine E-H-Verzweigung.

Quarzgenaue Mikrowellenfrequenzen mit für Meßzwecke ausreichender Leistung erzeugt man mittels Synchronisierung von Klystron- oder Carcinotronoszillatoren durch Quarzgenerator-Oberwellen (vgl. auch Kap. 12). Die Schaltung einer derartigen Anordnung [2.53] zeigt Abb. 2.18. Die Quarzfrequenzdekade liefert Ober-

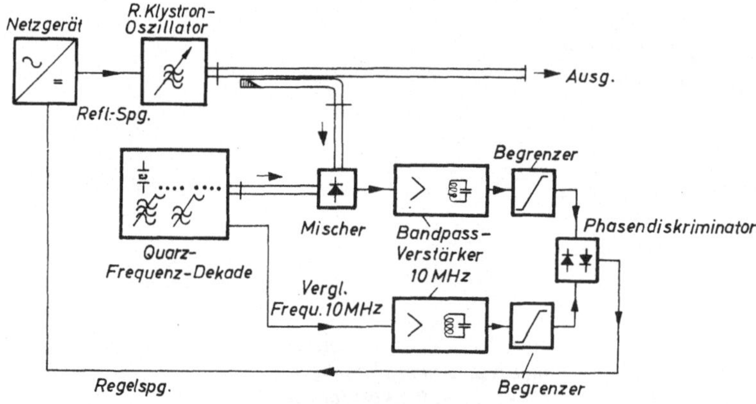



*Abb. 2.18 Synchronisation eines Klystron-Oszillators mit einem Normalfrequenz-Generator*

wellen eines sehr stabilen (etwa $10^{-8}$) Quarzgenerators, die noch im Mikrowellenbereich für eine Mischung ausreichende Amplituden besitzen. Die Dekade wird so eingestellt, daß die von ihr abgegebene Frequenz (oder eine Vielfache davon) um z. B. 10 MHz von der gewünschten Frequenz des Klystrons nach oben oder unten abweicht. Dann ergibt sich in der Mischstufe zusammen mit der über einen Richtkoppler dem Klystronausgang entnommenen Frequenz eine Zwischenfrequenz, die bei richtiger Klystronabstimmung 10 MHz beträgt. Diese Zwischenfrequenz wird verstärkt und nach Amplitudenbegrenzung einer Phasenbrücke (Ph.-Diskriminator) zugeführt. Gleichzeitig wird der Quarzdekade eine ebenfalls 10 MHz betragende Vergleichsfrequenz entnommen und dem zweiten Eingang der Phasenbrücke zugeführt. Der Phasendiskriminator erzeugt bei Frequenzgleichheit eine von der Phase abhängige Regelspannung, die der Reflektorspannung überlagert wird. Auf diese Weise ist eine phasenstarre Frequenznachregelung mit einer maximalen Phasenabweichung von etwa 10° möglich.

Auf die gleiche Weise kann man natürlich auch die Frequenz von zwei normalen Meßsendern synchronisieren. Werden an Stelle von Klystrons Rückwärtswellenoszillatoren an die oben beschriebenen Frequenzregelschaltungen angeschlossen, so ist in der Regelschleife eine passende Leistungsverstärkung vorzusehen.

Auch durch direktes Einkoppeln eines Signals in den Ausgangskreis eines Senders – also ohne Regelschleife – ist eine Phasensynchronisierung erreichbar (Injection-Phase-Locking) [2.121].

## 2.6　Wobbelsender

Unter Wobbelmeßverfahren versteht man Messungen, bei denen der Sender stetig innerhalb eines definierten Bereiches in seiner Frequenz verändert wird, um die Reaktion eines Meßobjektes innerhalb des gewählten Frequenzbereiches kurzfristig überschauen zu können. Am häufigsten werden Reflexionsfaktormessungen, Dämpfungs- oder Verstärkungsmessungen von Zwei- und Vierpolen und ggf. Impedanzmessungen im Wobbelverfahren durchgeführt. Die Anzeige des Meßergebnisses wird gewöhnlich auf dem Schirm einer Braunschen Röhre oder mit Hilfe von schreibenden Meßgeräten vorgenommen. Wegen der schnellen Anzeige einer ganzen Meßkurve und der sofortigen Reaktion bei Veränderungen am Meßobjekt, zu deren Erkennung bei punktweiser Messung eine wesentlich längere Zeit notwendig wäre, erfreuen sich die Wobbelverfahren wachsender Beliebtheit.

Die Wobbelgeschwindigkeit, d. h. die Änderungsgeschwindigkeit der Frequenz, hängt einerseits vom Anzeigeverfahren, andererseits vom Einschwingverhalten des Meßobjektes ab [2.64], so daß vor allem bei schmalbandigen Meßobjekten recht niedrige Wobbelfrequenzen notwendig sind, die dann zur Anzeige z.B. Kathodenstrahlröhren mit Nachleuchtschirm notwendig machen (s. auch Abschn. 12.52). Auch die Meßsender begrenzen häufig, z.B. bei mechanischer Frequenzverstellung, die Wobbelgeschwindigkeit.

Bei Triodensendern wird für größere Wobbelfrequenzbereiche die Abstimmung der Schwingkreise mit Hilfe eines Motors verändert. Schwierigkeiten bringen hier bei Koaxialkreisen die Reibungskräfte der Kurzschlußschieber und die relativ großen Massen der Getriebe mit sich. Mechanisch einfacher, jedoch nur für kleinere Frequenzvariationen brauchbar, sind Konstruktionen in der Art von Abb. 2.6, bei der nur Rotationsbewegungen auftreten. Zum Antrieb der Abstimmorgane werden bevorzugt Motoren mit geringen Trägheitsmomenten (z.B. Ferraris-Motoren) eingesetzt, um am Bereichsende eine schnelle Umsteuerung zu gewährleisten. Die Grenzen des Wobbelbereiches sind hierbei meist durch verstellbare Endumschalter, die mit der Anzeigeskala kombiniert sind, festzulegen [2.10]. Für kleine Wobbelbereiche lassen sich auch Anordnungen am Senderschwingkreis nach Abb. 2.14 verwenden.

Zur Synchronisierung zwischen der mechanischen Frequenzeinstellung am Sender und der X-Koordinate des Anzeigegerätes sollten auch Gleichspannungswerte übertragen werden können, um auch bei Verschiebung der Wobbelmittenfrequenz oder bei Stillstand des Antriebs eine eindeutige Zuordnung zwischen Frequenz und X-Lage der Anzeige zu erhalten.

Reflexklystrons werden als Wobbelsender selten eingesetzt [2.87]. Eine mechanische Verstimmung des Schwingkreises würde eine synchrone Reflektorspannungsänderung erfordern und der über die Reflektorspannung allein erreichbare Hub ist relativ gering. Größere Bereiche ergeben sich mit magnetischer Abstimmung Ferritbelasteter Resonatoren nach [2.82].

Wegen der rein elektrischen Durchstimmbarkeit über große Frequenzbereiche sind die Carcinotronoszillatoren den Triodensendern weit überlegen. Die Wobbelfrequenz ist in weiten Bereichen veränderbar und die Linearität der Frequenzänderung ist – von der oben erwähnten „Feinstruktur" abgesehen – durch eine passende Vor-

verzerrung der Wobbelspannung erreichbar [2.102 bis 2.106]. Die Synchronisier-
spannung zur Anzeige-Ablenkung kann durch Teilung der Wobbelspannung direkt
gewonnen werden. Zur Anzeige der Wobbelgrenzen lassen sich passend geeichte
Spitzenspannungsmesser an die Wobbelspannung schalten [2.64, 2.65, 2.105].
Die mit der Frequenz meist mehr oder weniger schwankende Ausgangsamplitude
von Wobbelsendern macht im allgemeinen eine Amplitudenregelung notwendig.

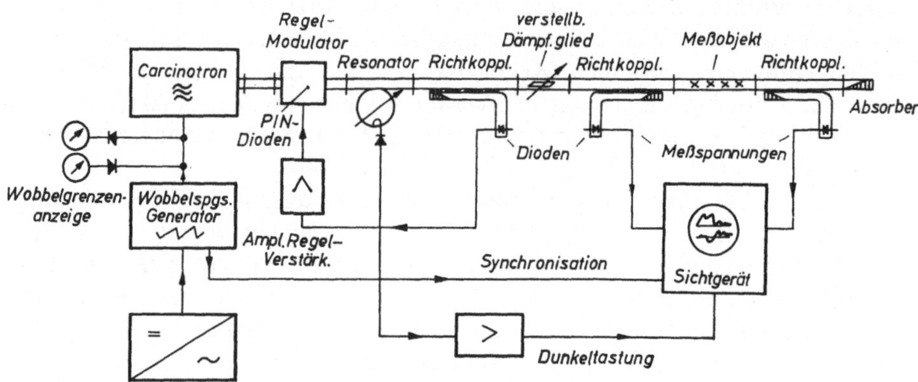


Abb. 2.19  *Wobbelmeßplatz*

Ausnahmen bilden Wobbelmeßplätze, in deren Empfangsteil automatisch der Quotient aus Meß- und Senderspannung gebildet wird oder bei denen die Senderspannung in einem eigenen Kanal übertragen und über der Frequenzachse angezeigt
wird. Auch in diesen Fällen ist jedoch bei großen Amplitudendifferenzen dann eine
Regelung am Platze, wenn Übersteuerungen des Meßkanals oder empfindlicher
Meßobjekte zu befürchten sind. Neben den in Abschn. 2.51 beschriebenen Regel-
elementen läßt sich zur Amplitudenregelung auch die Pulsbreitenmodulation anwenden, wenn auf der Empfangsseite Indikatoren verwendet werden, die die mittlere Leistung anzeigen [2.65, 2.105].
An die Frequenzgenauigkeit der Wobbelgrenzen und der Mittenfrequenz brauchen
bei größeren Wobbelhüben im allgemeinen keine großen Anforderungen gestellt
zu werden. Die Kenntnis der Lage von Meßkurven zur Frequenzachse gewinnt man
mit Hilfe von Eichmarken. Diese werden z. B. als geeichte Frequenzen dem Sendersignal überlagert und sind auf der Anzeigekurve durch entsprechende Schwebungen
an definierten Frequenzpunkten erkennbar. Die notwendigen Eichmarkengenera-
toren, oft von quarzstabilisierten Oszillatoren abgeleitet, sind häufig in die Wobbelsender schon eingebaut. Auch geeichte variable Oszillatoren werden zur Erzeugung
verschiebbarer Eichmarken verwendet. Eine andere Möglichkeit, verschiebbare
Eichpunkte zu gewinnen, bieten abstimmbare Resonatoren. Diese können z. B. an
die zum Meßobjekt führende Hohlleitung angekoppelt werden und absorbieren in
dem Augenblick, in welchem der Sender ihre Resonanzfrequenz durchläuft, einen
Teil der Leistung. Dann zeigt sich auf der Meßkurve an dieser Stelle ein kleiner
Amplitudeneinbruch. Schließt man an den Resonator jedoch eine Diode an, so er-

hält man beim Frequenzdurchlauf einen Gleichspannungsimpuls, den man zum Dunkeltasten des Anzeigesichtgerätes verwenden kann, und erhält so als Frequenzmarke einen gut erkennbaren Dunkelpunkt (vgl. auch Abschn. 12.2). Abb. 2.19 zeigt

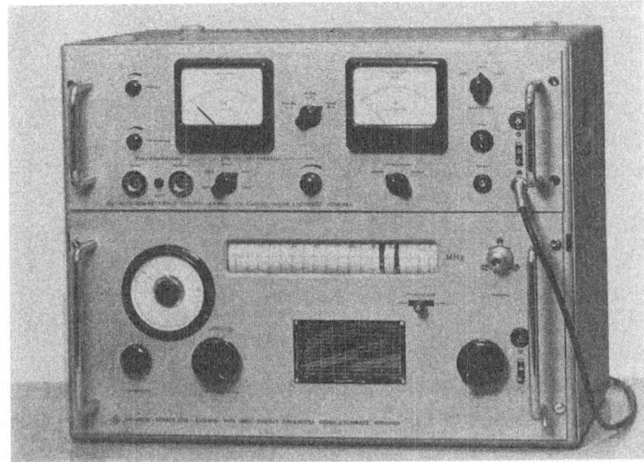

*Abb. 2.20*
*Klystron-Meßsender*
(Werkfoto Rohde & Schwarz)

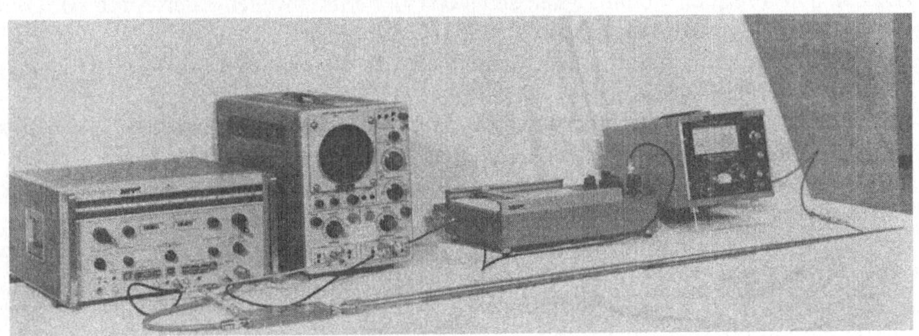

*Abb. 2.21 Wobbelmeßplatz, links Carcinotronsender (Hewlett-Packard), mitte Oszillograf und X-Y-Schreiber, rechts Anzeigeverstärker (Weinschel)*

die Zusammenschaltung eines kompletten Wobbelmeßplatzes zur Messung der Reflexion und Dämpfung eines Vierpols; in Abb. 2.20 ist ein Klystron-Meßsender dargestellt und in Abb. 2.21 ist ein Carcinotron-Sender neben Hilfsgeräten eines Wobbelmeßplatzes zu erkennen.

## Literatur

[2.1] *H. H. Meinke:* Meßgeräte und Meßverfahren für Dezimeterwellen. Manuskript T.H. München (1948).
[2.2] Keramisches Durchführungsfilter. Valvo, Technische Informationen für die Industrie, Heft 40 (1963).

[2.3] *G. Megla:* Dezimeterwellentechnik, Berliner Union Stuttgart, 5. Aufl. (1962), a) S. 43, b) S. 57, c) S. 86, d) S. 391, e) S. 422.

[2.4] *H. H. Meinke* u. *F. W. Gundlach:* Taschenbuch der Hochfrequenztechnik, Springer, Berlin, 2. Aufl. (1962), a) S. 1170, b) S. 865, c) S. 850, d) 1. Aufl. (1956) S. 1318.

[2.5] *H. Rothe:* Röhren für Ein- und Ausgangsstufen im 4000 MHz-Gebiet. Fernm. Techn. Zeitschr. 7 (1954) S. 532.

[2.6] *F. W. Gundlach:* Trioden mit sehr kleinen Elektrodenabständen. Fernm. Techn. Zeitschr. 7 (1954) S. 516.

[2.7] *D. Hopf* in Handbuch f. Hochfrequenz- und Elektrotechniker, Bd. IV, Verlag Radio-Foto-Kinotechnik, Berlin (1957), a) S. 167, b) S. 180.

[2.8] *A. Kraus:* Meßsender für Dezimeterwellen. Rohde & Schwarz-Mitteilungen (1952) S. 45.

[2.9] *J. Deutsch* u. *O. Zinke:* Kontaktlose Kolben für Mikrowellen-Meßgeräte. Fernm. Techn. Zeitschr. 7 (1954) S. 419.

[2.10] Firmenprospekt Fa. Siemens & Halske (1963).

[2.11] *H. H. Meinke:* Das Verhalten elektromagnetischer Wellen in stark inhomogenen Bauelementen. Zeitschr. f. angew. Physik 2 (1950) S. 473.

[2.12] *H. Eisenmann* u. *K. Lange:* Automatische Messung komplexer Quotienten mit Sichtanzeige im Frequenzbereich 5–200 MHz. Nachr. Techn. Zeitschr. 15 (1962) S. 17.

[2.13] *H. Paul:* Die Leistungsabgabe des selbsterregten Mikrowellengenerators an eine komplexe Last. Elektron. Rundschau 10 (1956) S. 29.

[2.14] *H. Paul:* Die Frequenzabhängigkeit selbsterregter Mikrowellengeneratoren bei komplexer Last. Elektron. Rundschau 10 (1956) S. 146, S. 167.

[2.15] *H. G. Kolb:* Ein neuer Leistungsmeßsender für den Bereich 300–1000 MHz. Siemens Zeitschr. 29 (1955) S. 82.

[2.16] *H. Eisenmann:* Ein Meßverfahren zur direkten Anzeige von komplexen Spannungsquotienten im Bereich von 5–200 MHz. Diss. Techn. Hochsch. München (1960).

[2.17] *A. Egger* u. *G. Pusch:* Scheibentriodenverstärker für Dezimeterfunkstrecken. Fernm. Techn. Zeitschr. 6 (1953) S. 486.

[2.18] *R. H. Varian* u. *S. F. Varian:* A High Frequency Oscillator and Amplifier. Journ. of Appl. Physics 10 (1939) S. 321.

[2.19] *D. R. Hamilton, J. K. Knipp* u. *J. B. Horner Kuper:* Klystrons and Microwave Triodes. M.I.T. Radiation Lab. Series, Bd. 7. McGraw-Hill, New York, Toronto, London (1948).

[2.20] *E. G. Dorgelo:* Über die Technologie von Magnetrons und Klystrons. Vakuum Technik (1956) Heft 8.

[2.21] *J. Labus:* Modulationseigenschaften des Reflexgenerators. Fernm. Techn. Zeistchr. 7 (1954) S. 562.

[2.22] *D. Frölich* u. *R. Müller:* Die Frequenzstabilität von Klystronoszillatoren. S & H-Entwicklungsberichte (1962) S. 77.

[2.23] *D. R. Hamilton* u. *R. V. Pound* in: C. G. Montgomery, Technique of Microwave Measurements. M.I.T. Radiation Lab. Series, Bd. 11. McGraw-Hill, New York, Toronto, London (1947) Kap. 2.

[2.24] *W. Kleen* u. *K. Pöschl:* Die Erzeugung und Verstärkung von mm-Wellen. Teil 1. Nachr. Techn. Zeitschr. 11 (1958) S. 8.

[2.25] Firmenprospekt, Fa. Sivers-Lab., Schweden (1960).

[2.26] *W. Kleen* u. *K. Pöschl:* Einführung in die Mikrowellen-Elektronik. Teil II, Lauffeldröhren. Hirzel, Stuttgart (1958) S. 116.

[2.27] *H. R. Johnson:* Backward-Wave Oscillators. Proc. Inst. Radio Engrs. 43 (1955) S. 684.

[2.28] *W. Veith:* Das Carcinotron, ein elektrisch durchstimmbarer Generator für Mikrowellen. Fernm. Techn. Zeitschr. 7 (1954) S.554.

[2.29] *K. Pöschl:* Zur Theorie des Carcinotrons. Fernm. Techn. Zeitschr. 7 (1954) S.558.

[2.30] *J. R. Pierce:* Some Recent Advances in Microwave Tubes. Proc. Inst. Radio Engrs. 42 (1954) S.1735.

[2.31] *J. W. Sullivan:* A Wide-Band Voltage-tunable Oscillator. Proc. Inst. Radio Engrs. 42 (1954) S.1658.

[2.32] *W. Kleen:* Verzögerungsleitungen mit periodischer Struktur in Wanderfeldröhren. Fernm. Techn. Zeitschr. 7 (1954) S.547.

[2.33] *G. Bolz:* Aufbau und Eigenschaften von Rückwärtswellenröhren. Nachr. Techn. Zeitschr. 12 (1959) S.120.

[2.34] *F. W. Gundlach:* Kettenleiterröhren. Nachr. Techn. Zeitschr. 10 (1957) S.265.

[2.35] *P. Palluel* u. *A. K. Goldberger:* The O-Type Carcinotron Tube. Proc. Inst. Radio Engrs. 44 (1956) S.333.

[2.36) *H. Schwab:* Die Eignung von O-Carcinotrons als Senderöhren von FM-Radargeräten. Dissertation Techn. Hochschule München (1963).

[2.37] *M. Schnädelbach* u. *H. Pirich:* Neue Sende- und Spezialröhren. Siemens-Zeitschrift (1963) S.392.

[2.38] *R. Warnecke, P. Guénard, O. Doehler* u. *B. Epstein:* The M-Type Carcinotron Tube. Proc. Inst. Radio Engrs. 43 (1955) S.413.

[2.39] *A. F. Harvey:* Microwave Engineering. Academic Press, London, New York (1963), a) S.514, b) S.544, c) S.769, d) S.938.

[2.40] *L. L. Oh* u. *C. D. Lunden:* High Power Simulation at X-Band. Microwave Journ. 5 (1962) Febr. S.90.

[2.41] *D. J. Bates* u. *E. L. Ginzton:* A Traveling-Wave Frequency Multiplier. Proc. Inst. Radio Engrs. 45 (1957) S.938.

[2.42] *P. Penfield* u. *R. P. Rafuse:* Varactor Applications. Massach. Inst. of Technologie Press, Cambridge, Mass. (1962) S.297.

[2.43] *C. H. Page:* Harmonic Generation with Ideal Rectifiers. Proc. Inst. Radio Engrs. 46 (1958) S.1739.

[2.44] *S. Kita:* A Harmonic Generator by Use of the Nonlinear Capacitances of a Germanium Diode. Proc. Inst. Radio Engrs. 46 (1958) S.1307.

[2.45] *D. Leenow* u. *A. Uhlir:* Generation of Harmonics and Subharmonics at Microwave Frequencies with PN-Junction Diodes. Proc. Inst. Radio Engrs. 47 (1959) S.1724.

[2.46] *P. B. Leeson* u. *S. Weinreb:* Frequency Multiplication with Nonlinear Capacitors – A Circuit Analysis. Proc. Inst. Radio Engrs. 47 (1959) S.2076.

[2.47] *I. Kaufmann* u. *D. Douthett:* Harmonic Generation Using Idling Circuits. Proc. Inst. Radio Engrs. 48 (1960) S.790.

[2.48] *R. Lowell* u. *M. J. Kiss:* Solid-State Microwave Power Sources Using Harmonic Generation. Proc. Inst. Radio Engrs. 48 (1960) S.1334.

[2.49] *D. Leenow* u. *J. W. Rood:* UHF Harmonic Generation with Silicon Diodes. Proc. Inst. Radio Engrs. 48 (1960) S.1335.

[2.50] *J. Brown:* Waveguide Harmonic Generators. Proc. Inst. Radio Engrs. 49 (1961) S.825.

[2.51] *T. Utsunomiya* u. *S. Yuan:* Theory, Design and Performance of Maximum-Efficiency Variable-Reactance Frequency Multipliers. Proc. Inst. Radio Engrs. 50 (1962) S.57.

[2.52] *C. W. v. Es, M. Gevers* u. *F. C. de Ronde:* Hohlleiterapparatur für 2 mm Wellenlänge. Philips Techn. Rundschau 22 (1960) S.175.

[2.53] Firmenprospekt Fa. Schomandl, München.

[2.54] Firmenprospekt Fa. Schlumberger, München.

[2.55] *K. Ullrich:* Entwicklung und Bau eines Gerätes zur Impulstastung von 3-cm-Wellen. Diplomarbeit Inst. f. Hochfrequenztechnik, Techn. Hochschule München (1956).

[2.56] *F.C. de Ronde, H.J.G. Meyer* u. *O.W. Memelink:* The PIN-Modulator, an electrically controlled Attenuator for mm- and sub-mm-waves. Transact. Inst. Radio Engrs. MTT 8 (1960) S.325.

[2.57] *B.B. van Iperen:* Reflexklystrons für 4 und 2,5 mm Wellenlänge. Philips Techn. Rundschau 21 (1959) S.217.

[2.58] *F.J. Tischer:* Mikrowellenmeßtechnik. Springer, Berlin, Göttingen, Heidelberg (1958) S.33.

[2.59] *K. Laubner:* Rückwärtsregelung eines Reflexklystrons. Dipl.Arb. Inst. f. Hochfrequenztechnik, Techn. Hochschule München (1953).

[2.60] Firmenprospekt, Fa. Hewlett Packard (1964).

[2.61] *M.R. Millet:* Microwave Switching by Crystal Diodes. Transact. Inst. Radio Engrs. MTT 3 (1958) S.284.

[2.62] *D. Pfab:* Einstellbare Normalechos für Radargeräte. Dissertation Techn. Hochschule München (1965).

[2.63] *G.S. Uebele:* High Speed Ferrite Microwave Switch. – National Convention Rec. Inst. Radio Engrs. (1957) Pt. 1. S.227.

[2.64] *H. Spalding:* Wobbelsender und Wobbelmeßplätze. Rohde & Schwarz Kurzinformation 5/6 (1962) S.45.

[2.65] Firmenprospekt, Fa. Rohde & Schwarz, München (1964).

[2.66] *E. Okress:* Crossed-Field Microwave Devices. Academic Press, New York u. London (1961) Bd. II, Kap. 2.

[2.67] *B. Vafiades* u. *B.J. Duncan:* An L-Band Ferrite Coaxial Line Modulator. National Convention Rec. Inst. Radio Engrs. (1957) Pt. 1. S.235.

[2.68] *J. Jacobs, F.A. Brand, M. Benanti, R. Benjamin* u. *J. Meindl:* A New Semiconductor Microwave Modulator. Transact. Inst. Radio Engrs. MTT 8 (1960) S.553.

[2.69] *R.A. Graver, J.A. Rosado* u. *E.F. Turner:* Theory of the Germanium-Diode Microwave Switch. Transact. Inst. Radio Engrs. MTT 8 (1960) S.108.

[2.70] *S.N. Das:* Uni-Control Wide-Range Oscillator. Electronic Radio Engrs. 34 (1957) S.365.

[2.71] *S.N. van Voorhis:* Microwave Receivers. M.I.T. Radiation Lab. Series, Bd.23. McGraw-Hill, New York, Toronto, London (1948) Kap. 3.14.

[2.72] Firmenprospekt, Fa. Microwave Associates, Inc. Burlington, Mass. (1964).

[2.73] *A. Uhlir jr.:* The Potential of Semiconductor Diodes in High-Frequency Communications. Proc. Inst. Radio Engrs. 46 (1958) S.1099.

[2.74] *M. Harmatz:* Microwave Absorption Modulation by Electron Mobility Variation in n-Type Germanium. Transact. Inst. Radio Engrs. MTT-9 (1961) S.199.

[2.75] *J.B. Gunn* u. *C.A. Hogarth:* A Novel Microwave Attenuator Using Germanium. Journ. Appl. Physics 26 (1955) S.353.

[2.76] *I.D. Olin:* A X-Band Sweep Oscillator. Proc. Inst. Radio Engrs. 41 (1953) S.10.

[2.77] *F. Reggia:* A New Broad-Band Absorption Modulator for Rapid Switching of Microwave Power. Transact. Inst. Radio Engrs. MTT-9 (1961) S.343.

[2.78] *H. Jacobs u.a.:* A New Semiconductor Microwave Modulator. Transact. Inst. Radio Engrs. MTT-9 (1961) S.533.

[2.79] *H.H. Meinke:* Kurven, Formeln und Daten aus der Dezimeterwellentechnik. Als Manuskript gedruckt, Techn. Hochschule München (1947) Abschn. IX.

[2.80] *J. Swift:* Microwave Disc-Seal Oscillators. Jour. Brit. Inst. Radio Engrs. 16 (1956) S.95.

[2.81] *K. Fujisawa:* General Treatment of Klystron Resonant Cavities. Transact. Inst. Radio Engrs. MTT-6 (1958) S. 344.

[2.82] *G. R. Jones, J. C. Cacheris* u. *C. A. Morrison:* Magnetic Tuning of Resonant Cavities and Wideband Frequency Modulation of Klystrons. Proc. Inst. Radio Engrs. 44 (1956) S. 1431.

[2.83] *E. L. Ginzton:* Microwave Measurements. McGraw-Hill, New York, Toronto, London (1957) S. 1.

[2.84] *D. D. King:* Measurements at Centimeter Wavelength. D. van Nostrand Co., New York, Toronto, London (1952) S. 157.

[2.85] *R. H. Varian:* Recent Developments in Klystrons. Electronics 25 (1952) April, S. 113.

[2.86] *W. Harman:* Wide Range Tunable Waveguide Resonators. Proc. Inst. Radio Engrs. 38 (1950) S. 671.

[2.87] *D. A. Alsberg:* 6 KMC-Sweep Oscillator. Transact. Inst. Radio Engrs. J-4 (1955) S. 32.

[2.88] How a Helix-Backward-Tube Works. Hewlett-Packard Appl. Note Nr. 12, Palo Alto, Calif. (1960).

[2.89] *L. J. Melosevic* u. *R. Vautey:* Travelling Wave Resonators. Transact. Inst. Radio Engrs. MTT-6 (1958).

[2.90] *I. Maltzer* u. *E. McCune:* A 250 kW X-Band Travelling-Wave Resonator. Microwave Journ. 7 (1964) Nr. 2, S. 57.

[2.91] *G. F. Engen:* Amplitude Stabilization of Microwave Signal Source. Transact. Inst. Radio Engrs. MTT-6 (1958) S. 202.

[2.92] *Moll, S. Krakauer* u. *Shen:* P-N-Junction Charge Storage Diodes. Proc. Inst. Radio Engrs. 50 (1962) S. 43.

[2.93] *S. Krakauer:* Harmonic Generation, Rectification and Lifetime Evaluation with the Step Recovery Diode. Proc. Inst. Radio Engrs. 50 (1962) S. 1665.

[2.94] *R. D. Hall* u. *S. M. Krakauer:* Microwave Harmonic Generation and Nanosecond Pulse Generation with the Step-Recovery Diode. Hewlett-Packard Journ. 16 (1964) Nr. 4.

[2.95] The PIN-Diode as a Microwave Modulator. Hewlett-Packard Appl.-Note Nr. 58, Palo Alto, Calif. (1964).

[2.96] *K. E. Mortensen:* Microwave Semiconductor Control Devices. Microwave Journ. 7 (1964) H. 5, S. 49.

[2.97] *J. H. Burgess:* Ferrite-Tunable Filter for Use in S-Band. Proc. Inst. Radio Engrs. 44 (1956) S. 1460.

[2.98] *G. F. Engen:* Amplitude Stabilisation of a Microwave Signal Source. Transact. Inst. Radio Engrs. MTT-6 (1958) S. 202.

[2.99] *J. L. Altmann:* A Technique for Stabilizing Microwave Oscillators. Transact. Inst. Radio Engrs. MTT-2 (1954) Nr. 2, S. 16.

[2.100] *S. J. Rabinowitz:* Stabilisation of Reflex Klystrons by High-Q External Cavities. Transact. Inst. Radio Engrs. MTT-2 (1954) Nr. 3., S. 23.

[2.101] *I. Goldstein:* Frequency Stabilization of a Microwave Oscillator with an External Cavity. Transact. Inst. Radio Engrs. MTT-5 (1957) S. 57.

[2.102] *J. B. Linker* u. *H. H. Grimm:* Wide-Band Microwave Transmission Measuring System. Transact. Inst. Radio Engrs. MTT-6 (1958) S. 415.

[2.103] *J. K. Hunton* u. *E. Lorence:* Improved Sweep Frequency Techniques for Broadband Microwave Testing. Hewlett-Packard Journal 12 (1960) Nr. 4.

[2.104] *R. L. Dudley:* A New Series of Microwave Sweep Oscillators with Flexible Modulation Leveling. Hewlett-Packard Journ. 15 (1963) Nr. 4.

[2.105] *R. Eichacker* u. *G. Meyer-Marc:* Wobbelmeßtechnik im Mikrowellenbereich. Ausführung des Wobbelmeßplatzes ZWC. Rohde & Schwarz-Kurzinformation 14 (1965).

[2.106] Swept Frequency Techniques. Hewlett-Packard Appl. Note Nr. 65, Palo Alto, Calif. (1965).

[2.107] *T. M. Jackso, A. D. Bristane* u. *E. A. Ash:* High Power Reflex Klystrons for Millimeter Wavelengths. Microwave Journ. 7 (1964) Nr. 12, S. 43.

[2.108] *M. Caulton, H. Sobel* u. *R. L. Ernst:* Generation of Microwave Power by Parametric Frequency Multiplication in a Single Transistor. RCA-Review 26 (1965) Juni.

[2.109] *R. Minton* u. *H. C. Lee:* Frequency Multiplication Using Overlay Transistors. Microwaves 4 (1965) Nr. 11, S. 18.

[2.110] *A. Sander:* UHF-Oszillatoren mit Scheibentrioden in Dreieckschaltung – Resonatoren mit $C_{ak}$-Kopplung. Nachr. Techn. Zeitschr. 18 (1965) S. 99.

[2.111] *F. Gross:* Rückwärtswellenoszillatoren für Millimeterwellen. Siemens-Bauteile-Informationen 2–66 (April 1966) S. 44.

[2.112] Firmenprospekt Fa. Mictron Inc. Albany, New York (1967).

[2.113] Firmenprospekt Fa. Spinner, München (1967).

[2.114] *W. Lorek:* Die Varaktordiode, ihre Wirkungsweise und Anwendungsmöglichkeit in der Mikrowellentechnik. Nachr. Techn. Zeitschr. 17 (1964) S. 425.

[2.115] *F. L. Wentworth, J. W. Dozier* u. *J. D. Rodgers:* Millimeter Wave Harmonic Generators, Mixers and Detectors. Microwave Journ. 7 (1964) Nr. 6, S. 69.

[2.116] *R. D. Hall:* Step-Recovery Diodes add Snap to Frequency Multiplication. Microwaves 4 (1965) Nr. 9, S. 70.

[2.117] *J. W. Dees:* Detection and Harmonic Generation in the Submillimeter Wavelength Region. Microwave Journ. 9 (1966) Nr. 9, S. 48.

[2.118] *St. Hamilton* u. *R. Hall:* Shunt-Mode Harmonic Generation Using Step Recovery Diodes. Microwave Journ. 10 (1967) Nr. 4, S. 69.

[2.119] *H. L. Hartmann:* Modulation von Millimeterwellen mit Punktkontaktdioden. Nachr. Techn. Zeitschr. 19 (1966) S. 163.

[2.120] *A. Benjaminson:* Phase-Locked Microwave Oscillator Systems with 0,1 cps Stability. Microwave Journ. 7 (1964) Nr. 12, S. 65.

[2.121] *W. R. Day:* Stabilization of Microwave Oscillators by Injection Phase Locking. Microwave Journ. 10 (1967) Nr. 2, S. 35.

# KAPITEL 3 · MESSEMPFÄNGER

## 3.1  Allgemeines

Im allgemeinsten Sinne ist der Zweck eines Meßempfängers das Vorhandensein einer hochfrequenten Spannung oder Leistung an den Klemmen irgendeines Meßobjektes festzustellen bzw. ihre Größe zu messen. In diesem Rahmen wären auch die sog. „Leistungsmesser" als Meßempfänger zu bezeichnen. Sie sollen aber gesondert (Kap. 5) behandelt werden, da man unter Meßempfänger nur solche Geräte versteht, die sehr kleine Leistungen zu registrieren gestatten. Im engeren Sinne nennt man nur diejenigen Geräte „Meßempfänger", die das Überlagerungsprinzip (s. unten) benutzen, da sie die größte Empfindlichkeit besitzen und in ihrem Aufbau den Empfängern der drahtlosen Nachrichtentechnik am ähnlichsten sind. Im folgenden Abschnitt sollen die verschiedenen Möglichkeiten, sehr kleine Leistungen zu messen, miteinander verglichen werden. Die Forderungen, die allgemein an einen Meßempfänger zu stellen sind, lassen sich folgendermaßen aufzählen: Seine Empfindlichkeit soll groß sein, um sehr kleine Signale noch erkennen zu können, d. h. das Eigenrauschen seiner Eingangsstufen soll möglichst gering sein. Auch wenn genügend Senderleistung zur Verfügung steht, kann man durch hohe Empfängerempfindlichkeit mit extrem loser Ankopplung arbeiten und bekommt große Rückwirkungsfreiheit [3.9]. Die Anzeige bzw. die Ausgangsspannung soll in eindeutigem Zusammenhang mit der Eingangsspannung stehen; dieser Zusammenhang soll möglichst genau, z. B. linear, quadratisch oder in besonderen Fällen auch logarithmisch, sein. Er soll meistens in einem großen Amplitudenbereich erhalten bleiben, d. h. die Aussteuerbarkeit soll groß sein. Die Anzeige soll reproduzierbar, möglichst auch geeicht sein und keinen Schwankungen (Fluktuationen) unterworfen sein. Bei manchen Messungen ist die Anpassung des Empfängereingangswiderstandes an die Signalquelle bzw. die Verbindungsleitung erwünscht oder erforderlich. Im Falle eines selektiven Meßempfängers sollen unerwünschte Frequenzen gut unterdrückt werden und die gewünschte Empfangsfrequenz sollte reproduzierbar und genau eingestellt werden können. Ferner ist meist bei Meßempfängern ebenso wie bei den Meßsendern eine gute Schirmung und Siebung der Versorgungsleitungen zu fordern, um das Eindringen von Fremdspannungen, welches zu Meßfehlern führen kann, zu vermeiden. Ferner sollte bei Empfängern mit Hilfsgeneratoren deren Abstrahlung bzw. das Austreten dieser Hilfsschwingungen aus dem Empfängereingang möglichst verhindert werden.
Bei Mikrowellen und vor allem in nach außen abgeschlossenen Meßanordnungen ist für die erreichbare Empfindlichkeit eines Empfängers nur das Eigenrauschen maßgebend. Daher ist seine Empfindlichkeit durch die Rauschzahl $F$ seiner Eingangsstufen charakterisiert. Diese Rauschzahl entspricht dem Signal/Rausch-Verhältnis am Eingang einer Stufe zum Signal/Rausch-Verhältnis am Ausgang dieser

Stufe, bezogen auf Leistungen [3.1, 3.6, 3.44d]:

$$F = \frac{(P_s/P_r)_{\text{eing.}}}{(P_s/P_r)_{\text{ausg.}}} \tag{3.1}$$

Häufig wird die Rauschzahl in dB angegeben:

$$F/\text{dB} = 10 \log F \tag{3.2}$$

Bei aufeinanderfolgenden Stufen, welche die Rauschzahl $F_n$ und die Leistungsverstärkung $v_{Ln}$ besitzen, wird die Gesamtrauschzahl:

$$F_{\text{ges}} = F_1 + \frac{F_2 - 1}{v_{L1}} + \frac{F_3 - 1}{v_{L1} \cdot v_{L2}} + \cdots \tag{3.3}$$

Bei großer Verstärkung der ersten Stufe macht sich das Eigenrauschen der zweiten Stufe also nur noch wenig bemerkbar, bei $v_L < 1$ (z.B. übliche Diodenmischstufen) ist das Rauschen der nachfolgenden Stufe jedoch von wesentlichem Einfluß auf die Gesamtrauschzahl. Das Eigenrauschen einer Stufe hängt vorwiegend von den Eigenschaften ihres aktiven Bauelementes (Röhre, Transistor, Diode) ab, obwohl auch die Schaltungsdimensionierung, Anpassung usw. die Rauschzahl beeinflussen. Die in dem aktiven Bauelement entstehende Rauschspannung wird häufig durch einen am Eingang der Stufe gedachten Widerstand, den sog. äquivalenten Rauschwiderstand $R_{\ddot{a}}$ beschrieben. Das mittlere Rauschspannungsquadrat $\bar{U}_r^2$ ist dann:

$$\bar{U}_r^2 = 4kT_0R_{\ddot{a}} \cdot \Delta f \tag{3.4}$$

Hierbei ist $k$ die Boltzmannkonstante ($k = 1{,}38 \cdot 10^{-23}\,\text{Ws/}^\circ\text{K}$) und $T_0$ die absolute Temperatur ($^\circ$K). Die wirksame Rauschleistung ist proportional zur Bandbreite $\Delta f$ des nachfolgenden Verstärkers. Die theoretische Grenzempfindlichkeit ist (bei Zimmertemperatur) [3.9, 3.10, 3.47]:

$$P_{\text{min}}/\Delta f = kT_0 = 4 \cdot 10^{-21}\ \text{W/Hz} \tag{3.5}$$

Mit Gl. (3.1) wird

$$F = \frac{P_{r\,\text{ausg.}}}{kT_0\,\Delta f\,v_{L\,\text{ges}}} \tag{3.6}$$

Die Rauschzahl $F$ bezeichnet den Faktor, um den die Empfindlichkeit eines Empfängers schlechter ist als die theoretische Grenzempfindlichkeit. (Zur Messung der Rauschzahl vgl. Kap. 13.) Durch geeignete Wahl der Verstärkerbandbreite läßt sich nach (3.4) bei gegebener Eingangssignalspannung das Verhältnis Signal/Rauschspannung am Empfängerausgang beeinflussen. Welche Möglichkeiten hierzu praktisch bestehen, soll im folgenden angedeutet werden.

## 3.2　Übersicht über die Empfängerarten

Allgemeine Literatur über Empfangsprobleme [3.1, 3.4, 3.5, 3.6, 3.7, 3.8, 3.10, 3.43, 3.44, 3.45, 3.71, 3.72].

Das einfachste Verfahren, eine hochfrequente Spannung bzw. Leistung nachzuweisen oder in ihrer Größe zur Anzeige zu bringen, ist die direkte Gleichrichtung. Hochvakuumdioden sind hierfür nur bis zu Frequenzen von etwa 1 GHz geeignet, da die Elektronenlaufzeit bei höheren Frequenzen zu große Fehler verursacht [3.6, 3.8, 3.43, 3.44b]. Üblicherweise werden bei Mikrowellen Halbleiterdioden (vgl.

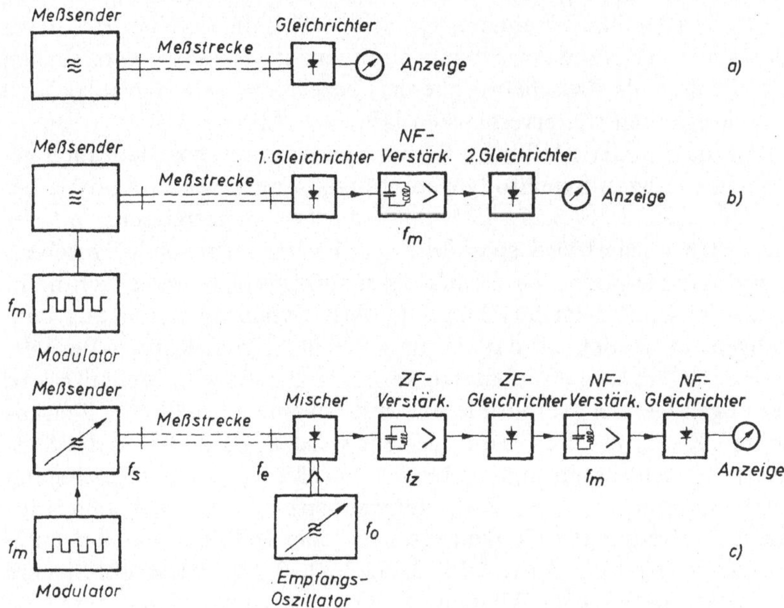


*Abb. 3.1　Empfängerarten*
a) Videodetektor; b) Niederfrequente Tastung und Anzeige; c) Überlagerungsempfänger

Abschn. 3.3) verwendet, die durch ihre Kennlinienkrümmung einen Richteffekt verursachen. Der entstehende Richtstrom kann von einem Gleichstromzeigerinstrument direkt zur Anzeige benutzt werden (Abb. 3.1a). Bei sehr kleinen Leistungen ist die Anzeige quadratisch, bei größeren Leistungen etwa linear von der HF-Spannung abhängig. In diesem Fall gibt bei Amplitudenmodulation die entstehende Richtspannung die Einhüllende ohne nennenswerte Verzerrungen wieder. Deshalb werden solche Gleichrichter in Anlehnung an Bezeichnungen der Fernseh- und Radartechnik auch als „Videodetektoren" bezeichnet. Die Nachschaltung eines Videoverstärkers mit Oszillografenanzeige ist ebenso gebräuchlich wie die Verwendung eines schmalbandigen Niederfrequenzverstärkers zur Einengung der Bandbreite und Erhöhung der Empfindlichkeit. In Verbindung mit letzterem ist natürlich eine entsprechende NF-Modulation des Meßsenders notwendig. Aus den in Kap. 2 gezeigten Gründen wird meist eine Rechteckmodulation (Tastung) durchgeführt. Der auf den Detektor folgende NF-Verstärker siebt dann die Grundwelle der zunächst entstehenden Rechteckschwingung aus. Für eine Gleichspannungsanzeige ist am Ausgang ein zweiter Gleichrichter notwendig (Abb. 3.1 b).

Die kleinste mit Videodetektoren meßbare Leistung beträgt etwa $10^{-8}$ bis $10^{-9}$ W. Eine wesentliche Erhöhung dieser Empfindlichkeit auf etwa $10^{-13}$ W gelingt mit Hilfe von Überlagerungsempfängern (Abb. 3.1 c): Hierbei benutzt man eine Mischstufe, die bei Mikrowellen meist ebenfalls mit einer Halbleiterdiode bestückt ist und neben dem Eingangssignal mit einer Hilfsschwingung eines zusätzlichen Oszillators beaufschlagt wird. Durch die Nichtlinearität des Mischdetektors entstehen dann Kombinationsfrequenzen, vorwiegend die Summen- und Differenzfrequenz aus Eingangsfrequenz $f_e$ und Oszillatorfrequenz $f_0$. Man wählt die Oszillatorfrequenz gewöhnlich so, daß sie in der Nähe der Eingangsfrequenz liegt und die entstehende Differenzfrequenz, die man als Zwischenfrequenz $f_z$ bezeichnet, relativ niedrig wird und sich ohne Schwierigkeiten weiterverstärken läßt (vgl. Abschn. 3.4).

In Sonderfällen wird auch in der Meßtechnik vom Synchronmischer Gebrauch gemacht, wobei ähnlich, wie beim Synchrodyneempfänger – auch als Homodyne bezeichnet – [3.19, 3.20, 3.25, 3.26, 3.27, 3.73, 3.74] die Oszillatorfrequenz mit der Empfangsfrequenz synchronisiert wird, so daß die am Mischer entstehende Zwischenfrequenz $f_z = 0$ wird. In der normalen Empfangstechnik muß, wenn es sich nicht um Rückstrahlgeräte (z. B. FM-Radar) handelt, diese Synchronisation aus dem Empfangssignal abgeleitet werden, so daß es für schlechte Signal/Rausch-Verhältnisse nicht anwendbar ist. Im Gegensatz hierzu kann bei den meisten Meßaufgaben die Sendefrequenz in genügender Amplitude und mit beliebig einstellbarer Phasenlage in einem zweiten Kanal zur Verfügung gestellt werden, so daß hier die Synchronmischung auch bei schlechten Signal/Rausch-Verhältnissen am Meßeingang anwendbar ist (vgl. Abschn. 3.5). Die Zwischenfrequenz $f_z = 0$ wird allerdings wegen des starken niederfrequenten Funkelrauschens aller Halbleiterbauelemente, welches proportional $1/f$ ist [3.1, 3.7a, 3.10, 3.19, 3.20, 3.21], meist durch eine Frequenz- oder Phasenmodulation kleinen Hubs umgangen. Zwei derartige Anordnungen sind in Abb. 3.2 skizziert. Bei der ersten Schaltung (a) wird das Sender-Klystron durch eine Sägezahnspannung der Grundfrequenz $f_m$ mit einem Frequenzhub $\Delta f$ frequenzmoduliert. Über eine Umwegleitung wird dem Mischer eine Überlagerungsspannung zugeführt, die mit der Meßspannung dann genau die Grundwelle der Modulationsfrequenz $f_m$ ohne Phasensprung ergibt, wenn die Laufzeitverzögerung der Umwegleitung $\tau = 1/\Delta f$ ist. Die Dispersion der Hohlleiterwellen innerhalb des relativ kleinen Frequenzhubes $\Delta f$ kann hierbei vernachlässigt werden [3.28, 3.29].

Die in Abb. 3.2b gezeichnete Schaltung erzeugt auf ähnliche Weise eine niederfrequente Ausgangsspannung, die der Drehfrequenz des rotierenden Phasenschiebers in einer der beiden zum Mischer führenden Verbindungsleitungen entspricht [3.8].

Ähnliche Eigenschaften, wie sie der Synchronmischer bei Höchstfrequenzen besitzt, zeigt auch der sog. Kohärentdetektor, der als ZF- oder NF-Gleichrichter eingesetzt wird, um das Ausgangs-Signal/Rausch-Verhältnis zu verbessern (vgl. Abschn. 3.5). Die verwendeten Schaltungen entsprechen gesteuerten Gleichrichtern bzw. den sog.

Ringmodulatoren. Die Steuerspannung bei NF-Gleichrichtung wird dem Modulator des Meßsenders entnommen, wie dies in Abb. 3.3 gezeigt ist. Selbstverständlich ist der Kohärentdetektor auch mit Überlagerungsempfängern zu kombinieren.

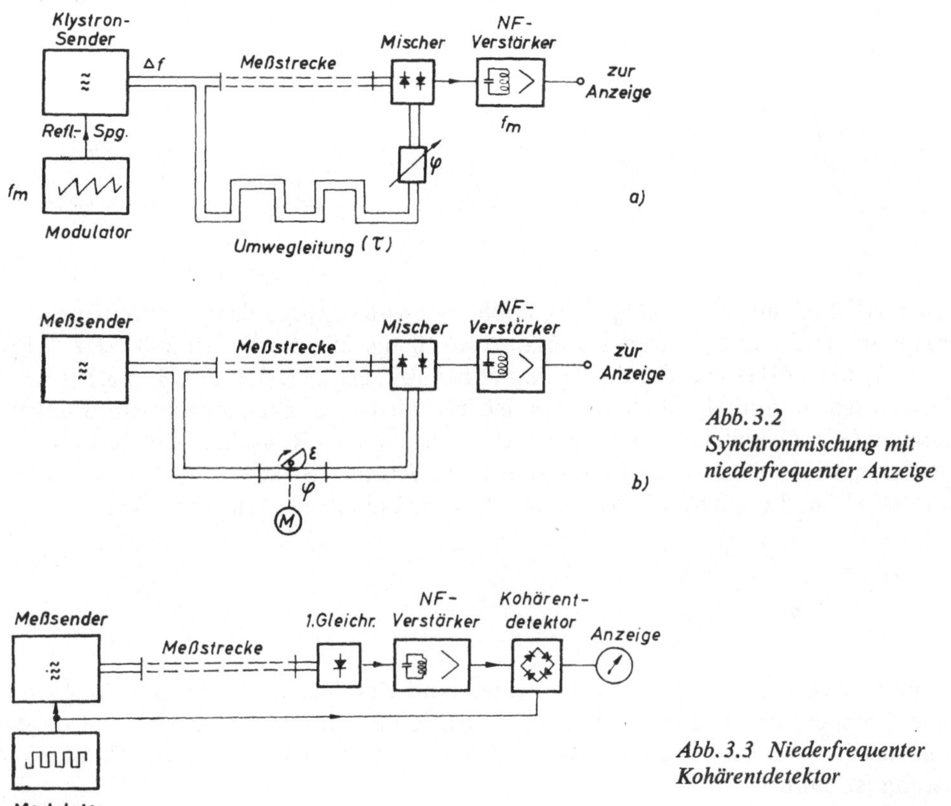



*Abb. 3.2*
*Synchronmischung mit*
*niederfrequenter Anzeige*

*Abb. 3.3  Niederfrequenter*
*Kohärentdetektor*

Neuartige Bauelemente für Gleichrichter und Mischer sowie für Vorverstärker, nämlich die Varaktor-, Tunnel- und Backward-Dioden (vgl. Abschn. 3.3), wurden bislang nur für Nachrichten- und Radar-Mikrowellenempfänger eingesetzt. Sie würden jedoch auch die Eigenschaften von Meßempfängern verbessern können. Die in jüngster Zeit erhältlichen Hot-Carrier- oder Schottky-Dioden finden jedoch in der Meßtechnik Eingang.

## 3.3    Diodengleichrichter

### 3.31    *Punktkontaktdioden*

Als Gleichrichterelemente kommen in der Mikrowellentechnik in erster Linie Halbleiterpunktkontaktdioden in Betracht. Allg. Lit. [3.1, 3.2, 3.4, 3.6a, 3.8, 3.9, 3.10, 3.17, 3.18, 3.33, 3.34, 3.35, 3.71, 3.72, 3.75]. Die Strom-Spannungskennlinie solcher

Dioden hat den prinzipiellen Verlauf der Abb. 3.4a. Die Gleichrichterwirkung beruht auf der durch die Kennlinienkrümmung auftretenden Gleichstromerhöhung $\Delta I$ bei Auftreten einer steuernden Wechselspannung. Unter Richtwirkung eines Detektors versteht man das Verhältnis des Richtstromes bei Kurzschluß zur aufgenom-

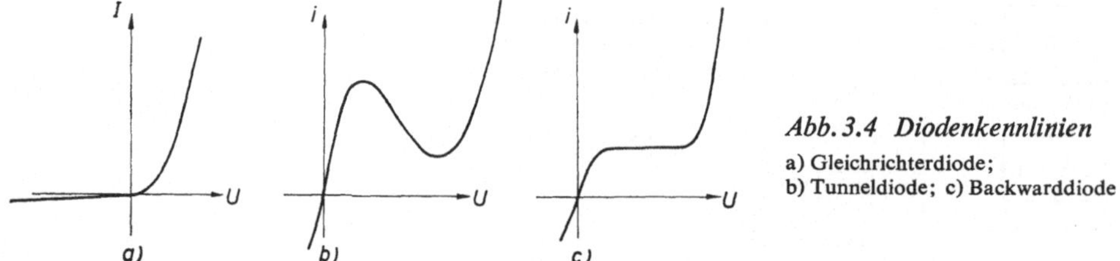

*Abb. 3.4  Diodenkennlinien*
a) Gleichrichterdiode;
b) Tunneldiode; c) Backwarddiode

menen HF-Leistung $\beta = \Delta I/P_s$. Sie ist abhängig von der am Gleichrichter liegenden Vorspannung $U_0$ und beträgt optimal etwa 10 bis 25 µA/µW bei 500 GHz, 2 bis 8 µA/µW bei 3 GHz und 0,1 bis 2 µA/µW bei 30 GHz [3.1, 3.2, 3.4, 3.8, 3.10]. Das Eigenrauschen von Halbleiterdioden ist bei niedrigen Frequenzen ein Funkelrauschen ($\sim 1/f$) und bei hohen Frequenzen ein weißes Rauschen. Letzteres hängt vom Innenwiderstand $R_i$ und vom fließenden Strom, also auch von der Vorspannung ab [3.7a, 3.66, 3.69]. In [3.4a und 3.1] wird als Rauschgüte der Wert

$$M = \frac{\beta \cdot R_i}{\sqrt{R_i \dfrac{T_R}{T_0} + R_ä}} \tag{3.7}$$

definiert, wobei $R_i$ der Gleichstromwiderstand des Detektors bei $I = 0$, $T_R$ die Rauschtemperatur des Detektors bei Stromfluß und $R_ä$ den äquivalenten Rauschwiderstand des nachfolgenden Verstärkers darstellt. Die minimale Empfangsleistung ist dann:

$$P_{s\,min} = \frac{\sqrt{4kT_0\Delta f}}{M} \tag{3.8}$$

Hiefür ergibt sich bei $\Delta f = 1$ MHz und $f = 3$ GHz etwa $P_{s\,min} = 1 \cdot 10^{-9}$ W als Richtwert für gute Dioden und übliche Verstärker.

Der quadratische Bereich üblicher Punktkontaktdioden reicht etwa bis $1 \cdot 10^{-5}$ W bzw. 50 mV. Dauerleistungen bzw. Impulsenergien, die zum Durchbrennen oder zu bleibenden Veränderungen führen, liegen bei 100 mW bzw. 0,1 erg [3.1, 3.4]. Störend bei Punktkontaktdioden ist häufig die starke Temperaturabhängigkeit und die Veränderbarkeit ihrer Eigenschaften durch mechanische Stöße. Wegen dieser Unreproduzierbarkeit werden an Stelle von Dioden häufig trotz ihrer geringeren Empfindlichkeit Barretter (vgl. Kap. 5) verwendet [3.24]. Nach [3.23] ist die Empfindlichkeit für die Demodulation eines NF-modulierten Signals für Barretter etwa 30 dB schlechter als für Dioden. Andererseits beträgt der Bereich rein quadratischen Verhaltens von der unteren, durch das Rauschen gegebenen Grenze bis zur oberen Aussteuerungsgrenze bei Dioden etwa 38 dB, bei Barrettern etwa 53 dB.

### 3.32 *Tunnel- und Backwarddioden, Hot-Carrier-Dioden*

Eine andere Gruppe von Mikrowellendioden bilden die Tunnel- oder Esaki- Dioden [3.10, 3.12, 3.16, 3.37, 3.38, 3.40, 3.55 bis 3.63, 3.76 bis 3.78] und die Backward-Dioden [3.11, 3.50, 3.51, 3.79, 3.86]. Die Strom-Spannungskennlinie der Tunneldiode ist in Abb. 3.4b und die der Backwarddiode in Abb. 3.4c skizziert. Hot-Carrier- oder Schottky-Barrier-Dioden besitzen einen flächenhaften Metall-Halbleiter-Übergang und ähnliche Kennlinien wie die Punktkontaktdiode [3.85].

Mit der Tunneldiode als Gleichrichter lassen sich weit höhere Empfindlichkeiten erzielen als mit gewöhnlichen Videodetektoren [3.12, 3.87]. Die Richtwirkung $\Delta I/P$ ist, wenn der Arbeitspunkt im Höcker der Kurve 3.4b liegt, theoretisch unendlich, weil der Tunneldiode wegen des unendlichen Eingangswiderstandes keine Leistung zugeführt werden kann. In der Praxis treten hierbei natürlich Anpassungsschwierigkeiten auf, es lassen sich aber z. B. bei 5 GHz Werte von $\Delta I/P > 100\,\mu A/\mu W$ erzielen. Die minimale Empfangsleistung als reiner Gleichrichter beträgt bei 1 GHz etwa $10^{-10}$ W und bei 10 GHz etwa $10^{-8}$ W für $\Delta f = 1$ MHz [3.49]. Verschiebt man jedoch den mittleren Arbeitspunkt etwas in das Gebiet fallender Kennlinie, so erzeugt die Tunneldiode einen negativen Leitwert, der zur Entdämpfung der Schaltung und zu einer zusätzlichen Hochfrequenzverstärkung führt. Auf diese Weise erreicht man eine Verbesserung der Empfindlichkeit um 20 bis 30 dB. Die Größe der zusätzlichen HF-Verstärkung ist in erster Linie eine Stabilitätsfrage und hängt so auch von der äußeren Beschaltung ab [3.22, 3.49, 3.61]. Der Anfangsbereich der Gleichrichtung ist ebenfalls quadratisch bis zu einer Aussteuerung von etwa 50 mV. Gegenüber hochfrequenzseitiger Überlastung ist der Tunneldiodengleichrichter sehr unempfindlich, da die Schaltung so dimensioniert werden kann, daß sie sich durch geeignete Verschiebung des Arbeitspunktes bei Überlastung selbst schützt [3.49].

Die Backwarddiode – auch Tunnel-Rectifier genannt [3.55] – hat ihren Namen von der gegenüber normalen Dioden umgekehrten Ansteuerrichtung. (Der Arbeitspunkt liegt in Abb. 3.4c im unteren Knick.) Ihre Richtwirkung liegt etwa in der Größenordnung üblicher Punktkontaktdioden: Nach [3.11] ist $\beta = 2\,\mu A/\mu W$ bei 6 GHz, $\beta = 0{,}2\,\mu A/\mu W$ bei 13 GHz, nach [3.50] ist $\beta = 5\,\mu A/\mu W$ bei 9 GHz. Wesentlich ist jedoch das geringere Funkelrauschen, was auf kleinere Widerstände zurückgeführt wird und höhere Empfindlichkeiten bringen kann [3.51]. Ein weiterer Vorteil ist ihre sehr geringe Temperaturabhängigkeit, große Konstanz ihrer Eigenschaften, große Belastbarkeit (Überlastungsenergie 20 erg) und geringe Veränderbarkeit durch Kernstrahlung. Wegen des niedrigen Widerstandes ist sie für sehr breitbandige Videogleichrichter geeignet, die HF-Impedanz liegt für 9 GHz bei 75 $\Omega$ [3.11, 3.50].

Die Hot-Carrier- oder Schottky-Diode besitzt eine Strom-Spannungs-Kennlinie, die der von üblichen Punktkontaktdioden zunächst recht ähnlich erscheint. Bei genauerer Untersuchung zeigt sich jedoch, daß die Krümmung in unmittelbarer Umgebung des Nullpunktes erheblich geringer ist. Für sehr kleine Amplituden erscheint deshalb die Richtwirkung um den Faktor 10 geringer, wenn man keine Vorspannung anlegt. Ein ausgeprägter Kennlinienknick erscheint jedoch bei etwa 0,3 bis 0,4 V, so daß sich mit entsprechender Vorspannung eine etwas größere

Richtwirkung als bei Punktkontaktdioden erzielen läßt. Der Bereich, in welchem die Hot-Carrier-Dioden eine quadratische Charakteristik besitzen, ist demzufolge etwas geringer. Ihr wesentlicher Vorteil liegt jedoch in ihrem sehr kleinen Funkelrauschen und in ihrer Robustheit gegenüber mechanischen und elektrischen Schocks. Ihr Verhalten bleibt reproduzierbar und Fassungen nach Abb. 3.5 d und e ergeben hohe Grenzfrequenz [3.85].

Varaktordioden, also solche Dioden, deren Kapazität stark mit der Spannung variiert, werden zur Gleichrichtung nicht eingesetzt. Es ist aber zu beachten, daß auch bei normalen Halbleiterdioden die Eigenkapazität durch Vorspannungsänderung oft beachtliche Veränderungen erfährt. Wird eine Diode an einem Resonanzkreis (z. B. Leitungskreis) betrieben, so kann sie mit variierender HF-Amplitude auch merkbare Verstimmungen hervorrufen. So ist z. B. die Diode häufig an die Sonde einer Meßleitung (vgl. Kap. 6) mit Hilfe eines Leitungsresonators angeschlossen und kann bei Abtastung einer Spannung hoher Welligkeit ($m \ll 1$) den Verlauf der Spannungskurve längs der Leitung durch Verstimmung stark verzerrt wiedergeben.

### 3.33    *Der Aufbau von Diodengleichrichtern*

Als Halbleitermaterial für Mikrowellenpunktkontaktdioden wird vorwiegend Silizium und Germanium, vereinzelt auch Gallium-Arsenid [3.34] verwendet. Die Halterungen sind zum Zwecke guter Auswechselbarkeit und definierten Sitzes durchweg in Patronenform ausgeführt. Die hauptsächlichen Formen sind in Abb. 3.5 skizziert. Für Frequenzen bis 10 GHz findet man vorwiegend die Patrone nach a bzw. die in

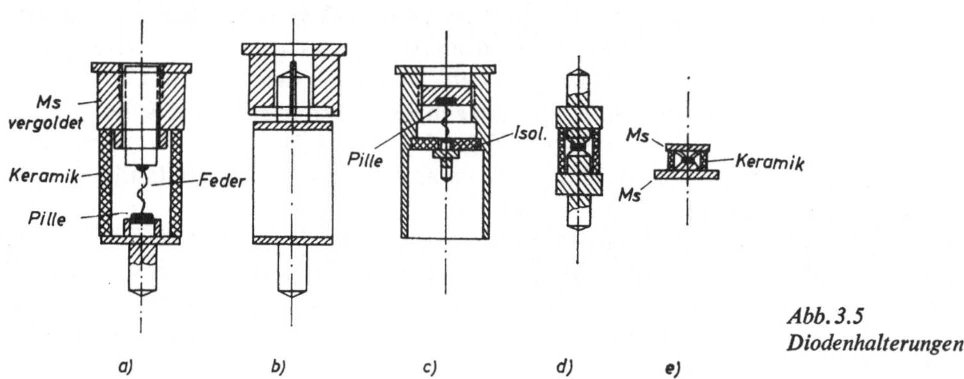


Abb. 3.5
Diodenhalterungen

ihrer Polarität umkehrbare Form b. Die Koaxialausführung c ist bei noch höheren Frequenzen üblich und besser anzupassen [3.1]. Für Tunnel- und Backward-Dioden, die als Flächendioden aus hochdotiertem Gallium-Arsenid ausgeführt sind, findet man die Formen d und e; die Ausführung d wird meist auch für Varaktor-Dioden verwendet. Hot-Carrier-Dioden werden ebenfalls mit den Gehäuseformen, a d und e geliefert.

Die Anpassung des hochfrequenten Eingangswiderstandes an den Wellenleiter ist über größere Bandbreiten meist schwierig. Sie hängt auch von der Vorspannung, der äußeren Belastung und der HF-Leistung ab, wenn diese $10^{-5}$ W überschreitet. Meßwerte der Eingangsimpedanz in [3.1, 3.4, 3.17, 3.39].

Einige Fassungen für den Einsatz der Dioden in Koaxialleitungen oder Hohlleiter sind in Abb. 3.6 skizziert (s. auch [3.1, 3.2, 3.4, 3.5, 3.6, 3.89]). Form a ist durch die Kombination mit einer verstellbaren Blindleitung schmalbandig und erlaubt eine Resonanzüberhöhung der an der Diode liegenden Spannung, wenn der HF-Eingang lose gekoppelt ist. In Ausführung b dient die seitliche $\lambda/4$-Stichleitung zur

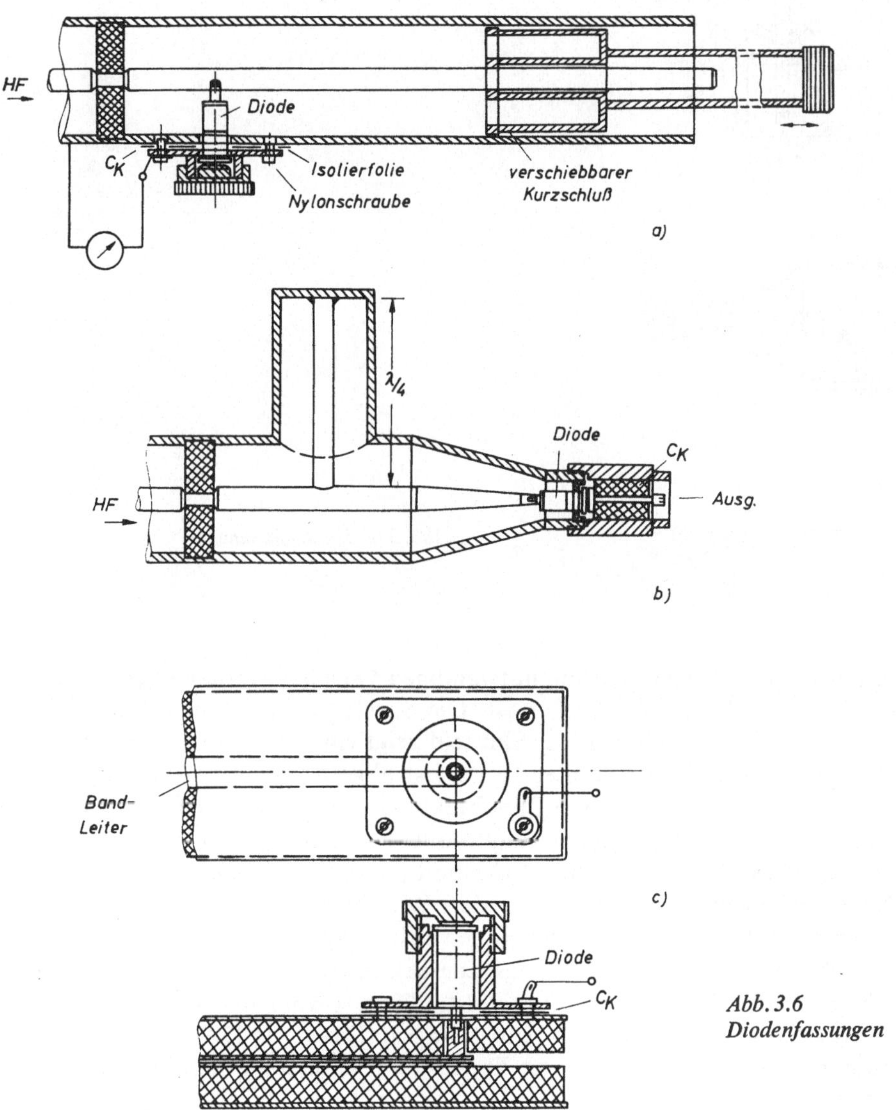


Abb. 3.6
Diodenfassungen

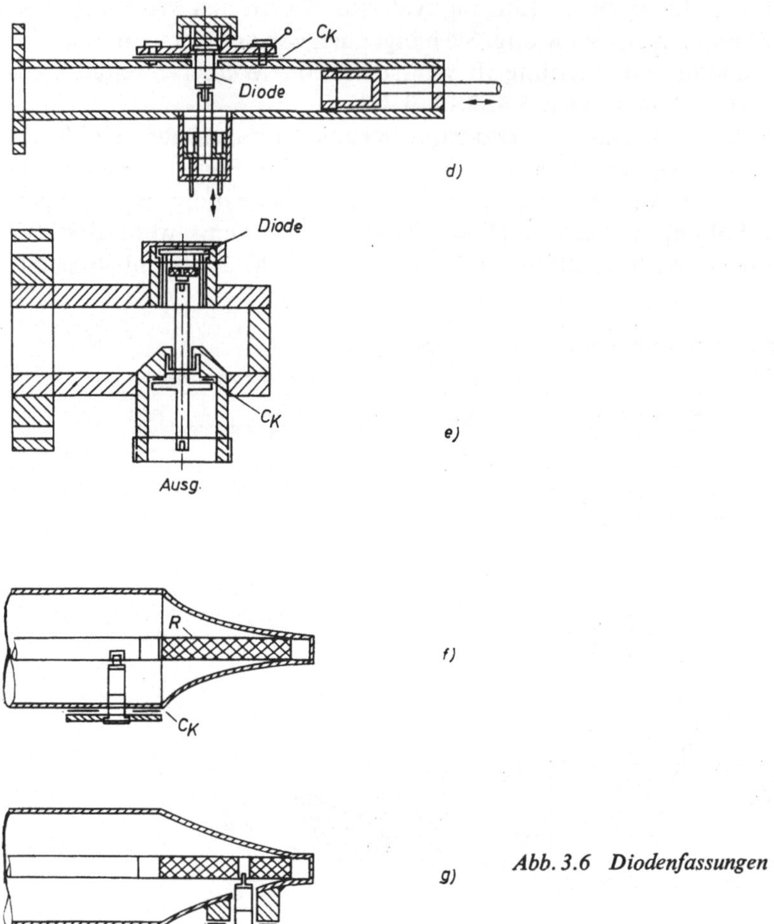



Abb. 3.6  *Diodenfassungen*

Bildung des für jede Gleichrichtung notwendigen Gleichstromrückweges, der bei a über den Kurzschlußschieber gegeben ist. Die Streifenleitungskonstruktion c kann relativ breitbandig angepaßt werden. Skizze d zeigt eine Hohlleiterfassung mit verstellbaren Transformationselementen, e ist fest abgestimmt. Bei Empfangsgleichrichtern, die über besonders große Bandbreite gleiche Anzeige liefern sollen, verzichtet man oft auf größtmögliche Empfindlichkeit und legt die Dioden parallel zu einem reflexionsarmen Abschlußwiderstand (f) oder an einen Abgriff desselben (g). Der Gleichstromweg ist hier über den Widerstand geschlossen. Auch Konstruktionen mit Scheibenwiderständen finden sich zu diesem Zweck. Eine Kombination von Scheibenwiderstand und Längswiderstand, die ähnlich der rechten Hälfte von Abb. 4.8a der Diode vorgeschaltet ist, dient sowohl der Gleichstromrückführung als auch der breitbandigen Anpassungsverbesserung [3.90].

Abstimmbare Koaxialresonatoren mit Dioden, die seitlich an Hohlleiter angekoppelt sind, zeigt Abb. 3.7.

Der NF- bzw. Gleichstromausgang liegt in allen Fällen der Abb. 3.6 an der Kurzschlußkapazität $C_K$ („Klatsche"), die je nach Frequenz gewöhnlich Werte zwischen 20 und 200 pF besitzt und aus einer aufgeschraubten Metallplatte mit Glimmer- oder Kunststoffolie als Dielektrikum besteht. Sollen Signale mit hoher Modulationsbandbreite am Ausgang des Gleichrichters unverzerrt erscheinen, so ist auf kleine Zeitkonstante von $C_k$ und dem anschließenden Arbeitswiderstand zu achten. Vor allem beim Anschluß hochohmiger Oszillografeneingänge muß oft ein Widerstand parallelgeschaltet werden. Zur Verkleinerung von $C_k$ kann man auch spezielle Filter, z. B. $\lambda/4$-Sperren, in die Diodenfassungen einbauen [3.91].

## 3.4 Überlagerungsempfänger

### 3.41 *Eigenschaften*

Allgemeine Literatur [3.5, 3.6, 3.9, 3.10, 3.33, 3.36, 3.41, 3.42, 3.43, 3.44c, f, 3.45, 3.47, 3.54]. Meßempfänger mit hohen Anforderungen an die Frequenzselektion und an die Empfindlichkeit verwenden das bereits an Hand von Abb. 3.1c erwähnte Überlagerungsverfahren. Durch die Frequenzumsetzung auf die konstante Zwischenfrequenz kann man mit Hilfe vielkreisiger ZF-Filter eine Selektionskurve großer Flankensteilheit erhalten, die von der Abstimmung auf die Eingangsfrequenz unabhängig ist. Zur Frequenzabstimmung braucht man nur den Überlagerungsoszillator in seiner Frequenz zu verändern. Die Verstärkung wird ebenfalls nur im ZF-Verstärker vorgenommen; eine hochfrequente Vorverstärkung, wie sie bei Mikrowellenrichtfunkgeräten und bei manchen Radargeräten verwendet wird, um die Empfindlichkeit noch weiter zu verbessern, ist bei üblichen Meßempfängern aus Vereinfachungsgründen kaum zu finden. Eine Vorselektion durch ein auf die Eingangsfrequenz abgestimmtes Filter ist selten und dann stets gesondert abzustimmen. Einen mechanischen Gleichlauf zwischen Oszillator- und Eingangskreis findet man bei Mikrowellenmeßempfängern nur in Ausnahmefällen [3.92].
Die Erhöhung der Empfindlichkeit des Überlagerungsempfängers gegenüber dem Videogleichrichter erhellt aus der Tatsache, daß der von der Mischdiode abgegebene ZF-Strom vom Produkt aus Signalspannung und Oszillatorspannung abhängt:

$$I_{ZF} = k \cdot U_s \cdot U_0 \tag{3.9}$$

Deshalb läßt sich für die Mischung eine Richtwirkung $\beta_m = I_{ZF}/P_s$ definieren, die mit der Gleichrichterrichtwirkung $\beta = \Delta I/P_s$ wie folgt zusammenhängt [3.10]:

$$\beta_m = 2\sqrt{\frac{P_0}{P_s}} \cdot \beta. \tag{3.10}$$

Setzt man für die kleinste Signalleistung bei Diodengleichrichtung wieder $P_{s\,min} = 1 \cdot 10^{-9}$ W ein (Abschn. 3.3) und nimmt man als maximale Oszillatorleistung, die man der Mischdiode zuführen kann, $P_0 = 10^{-2}$ W an, so ergibt sich $\beta_m \approx 5 \cdot 10^3 \cdot \beta$.

Einerseits ist zwar die Mischdiode bei Anlegen der Oszillatorspannung nur
während eines Teiles der Zeit stromführend, wodurch der mittlere Rauschstrom
verkleinert wird, andererseits nimmt aber der Rauschstrom auch mit zunehmender
Aussteuerung der Diode zu. Ferner wird die im Mischer entstehende Rauschleistung
noch durch das Oszillatorrauschen [3.3, 3.5, 3.7a, 3.8, 3.20] erhöht, wenn keine besonderen Gegenmaßnahmen getroffen werden. Schließlich ist für die Größe des
Rauschens noch neben der eingangsseitigen HF-Anpassung die Ausgangs-ZF-An-
passung von Einfluß, so daß sich zur endgültigen Ermittlung der Empfindlichkeit
sehr verwickelte Verhältnisse ergeben, die der Berechnung nur noch schwer zugänglich sind und gewöhnlich durch Messung ermittelt werden. Als Kennwerte dienen
der Rauschfaktor $F$ (vgl. (3.1)) und der Mischverlust:

$$L_{\mathrm{c}} = \frac{P_{\mathrm{ZF}}}{P_{\mathrm{s}}} \quad \text{bzw.} \quad L_{\mathrm{c}}/\mathrm{dB} = 10 \log \frac{P_{\mathrm{ZF}}}{P_{\mathrm{s}}} \tag{3.11}$$

Übliche Werte bei einigen GHz sind $F = 8$ bis $12\,\mathrm{dB}$ und $L_{\mathrm{c}} = -5$ bis $-10\,\mathrm{dB}$.
Angaben über die Abhängigkeit der Mischereigenschaften von der Oszillatorampli-
tude, von der Anpassung, vom Abschluß für die Spiegelfrequenz (s. unten) und von
der Wahl der Zwischenfrequenz findet man in [3.1, 3.5, 3.6, 3.14, 3.15, 3.44f, 3.71,
3.93, 3.94]. Als bezüglich des Rauschens optimale ZF ist in [3.1 und 3.14]
$f_{\mathrm{z}} \approx 30\,\mathrm{MHz}$ genannt. Als allgemeine Richtgröße läßt sich für die minimale
Eingangsleistung von Überlagerungsempfängern $P_{\min} = 10^{-13}\,\mathrm{W}$ bei $\Delta f = 1\,\mathrm{MHz}$
angeben [3.6, 3.8, 3.9, 3.10].
Aus Gl. (3.9) geht ein weiterer Vorteil des Überlagerungsempfängers hervor: Die
Zwischenfrequenzspannung ist genau proportional zur HF-Eingangsspannung (für
$U_{\mathrm{s}} < U_0$), sofern man nicht eine der ZF-Verstärkerstufen übersteuert. Für Messungen mit sehr großen Pegelunterschieden (z.B. Dämpfungsmessungen) macht
man von dieser Eigenschaft vorteilhaft dadurch Gebrauch, daß man in den Anfang
des ZF-Verstärkerzuges (z.B. nach der 2. Stufe eines 6stufigen Verstärkers) ein
regelbares, genau geeichtes Dämpfungsglied schaltet. Bei Änderungen des Eingangs-
pegels variiert man dieses ZF-Dämpfungsglied so, daß die ursprüngliche Ausgangsanzeige wiederhergestellt wird. Dann werden auch Fehler durch eventuelle Nicht-
linearitäten des Verstärkers und des ZF-Gleichrichters eliminiert. Die Pegeländerung ist am Dämpfungsglied abzulesen. Auch die Phase des zwischenfrequenten
Signals ist proportional zur Phase des Hochfrequenzsignals.
Durch die schon eingangs erwähnte Bildung der Zwischenfrequenz $f_{\mathrm{z}}$ aus Signal-
frequenz $f_{\mathrm{e}}$ und Oszillatorfrequenz $f_0$ ergibt sich ohne ausreichende eingangsseitige
Vorselektion eine Doppeldeutigkeit der Abstimmung:

$$f_{\mathrm{e}} = f_0 \pm f_{\mathrm{z}} \tag{3.12}$$
bzw.
$$f_{\mathrm{z}} = f_{\mathrm{e}} - f_0 = f_0 - f_{\mathrm{e}}'. \tag{3.13}$$

Jede Einstellung der Oszillatorfrequenz ergibt also zwei mögliche Eingangsfrequen-
zen $f_{\mathrm{e}}$ und $f_{\mathrm{e}}'$. Durch Vorselektion kann z.B. $f_{\mathrm{e}}'$ abgeschwächt werden. Dann bezeichnet man $f_{\mathrm{e}}$ als Empfangsfrequenz und $f_{\mathrm{e}}'$ als Spiegelfrequenz (Abb. 3.8 b). Ist, wie bei

vielen Meßempfängern, keine Vorselektion vorhanden, so sind $f_e$ und $f'_e$ gleichberechtigt. (In bezug auf die Empfindlichkeit ist dies ungünstiger, da der Rauschanteil des Spiegelfrequenzbandes auch in den Empfängereingang gelangt [3.54].) Umgekehrt gibt es dann für jede am Meßsender eingestellte Frequenz auch zwei Einstellungen des Empfängeroszillators, die die gewünschte ZF liefern.

*Abb. 3.7*
*Abstimmbare Diodenfassungen*
*für Hohlleiter*
(Werkfoto Fa. Dr. Spinner, München)

Für nicht zu kleine Pegel bekommt man bei vielen Empfängern bei Variation der Oszillatorfrequenz aber auch noch zwischen den beiden obenerwähnten Einstellungen Empfangsanzeigen, und zwar in dem Frequenzabstand, wie er in Abb. 3.8a angedeutet ist. Es handelt sich hierbei um Oberwellenmischung, die häufig zur Erweiterung des Frequenzbereiches vorhandener Meßgeräte benutzt wird und eine angenehme Beigabe von Überlagerungsempfängern darstellt (vgl. auch Abschn. 2.4) [3.9, 3.31, 3.32, 3.81 bis 3.83]. An den mit 2 bezeichneten Oszillatoreinstellungen

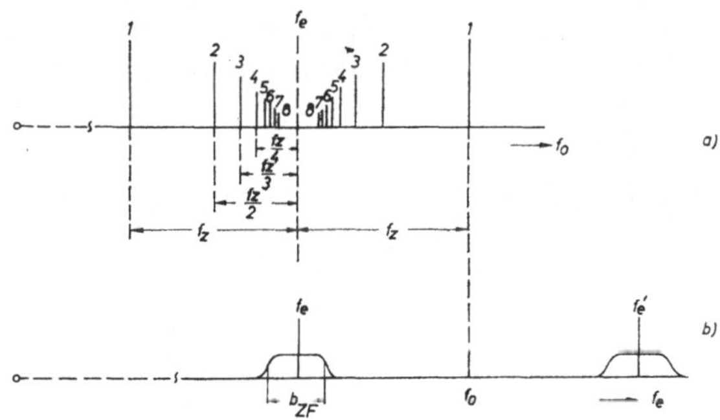

*Abb. 3.8 Frequenzverteilung*
*beim Überlagerungsempfang*

mischt sich die 2. Harmonische der Meßsenderfrequenz mit der 2. Oberwelle der Empfangsoszillatorfrequenz, bei den mit 3 bezeichneten Stellen erfolgt das gleiche für die 3. Harmonische usw. Ist die Zwischenfrequenz genügend hoch und die ZF-Bandbreite relativ schmal, so lassen sich auf diese Weise oft Oberwellen bis zur 10. Harmonischen und darüber zu Messungen ausnutzen, ohne von der Grundwelle gestört zu werden. Voraussetzung ist natürlich, daß im Zug der Mikrowellenschaltung kein Tiefpaßglied liegt. Eine Abstimmung des Mischdiodenkreises kann zur

Hervorhebung einer gewünschten Oberwelle von Vorteil sein. Zweckmäßig sind hierfür Leitungsresonanzkreise wegen des großen Bereiches und der Möglichkeit, im zweiten Knoten abzustimmen. Bei zu großen ZF-Bandbreiten kann ein Hochpaß in der Mikrowellenleitung die unerwünschte Grundwelle abschwächen. Neben dem in Abb. 3.8a skizzierten Schema lassen sich natürlich auch noch andere Einstellungen finden, bei denen Oberwellenempfang stattfindet, z.B. wenn die 3. Harmonische des Senders mit der 2. oder 4. Harmonischen des Überlagerers die ZF bildet usw.

### 3.42    *Dimensionierungsgesichtspunkte*

Die Wahl der ZF-Verstärker-Bandbreite hängt von verschiedenen Gesichtspunkten ab. Einmal kann die Art etwa vorhandener Modulation des Senders bestimmend sein. Impulse mit kurzer Anstiegszeit erfordern z.B. eine ZF-Bandbreite, die der doppelten Videobandbreite entspricht, also $b_{ZF} = 2b_v \approx 1/\tau$, wenn $\tau$ die Impulsanstiegszeit bedeutet. In vielen Fällen, z.B. bei unmoduliertem Meßsender oder bei niederfrequenter Modulation, ist die Rauschverminderung durch geringe Bandbreite von Bedeutung. Die Art des verwendeten 2. Gleichrichters spielt hierbei jedoch eine zusätzliche Rolle (vgl. Abschn. 3.5). Bei Wobbelverfahren oder bei Empfängern, die z.B. an motorisch abgetasteten Meßleitungen (vgl. Kap. 6) arbeiten, stellen Kurvenform, geforderte Meßgenauigkeit und Abtastgeschwindigkeit bestimmte Anforderungen an die Bandbreite. In den meisten Fällen jedoch sind die ungewollten Frequenzschwankungen, die zwischen Meßsenderfrequenz und Empfängeroszillatorfrequenz auftreten können, ausschlaggebend für die ZF-Bandbreite. Um Meßfehler zu vermeiden, darf die entstehende ZF nicht merkbar aus der Mitte der ZF-Selektionskurve herauslaufen. Neben der Frequenzkonstanz von Sender und Oszillator und der geforderten Meßgenauigkeit ist hier auch die Meßzeit von Einfluß. Bei schnell vorzunehmenden Messungen kann die richtige Frequenzlage immer wieder überprüft werden. Bei lange dauernden Messungen, z.B. mit automatisch registrierenden Geräten, sind die Forderungen ungleich höher.
Wird geringe Bandbreite gefordert, so kann man bei zu großer Inkonstanz der Sendefrequenz entweder einen HF-Synchronmischer verwenden (vgl. Abb. 3.2 u. Abschn. 3.5) oder man benutzt eine automatische Nachregelung der Oszillatorfrequenz [3.1, 3.6, 3.10]. Sie wird in ähnlicher Weise durchgeführt, wie in Abschnitt 2.52 beschrieben. Die notwendige Regelspannung wird hier von einem ZF-Diskriminator erzeugt, wie er auch zur Demodulation von frequenzmodulierten Signalen gebräuchlich ist. Die prinzipielle Anordnung ist in Abb. 3.9 wiedergegeben: Vom ZF-Verstärker wird das ZF-Signal abgezweigt und über einen Begrenzer dem Diskriminator zugeführt. Die Regelspannung wird z.B. bei Klystronoszillatoren der Reflektorspannung überlagert. Bei größeren, längere Zeit andauernden Frequenzabweichungen wird über einen Motor auch die Resonatorabstimmung verändert. Auch die thermische Verstimmung kann hierfür eingesetzt werden (vgl. Abschnitt 2.2 u. [3.6c]). Bei aufwendigen Geräten wird für die Frequenznachregelung ein eigener ZF-Verstärker mit größerer Bandbreite als im Meßzweig verwendet, um den Fangbereich der Regelung zu vergrößern. Auch getrennte Mischer finden sich

hier, die zwar vom gleichen Oszillator gespeist werden müssen, aber vorteilhaft eine eigene Verbindung zum Meßsender, die unabhängig vom Meßpegel ist, besitzen. Einfachere Geräte begnügen sich auch mit einer Anzeige der Frequenzabweichung vom Sollwert der ZF, ohne vom Diskriminator eine Regelung abzuleiten.

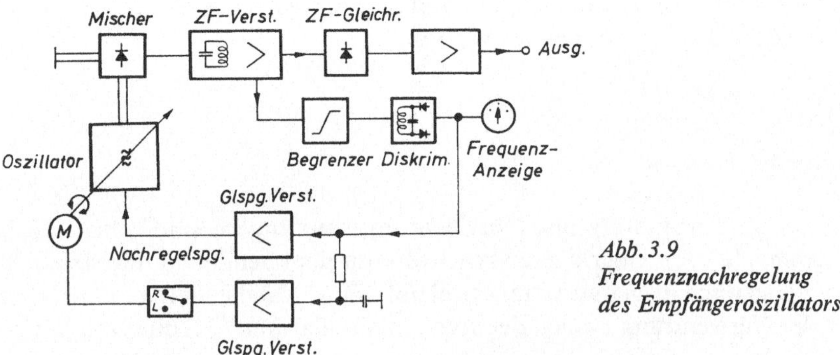


*Abb. 3.9*
*Frequenznachregelung*
*des Empfängeroszillators*

Für die Nachregelung des Empfangsoszillators einen Mikrowellendiskriminator – z. B. nach Abb. 2.17 – zu benutzen, ist zwar mechanisch aufwendiger, empfiehlt sich aber in Verbindung mit der in Abschn. 2.52 beschriebenen automatischen Suchschaltung trotzdem. Sind die für Sender und Empfänger verwendeten Nachstimmresonatoren gleich aufgebaut, so ist auch über längere Zeit die Differenz der Frequenzdrift minimal. Selbstverständlich sind auch für ZF-Diskriminatoren Suchschaltungen für die Reflektorspannung möglich [3.6].

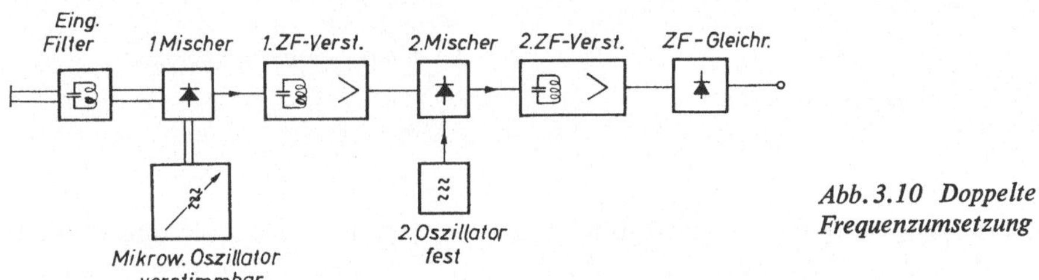


*Abb. 3.10 Doppelte*
*Frequenzumsetzung*

Die Wahl der Zwischenfrequenz hängt zunächst nach den üblichen Dimensionierungsgrundsätzen selektiver Verstärker von der benötigten Bandbreite ab. Man wird meist $f_z > 10\Delta f$ wählen. Ferner ergeben sehr niedrige Zwischenfrequenzen einen hohen Anteil an Funkelrauschen, sehr hohe Zwischenfrequenzen erfordern eine hohe Zahl von Stufen. Sie vermindern jedoch den Einfluß des Oszillatorrauschens [3.7a]. Die Verstärkung des ZF-Verstärkers wird man meist so wählen, daß bei empfindlicher Reglerstellung die Endstufe des Anzeigegerätes durch das Eigenrauschen gerade voll ausgesteuert werden kann.

In Sonderfällen, bei denen gute Spiegelselektion gefordert wird, benutzt man eine doppelte Frequenzumsetzung (Abb. 3.10): Man wählt die erste ZF sehr hoch und erhält einen großen Abstand von $f_e$ und $f_e'$ (Abb. 3.8) und damit eine gute Weitabselektion des Eingangskreises. Die zweite ZF wird durch Mischen mit einem Festfrequenzoszillator gebildet und nach üblichen Gesichtspunkten dimensioniert. Eine automatische Frequenznachregelung kann hierbei auch am 2. Oszillator wirken.

Im dm-Bereich kann eine hohe ZF auch zur Erweiterung des Frequenzbereiches der Abstimmung vorteilhaft sein, indem am unteren Frequenzende $f_0 > f_e$ und am oberen Frequenzende $f_0 < f_e$ verwendet wird [3.45].

### 3.43    *Sonderausführungen*

Wobbelmeßplätze in Verbindung mit Überlagerungsempfängern sind selten, da es Schwierigkeiten macht, den Überlagerer synchron mit dem Sender so durchzustimmen, daß die ZF genügend genau erhalten bleibt. Eine Möglichkeit besteht nach [3.52, 3.53] in der Verwendung zweier Festfrequenzoszillatoren (Frequenzen $f_1$ und

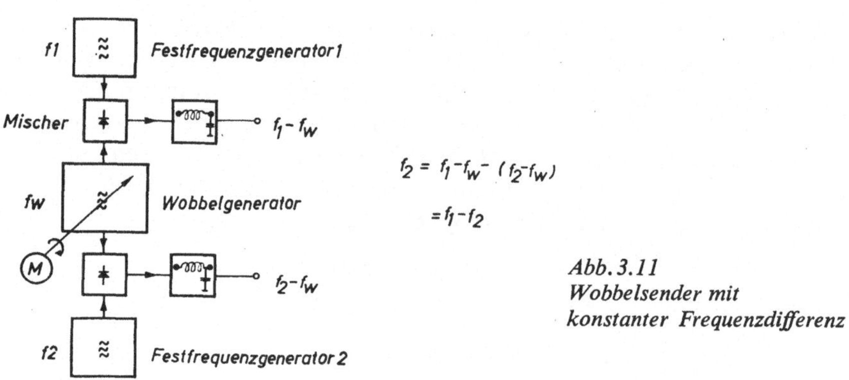


Abb. 3.11
*Wobbelsender mit
konstanter Frequenzdifferenz*

$f_2$), deren Ausgänge mit dem des gewobbelten Senders ($f_w$) gemischt werden und die so stets konstanten Frequenzabstand besitzen (Abb. 3.11). Ein Zweig kann als Meßkanal, der zweite kann als Überlagererkanal verwendet werden. Nachteilig ist vor allem, daß $f_1 \approx f_w \gg f_1 - f_w$ ist, d. h., daß die Generatoren etwa das Zehnfache der höchsten Meßfrequenz erzeugen müssen, was die Frequenzkonstanz der Differenzfrequenz und die ohnehin geringe Ausgangsleistung der Mischer ungünstig beeinflußt. Auch die Existenz zahlreicher Nebenwellen durch unerwünschte Mischprodukte bereitet hier Schwierigkeiten.

Eine andere Möglichkeit für einen Überlagerer-Wobbelmeßplatz bietet die Erzeugung der Zwischenfrequenz mit Hilfe des „Sampling"-Verfahrens, wie es am Ende von Abschn. 6.6 beschrieben ist.

Andere Diodenarten, die als Mischer in Nachrichtenempfängern schon mit Erfolg eingesetzt werden, könnten auch in Meßempfängern zu einer wesentlichen Verbesserung der Eigenschaften führen. Im Gegensatz zu herkömmlichen Siliziumdiodenmischern können solche mit Tunneldioden (vgl. Abschn. 3.32) auch eine Mischverstärkung besitzen [3.13, 3.48, 3.55a, 3.56a, 3.57, 3.58, 3.59, 3.60, 3.62, 3.68, 3.93]. Das Eigenrauschen dieser Tunneldiodenmischer ist recht niedrig, der Rauschfaktor wird bei 9 GHz zu etwa $F = 8$ dB angegeben [3.63]. Backward-Dioden sind im Vergleich zu normalen Dioden mit wesentlich geringeren Oszillator-leistungen durchzusteuern; dies ergibt zwar geringeres Rauschen, aber nach Gl. (3.9) auch kleineres $\beta_m$. Die Empfindlichkeit liegt deshalb bei hohen Zwischenfrequenzen in der gleichen Größenordnung wie bei Mischern mit normalen Dioden. Wegen des sehr niedrigen Funkelrauschens ist jedoch bei niedrigen Zwischenfrequenzen oder bei ihrer Anwendung in Synchronmischern eine Empfindlichkeit zu erwarten, die jene von üblichen Dioden um 20 bis 30 dB übersteigt [3.11, 3.50, 3.51, 3.86]. Ähnlich dürften die Verhältnisse bei Hot-Carrier-Dioden liegen [3.94]. Auch Varaktordi-oden können als rauscharme Mischer verwendet werden [3.35, 3.64, 3.67].

### 3.44    *Der Aufbau von Überlagerungsempfängern*

Die in üblichen Überlagerungs-Meßempfängern vorhandenen Mikrowellenbauteile sind der Diodenmischer und der Oszillator. Die übrigen Baugruppen arbeiten bei niedrigeren Frequenzen und sollen hier nicht näher besprochen werden. Da die Oszillatorfrequenz immer in der gleichen Größenordnung wie die Empfangsfre-quenz liegt, wird als Empfangsoszillator eine ähnliche oder meist sogar die gleiche Generatorkonstruktion benutzt, die auch der zugehörige Meßsender verwendet (vgl. Kap. 2). Die dem Mischer zugeführte Leistung liegt gewöhnlich bei einigen 10 mW, Oszillatoren höherer Leistung sind jedoch insofern von Vorteil, als sie nur sehr lose an den Mischer angekoppelt zu werden brauchen und dann weitgehend un-beeinflußt von Rückwirkungen des Eingangssignals und der ZF-Belastung sind.

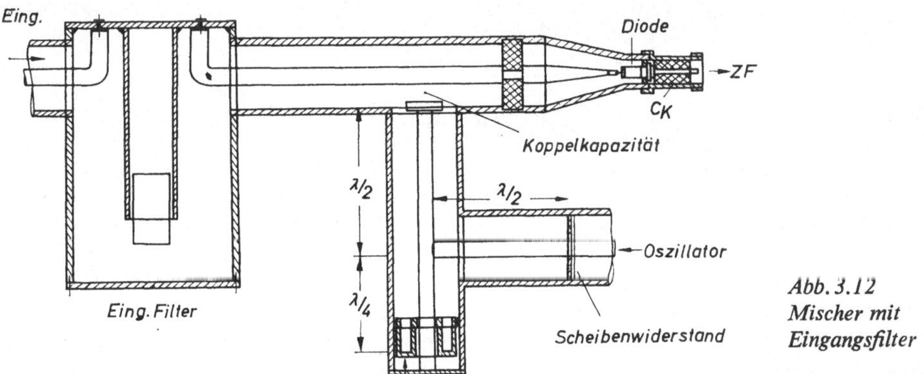


*Abb. 3.12 Mischer mit Eingangsfilter*

Zu dem Meßsender, der z. B. mit ringförmigen Bandleitungen nach Abb. 2.4 aufge-baut ist, existiert als Pendant ein Meßempfänger, der die gleiche Konstruktion als Überlagerungsoszillator benutzt und lediglich durch eine dritte, ringförmige Band-leitung ergänzt ist, die durch einen gesondert einstellbaren Kurzschlußschieber die

Abstimmung des Mischdiodenkreises besorgt [3.9]. Die Ankopplung der Oszillatorleistung erfolgt hier durch die kapazitive Kopplung der beiden übereinanderliegenden Bandleitungen von Anodenkreis und Mischdiodenkreis.

Auch die Diodengleichrichteranordnungen nach Abb. 3.6a bis e können auf einfache Weise durch lose kapazitive Ankopplung des Oszillators in Mischerschaltungen ver-

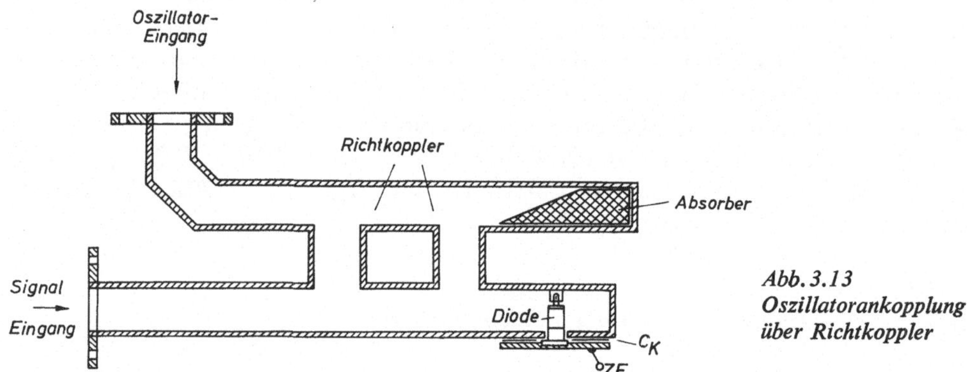


*Abb. 3.13
Oszillatorankopplung
über Richtkoppler*

wandelt werden [3.1, 3.2, 3.5, 3.6, 3.44f, 3.45, 3.70, 3.95]. Ein derartiges Beispiel ist in Abb. 3.12 gezeigt. Der Gleichstromrückweg für die Diode ist hier durch die Koppelschleife im Eingangsfilter, welches als Koaxialresonator ausgeführt ist, gegeben. Die Kurzschlußkapazität $C_k$ darf bei hohen Zwischenfrequenzen nicht zu hohe Werte annehmen, um den ZF-Eingangskreis nicht zu sehr zu belasten.

Bei Mischerschaltungen ohne Eingangsfilter hoher Selektion tritt gewöhnlich die Oszillatorfrequenz mit großer Amplitude aus dem Signaleingang aus. In manchen

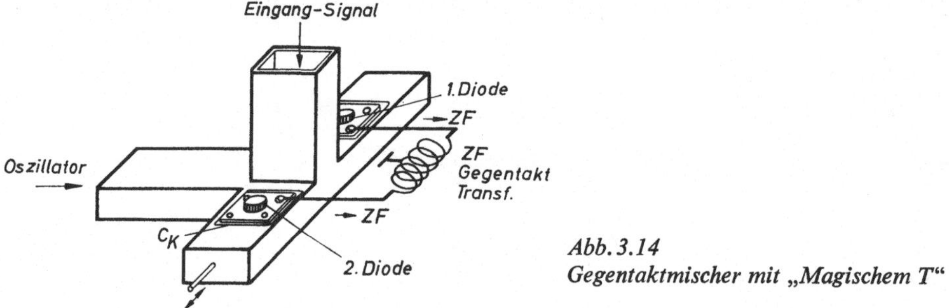


*Abb. 3.14
Gegentaktmischer mit „Magischem T"*

Fällen, z.B. wenn bei Leistungsmessungen gleichzeitig die Impedanz mit Meßleitung und Meßempfänger kontrolliert wird, kann diese Oszillatorleistung zu groben Meßfehlern Anlaß geben. Als Gegenmaßnahme bietet sich die Verwendung einer Einwegleitung (Abschn. 4.3), die dem Empfängereingang vorgeschaltet wird, an. Auch die Ankopplung des Oszillators über einen Richtkoppler (Abschn. 6.51) oder die Verwendung einer entkoppelten Verzweigung („Magisches T") können die Oszillatorabstrahlung erheblich verringern. Abb. 3.13 zeigt eine Hohlleitermischschaltung mit Richtkoppler, Abb. 3.14 zeigt einen Mischer mit einer entkoppelten E-H-Verzweigung (s. auch Abschn.2.51). Bei derartigen symmetrischen Mischschaltungen, die auch in Koaxialtechnik, z.B. nach [3.44g], ausgeführt sein können, steuert der Oszillator die beiden Dioden im Gleichtakt an, das Eingangssignal erreicht die Dioden gegenphasig, so daß auch die an den beiden Dioden entstehende ZF in Gegenphase auftritt und der ersten ZF-Stufe über einen Gegentakttransformator zuzuführen ist. Bei Gleichheit der Impedanzen der Seitenarme wird die Oszillatorenergie vom Signaleingang ferngehalten. Allerdings ist völlige Symmetrie durch die Streuung der Diodeneigenschaften – auch wenn man vom Hersteller paarweise ausgesuchte benutzt – selten erreichbar. Durch Justierung der die Seitenarme abschließenden Kurzschlüsse kann die Symmetrie jedenfalls angenähert werden. Auch mit 3-dB-Kopplern in Koaxial- und Streifenleitungstechnik werden vielfach Gegentaktmischer aufgebaut.

Ein weiterer Vorteil von Gegentaktmischern ist die weitgehende Kompensation des Oszillatorrauschens [3.1, 3.6]. Eine Verminderung des jeder Oszillatorschwingung überlagerten Rauschens ist zwar auch durch das Einfügen eines schmalbandigen Filters in die Verbindungsleitung zwischen Oszillator und Mischer möglich, doch erfordert dies eine bei jedem Frequenzwechsel gesondert vorzunehmende Abstimmung.

## 3.5    Kohärente und nichtkohärente Gleichrichter

### 3.51    *Prinzip des kohärenten Gleichrichters*

Unter „kohärenten Gleichrichtern" versteht man solche Gleichrichter, die nicht nur auf die Amplitude des angebotenen Signals ansprechen, sondern auch seine Phasenlage berücksichtigen. Das Eingangssignal wird hierzu mit einem Referenzsignal verglichen. Bei Phasengleichheit ergibt sich maximale Ausgangsspannung, bei 90° oder 270° Phasendifferenz ist die Ausgangsspannung Null und bei Gegenphase (180°) ist das Vorzeichen der Ausgangsspannung umgekehrt. Infolgedessen ergibt eine Rauschspannung, die an den Eingang eines kohärenten Gleichrichters gelegt wird, bei genügender Ausgangszeitkonstante keine Ausgangsspannung, da seine Phase zu der des Referenzsignals völlig unkorreliert ist. Bei den anderen, nichtkohärenten Gleichrichtern, z.B. den üblichen „linearen" oder „quadratischen" Gleichrichtern, erzeugt eine Eingangsrauschspannung auch dann eine Ausgangsgleichspannung, wenn die Zeitkonstante sehr groß ist. Die Schwankungen dieser Ausgangsspannung (Ausgangsrauschen bzw. Fluktuationen) hängen bei allen Gleichrichterarten von der Zeitkonstante (Bandbreite) ab. Jedenfalls ist unter bestimmten Voraussetzungen durch die Verwendung eines kohärenten Gleichrichters eine Verbesserung des Signal/Rausch-Verhältnisses gegenüber normalen Gleichrichterschaltungen zu erwarten [3.1, 3.8].

Der kohärente Gleichrichter kann nun sowohl als Eingangsmischer als auch als ZF-oder NF-Gleichrichter eines Empfängers eingesetzt werden. Bei seiner Anwendung als Eingangsmischer wird er meist als Synchrodyne, Homodyne oder Synchronmischer bezeichnet [3.25, 3.26, 3.27]. Hier liegt der Schwerpunkt der Anwendung in

der Meßtechnik bei der Tatsache, daß sowohl Empfangs- wie auch Überlagerer-
frequenz dem gleichen Generator entnommen werden und deshalb bei Schwankungen der Generatorfrequenz keine Änderung der Ausgangsfrequenz auftritt, die Ausgangsbandbreite also nur den durch das Rauschen gegebenen Erfordernissen angepaßt zu werden braucht [3.8, 3.19, 3.20, 3.28, 3.29]. Ferner ist der lineare Zusammenhang zwischen Ein- und Ausgangsspannung oft sehr vorteilhaft. In bezug
auf die Empfindlichkeit dürften diese Synchronmischer normalen Überlagerungs-

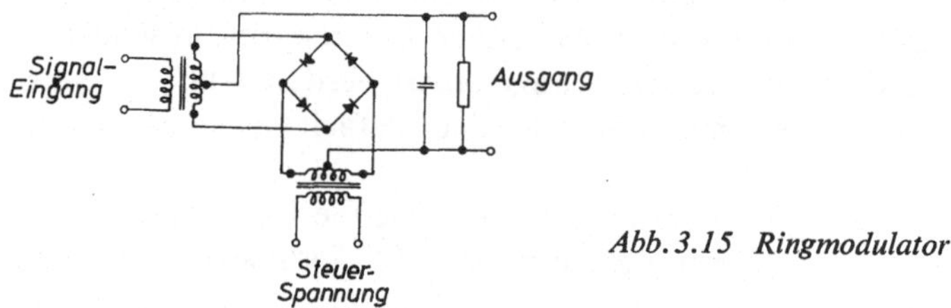


*Abb. 3.15  Ringmodulator*

empfängern nicht überlegen sein, da diese bei $f_z = 0$ bzw. bei sehr niedrigen
Zwischenfrequenzen sehr starkes Funkelrauschen zeigen. Synchronmischer mit
Backwarddioden oder Hot-Carrier-Dioden könnten hier Vorteile bringen [3.51].
Die niederfrequente Version des kohärenten Gleichrichters wird Synchrondetektor,
Kohärentdetektor, phasenempfindlicher Gleichrichter oder gesteuerter Gleichrichter
genannt. Hier wird das Vergleichssignal vom Modulator des Meßsenders bezogen
(vgl. Abb. 3.3). Die phasenrichtige Umschaltung des Gleichrichters kann z.B. mit
Hilfe von Doppelsteuerröhren [3.8] oder über die Diodenvorspannung eines Gegen-
taktgleichrichters [3.1, 3.30] erfolgen. Auch die bekannte Ringmodulatorschaltung
(Abb. 3.15) [3.65] ist hierfür anwendbar. Sie ergibt über große Bereiche einen linearen Zusammenhang zwischen Ein- und Ausgangsspannung [3.44a, 3.80].


3.52    *Vergleich der verschiedenen Gleichrichterarten*

Der lineare Gleichrichter, wie er z.B. am Ausgang von ZF- oder NF-Verstärkern
betrieben wird, ist charakterisiert durch die Aufladung eines Kondensators über
eine Diode über ein Glied kurzer Zeitkonstante und die Entladung dieses Kondensators über den Arbeitswiderstand, also über ein Glied langer Zeitkonstante. Infolge
der sich hierbei bildenden Vorspannung der Diode ist sie nur während sehr kleiner
Stromflußwinkel stromführend und die Spannung am Ladekondensator nimmt etwa
den Scheitelwert der zugeführten Wechselspannung an. Bei großen Spannungen ist
die abgegebene Gleichspannung proportional zur Eingangswechselspannung. Wird
dem linearen Gleichrichter neben dem Nutzsignal gleichzeitig eine Rauschspannung
zugeführt, so erhöht sich die Ausgangsspannung um einen konstanten Wert, gleichzeitig tritt eine Fluktuation der Ausgangsspannung auf, weil die verschiedenen
Frequenzanteile des Rauschens durch Mischung auch niederfrequente Rauschspannungen liefern. Ist das Signal/Rausch-Verhältnis $S_e$ am Eingang klein, so wird
die durch das Rauschen allein erzeugte Ausgangsgröße durch das Signal kaum
noch verändert, es tritt also eine Signalunterdrückung durch das Rauschen auf. Für

$S_e = 1$ beträgt diese Signalunterdrückung 8 dB, für $S_e = 0{,}1$ ergeben sich 27 dB [3.6b, 3.24, 3.36].

Diodengleichrichter, die bei sehr kleinen Leistungen arbeiten ($< 10^{-5}$ W), sind nicht mehr linear, sondern haben quadratische Charakteristik. Ferner besitzen z.B. Barretter einen rein quadratischen Strom-Spannungszusammenhang, solange ihre Temperaturerhöhung rein proportional zur Leistungsaufnahme ist. Erst bei Leistungen, die größer sind als etwa 1 mW, treten nichtlineare Abkühlungseffekte auf, die eine Abweichung von der rein quadratischen Abhängigkeit bringen [3.23]. Die Erhöhung der Signalanzeige durch das Rauschen ist beim quadratischen Gleichrichter ebenso vorhanden wie beim linearen Gleichrichter. Eine Signalunterdrückung durch das Rauschen findet beim quadratischen Gleichrichter jedoch nicht statt [3.24].

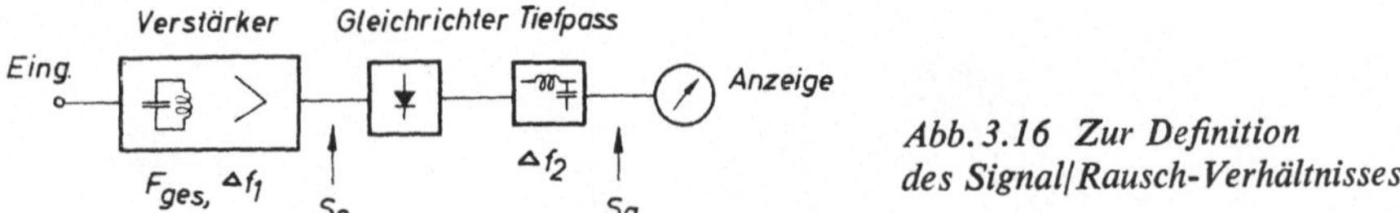


*Abb. 3.16 Zur Definition des Signal/Rausch-Verhältnisses*

Die Abhängigkeit der Fluktuation der Ausgangsspannung – also des Signal/Rausch-Verhältnisses $S_a$ am Ausgang des Gleichrichters – von den Eingangsgrößen und von den Gleichrichtereigenschaften sei an Hand von Abb. 3.16 betrachtet: Definiert man das Eingangs-Signal/Rausch-Verhältnis am Eingang des Gleichrichters zu

$$S_e = \frac{U_{S\,eff}}{\bar{U}_r} = \frac{\sqrt{P_s}}{\sqrt{F_{ges} \cdot kT_0\,\Delta f_1}}, \tag{3.14}$$

so ist zu erkennen, daß $S_e$ mit kleinem Rauschfaktor $F_{ges}$ und mit geringer Bandbreite $\Delta f_1$ des Eingangsverstärkers größer wird. Beim Kohärentdetektor ist $S_a$ für alle Amplituden proportional zu $S_e$ und für den Fall, daß $\Delta f_1 \gg \Delta f_2$ ist, gilt:

$$\textit{Kohärentdetektor:} \quad S_a = S_e \cdot \sqrt{\frac{\Delta f_1}{\Delta f_2}} = \frac{\sqrt{P_s}}{\sqrt{F_{ges} \cdot kT_0\,\Delta f_2}}. \tag{3.15}$$

Setzt man eine gleichmäßige spektrale Verteilung des Rauschens voraus, so filtert der Ausgangstiefpaß mit der Bandbreite $\Delta f_2$, der auch z.B. durch die mechanische Zeitkonstante eines Anzeigeinstrumentes gebildet sein kann, nur denjenigen Anteil der Rauschleistung aus, der dem Verhältnis $\Delta f_2/\Delta f_1$ entspricht. Für die Größe $S_a$, d.h. für die Ausgangsfluktuationen, ist hier also nur $\Delta f_2$ verantwortlich, $\Delta f_1$ kann beliebig groß gemacht werden – natürlich vorausgesetzt, daß der Verstärker durch das Rauschen nicht übersteuert wird.

Für den quadratischen Gleichrichter gilt:

$$\textit{Quadrat. Gleichr.:} \quad S_a = S_e^2 \sqrt{\frac{\Delta f_1}{\Delta f_2}} = \frac{P_s}{F_{ges}kT_0\sqrt{\Delta f_1 \cdot \Delta f_2}}. \tag{3.16}$$

Hier ist es also zweckmäßig, sowohl die Bandbreite des Verstärkers $\Delta f_1$ als auch die Ausgangsbandbreite $\Delta f_2$ im Interesse geringen Rauschens klein zu halten.

Der Zusammenhang zwischen $S_e$ und $S_a$ für die verschiedenen Gleichrichterarten ist nach Unterlagen aus [3.25 u. 3.80] in Abb. 3.17 zusammengestellt. (Einige Angaben in [3.23, 3.24, 3.26, 3.27] weichen hiervon geringfügig ab.) Die ausgezogenen

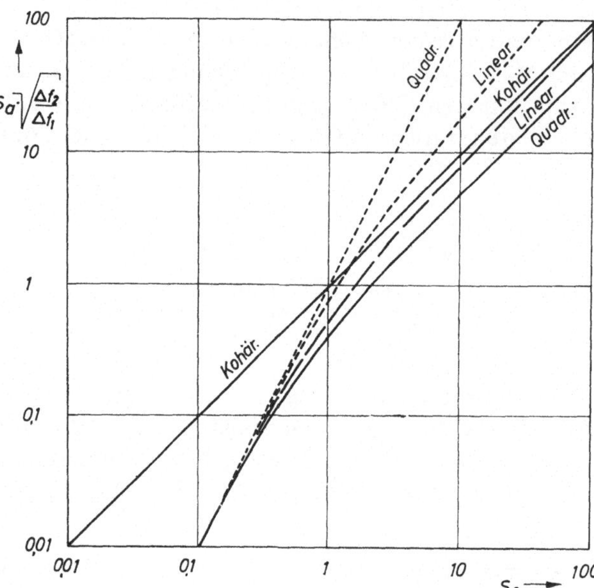


*Abb. 3.17 Eingangs- und Ausgangs-Signal/Rausch-Verhältnisse verschiedener Gleichrichterarten*

Kurven gelten für große Amplituden von Signal und Rauschen, die punktierten Linien sind bei sehr kleinen Amplituden anzuwenden. Es ist hier zu erkennen, daß bei großem $S_e$ und kleinen Amplituden der quadratische Gleichrichter die günstigsten Ergebnisse liefert. Für Gleichrichter am Ausgang von Verstärkern kommen jedoch im allgemeinen nur die Kurven für größere Amplituden in Betracht. Hier zeigt sich der Kohärentdetektor bei kleinem $S_e$ weit überlegen. Der lineare Gleichrichter verhält sich bei kleinem $S_e$ wie der quadratische, für große $S_e$ nähert er sich den Werten des Kohärentdetektors an.

## Literatur


[3.1] *A. F. Harvey:* Microwave Engineering, Academic Press, London u. New York (1963) S. 747.

[3.2] *C. G. Montgomery* u. *R. N. Griesheimer:* Technique of Microwave Measurements, M.I.T. Radiation Lab. Series Bd. 11, McGraw-Hill, New York, Toronto, London (1947) S. 496.

[3.3] *D. R. Hamilton, J. K. Knipp* u. *J. B. H. Kuper:* Klystrons and Microwave Triodes, M.I.T. Radiation Lab. Series Bd. 7, McGraw-Hill, New York, Toronto, London (1948) S. 470.

[3.4] *H. C. Torrey* u. *C. A. Whitmer:* Crystal Rectifiers, M.I.T. Radiation Lab. Series Bd. 15, McGraw-Hill, New York, Toronto, London (1948), a) S. 344.

[3.5] *R. V. Pound:* Microwave Mixers, M.I.T. Radiation Lab. Series Bd. 16, McGraw-Hill, New York, Toronto, London (1948).

[3.6] *S. N. van Voorhis:* Microwave Receivers, M.I.T. Radiation Lab. Series Bd. 23, McGraw-Hill, New York, Toronto, London (1948), a) Kap. 19, b) S. 211, c) Kap. 3.14.

[3.7] *J. L. Lawson* u. *G. E. Uhlenbeck:* Threshold Signals, M.I.T. Radiation Lab. Series Bd. 24, McGraw-Hill, New York, Toronto, London (1950), a) S. 110, b) S. 151.

[3.8] *F. J. Tischer:* Mikrowellen-Meßtechnik, Springer, Berlin (1958) S. 64.

[3.9] *H. H. Meinke:* Meßgeräte und Meßverfahren für Dezimeterwellen, als Manuskript gedruckt, Techn. Hochschule München (1947).

[3.10] *G. Megla:* Dezimeterwellentechnik, 5. Aufl. Berliner Union, Stuttgart (1962) S. 89 u. 766.

[3.11] *S. T. Eng:* Low Noise Properties of Microwave Backward Diodes. Trans. Inst. Radio Engrs. MTT-9 (1961) S. 419.

[3.12] *M. D. Montgomery:* The Tunnel Diode as a Highly Sensitive Microwave Detector. Proc. Inst. Radio Engrs. 49 (1961) S. 826.

[3.13] *F. Sterzer* u. *A. Presser:* Stable Low Noise Tunnel-Diode Frequency Converters. RCA-Rev. 23 (1962) S. 3.

[3.14] *P. D. Strum:* Some Aspects of Mixer Crystal Performance. Proc. Inst. Radio Engrs. 41 (1953) S. 875.

[3.15] *C. T. McCoy:* Present and Future Capabilities of Microwave Crystal Rectifiers. Proc. Inst. Radio Engrs. 46 (1958) S. 61.

[3.16] *A. G. Jordan:* Esaki Diodes as Super-Regenerative Detectors. Proc. Inst. Radio Engrs. 48 (1960) S. 1902.

[3.17] *R. V. Garver* u. *J. A. Rosado:* Microwave Diode Cartridge Impedance. Transact. Inst. Radio Engrs. MTT-8 (1960) S. 104.

[3.18] *A. Staniforth* u. *J. H. Craven:* Improvement in the Square Law Operation of 1 N 23 B Crystals from 2 to 11 kmc. Transact. Inst. Radio Engrs. MTT-8 (1960) S. 111.

[3.19] *J. C. Greene* u. *J. F. Lyons:* Receiver with Zero Intermediate Frequency. Proc. Inst. Radio Engrs. 47 (1959) S. 335.

[3.20] *G. B. Andrews* u. *H. A. Bazydlo:* Crystal Noise Effects on Zero I.F. Receivers. Proc. Inst. Radio Engrs. 47 (1959) S. 2018.

[3.21] *F. Kühne:* Frequenzumsetzung an Kapazitätsdioden, Diplom-Arbeit Inst. f. Hochfrequenztechn. T.H. München (1962).

[3.22] *D. Böhne:* Stabilisierung von Schaltungen mit Tunneldioden. Diss. T.H. München (1962).

[3.23] *G. U. Sorger* u. *B. O. Weinschel:* Comparison of Derivations from Square Law for RF Crystal Diodes and Barretters. Transact. Inst. Radio Engrs. J-8 (1959) S. 103.

[3.24] *G. U. Sorger* u. *B. O. Weinschel:* Precise Insertion Loss Measurements, Using Imperfect Square Law Detectors, and Accuracy Limitations Due to Noise. Transact. Inst. Radio Engrs. J-4 (1955) S. 55.

[3.25] *R. A. Smith:* The Relative Advantages of Coherent and Incoherent Detectors. Proc. Inst. Electr. Engrs. 98 (1951) Part IV, S. 43.

[3.26] *R. Kitai:* Coherent and Incoherent Detectors. Electronic Radio Engrs. 34 (1957) Nr. 3, S. 96.

[3.27] *D. G. Tucker:* Synchrodyne and Coherent Detectors. Wireless Engrs. 29 (1952) S. 184.

[3.28] *G. Lisitano:* Anwendung der sinusförmigen Interferenztechnik zum Bau eines Reflektometers und Polarimeters im mm-Wellenbereich. Nachr. Techn. Zeitschr. 15 (1962) S. 446.

[3.29] *G.Lisitano:* Ein Meßverfahren zur direkten Anzeige des Übertragungs- und Reflexions-faktors im mm-Wellenbereich. Dissert. T.H. München (1964).

[3.30] *R.F.Pramann:* A Microwave Power Meter with a Hundredfold Reduction of Thermal Drift. Hewlett-Packard Journ. Bd. 12 (1961) Nr. 10.

[3.31] *H.F.Mataré:* Oberwellenmischung und Verzerrung mit Kristalldioden. Arch. Elektr. Übertrag. 7 (1953) S. 1.

[3.32] *J.M.Cotton:* A Submillimeter Measurement System Using a Harmonic Mixing Superheterodyne Receiver. Transact. IEEE, MTT-11 (1963) S. 385.

[3.33] *G.C.Messenger:* New Concepts in Microwave Mixer Diodes. Proc. Inst. Radio Engrs. 46 (1958) S. 1116.

[3.34] *D.A.Jenny:* A Gallium Arsenide Microwave Diode. Proc. Inst. Radio Engrs. 46 (1958) S. 717.

[3.35] *A. Uhlir jr.:* The Potential of Semiconductor Diodes in High-Frequency Communications. Proc. Inst. Radio Engrs. 46 (1958) S. 1099.

[3.36] *E.G.Fubini* u. *D.C.Johnson:* Signal-to-Noise Ratio in AM Receivers. Proc. Inst. Radio Engrs. 36 (1948) S. 1461.

[3.37] *H.S.Sommers jr.:* Tunnel Diodes as High-Frequency Devices. Proc. Inst. Radio Engrs. 47 (1959) S. 1201.

[3.38] *K.K.N.Chang:* Low-Noise Tunnel-Diode Amplifier. Proc. Inst. Radio Engrs. 47 (1959) S. 1268.

[3.39] *B.G.Withford:* The Video Resistance Concept in Nonlinear AM-Detectors. Microwave Journ. 7 (1964) Nr. 4, S. 54.

[3.40] *G.Kesel, A.Ottmann* u. *H.N.Toussaint:* Germanium-Tunneldioden für das Hoch-frequenzgebiet. Nachr. Techn. Zeitschr. 13 (1960) S. 191.

[3.41] *H.F.Mataré:* Methoden zur Berechnung der Empfindlichkeiten von Mischanord-nungen im Dezimeter- und Zentimeterwellengebiet. Arch. El. Übertr. 3 (1949) S. 241.

[3.42] *H.H.Meinke:* Das Verhalten von Mischdioden bei niedrigen und hohen Frequenzen. El. Nachr. Techn. 20 (1943) S. 39.

[3.43] *H.F.Mataré:* Empfangsprobleme im Ultrahochfrequenzgebiet. Oldenbourg, München (1951).

[3.44] *H.H.Meinke* u. *F.W.Gundlach:* Taschenbuch der Hochfrequenztechnik, 2. Aufl. Springer, Berlin (1962), a) S. 1091, b) S. 1093, c) S. 1454, d) S. 1246, e) S. 1271, f) S. 1106, g) S. 375.

[3.45] *A.Kraus:* UHF-Meßempfänger, Rohde & Schwarz-Kurzinformation 2 (1961) S. 3.

[3.46] *B.O.Weinschel, G.U.Sorger* u. *A.L.Hedrich:* Relative Voltmeter for VHF:UHF Signal Generator Attenuator Calibration. Transact. Inst. Radio Engrs. J-8 (1959) S. 22.

[3.47] *K.Fränz:* Über die Empfindlichkeitsgrenze beim Empfang elektrischer Wellen und ihre Erreichbarkeit. El. Nachr. Techn. 16 (1939) S. 92.

[3.48] *W.Baier:* Untersuchungen über Frequenzwandlung an Tunneldioden. Dipl. Arb. Inst. f. Hochfrequenztechn. T.H. München (1963).

[3.49] *G.Winkler:* Selektiver Gleichrichterempfang mit Tunneldioden bei Mikrowellen. Dissert. T.H. München (1965).

[3.50] *R.O.Wright:* The Backward Diode – When and How to Use it. Microwaves 3 (1964), Dez. S. 22.

[3.51] *W.C.Follmer:* Low Frequency Noise in Backward-Diodes. Proc. Inst. Radio Engrs. 49 (1961) S. 1939.

[3.52] *H.Eisenmann:* Ein Meßverfahren zur direkten Anzeige von komplexen Spannungs-quotienten im Bereich von 5–200 MHz. Diss. Techn. Hochschule München (1960).

[3.53] *H.Eisenmann* u. *K.Lange:* Automatische Messung komplexer Quotienten mit Sicht-anzeige im Frequenzbereich 5–200 MHz. Nachr. Techn. Zeitschr. 15 (1962) S. 17.

[3.54] *E. Willwacher:* Der Einfluß der Spiegelfrequenz bei Mikrowellenempfängern mit Detektormischung. Fernm. Techn. Zeitschr. 7 (1954) S. 608.

[3.55] Tunnel-Diodes, Technical Manual TD 30, Fa. RCA., (1963) S. 94.

[3.56] *J. M. Carroll:* Tunnel-Diode and Semiconductor Circuits, McGraw-Hill, New York, Toronto, London (1963) S. 47.

[3.57] *R. A. Purcel:* Theorie of Esaki-Diode Frequency Converter. Solid-State Electronics 3 (1961) S. 167.

[3.58] *C. S. Kim:* Tunneldiode Converter Analysis. Transact. Inst. Radio Engrs. ED-8 (1961) S. 394.

[3.59] *K. Wohlberg:* Zur Darstellung der Eigenschaften einer Esaki-Diode als Oszillator und Mischer in Form von Kennlinienfeldern. Telefunken-Zeitg. 34 (1961) S. 114.

[3.60] *K. K. N. Chang* u. *G. H. Heilmeier:* Low-Noise Tunnel-Diode Down Converter Having Conversion Gain. Proc. Inst. Radio Engrs. 48 (1960) S. 854.

[3.61] *L. I. Smilen* u. *D. C. Youla:* Stability Criteria for Tunnel Diodes. Proc. Inst. Radio Engrs. 49 (1961) S. 1206.

[3.62] *K. v. Pieverling:* Untersuchungen über das Impedanzverhalten von Tunneldioden-Mischschaltungen. Diss. Techn. Hochsch. München (1965).

[3.63] *D. J. Breitzer:* Noise Figure of Tunnel-Diode Mixer. Proc. Inst. Radio Engrs. 48 (1960) S. 935.

[3.64] *P. Penfield* u. *R. P. Rafuse:* Varactor Applications. Mass. Inst. of Technologie, Cambridge, Mass. (1962) Kap. 5.

[3.65] *H. Bley:* Eigenschaften und Bemessung von Ringmodulatoren. Nachr. Techn. Zeitschr. 13 (1960) S. 129 u. S. 196.

[3.66] *H. Bley:* Das Stromrauschen von Halbleitern, insbesondere von Germaniumspitzendioden im Frequenzgebiet von 1 kHz–10 MHz. Nachr. Techn. Zeitschr. 11 (1958) S. 349.

[3.67] *S. T. Eng:* Characterisation of Microwave Capacitance Diodes. Transact. Inst. Radio Engrs. MTT-9 (1961) S. 11.

[3.68] *I. E. Dickens* u. *C. R. Gneiting:* A Tunnel-Diode Amplifying Converter. Transact. Inst. Radio Engrs. MTT-9 (1961) S. 99.

[3.69] *J. J. Faris* u. *J. M. Richardson:* Excess Noise in Microwave Detector Diodes. Transact. Inst. Radio Engrs. MTT-9 (1961) S. 312.

[3.70] *E. Carlson:* A Broadband Microstrip Crystal Mixer with Integral DC Return. Transact. Inst. Radio Engrs. MTT-3 (1955) S. 175.

[3.71] *E. L. Ginzton:* Microwave Measurements. McGraw-Hill, New York, Toronto, London (1957) S. 108.

[3.72] *D. D. King:* Measurements at Centimeter Wavelength. D. van Nostrand Co., New York, Toronto, London (1952) S. 71.

[3.73] *G. W. C. Mathews:* Homodyne Generator and Detection System. Inst. Radio Engrs. Wescon Convent. Rec. AP and MTT (1957) S. 194.

[3.74] *B. O. Pedersen:* Phase-Sensitive Detection with Multiple Frequencies. Transact. Inst. Radio Engrs. J-9 (1960) S. 349.

[3.75] *A. L. Brault* u. *Ishik:* Noise Output and Noise Figure of Biased Millimeter-Wave Detector Diodes. Transact. Inst. Radio Engrs. MTT-10 (1962) S. 258.

[3.76] *P. E. Chase* u. *K. K. N. Chang:* Tunnel Diodes as Millimeter Wave Detectors and Mixers. Transact. Inst. E.E.E., MTT-11 (1963) S. 560.

[3.77] *W. J. Crowe:* My Adventures with Tunnel Diode Amplifiers. Microwaves 4 (1965) Nr. 7, S. 24.

[3.78] *R. B. Mouw* u. *F. M. Schumacher:* Tunnel Diode Detectors. Microwave Journal 9 (1966) Nr. 1, S. 27.

[3.79] *C. V. Burrus:* Backward Diodes for Low-Level Millimeter-Wave Detection. Transact. Inst. E.E.E., MTT-11 (1963) S.357.

[3.80] *W. Berghofer:* Bau und Untersuchung eines Kohärentdetektors. Diplom-Arbeit Inst. f. Hochfrequenztechnik. T.H. München (1965).

[3.81] *F.L. Wentworth, J.W. Dozier* u. *J.D. Rodgers:* MM-Wave Harmonic Generators, Mixers and Detectors. Microwave Journ. 7 (1964) Nr.6, S.69.

[3.82] *H.F. Matare:* Oberwellenmischung und Verzerrung mit Kristalldioden. Arch. Elektr. Übertrag. 7 (1953), S.1.

[3.83] *J.M. Cotton:* A Submillimeter Measurement System Using a Harmonic Mixing Superheterodyne Receiver. Transact. IEEE, MTT-11 (1963), S.385.

[3.84] *B.G. Withford:* The Video Resistance Concept in Nonlinear AM-Detectors. Microwave Journ. 7 (1964) Nr. 4, S. 54.

[3.85] *A. M. Cowley* u. *H. O. Sorensen:* Quantitative Comparison of Solid-State Microwave Detectors. Transact. Inst. E.E.E., MTT-14 (1966) S.588.

[3.86] *S. T. Eng:* Low-Noise Properties of Microwave Backward Diodes. Transact. Inst. Radio Engrs. MTT-9 (1961) S.424.

[3.87] *W. F. Gabriel:* Tunnel-Diode Low-Level Detection. Transact. Inst. E.E.E., MTT-15 (1967) S.538.

[3.88] *W. J. Getsinger:* The Packaged and Mounted Diode as a Microwave Circuit. Transact. Inst. E.E.E., MTT-14 (1966) S.58.

[3.89] *Ch. P. Heinzman* u. *D. D. Tang:* Broadband Crystal Video Detectors. Microwave Journ. 8 (1965) Nr.8, S.93.

[3.90] Firmenbeschreibung, Crystal Detector 420 A/B, 423 A, Fa. Hewlett-Packard, Palo Alto (1966).

[3.91] *R. V. Garver* u. *T. H. Mak:* Filters for High-Speed Diode Modulators and Demodulators. Transact. Inst. E.E.E., MTT-15 (1967) S.390.

[3.92] *K. O. Müller:* Der USVC – ein universeller Mikrowellenempfänger für 2 bis 12,7 GHz. Neues von Rohde & Schwarz 6 (1966) Nr.21, S.15.

[3.93] *M. R. Barber:* A Numerical Analysis of the Tunnel-Diode Frequency Converter. Transact. Inst. E.E.E., MTT-13 (1965) S.663.

[3.94] *M. R. Barber:* Noise Figure and Conversion Loss of the Schottky Barrier Mixer Diode. Transact. Inst. E.E.E., MTT-15 (1967) S.629.

[3.95] *E. Schuegraf:* Ein Überlagerungsempfänger für Millimeterwellen. Frequenz 20 (1966) S.364.

## 4.1    Absorber

Als Absorber bezeichnet man Abschlußwiderstände, die an den Wellenwiderstand der Übertragungsleitung angepaßt sind und die übertragene Leistung möglichst vollständig, d.h. ohne Reflexion, aufnehmen und in Wärme umsetzen sollen. Die Eigenschaften eines Absorbers werden durch seinen Reflexions- bzw. Anpassungsfaktor (vgl. Kap. 1), durch die obere Frequenzgrenze und durch die maximal von ihm zu verarbeitende Leistung beschrieben. Absorber werden angewendet als Senderabschluß um den Verbraucher – z.B. die Antenne – zu ersetzen, als Vergleichsnormal in Brückenschaltungen, als Leitungsabschluß, um z.B. mit Dioden die Spannung zu messen, als Abschluß von Vierpolen bei manchen Messungen oder als Bestandteil von Dämpfungsgliedern. Leitungsbauform, Frequenzbereich und Leistungsaufnahme sowie die geforderte Genauigkeit der Anpassung bestimmen die konstruktive Gestaltung der Absorber.

### 4.11    *Koaxiale Absorber*

Als Widerstandselemente finden hier vorwiegend stab- oder rohrförmige keramische Träger (z.B. Calit) mit sehr dünn aufgebrachten Kohle- oder Metallschichten Verwendung. Neben dem Widerstandswert ist vor allem die Formgebung des Außenleiters, d.h. das den Widerstand umgebende Feld für den hochfrequenten Eingangswiderstand bestimmend. In Abb. 4.1 sind einige der meistverwendeten Bauformen koaxialer Absorber skizziert. Der von einem zylindrischen Außenleiter umgebene Widerstand (a) hat für Wellenlängen $\lambda > \lambda_{\min} = 15\,l$ den Eingangswiderstand $Z = R_0 = Z_{L1}$ wenn der Gleichstromwiderstand $R_0 = Z_{L2} \cdot \sqrt{3}$ ist. Das Durchmesserverhältnis $D_2/d_2$ wird so gewählt, daß $Z_{L2} = 60 \ln (D_2/d_2)\,\Omega$ den passenden Wert ergibt (Gl. 1.2) [4.1, 4.2, 4.4, 4.5a, 4.7]. Bis zu kürzeren Wellenlängen ($\lambda_{\min} = 6\,l$) ist eine ähnliche Anordnung (b) brauchbar, wenn man $Z_{L2} = R_0/\sqrt{5}$ macht und die hierdurch entstehende kapazitive Komponente durch eine induktive Erweiterung des Außenleiters kompensiert [4.2, 4.3, 4.5a, 4.6, 4.10, 4.85]. Ebenfalls gute Anpassung erhält man durch trichterförmige Außenleiter (c) [4.17]; theoretisch frequenzunabhängig ist der Widerstand mit sog. „Exponentialtrichter" (Abb. 4.1 d). Hier ändert sich der Durchmesser des Außenleiters $D$ mit der Koordinate $x$ derart, daß der Wellenwiderstand an der Stelle $x$ jeweils dem Widerstandswert $R_x$ von $x = 0$ bis $x$ entspricht. Dann ist [4.1 bis 4.8]:

$$D(x) = d \cdot \exp\left[\frac{Z_L/\Omega}{60} \cdot \frac{x}{l}\right]. \qquad (4.1)$$

Der Gleichstromwiderstand ist hierbei gleich dem Wellenwiderstand:

$$R_0 = Z_\mathrm{L} = 60 \ln (D_0/d)\ \Omega. \tag{4.2}$$

Die Beziehung (4.1) führt nur für schlanke Trichter ($l > 3D_0$) exakt zur Frequenz-
unabhängigkeit bis $l = \lambda$. Für kurze Trichter größeren Durchmessers ergeben sich
Feldlinien, die auf Kugelschalen liegen. Die Berücksichtigung dieser Feldform

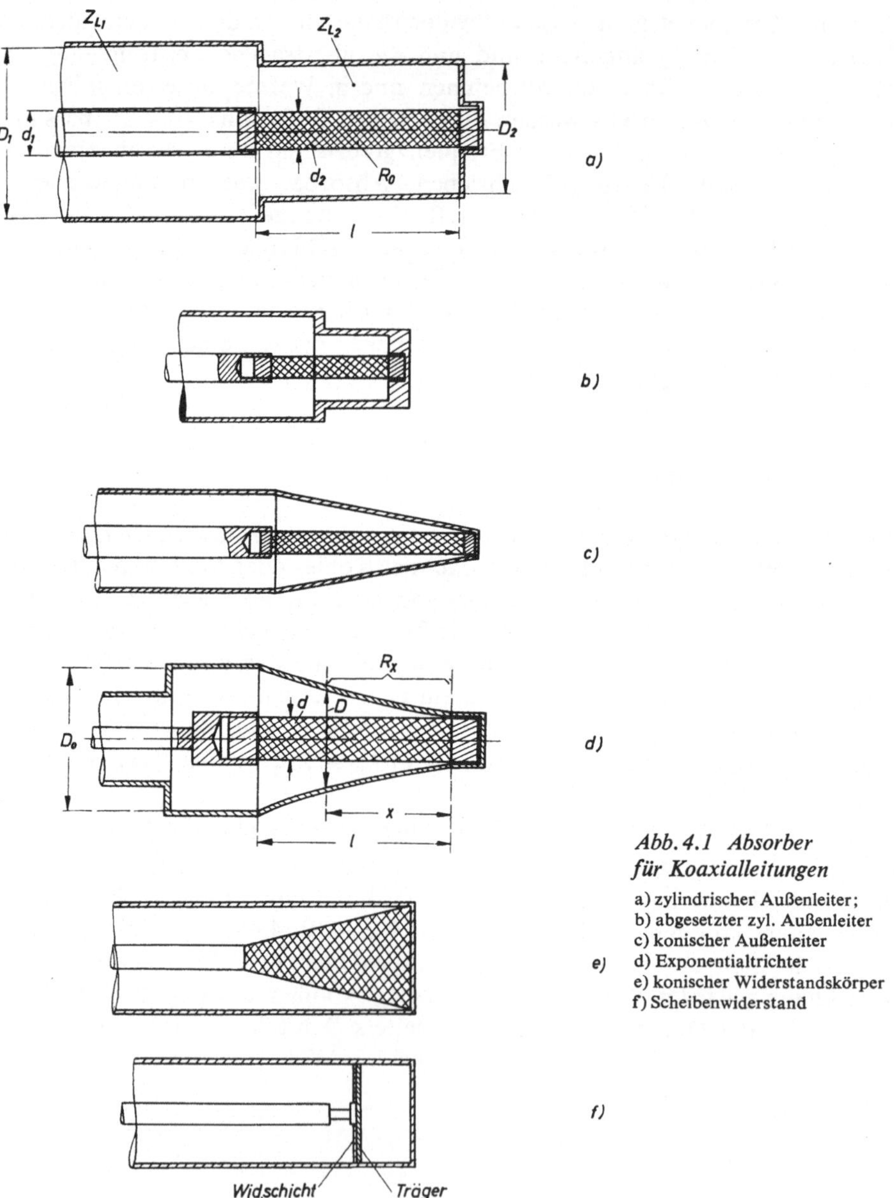


Abb. 4.1  Absorber
für Koaxialleitungen

a) zylindrischer Außenleiter;
b) abgesetzter zyl. Außenleiter
c) konischer Außenleiter
d) Exponentialtrichter
e) konischer Widerstandskörper
f) Scheibenwiderstand

führt nach [4.8a, 4.10, 4.11] zu einem Außenleiter, der in Form einer Traktrix verläuft. Die zur Realisierung dieses Leitergebildes zusätzlich notwendigen inhomogenen Übergangsleitungen dürften in der Praxis aber ihrer schwierigen Herstellung wegen leicht selbst wieder Anpassungsfehler hervorrufen.

Für größere Leistungen kann der Innenraum solcher Absorber mit Luft über Gebläse gekühlt werden. Auch eine Füllung mit Kühlflüssigkeit (z.B. Öl) ist möglich, wenn man die durch das erhöhte $\varepsilon_r$ notwendige Veränderung der Außenleiterabmessungen vornimmt.

Weitere Formen von Koaxialabsorbern werden durch den kegelförmigen Widerstand (Abb. 4.1e) und den Scheibenwiderstand (Abb. 4.1f) gebildet [4.2, 4.7, 4.11, 4.86]. Bei beiden Absorberarten muß der Flächenwiderstand $R_F$ möglichst konstant sein, und zwar

$$R_F = Z_0 \sin \psi \tag{4.3}$$

$Z_0$ ist der Wellenwiderstand des freien Raumes

$$Z_0 = \sqrt{\frac{\mu_0}{\varepsilon_0}} = 377\ \Omega \tag{4.4}$$

und $\psi$ ist der Neigungswinkel des Widerstandskegels. Beim Scheibenwiderstand (f) ist $\sin \psi = 1$; der meist keramische Träger der Widerstandsschicht und das Streufeld zur Rückwand erzeugen beim Scheibenwiderstand eine kapazitive Komponente, die durch eine Innenleitereindrehung kompensiert wird. Dies ergibt auch hier eine obere Grenzfrequenz. Thermische Belastbarkeit und mechanische Stabilität lassen beim Scheibenwiderstand manchmal noch Wünsche offen.

Auch die sternförmige Anordnung einer größeren Anzahl von Stabwiderständen ist bekannt [4.8a].

Für größere Leistungen findet man Absorber, bei denen das wärmeerzeugende Widerstandsmaterial nicht als dünne Fläche aufgebracht ist, sondern aus einem großvolumigen Körper aus verlustbehaftetem Material (z.B. Trägersubstanz mit Karbonyl-Eisen) besteht. Zur Gewinnung guter Anpassung sind diese Körper meist

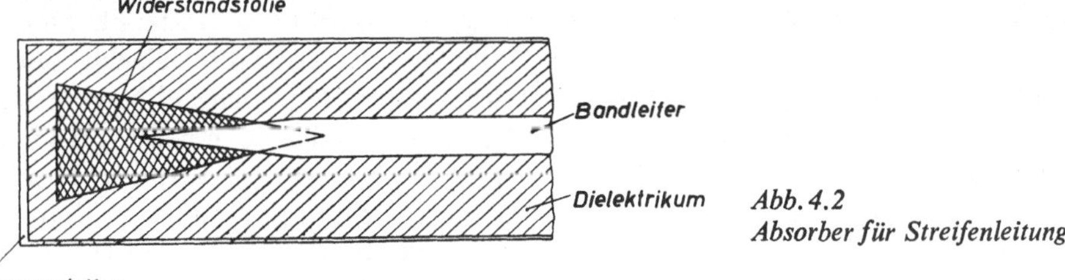


Abb. 4.2
Absorber für Streifenleitung

kegelförmig um den Innenleiter gelagert [4.12]; Berechnungsunterlagen in [4.8a]. Längsverschiebbare Absorber, wie sie für einige Meßverfahren (Abschn. 7.5) benötigt werden, sind in [4.105 bis 4.107] angegeben. Auch koaxiale Wasserwiderstände, wie sie in Abschn. 5.42 [5.5, 5.23, 5.26] beschrieben sind, wären in diesem

Zusammenhang aufzuführen. Absorber für Streifenleitungen (Microstrip) lassen sich mit recht breitbandiger Anpassung durch Auflegen von keilförmigen Widerstandsfolien, z.B. Graphitpapier, auf den Streifenleiter anfertigen. Bei der in Abbildung 4.2 gezeigten Form ist der Wert des Flächenwiderstandes $R_F$ nicht kritisch

*Abb. 4.3  Absorber für Koaxialleitungen, links Leistungsaufnahme max. etwa 100 W, rechts 1 W*
(Werkfoto Fa. Dr. Spinner, München)

($R_F \approx 400\ \Omega$ ergaben von 2 bis 4 GHz ein $m = 0{,}95$), Form und Lage des Widerstandskeiles zeigen jedoch starken Einfluß auf die Anpassung [4.18, 4.42–4.44]. In Abb. 4.3 sind einige Koaxial-Absorber verschiedener Leistungsaufnahme dargestellt.


## 4.12    *Hohlleiterabsorber*

Mit Ausnahme der in Abb. 4.4a skizzierten Anordnung, die aus einer quer zum Hohlleiter angebrachten Widerstandsfolie besteht und wegen des $\lambda_H/4$-Abstandes zur Kurzschlußwand frequenzabhängig ist, gelingt es bei Hohlleiterabsorbern im allgemeinen leichter, über den Betriebsfrequenzbereich gute Anpassung zu erzielen, weil im Gegensatz zu den koaxialen Abschlußwiderständen hier die Ausdehnung des verlustbehafteten Mediums sich über mehrere Wellenlängen erstreckt. Durch langgestreckte keilförmige Gestaltung dieser Widerstandsträger läßt sich der Übergang von der ungedämpften zur verlustbehafteten Leitung sehr gleitend bewerkstelligen und die Vermeidung von Reflexionen hängt mehr von der Formgebung als von der genauen Einhaltung eines spezifischen Widerstandes ab. Die wohl gebräuchlichste Form von Hohlleiterabsorbern für kleinere Leistungen ist in Abb. 4.4b skizziert [4.5b, 4.7, 4.8b, 4.9a]. Als Trägermaterial für die Widerstandsstreifen kommt Glas, Hartpapier und Keramik in Frage. Die Schicht besteht aus Kohle oder aufgedampftem Metall. Auch Schutzüberzüge aus Kunstharz sind gebräuchlich, um Feuchteeinflüsse zu vermindern. Zur Theorie der longitudinalen Widerstandsstreifen im Rechteckhohlleiter vgl. [4.13 und 4.108]. Für höhere Leistungen ist es zweckmäßig, die wärmeaufnehmende Masse zu vergrößern und durch Anlegen an die Hohlleiterwandung für eine gute Wärmeableitung zu sorgen. Absorptionskeile nach Abb. 4.4c werden aus Bindemitteln mit nicht zu hohen $\varepsilon$-Werten, die mit Karbonyleisen, Graphit- oder Ferritpulver versetzt sind, gefertigt. Zur guten Wärmeabfuhr werden die Hohlleiterwände oft mit Kühlrippen versehen (Abb. 4.5). Eine

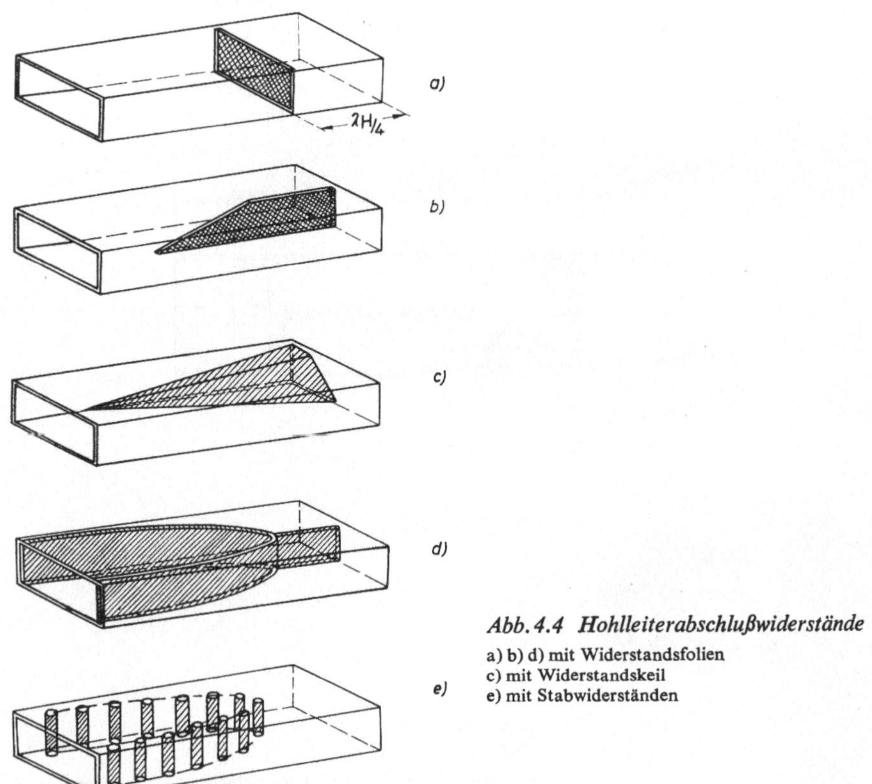

*Abb. 4.4  Hohlleiterabschlußwiderstände*

a) b) d) mit Widerstandsfolien
c) mit Widerstandskeil
e) mit Stabwiderständen

vor allem für Schmalprofilhohlleiter geeignete Konstruktion, die eine gleichmäßige Erwärmung des Widerstandsstreifens gewährleistet, ist in Abb. 4.4d skizziert [4.14]. Eine andere Konzeption, in der Stabwiderstände in ähnlicher Weise angeordnet sind, zeigt Abb. 4.4e [4.15]. Ebenso wie in Abschn. 4.11 ist auch hier auf die unter 5.42 beschriebenen Wasserabsorber für Hohlleiter [5.18] hinzuweisen.

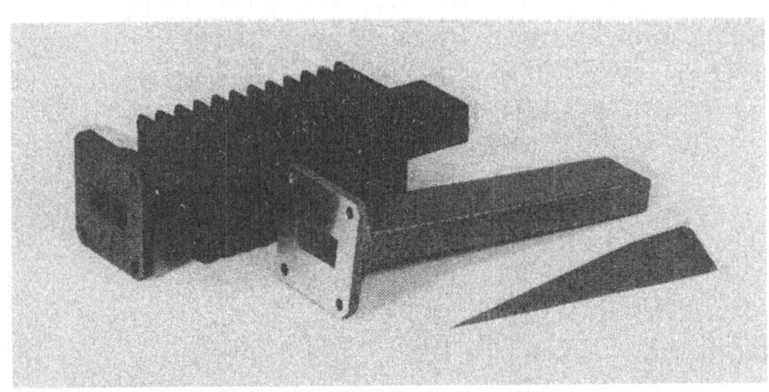

*Abb. 4.5  Hohlleiterabsorber
nach Bild 4.4c*
(Werkfoto Fa. Dr. Spinner, München)

Für einige Meßmethoden sind auch variable Abschlußwiderstände von Vorteil. Man kann hierfür normale Absorber mit variablen Transformationsschaltungen, wie sie in Kap. 1 beschrieben sind, kombinieren. Es sind aber auch spezielle variable Abschlußimpedanzen im Gebrauch. Hierbei wird der Reflexionsfaktor und damit der Wirkanteil des Abschlußwiderstandes durch Verdrehen der Absorberfolie geändert.

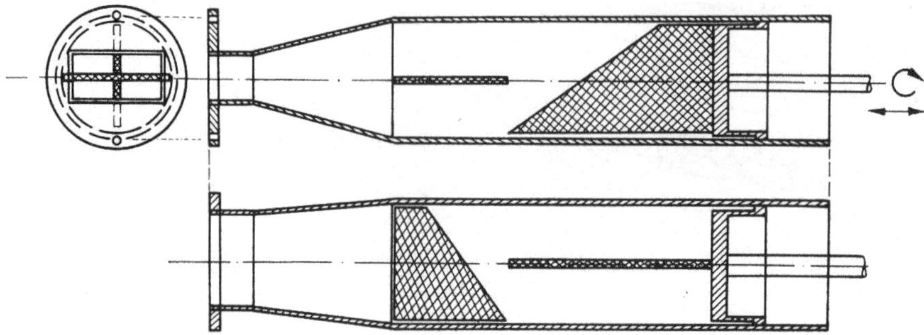

*Abb. 4.6  Variable Abschlußimpedanz*

*Abb. 4.7*
*Variable Impedanz für 2-mm-Band*
(Werkfoto Fa. Philips, Eindhoven)

Die Blindkomponente kann durch Längsverschieben der abschließenden Kurzschlußwand variiert werden [4.16]. Ein exakt $\cos^2$-förmiger Zusammenhang zwischen Verdrehungswinkel und Reflexionsfaktor ergibt sich dann, wenn man, wie dies in Abb. 4.6 skizziert ist, die $H_{10}$-Welle im Rechteck in die $H_{11}$-Welle im kreisförmigen Hohlleiter übergehen läßt [4.19]. Die Blindkomponente wird auch hier durch Längsverschiebung verändert [Abb. 4.7]. Eine ähnliche Möglichkeit besteht durch die Kombination von Absorber, 3-dB-Koppler und zwei Blindleitungen nach [4.109].

## 4.2    Dämpfungsglieder

In der Meßtechnik kann man drei Anwendungsbereiche von Dämpfungsgliedern unterscheiden: 1. Die Herabsetzung einer Leistung bzw. Spannung, die z. B. von einem Sender geliefert wird und ein gegebenes Meßgerät nicht überlasten oder über-

steuern soll; 2. die Verwendung als Entkopplungsvierpol. Hierbei soll z. B. eine am
Ausgang des Dämpfungsgliedes vorgenommene Änderung der Belastungsimpedanz
die Eingangsimpedanz des Dämpfungsvierpols nicht oder nur wenig verändern, um
die Rückwirkungen dieser Belastungsänderung auf andere Schaltungsteile zu verhindern. Wegen ihrer Rückwirkungsfreiheit, die aber nur mit geringer Durchgangsdämpfung verbunden ist, haben sich hierfür in neuerer Zeit die Richtungsleitungen
(vgl. Abschn. 4.32) durchgesetzt; 3. der Einsatz des Dämpfungsgliedes als Vergleichsnormal bei Dämpfungs- oder Verstärkungsmessungen (vgl. Kap. 10). Ein unbekannter passiver Vierpol kann durch ein Dämpfungsglied ersetzt werden, um seine Dämpfung zu bestimmen, ein aktiver (verstärkender) Vierpol kann mit einem Dämpfungsglied in Reihe geschaltet werden, um die Verstärkung zu messen.
Anwendungszweck und Anforderungen bestimmen neben dem Betriebsfrequenzbereich die Art und den Aufbau des verwendeten Dämpfungsgliedes. Prinzipiell
lassen sich zwei Gruppen von Dämpfungsgliedern unterscheiden: absorbierende
und reflektierende Dämpfungsglieder. (Die Unterteilung in feste und variable
Dämpfungsglieder betrachtet nur die konstruktive Seite.)
In der Praxis wird man bei Dämpfungsmessungen auch die reflektierenden Dämpfungsglieder so abwandeln, daß sie einen Eingangswiderstand $R_e \approx Z_L$ besitzen.
Auf die Definition der Dämpfung wird in Abschn. 7.1 und 10.1 näher eingegangen,
der Einfluß der Fehlanpassung von Dämpfungsgliedern auf die Dämpfungsmessung
wird in Abschn. 10.1 behandelt (s. a. [4.9, 4.20, 4.34, 4.35, 4.84]).


## 4.21    *Absorbierende Dämpfungsglieder*


Die in ihrem Aufbau einfachsten festen Dämpfungsglieder bestehen aus einem verlustbehafteten Leitungsstück, bei dem der Innenleiter einer koaxialen Leitung von
einem Schichtwiderstand gebildet wird. Zur Kompensation des Frequenzganges
über größere Frequenzbereiche werden auch zusätzliche Kapazitäten angebracht
[4.23]. Für größere Dämpfungswerte ist die auch bei niedrigeren Frequenzen ge-
läufige $\Pi$- und T-Schaltung für Koaxialdämpfungsglieder gebräuchlich. Die Di-
mensionierungsvorschriften für die Teilwiderstände in Abhängigkeit von Wellenwiderstand und Dämpfung sind in [4.8a] angegeben. Für kleinere Leistungen werden solche Dämpfungsglieder meist auch konstruktiv symmetrisch gestaltet, d. h.
Eingang und Ausgang sind vertauschbar. Die Querwiderstände werden entweder in
Form von Scheibenwiderständen ausgeführt (Abb. 4.8 a) [4.22, 4.110 und 4.111]
oder aus sternförmig angeordneten stabförmigen Widerständen gebildet (Abb. 4.8 b).
Für größere Leistungen wählt man eine unsymmetrische Dimensionierung der
Widerstandsabmessungen (Abb. 4.8 d), wobei dann für die mechanisch größeren
Teilwiderstände die Exponentialform des Außenleiters bevorzugt wird [4.8a]. Eine
gute Wärmeableitung ergibt auch die Anordnung der Widerstandsschicht am
Außenleiter (Abb. 4.8 c und 4.9) [4.24]. Bei Streifenleitungen lassen sich Dämpfungsglieder in ähnlicher Weise wie Absorber durch das Einlegen von Graphitpapier
erzeugen (Abb. 4.8 e) [4.18, 4.42 bis 4.44]. Für feste Hohlleiterdämpfungsglieder

kommen ähnliche Formen in Betracht, wie sie in den Abb. 4.4b und c skizziert sind; lediglich die Längsausdehnung ist geringer und die Keilform symmetrisch.

Variable absorbierende Dämpfungsglieder sind zwar nur mit geringerer Präzision herzustellen und erlauben keine so genaue Eichung wie die unten beschriebenen Hohlrohrspannungsteiler, erfreuen sich jedoch in vielen Anwendungsfällen wegen ihrer meist wesentlich geringeren Anfangsdämpfung großer Beliebtheit. Eine kon-

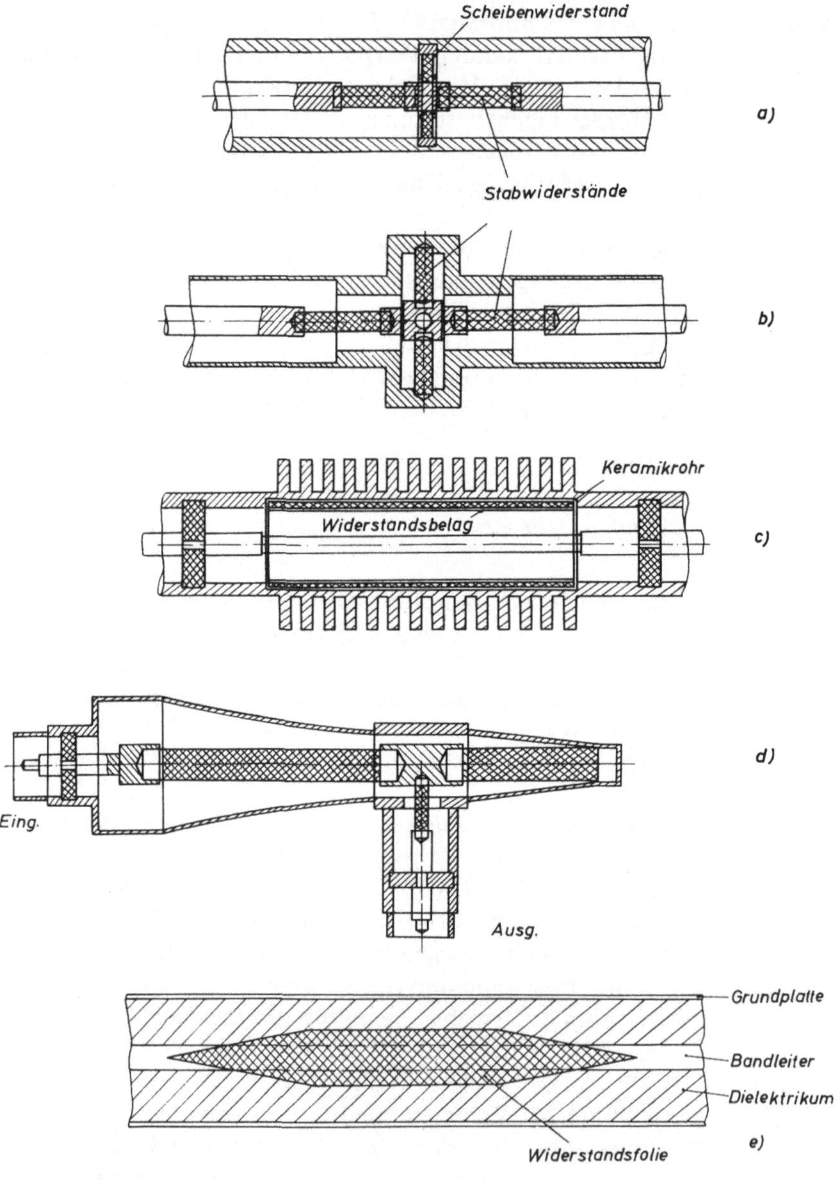


*Abb. 4.8  Dämpfungsglieder für TEM-Wellen*

*Abb. 4.9 Dämpfungsglied
mit Widerstandsbelag
am Außenleiter gem. Bild 4.8c*
(Werkfoto Fa. Weinschel,
Gaithersburg, Md.)

struktive Möglichkeit für Koaxialleitungen besteht nach [4.2 und 4.3] durch eine im Innern eines rohrförmigen Abschlußwiderstandes verschiebbare kapazitive Auskoppelung (Abb. 4.10). Eine andere Lösung sieht eine homogene Koaxialleitung mit einem Widerstand als Innenleiter vor, der von einem verschiebbaren Metallrohr mit Kontaktfingern teilweise überbrückt wird [4.41]. Eine den bei niedrigen Frequenzen gebräuchlichen Potentiometern ähnliche Konstruktion ist in [4.38] angegeben. Hier

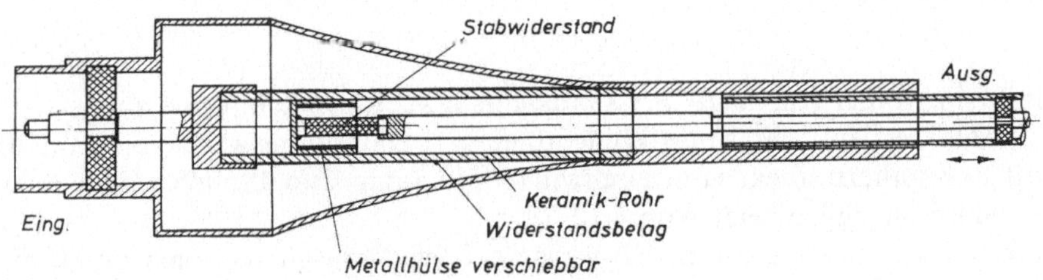



*Abb. 4.10 Dämpfungsglied mit variabler Auskopplung*

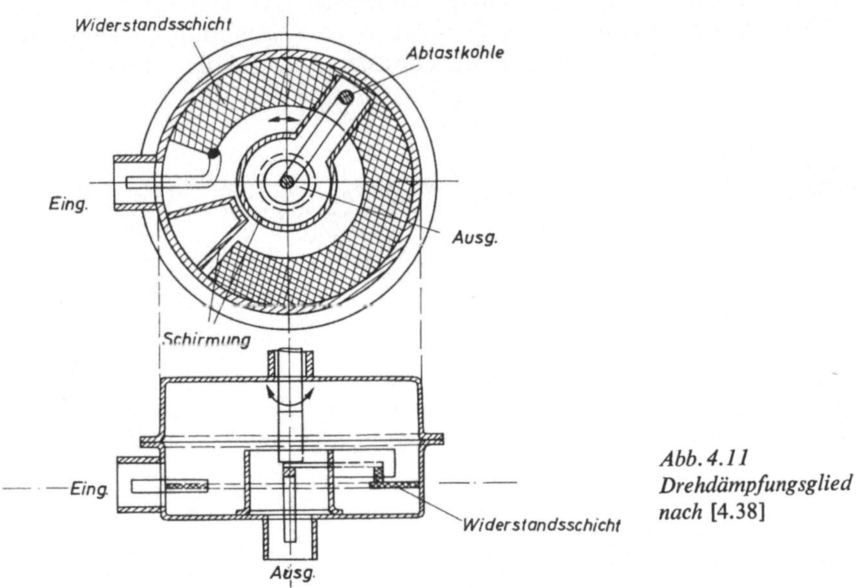



*Abb. 4.11
Drehdämpfungsglied
nach [4.38]*

greift ein über eine Drehachse angetriebener Schleifkontakt eine bandleitungsähnliche Widerstandsschicht ab (Abb. 4.11). Die Anordnung ist mit brauchbaren Anpassungsfaktoren ($m > 0{,}7$) noch bis zu 2 GHz verwendbar. Ein- und Ausgangs-

**Abb. 4.12 Drehdämpfungsglied**
(Werkfoto Fa. Weinschel, Gaithersburg, Md.)

widerstände sind außer von der Widerstandsschicht auch von den Abmessungen des Anschlußkontaktes bzw. der Abtastkohle abhängig. Dämpfungswerte von etwa 10 bis 100 dB sind nahezu linear vom Drehwinkel abhängig. Ein ähnlich aufgebautes variables Dämpfungsglied zeigt Abb. 4.12.

Für sehr kleine Leistungen lassen sich variable Dämpfungsglieder auch durch die Kombination von Festwiderständen und von durch eine Vorspannung variierbaren Heißleitern (Thermistoren – s. Kap. 5) realisieren.

Variable Hohlleiterdämpfungsglieder relativ einfachen Aufbaus sind in Abb. 4.13 gezeigt [4.5 b, 4.8 b, 4.36 a]. Ausführung a ermöglicht eine Dämpfungsregelung durch verschieden tiefes Eintauchen eines Widerstandsstreifens in den Hohlleiter (s. a.

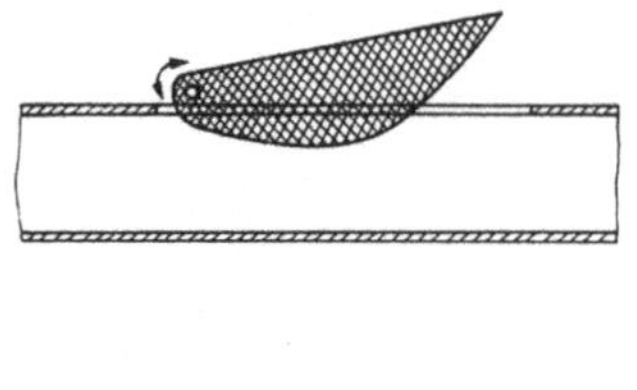
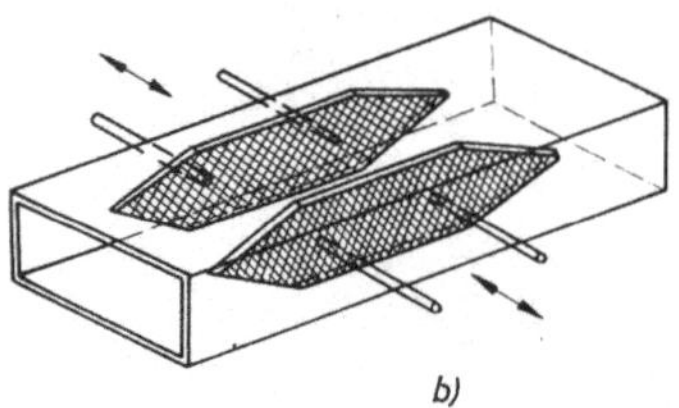

**Abb. 4.13 Hohlleiter-dämpfungsglieder**

a) mit eintauchender Widerstandsfolie;
b) mit seitlich verschiebbarer Folie

Abb. 4.14). Trotz der prinzipiellen Feldfreiheit eines in der Mitte der Breitseite des Hohlleiters angebrachten Schlitzes empfiehlt sich jedoch die Überdeckung der Gesamtanordnung durch eine Abschirmung, da kleine Unsymmetrien der eintauchenden Folie zu Abstrahlungen führen können. Zur Vermeidung unerwünschter Resonanzen ist die Schirmung zweckmäßig mit dämpfender Substanz auszukleiden.

Die seitlich verschiebbaren Dämpfungsstreifen der Abb. 4.13 b ermöglichen eine Variation der Dämpfung dadurch, daß in der Mitte des Rechteckhohlleiters das

E-Feld der $H_{10}$-Welle seinen Maximalwert besitzt und zum Rande hin auf Null absinkt (vgl. Abb. 1.4c). Deshalb ist die Dämpfung maximal, wenn die Streifen in die Mitte geschoben werden; sie ist annähernd Null, wenn die Streifen an den seitlichen

Abb. 4.14 *Hohlleiterdämpfungsglied*
*nach Abb. 4.13a*
(Werkfoto Fa. Dr. Spinner, München)

Hohlleiterwandungen anliegen. Die zur Verschiebung notwendigen Konstruktionselemente lassen allerdings meist keine sehr hohe Einstellgenauigkeit und Eichbarkeit zu. Für die kleinen Abmessungen der Hohlleiter im mm-Wellenbereich werden die Streifen z. B. mittels gespannter Nylonsaiten bewegt [4.9a].
Nachteilig an den Streifendämpfungsgliedern ist, daß Oberwellen oft weniger gedämpft werden als die Grundwelle und daß sich bei einer Verstellung der Dämpfung auch die elektrische Länge ändert.

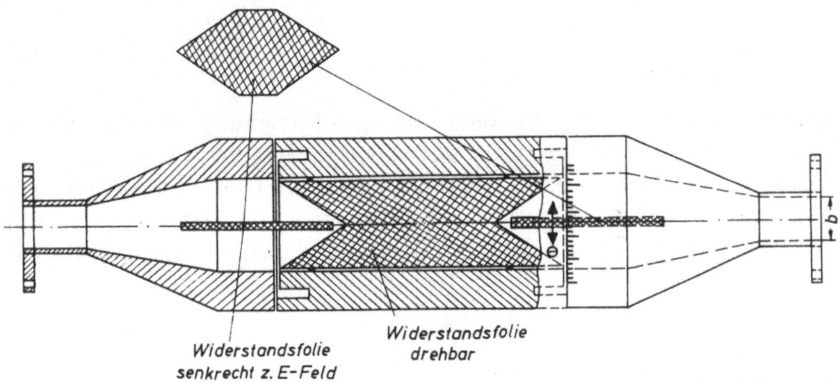


Abb. 4.15 *Rotationsdämpfungsglied mit drehbarer Folie im $H_{11}$-Rundhohlleiter*

Höhere Präzision ist mit den sog. Rotationsdämpfungsgliedern möglich [4.9a, 4.19, 4.25, 4.47, 4.112]. Wie in Abb. 4.15 angedeutet, wird hier (ähnlich wie auch in Abb. 4.6) die $H_{10}$-Welle im Rechteckrohr in eine $H_{11}$-Welle im Kreisquerschnitt umgewandelt. Eine fest eingebaute Widerstandsfolie, die senkrecht zum E-Feld steht, dämpft eine etwa auftretende senkrecht zum erwünschten Feld stehende Komponente. Im Mittelteil des runden Hohlleiters ist eine weitere Folie so angebracht, daß sie zusammen mit der Hohlleiterwandung um die Längsachse gedreht werden kann. Steht sie senkrecht zum E-Feld, so ist die Dämpfung Null, steht sie parallel zum E-Vektor, so erreicht die Dämpfung einen Maximalwert. In Zwischenstellungen wird die Komponente $E \sin \theta$ von der mittleren Folie absorbiert und die Komponente $E \cos \theta$ wird übertragen. Daraus resultiert eine Polarisationsrichtung

*Abb. 4.16*
*Rotationsdämpfungsglied*
*nach Abb. 4.15 für das X-Band*
(Werkfoto Fa. Hewlett–Packard)

des restlichen Feldes, die dem Verdrehungswinkel $\theta$ entspricht. In der dritten Widerstandsfolie, die auf der Ausgangsseite parallel zur ersten feststehenden Folie angeordnet ist, tritt eine weitere Dämpfung der Komponente $E \sin \theta$ ein, so daß die übertragene Feldkomponente proportional $\cos^2 \theta$ ist [4.9a]. Die Dämpfung gehorcht infolgedessen streng der Beziehung

$$a/\mathrm{dB} = 20 \log \frac{1}{\cos^2 \theta} \; ; \tag{4.5}$$

sie ist frequenzunabhängig und kann auch zur Absoluteichung benutzt werden. Nach [4.25] ist auch die gleichzeitig auftretende Phasendrehung sehr gering.
Auch Richtkoppler (vgl. Abschn. 6.51) werden vielfach als Dämpfungsglieder verwendet [4.113]. Es sind auch Richtkoppler mit variabler Koppeldämpfung bekannt [4.87]. Ferner können die in Abschn. 2.51 erwähnten PIN-Dioden-Modulatoren als

*Abb. 4.17*
*Rotationsdämpfungsglied*
*für das Q-Band*
(Werkfoto Fa. Philips, Eindhoven)

variable Dämpfungsglieder eingesetzt werden [4.88, 4.89]. Der Abschluß von zwei Armen eines 3-dB-Kopplers mit Dioden führt ebenfalls zu variablen Dämpfungsgliedern [4.114 bis 4.117].

## 4.22    Reflektierende Dämpfungsglieder

Grundsätzlich kann jede Fehlanpassung, die auf dem Wege zwischen Generator und Verbraucher liegt und zu Reflexionen führt, zur Verminderung der übertragenen Leistung und damit zur Dämpfung benutzt werden. Man könnte also z.B. eine parallel zum Verbraucher geschaltete Blindleitung so einstellen, daß der gewünschte Leistungsanteil reflektiert wird und nur ein Teil der maximal möglichen Leistung dem Verbraucher zugeführt wird. Eine derartige Anordnung hätte jedoch den Nachteil, 1. frequenzabhängig zu sein, 2. nicht eichbar zu sein und 3. den Generator nicht vor Rückwirkungen zu schützen, sondern ihn 4. möglicherweise sogar zu überlasten. Ein auch als Eichnormal brauchbares Dämpfungsglied sollte also folgende Bedingungen möglichst erfüllen:

1. Die Dämpfung soll unabhängig von der Frequenz sein.
2. Die Dämpfungsvariation soll linear von dem Abstand der beweglichen Teile abhängen und aus den Abmessungen berechenbar sein.
3. Die Eingangsimpedanz soll von Änderungen der Ausgangsbelastung unabhängig sein.
4. Der Eingangs- und Ausgangswiderstand soll dem Wellenwiderstand der Anschlußleitungen entsprechen.
5. Die Schirmung muß so gut sein, daß auch bei maximal eingestellter Dämpfung die Ausgangsspannung die auf Umwegen zum Ausgang gelangenden Störspannungen um einige Größenordnungen übersteigt.

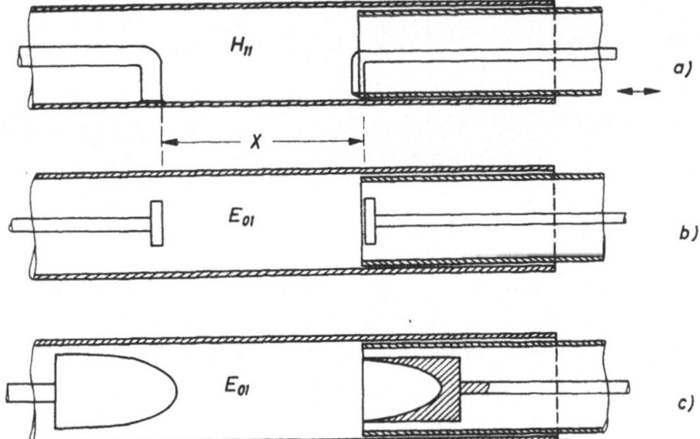


Abb. 4.18
Hohlrohrdämpfungsglieder
(Prinzipaufbau)

Die Punkte 1 bis 3 lassen sich von den sog. Hohlrohrspannungsteilern oder Grenzwellendämpfungsgliedern (cut-off-attenuators), die Hohlleiter im Sperrbereich ($\lambda > \lambda_k$) verwenden, unter bestimmten Voraussetzungen und innerhalb bestimmter

Grenzen recht gut erfüllen. Der Bedingung 4 kann durch zusätzliches Anbringen von Absorberwiderständen entsprochen werden.

In Abb. 4.18a und b ist der prinzipielle Aufbau solcher Hohlrohrteiler skizziert [4.2 bis 4.4, 4.7b, 4.8a, 4.9a, 4.26 bis 4.33, 4.36a, 4.37, 4.40, 4.47, 4.90 bis 4.92, 4.111, 4.118 bis 4.120]. Der Hohlleiter wird aus Gründen genauer Herstellbarkeit immer mit kreisförmigem Querschnitt verwendet. Der Durchmesser $D$ wird so gewählt, daß im Anwendungsbereich $\lambda > \lambda_k$ ist; dann breitet sich das Feld nur noch aperiodisch aus und klingt exponentiell ab (Abschn. 1.3). Die Anregung wird so vorgenommen, daß entweder das aperiodische Feld der $H_{11}$-Welle (Abb. 4.18a) oder der $E_{01}$-Welle (Abb. 4.18b) entsteht. Die Feldstärke in Abhängigkeit von der Entfernung $x$ ist dann:

$$E = E_{\text{eing}}\, e^{-\alpha x} \tag{4.6}$$

und die Dämpfungskonstante ergibt sich zu:

$$\alpha = \frac{2\pi}{\lambda_k} \sqrt{1 - \left(\frac{\lambda_k}{\lambda}\right)^2} \tag{4.7}$$

bzw. für $\lambda \gg \lambda_k$:

$$\alpha = \frac{2\pi}{\lambda_k} \tag{4.8}$$

Es ist für die

$H_{11}$-Welle: $\qquad\qquad\qquad\qquad\qquad\qquad$ $E_{01}$-Welle:

$$\lambda_{k_{11}} = \frac{\pi D}{1{,}841} = 1{,}705\,D \qquad\qquad \lambda_{k_{01}} = \frac{\pi D}{2{,}405} = 1{,}305\,D \tag{4.9}$$

$$\alpha_{11} = \frac{3{,}682}{D/\text{cm}}\bigg/\frac{\text{Np}}{\text{cm}} = \frac{31{,}98}{D/\text{cm}}\bigg/\frac{\text{dB}}{\text{cm}} \qquad \alpha_{01} = \frac{4{,}81}{D/\text{cm}}\bigg/\frac{\text{Np}}{\text{cm}} = \frac{41{,}78}{D/\text{cm}}\bigg/\frac{\text{dB}}{\text{cm}}$$

$$\tag{4.10}$$

Soll der Fehler von $\alpha$ kleiner als $1\,\%$ sein, so muß für die

$H_{11}$-Welle: $\qquad\qquad$ $E_{01}$-Welle:

$$\lambda > 12\,D \qquad\qquad \lambda > 9\,D \quad \text{sein.} \tag{4.11}$$

Die Genauigkeit der Abmessungen von $D$ muß der geforderten Dämpfungsgenauigkeit proportional sein:

$$\frac{\mathrm{d}\alpha}{\alpha} = -\frac{\mathrm{d}D}{D} \tag{4.12}$$

Die oben beschriebene lineare Abhängigkeit der Dämpfung ist in der Praxis nur für Bereiche gültig, in denen der gewünschte Wellentyp frei von Nebenwellen ist. Bei einer Eichkurve, wie sie in Abb. 4.19 dargestellt ist, gilt der lineare Zusammenhang nur für $x > x_0$. Für Absolutmessungen ist der Teiler nur für Dämpfungen $A > A_0$ verwendbar. $A_0$ bezeichnet man meist als „Grunddämpfung" des Teilers. Man ist gewöhnlich bestrebt, diese Grunddämpfung so niedrig wie möglich zu halten. Bei der Anregung der $H_{11}$-Welle (Abb. 4.18a) kommt für kleine $x$ noch eine zusätzliche elektrische Kopplung in Betracht, die man durch Wellentypfilter [4.5, 4.9] (Faraday-

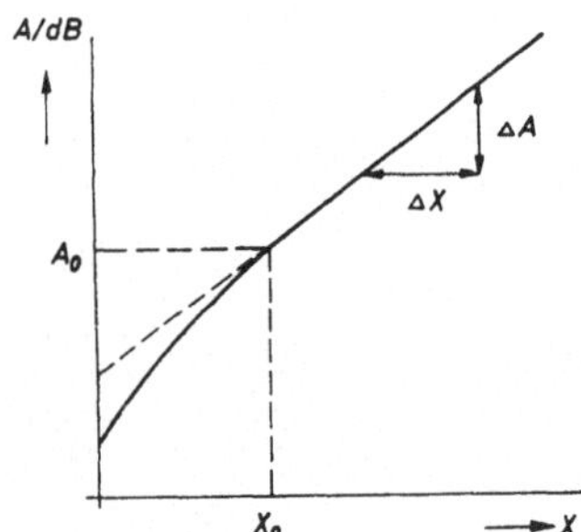


Abb. 4.19
Eichkurve eines Hohlrohrdämpfungsgliedes

gitter) vermindern kann. Für große $x$ sind bei der $H_{11}$-Welle Störungen durch Restkomponenten der $E_{01}$-Welle nicht zu befürchten, da $\alpha_{01} > \alpha_{11}$ ist. Ebenso können bei $E_{01}$-Anregung die $H_{11}$-Restkomponenten bei großen $x$ kaum störend wirken, wenn die Empfangselektroden diese Komponenten nicht aufnehmen. Es ist deshalb zur Vermeidung solcher Störfelder bei diesen Teilern (Abb. 4.18b und c) auf äußerst rotationssymmetrischen Aufbau zu achten. Gute $E_{01}$-Teiler sind jedenfalls einfacher zu bauen als gute $H_{11}$-Dämpfungsglieder. Eine gewisse Verminderung der Grunddämpfung gelingt hier nach [4.39] durch Anpassung der „Antennenform" an die Äquipotentiallinien des aperiodischen $E_{01}$-Feldes (Abb. 4.18c).
Die Anpassung von Teilern nach Abb. 4.18a kann durch Einfügen eines Widerstandes in die Koppelschleife bzw. durch das Einbringen von Scheibenwiderständen hinter der Koppelplatte von Abb. 4.18b erfolgen [4.7, 4.8]. Für größere $x$

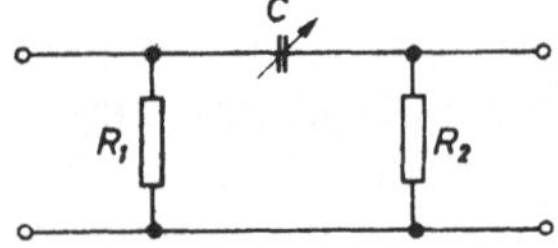


Abb. 4.20 Ersatzbild
des Hohlrohrdämpfungsgliedes
mit Widerstand

bleibt der Teiler nach Gl. (4.8) frequenzunabhängig, für kleine $x$ gilt jedoch das Ersatzschaltbild der Abb. 4.20, d.h. die Grunddämpfung wird frequenzabhängig. Durch Einfügen einer weiteren relativ großen Kapazität $C_2$ läßt sich nach [4.2, 4.3] jedoch auch die Grunddämpfung frequenzunabhängig machen. Aus dem Ersatzschaltbild (b) des Teilers nach Abb. 4.21 geht hervor, daß für $1/\omega C_1 \gg R_1$ und $1/\omega C_2 \gg R_2$ die Teilung über $C_1$ und $C_2$ frequenzunabhängig ist. Die Grunddämpfung steigt hierbei zwar an, ist jedoch auch für kleine $x$ eichbar.
Ein mit fest eingebauten Kapazitäten $C_1$ und $C_2$ versehener Teiler für sehr hohe Leistungen und festes Teilerverhältnis mit ebenfalls sehr großem Frequenzbereich ist in [4.21] beschrieben.

Da Koaxialleitungen mit sehr kleinem Durchmesser nur sehr schwer herzustellen sind, ist der Hohlleiterspannungsteiler nach dem Prinzip von Abb. 4.18 nur für Frequenzen unter 10 GHz gebräuchlich. Für höhere Frequenzen ordnet man einen Hohlleiter mit Kreisquerschnitt senkrecht zur breiten Seite des Rechteckhohlleiters

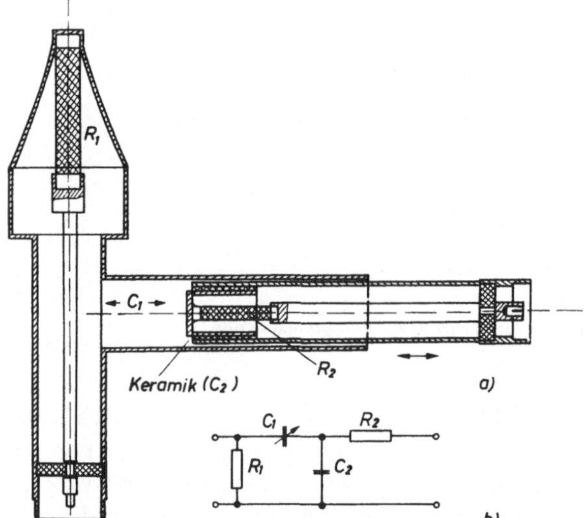


Abb. 4.21  *Hohlrohrdämpfungsglied mit frequenzunabhängiger Grunddämpfung*

an (Abb. 4.22) und legt den Durchmesser so fest, daß ohne Dielektrikum $\lambda_{ko}/ < \lambda$ ist. Führt man einen dielektrischen Stab ein, so wird $\lambda_{k_\varepsilon} > \lambda$; es kann sich dann eine Welle ausbreiten. Durch die über Mikrometer einstellbare Tauchtiefe des Trolitulstabes kann die Dämpfung variiert werden. Um den Innenwiderstand des Teilerausganges anzupassen, ist am Ende des Trolitulstabes ein Flächenwiderstand vorgesehen; die Ausbreitung der Welle nach oben wird durch eine Drossel (choke) in der Hohlleiterwandung verhindert [4.9, 4.26, 4.36a].

Eine weitere Gruppe von reflektierenden Dämpfungsgliedern kann mit Hilfe der verschiedenen sog. entkoppelten Verzweigungen aufgebaut werden. Als Beispiel sei der runde Hohlleiter, in dem eine $H_{11}$-Welle durch einen seitlich aufgesetzten Rechteckhohlleiter angeregt wird, angeführt (Circular Hybrid). Setzt man hinter einer Drehkupplung einen weiteren Rechteckhohlleiter an, so läßt sich durch Verdrehung gegen die vom ersten Hohlleiter bestimmte Polarisationsrichtung eine veränderliche Dämpfung erzeugen. Die Anpassung des Eingangs kann mittels eines um 90° versetzt angebrachten Absorbers erreicht werden. Diese Dämpfungsglieder sind besonders für hohe Leistungen geeignet [4.9, 4.45, 4.46].


## 4.3    Dämpfungsglieder mit Ferriten

Wegen des hohen spezifischen Widerstandes von Ferriten (und Granaten) können Mikrowellen beinahe ungehindert in sie eindringen. Bei gleichzeitigem Vorhandensein eines magnetischen Gleichfeldes in einer Stärke, die zur Sättigung ausreicht, führen die magnetischen Momente des Elektronenspins der Ferritkristalle Präzessionsbewegungen aus und treten mit dem hochfrequenten Feld in Wechselwirkung. Ist die Hochfrequenz von gleicher Größe wie die Präzessionsfrequenz, so spricht man von gyromagnetischer Resonanz. Durch geeignete Wahl des Ferritmaterials,

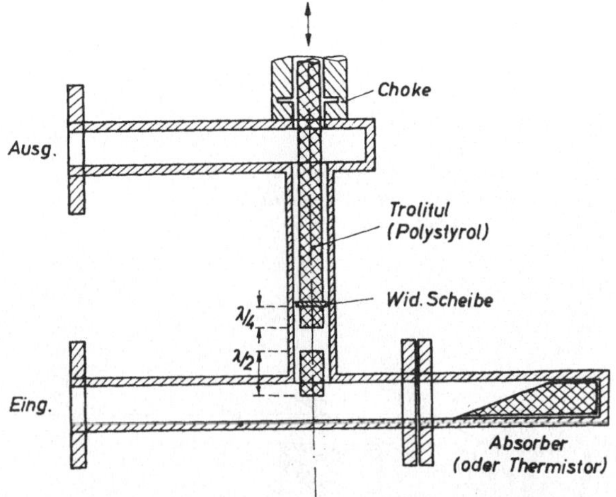


Abb. 4.22　*Hohlleiterdämpfungsglied mit verschiebbarem Dielektrikum*

seine Abmessungen und Lage zum hochfrequenten Feld und durch passende Magnetisierung lassen sich Leitungsbauelemente mit speziellen Eigenschaften bauen. Man kann sie in zwei Gruppen unterteilen: Bei den „reziproken" Ferritbauelementen sind die Übertragungseigenschaften unabhängig von der Fortpflanzungsrichtung der hochfrequenten Welle, bei den „nichtreziproken" Bauelementen sind die Übertragungseigenschaften für die beiden Richtungen unterschiedlich. Allgem. Lit.: [4.5c, d, 4.7c, 4.8c, 4.9b, 4.48, 4.49, 4.50, 4.51, 4.57, 4.71, 4.121–4.124] (umfassendes Schrifttumsverzeichnis in [4.9b u. 4.50]).

## 4.31　*Reziproke Ferritbauelemente*

Veränderliche Ferritdämpfungsglieder lassen sich dadurch gewinnen, daß der Imaginärteil der komplexen Permeabilität des Ferrits durch Änderung des außen angelegten Magnetfeldes variiert wird. Die zweckmäßige Bemessung der Feldstärke zur Dämpfungsänderung geht aus Abb. 4.23 (nach [4.5c]) hervor. Für große Variation wird man die Bereiche zwischen 2 und 3 oder 3 und 4 bevorzugen. Der prinzipielle Aufbau solcher Dämpfungsglieder in Koaxial- und Hohlleiterausführung ist in Abb. 4.24 skizziert. Für gute Anpassung wird der Übergang von der unbelasteten Leitung her meist durch konische Gestaltung der Ferritkörper oder dgl. vorgenommen. Das von außen anzulegende Magnetfeld wird bei den Dämpfungsgliedern meist mit Hilfe von Elektromagneten erzeugt, um einfache Regelbarkeit zu erhalten [4.52, 4.54, 4.55, 4.69, 4.74, 4.96, 4.97, 4.125]; es ist jedoch auch die Verschiebung eines Permanentmagneten möglich [4.56]. Modulatoren (vgl. Abschn. 2.51) und

Schalter sind im Prinzip ebenso wie Dämpfungsglieder aufgebaut, jedoch muß hier für höhere Modulationsfrequenzen oder kurze Schaltzeiten der schnelle Wechsel des äußeren Magnetfeldes möglich sein. Deshalb wird entweder der Hohlleiter

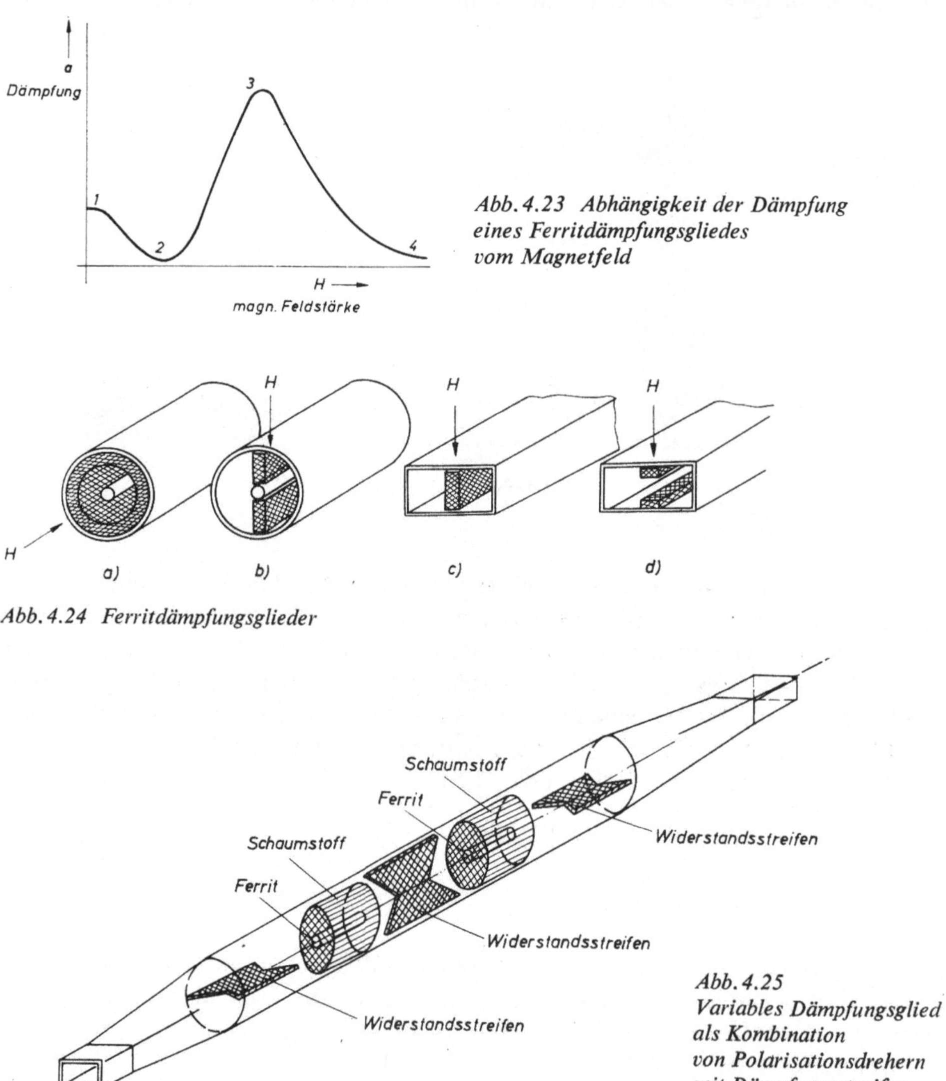


*Abb. 4.23  Abhängigkeit der Dämpfung eines Ferritdämpfungsgliedes vom Magnetfeld*

*Abb. 4.24  Ferritdämpfungsglieder*

*Abb. 4.25
Variables Dämpfungsglied als Kombination von Polarisationsdrehern mit Dämpfungsstreifen*

geschlitzt [4.69] oder ein dielektrischer Hohlleiter ohne Metallmantel [4.53] verwendet. Reziproke Phasenschieber sind ebenfalls wie in Abb. 4.24 aufgebaut, das Magnetfeld ist jedoch so zu bemessen, daß der Imaginärteil der Permeabilität klein bleibt und nur der Realteil verändert wird, z. B. durch Sprung vom Bereich 2 nach 4 der Abb. 4.23 (Lit. s. Abschn. 8.42).

Reziprokes Verhalten an sich nichtreziproker Bauelemente kann auch zur Konstruktion von Dämpfungsgliedern oder Schaltern herangezogen werden (Abb. 4.25, s. auch unten).

## 4.32    *Nichtreziproke Ferritbauelemente*

Mit Hilfe der nichtreziproken gyromagnetischen Effekte kann man drei verschiedene Schaltelemente verwirklichen, deren Symbole in Abb. 4.26 wiedergegeben sind. Die *Richtungsleitung* (a, b) *(Isolator)* ist ein nichtreziprokes Dämpfungsglied; sie hat im Idealfall in einer Richtung verschwindend kleine Dämpfung und in Gegenrichtung unendlich hohe Dämpfung. Der *Gyrator* (c) [4.75, 4.98] ist ein Sonderfall eines nichtreziproken Phasendrehgliedes; er besitzt im Idealzustand keine Dämpfung und in einer Richtung die Phasenverschiebung 0 und in der Gegenrichtung die Phasenverschiebung $\pi$. Die *Richtungsgabel* (d) *(Zirkulator)* ist ein nichtreziprokes Verteilerglied, d. h. ein Sechs- oder Achtpol, der nur einen Leistungsfluß vom Klemmenpaar $n$ zum Klemmenpaar $n + 1$ gestattet, aber nicht umgekehrt. In Verbindung mit zwei Mikrowellenbrückenschaltungen (entkoppelten Verzweigungen) kann man unter Zuhilfenahme eines Gyrators einen Zirkulator aufbauen [4.7c, 4.71]. Bei reflexionsfreiem Abschluß eines bzw. zweier Arme eines Zirkulators kann dieser als Isolator Verwendung finden.

Unterschiedliche Erscheinungsformen des gyromagnetischen Effektes führen zu verschiedenen Konstruktionsmerkmalen für die oben genannten Bauelemente, wobei wegen der Eigenschaften der bekannten Ferrite die untere Frequenzgrenze etwa bei 500 bis 1000 MHz liegt.

Die auch als Faraday-Effekt von der Optik her bekannte nichtreziproke Polarisationsdrehung kann zum Bau von Richtungsleitungen und Zirkulatoren ausgenutzt werden. Wird z. B. bei der Anordnung nach Abb. 4.27 vom Eingang 1 her eine $H_{11}$-

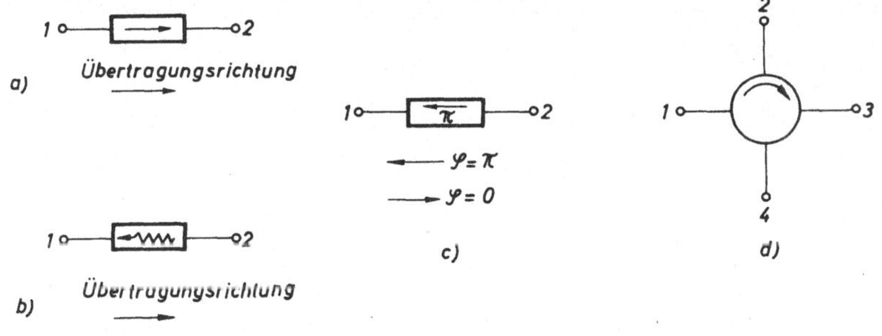


**Abb. 4.26 Schaltsymbole**
a) und b) Isolator; c) Gyrator; d) Zirkulator

Welle im Hohlleiter mit Kreisquerschnitt angeregt, so kann man sich diese linear polarisierte Welle auch aus zwei gegenläufig zirkularpolarisierten Wellen zusammengesetzt denken. In dem längsmagnetisierten Ferritstab ist die Phasenverschiebung für die beiden Teilwellen ungleich, so daß eine Drehung der Polarisationsebene der austretenden linearpolarisierten Welle resultiert. Bei richtiger Dimensionierung ist diese 45° und die Welle kann ungestört aus dem mechanisch verdrehten Ausgang 2 austreten. Im umgekehrten Fall erfährt eine bei 2 eintretende Welle eine Polarisationsdrehung in der gleichen Richtung; sie ist dann beim Austritt so polarisiert, daß

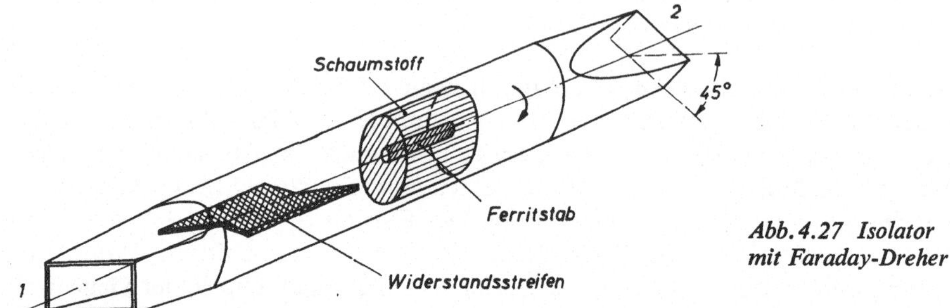


**Abb. 4.27 Isolator mit Faraday-Dreher**

ihr E-Vektor parallel zum Widersstandstreifen verläuft, wodurch die Welle eine starke Dämpfung erleidet. Die Anordnung arbeitet also als Isolator.

Die gleiche Faraday-Drehung kann nach Abb. 4.28 zur Herstellung eines Zirkulators dienen. Vom Eingang 1 kann Leistung nur zu 2 und von 2 nur zu 3 gelangen usw. Bei der Anordnung nach Abb. 4.25 [4.58] ist die Faraday-Drehung durch Elektromagneten variierbar und wird zur Konstruktion eines reziproken Dämpfungsgliedes benutzt.

Legt man einen Ferritstreifen unsymmetrisch in den Querschnitt eines Hohlleiters (Abb. 4.29a), so erhält man eine richtungsabhängige Feldverzerrung. Diese ist in Verbindung mit Widerstandsstreifen (b) und ggf. mit Dielektrikumsstreifen dadurch

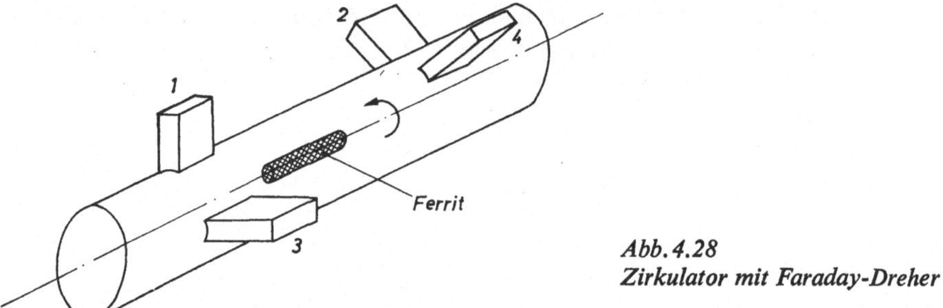


**Abb. 4.28 Zirkulator mit Faraday-Dreher**

zum Bau von Richtungsleitungen benutzbar, daß nur in einer Richtung eine starke E-Komponente parallel zum Widerstandsstreifen auftritt und zu Dämpfung führt [4.76, 4.77, 4.78, 4.99].

Ein ähnlicher Aufbau, jedoch ohne Widerstandsstreifen, ergibt bei passender Bemessung von Magnetfeld und Länge des Ferritstreifens einen Mikrowellengyrator.

Bei Einbau von Ferritstäben in Hohlleiterverzweigungen lassen sich ebenfalls durch Feldverzerrung Zirkulatoren realisieren [4.72, 4.73, 4.80, 4.81, 4.82, 4.100 bis 4.103]. Zirkulatoren für TEM-Wellen werden häufig in Striplinetechnik ausgeführt [4.126 bis 4.131].

Bei den bisher beschriebenen nichtreziproken Elementen wurde möglichst geringe Dämpfung im Ferrit vorausgesetzt, d.h. die hochfrequente Schwingung muß eine Frequenz genügend weit oberhalb oder unterhalb der gyromagnetischen Resonanzfrequenz des Ferrits besitzen. Wählt man das Ferritmaterial bzw. die Magneti-

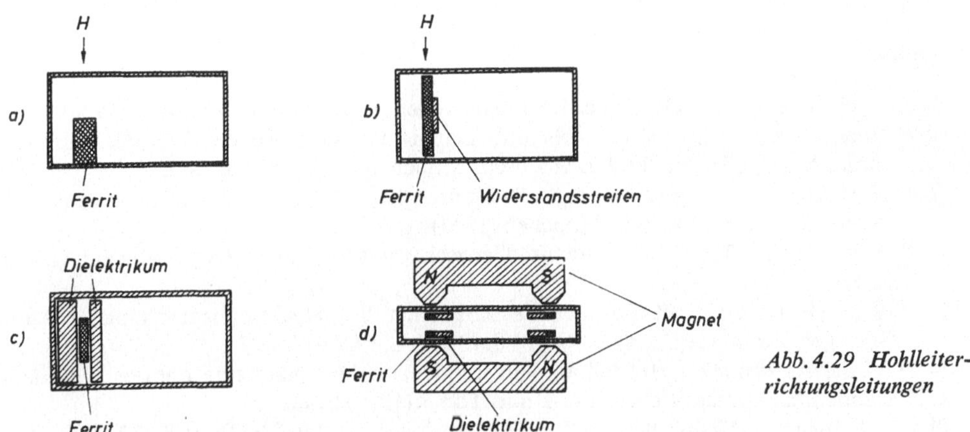


*Abb. 4.29 Hohlleiter-richtungsleitungen*

sierung jedoch so, daß die Betriebsfrequenz mit der Resonanzfrequenz zusammenfällt, so erhält man die sog. Resonanzrichtungsleitungen [4.59, 4.60, 4.61, 4.62, 4.66, 4.67, 4.68, 4.69, 4.70, 4.71, 4.79]. Auch hier tritt eine nichtreziproke Dämpfung auf, die absorbierte Leistung einer etwa vorhandenen rücklaufenden Welle wird hier im Ferrit in Wärme umgesetzt und man muß für gute Wärmeabfuhr sorgen. Der Aufbau solcher Richtungsleitungen ergibt sich für Hohlleiter aus den Abb. 4.29 a,

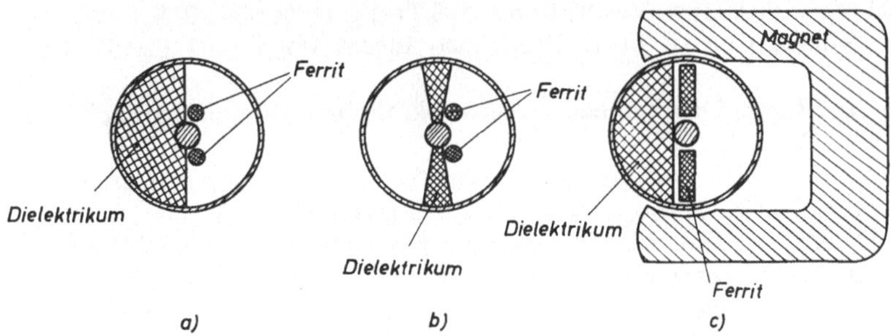


*Abb. 4.30 Koaxiale Richtungsleitungen*

c und d, für Koaxialleitungen aus Abb. 4.30. Bei Rechteckhohlleitern wird das Flachprofil bevorzugt, um den Luftspalt gering zu machen.
Die koaxialen Resonanzrichtungsleitungen [4.63, 4.64] benutzen ebenfalls ein transversales äußeres Magnetfeld. Zur Erzeugung nichtreziproker Dämpfung ist hier jedoch eine Verzerrung der Koaxialwelle in der Form nötig, daß eine Längskomponente des H-Feldes auftritt. Dies kann auch mit einer Wendelleitung erreicht werden [4.65]. Die Magnete für Richtungsleitungen sind durchweg als Permanentmagnete ausgeführt [4.104].

# 114



Moderne Richtungsleitungen haben bei einer Bandbreite von etwa 10 % eine Durchlaßdämpfung von etwa 0,5 bis 0,8 dB und eine Sperrdämpfung von 20 bis 25 dB; bei 40 % Bandbreite lassen sich 1 dB Durchgangs- und 10 dB Sperrdämpfung verwirklichen [4.83].

## Literatur



[4.1] *H.H.Meinke:* Fortschritte der Dezimeterwellen-Meßtechnik. Frequenz 2 (1948) S.41.

[4.2] *H.H.Meinke:* Kurven, Formeln und Daten aus der Dezimeterwellentechnik. Als Manuskript gedruckt. Techn. Hochsch. München (1947) Absch. XII.

[4.3] *H.H.Meinke:* Meßgeräte und Meßverfahren für Dezimeterwellen. Als Manuskript gedruckt. Techn. Hochsch. München (1947).

[4.4] *H.H.Meinke:* Theorie der Hochfrequenzschaltungen. Oldenbourg, München (1948) S.208.

[4.5] *H.H.Meinke* u. *F.W.Gundlach:* Taschenbuch der Hochfrequenztechnik, 2.Aufl. Springer, Berlin (1962), a) S.368, b) S.435, c) S.392, d) S.437.

[4.6] *W.Burkhardtsmeier:* Herstellung von frequenzunabhängigen rein ohmschen Widerständen bei kurzen Wellen. Funk und Ton 3 (1949) S.381.

[4.7] *F.J.Tischer:* Mikrowellen-Meßtechnik. Springer, Berlin (1958), a) S.132, b) S.180, c) S.192.

[4.8] *G.Megla:* Dezimeterwellentechnik. 5.Aufl. Berliner-Union, Stuttgart (1962), a) S.535, b) S.342, c) S.344.

[4.9] *A.F.Harvey:* Microwave Engineering. Academic Press, London u. New York (1963), a) S.157, b) S.344.

[4.10] *C.T.Kohn:* The Radio Frequency Coaxial Resistor Using a Trajectorial Jacket. Proc. Inst. Radio Engrs. 43 (1955) S.951.

[4.11] *I.A.Harris:* The Theory and Design of Coaxial Resistor Mounts for the Frequency Band 0–4000 Mc/s. Proc. Inst. Electr. Engrs. 103 Part C (1956) Nr. 3, S.1.

[4.12] *L.W.Shawe:* S-Band Coaxial Load. Proc. Inst. Electr. Engrs. 104 Part B (1957) S.191.

[4.13] *H.Buseck* u. *G.Klages:* Das homogene Rechteckrohr mit Dämpfungsfolie. Arch. El. Übertrag. 12 (1958) S.163.

[4.14] *M.Müller:* Vorteile von Schmalprofilhohlleitern für die Gestaltung von Breitband-Richtfunkgeräten. Nachr. Techn. Fachberichte 6 (1957) S.112.

[4.15] *U.v.Kienlin* u. *A.Kürzl:* Ein Hohlleiterabschluß mit handelsüblichen Schichtwiderständen. Nachr. Techn. Zeitschr. 11 (1958) S.138.

[4.16] *R.W.Beatty:* An Adjustable Sliding Termination for Rectangular Waveguide. Transact. Inst. Radio Engrs. MTT-5 (1957) S.192.

[4.17] *H.H.Meinke:* Eigenschaften verlustbehafteter inhomogener Leitungen im Anpassungszustand. Nachr. Techn. Zeitschr. 11 (1958) S.333.

[4.18] *A.Ott:* Herstellung und Untersuchung von Bauelementen und Schaltungen in Mikrostriptechnik. Diplomarbeit Inst. f. Hochfrequenztechnik, Techn. Hochsch. München (1962).

[4.19] *C.W. van Es, M.Gevers* u. *F.C. de Ronde:* Hohlleiterapparatur für 2 mm Wellenlänge. Philips Technische Rundsch. 22 (1960/61) S.175 u. 205.

[4.20] *R.W.Beatty:* Mismatch Errors in the Measurement of UHF and Microwave Variable Attenuators. Journ. Res. Nat. Bur. Stand. 52 (1954) S.7.

[4.21] *H.J.Carlin* u. *E.N.Torgow:* Microwave Attenuators for Powers up to 1000 Watts. Proc. Inst. Radio Engrs. 38 (1950) S.777.

[4.22] *B. O. Weinschel:* High-Frequency Radial Coaxial Attenuator. U.S. Patent 2,994,049.

[4.23] *B. O. Weinschel* u. *J. F. Cottrell:* Frequency-Compensated Coaxial Attenuator. U.S. Patent 3,005,967.

[4.24] *B. O. Weinschel:* Inside-Out Attenuator for High-Frequency Coaxial Lines. U.S. Patent 3,002,166.

[4.25] *R. Steinhart:* Ein frequenzunabhängiges und weitgehend phasenreines Dämpfungsglied der Mikrowellentechnik. Nachr. Techn. Zeitschr. 10 (1957) S. 294.

[4.26] *A. C. Gordon-Smith:* Calibrated Piston Attenuator. Wireless Engr. 26 (1949) S. 322.

[4.27] *E. G. Lindner:* Attenuation of Electromagnetic Fields in Pipes Smaller than the Critical Size. Proc. Inst. Radio Engrs. 30 (1942) S. 554.

[4.28] *G. Klätte:* Blinddämpfungsglieder für Hohlleitungsschaltungen. Fernmeldetechn. Zeitschr. 6 (1953) S. 86.

[4.29] *A. Sander:* Die Anregung und Ausbreitung von $E_{on}$-Wellen im kreisrunden Hohlrohr mit konzentrischen Leitungen als Geber und Fänger. Arch. Elektr. Übertr. 10 (1956) S. 77.

[4.30] *A. Sander:* Der Frequenzgang von Hohlrohrspannungsteilern mit koaxialem Geber und Fänger. Nachr. Techn. Zeitschr. 11 (1958) S. 1.

[4.31] *O. Macek:* Das Problem der Spannungsteilung bei cm- und mm-Wellen. Frequenz 3 (1949) S. 117.

[4.32] *H. F. Mataré:* Zum Problem der Leistungsdosierung bei Planwellen in Hohlrohren. Frequenz 4 (1950) S. 321.

[4.33] *A. B. Giordano:* Design Analysis of a TM-Mode Piston Attenuator. Proc. Inst. Radio Engrs. 38 (1950) S. 545.

[4.34] *R. W. Beatty:* Cascade-Connected Attenuators. Journ. Res. Nat. Bur. Stand. 45 (1950) S. 231.

[4.35] *G. E. Schaefer* u. *A. Y. Rumfeldt:* Mismatch Errors in Cascade-Connected Variable Attenuators. Transact. Inst. Radio Engrs. MTT-7 (1959) S. 447.

[4.36] *C. G. Montgomery:* Technique of Microwave Measurements. M.I.T. Radiation Lab. Series Bd. 11, McGraw-Hill, New York, Toronto, London (1947), a) S. 720, b) S. 679.

[4.37] *G. U. Sorger, B. O. Weinschel* u. *A. L. Hedrich:* An RF-Voltage Standard for Receiver Calibration. Transact. Inst. Radio Engrs. J-10 (1961) S. 9.

[4.38] *G. Pusch:* Kontinuierlich regelbarer ohmscher Hochfrequenzspannungsteiler. Radio-Mentor 21 (1955) S. 83.

[4.39] *H. H. Meinke:* Neuere Fortschritte der Höchstfrequenztechnik auf der Grundlage früherer deutscher Geräte. Bücherei d. Funkortung, Bd. 2, II. Verk.- u. Wirtsch.-Verlag Dortmund (1953) S. 31.

[4.40] *H. H. Meinke:* Felder und Wellen in Hohlleitern. Oldenbourg, München (1949).

[4.41] Firmenprospekt Fa. Weinschel Engineering, Gaithersburg, Maryland (1963).

[4.42] *M. Arditi:* Characteristics and Applications of Microstrip for Microwave Wiring. Transact. Inst. Radio Engrs. MTT-3 (1955) S. 31.

[4.43] *N. R. Wild:* Photoetched Microwave Transmission Lines. Transact. Inst. Radio Engrs. MTT-3 (1955) S. 21.

[4.44] *R. M. Barrett:* Microwave Printed Circuits – A Historical Survey. Transact. Inst. Radio Engrs. MTT-3 (1955) S. 1.

[4.45] *B. E. Kingdon:* A Circular Waveguide Magic Tee and its Application to Higher Power Microwave Transmission. Journ. Brit. Inst. Radio Engrs. 13 (1953) S. 275.

[4.46] *B. E. Kingdon:* An S-Band Variable Attenuator for High-Power Working. Journ. Brit. Inst. Radio Engrs. 15 (1955) S. 471.

[4.47] Technique of Microwave Measurements. Discussion Meeting. Journ. Brit. Inst. Radio Engrs. 16 (1956) S. 385.

[4.48] *N.G.Sakiotis* u. *H.N.Chait:* Ferrites at Microwaves. Proc. Inst. Radio Engrs. 41 (1953) S.87.

[4.49] Ferrites Issue. Proc. Inst. Radio Engrs. 44 (1956) October S.1233–1460.

[4.50] *J.Deutsch:* Ferrite und ihre Anwendung bei Mikrowellen. Nachr. Techn. Zeitschr. 11 (1958) S.473 u. 503.

[4.51] *I.Bady:* Ferrites with Planar Anisotropy at Microwave Frequencies. Transact. Inst. Radio Engrs. MTT-9 (1961) S.52.

[4.52] *R.W.Beatty* u. *F.Reggia:* Characteristics of the Magnetic Attenuator at UHF. Proc. Inst. Radio Engrs. 41 (1953) S.93.

[4.53] *C.E.Barnes:* Broad-Band Isolators and Variable Attenuators for Millimeter Wavelengths. Transact. Inst. Radio Engrs. MTT-9 (1961) S.519.

[4.54] *P.Fire* u. *R.W.Beatty:* Characteristics of the Magnetic Attenuator at UHF. Proc. Inst. Radio Engrs. 41 (1953) S.93.

[4.55] *D.Fleri* u. *J.B.Duncan:* Reciprocal Ferrite Devices in TEM-Mode Transmission Lines. Transact. Inst. Radio Engrs. MTT-6 (1958) S.91.

[4.56] *J.Deutsch* u. *M.Offner:* Ein magnetisch regelbares koaxiales Dämpfungsglied mit kleiner Grunddämpfung. Frequenz 14 (1960) S.344.

[4.57] *G.H.B.Thompson:* Ferrites in Waveguides. Journ. Brit. Inst. Radio Engrs. 16 (1956) S.311.

[4.58] *E.H.Turner:* A Fast Ferrite Switch for Use at 70 KMC. Transact. Inst. Radio Engrs. MTT-6 (1958) S.300.

[4.59] *R.Steinhart:* Experimentelle Untersuchungen an Ferrit-Resonanz-Richtungsleitungen. Nachr. Techn. Zeitschr. 13 (1960) S.183.

[4.60] *W.W.Anderson* u. *M.E.Hines:* Wide Band Resonance Isolator. Transact. Inst. Radio Engrs. MTT-9 (1961) S.63.

[4.61] *E.Schlomann:* On the Theory of the Ferrite Resonance Isolator. Transact. Inst. Radio Engrs. MTT-8 (1960) S.199.

[4.62] *M.T.Weiss:* Improved Rectangular Waveguide Resonance Isolators. Transact. Inst. Radio Engrs. MTT-4 (1956) S.240.

[4.63] *J.B.Duncan, L.Swern, K.Tomiyasu* u. *J.Hannwacker:* Design Considerations for Broad-Band Ferrite Coaxial Line Isolators. Proc. Inst. Radio Engrs. 45 (1957) S.483.

[4.64] *J.B.Duncan* u. *G.F.Horner:* Coaxial Line Isolators At and Below 1 KMC. Proc. Inst. Radio Engrs. 47 (1959) S. 103.

[4.65] *B.N.Enander:* A New Ferrite Isolator. Proc. Inst. Radio Engrs. 44 (1956) S.1421.

[4.66] *M.T.Weiss* u. *F.A.Dunn:* A 5-MM Resonance Isolator. Transact. Inst. Radio Engrs. MTT-6 (1958) S.331.

[4.67] *J.Deutsch, W.Haken* u. *Chr.v.Haza-Radlitz:* Neue Richtungsleitungen für Richtfunksysteme. Nachr. Techn. Zeitschr. 12 (1959) S.367.

[4.68] *J.Deutsch* u. *W.Haken:* Ein nichtreziprokes Dämpfungsglied (Richtungsleitung) für 4 GHz. Frequenz 11 (1957) S.217.

[4.69] *A.C.Brown, R.S.Cole* u. *W.N.Honeyman:* Some Applications of Ferrites to Microwave Switches, Phasers and Isolators. Proc. Inst. Radio Engrs. 46 (1958) S.722.

[4.70] *J.Deutsch:* Einige Ferritbauelemente für die Mikrowellentechnik. Nachr. Techn. Fachberichte 12 (1958) S.9.

[4.71] *E.Willwacher:* Die Anwendung von Ferriten bei Mikrowellen. Nachr. Techn. Fachberichte 6 (1957) S.103.

[4.72] *Chr. v. Haza-Radlitz:* Vergleich der Eigenschaften von Richtungsgabeln, die nach verschiedenen Prinzipien aufgebaut sind. Nachr. Techn. Fachberichte 23 (1961) S.35.

[4.73] *H.Rapaport:* A Microwave Frequency Separator. Transact. Inst. Radio Engrs. MTT-6 (1958) S.53.

[4.74] *B. Vafiades* u. *B. J. Duncan:* An L-Band Ferrite Coaxial Line Modulator. National Convention Rec. Inst. Radio Engrs. (1957) Pt. 1, S.235.

[4.75] *B. D. H. Tellegen:* Der Gyrator, ein elektrisches Netzwerkelement. Philips Techn. Rdsch. 18 (1956/57) S.88.

[4.76] *G. S. Heller* u. *G. W. Catuna:* Measurement of Ferrite Isolation at 1300 MC. Transact. Inst. Radio Engrs. MTT-6 (1958) S.97.

[4.77] *K. J. Button:* Theoretical Analysis of the Operation of the Field-Displacement Ferrite Isolator. Transact. Inst. Radio Engrs. MTT-6 (1958) S.303.

[4.78] *S. Weisbaum* u. *H. Boyet:* Field-Displacement Isolator at 4, 6, 11 and 24 KMC. Transact. Inst. Radio Engrs. MTT-5 (1957) S.194.

[4.79] *E. O. Schulz-Dubois, G. J. Wheeler* u. *M. H. Sirvetz:* Development of a High-Power L-Band Resonance Isolator. Transact. Inst. Radio Engrs. MTT-6 (1958) S.423.

[4.80] *E. A. Ohm:* A Broad Band Microwave Circulator. Transact. Inst. Radio Engrs. MTT-4 (1956) S. 210.

[4.81] *P. J. Allen:* The Turnstyle Circulator. Transact. Inst. Radio Engrs. MTT-4 (1956) S.223.

[4.82] *P. A. Rizzi:* High Power Ferrite Circulators. Transact. Inst. Radio Engrs. MTT-5 (1957) S.230.

[4.83] *B. J. Duncan* u. *B. Vafiades:* Design of a Full Waveguide Bandwith High-Power Isolator. Transact. Inst. Radio Engrs. MTT-6 (1958) S.411.

[4.84] Application Note 56, Fa. Hewlett-Packard, Palo Alto, Cal. (1964).

[4.85] *A. Kraus:* Über den Aufbau von Dezimeter-Belastungswiderständen. Rohde & Schwarz-Mitteilungen (1952), Nr. 1, S. 36.

[4.86] *H. Severin:* Flächenwiderstände in der Zentimeterwellentechnik. Techn. Mitteilg. PTT Nr. 6 (1954).

[4.87] *L. R. Whicker* u. *G. J. Neumann:* A New High-Power Variable Attenuator. Transact. Inst. E.E.E., MTT-11 (1963) S.450.

[4.88] The PIN Diode as a Microwave Modulator. Hewlett-Packard Appl. Note 58, Palo Alto, Calif. (1964).

[4.89] *K. E. Mortenson:* Microwave Semiconductor Control Devices. Microwave Journ. 7 (1964) Nr. 5, S. 49.

[4.90] *J. Brown:* Corrections on the Attenuation Constants of Piston Attenuators. Proc. Inst. Electr. Engrs. 96 Pt. III (1949) S.491.

[4.91] *M. C. Selby:* High-Frequency Standards of the Electronic Calibration Center NBSBL. Transact. Inst. Radio Engrs. I-7 (1958) S. 262.

[4.92] *B. O. Weinschel, G. U. Sorger* u. *A. L. Hedrich:* Relative Voltmeter for VHF/UHF Signal Generator Attenuator Calibration. Transact. Inst. Radio Engrs. J-8 (1959) S.22.

[4.93] *A. Rihaczek:* Bauelemente der Ferrit-Hohlleitertechnik. Fernm. Techn. Zeitschr. 8 (1955) S. 400.

[4.94] *A. G. Fox, S. E. Miller* u. *M. T. Weiss:* Behavior and Applications of Ferrites in the Microwave Region. Bell Syst. techn. Journ. 34 (1955) S. 5.

[4.95] *P. Emmrich, H. Junker* u. *E. Pivit:* Ferritbauelemente für die Richtfunktechnik. Telefunken-Zeitung 38 (1965) S.175.

[4.96] *J. H. Burgess:* Ferrite Tunable Filter for Use in S-Band. Proc. Inst. Radio Engrs. 44 (1956) S. 1460.

[4.97] *F. Reggia:* A High Isolation Absorption Modulator-Switch for 12 cm Wavelength. Microwave Journ. 7 (1964) Nr. 10, S. 70.

[4.98] *J. Shekel:* The Gyrator as a 3-Terminal Element. Proc. Inst. Radio Engrs. 41 (1953) S. 1014.

[4.99] *A. Clavin:* High-Power Ferrite Load Isolators. Transact. Inst. Radio Engrs. MTT-3 (1955) Nr. 4, S. 38.

[4.100] *B. A. Auld:* The Synthesis of Symmetrical Waveguide Circulators. Transact. Inst. Radio Engrs. MTT-7 (1959) S. 238.

[4.101] *L. Davis, U. Milano* u. *J. Sounders:* A Stip-Line L-Band Compact Circulator. Proc. Inst. Radio Engrs. 48 (1960) S. 115.

[4.102] *E. Pivit:* Zirkulatoren aus konzentrierten Schaltelementen. Telefunken-Zeitung 38 (1965) S. 206.

[4.103] *H. Motz* u. *H. W. Wrede:* Ferrite für Resonanz-Richtungsisolatoren und Zirkulatoren. Telefunken-Zeitung 38 (1965) S. 187.

[4.104] *P. Emmrich:* Neuartige Magnetsysteme für Ferrit-Resonanz-Isolatoren. Frequenz 17 (1963) S. 339.

[4.105] *J. K. Hunton* u. *W. B. Wholey:* The Perfect Load and the Null-Shift-Aids in VSWR-Measurements. Hewlett-Packard Journ. 3, Nr. 5–6 (Jan.–Febr. 1952).

[4.106] *W. E. Little* u. *J. P. Wakefield:* A Coaxial Adjustable Sliding Termination. Transact. Inst. E.E.E., MTT-12 (1964) S. 247.

[4.107] *B. O. Weinschel, G. U. Sorger, S. J. Raff* u. *J. E. Ebert:* Precision Coaxial VSWR Measurements by Coupled Sliding Load Technique. Transact. Inst. E.E.E., IM-13, Nr. 4 (Dec. 1964).

[4.108] *H. R. Witt* u. *E. L. Price:* Design Courves for Waveguide Absorbers. Transact. Inst. E.E.E., MTT-15 (1967) S. 590.

[4.109] *R. W. Beatty:* Impedance Measurements and Standards for Uniconductor Waveguide. Proc. Inst. E.E.E. 55 (1967) S. 933.

[4.110] *S. F. Adam:* Precision Thin-Film Coaxial Attenuators. Hewlett-Packard Journ. 18 (1967) Nr. 10, S. 12.

[4.111] *B. O. Weinschel:* Mikrowellen-Dämpfungsnormale. Nachr. Techn. Zeitschr. 20 (1967) S. 155.

[4.112] *J. D. Holm, D. L. Johnson* u. *K. S. Champlin:* Reflections from Rotary-Vane Precision Attenuators. Transact. Inst. E.E.E., MTT-15 (1967) S. 123.

[4.113] *W. Larson:* Inline Waveguide Attenuator. Transact. Inst. E.E.E., MTT-12 (1964) S. 367.

[4.114] *D. A. E. Roberts* u. *S. J. Robinson:* A PIN Diode Modulator for the Frequency Band 2.5–7.5 Gc/s. Microwave Journ. 6 (1963) Dec., S. 74.

[4.115] *K. E. Mortenson:* Microwave Semiconductor Control Devices. Microwave Journ. 7 (1964) Nr. 5, S. 49.

[4.116] *C. A. Prufer:* Constant-Impedance PIN-Diode Attenuator. Microwaves 6 (1967) Nr. 8, S. 46.

[4.117] *J. Detlefsen:* Die Anwendung von 3-dB-Richtkopplern zum Bau mit Dioden abstimmbarer Phasenschieber und Dämpfungsglieder. Dipl. Arb. Inst. f. HF-Technik, T.H. München (1967).

[4.118] *C. M. Allred* u. *C. C. Cook:* A Precision RF Attenuation Calibration System. Trans. Inst. Radio Engrs. I-9 (1960) S. 268.

[4.119] *R. J. Mohr:* New Coaxial Variable Attenuators. Microwave Journ. 8 (1965) Nr. 3, S. 99.

[4.120] *D. Russel* u. *W. Larson:* RF Attenuation. Proc. Inst. E.E.E. 55 (1967) S. 942.

[4.121] *E. Pivit:* Reziproke und nichtreziproke Phasenschieber im Rechteckhohlleiter. Frequenz 14 (1960) S. 369.

[4.122] *P. Emmrich, H. Junker* u. *E. Pivit:* Ferritbauelemente für die Richtfunktechnik. Telefunken-Zeitung 38 (1965) S. 175.

[4.123] *H. Severin:* Ferrite bei hohen Mikrowellenleistungen. Nachr. Techn. Zeitschr. 18 (1965) S. 7.

[4.124] *A. J. Simmons* u. *O. M. Giddings:* Faraday Rotation Devices for the 3 mm Band. Microwave Journ. 8 (1965) Nr. 4, S. 65.

[4.125] *F. Reggia:* Amplitude and Phase Modulators in Rectangular Waveguides for 5 to 7 Gc/s. Transact. Inst. E.E.E., MTT-14 (1966) S. 154.

[4.126] *U. Milano, J. Saunders* u. *L. Davis:* A Y-Junction Stripline Circulator. Transact. Inst. Radio Engrs., MTT-8 (1960) S. 346.

[4.127] *H. J. Butterweck:* Der Y-Zirkulator. Arch. El. Übertr. 17 (1963) S. 163.

[4.128] *H. Bosma:* On Stripline Y-Circulation at UHF. Transact. Inst. E.E.E., MTT-12 (1964) S. 61.

[4.129] *C. E. Fay* u. *R. L. Comstock:* Operation of the Ferrite Junction Circulator. Transact. Inst. E.E.E., MTT-13 (1965) S. 15.

[4.130] *G. Euler:* UHF-Zirkulatoren. Valvo Techn. Informationen für die Industrie, Sonderdruck (1967).

[4.131] *S. D. Ewing* u. *J. A. Weiss:* Ring Circulator Theory, Design and Performance. Transact. Inst. E.E.E., MTT-15 (1967) S. 623.

# KAPITEL 5 · LEISTUNGSMESSUNG

## 5.1    Übersicht

Da im Mikrowellenbereich die Abmessungen der verwendeten Bauteile im allgemeinen in der Größenordnung der Wellenlänge liegen, ist die Definition einer Spannung oder eines Stromes z.B. nur für verschiebungsstromfreie Querschnittsflächen eines Koaxialsystems möglich, bei Hohlleitersystemen entfällt sie ganz. Infolgedessen läßt sich der Energietransport in Mikrowellensystemen nur über die Leistungsmessung erfassen und beschreiben, eine kombinierte Strom- und Spannungsmessung ist hier im Gegensatz zur Niederfrequenztechnik nicht durchführbar, die Leistungsmessung spielt also eine dominierende Rolle. Eine Unterteilung der verschiedenen Meßverfahren nimmt man am zweckmäßigsten nach der Größe der zu messenden Leistung vor:

| | |
|---|---|
| Große Leistungen | 1 W und darüber |
| mittlere Leistungen | 10 mW bis 1 W |
| kleine Leistungen | $10^{-8}$ W bis 10 mW |
| sehr kleine Leistungen | kleiner als $10^{-8}$ W |

Ein weiteres Unterscheidungsmerkmal bildet die Anwendung: Beim Durchgangsleistungsmesser, der als Betriebsüberwachungsgerät verwendbar ist, wird nur ein kleiner Teil der Leistung ins Meßgerät ausgekoppelt, der Leistungsfluß zum „normalen" Verbraucher bleibt bestehen. Der Absorptionsleistungsmesser hingegen nimmt die gesamte zur Verfügung stehende Leistung in sich auf und bringt sie zur Anzeige. Demzufolge ist der Durchgangsleistungsmesser im allgemeinen nur für große und mittlere Leistungen anzutreffen, sein Anzeigeteil arbeitet jedoch nach einer Methode, wie sie für kleine Leistungen üblich ist.
Absorptionsleistungsmesser für große und mittlere Leistungen beruhen auf dem kalorimetrischen Prinzip, d.h. die aufgenommene Mikrowellenleistung wird in einem verlustbehafteten Medium (Wasser, Festwiderstand) in Wärme umgesetzt und die Temperaturerhöhung wird gemessen. Ferner besteht die Möglichkeit, bei mittleren Leistungen ein entsprechend belastbares geeichtes Dämpfungsglied einem Meßkopf für kleine Leistungen vorzuschalten und die so verminderte Leistung zu messen. Allerdings hängt die Genauigkeit der Leistungsmessung dann in erster Linie von der Eichgenauigkeit der Dämpfung des Vorschaltteilers ab. Als Leistungsmesser für kleine Leistungen finden vorwiegend Bolometer (Barretter und Thermistoren) Verwendung. Hierbei wird die durch die Temperaturänderung hervorgerufene Widerstandsänderung zur Anzeige gebracht. Sehr kleine Leistungen werden zweckmäßig durch empfindliche Meßempfänger (vgl. Abschn.3.4) registriert, wobei die Eichung der Anzeige durch Vergleich mit einer Quelle bekannter Leistung,

der ein geeichtes Dämpfungsglied nachgeschaltet ist, erfolgt. Allg. Lit.: [5.1, 5.2, 5.4, 5.5, 5.42, 5.53, 5.57 bis 5.60, 5,77 bis 5.79].
Die Messsung von impulsmodulierten Generatoren wird zweckmäßig mit Leistungsmessern vorgenommen, die eine im Vergleich zur Impulsperiode große Anzeigezeitkonstante besitzen. Dann wird die mittlere Leistung angezeigt. Aus Periodendauer und Impulsdauer, d.h. aus dem sog. Tastverhältnis, läßt sich dann bei Rechteckmodulation die Spitzenleistung berechnen [5.6, 5.80, 5.81, 5.88]. Ist die Kurvenform der Modulationsspannung bzw. der Einhüllenden unbekannt, so wird man bei großer Leistung eine Videodiode über eine Sonde ankoppeln oder bei kleiner Leistung einen Meßempfänger ausreichender Bandbreite benutzen, um die Kurvenform nach Gleichrichtung zu oszillografieren. Nach dieser Methode ist auch das Tastverhältnis einer Rechteckmodulation zu ermitteln. Soll jedoch aus einer beliebigen Kurvenform das Integral über die Fläche zur Bestimmung von mittlerer Leistung und Spitzenleistung gebildet werden, so ist vorher zu klären, ob die Gleichrichtung im linearen oder quadratischen Bereich arbeitete. (Vgl. Kap. 3.)
In bestimmten Fällen werden auch mit Tonfrequenz modulierte oder getastete Meßsender mit Leistungsmessern geringer Zeitkonstante (z.B. Bolometern) kombiniert, um eine selektive Verstärkung des Meßsignals und damit eine Empfindlichkeitssteigerung zu erreichen. Diese Methode wird vorwiegend zur Messung relativer Leistungspegel, z.B. bei der Eichung von Dämpfungsgliedern, angewendet.
Eine weitere Gruppe von Leistungsmessern arbeitet ohne jede Eichung. Diese Leistungsindikatoren dienen nur zur Anzeige, ob überhaupt Hochfrequenzleistung vorhanden ist oder nicht.

## 5.2     Der Einfluß der Fehlanpassung

Die durch die Fehlanpassung auftretende Änderung des Leistungsübergangs ist eine mögliche Fehlerquelle bei Leistungsmessungen, die oft insofern zu geringe Beachtung findet, als nur die vom Leistungsmesser reflektierte Leistung berücksichtigt wird. In [5.29] sind Formeln und Nomogramme angegeben, die den Meßfehler beim Vergleich von zwei Leistungsmessern mit verschiedenem Anpassungsfaktor angeben (s. auch [5.55 bis 5.57]).
Bekanntlich besitzt die von einem Generator mit komplexem Innenwiderstand $Z_i$ an einen komplexen Verbraucher $Z_v$ abgegebene Leistung dann ein Maximum, wenn

$$Z_v = Z_i^* \quad \text{bzw.} \quad R_v + jX_v = R_i - jX_i, \tag{5.1}$$

d.h. wenn der Verbrauchswiderstand konjugiert komplex zum Innenwiderstand ist. Da in der Mikrowellentechnik zwischen Verbraucher und Generator immer eine Übertragungsleitung liegt, deren Länge groß im Vergleich zur Wellenlänge ist, muß auch der Wellenwiderstand der Übertragungsleitung $Z_L$ bzw. der durch sie erfolgenden Widerstandstransformation Beachtung geschenkt werden. Demzufolge ist vor jeder Leistungsmessung zu definieren, welche der drei im folgenden aufgeführten Leistungen eigentlich gemessen werden soll:

a) die von einem Generator maximal abgebbare Leistung $P_{max}$, wenn der Verbraucher konjugiert komplex zum Innenwiderstand des Generators ist,
b) die an einen an den Wellenwiderstand der Übertragungsleitung angepaßten Verbraucher $R_v = Z_L$ abgegebene Leistung $P_0$,
c) die an einen komplexen Verbraucher $Z_v$, der sich vom Eingangswiderstand des Leistungsmessers $Z_m$ unterscheidet, abgeführte Leistung $P_v$.

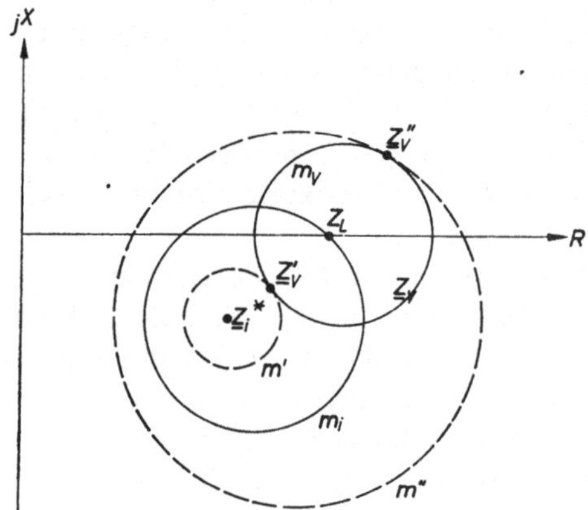

Abb. 5.1  *Kreise konstanter Leistung*
*(Beispiel $m_v = 0{,}75$, $m_i = 0{,}6$,*
*$m' = 0{,}8$, $m'' = 0{,}45$)*

Ist der genaue Wert aller beteiligten Widerstände $Z_i$, $Z_v$ und $Z_m$ nach Betrag und Phase bekannt, so lassen sich nach Umrechnung der Anpassungsfaktoren auf $Z_i^*$-bezogene Werte alle entsprechenden Leistungen bestimmen (vgl. [5.20], s. auch Abb. 5.1 und 5.2). Für gewöhnlich sind jedoch nur die Anpassungsfaktoren $m = U_{min}/U_{max}$ dieser Widerstände entweder aus Angaben der Meßgerätehersteller oder aus einfach auszuführenden Messungen (vgl. Kap. 6) bekannt. In einigen Son-

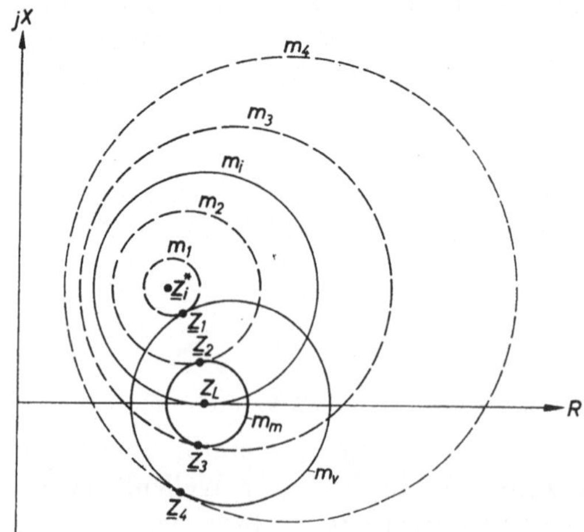

Abb. 5.2  *Leistungskreise*
*für $m_m > m_v > m_i$*
*(Beispiel $m_m = 0{,}8$, $m_v = 0{,}6$, $m_i = 0{,}5$)*

derfällen genügt die Kenntnis der Anpassungsfaktoren zur Berechnung des auftretenden Meßfehlers, im allgemeinen Fall läßt sich zumindest eine Abschätzung des maximal möglichen Meßfehlers durchführen. Zunächst seien einige Sonderfälle behandelt:

1. Der Generatorinnenwiderstand ist an die Übertragungsleitung angepaßt.

$$Z_i = R_i = Z_L.$$

Hier ist $P_0 = P_{max}$. Die in den Leistungsmesser fließende Leistung ist

$$P_m = P_{max} \frac{4m_m}{(1 + m_m)^2}, \tag{5.2}$$

wobei $m_m$ den Anpassungsfaktor des Leistungsmessers darstellt. Soll die Leistung $P_0 = P_{max}$ gemessen werden, so ist der Meßfehler

$$F = \frac{P_m}{P_{max}} - 1 = -\left(\frac{1 - m_m}{1 + m_m}\right)^2. \tag{5.3}$$

Soll jedoch diejenige Leistung $P_v$ angegeben werden, die in einen Verbraucher $Z_v$ fließt, dessen Anpassungsfaktor $m_v$ vom Anpassungsfaktor $m_m$ des ihn ersetzenden Leistungsmessers abweicht, so ist bei $R_i = Z_L$ der Fehler

$$F = \frac{P_m}{P_v} - 1 = \frac{m_m (1 + m_v)^2}{m_v (1 + m_m)^2} - 1. \tag{5.4}$$

Er ist unabhängig vom Phasenwinkel des $Z_v$ bzw. vom Ort der Messung.

2. Der Verbraucher, bzw. der Leistungsmesser ist an die Übertragungsleitung angepaßt, der Generatorinnenwiderstand ist komplex ($Z_v = R_v = Z_L$).

Hier ist die gemessene Leistung $P_m = P_0 = P_v$. Auf der Übertragungsleitung existiert keine reflektierte Welle. Soll jedoch $P_{max}$ des Generators ermittelt werden, so gilt ebenfalls die Gl. (5.2) bzw. (5.3), wobei $m_m$ durch $m_i$ zu ersetzen ist.

$m_i$ ist der Anpassungsfaktor des Generatorinnenwiderstandes, der mit Hilfe einer Knotenverschiebungsmessung (vgl. Abschn. 6.24 d) zu ermitteln ist.

3. Sowohl der Verbraucher, bzw. der Leistungsmesser, als auch der Generatorinnenwiderstand sind fehlangepaßt.

In diesem Falle liegen nur die Leistungen $P_{max}$ und $P_0$ eindeutig fest, solange man nur die Anpassungsfaktoren aber nicht die Phasenwinkel kennt. Die Verhältnisse seien an Hand der Abb. 5.1 erläutert. Hier ist in der Widerstandsebene der konjugiert komplexe Innenwiderstand $Z_i^*$ eingezeichnet, um welchen sich ähnlich dem Leitungsdiagramm Kreise konstanter Leistung gruppieren (vgl. [5.20, S. 165]), die mit den zugehörigen $m$-Werten bezeichnet sind. Der mit $m_i$ bezeichnete Kreis geht durch den Punkt $Z_L$ und beschreibt gleichzeitig den Ort aller Verbraucher, welche die Leistung $P_0$ aufnehmen würden. Ferner umschließt den Punkt $Z_L$ ein mit $m_v$ bezeichneter Kreis, der den Ort aller Verbraucherwiderstände $Z_v$ mit dem Anpassungsfaktor $m_v$ angibt. Je nach Phasenlage kann $Z_v$ sehr unterschiedliche Leistungen verbrauchen. Derjenige Widerstand $Z'_\mathrm{v}$, der dem Punkt $Z^*_\mathrm{i}$ am nächsten kommt, wird die höchste Leistung $P'_\mathrm{v}$, derjenige Widerstand $Z''_\mathrm{v}$, der von $Z^*_\mathrm{i}$ am weitesten abliegt, wird die kleinste Leistung $P''_\mathrm{v}$ aller möglichen Widerstände $Z_\mathrm{v}$ aufnehmen. Die zugehörigen Leistungskreise, die den Kreis $m_\mathrm{v}$ tangieren, sind mit $m'$ bzw. $m''$ bezeichnet. Für sie gilt:

$$m' = \frac{m_\mathrm{i}}{m_\mathrm{v}} \quad \text{für} \quad m_\mathrm{v} > m_\mathrm{i} \quad \text{bzw.} \quad m' = \frac{m_\mathrm{v}}{m_\mathrm{i}} \,\text{für} \quad m_\mathrm{i} < m_\mathrm{v}$$

damit wird
$$\text{und} \quad m'' = m_\mathrm{i} \cdot m_\mathrm{v}, \tag{5.5}$$

$$P'_\mathrm{v} = P_\mathrm{max} \frac{4m'}{(1 + m')^2}$$

$$P''_\mathrm{v} = P_\mathrm{max} \frac{4m''}{(1 + m'')^2} \tag{5.6}$$

a) Soll nun die Leistung $P_\mathrm{max}$ einer Quelle mit bekanntem $m_\mathrm{i}$ mit einem Leistungsmesser, dessen Eingangswiderstand den Anpassungsfaktor $m_\mathrm{m}$ besitzt, gemessen werden, so ist ein minimaler Fehler $F'$ und ein maximaler Fehler $F''$ berechenbar:

$$F' = \frac{P'_\mathrm{m}}{P_\mathrm{max}} - 1 = -\left(\frac{m_\mathrm{m} - m_\mathrm{i}}{m_\mathrm{m} + m_\mathrm{i}}\right)^2 \tag{5.7}$$

$$F'' = \frac{P''_\mathrm{m}}{P_\mathrm{max}} - 1 = -\left(\frac{1 - m_\mathrm{m}m_\mathrm{i}}{1 + m_\mathrm{m}m_\mathrm{i}}\right)^2 \tag{5.8}$$

Beide Fehler sind immer negativ. Für $m_\mathrm{i} = m_\mathrm{m}$ wird $m' = 1$ und $F' = 0$.

b) Soll die Leistung $P_0$, die der Generator an einen Verbraucher $R_\mathrm{v} = Z_\mathrm{L}$ abgibt, ermittelt werden, so sind die Werte aus Gl. (5.7) und (5.8) noch mit dem Verhältnis $P_0/P_\mathrm{max}$ umzurechnen. Die Extremwerte des Meßfehlers werden dann:

$$F' = \frac{P'_\mathrm{m}}{P_0} - 1 = \frac{m_\mathrm{m}(1 + m_\mathrm{i})^2}{(m_\mathrm{m} + m_\mathrm{i})^2} - 1 \tag{5.9}$$

$$F'' = \frac{P''_\mathrm{m}}{P_0} - 1 = \frac{m_\mathrm{m}(1 + m_\mathrm{i})^2}{(1 + m_\mathrm{i}m_\mathrm{m})^2} - 1 \tag{5.10}$$

Der Meßfehler $F'$ ist positiv für $m_\mathrm{m} > \sqrt{m_\mathrm{i}}$ und negativ für $m_\mathrm{m} < \sqrt{m_\mathrm{i}}$, $F''$ ist stets negativ.

c) Wenn mit Hilfe eines Leistungsmessers mit dem Anpassungsfaktor $m_\mathrm{m}$ diejenige Leistung $P_\mathrm{v}$ festgestellt werden soll, die ein Verbraucher $Z_\mathrm{v}$ aufnimmt, so sind die beiden ungünstigsten Fälle dann gegeben, wenn sich der Widerstand des Verbrauchers auf Abb. 5.2 an der Stelle $Z_1$ und der des Leistungsmessers an der Stelle $Z_3$ befindet, bzw. wenn der Verbraucher bei $Z_4$ liegt und bei $Z_2$ die Leistung gemessen wird. Je nach Lage von $Z^*_\mathrm{i}$ zu den Kreisen $m_\mathrm{m}$ und $m_\mathrm{v}$ kann der Fehler $F'$ oder $F''$ der größere werden. Da das Verhältnis $m_\mathrm{i}/m_\mathrm{v}/m_\mathrm{m}$ sechs ver-

*Tabelle 5.1a Maximal möglicher Meßfehler in %, abhängig von $m_1$, $m_v$ und $m_m$*

| Zu messende Leistung | | | $P_{max}$ | | $P_0$ | | $P_v$ | |
|---|---|---|---|---|---|---|---|---|
| $m_v$ | $m_m$ | $m_1$ | $F'$ | $F''$ | $F'$ | $F''$ | $F'$ | $F''$ |
| | | 1,0 | 0 | 0 | | | | |
| | | 0,9 | 0,28 | 0,28 | | | | |
| | | 0,8 | 1,23 | 1,23 | | | | |
| | 1,0 | 0,7 | 3,11 | 3,11 | 0 | 0 | 0 | 0 |
| | | 0,6 | 6,25 | 6,25 | | | | |
| | | 0,5 | 11,11 | 11,11 | | | | |
| | | 1,0 | 0,28 | 0,28 | $-0,28$ | $-0,28$ | $-0,28$ | 0,28 |
| | | 0,9 | 0 | 1,10 | $+0,28$ | $-0,83$ | $-0,83$ | 0,83 |
| | 0,9 | 0,8 | 0,35 | 2,65 | 0,89 | $-1,43$ | $-1,43$ | 1,45 |
| | | 0,7 | 1,56 | 5,15 | 1,60 | $-2,10$ | $-2,10$ | 2,15 |
| | | 0,6 | 4,00 | 8,92 | 2,40 | $-2,85$ | $-2,85$ | 2,93 |
| | | 0,5 | 8,16 | 14,38 | 3,32 | $-3,69$ | $-3,69$ | 3,83 |
| | | 1,0 | 1,23 | 1,23 | $-1,23$ | $-1,23$ | $-1,23$ | 1,25 |
| | | 0,9 | 0,35 | 2,65 | $-0,07$ | $-2,38$ | $-2,38$ | 2,44 |
| | 0,8 | 0,8 | 0 | 4,82 | $+1,25$ | $-3,63$ | $-3,63$ | 3,77 |
| | | 0,7 | 0,44 | 7,96 | 2,76 | $-5,00$ | $-5,00$ | 5,26 |
| | | 0,6 | 2,04 | 12,34 | 4,49 | $-6,50$ | $-6,50$ | 6,95 |
| | | 0,5 | 5,33 | 18,37 | 6,51 | $-8,16$ | $-8,16$ | 8,89 |
| 1,0 | | 1,0 | 3,11 | 3,11 | $-3,11$ | $-3,11$ | $-3,11$ | 3,21 |
| | | 0,9 | 1,56 | 5,15 | $-1,29$ | $-4,89$ | $-4,89$ | 5,14 |
| | 0,7 | 0,8 | 0,44 | 7,96 | $+0,80$ | $-6,80$ | $-6,80$ | 7,30 |
| | | 0,7 | 0 | 11,72 | 3,21 | $-8,88$ | $-8,88$ | 9,74 |
| | | 0,6 | 0,59 | 16,68 | 6,04 | $-11,13$ | $-11,13$ | 12,52 |
| | | 0,5 | 2,78 | 23,18 | 9,37 | $-13,58$ | $-13,58$ | 15,71 |
| | | 1,0 | 6,25 | 6,25 | $-6,25$ | $-6,25$ | $-6,25$ | 6,67 |
| | | 0,9 | 4,00 | 8,92 | $-3,73$ | $-8,67$ | $-8,67$ | 9,49 |
| | 0,6 | 0,8 | 2,04 | 12,34 | $-0,82$ | $-11,25$ | $-11,25$ | 12,67 |
| | | 0,7 | 0,59 | 16,68 | $+2,60$ | $-14,01$ | $-14,01$ | 16,29 |
| | | 0,6 | 0 | 22,15 | 6,67 | $-16,96$ | $-16,96$ | 20,42 |
| | | 0,5 | 0,82 | 28,99 | 11,57 | $-20,12$ | $-20,12$ | 25,19 |
| | | 1,0 | 11,11 | 11,11 | $-11,11$ | $-11,11$ | $-11,11$ | 12,50 |
| | | 0,9 | 8,16 | 14,39 | $-7,91$ | $-14,15$ | $-14,15$ | 16,48 |
| | 0,5 | 0,8 | 5,33 | 18,37 | $-4,14$ | $-17,35$ | $-17,35$ | 20,99 |
| | | 0,7 | 2,78 | 23,18 | $+0,35$ | $-20,71$ | $-20,71$ | 26,12 |
| | | 0,6 | 0,83 | 28,99 | $+5,79$ | $-24,26$ | $-24,26$ | 32,03 |
| | | 0,5 | 0 | 36,00 | 12,50 | $-28,00$ | $-28,00$ | 38,89 |

*Tabelle 5.1b*

| $m_v$ | $m_m$ | $m_i$ | $F'$ | $F''$ | $m_v$ | $m_m$ | $m_i$ | $F'$ | $F''$ |
|---|---|---|---|---|---|---|---|---|---|
| Zu messende Leistung | | | $P_v$ | | Zu messende Leistung | | | $P_v$ | |
| 0,9 | 1,0 | 1,0 | 0,28 | $-0,28$ | 0,8 | 1,0 | 1,0 | 1,25 | $-1,23$ |
|  |  | 0,9 | 0,83 | $-0,83$ |  |  | 0,9 | 2,44 | $-2,38$ |
|  |  | 0,8 | 1,45 | $-1,43$ |  |  | 0,8 | 3,77 | $-3,63$ |
|  |  | 0,7 | 2,15 | $-2,10$ |  |  | 0,7 | 5,26 | $-5,00$ |
|  |  | 0,6 | 2,93 | $-2,85$ |  |  | 0,6 | 6,95 | $-6,50$ |
|  |  | 0,5 | 3,83 | $-3,69$ |  |  | 0,5 | 8,89 | $-8,16$ |
|  | 0,9 | 1,0 | 0 | 0 |  | 0,9 | 1,0 | 0,97 | $-0,96$ |
|  |  | 0,9 | 1,11 | $-1,10$ |  |  | 0,9 | 2,72 | $-2,65$ |
|  |  | 0,8 | 2,37 | $-2,31$ |  |  | 0,8 | 4,70 | $-4,49$ |
|  |  | 0,7 | 3,79 | $-3,65$ |  |  | 0,7 | 6,95 | $-6,49$ |
|  |  | 0,6 | 5,40 | $-5,13$ |  |  | 0,6 | 9,52 | $-8,69$ |
|  |  | 0,5 | 7,27 | $-6,78$ |  |  | 0,5 | 12,50 | $-11,11$ |
|  | 0,8 | 1,0 | $-0,96$ | 0,97 |  | 0,8 | 1,0 | 0 | 0 |
|  |  | 0,9 | $-2,65$ | 2,72 |  |  | 0,9 | 2,37 | $-2,31$ |
|  |  | 0,8 | $-4,49$ | 4,70 |  |  | 0,8 | 5,06 | $-4,82$ |
|  |  | 0,7 | $-6,49$ | 6,95 |  |  | 0,7 | 8,16 | $-7,54$ |
|  |  | 0,6 | $-8,69$ | 9,52 |  |  | 0,6 | 11,76 | $-10,52$ |
|  |  | 0,5 | $-11,11$ | 12,50 |  |  | 0,5 | 15,98 | $-13,78$ |
|  | 0,7 | 1,0 | $-2,85$ | 2,93 |  | 0,7 | 1,0 | $-1,90$ | 1,94 |
|  |  | 0,9 | $-5,15$ | 5,43 |  |  | 0,9 | $-4,82$ | 5,07 |
|  |  | 0,8 | $-7,64$ | 8,27 |  |  | 0,8 | $-7,96$ | 8,64 |
|  |  | 0,7 | $-10,31$ | 11,50 |  |  | 0,7 | $-11,32$ | 12,77 |
|  |  | 0,6 | $-13,21$ | 15,22 |  |  | 0,6 | $-14,95$ | 17,57 |
|  |  | 0,5 | $-16,35$ | 19,55 |  |  | 0,5 | $-18,86$ | 23,25 |
|  | 0,6 | 1,0 | $-5,99$ | 6,37 |  | 0,6 | 1,0 | $-5,08$ | 5,35 |
|  |  | 0,9 | $-8,92$ | 9,80 |  |  | 0,9 | $-8,61$ | 9,42 |
|  |  | 0,8 | $-12,04$ | 11,37 |  |  | 0,8 | $-12,34$ | 14,08 |
|  |  | 0,7 | $-15,36$ | 18,15 |  |  | 0,7 | $-16,31$ | 19,49 |
|  |  | 0,6 | $-18,90$ | 23,31 |  |  | 0,6 | $-20,52$ | 25,82 |
|  | 0,5 | 1,0 | $-10,86$ | 12,19 |  | 0,5 | 1,0 | $-10,00$ | 11,11 |
|  |  | 0,9 | $-14,39$ | 16,81 |  |  | 0,9 | $-14,09$ | 16,40 |
|  |  | 0,8 | $-18,08$ | 22,08 |  |  | 0,8 | $-18,37$ | 22,50 |
|  |  | 0,7 | $-21,96$ | 28,14 |  |  | 0,7 | $-22,84$ | 29,60 |
|  |  | 0,6 | $-26,04$ | 35,20 |  |  | 0,6 | $-27,51$ | 37,96 |
|  |  | 0,5 | $-30,31$ | 43,49 |  |  | 0,5 | $-32,40$ | 47,93 |

*Tabelle 5.1 c*

| $m_v$ | $m_m$ | $m_i$ | $P_v$ $F'$ | $F''$ |
|---|---|---|---|---|
| 0,7 | 1,0 | 1,0 | 3,21 | $-3,11$ |
|  |  | 0,9 | 5,14 | $-4,89$ |
|  |  | 0,8 | 7,30 | $-6,80$ |
|  |  | 0,7 | 9,74 | $-8,88$ |
|  |  | 0,6 | 12,52 | $-11,13$ |
|  |  | 0,5 | 15,71 | $-13,58$ |
|  | 0,9 | 1,0 | 2,93 | $-2,85$ |
|  |  | 0,9 | 5,43 | $-5,15$ |
|  |  | 0,8 | 8,27 | $-7,64$ |
|  |  | 0,7 | 11,50 | $-10,31$ |
|  |  | 0,6 | 15,22 | $-13,21$ |
|  |  | 0,5 | 19,55 | $-16,35$ |
|  | 0,8 | 1,0 | 1,94 | $-1,90$ |
|  |  | 0,9 | 5,07 | $-4,82$ |
|  |  | 0,8 | 8,64 | $-7,96$ |
|  |  | 0,7 | 12,77 | $-11,32$ |
|  |  | 0,6 | 17,57 | $-14,95$ |
|  |  | 0,5 | 23,25 | $-18,86$ |
|  | 0,7 | 1,0 | 0 | 0 |
|  |  | 0,9 | 3,79 | $-3,65$ |
|  |  | 0,8 | 8,16 | $-7,54$ |
|  |  | 0,7 | 13,27 | $-11,72$ |
|  |  | 0,6 | 19,31 | $-16,19$ |
|  |  | 0,5 | 26,56 | $-20,99$ |
|  | 0,6 | 1,0 | $-3,24$ | 3,34 |
|  |  | 0,9 | $-7,48$ | 8,08 |
|  |  | 0,8 | $-11,95$ | 13,58 |
|  |  | 0,7 | $-16,68$ | 20,02 |
|  |  | 0,6 | $-21,68$ | 27,68 |
|  |  | 0,5 | $-26,97$ | 36,92 |
|  | 0,5 | 1,0 | $-8,25$ | 9,00 |
|  |  | 0,9 | $-13,03$ | 14,98 |
|  |  | 0,8 | $-18,00$ | 21,96 |
|  |  | 0,7 | $-23,18$ | 30,18 |
|  |  | 0,6 | $-28,57$ | 40,00 |
|  |  | 0,5 | $-34,17$ | 51,91 |

| $m_v$ | $m_m$ | $m_i$ | $P_v$ $F'$ | $F''$ |
|---|---|---|---|---|
| 0,6 | 1,0 | 1,0 | 6,67 | $-6,25$ |
|  |  | 0,9 | 9,49 | $-8,67$ |
|  |  | 0,8 | 12,67 | $-11,25$ |
|  |  | 0,7 | 16,29 | $-14,00$ |
|  |  | 0,6 | 20,42 | $-16,96$ |
|  |  | 0,5 | 25,19 | $-20,12$ |
|  | 0,9 | 1,0 | 6,37 | $-5,99$ |
|  |  | 0,9 | 9,80 | $-8,92$ |
|  |  | 0,8 | 13,69 | $-12,04$ |
|  |  | 0,7 | 18,15 | $-15,36$ |
|  |  | 0,6 | 23,31 | $-18,90$ |
|  |  | 0,5 | 29,34 | $-22,68$ |
|  | 0,8 | 1,0 | 5,35 | $-5,08$ |
|  |  | 0,9 | 9,42 | $-8,61$ |
|  |  | 0,8 | 14,08 | $-12,34$ |
|  |  | 0,7 | 19,49 | $-16,31$ |
|  |  | 0,6 | 25,82 | $-20,52$ |
|  |  | 0,5 | 33,33 | $-25,00$ |
|  | 0,7 | 1,0 | 3,34 | $-3,24$ |
|  |  | 0,9 | 8,08 | $-7,48$ |
|  |  | 0,8 | 13,58 | $-11,95$ |
|  |  | 0,7 | 20,02 | $-16,68$ |
|  |  | 0,6 | 27,68 | $-21,68$ |
|  |  | 0,5 | 36,92 | $-26,97$ |
|  | 0,6 | 1,0 | 0 | 0 |
|  |  | 0,9 | 5,40 | $-5,13$ |
|  |  | 0,8 | 11,76 | $-10,52$ |
|  |  | 0,7 | 19,31 | $-16,19$ |
|  |  | 0,6 | 28,44 | $-22,15$ |
|  |  | 0,5 | 39,67 | $-28,40$ |
|  | 0,5 | 1,0 | $-5,19$ | 5,47 |
|  |  | 0,9 | $-10,82$ | 12,13 |
|  |  | 0,8 | $-16,67$ | 20,00 |
|  |  | 0,7 | $-22,73$ | 29,41 |
|  |  | 0,6 | $-28,99$ | 40,83 |
|  |  | 0,5 | $-35,47$ | 54,96 |

Tabelle 5.1d

| Zu messende Leistung | | | $P_\mathrm{v}$ | | Zu messende Leistung | | | $P_\mathrm{v}$ | |
|---|---|---|---|---|---|---|---|---|---|
| $m_\mathrm{v}$ | $m_\mathrm{m}$ | $m_\mathrm{i}$ | $F'$ | $F''$ | $m_\mathrm{v}$ | $m_\mathrm{m}$ | $m_\mathrm{i}$ | $F'$ | $F''$ |
| 0,5 | 1,0 | 1,0 | 12,50 | −11,11 | | 0,7 | 1,0 | 9,00 | −8,25 |
| | | 0,9 | 16,48 | −14,15 | | | 0,9 | 14,98 | −13,03 |
| | | 0,8 | 20,99 | −17,35 | | | 0,8 | 21,96 | −18,00 |
| | | 0,7 | 26,12 | −20,71 | | | 0,7 | 30,18 | −23,18 |
| | | 0,6 | 32,03 | −24,26 | | | 0,6 | 40,00 | −28,57 |
| | | 0,5 | 38,89 | −28,00 | | | 0,5 | 51,91 | −34,17 |
| | 0,9 | 1,0 | 12,19 | −10,86 | 0,5 | 0,6 | 1,0 | 5,47 | −5,19 |
| | | 0,9 | 16,81 | −14,39 | | | 0,9 | 12,13 | −10,82 |
| | | 0,8 | 22,08 | −18,08 | | | 0,8 | 20,00 | −16,67 |
| | | 0,7 | 28,14 | −21,96 | | | 0,7 | 29,41 | −22,73 |
| | | 0,6 | 35,20 | −26,04 | | | 0,6 | 40,83 | −28,99 |
| | | 0,5 | 43,49 | −30,31 | | | 0,5 | 54,96 | −35,47 |
| | 0,8 | 1,0 | 11,11 | −10,00 | | 0,5 | 1,0 | 0 | 0 |
| | | 0,9 | 16,40 | −14,09 | | | 0,9 | 7,27 | −6,78 |
| | | 0,8 | 22,50 | −18,37 | | | 0,8 | 15,98 | −13,78 |
| | | 0,7 | 29,60 | −22,84 | | | 0,7 | 26,56 | −20,99 |
| | | 0,6 | 37,96 | −27,51 | | | 0,6 | 39,67 | −28,40 |
| | | 0,5 | 47,93 | −32,40 | | | 0,5 | 56,25 | −36,00 |

schiedene Variationen zuläßt, ist es zweckmäßig, ohne genauere Diskussion sowohl $F'$ als auch $F''$ zu berechnen und diese mit beiden Vorzeichen in die Gesamtfehlerabschätzung einzubeziehen. Es gilt für die Extremwerte für alle Variationen von $m_\mathrm{i}/m_\mathrm{v}/m_\mathrm{m}$:

$$F' = \frac{P'_\mathrm{m}}{P_\mathrm{v}} - 1 = \frac{m_\mathrm{m}\,(m_\mathrm{v} + m_\mathrm{i})^2}{m_\mathrm{v}\,(1 + m_\mathrm{i}m_\mathrm{m})^2} - 1 \qquad (5.11)$$

bzw.

$$F' = \frac{P_\mathrm{v}}{P'_\mathrm{m}} - 1$$

und

$$F'' = \frac{P''_\mathrm{m}}{P_\mathrm{v}} - 1 = \frac{m_\mathrm{m}\,(1 + m_\mathrm{i}m_\mathrm{v})^2}{m_\mathrm{v}\,(m_\mathrm{m} + m_\mathrm{i})^2} - 1 \qquad (5.12)$$

bzw.

$$F'' = \frac{P_\mathrm{v}}{P''_\mathrm{m}} - 1.$$

Die Tabellen 5.1 und 5.2 sollen einen Überblick über die Größe der oben beschriebenen Fehler geben, wobei aus den Gl. (5.11) und (5.12) nur die jeweils größten Werte eingetragen wurden.

| % | dB | % | dB |
|---|---|---|---|
| +1 | +0,04 | −1 | −0,04 |
| 2 | 0,08 | 2 | 0,09 |
| 3 | 0,13 | 3 | 0,13 |
| 4 | 0,17 | 4 | 0,18 |
| 5 | 0,21 | 5 | 0,22 |
| 6 | 0,25 | 6 | 0,27 |
| 7 | 0,29 | 7 | 0,32 |
| 8 | 0,33 | 8 | 0,36 |
| 9 | 0,37 | 9 | 0,41 |
| 10 | 0,41 | 10 | 0,46 |
| 12 | 0,49 | 12 | 0,56 |
| 14 | 0,57 | 14 | 0,66 |
| 16 | 0,64 | 16 | 0,76 |
| 18 | 0,72 | 18 | 0,86 |
| 20 | 0,79 | 20 | 0,97 |
| 22 | 0,86 | 22 | 1,08 |
| 24 | 0,93 | 24 | 1,19 |
| 26 | 1,00 | 26 | 1,31 |
| 28 | 1,07 | 28 | 1,43 |
| 30 | 1,14 | 30 | 1,55 |
| 32 | 1,21 | 32 | 1,68 |
| 34 | 1,27 | 34 | 1,81 |
| 36 | 1,34 | 36 | 1,94 |
| 38 | 1,40 | 38 | 2,08 |
| 40 | 1,46 | 40 | 2,22 |
| 42 | 1,52 | 42 | 2,37 |
| 44 | 1,58 | 44 | 2,52 |
| 46 | 1,64 | 46 | 2,68 |
| 48 | 1,70 | 48 | 2,84 |
| 50 | 1,76 | −50 | −3,01 |
| 52 | 1,82 | | |
| 54 | 1,88 | | |
| 56 | 1,93 | | |
| 58 | 1,99 | | |
| +60 | +2,04 | | |

*Tabelle 5.2 Umrechnung des prozentualen Leistungsmeßfehlers in dB*

## 5.3     Bolometer – Barretter und Thermistoren

Allgemein wird unter Bolometer ein Strahlungsmeßgerät verstanden, in der Mikrowellentechnik findet diese Bezeichnung als Leistungsmesser für kleine Leistungen Verwendung [5.1, 5.2, 5.7 bis 5.16, 5.58 bis 5.64]. In der englischen Literatur dient der Ausdruck Bolometer als Sammelbegriff für Meßanordnungen, die eine durch die Erwärmung hervorgerufene Widerstandsänderung – gleichgültig welchen Vorzeichens – zur Anzeige der Leistung benutzen, wobei dann Widerstandselemente mit positivem Temperaturkoeffizienten als Barretter und solche mit negativem Temperaturkoeffizienten als Thermistoren bezeichnet werden. In der deutschsprachigen Literatur hingegen wird häufig anstelle von Barretter der Begriff Bolometer nur für Widerstandselemente mit positivem T.K. verwendet. Sowohl bei Barrettern wie bei Thermistoren wird der günstigste Arbeitswiderstand durch eine Vorbelastung mit Gleichstrom- oder mit Niederfrequenzleistung eingestellt. Diese Einstellung, die auch für den in der hochfrequenten Eingangsimpedanz auftretenden Wirkwiderstandsanteil wesentlich ist, wird gewöhnlich durch eine Brückenschaltung kontrolliert. Die verschiedenen Brückenschaltungen, die auch zur Anzeige des Meßwertes dienen, werden in einem gesonderten Abschnitt besprochen.

## 5.31  *Barretter*

Die Widerstände mit positivem Temperaturkoeffizienten bestehen meist aus einem etwa 5 bis 25 µm starken Metalldraht (z.B. Wolfram- oder „Wollaston"-Draht, Platin mit Silberoberfläche), der durch Ätzung auf den gewünschten Durchmesser gebracht wird. Für die Verwendung bei dm-Wellen ist er in ein Glasrohr von einigen cm Länge und etwa 1 cm Durchmesser eingebettet, welches entweder evakuiert oder mit Luft oder Wasserstoffgas gefüllt ist. Die Wasserstoffüllung ermöglicht die Messung relativ großer Leistungen und bringt wegen der starken Wärmeableitung geringe Zeitkonstanten. Evakuierung zeitigt höhere Empfindlichkeit und größere Wärmeträgheit. Für cm-Wellen verwendet man Kunststoffgehäuse, um die dielektrischen Verluste der Hülle herabzusetzen, und Abmessungen, die den Patronenfassungen üblicher Hochfrequenzdioden entsprechen. Auch Feinsicherungen herkömmlicher Bauart verwendete man anfänglich [5.5].

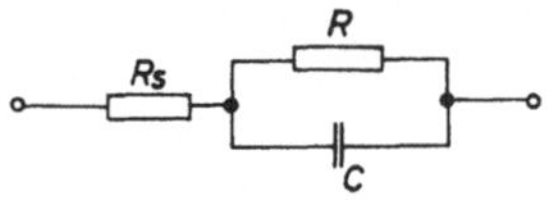

*Abb. 5.3  Ersatzbild des Barretters für niedrige Frequenzen*

Der Kaltwiderstand $R_0$ von Barrettern liegt etwa bei 100 Ω (bei 25 °C), die Empfindlichkeit $dR/dP$ beträgt etwa 5 Ω/mW, die Zeitkonstante ist etwa 100 bis 300 µs [5.2, 5.5]. Die maximale Belastbarkeit der kleinen Typen liegt bei 10 bis 20 mW. Das Ersatzschaltbild des Barretters besteht für niedrige Frequenzen aus einer Parallelschaltung von $R$ und $C$ mit Serien-R (Abb. 5.3). Eine genauere Untersuchung [5.14] zeigt, daß die Ortskurve des Scheinwiderstandes für niedrige Frequenzen keinen Halbkreis, sondern eine Halbellipse darstellt. Dies läßt auf die Wirkung verschiedener Zeitkonstanten schließen, die aus verschiedener Abkühlung durch Konvektion und Wärmeleitung der Haltedrähte entstehen.
Die mittlere Zeitkonstante verschiebt sich auch mit der Gleichstromvorbelastung. Der 3-dB-Punkt des Frequenzganges liegt bei etwa 300 bis 800 Hz, der 10-dB-Punkt bei etwa 10 kHz. Bei anschließender Niederfrequenzverstärkung des Meßsignals ist bei der Wahl der Modulations- bzw. Tastfrequenz hierauf zu achten. Die Anwendung des Barretters als quadratischer Gleichrichter für modulierte HF anstelle

von Halbleiterdioden zeichnet sich durch wesentlich bessere Reproduzierbarkeit aus. Der Bereich, innerhalb dessen die quadratische Abhängigkeit genau erfüllt ist, ist größer als bei der Halbleiterdiode. Erst bei sehr hohen Belastungen entsteht eine Abweichung durch nichtlineare Kühlung, die etwa 15 % bei $\Delta R = 100\ \Omega$ beträgt.

Bei Wellenlängen, die in der Größenordnung der Längsabmessung des Barretterfadens liegen, kommt ein Fehler durch die ungleichförmige Stromverteilung längs des Fadens zustande. In [5.7] sind Rechteck-, Dreieck- und cos²-Verteilungen mit-

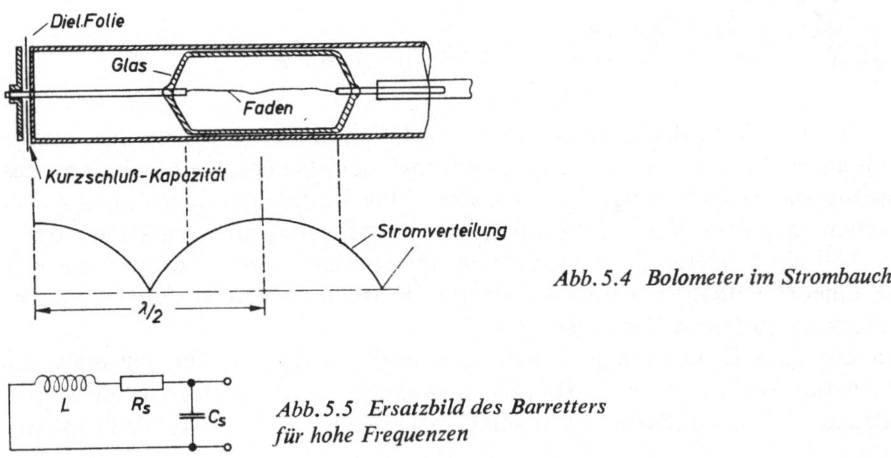


Abb. 5.4  *Bolometer im Strombauch*

Abb. 5.5  *Ersatzbild des Barretters für hohe Frequenzen*

einander verglichen. Ist die Länge des Fadens kleiner als $\lambda/10$, so kann man die Stromverteilung als konstant annehmen. Legt man nach [5.11] den Faden in den Strombauch, so ist selbst für Fadenlängen um $\lambda/4$ die Stromverteilung noch nahezu gleichmäßig. Man erreicht dies durch Einstellung der Fadenmitte vom Kurzschluß im Abstand $\lambda/2$ gemäß Abb. 5.4. Der Widerstandsfaden kann jedoch auch nicht

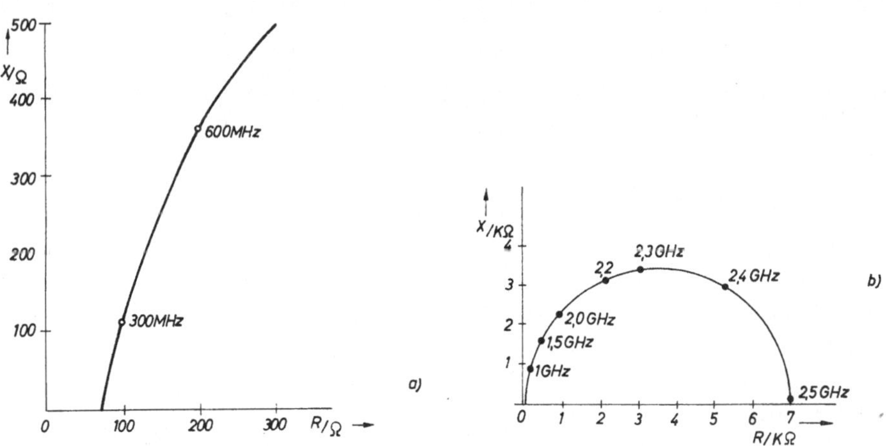


*Abb. 5.6  Eingangswiderstand des Barretters*
a) nach [5.9 und 5.21]; b) nach [5.23]

beliebig kurz gewählt werden, da sonst die Blindkomponenten der Glasdurchführungen den Wirkanteil zu sehr übersteigen und die Wärmeverluste an den Durchführungen zu groß werden.
Der Eingangswiderstand eines Barretters ist für hohe Frequenzen stark induktiv.
Die Ersatzschaltung zeigt Abb. 5.5; die eingezeichnete Streukapazität, die einmal
aus den Kapazitäten der Kolbendurchführungen, zum anderen aus der Kapazität

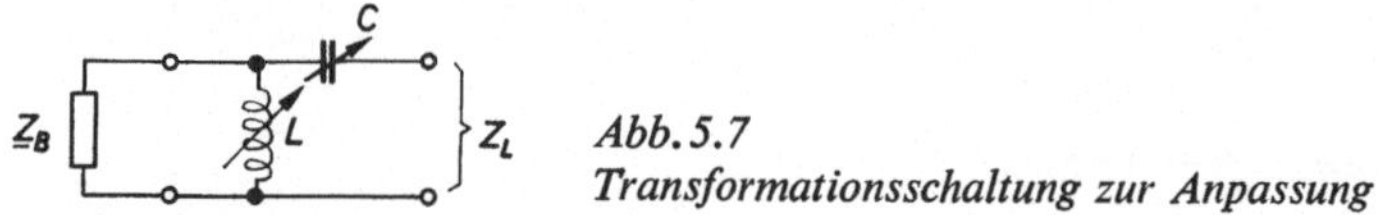

Abb. 5.7
*Transformationsschaltung zur Anpassung*

zum metallischen Außenleiter, in den die Anordnung immer eingebettet ist, müßte
eigentlich als verteilte Kapazität eingezeichnet werden. Gemessene Ortskurven des
HF-Eingangswiderstandes zeigt Abb. 5.6. Die induktive Komponente macht es bei
Mikrowellen in jedem Falle notwendig, eine Anpassungstransformation vorzunehmen; soll ein größerer Frequenzbereich überstrichen werden, so muß sie verstellbare Glieder enthalten, wobei die richtige Einstellung jeweils durch eine Impedanzmessung zu kontrollieren ist.
Für Realteile $R > Z_L$ des Eingangswiderstandes $Z_B = R + jX$ läßt sich meist die
Transformationsschaltung nach Abb. 5.7 verwenden; der Transformationsweg in
der komplexen Widerstandsebene ist nach [5.24] in Abb. 5.8 skizziert. Die konstruk

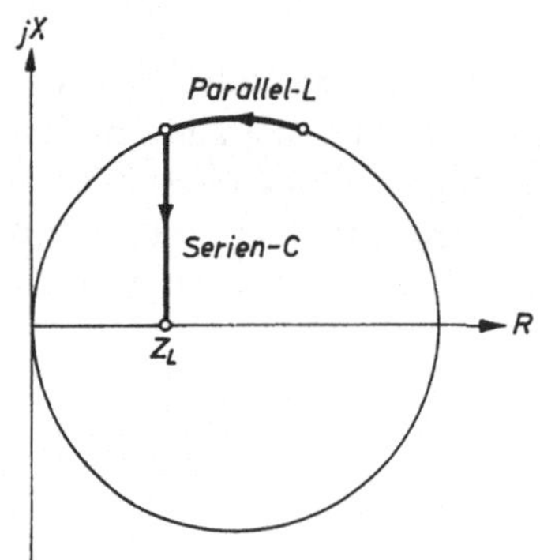


Abb. 5.8
*Transformationsweg zu Abb. 5.7*

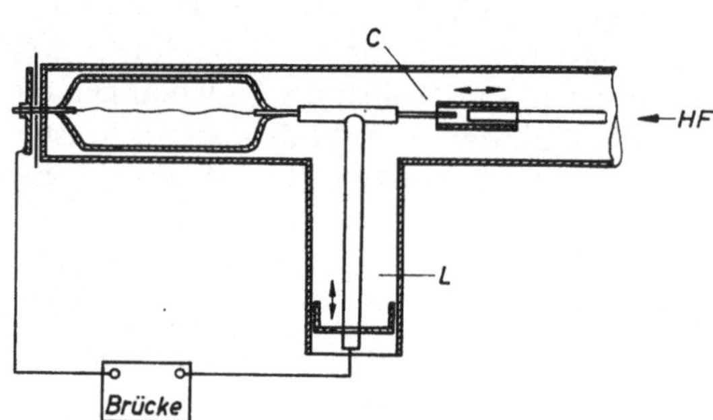


Abb. 5.9 *Technische Ausführung
der Schaltung der Abb. 5.7*

tive Lösung für den dm-Wellenbereich [5.9] ersetzt nach Abb. 5.9 den induktiven
Parallelleitwert durch eine seitliche Koaxialleitung mit verschiebbarem Kurzschluß.
Die Serienkapazität im Innenleiter ist ebenfalls durch Verschieben der Hülse verstellbar, so daß sich in einem großen Frequenzbereich Anpassung erzielen läßt.
Für Barretter mit einem Kaltwiderstand, der etwas unter dem Wert des Wellenwiderstandes liegt, läßt sich nach [5.21] durch kapazitive Belastung in Fadenmitte eine
sehr breitbandige Anpassung finden, wenn man durch Gleichstromvorbelastung (s.
unten) den Wirkanteil des Barretterwiderstandes genau gleich dem Wellenwiderstand

macht. Dann ergibt sich eine symmetrische Transformation nach Abb. 5.10 bzw. 5.11, die weitgehend frequenzunabhängig ist. Konstruktiv läßt sich dies z.B. mit zwei Barrettern, die für den Gleichstrom in Serie und für die Hochfrequenz parallel geschaltet sind, nach der Skizze Abb. 5.12 erreichen. Die Trennkapazität $C_{Tr}$ sorgt für die galvanische Abtrennung des HF-Kreises, die Kurzschlußkapazität $C_K$ er-

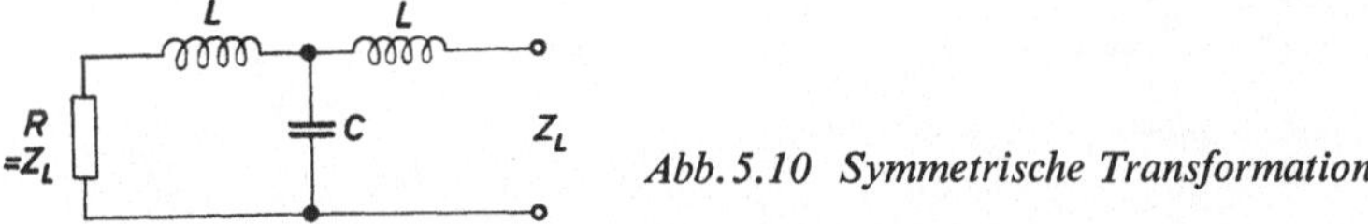

Abb. 5.10  *Symmetrische Transformation*

möglicht die Zuführung zur Gleichstrombrücke. Mit den beiden Einstellschrauben ist die Kapazität zu den Fadenmitten justierbar. Ähnliche Fassungen sind von 10 MHz bis 10 GHz verwendbar [5.1]. Hohlleiteranordnungen für höchste Frequenzen in [5.82 bis 5.84].

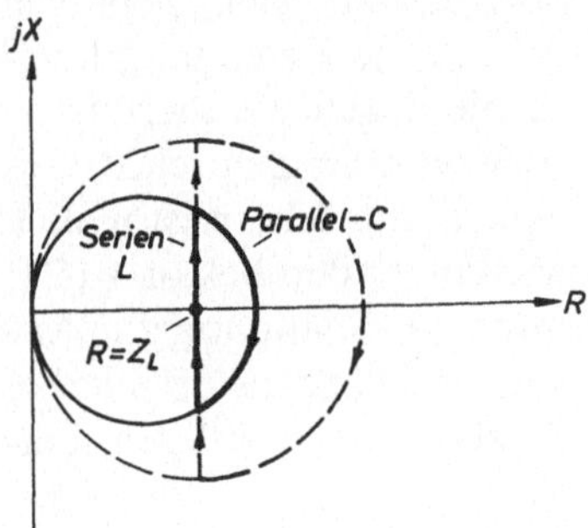

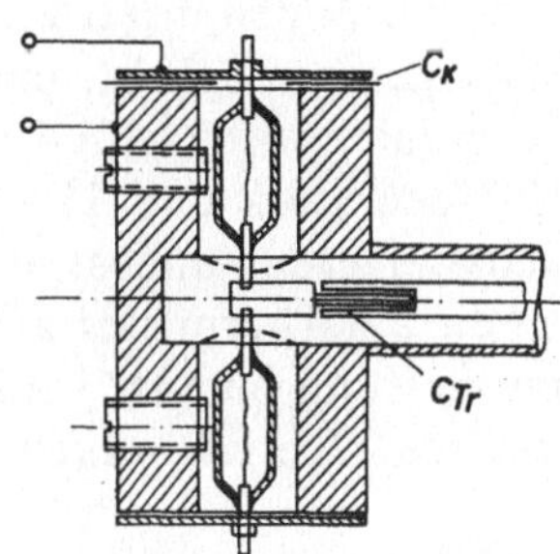

*Abb. 5.11*
*Transformationsweg zu Abb. 5.10*

*Abb. 5.12  Technische Ausführung*
*der Schaltung der Abb. 5.10*

Es ist zweckmäßig, alle Bolometerfassungen vor dem Einsatz durch eine Impedanzmessung (Kap. 6) auf ihre Anpassung zu kontrollieren. Hierbei ist auch zu beachten, daß sich die Anpassung mit dem Fadenwiderstand, also mit der Vorbelastung bzw. mit der aufgenommenen HF-Leistung, ändern kann. Hierauf wird im Abschnitt über die Meßbrücken noch eingegangen.

## 5.32  Thermistoren

Die Bezeichnung Thermistor, eine Abkürzung für thermo-resister, wird für Widerstände mit negativem Temperaturkoeffizienten verwendet. Auch die Bezeichnungen Heißleiter, NTC-Widerstand oder Thernewid sind gebräuchlich. Von den verschiedenen bekannten Bauformen von Thermistoren kommen als Leistungsindikatoren für die Mikrowellentechnik nur die sog. Perlen-Thermistoren in Frage. Als Widerstandsmaterial werden hierfür verschiedene Metalloxide, die mit metallischem Kupfer zusammengesintert sind, benutzt. Die Perlen werden durch Aufbringen eines Tröpfchens des Widerstandsmaterials auf zwei parallel gespannte Drähtchen hergestellt, die dann als Zuleitungen dienen. Diese Widerstandsperlen werden mit einer Glashaut versehen und meist noch mit stärkeren Zuleitungsdrähten in einem Glasgefäß eingeschmolzen, wie dies in Abb. 5.13 gezeichnet ist. Es finden sich jedoch

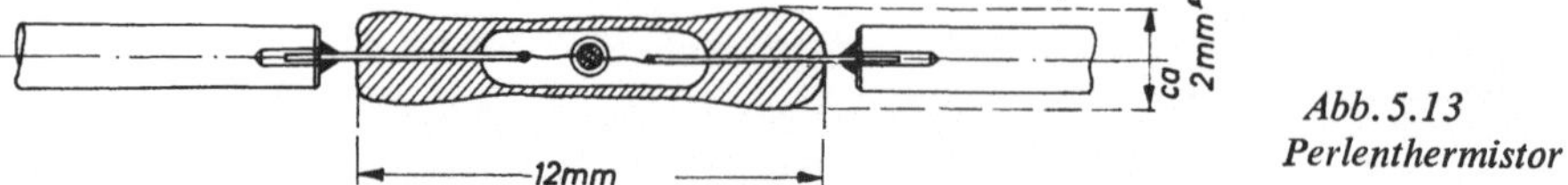

*Abb. 5.13*
*Perlenthermistor*

auch Ausführungen, bei denen die Perlen ohne Glaskapseln in Fassungen angebracht werden, die gleichzeitig die notwendigen Koppel- und Kurzschlußkapazitäten enthalten [5.3].
Eine der auffallendsten Eigenschaften des Thermistors ist die Wärmeträgheit. Trotz seiner geringen Wärmekapazität besitzt er Zeitkonstanten von etwa 0,2 bis 1 s. Die Ersatzschaltung für sehr niedrige Frequenzen [5.5, 5.14] besitzt einen negativen Widerstand, der durch den negativen T.K. erzeugt wird und die Erzeugung langsamer Schwingungen ermöglicht, und eine Induktivität, die durch die thermische Trägheit hervorgerufen wird (Abb. 5.14). Es ist deshalb unzweckmäßig, durch Modulation des HF-Generators und NF-Verstärkung des Signals am Thermistor eine Empfindlichkeitssteigerung anzustreben. Es sind zwar Meßmethoden bekannt [5.1, 5.5], bei denen die am Thermistor auftretende, sehr geringe NF-Spannung zur Anzeige der Impulsleistung benutzt wird, doch ist der Einsatz des Thermistors hierbei mit seiner besseren Überlastbarkeit begründet. Zur Anzeige der mittleren Lei-

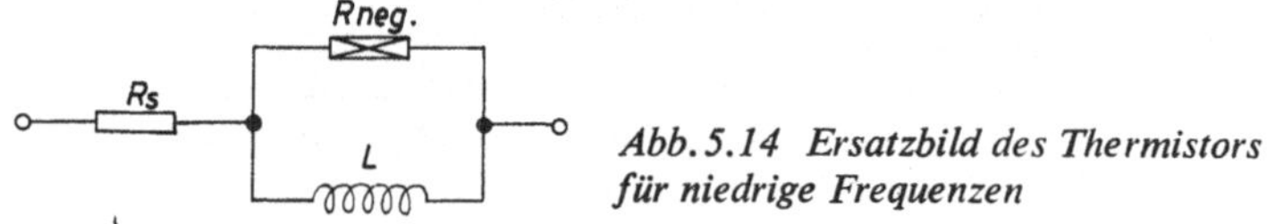

*Abb. 5.14 Ersatzbild des Thermistors*
*für niedrige Frequenzen*

stung von gepulsten Signalen eignet sich der Thermistor jedoch sehr gut. Die Gefahr einer Zerstörung durch Überlastung ist wesentlich geringer als beim Barretter, auch deshalb, weil sie durch hohe Last hervorgerufene Widerstandsänderung sehr groß ist und in einfachen Brückenschaltungen zu starker Fehlanpassung führt.
Allerdings muß davor gewarnt werden, einen Perlenthermistor mit einem direktzeigenden Ohmmeter auf seinen Gleichstromwiderstand untersuchen zu wollen. Bei Anschluß an eine niederohmige Quelle erwärmt sich die Perle und reduziert ihren Widerstand bei steigender Leistungsaufnahme immer mehr, bis nach kurzer Zeit die Haltedrähtchen abschmelzen. Die Vorschaltung eines geeigneten Festwiderstandes kann diesen Effekt verhindern. Die maximale Leistung, die man einem Perlenthermistor zumuten kann, beträgt etwa 50 mW.
Der Widerstand eines Thermistors hängt nach einer *e*-Funktion von der Temperatur ab:

$$R_{\mathrm{th}} = Ae^{\mathrm{B/T}} = Ae^{\frac{B}{T_\mathrm{u} + CP}} \qquad (5.13)$$

Hierbei bedeuten $T/°\text{K}$ die absolute Temperatur des Thermistors, bzw. $T_\text{u}/°\text{K}$ die Umgebungstemperatur und $P/\text{mW}$ die den Thermistor zugeführte Leistung.

Mittelwerte der Konstanten sind für amerikanische Perlenthermistoren nach [5.5]:

$$A = 0,555\ \Omega$$
$$B = 2400\ °\text{K}$$
$$C = 11,4\ °\text{K/mW}$$

Thermistorkennlinien werden gewöhnlich in doppeltlogarithmischem Maßstab dargestellt (Abb. 5.15). An den eingezeichneten Diagonalen läßt sich dann sofort der

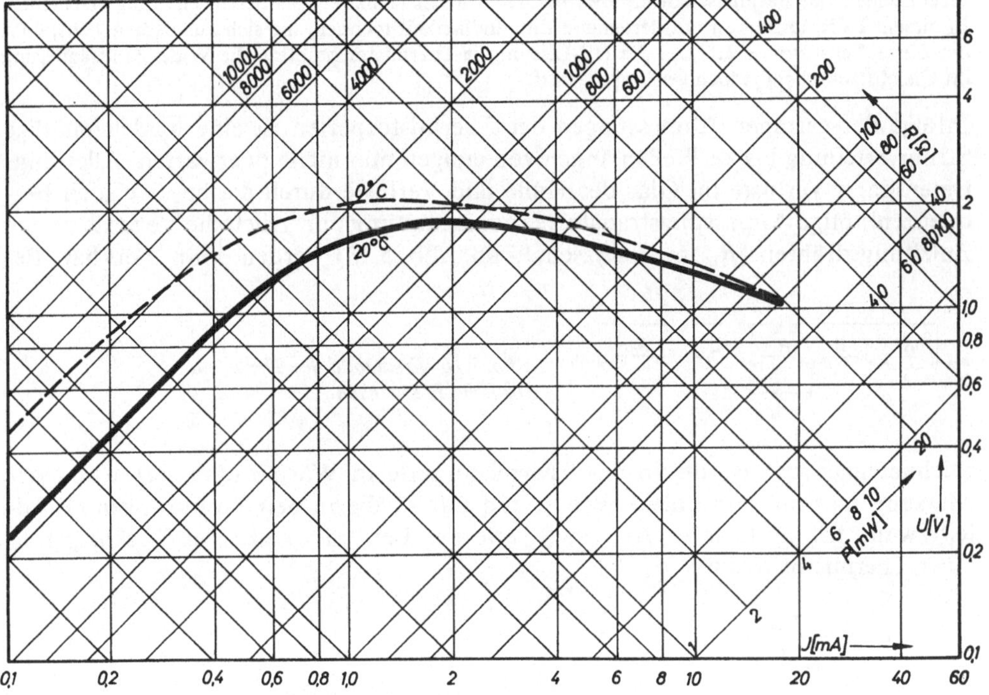


Abb. 5.15  *Kennlinie eines Thermistors*

Widerstand und die zugeführte Leistung ablesen. Die Kennlinien zeigen ferner, daß ein Spannungsmaximum („hump-voltage") auftritt, welches überschritten werden muß, wenn man den Thermistor in niedere Widerstandswerte steuern will.
Die Empfindlichkeit des Thermistors bzw. seine Kennliniensteilheit ergibt sich zu

$$\frac{\mathrm{d}R}{\mathrm{d}P} = R_\text{th} \cdot \frac{-BC}{(T_\text{u} + CP)^2} \tag{5.14}$$

bzw.

$$\frac{\mathrm{d}R}{\mathrm{d}P} = R_\text{th} \cdot \frac{-C}{B} \cdot \left(\ln \frac{R_\text{th}}{A}\right)^2 \tag{5.15}$$

Hält man die zugeführte Leistung konstant (Gl. 5.14), so zeigt sich eine starke Abhängigkeit von der Umgebungstemperatur, hält man jedoch den Widerstand konstant (Gl. 5.15), so hat die Umgebungstemperatur keinen Einfluß auf die Steilheit. Hierauf soll im Abschnitt über die Meßbrücken noch näher eingegangen werden.

Als Beispiele seien einige Zahlenwerte angegeben:

Für　　$R_{th} = 1000\,\Omega$ ist etwa
　　　　　$P = 2\,\text{mW}$　　$T = 320\,°\text{K}$　　$dR/dP = -250\,\Omega/\text{mW}$
für　　$R_{th} = 100\,\Omega$ ergibt sich
　　　　　$P = 14\,\text{mW}$　　$T = 460\,°\text{K}$　　$dR/dP = -12\,\Omega/\text{mW}$.

Häufig werden in Thermistorleistungsmeßköpfen zwei Thermistoren so angeordnet, daß sie für die Hochfrequenz als Parallelschaltung und für den Gleichstromzweig als Serienschaltung erscheinen. In diesem Falle kann man mit derjenigen Empfindlichkeit rechnen, die sich aus dem Arbeitspunkt des Einzelthermistors ergibt, da die HF-Leistung je Thermistor halbiert, die Widerstandsänderung im Gleichstromzweig jedoch verdoppelt wird.

Infolge der geringen Abmessungen der Thermistorperlen ist eine ungleichmäßige Stromverteilung bis zu Wellenlängen von einigen mm nicht zu erwarten. Allerdings treten dann Verluste im Glas der Hülle und Verluste durch die bei höchsten Frequenzen nötige Anpassungstransformationsschaltung auf. Auch die Verluste in den Zuleitungsdrähten ($R_L$ im Ersatzschaltbild Abb. 5.16) werden dann merkbar. Be-

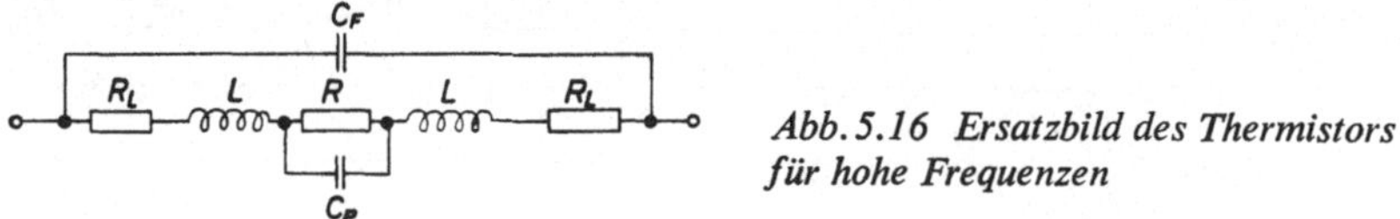


Abb. 5.16　*Ersatzbild des Thermistors für hohe Frequenzen*

zeichnet man mit $P_m$ die in der Thermistorperle in Wärme umgesetzte und der Messung nutzbar gemachte Leistung und mit $P_v$ die in den Zuführungen (Hohlleiterwandströme, Glasverluste usw.) verlorene Leistung, so ist der Wirkungsgrad einer Thermistorfassung

$$\eta_F = \frac{P_m}{P_m + P_v} \tag{5.16}$$

Die Angaben über diesen Wirkungsgrad sind in der Literatur sehr unterschiedlich [5.1, 5.3, 5.5, 5.67]. Meßtechnisch ist er durch Vergleich mit anderen Leistungsmeßverfahren (z. B. kalorimetrischen, vgl. Abschn. 5.4) zu erfassen. Berechnungsverfahren für $\eta_F$ aus den Vierpoleigenschaften der Fassung, die über Impedanzmessungen bei verschiedener Vorbelastung gewonnen werden können, sind in [5.41, 5.66, 5.67, 5.85] angegeben. Die hierbei erreichbaren Genauigkeiten sind bei Frequenzen über 3 GHz jedoch nur für Barretter befriedigend, für Thermistoren ergeben sich durch die Unsicherheit der Elemente des Ersatzbildes größere Abweichungen. Abb. 5.17 zeigt näherungsweise die Abhängigkeit des Wirkungsgrades von Thermistorfassungen von der Frequenz, die auf einer Mittelwertbildung verschiedenster Literatur- und Firmenangaben beruht.

Die Blindkomponenten der Thermistorersatzschaltung (Abb. 5.16) haben bei guten Perlenthermistoren erst bei Frequenzen über 1 GHz einen meßbaren Einfluß auf die Eingangsimpedanz der Fassung, so daß sich sehr breitbandig angepaßte Fassungen konstruieren lassen. Dies gilt nach Messungen des Verfassers allerdings nur für Thermistoren einiger Firmen. Perlenthermistoren anderer Firmen zeigten schon bei 100 MHz derartige Abweichungen des hochfrequenten Widerstandes vom Gleichstromwiderstand, daß sie für Mikrowellenmessungen nicht verwendbar waren.

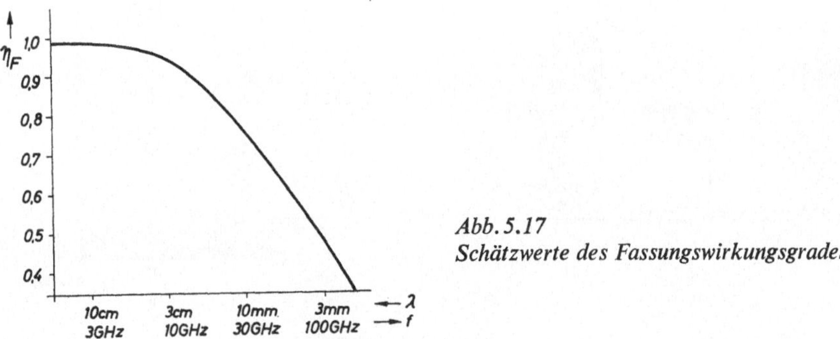


Abb. 5.17
*Schätzwerte des Fassungswirkungsgrades*

Eine Fassung mit relativ schmalbandiger Anpassungsschaltung zeigt Abb. 5.18. Hier wird der Thermistorwiderstand $R_{\mathrm{Th}}$ mit Hilfe einer $\lambda/4$ langen Leitung des Wellenwiderstandes $Z_{\mathrm{L2}} = Z_{\mathrm{L1}} \cdot R_{\mathrm{Th}}$ auf den Wellenwiderstand $Z_{\mathrm{L1}}$ transformiert. Die seitliche Stichleitung, deren Kurzschluß $\lambda/4$ entfernt ist, dient als Gleichstromrückweg für die Thermistorvorbelastung bzw. zum Kurzschluß niederfrequenter

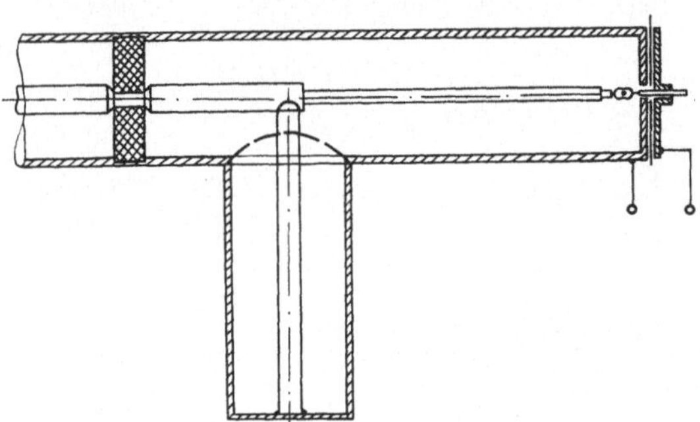

Abb. 5.18 *Koaxial-Thermistorfassung*

Störspannungen (Netzbrumm). Eine ähnliche Form [5.5] verwendet anstelle des Leitungsstückes $Z_{\mathrm{L2}}$ eine Kegel- oder Exponentialleitung als Wellenwiderstandstransformator.

Wesentlich breitbandiger kann eine Koaxialfassung gestaltet werden, wenn der Thermistorwiderstand gleich dem Wellenwiderstand gewählt wird. Da für $Z_{\mathrm{L}} = 50\,\Omega$ bzw. $60\,\Omega$ die Thermistoren zu nahe an ihrer Belastungsgrenze betrieben werden müßten, schaltet man zwei Thermistoren für die Hochfrequenz parallel und für den Gleichstrom in Serie, wobei die Vorbelastung so gewählt wird, daß $R_{\mathrm{Th}} = 100\,\Omega$ bzw. $120\,\Omega$ ist, die Serienschaltung auf der Gleichstromseite also mit 200 bzw. $240\,\Omega$ in Erscheinung tritt [5.5, 5.12, 5.48] (vgl. Abb. 5.19 bis 5.21). Dies bringt zusätzlich den Vorteil einer völligen Trennung des Gleichstromkreises von der Hochfrequenzspeiseleitung. Die Hochfrequenz wird durch die Serienkapazität $C_S$ (Abb. 5.19) zugeführt. Die Gleichstromzuführungen sind durch die Kurzschluß-kapazitäten $C_K$ verblockt. Ihre Größen sind maßgebend für die untere Grenzfre-

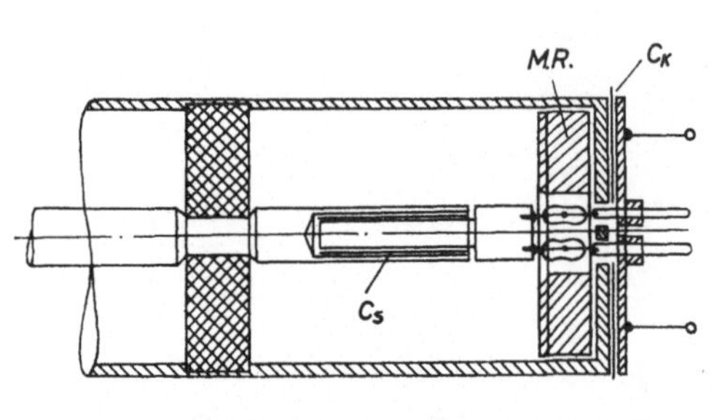

*Abb. 5.19*
*Fassung mit zwei Thermistoren* [5.12]

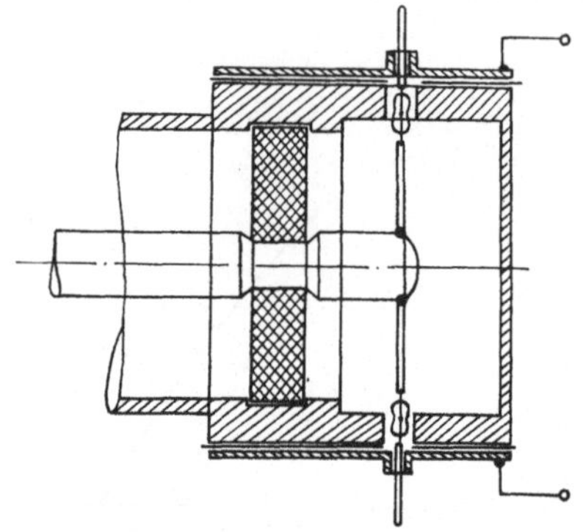

*Abb. 5.20*
*Fassung mit zwei Thermistoren* [5.5, 5.48]

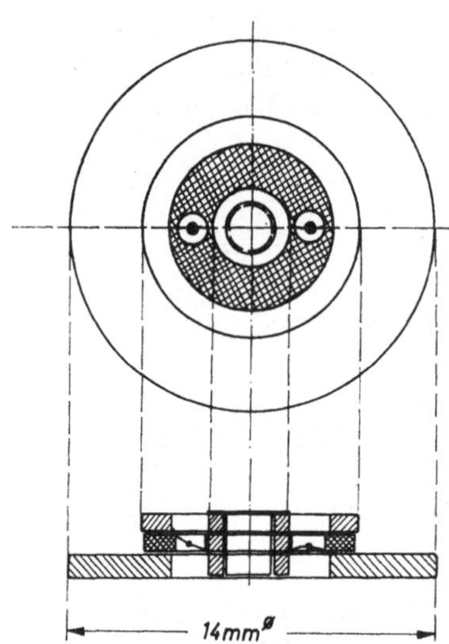

*Abb. 5.21  Thermistorhalterung* [5.3]

quenz der Fassung. Die Perlen in der Fassung nach Abb. 5.21 sind ohne Glaskapseln in Bohrungen eines Isolierstoffringes eingelassen. Die Zuführungen sind mit ring-förmigen Metallelektroden verbunden, die gleichzeitig die Kapazitäten $C_S$ und $C_K$ in sich aufnehmen und eine einfache Montage ermöglichen [5.3]. Eine Fassung nach Abb. 5.19 ergab durch geeignete Justierung des Metallringes M.R. nach Messungen des Verfassers [5.12] im Frequenzbereich von 300 MHz bis 2 GHz ein $m > 0{,}95$.

Bei Messungen an Hohlleitern ist zunächst die Verwendung von üblichen Hohl-
leiter-Koaxialübergängen und der Anschluß von Koaxial-Thermistorfassungen möglich. Man erreicht jedoch bessere Anpassung innerhalb größerer Bandbreiten,
wenn man speziell auf den verwendeten Hohlleitertyp zugeschnittene Fassungen
benutzt. Abb. 5.22 zeigt eine Konstruktion [5.5, 5.33], die drei Abgleichmöglich-
keiten besitzt: die in Serie zum Thermistor geschaltete seitliche Koaxialleitung,
den Hohlleiterkurzschluß am Ende, der einen Parallelblindleitwert erzeugt und den

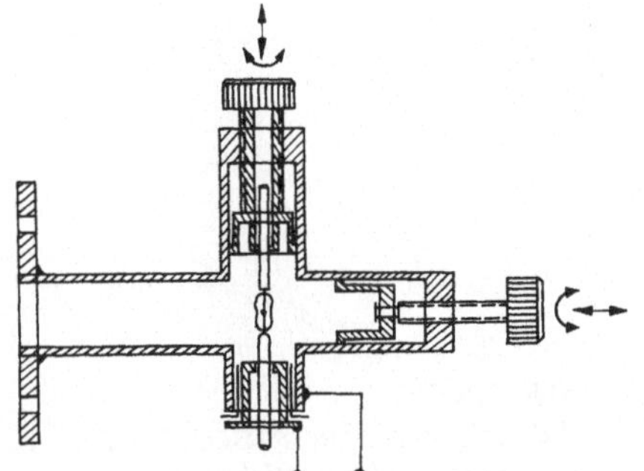

*Abb. 5.22*
*Abstimmbare Hohlleiterthermistorfassung*

durch die Vorbelastung einstellbaren Wert des Thermistorwiderstandes. Ähnliche
Konstruktionen werden auch bei mm-Wellen mit Perlen ohne Glaskapsel benutzt.
Eine relativ breitbandige Anpassung innerhalb des für die Hohlleiterabmessungen
geeigneten Frequenzbereiches ermöglicht der Aufbau nach Abb. 5.23 [5.1], der einen
Steghohlleiter mit stetig verändertem Wellenwiderstand zur Transformation benutzt. Die am Thermistor eingestellten Widerstandswerte liegen hier gewöhnlich
zwischen $100\,\Omega$ und $300\,\Omega$. Als ungünstigste Anpassungfaktoren werden angegeben
[5.3]: für 2 bis 18 GHz $m > 0{,}66$; für 18 bis 40 GHz $m > 0{,}5$.

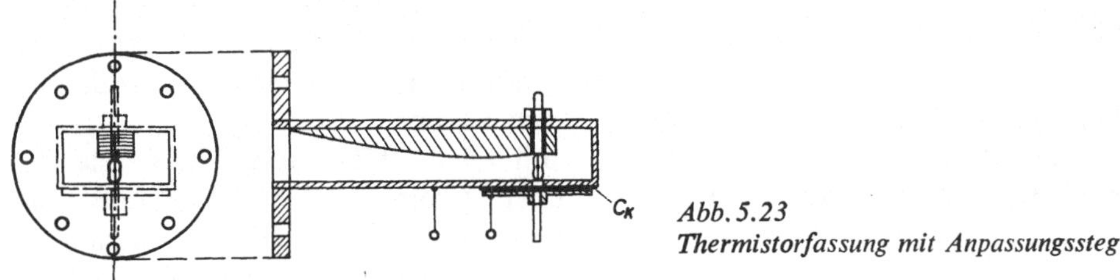

*Abb. 5.23*
*Thermistorfassung mit Anpassungssteg*

Wegen des starken Einflusses der Umgebungstemperatur auf den Widerstandswert
der Thermistoren und damit auf das Gleichgewicht und die Anzeige der angeschlossenen Meßbrücke ist es sehr wesentlich, für gute Wärmeisolation und große Wärmekapazität der Thermistorfassungen zu sorgen. So werden häufig die Hohlleiter-
öffnungen durch Kunststoffolien oder Schaumstoffpolster verschlossen, um das
Vordringen von Außenluft bis zur Thermistorperle und damit wechselnde Konvektionsverluste zu vermeiden. Ferner wird auch der die Fassung mit dem An-
schlußflansch verbindende Hohlleiter aus wärmeisolierendem Material mit nur

dünner Metallauflage versehen aufgebaut und die Fassung in ein Gehäuse mit guter Wärmeisolierung gesetzt [5.25]. Auch der Anschluß über ein längeres Koaxialkabel zur Verminderung schneller Wärmedrift kann vorteilhaft sein. Auch Fassungen, die in Thermostaten mit geregelter Heizung eingebaut sind, finden Verwendung [5.5]. Abb. 5.24 zeigt eine wärmeisolierte Fassung für das $X$-Band.

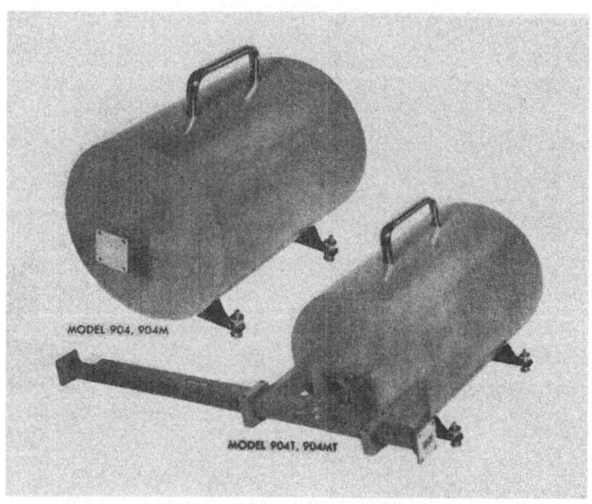


*Abb. 5.24*
*Wärmeisolierte Thermistorfassung*
*mit angeflanschtem Richtkoppler*
(Werkfoto Fa. Weinschel, Gaithersburg, Md.)

Ferner sollte bei allen Messungen darauf geachtet werden, daß sich die Thermistorfassung beim Anschließen an die übrige Mikrowellenschaltung etwa auf der gleichen Temperatur befindet wie die anderen Bauteile. Andernfalls könnten Wärmeausgleichsströmungen zu beachtlichen Drifterscheinungen führen.

### 5.33 *Meßbrücken und Anzeigegeräte, Eichung*

Da Barretter und Thermistor als Leistungsmesser nach dem gleichen Prinzip arbeiten und sich nur im Vorzeichen (und in der Zeitkonstante) unterscheiden, sollen die zugehörigen Meßbrücken gemeinsam behandelt werden.
Man findet Brückenschaltungen, die nur mit Gleichstrom arbeiten, solche, bei denen niederfrequenter Wechselstrom und Gleichstrom überlagert sind und reine Wechselstrombrücken. Ferner kann man Schaltungen unterscheiden, bei denen das Brückengleichgewicht von Hand oder selbsttätig eingestellt wird und schließlich lassen sich direktanzeigende Meßschaltungen von den Substitutionsmethoden trennen [5.1, 5.5, 5.9 bis 5.12, 5.55, 5.57, 5.58b, 5.60, 5.62, 5.68, 5.73].
Bei allen Methoden wird der Thermistor (bzw. Barretter) durch eine der Versorgungsspannung entnommene Leistung vorbelastet, um den Widerstandswert anzunehmen, der in der Mikrowellenschaltung die beste Anpassung ergibt. Bei den meisten direktzeigenden Brücken wird durch die Hochfrequenzleistung dann dieser Widerstandswert verändert und über die so hervorgerufene Unsymmetrie der Brücke zur Anzeige gebracht. Da dies jedoch gleichzeitig die Anpassung verändert, empfiehlt sich diese Meßmethode nur für relativ kleine Leistungen, d.h. solange die

Widerstandsänderung nur wenige % beträgt. Bei den Substitutionsmethoden wird bei Anschaltung der HF-Leistung die Vorbelastung des Thermistors um den Betrag vermindert, der der HF-Leistung entspricht. Da der Widerstand so seinen ursprünglichen Wert beibehält, ist die Substitutionsmethode bis zu Leistungen brauchbar, die die Größe der Vorbelastung erreichen (bei Barrettern mit Wasserstoffgas bis zu einigen W).

### a) Gleichstrombrücken

Die einfachste Schaltung zur Substitutionsmessung zeigt Abb. 5.25. Die Vorbelastung $P_0$ und damit das Brückengleichgewicht wird mit dem Vorwiderstand $R_v$ eingestellt. Zur Kontrolle des Gleichgewichts dient das µA-Meter. Sind die Brückenwiderstände gleich ($R_1 = R_2 = R_3 = R$), so ist auch der Widerstand des Thermistors $R_4 = R$, wenn der Querzweig stromlos ist.

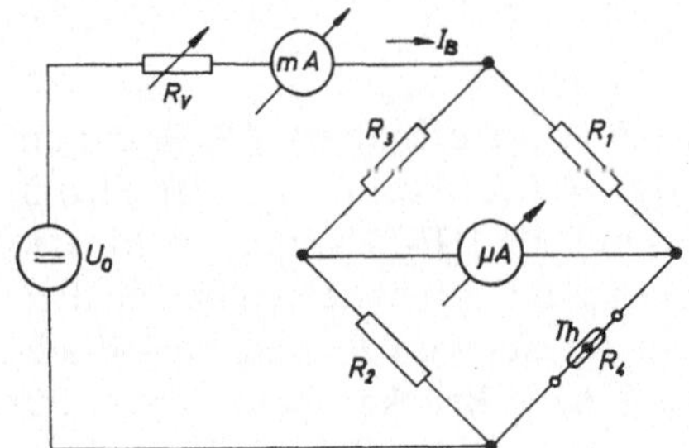


Abb. 5.25
*Brückenschaltung für Substitutionsmessung*

Zu Beginn der Messung stellt man bei angelegter HF-Leistung den Vorwiderstand $R_v$ so ein, daß Brückengleichgewicht herrscht und registriert den angezeigten Strom $I_B'$. Nach abgeschalteter HF-Leistung wird erneut Brückengleichgewicht hergestellt und der veränderte Brückenstrom $I_B''$ abgelesen. Die Leistung im Thermistor ist wegen des konstant gehaltenen Widerstandes in beiden Fällen die gleiche:

$$P_0' + P_{HF} = P_0'' \tag{5.17}$$

bzw.

$$P_{HF} = P_0'' - P_0' = \Delta P_0$$

Die HF-Leistung läßt sich an der Änderung des Brückenstromes $I_B$ ablesen:

$$P_{HF} = (I_B''^2 - I_B'^2) \cdot \frac{R}{4} \tag{5.18}$$

Die Eichung der Skala des Strommessers in Leistungseinheiten ist nichtlinear. Für hohe Genauigkeiten ist es zweckmäßig, den Strommesser durch einen Präzisionswiderstand in Verbindung mit einem Digitalvoltmeter zu ersetzen oder Kompensationsverfahren, z.B. den Vergleich mit einer Standardzelle, anzuwenden [5.25]. Hierbei ist es dann aber wichtig, die Thermistorfassung durch Wärmeisolation bzw. Thermostaten auf konstanter Umgebungstemperatur zu halten und die Versorgungsspannung der Brücke weitgehend zu stabilisieren (s. auch Gl. (5.26)).

Bei den direktzeigenden Gleichstrombrücken wird zunächst das Brückengleichgewicht ohne HF-Leistung eingestellt. Die durch Anschalten der HF-Leistung entstehende Widerstandsänderung führt zu einem Strom $\Delta I_g$ im Querzweig der Brücke durch das Anzeigegalvanometer.

$$\Delta I_g = R_4 \frac{I_4}{2\,(R + R_g)} \tag{5.19}$$

Hierbei ist $I_4$ der Strom im Thermistor, $R_g$ der Widerstand des Anzeigeinstrumentes und $R = R_1 = \cdots R_4$ der Wert der vier Brückenwiderstände. Führt man die Thermistorsteilheit $dR/dP$ ein, die aus der Kennlinie durch Strom-Spannungsmessung bestimmt werden kann, so ergibt sich die Brückenempfindlichkeit:

$$\frac{\Delta I_g}{\Delta P} = \frac{\dfrac{dR}{dP} \cdot I_4}{2\,(R + R_g)} \bigg/ \frac{A}{W} \tag{5.20}$$

Unter der Voraussetzung, daß $R = \sqrt{R_i \cdot R_g}$ annähernd erfüllt ist ($R_i$ = Innenwiderstand der Quelle, Gl. (5.22)), kann man $\Delta P = P_{HF}$ setzen. Aus der Stromeichung des Anzeigeinstrumentes kann also direkt auf die HF-Leistung geschlossen werden. Hierbei wäre jedoch erforderlich, $I_4$ konstant zu halten. Verschiedene Umgebungstemperaturen erfordern aber für den Abgleich von $R_4$ unterschiedliche Vorbelastungen $P_0$ (Gl. (5.13)), also verschiedene $I_4$ bzw. Brückenspannungen. Für Leistungsmesser mit nicht allzu hohen Forderungen an die Genauigkeit, deren Eichung auf die des Strommessers zurückgeführt werden soll, ist deshalb eine Temperaturkompensation mit Hilfe von zwei zusätzlichen Scheibenthermistoren vorzusehen. In Abb. 5.26 sind die Thermistoren $Th_2$ und $Th_3$ mit den zugehörigen Widerstandsnetzwerken zu erkennen. Diese beiden Thermistoren bestehen aus

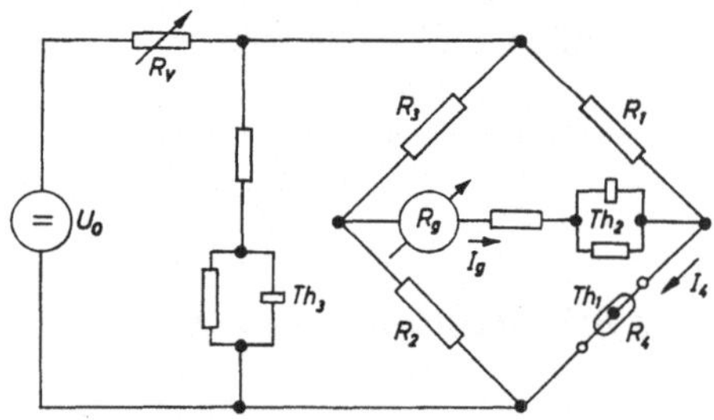

Abb. 5.26  *Direktzeigende Brücke mit Temperaturkompensation*

scheibenförmigem Widerstandsmaterial mit negativem Temperaturkoeffizienten, die möglichst gut wärmeleitend an den Metallteilen der Fassung des Meßthermistors $Th_1$ angebracht sind. $Th_3$ vermindert mit zunehmender Umgebungstemperatur die Versorgungsspannung der Brücke und bewirkt eine derartige Abnahme des Thermistorstromes $I_4$, daß der Thermistorwiderstand $R_4$ konstant und das Brückengleichgewicht erhalten bleibt. Man nennt dies eine „Driftkompensation". Mit dieser Vorbelastungsänderung geht jedoch auch eine Veränderung der Brückenempfindlichkeit (Gl. (5.19) u. (5.20)) vor sich. Um diese auszugleichen, ist der Thermistor $Th_2$ in den

Instrumentenzweig geschaltet. Er dient zur „Empfindlichkeitskompensation" und sorgt für die Temperaturunabhängigkeit der Eichung. Genaue Berechnungsunterlagen hierfür findet man in [5.1, 5.5 u. 5.54]. Bei schnellen Temperaturänderungen treten jedoch innerhalb der Thermistorfassungen Temperaturdifferenzen auf, die zu Hystereseerscheinungen führen können. Gute Wärmeisolierung ist deshalb trotz solcher Kompensation vorteilhaft. Die Meßbereiche solcher Thermistorbrücken liegen zwischen 0,1 bis 10 mW für Vollausschlag bei Genauigkeiten von 10 bis 20 %.

Für höhere Genauigkeiten und größere Empfindlichkeit ist bei Gleichstrombrücken eine Eichung mit Hilfe von umschaltbaren Widerständen anwendbar. Bei der Berechnung der Brückenempfindlichkeit ist für beliebige Dimensionierung des Quellen- und Galvanometerwiderstandes ($R \neq \sqrt{R_i \cdot R_g}$) auch die Tatsache zu berücksichtigen, daß sich bei einer Widerstandsänderung des Thermistors durch Aufnahme von HF-Leistung gleichzeitig auch die Gleichstromvorbelastung etwas ändert [5.9, 5.10, 5.11 und 5.21]. Es ist

$$\Delta P = P_{\mathrm{HF}} + \Delta P_0 = P_{\mathrm{HF}} + \underbrace{\frac{\partial P_0}{\partial I_4} \Delta I_4}_{(1)} + \underbrace{\frac{\partial P_0}{\partial R_4} \Delta R_4}_{(2)} \tag{5.21}$$

Hierbei ist der Beitrag des Anteils (1) für Barretter negativ und für Thermistoren positiv, der des Anteils (2) für Barretter positiv und für Thermistoren negativ. Welcher Anteil überwiegt, hängt von der Dimensionierung der Brücke ab. Definiert man $p$ als Brückenkonstante [5.12]

$$p = \frac{R_i R_g - R^2}{2 (R + R_i)(R + R_g)}, \tag{5.22}$$

so ergibt sich die Brückenempfindlichkeit (für kleine $\Delta R$) zu

$$\frac{\Delta I_g}{P_{\mathrm{HF}}} = \frac{\dfrac{\mathrm{d}R}{\mathrm{d}P} \cdot I_4}{2(R + R_g)} \cdot \frac{1}{1 - I_4^2 \dfrac{\mathrm{d}R}{\mathrm{d}P} \cdot p} \tag{5.23}$$

Für $R_i \to 0$ und $R_g \to 0$ strebt $p$ dem Wert $-0,5$ zu. Da der Wert $I_4^2 \dfrac{\mathrm{d}R}{\mathrm{d}P} = \dfrac{P_0}{R} \dfrac{\mathrm{d}R}{\mathrm{d}P}$ bei Perlenthermistoren fast unabhängig vom Arbeitspunkt etwa zwischen $-1,8$ und $-2$ liegt, kann der Nenner des zweiten Bruches in (5.23) sehr klein gemacht werden, d.h. die Brückenempfindlichkeit läßt sich durch den Zuwachs an Gleichstromleistung bei Anschalten der HF stark erhöhen. Allerdings steigt in gleichem Maße die Anzeigeträgheit, so daß hiervon nur in seltenen Fällen Gebrauch gemacht wird. (Bei Barrettern besteht diese Möglichkeit der Empfindlichkeitserhöhung nicht, weil $\mathrm{d}R/\mathrm{d}P$ positiv ist und $p$ ebenfalls positiv sein müßte, $R_g$ aber zusätzlich im Nenner steht.)

Hat man $\mathrm{d}R/\mathrm{d}P$ aus der Thermistorkennlinie ermittelt, so besteht die Möglichkeit einer sehr genauen Absoluteichung durch eine definierte Widerstandsänderung in einem der anderen Brückenzweige. Verkleinert man z.B. den Widerstand $R_3$ um $\Delta R_3$, so ruft man den gleichen Instrumentenausschlag $\Delta I_g$ hervor, den eine gleich große Widerstandsänderung des Thermistors bei HF-Leistungsaufnahme erzeugt hätte. Eine Verminderung um kleine $\Delta R_3$ bewirkt man in der Praxis durch Parallel-

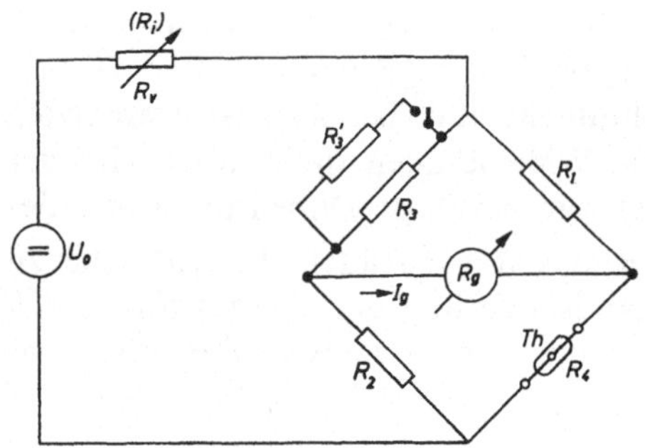


*Abb. 5.27  Gleichstrombrücke*
*mit eichbarer Widerstandsänderung*

schalten eines Widerstandes $R_3'$ (vgl. Abb. 5.27), um keine Fehler durch Kontaktwiderstände des Schalters zu bekommen. Nach [5.21] ist

$$R_3' = -\frac{R_3^2}{\Delta R_3} \qquad (5.24)$$

Selbstverständlich entsteht auch bei der Eichung durch $\Delta R$ eine Verschiebung der Gleichstromleistung $\Delta P_0$ im Thermistor (ähnlich Gl. (5.21)). Es läßt sich jedoch zeigen, daß diese bei Eichung mittels $\Delta R_3$ genauso groß ist wie bei der Messung selbst, so daß sie nicht berücksichtigt zu werden braucht. (Bei Eichung durch Veränderung von $R_1$ oder $R_2$ – Abb. 5.27 – wäre dieser Einfluß nur für $R_i = 0$ kompensiert.)

Erhält man bei der Eichung mit $\Delta R_3$ am Anzeigeinstrument einen Ausschlag von $x$ Teilstrichen und bei der Messung der HF-Leistung einen Ausschlag von $y$ Teilstrichen, so ergibt sich die gemessene Leistung zu

$$P_{\text{HF}} = \frac{y}{x} \cdot \Delta R_3 \cdot \frac{dP}{dR} \qquad (5.25)$$

Verwendet man eine gut wärmeisolierte Thermistorfassung und läßt man zwischen Eichung und Messung nur geringe Zeit verstreichen, so ist eine Temperaturkompensation nicht nötig, da bei konstantem $R_4$ nach Gl. (5.15) die Steilheit nicht von der Umgebungstemperatur abhängt. Die Genauigkeit der Messung hängt – abgesehen von der leicht zu realisierenden Genauigkeit und Konstanz der Widerstände $R_1$ bis $R_3$ – nur von der Konstanz der Versorgungsspannung ab. Für hohe Empfindlichkeiten ist dies ein ernstes Problem. Bezeichnet man mit $P_{\text{HF min}}$ die kleinste meßbare HF-Leistung, so ist die geforderte Konstanz der Betriebsspannung:

$$\frac{\Delta U_0}{U_0} = \frac{P_{\text{HF min}}}{2P_0} \qquad (5.26)$$

Kann das verwendete Galvanometer z. B. einen Strom von $10^{-8}$ A noch messen, so beträgt die kleinste meßbare HF-Leistung nach Gl. (5.23) bei üblicher Dimensionierung für $R_{\text{th}} = 100\,\Omega$ etwa $10^{-7}$ W. Die Vorbelastung ist hierbei $P_0 = 14$ mW und die geforderte Spannungskonstanz beträgt dann etwa $\Delta U_0/U_0 = 3{,}5 \cdot 10^{-6}$.

Für Messungen, die über längere Zeit andauern, z. B. beim Anschluß von schreibenden Registrierinstrumenten, ist jedoch bei hohen Empfindlichkeiten in jedem Falle eine Driftkompensation notwendig. Diese kann für Temperatur- und Betriebsspannungsschwankungen gleichermaßen wirksam durch die Gegeneinanderschaltung zweier Brückenschaltungen gewonnen werden. Beide Brücken sind hierfür mit Perlenthermistoren auszustatten, die möglichst gleiche Eigenschaften (vor allem Konstante $C$, die den Wärmeübergangswiderstand darstellt) besitzen sollen. Beide Thermistoren werden so in die Fassung eingebaut, daß sie unter gleichen Wärmeübergangsbedingungen stehen. Nur einer der Thermistoren wird jedoch der HF-Leistung ausgesetzt.

## b) Wechselstrombrücken

Neben reinen Gleichstrombrücken sind auch Schaltungen im Gebrauch, die zur Vorbelastung und zur Messung niederfrequenten Wechselstrom oder eine Überlagerung von Wechsel- und Gleichstrom benutzen [5.1, 5.2, 5.5, 5.14, 5.32, 5.33, 5.57, 5.62]. So kann man eine Substitutionsmessung mit Gleichstrom nach Gl. (5.18) durchführen, zur Driftkompensation eine von einem Scheibenthermistor gesteuerte Wechselspannung überlagern. Ferner kann die gesamte Vorbelastung durch den von Hand eingestellten niederfrequenten Strom erzeugt werden, während die Kontrolle des Brückengleichgewichtes und die Anzeige der Widerstandsänderung mit Hilfe überlagerten Gleichstromes geschieht.

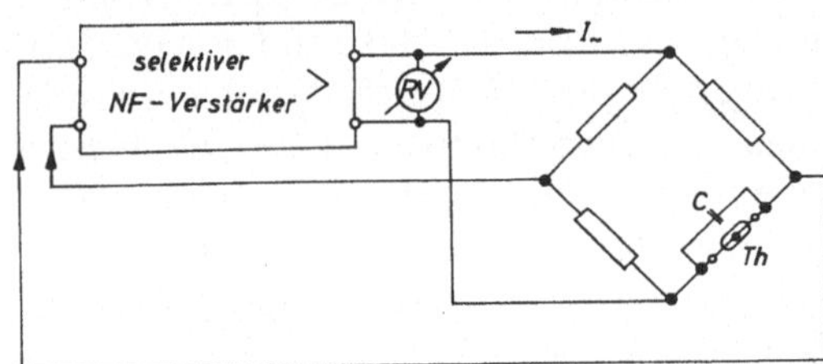


*Abb. 5.28*
*Selbstabgleichende Wechselstrombrücke*

Selbstabgleichende (Balance-)Brücken benutzen einen über die Brücke rückgekoppelten selektiven Niederfrequenzverstärker zur selbsttätigen Regelung des Brückengleichgewichtes. Abb. 5.28 zeigt die Prinzipschaltung. Im Querzweig der Brücke wird eine Fehlerspannung abgegriffen, die dem Eingang des NF-Verstärkers zugeführt wird. Der Ausgang speist die Brücke. Durch die Rückkopplung ergibt sich ein Generator, der seine Amplitude so einregelt, daß der Thermistor diejenige Vorbelastung erhält, die zum Brückenabgleich nötig ist. Da beim Abgleich auch die Phasenbedingungen erfüllt sein müssen, ist die NF-Impedanz des Thermistors durch eine Kapazität $C$ reell zu machen. (Bei Barrettern ist $C$ im gegenüberliegenden Brückenzweig anzubringen und die Anschlüsse am Verstärkereingang sind zu vertauschen.) Die Verkleinerung der am Ausgang des Verstärkers liegenden Wechselspannung, die durch Zuführen von HF-Leistung erfolgt, kann von einem Röhren-voltmeter RV gemessen werden und zur Anzeige der HF-Leistung dienen. Der Thermistorwiderstand wird zwar unabhängig von der Umgebungstemperatur immer richtig eingestellt, doch wirkt sich eine Temperaturänderung als Verschiebung des

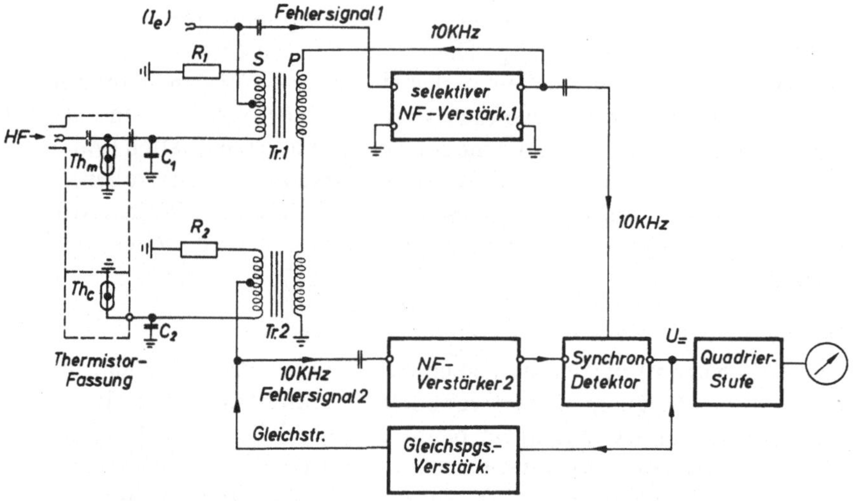


*Abb. 5.29  Kombinierte Wechselstrom-Gleichstrom-Brücke mit zweitem Perlenthermistor zur Temperaturkompensation*

Nullwertes der NF-Spannung aus. Deshalb wird meist ein zusätzlicher Gleichstrom überlagert, der so eingestellt wird, daß bei abgeschalteter HF-Leistung das Röhren-voltmeter auf dem Sollwert steht. Der überlagerte Gleichstrom kann von Hand ein-gestellt werden, wenn eine Thermistorfassung mit guter Wärmeisolation vorhanden ist, andernfalls ist eine Regelung durch einen Kompensationsthermistor möglich.
Eine direkt zeigende Doppelbrücke, die eine gute Driftkompensation besitzt, ist in [5.3] beschrieben. Abb. 5.29 zeigt das Prinzipschaltbild. Der Meßthermistor $Th_m$, der von der HF-Leistung beaufschlagt wird, bildet zusammen mit $R_1$ und der Sekundärwicklung des Transformators Tr. 1 die erste Brücke. Das NF-Fehlersignal 1 wird an der Mittelanzapfung des Tr. 1 abgenommen und regelt die Amplitude des NF-Stromes, der den beiden in Serie geschalteten Primärwicklungen der beiden Übertrager zugeführt wird. Die zweite Brücke wird vom Transformator Tr.2, dem Widerstand $R_2$ und dem Kompensationsthermistor $Th_c$ gebildet. Die kleinen Kon-densatoren $C_1$ und $C_2$ kompensieren die Blindkomponenten der Thermistoren für die Niederfrequenz. Der Mittelanzapfung von Tr. 2 wird ebenfalls ein NF-Fehlersignal 2 entnommen und dem NF-Verstärker 2 zugeführt. Durch Gleichrichtung in einem Synchron-Detektor (vgl. Kap.3), der noch eine Umschaltspannung vom Ausgang des NF-Verstärkers 1 erhält, wird eine dem Fehlersignal 2 proportionale Gleichspan-nung erzeugt. Diese ruft nach Verstärkung einen Gleichstrom im Thermistor $Th_c$ hervor, der für den Abgleich der Brücke 2 sorgt. Wird dem Thermistor $Th_m$ eine HF-Leistung zugeführt, so erniedrigt sich zunächst sein Widerstand. Das hierdurch

entstehende Fehlersignal 1 vermindert die NF-Leistung so weit, daß wieder Gleichgewicht in Brücke 1 herrscht. Gleichzeitig wird aber durch die Serienschaltung der
Übertrager die NF-Leistung im Thermistor $Th_c$ um den gleichen Betrag vermindert.
Dieser Leistungsverlust wird über das Fehlersignal 2 durch Gleichstromleistung
wieder ausgeglichen. Demzufolge hat die Gleichstromleistung in $Th_c$ die gleiche
Größe, wie die dem Meßthermistor $Th_m$ zugeführte HF-Leistung. Die Gleichspannung $U_=$ ist also proportional $\sqrt{P_{HF}}$ und kann zur Anzeige dienen. Um eine
lineare Skala zu erhalten, ist dem Anzeigeinstrument eine Quadrierstufe vorgeschaltet.
Durch den Einbau der beiden Thermistoren, die nach möglichst gleichen Eigenschaften ausgesucht werden, in einer gemeinsamen Fassung innerhalb eines gut wärme-
leitenden Blocks läßt sich eine sehr gute Temperaturkompensation erreichen. Ändert sich z.B. die Temperatur der Fassung nach oben, so wird die NF-Leistung in
beiden Thermistoren automatisch abgesenkt, die Gleichstromleistung in $Th_c$ bleibt
jedoch die gleiche, die Anzeige bleibt konstant. Die Genauigkeit dieser Brückenschaltung wird vom Hersteller mit $\pm 4\%$ angegeben. Die Empfindlichkeit des Gerätes ist von 0,01 mW bis 10 mW für Vollausschlag in 7 Bereichen einstellbar.
Zur genauen Eichung der Anzeige kann dem Meßthermistor über eine Buchse ($I_e$)
ein zusätzlicher Gleichstrom von außen zugeführt werden. Der Eichvorgang setzt
die Aufnahme einer HF-Leistung voraus. Der Eichstrom $I_e$ wird dann so groß gemacht, daß die Anzeige gerade verdoppelt wird. Bei genauer Messung dieses Stromes (Kompensationsmethode, Digitalvoltmeter oder dgl.) gilt dann $P_{HF} = I_e^2 R_{th}/4$,
da der Strom zur Hälfte auf $Th_m$ und $R_1$ aufgeteilt wird. Für diese Substitutions-
eichung wird eine Genauigkeit von $\pm 1\%$ angegeben, wobei natürlich der Wirkungsgrad $\eta_F$ der Fassung [Gl. (5.16)] noch zu berücksichtigen ist.


## 5.4 Kalorimetrische Leistungsmessung

Als kalorimetrische Leistungsmeßmethoden werden in der Literatur diejenigen
Meßverfahren bezeichnet, die die Erwärmung eines Absorbers durch die HF-Leistung direkt in °C messen. Freilich wird häufig diese Temperaturmessung wieder
mit elektrischen Mitteln durchgeführt (Thermoelement o.ä.), so daß der prinzipielle
Unterschied zwischen bolometrischen und kalorimetrischen Verfahren eigentlich
nur darin besteht, daß im ersten Fall Absorber und Temperaturfühler identisch sind
und im zweiten Fall aus verschiedenen Bauteilen bestehen. Die kalorimetrischen
Meßverfahren werden allerdings vorwiegend bei großen und mittleren Leistungen
angewendet.


### 5.41 *Meßverfahren*

Als Absorber werden entweder Wasserwiderstände oder Schichtwiderstände (s. unten) verwendet. Da diese meist verhältnismäßig große Wärmekapazitäten und wegen
der Vermeidung von Wärmeverlusten auch große Wärmeübergangswiderstände zur
Umgebung besitzen, ist die Einstellzeit recht groß, sie beträgt gewöhnlich mehrere

Minuten (nichtadiabatische Typen). Aus diesem Grunde wird häufig anstelle der Endtemperatur bei Temperaturgleichgewicht der Temperaturanstieg in Abhängigkeit von der Zeit gemessen (adiabatische Typen). Die Temperaturzunahme erfolgt stets nach einer *e*-Funktion und die Anfangssteilheit dieser Funktion ist der zugeführten Leistung proportional.

Bei Wasserwiderständen läßt sich durch Messung der Durchflußmenge $Q/t$ des Wassers und der Temperaturdifferenz $\Delta T$ eine Absoluteichung gewinnen. Da 1 cal = 4,186 Ws, ergibt sich für die Leistung

$$P = 4{,}186 \, \frac{Q}{t} \, \Delta T / \text{W} \tag{5.27}$$

Hierbei ist $Q/t$ in cm³/s und $\Delta T$ in °C anzugeben. Will man die Gefahr von Wärmeverlusten zur Umgebung ausschließen, so kann man die Eichung auch auf eine Gleichstrommessung zurückführen, indem man im Wasserstrom eine Heizwicklung vorsieht und die HF-Leistung durch Gleichstromleistung ersetzt. Bei der Verwendung von Festwiderständen als Absorber wird diese Eichmethode allgemein durchgeführt.

Eine genaue Messung setzt wegen der langen Einstellzeit hier stets konstante Leistungsabgabe des HF-Generators voraus. Es empfiehlt sich deshalb, lange Vorwärmzeiten für die verwendeten Geräte vorzusehen.


### 5.42   *Wasserwiderstände*

Infolge seines relativ großen Verlustfaktors ist das Kühlmittel Wasser gut geeignet, auch als absorbierendes Medium für Mikrowellen zu dienen. Bei 1 GHz ist $\delta_\varepsilon \approx 0{,}1$ für tan 1,5°C und $\approx 0{,}02$ für 85°C [5.5]. Der Eingangswiderstand stark verlustbehafteter Leitungen nähert sich mit zunehmender Länge dem Wellenwiderstand. Macht man also eine wassergefüllte Leitung genügend lang, so ist ihr Ein-

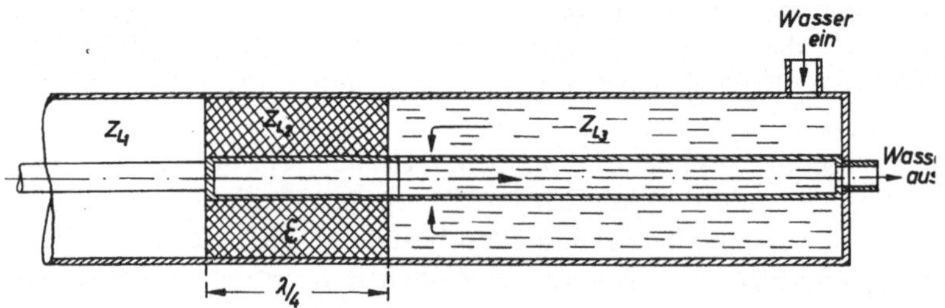


*Abb. 5.30  Wasserwiderstand in Koaxialleitung mit Zwischentransformation*

gangswiderstand reell und man hat nur noch für eine Anpassungstransformation des durch das hohe $\varepsilon_r$ des Wassers niederohmigen Widerstandes an den Wellenwiderstand der Übertragungsleitung zu sorgen. Dies kann z.B. über eine $\lambda/4$-Transformation (vgl. Abschn. 1.5) nach Abb. 5.30 geschehen [5.2, 5.17, 5.20]. Hier ist der Wellenwiderstand $Z_{L2}$ des mit einem keramischen Dielektrikum gefüllten

Zwischenstückes durch die Wahl des Durchmesserverhältnisses $D/d$ und der Dielektrizitätskonstante $\varepsilon_r$ so gewählt, daß $Z_{L2} = \sqrt{Z_{L1} \cdot Z_{L3}}$. Beträgt die elektrische Länge $l_e = \lambda/4$, so wird $Z_{L3}$ genau auf $Z_{L1}$ transformiert. Diese Transformation besitzt natürlich keine sehr große Bandbreite; konisch oder exponentiell verlaufende Querschnitte der dielektrischen Zwischenschicht können den Frequenzbereich er-

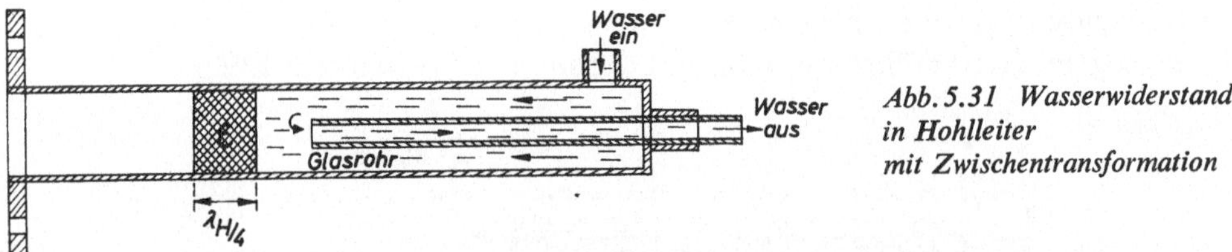



Abb. 5.31 *Wasserwiderstand in Hohlleiter mit Zwischentransformation*

heblich erweitern [5.5, 5.23, 5.26]. Ähnliche Überlegungen gelten für die Anpassung von mit Wasser gefüllten Hohlleiter-Absorbern, vgl. Abb. 5.31 [5.1, 5.20, 5.57, 5.58c, 5.69, 5.70, 5.86]. Bei der Berechnung der Transformation ist jedoch zu beachten, daß die Dielektrizitätskonstante von Wasser, die bei 25 °C etwa 80 beträgt, sich bei 80 °C auf etwa 60 erniedrigt [5.5]. Eine Impedanzmessung bei der zu erwartenden Wassertemperatur ist also zu empfehlen.

Abb. 5.32 *Wasserwiderstand mit geneigtem Glasrohr*

Sehr breitbandige Anpassung erhält man innerhalb des Betriebsfrequenzbereichs von Hohlleitern, wenn man wassergefüllte Glasrohre leicht geneigt im Hohlleiter anbringt. Neigungswinkel, Querschnitt und Wandstärke des Rohres werden an Hand von Impedanzmessungen experimentell bestimmt. Rohre, die mit der breiten Seite des Hohlleiters einen Winkel bilden, sind ebenso bekannt [5.5, 5.23] wie solche, die zur schmalen Seite geneigt sind [5.18, 5.48]. Die Abb. 5.32 und 5.33 zeigen sol-

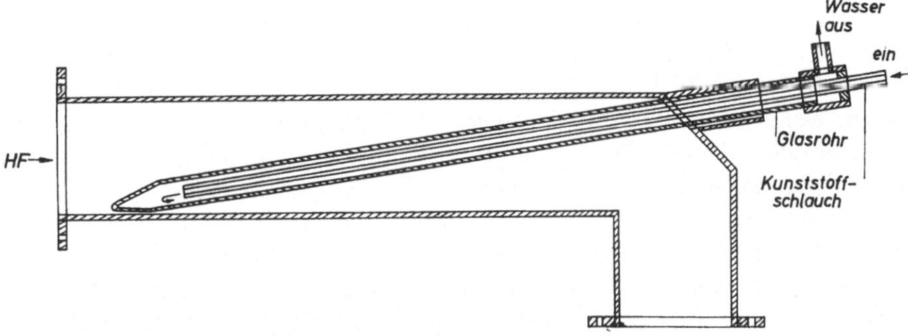



Abb. 5.33 *Wasserwiderstand mit Glasrohr mit veränderlicher Tauchtiefe*

che Absorber. Der letzte, der ein doppeltes Rohr (außen Glas, innen Kunststoff) zur Wasserführung im Gegenstrom verwendet, hat den Vorteil, auch als verstellbares Dämpfungsglied für große Leistungsaufnahme benutzt werden zu können. Bei $\lambda_0 = 10$ cm ergibt sich mit einem Glasrohr, dessen Außendurchmesser 14 mm bei 1,5 mm Wandstärke beträgt, eine Dämpfung von etwa 0,75 dB pro cm Eintauchtiefe des Rohres. Eine Dämpfung von etwa 30 dB führt zu einer Anpassung von $m > 0,9$ [5.18]. Durch verschieden tiefes Einschieben des Rohres läßt sich die Dämpfung linear regeln. Die abführbare mittlere Leistung beträgt mehrere kW.

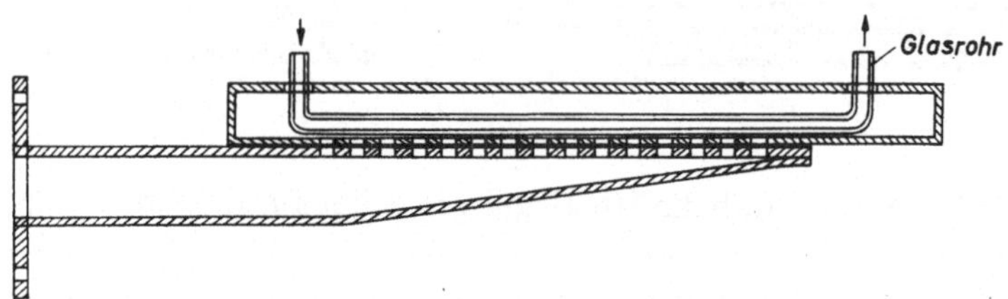


*Abb. 5.34*
*Wasserwiderstand*
*für mm-Wellen*

Die Dämpfung in dem Absorber nach Abb. 5.32 wird nach [5.5] bei $\lambda_0 = 3$ cm für einen Innendurchmesser des Glasrohres von etwa 3,5 mm mit 1 dB/cm angegeben.
Für kleine Leistungen ist in [5.5, 5.31] ein Wasserwiderstand mit kleiner Zeitkonstante beschrieben, der ein Kunststoffkapillarrohr mit 0,9 mm Durchmesser senkrecht durch die Breitseiten des Hohlleiters führt. Die Anpassung wird durch zusätzliche Einstellschrauben (vgl. Kap. 1) und verschiebbaren Kurzschluß erreicht.
Bei Wellenlängen $\lambda < 1$ cm macht die Herstellung und Anbringung genügend kleiner und dünnwandiger Glasrohre innerhalb der kleinen Hohlleiterabmessungen Schwierigkeiten. Man legt deshalb hier das wasserführende Rohr neben den Hohlleiter und koppelt diesen, ähnlich den Vielschlitzrichtkopplern (vgl. Abschn. 6.51), über Schlitze in der Hohlleiterwand an, wie Abb. 5.34 zeigt [5.5, 5.28]. Auch Hohlleiter mit keilförmigen Durchbrüchen in der Wand, die mit einer dielektrischen Substanz verschlossen sind und als Ganzes in ein Wassergefäß getaucht werden, finden als Kalorimeter bei kurzen Wellenlängen Verwendung [5.27].
Um Wärmeverluste durch Ableitung gering zu halten, ist es zweckmäßig, die zum HF-Generator führenden Leiterteile möglichst dünnwandig zu machen. Die beste Lösung für koaxiale Absorber ist hierfür die kapazitive Ankopplung von Innen- und Außenleiter [5.21, 5.30]. Wärmeverluste an die Umgebung vermeidet man durch Wärmeisolation der Absorberaußenwand. Die Wasserumwälzung erfolgt vorteilhaft im Gegenstromverfahren, wobei die Zufuhr des kalten Wassers am Außenleiter und der Abfluß durch den Innenleiter erfolgen sollte. Die geringsten Wärmeverluste ergeben sich, wenn man die Temperaturen so wählt, daß das zugeführte Wasser etwa um den gleichen Betrag unter der Raumtemperatur liegt, um den das erwärmte abfließende Wasser diese übersteigt. Die Temperaturmessung soll möglichst nahe am Absorber erfolgen. Sie kann durch Quecksilberthermometer, durch Thermoelemente, durch ganz schwach vorbelastete Perlenthermistoren oder durch die Widerstandsänderung von Drahtwiderständen vorgenommen werden. Thermoelemente für die Ein- und Austrittstemperatur werden gegeneinandergeschaltet, Thermistoren oder Widerstandsfühler werden in Differenzbrücken angeordnet.

Konstante Durchflußmenge bzw. konstanten Druck erhält man durch die Aufstellung von Überlaufgefäßen. Die Eichung der Durchflußmenge wird man mit Stoppuhr und Eichgefäß vornehmen. Als Meßfühler für die Betriebsüberwachung der Strömungsgeschwindigkeit eignet sich ebenfalls ein Perlenthermistor, der in der Spitze eines Glasgriffels untergebracht ist und stark vorbelastet wird. Seine Wärmeabgabe ist proportional zur Strömungsgeschwindigkeit des Wassers, wenn er in laminare Strömung eingebracht wird.

Die Widerstandsdrähte zur Eichung mit Gleichstrom oder zur Substitution werden möglichst nahe an der Stelle im Wasserstrom angeordnet, wo auch bei HF-Belastung die größte Wärme frei wird. Es ist aber darauf zu achten, daß hierdurch der Feldverlauf für die Hochfrequenz nicht gestört wird. Bei Koaxialabsorbern ist die Anordnung innerhalb des Innenleiters zweckmäßig.

Einen sehr genauen Vergleich zwischen HF-Leistung und substituierter Gleichstromleistung ermöglicht die in [5.53 u. 5.55] beschriebene Differentialanordnung, in welcher zwei getrennte Öl- oder Wasserkreisläufe für den HF-Absorber und die Gleichstromheizdrähte vorgesehen sind. Durch Wärmeaustauscher wird die Eintrittstemperatur für beide Zweige auf den gleichen Wert gebracht.


## 5.43    *Feste Absorber*

Bei festen Absorbern kann die Bestimmung der Temperatur des Widerstandskörpers ebenfalls zur Leistungsmessung herangezogen werden. In Abb. 5.35 ist ein in einem exponentiell sich verjüngenden Außenleiter (vgl. Abschn. 4.11) eingebauter Kohleschichtwiderstand skizziert [5.2, 5.19]. Außen- und Innenleiter sind aus schlecht wärmeleitendem dünnwandigem Material gefertigt. Die Meßwicklung $W_m$ und die Kompensationswicklung $W_k$ bestehen aus Kupferdraht und ändern ihren Widerstand mit der Temperatur des Widerstandskörpers bzw. des Gehäuses. Zur Leistungsanzeige sind beide Wicklungen an eine Wechselstromdifferentialbrücke mit nachfolgender Verstärkung angeschlossen. Die Meßbereiche sind 10 bis 500 mW, wobei eine Genauigkeit von $\pm 2\%$ ($m > 0,94$) bis 5 GHz und $\pm 5\%$ ($m > 0,90$) bis 8,5 GHz angegeben wird. Die Einstellzeit bis zur Erreichung thermischen Gleichgewichts beträgt etwa 60 s.

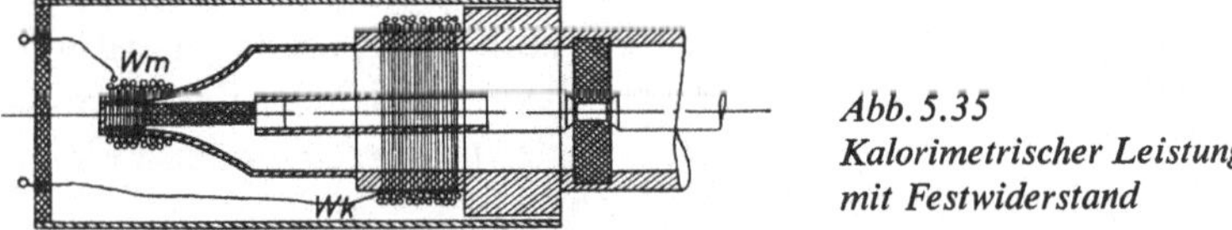


*Abb. 5.35*
*Kalorimetrischer Leistungsmesser*
*mit Festwiderstand*

Eine andere Methode zur Anzeige der Temperatur von Festwiderständen ist in [5.2] angegeben. Hier wird die Temperaturabhängigkeit der Dielektrizitätskonstante ausgenutzt. Die Widerstandsschicht des ähnlich wie in Abb. 5.35 ausgebildeten Absorbers kann z. B. direkt auf einem Röhrchen mit passenden dielektrischen Eigenschaften aufgebracht sein. Der Gegenbelag des Kondensators wird im Inneren des

Röhrchens aufgedampft. Eine genaue ε-Messung läßt sich durch Einbeziehen dieses
Kondensators in einen Schwingkreis erreichen.
Ein Leistungsmesser für Hohlleiter mit einem Differential-Luftthermometer ist in
[5.38, 5.42, 5.43, 5.46] beschrieben. Hier wird, wie Abb. 5.36 zeigt, eine Glaskapillare
als Verbindung zweier luftgefüllter Glaskapseln benutzt, in welche die absorbieren-
den Widerstandsstreifen eingebettet sind. Diese sind so geformt, daß die Stromverteilung und damit der Temperaturgradient bei HF-Belastung und bei Gleich-

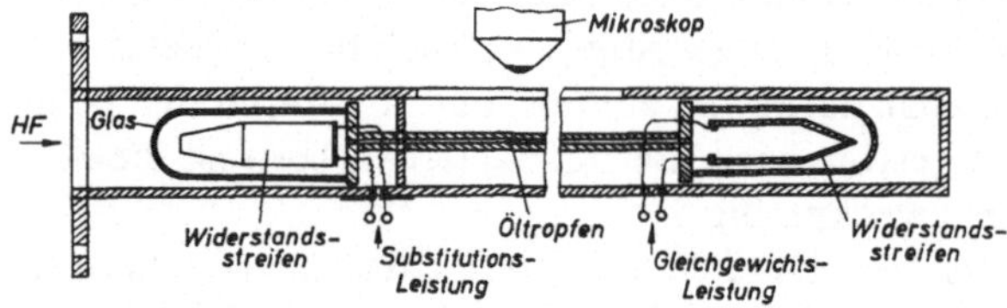


Abb. 5.36
*Differentialluftthermometer*
*mit Hohlleiterabsorbern*

stromheizung etwa identisch ist. (In Abb. 5.36 sind die beiden Widerstandsstreifen
um 90° verdreht eingezeichnet, um ihre Anordnung kenntlich zu machen.) Ein in
die Kapillare eingebrachter Öltropfen läßt durch seine Lage die Gleichheit der beiden Heizleistungen erkennen. Das Prinzip ist bis etwa 30 GHz anwendbar und dient
zur Messung von Leistungen von 10 bis 100 mW mit einer Auflösung von etwa
0,2 mW.
Als Absorber, die bei mm-Wellen breitbandige Anpassung ergeben, werden auch
verlustbehaftete Kunststoffe (Resistoplast) verwendet. In [5.37] ist eine derartige
Anordnung für Hohlleiter mit Kreisquerschnitt angegeben (Abb. 5.37). Die Temperaturmessung erfolgt hier mit 3 am Umfang des Hohlleiters verteilt angebrachten
Thermistorperlen. Um sehr kleine Leistungen noch registrieren zu können, darf die

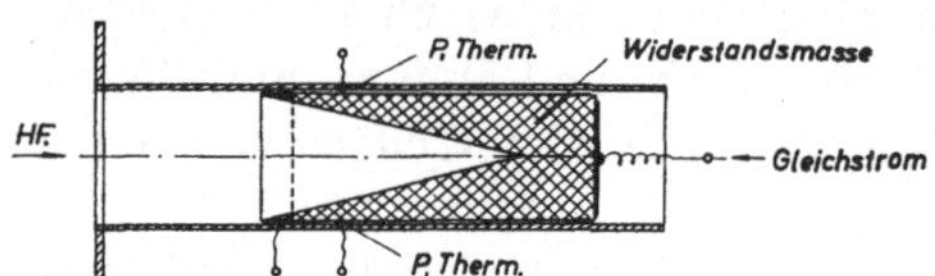


Abb. 5.37  *Hohlleiterabsorber*
*mit Thermistoren als Temperaturfühler*

Vorbelastung der Thermistoren nur zu vernachlässigbar kleiner Erwärmung führen.
Deshalb werden die Thermistoren von zwei identischen Absorbern in zwei Arme
einer Differentialbrücke gelegt, die mit Impulsen relativ kurzer Dauer gespeist wird.
Im Querzweig der Brücke befindet sich ein Verstärker mit Oszillografenanzeige.
Einer der Absorber wird mit Gleichstrom belastet, der andere mit der HF-Leistung.
Änderung der Temperatur äußert sich im Wechsel des Vorzeichens der Impuls-
anzeige. Die Impulsbelastung der Thermistoren gewährleistet verschwindend kleine
mittlere Leistung. Als Empfindlichkeit ist 1 mW bei 6% Fehler angegeben.
Widerstandsfilm-Absorber mit einer auf Glas- oder Kunststoffolie aufgedampften
Metallschicht, die quer zum Hohlleiter im Abstand $\lambda_H/4$ angebracht ist, sind in
[5.35, 5.36, 5.38 und 5.82] beschrieben. Sie werden für Wellenlängen bis zu 4 mm
gebaut. In einigen Fällen wird die Widerstandsänderung des Filmes gemessen (Bolometer), in anderen ist auf dem Film ein Thermoelement angebracht, welches seine
Temperaturänderung anzeigt (Kalorimeter).

Den höchsten Ansprüchen an Meßgenauigkeit genügen die sog. Mikrowellen-Mikro-Kalorimeter nach [5.4, 5.30, 5.39, 5.40, 5.46, 5.75 und 5.76]. Sie werden für den gesamten Mikrowellenfrequenzbereich bis 75 GHz gebaut und als Eichnormalien sowie zur Ermittlung des Wirkungsgrades von Bolometerfassungen verwendet

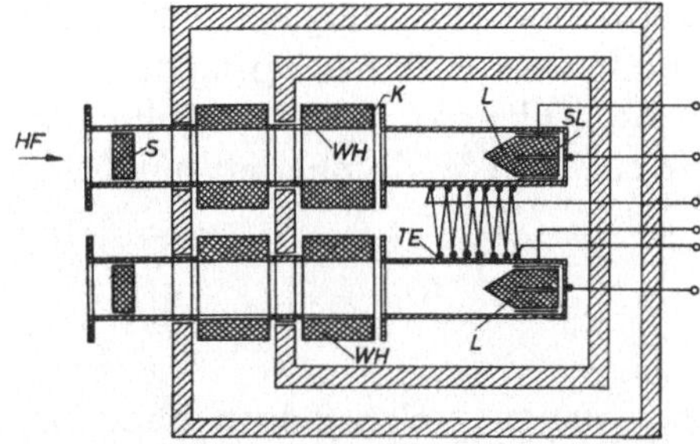


*Abb. 5.38*
*„Mikrowellen-Mikro-Kalorimeter"*
*im Thermostaten*

(vgl. Abschn. 5.32 und 5.6). Abb. 5.38 zeigt den prinzipiellen Aufbau. In einem doppelten Thermostatengehäuse mit gut leitender Oberfläche werden zwei völlig gleich aufgebaute Koaxial- oder Hohlleiterabsorber angeordnet, von denen einer mit der HF-Leistung beaufschlagt wird und der andere nur als Referenzkörper für die Temperaturmessung dient. Gemessen wird mit Hilfe von 20 in Serie liegenden Thermoelementen (TE) die Temperatur zwischen den beiden Absorberaußenleitern bzw. Hohlleiterwänden. Es wird also auch diejenige Wärmemenge registriert, die nicht im Widerstandskörper (L) selbst, sondern z. B. als Wandstromverlust im Hohlleiter umgesetzt wird. Die Eichung wird durch Gleichstromsubstitution vorgenommen. Um eine möglichst äquivalente Temperaturverteilung bei HF- und bei Gleichstrombelastung zu erhalten, sind bei den Hohlleiterabsorbern kleine Trennungsschlitze (SL) in der Mitte der Widerstandsschicht eingraviert, die den Gleichstrom zu einem Umweg zur Spitze des Widerstandsstreifens zwingen. Für Koaxialausführungen werden Scheibenwiderstände benutzt. Die Wahl der Wandstärke des Hohlleiters (Silber) stellt einen Kompromiß dar: Einerseits soll die Wärmeleitung gut sein, um wegen Linearität der Konvektionsverluste längs des Hohlleiters konstante Temperatur zu haben, andererseits soll die Wärmekapazität nicht zu groß sein, um hohe Empfindlichkeit zu erhalten. Der Wärmeübergangswiderstand nach außen wird entweder durch kapazitive Ankopplung der Flansche (K) [5.30] oder durch wärmeisolierte Hohlleiter (WH), die aus Kunststoff mit dünner Metallisierung an den Innenseiten bestehen [5.4, 5.39], sehr klein gehalten. Die hauptsächlichen Wärmeverluste entstehen dann durch die Thermoelementverbindungen und die Anschlußdrähte für die Gleichstromlast. Der Zutritt von Außenluft wird durch Schaumstoffverschlüsse (S) verhindert.

Die thermische Zeitkonstante liegt zwischen 1 und 4 min. Die von den Thermoelementen gelieferte Spannung beträgt etwa 15 $\mu$V/mW, wobei die Erwärmung etwa 0,02°/mW ausmacht. Der Zusammenhang zwischen Meßspannung und Leistung ist allerdings nur bei kleinen Leistungen linear, so daß die Substitutionsleistung in der Nähe der gemessenen HF-Leistung liegen sollte. Der Meßbereich wird mit etwa 0,1 bis 100 mW angegeben, wobei die Auflösung, die durch thermische

Fluktuationen begrenzt ist, bei $\lambda_0 = 3$ cm etwa 5 $\mu$W und bei mm-Wellen infolge der kleineren Masse der Absorber einige zehntel $\mu$W beträgt.

Die Messung wird durch mehrmaliges abwechselndes Hochheizen des Absorbers einmal durch HF-Leistung, zum anderen Mal durch die Substitutions-GS-Leistung, ggf. unter Vertauschung der beiden Absorber, vorgenommen. Auch der Einbau von Barretter- oder Thermistorfassungen anstelle der Absorber ist möglich [5.30, 5.40]. Zur Verminderung der thermischen Fluktuationen ist es ferner vorteilhaft, das Thermostatengehäuse in ein temperaturgeregeltes Ölbad zu tauchen [5.40]. Die erreichbare Meßgenauigkeit beträgt bis 10 GHz etwa $\pm 1\%$, darüber etwa $\pm 2,5\%$.


## 5.5     Sonstige Leistungsmeßmethoden

Der Vollständigkeit halber seien einige weitere Meßmethoden jedoch ohne eingehende Beschreibung erwähnt:

Für Leistungen von etwa 0,1 bis 20 W lassen sich ähnlich wie Barretter aufgebaute, jedoch meist mit Kohlefäden ausgerüstete Lampen als Absorber verwenden, wobei aber die Erwärmung so hoch getrieben wird, daß die Helligkeit des Glühfadens gemessen werden kann. Durch Helligkeitsvergleich mit einer zweiten mit Gleichstrom ebenso belasteten Lampe ist eine Eichung zu bewerkstelligen [5.5].

Auch der Strahlungsdruck läßt sich zur Leistungsmessung benutzen. So sind Hohlraumresonatoren bekannt, in denen gegenüber einem Koppelloch eine an einem Quarzfaden drehbar aufgehängte Metallfahne angebracht ist; diese wird durch den mechanischen Druck vom Loch wegbewegt und ruft dadurch eine Verstimmung des Resonators hervor, welche die Leistungszufuhr wieder abschwächt. Die Größe der so entstehenden Torsionsschwingung wird zur Anzeige genutzt [5.42, 5.50]. Mechanische Kräfte, die auf einen in einer Hohlleiterwand eingesetzten Metallfilm [5.45, 5.51] oder auf eine Koppelschleife [5.44] wirken, können für Durchgangsleistungsmesser verwertet werden.

Die gleiche Verwendung finden auch seitlich an die Hauptleitung kapazitiv oder induktiv angekoppelte Thermistor- und Barrettermeßköpfe oder Diodenspannungsmesser [5.5, 5.21]. Durch Verstellen der Ankopplung, z.B. mittels eines Hohlrohrteilers, läßt sich die meßbare Leistung in weiten Bereichen variieren [5.2]. Wesentlich für die Meßgenauigkeit ist hier die gute Anpassung des Verbrauchers. Befinden sich nämlich stehende Wellen auf der Leitung, so ist die Anzeige ein Maximum, wenn kapazitiv am Ort des Spannungsbauches oder induktiv am Ort des Strombauches ausgekoppelt wird. Vorteilhafter ist die Ankopplung über Richtkoppler [5.71, 5.72]. Die einfachste Ausführung ist hier die sog. Doppelprobenkopplung, bei der die kapazitive Ankopplung im Abstand $\lambda/4$ wiederholt wird [5.5]. Durch geeignete Kombination der Meßgrößen zweier Richtkoppler, von denen einer die hinlaufende, der andere die reflektierte Welle mißt, kann auch bei komplexem Abschluß die durchgehende Wirkleistung angezeigt werden [5.1, 5.5, 5.47].

Auch die direkte Erwärmung von induktiv an Hohlleiter angekoppelten Thermoelementen, die zur besseren Absorption mit Aquadag bedeckt sind, ist möglich [5.42, 5.87]. Der induktiven Ankopplung von Barrettern entspricht im Prinzip auch die Ausführung von Durchgangsleistungsmessern, bei denen ein Widerstandsdraht so in einem Hohlleiter geführt wird, daß er nur einen kleinen Teil der Leistung auskoppelt [5.1, 5.42]. Auch die Erwärmung einer mit Widerstandsbelag versehenen Hohlleiterwand wird zur Durchgangsleistungsmessung benutzt [5.5, 5.51, 5.58 b]. Schließlich kann noch der Hall-Effekt zur Leistungsmessung herangezogen werden [5.42, 5.49]. Hierbei wird ein Halbleiterkristall kapazitiv an einen Hohlleiter angekoppelt und einem stationären Magnetfeld ausgesetzt. Die an zwei Elektroden abnehmbare Spannung dient als Meßgröße.

Anzeigeorgane, die nur das Vorhandensein, nicht aber die Größe der Mikrowellenleistung sichtbar machen, werden als Power-Monitors bezeichnet. Hierzu dienen kapazitiv oder induktiv angekoppelte Halbleiterdioden, Thermistoren oder Barretter, die mit einfachen ungeeichten Strommessern versehen sind, bei größeren, vor allem pulsgetasteten Leistungen auch kleine edelgasgefüllte Glimmröhren [5.5, 5.88, 5.89].

## 5.6    Eichverfahren

Unter Absoluteichung versteht man die Zurückführung der Anzeige des Leistungsmessers auf andere äquivalente physikalische Meßwerte, unter Relativeichung wird der Vergleich zweier Leistungsmesser verstanden, wovon der eine als Eichnormal dient, also schon absolut geeicht ist, der andere erst geeicht werden soll [5.77].

Bei den kalorimetrischen Meßverfahren wird die Absoluteichung entweder durch die Messung der Temperaturerhöhung bei Kenntnis der Wärmekapazität z.B. nach Gl. (5.27) vorgenommen oder auf eine Messung der Leistung des substituierten Gleichstroms (oder techn. Wechselstroms) zurückgeführt, bei der ohne Schwierigkeiten genügende Genauigkeit erreichbar ist. Die Absoluteichung von Bolometern (Barretter und Thermistoren) ist ebenso durch eine Gleichstromsubstitution oder an Hand der mit Gl. (5.24) beschriebenen Widerstandsänderung in der Brücke möglich, wenn der Wirkungsgrad $\eta_F$ der Fassung bekannt ist. Seine Ermittlung ist – vor allem bei den höchsten Frequenzen – die Hauptschwierigkeit der Absolut-

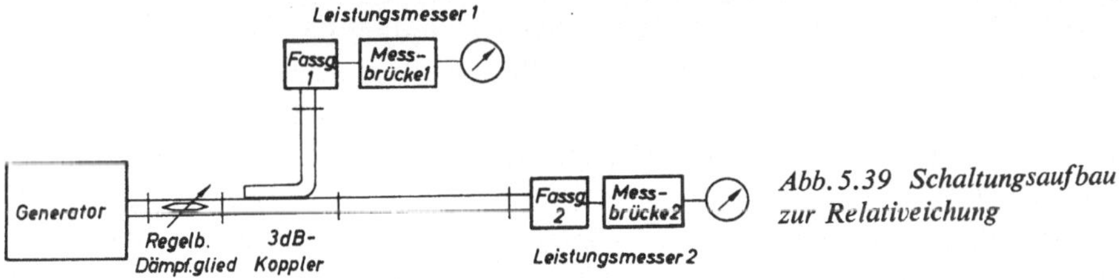


Abb. 5.39 *Schaltungsaufbau zur Relativeichung*

eichung. Zur Ermittlung des $\eta_F$ wendet man die gleiche Schaltung an, die auch zur Relativeichung dient, und schließt als Eichnormal einen kalorimetrischen Leistungsmesser hoher Genauigkeit (z.B. nach S.153 [5.4]) an.

Eine Schaltung zur Relativeichung nach [5.25] zeigt Abb. 5.39. Hier wird der Leistungsmesser 1, der als Eichnormal dient, über einen 3-dB-Koppler höchster Genauigkeit gleichzeitig mit dem zu eichenden Leistungsmesser 2 an den HF-

Generator angeschaltet. Dies hat den Vorteil, daß etwaige Schwankungen des Generatorpegels sich auf beiden Instrumenten bemerkbar machen. Die Genauigkeit des 3-dB-Kopplers kann durch Vertauschen der beiden Leistungsmesser getestet werden. Selbstverständlich ist es auch möglich, Eichnormal und zu eichendes Gerät nacheinander an den Generator anzuschließen, um den 3-dB-Koppler einzusparen. Es ist dann aber zu beachten, daß keinerlei Temperatur- oder Betriebsspannungsschwankungen die Generatorleistung verändern. Auch mechanische Erschütterungen beim Umwechseln der Hohlleiteranschlüsse oder dgl. können Pegeländerungen des Generators hervorrufen.

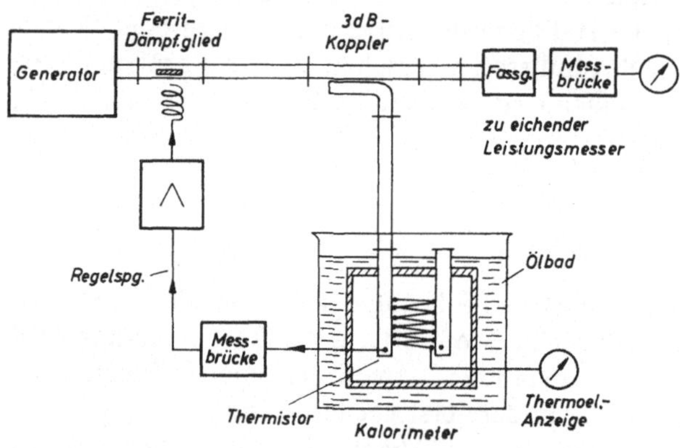


*Abb. 5.40 Eichschaltung mit Mikro-Kalorimeter und geregelter Leistungsquelle*

Eine automatische Regelung der HF-Leistung kann diese Fehlerquelle beseitigen. In [5.40] ist ein Meßaufbau angegeben, in welchem ein Präzisionskalorimeter mit einer Thermistorfassung ausgerüstet ist (Abb. 5.40). Der Thermistor liefert die Regelspannung, die nach Verstärkung die Vormagnetisierung eines Ferritdämpfungsgliedes beeinflußt (vgl. Abschn. 4.31). Die der Eichung zugrunde liegende Meßanzeige erzeugen die Thermoelemente im Kalorimeter.

Die Kontrolle des Anpassungsfaktors der Fassungen sollte an Hand einer Impedanzmessung ebenfalls vor der Eichung vorgenommen werden (vgl. Abschn. 5.2).

Liegen die Meßbereiche von Eichnormal und zu eichendem Leistungsmesser in verschiedenen Größenordnungen, so kann entweder ein Richtkoppler entsprechender Koppeldämpfung oder ein passendes festes Dämpfungsglied zwischengeschaltet werden. Die Eichgenauigkeit hängt hierbei vor allem von der Genauigkeit des Dämpfungsgliedes ab.

Für mm-Wellen-Bolometer kann zur Eichung auch die Strahlung einer bekannten Wärmequelle ausgenutzt werden [5.63].


## Literatur


[5.1] *F. J. Tischer:* Mikrowellen-Meßtechnik, Springer, Berlin (1958) S. 44.

[5.2] *G. Megla:* Dezimeterwellentechnik, 5. Aufl. Berliner Union, Stuttgart (1962).

[5.3] Operating and Service Manual – Model 431 B – Hewlett-Packard-Comp. Palo Alto, Cal. U.S.A. (1962).

[5.3a] *R. F. Pramann:* A Mircowave Power Meter with a Hundred-fold Reduction of Thermal Drift. Hewlett-Packard Journ. Bd. 12 (1961) Nr. 10.

[5.4] *M. Sucher* u. *H. J. Carlin:* Broad-Band Calorimeters for the Measurement of Low and Medium Level Microwave Power. I. Analysis and Design. Transact. Inst. Radio Engrs. MTT-6 (1958) S.188.

[5.5] *C. G. Montgomery* u. *R. N. Griesheimer:* Technique of Microwave Measurements, M.I.T. Radiation Lab. Series Bd. 11, McGraw-Hill, New York (1947) S. 79.

[5.6] *M. Sucher* u. *H. J. Carlin:* The Operation of Bolometers under Pulsed Power Conditions. Transact. Inst. Radio Engrs. MTT-3 (1955) S.46.

[5.7] *H. J. Carlin* u. *M. Sucher:* Accuracy of Bolometric Power Measurements. Proc. Inst. Radio Engrs. 40 (1952) S.1042.

[5.8] *T. Moreno* u. *O. C. Lundstrom:* Microwave Power Measurement. Proc. Inst. Radio Engrs. 35 (1947) S. 514.

[5.9] *H. H. Meinke:* El. Nachr. Techn. 19 (1942) S. 40.

[5.10] *R. Wallauschek:* El. Nachr. Techn. 18 (1941) S.247.

[5.11] *K. Fränz:* Messung der Empfängerempfindlichkeit bei kurzen elektrischen Wellen. Hochfrequ. techn. u. Elektroakustik 59 (1942) S.105.

[5.12] *H. Groll:* Leistungsmessung mittels Thermistoren bei hohen Frequenzen. Fernm. Techn. Zeitschr. 5 (1952) S.522.

[5.13] *S. J. Raff* u. *G. U. Sorger:* A Subtle Error in RF Power Measurements. Transact. Inst. Radio Engrs. J-9 (1960) S.284.

[5.14] *G. U. Sorger:* The Thermal Time Constant of a Bolometer. Transact. Inst. Radio Engrs. J-4 (1955) S.165.

[5.15] *H. Rieck:* Ein aperiodischer Barretter-Leistungsmeßkopf für $f = 30-1500$ MHz und seine Anwendung. Nachrichtentechnik 8 (1952) S.55.

[5.16] *H. H. Meinke:* Das Bolometer als Leistungsmesser bei sehr kurzen Wellen. El. Nachr. Techn. 19 (1942) S.27.

[5.17] *R. C. Shaw* u. *R. J. Kircher:* A Coaxial-Type Water-Load and Associated Power Measuring Apparatus. Proc. Inst. Radio Engrs. 35 (1947) S.84.

[5.18] *H. H. Meinke* u. *K. Lange:* High power test set-up design and experimental results. Report Nr. 4 (1962) Inst. f. Hochfrequenztechnik, T.H. München.

[5.19] Gerätebeschreibung: Rel 3484 Siemens & Halske, München (1957).

[5.20] *H. H. Meinke* u. *F. W. Gundlach:* Taschenbuch für Hochfrequenztechnik, 2. Aufl. Springer, Berlin (1962) S.165.

[5.21] *H. H. Meinke:* Meßgeräte und Meßverfahren für Dezimeterwellen. Als Manuskript gedruckt, T. H. München (1947).

[5.22] *O. Zinke:* Hochfrequenz-Meßtechnik, 2. Aufl. Hirzel, Leipzig (1947).

[5.23] *F. Vilbig:* Hochfrequenz-Meßtechnik. C. Hanser, München (1953).

[5.24] *H. H. Meinke:* Die komplexe Berechnung von Wechselstromschaltungen, S. Göschen, Bd. 1156. W. de Gruyter, Berlin (1949).

[5.25] Gerätebeschreibung: Fa. Weinschel Engineering Gaithersburg, Maryland U.S.A. (1963).

[5.26] *W. R. Rambo:* A Coaxial Load for UHF Calorimeter Wattmeter. Proc. Inst. Radio Engrs. 35 (1947) S.827.

[5.27] *A. C. Macpherson:* An Absolute Microwave Wattmeter. Proc. Inst. Radio Engrs. 45 (1957) S.688.

[5.28] *T. Jaeger* u. *M. V. Schneider:* Ein Breitband-Hochleistungs-Mikrowellen-Kalorimeter. Arch. El. Übertr. 13 (1959) S.21.

[5.29] *R. W. Beatty* u. *A. C. Macpherson:* Mismatch Errors in Microwave-Power Measurements. Proc. Inst. Radio Engrs. 41 (1953) S.1112.

[5.30] *A.C.Macpherson* u. *D.H.Kerns:* A Microwave Microcalorimeter. Rev. scientific Instrum. 26 (1955) S.27.

[5.31] *R.J.Schneeberger:* Capillary Tube Waveguide Power Measurer for Use at 3,2 cm. Westinghouse Research Report SR 142 (1942).

[5.32] *L.A.Rosenthal* u. *J.L.Potter:* A Self Balancing Microwave Power Measuring Bridge. Proc. Inst. Radio Engrs. 39 (1951) S.927.

[5.33] *W.Rosenberg:* A Milliwattmeter for Power-Measurement in the S. H. Frequency Band of 8–10000 Mc/s. Journ. scientific Instrum. 24 (1947) S.155.

[5.34] *J.Dyson:* A New Differential-Thermometer for Use in RF-Power-Measurements. Journ. scientific Instrum. 24 (1947) S.208.

[5.35] *J.A.Lane* u. *D.M.Evans:* The Design and Performance of Transverse Film Bolometers in Rectangular Waveguides. Proc. Inst. Electr. Engrs. 108B (1961) S.133.

[5.36] *I.Lemco* u. *B.Rogal:* Resistive-Film Milliwattmeters for the Frequency Bands 8–12, 12–18 and 26–40 Gc/s. Proc. Inst. Electr. Engrs. 107B (1960) S.427.

[5.37] *W.M.Sharpless:* A Calorimeter for Power-Measurements at mm-Wavelengths. Transact. Inst. Radio Engrs. MTT-2 (1954) S.45.

[5.38] *J.A.Lane:* Resistive Film Calorimeters for Microwave Power Measurements. Transact. Inst. Radio Engrs. MTT-7 (1959) S.177.

[5.39] *A.V.James* u. *L.O.Sweet:* Broad-Band Calorimeters for the Measurement of Low and Medium-Level Microwave Power. II. Construction and Performance. Transact. Inst. Radio Engrs. MTT-6 (1958) S.195.

[5.40] *S.Omori* u. *K.Sakurai:* A New Estimating Method of Equivalence Error in the Microwave Microcalorimeter. Transact. Inst. Radio Engrs. J-7 (1958) S.307.

[5.41] *J.A.Lane:* Measurements of Efficiency of Bolometer and Thermistor-Mounts by Impedance Methods. Proc. Inst. Electr. Engrs. 104 B (1957) S.485.

[5.42] *A.F.Harvey:* Microwave Engineering. Academic Press, London and New York (1963) S.143.

[5.43] *A.C.Gordon–Smith:* A Milliwattmeter for Centimetre Wavelengths. Proc. Inst. Electr. Engrs. 102 Pt. III (1955) S.685.

[5.44] *F.W.Gundlach:* Ein elektrodynamischer Strommesser für UHF. Hochfrequ.techn. u. Elektroakust. (1940) S.169.

[5.45] *H.A.Bomke* u. *T.Schmidt:* Pondermotorische Effekte im Gebiet der Zentimeterwellen und die Möglichkeit ihrer Verwendung zu Meßzwecken. Arch. El. Übertr. 4 (1950) S.33, 105, 219, 377.

[5.46] *J.A.Lane:* Microwave Power-Measuring Techniques. Comm. and Electronics 12 Bd.2 (1955) S.60.

[5.47] *R.L.Bailey* u. *J.B.Quirk:* UHF-Meter Measures Low Power Levels. Electronics 27 (1954) S.159.

[5.48] *R.L.Bailey, H.A.French* u. *J.A.Lane:* The Comparison and Calibration of Power-Measuring Equipment at Wavelengths of 3 cm and 10 cm. Proc. Inst. Electr. Engrs. 73 Pt. III (1954) S.325.

[5.49] *H.E.M.Barlow* u. *L.M.Stephenson:* The Hall-Effect and its Application to Power Measurement at Microwave Frequencies. Proc. Inst. Electr. Engrs. 102 Pt. III (1956) S.179.

[5.50] *A.L.Cullen* u. *L.M.Stephenson:* A Torque Operated Wattmeter for 3 cm Microwaves. Proc. Inst. Electr. Engrs. 99 Pt. IV (1952) S.294.

[5.51] *L.E.Norton:* Broad-Band Power Measuring Methods at Microwave Frequencies. Proc. Inst. Radio Engrs. 37 (1949) S.759.

[5.52] *H.C.Early:* A Wide-Band Wattmeter for Waveguide. Proc. Inst. Radio Engrs. 34 (1946) S.803.

[5.53] *A. Lytel:* Microwave Test and Measurement Techniques. H.W.Sams & Co., Indianapolis (1964) S.77.

[5.54] *J. Macrie:* Microwave Power Meters, A Users Guide. Microwaves 4 (1965) Nr.1, S.27.

[5.55] Microwave Power Measurement. Hewlett–Packard Appl. Note Nr.64, Palo Alto, Cal. (1965).

[5.56] Microwave Mismatch Error Analysis. Hewlett-Packard Appl. Note Nr.56, Palo Alto, Cal. (1960).

[5.57] *M. Wind* u. *H. Rapaport:* Handbook of Microwave Measurements. 2. Aufl. Edwards Brothers, Ann Arbor, Mich. (1955) Sect. 4.

[5.58] *E. L. Ginzton:* Microwave Measurements. McGraw–Hill, New York, Toronto, London (1957), a) S.145, b) S.173, c) S.190.

[5.59] *H. M. Barlow* u. *A. L. Cullen:* Microwave Measurements. Constable & Co., London (1950) S.225.

[5.60] *D. D. King:* Measurements at Centimeter Wavelength. Van Nostrand Co., New York, Toronto, London (1952) S.71.

[5.61] *H. H. Meinke:* Zentimeterwellen-Meßtechnik. Arch. Elektr. Übertrag. 3 (1949), a) S.3, b) S.46.

[5.62] *E. E. Aslan:* Temperature-Compensated Microwatt Power Meter. Transact. Inst. Radio Engrs. J-9 (1960) S. 291.

[5.63] *J. F. Byrne* u. *C. F. Cook:* Microwave Type Bolometer for Submillimeter Wave Measurements. Transact. Inst. E.E.E., MTT-11 (1963) S.379.

[5.64] *G. U. Sorger* u. *B. O. Weinschel:* Comparison of Deviations from Square Law for RF Crystal Diodes and Barretters. Transact. Inst. Radio Engrs. J-8 (1959) S.103.

[5.65] *G. U. Sorger:* Radio-Frequency Power Bridge. U.S.A.-Patent Nr. 3.047.803 (1959).

[5.66] *D. M. Kerns:* Determination of Efficiency of Microwave Bolometer-Mounts from Impedance Data. Report Nat. Bur. Stand. CRTL 9–6 (1948) Aug.

[5.67] *R. H. Miller, K. B. Mallory* u. *P. A. Szente:* A Measurement of Bolometer Mount Efficiency at Millimeter Wavelengths. Transact. Inst. E.E.E., MTT-11 (1963) S.435.

[5.68] *G. F. Engen:* A Self-Balancing Direct-Current Bridge for Accurate Bolometric Power Measurements. Journ. Res. Nat. Bur. Stand. 59 (1957) S.101.

[5.69] *R. C. Shaw* u. *R. I. Kircher:* A Coaxial-Type Water Load and Associated Power-Measuring Apparatus. Proc. Inst. Radio Engrs. 35 (1947) S.84.

[5.70] *M. M. Brady:* In-Line Waveguide Calorimeter for High-Power Measurement. Transact. Inst. Radio Engrs. MTT-10 (1962) S.359 und MTT-11 (1963) S.152.

[5.71] *P. A. Hudson:* A Precision RF-Power Transfer Standard. Transact. Inst. Radio Engrs. J-9 (1960) S.280.

[5.72] *G. F. Engen:* A Transfer Instrument for the Intercomparison of Microwave Power Meters. Transact. Inst. Radio Engrs. J-9 (1960) S.202.

[5.73] *B. B. van Iperen:* Reflexklystrons für 4 und 2,5 mm Wellenlänge. Philips Techn. Rundschau 21 (1959/60) S.225, Fußnote 7).

[5.74] *P. A. Hudson* u. *C. M. Allred:* A Dry, Static Calorimeter for RF-Power Measurement. Transact. Inst. Radio Engrs. J-7 (1958) S.292.

[5.75] *G. F. Engen:* A Refined X-Band Microwave Microcalorimeter. Journ. Res. Nat. Bureau of Stand. 63 C (1959) S.77.

[5.76] *G. F. Engen:* Recent Developments in the Field of Microwave Power Measurements at the National Bureau of Standards. Transact. Inst. Radio Engrs. J-7 (1958) S.304.

[5.77] *A. Y. Rumfelt* u. *L. B. Elwell:* Radio Frequency Power Measurements. Proc. Inst. E.E.E. 55 (1967) S.837.

[5.78] *M. C. Selby:* Voltage Measurement at High and Microwave Frequencies in Coaxial Systems. Proc. Inst. E.E.E. 55 (1967) S.877.

[5.79] *R. G. Fellers:* Measurements in the Millimeter to Micron Range. Proc. Inst. E.E.E. 55 (1967) S. 1003.

[5.80] *P. A. Hudson:* Measurement of RF Peak Pulse Power. Proc. Inst. E.E.E. 55 (1967) S. 851.

[5.81] *A. R. Ondrejka:* Peak Pulse Voltage Measurement (Baseband Pulse). Proc. Inst. E.E.E. 55 (1967) S. 882.

[5.82] *B. M. Schiffmann, L. Young* u. *R. B. Larrick:* Thin-Film Waveguide Bolometers for Multimode Power Measurement. Transact. Inst. E.E.E., MTT-12 (1964) S. 155.

[5.83] *B. M. Schiffmann, L. Young* u. *R. B. Larrick:* Wire-Grid Waveguide Bolometers for Multimode Power Measurement. Transact. Inst. E.E.E., MTT-13 (1965) S. 427.

[5.84] *H. Kashiwagi:* Oversize Bolometer Unit for Short Millimeter Wave Region. Transact. Inst. E.E.E., MTT-15 (1967) S. 180.

[5.85] *T. Tamaru:* A Note on Bolometer Mount Efficiency Measurement Technique by Impedance Method in Japan. Transact. Inst. E.E.E., MTT-14 (1966) S. 437.

[5.86] *M. F. Bolster:* High Power Microwave Load with Uniform Power Absorption. Microwave Journ. 9 (1966) Nr. 4, S. 56.

[5.87] *W. W. Scott* u. *N. V. Frederick:* The Measurement of Current at Radio Frequencies. Proc. Inst. E.E.E. 55 (1967) S. 886.

[5.88] *C. Wünsche:* Die Messung der Spitzenleistung kurzer Mikrowellenimpulse mit Hilfe des pyroelektrischen Effektes. Zeitschr. f. angew. Phys. 22 (1967) S. 399.

[5.89] *P. J. W. Severin* u. *A. G. van Nie:* A Simple and Rugged Wide-Band Gas Discharge Detector for Millimeter Waves. Transact. Inst. E.E.E., MTT-14 (1966) S. 431.

# KAPITEL 6 · IMPEDANZMESSUNG

## 6.1    Übersicht

Unter Impedanz versteht man das Verhältnis der komplexen Amplituden von Spannung und Strom. Da diese bei Mikrowellen nur in einer Fläche zu definieren sind, die induktions- und verschiebungsstromfrei ist, kann auch eine Impedanz nur in einer solchen Fläche definiert werden, also z. B. an einer bestimmten Querschnittsebene einer der in Abschn. 1.2 erwähnten Leitungen. Da sich bei komplexem Abschluß Strom und Spannung längs einer Leitung stetig ändern, ist zur Beschreibung eines komplexen Widerstandes auch stets die Angabe seiner Bezugsebene nötig. Ferner wird bei Widerstandsmessungen im allgemeinen der *relative* Widerstand, bezogen auf den Wellenwiderstand des verwendeten Leitungstyps, ermittelt. Dies ist bei Leitungswellen vom TEM-Typ meist zweckmäßig, bei Hohlleiterwellen gemäß Abschn. 1.3, S. 19 aus Definitionsgründen notwendig.

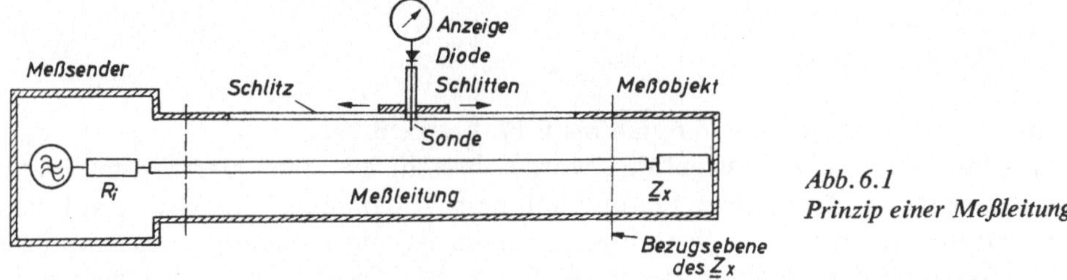


Abb. 6.1
Prinzip einer Meßleitung

Das bekannteste Widerstandsmeßverfahren der Mikrowellentechnik beruht auf der Abhängigkeit der Strom- oder Spannungsverteilung längs einer Leitung vom Abschlußwiderstand. Tastet man mit Hilfe einer verschiebbaren Sonde die Spannung einer homogenen Leitung ab (Abb. 6.1), so läßt sich aus dem Verhältnis der minimalen und der maximalen Spannung sowie aus der Lage des Minimums der Abschlußwiderstand nach Betrag und Phase bestimmen. Eine derartige Leitung mit Abtastsonde bezeichnet man als Meßleitung. Eine geringfügige Abwandlung dieses Verfahrens besteht darin, die Leitung mit verschiebbarer Sonde durch eine Leitung veränderlicher Länge und fester Sonde zu ersetzen. Auch Meßleitungen mit verschiebbarem Kurzschluß auf der dem Meßobjekt gegenüberliegenden Seite, die eine induktive Sonde im Kurzschluß tragen und als Resonator wirken, sind bekannt. Ferner läßt sich die Verschiebung der Sonde unter bestimmten Voraussetzungen auch durch eine Variation der Meßfrequenz ersetzen. Auch die Verwendung von drei oder vier festen Sonden, die im Abstand $\lambda/8$ auf einer Leitung angebracht sind, oder drehbare induktive Sonden führen zu Impedanzmeßanordnungen.

Sehr häufig werden auch Richtkoppler, die eine getrennte Anzeige der auf einer Leitung existierenden hinlaufenden und reflektierten Wellen ermöglichen, zu Anpassungsmessungen verwendet. Werden diese Richtkoppler nur dazu benutzt, den Betrag der Amplitude der beiden Wellen anzuzeigen, so kann nur der Betrag des Reflexionsfaktors ermittelt werden. Auf die zur Bestimmung der komplexen Impedanz notwendige Phaseninformation wird hierbei verzichtet; sie kann jedoch durch zusätzliche Einrichtungen gewonnen werden. Auch Brückenschaltungen, die meist entkoppelte Verzweigungen, wie z. B. das sog. „Magic Tee", als Bauelemente enthalten, werden zu Anpassungs- oder Impedanzmeßverfahren herangezogen. Anordnungen, die mittels Wobbelung über größere Frequenzbereiche die Ortskurve der komplexen Impedanz anzeigen, werden als Impedanzschreiber, und solche, die nur den Absolutwert des Reflexionsfaktors anzeigen, werden gewöhnlich als Reflexionsfaktor- oder Anpassungsschreiber bezeichnet.

Schließlich ist auch im langwelligen Mikrowellenbereich eine der herkömmlichen Niederfrequenztechnik ähnliche Impedanzmessung durch eine kombinierte Strom-Spannungsmessung möglich. Auf die verschiedenen Verfahren soll im folgenden der Reihe nach eingegangen werden, wobei den häufiger vorkommenden Meßverfahren mehr Platz eingeräumt ist als den seltener verwendeten Anordnungen.


## 6.2    Impedanzmeßverfahren mittels Meßleitungen

### 6.21    *Das Meßprinzip*

Allgemeine Literatur: [6.1 bis 6.6, 6.8 bis 6.17, 6.185, 6.191].
Wie in Abschn. 1.4 schon ausgeführt wurde, besteht zwischen der Strom- oder Spannungsverteilung längs einer Leitung und dem Widerstand, mit dem sie auf der dem Generator abgewandten Seite abgeschlossen ist, ein eindeutiger Zusammenhang. Kennt man den Wellenwiderstand $Z_L$ der Meßleitung und tastet man den Spannungsverlauf ab, so läßt sich der Abschlußwiderstand ermitteln. Da der Wellenwiderstand einer Leitung – z.B. der der Koaxialleitung gemäß Gl. (1.2) – aus ihren geometrischen Abmessungen hervorgeht, wird die Impedanzmessung auf eine Längenmessung zurückgeführt. Auf ihre Genauigkeit wird in Abschn. 6.23 noch eingegangen.
Als Meßleitung benutzt man im allgemeinen homogene Leitungen von solchem Querschnitt, daß der Wellenwiderstand aus den Abmessungen gut berechenbar ist. Ferner sollten die Querabmessungen denen der in Frage kommenden Meßobjekte möglichst entsprechen, um Anpassungsfehler durch Querschnittssprünge gering zu halten. Bei Hohlleiterschaltungen verwendet man fast immer für die Meßleitung die gleichen Hohlleitermaße wie für die übrigen Bauteile. Die drei gebräuchlichsten Querschnittsformen von Meßleitungen sind im Prinzip in Abb. 6.2 dargestellt.
Zur Auswertung der bei der Abtastung der Meßleitung gewonnenen Meßwerte benutzt man vorteilhaft eines der in Abb. 1.9 bzw. Abb. 1.11 skizzierten Diagramme.
Zur Festlegung der Bezugsebene für den unbekannten Widerstand $Z_x$ führt man zu Beginn der Messung den sog. Kurzschlußversuch durch: Man schließt die Meßleitung mit einem Kurzschlußstecker ab, dessen Kurzschlußebene genau definiert ist, und verschiebt die Sonde so weit, bis das Anzeigegerät des an die Sonde ange-

schlossenen Meßempfängers (Diode usw.) Spannungsnull anzeigt (Abb. 6.3 oben). Dann befindet sich die Sonde im 1. Wiederkehrpunkt, der vom Kurzschluß am Meßleitungsende um $\lambda/2$ entfernt ist, da ja alle Zustände auf Leitungen sich mit der Periode $\lambda/2$ wiederholen. Diesen 1. Wiederkehrpunkt nimmt man als neue Bezugsebene, da die wirkliche Bezugsebene aus konstruktiven Gründen von der Sonde

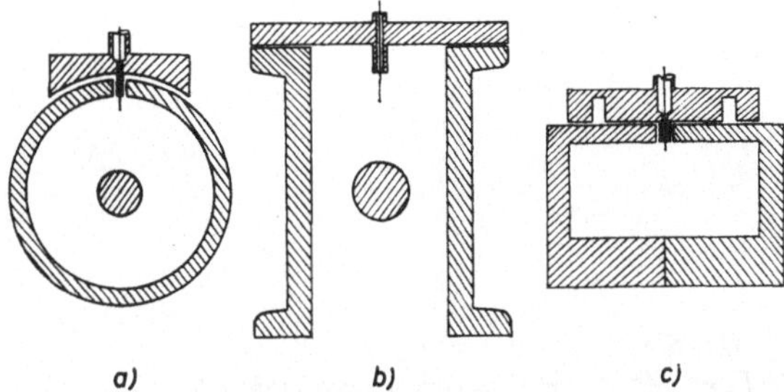



*Abb. 6.2 Meßleitungsquerschnitte*
a) Koaxial; b) „Slab-Line"; c) Hohlleiter

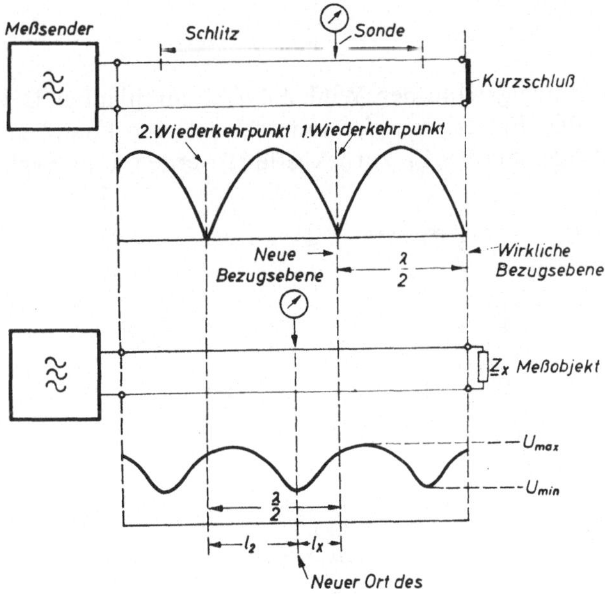



*Abb. 6.3*
*Festlegung der Bezugsebene*

nicht erreichbar ist und die geometrische Länge bis zum Kurzschluß meist wegen des Vorhandenseins dielektrischer Stützscheiben (Abb. 6.35) nicht mit der elektrischen Länge übereinstimmt. Bei Anschluß des Meßobjektes $Z_x$ ändert sich die Spannungsverteilung auf der Leitung. Besitzt $Z_x$ eine Wirkkomponente, so läßt sich aus dem Verhältnis der minimalen und maximalen Leitungsspannung der Anpassungsfaktor $m = U_{min}/U_{max}$ ermitteln (Abb. 6.3 unten). Der Widerstand $Z_x$ liegt dann im Diagramm auf dem entsprechenden $m$-Kreis. Zur Feststellung seiner Phase sucht man mit der Sonde den neuen Ort des Minimums und erhält die Länge $l_x$ als Abstand von der Bezugsebene. Durchläuft man im Diagramm der Abb. 6.4 vom

Kreis $l/\lambda = 0$ ausgehend den Winkel $4\pi l_x/\lambda$ gegen den Uhrzeigersinn, so kommt man zu dem $l/\lambda$-Kreis, dessen Schnittpunkt mit dem ermittelten $m$-Kreis den Widerstand $Z_x/Z_L$ darstellt. Man kann natürlich auch die Länge $l_2$ bis zum 2. Wiederkehrpunkt

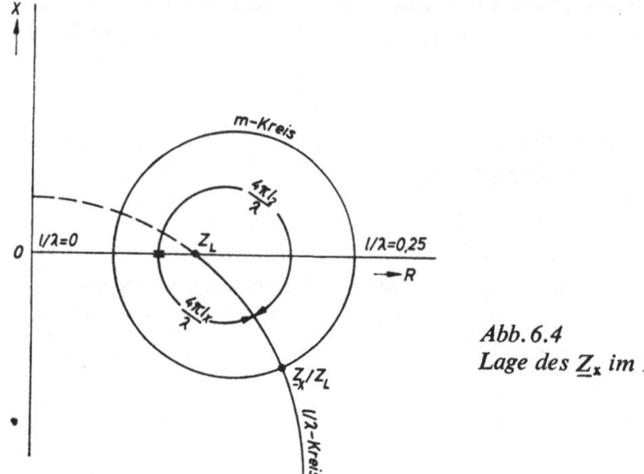


Abb. 6.4
Lage des $\underline{Z}_x$ im Diagramm nach Abb. 1.9

benutzen und im Diagramm im Uhrzeigersinn den Winkel $4\pi l_2/\lambda$ durchlaufen. Die Länge $l_2 = \lambda/2 - l_x$ entspricht der Ersatzlänge $l_2$, mit welcher der komplexe Widerstand $Z_x$ auf den reellen Widerstand $mZ_L$ zurückgeführt werden kann (vgl. Abb. 1.7).

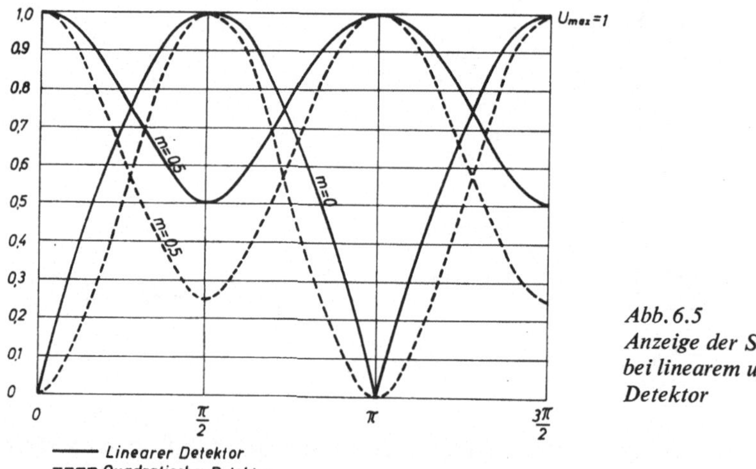


Abb. 6.5
Anzeige der Sondenspannung
bei linearem und quadratischem
Detektor

Zur korrekten Ermittlung des Spannungsverhältnisses $U_{min}/U_{max}$ sollte die Anzeige linear mit der Sondenspannung zusammenhängen. Dies ist, solange man Übersteuerung von Verstärkern vermeidet, genau nur bei Meßempfängern nach dem Überlagerungsprinzip gewährleistet. Die Linearität der Anzeige ist einer der Gründe, die die Verwendung von Überlagerungsempfängern in Verbindung mit Meßleitungen empfehlenswert macht. Benutzt man jedoch Videodetektoren zur Gleichrichtung der Sondenspannung, so erhält man eine Anzeige mit quadratischer Abhängigkeit, da die Dioden meist mit sehr kleinem Pegel angesteuert werden. Bei direkter Anzeige des Richtstromes oder bei nachfolgender NF-Verstärkung eines modulierten Signales würde ohne Berücksichtigung der quadratischen Charakteristik ein zu kleiner $m$-Wert ermittelt werden. Abbildung 6.5 zeigt den Kurvenverlauf der Anzeige bei linearer und quadratischer Gleichrichtung für $m = 0$ und $m = 0{,}5$ unter der Voraussetzung, daß der Pegel jeweils so eingeregelt wird, daß sich bei $U_{\max}$ Vollausschlag

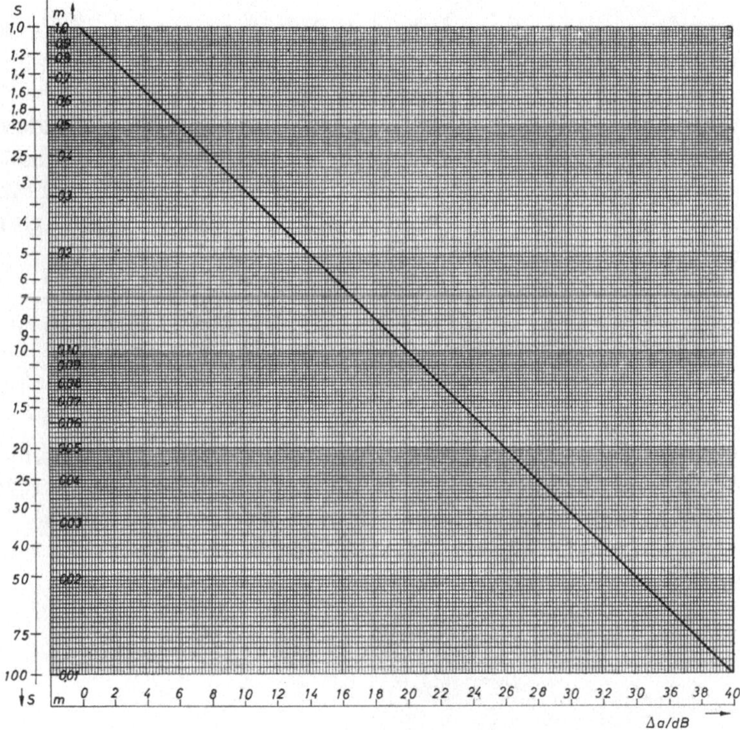

Abb. 6.6 *Messung der Welligkeit mit Dämpfungsglied. Zusammenhang zwischen m und $\Delta a$*

der Anzeige ergibt. Man erkennt, daß bei quadratischer Gleichrichtung dem flüchtigen Betrachter z. B. $m = 0{,}25$ statt $m = 0{,}5$ vorgetäuscht wird. Außerdem erscheint bei kleinen $m$ auch die Breite des Minimums größer.

Man kann natürlich, um die Umrechnung zu vermeiden, ein Anzeigeinstrument benutzen, dessen Skala so in $m$-Werten geeicht ist, daß sie für quadratische Gleichrichter gilt. Es ist aber in jedem Falle ratsam, die Charakteristik des Detektors vor Beginn der Messungen zu überprüfen. Dies kann an Hand der Spannungsverteilung beim Kurzschlußversuch geschehen, da sich die hierbei entstehende Sinusfunktion leicht kontrollieren läßt.

Verwendet man ein geeichtes Dämpfungsglied, welches am besten zwischen Meßsender und Meßleitung geschaltet wird, so kann man auf eine Eichung der Diodenanzeige ganz verzichten. Man stellt dann bei der $m$-Messung durch Verändern des Dämpfungsgliedes die Detektoranzeige sowohl bei $U_{max}$ als auch bei $U_{min}$ auf den gleichen Wert ein und erhält aus der Dämpfungsänderung $\Delta a$ den Wert für $m$:

$$\Delta a/\mathrm{dB} = 20 \log \frac{U_{max}}{U_{min}} = -20 \log m \tag{6.1}$$

Der Zusammenhang zwischen Dämpfungsänderung und $m$ ist der Kurve Abb. 6.6 zu entnehmen.

Bei Überlagerungsempfängern ist es möglich, das Dämpfungsglied auch in den Zwischenfrequenzverstärker zu legen [6.6, 6.30]. Hier empfiehlt sich die Anwendung des Dämpfungsgliedes vor allem für $m$-Messungen bei $0,2 > m > 0,05$, um die Genauigkeit gegenüber der normalen Skalenablesung zu erhöhen. Für sehr kleine $m$-Werte, also für die Messung sehr großer und sehr kleiner Widerstände, wendet man die Messung der sog. „Knotenbreite" an. Dies ist bei linearer Gleichrichtung für $m < 0,05$ und für quadratische Gleichrichter für $m < 0,2$ zweckmäßig. In Abschn. 6.24b wird hierauf noch näher eingegangen.

## 6.22    *Der Aufbau von Meßleitungen*

### a) Gerade Meßleitungen

In der Literatur ist eine große Anzahl von Meßleitungen für verschiedene Leitungstypen und Frequenzbereiche beschrieben [6.1, 6.2a, 6.3a, 6.4a, 6.11, 6.18 bis 6.25, 6.159 bis 6.162]. Einige Modelle sind an Hand von Industriefotos in den Abb. 6.7 bis 6.10 gezeigt. Im folgenden soll nicht auf Einzelheiten bestimmter Typen, sondern auf einige Gemeinsamkeiten hingewiesen werden.

*Abb. 6.7  Koaxiale Meßleitung*
(Werkfoto Fa. Dr. Spinner, München)

Wie schon die Abbildungen zeigen, wird beim Bau von Meßleitungen größter Wert auf mechanische Stabilität gelegt. Die Leitungsteile und das Bett, in welchem die Schlittenführung gelagert ist, sind meist aus starkwandigen Aluminium- oder Bronzegußteilen hergestellt und oft mit Versteifungsrippen versehen. Vor der Verarbeitung ist durch Tempern dafür zu sorgen, daß keine Materialspannungen auftreten, die zu nachträglichen Formänderungen führen können. Bei Koaxialleitungen ist vor allem beim Innenleiter auf größtmögliche Maßhaltigkeit zu achten. In vielen Fällen sind die Innenleiter auswechselbar, um den Wellenwiderstand zu ändern; auch die Steckertypen können bei einigen Leitungsmodellen ausgetauscht werden,

*Abb. 6.8*
*Hohlleitermeßleitung – X-Band –*
*mit optischer Anzeige*
(Werkfoto Fa. Dr. Spinner, München)

um Meßobjekte verschiedener Herkunft anschließen zu können. Oft wird eine Seite der Meßleitung als „Meßseite" bezeichnet, die andere als „Generatorseite". Auf der Meßseite ist dann die Stützscheibe zur Innenleiterhalterung besonders abgeglichen, um bestmögliche Reflexionsfreiheit zu erreichen (vgl. Abschn. 6.23). Beim Anschluß schwerer Meßobjekte ist darauf zu achten, daß auf den Stecker und vor allem auf den Innenleiter der Meßleitung kein zu großes Drehmoment ausgeübt wird. Dies könnte zu einer Verbiegung des Innenleiters und zu Meßfehlern führen. Eine ähnliche Wirkung kann auch schon die Durchbiegung des Innenleiters durch die Schwer-

*Abb. 6.9 Hohlleitermeßleitung – X-Band*
(Werkfoto Fa. Philips, Eindhoven)

kraft haben. Die Wirkung einer Innenleiterexzentrizität auf den Wellenwiderstand
ist zwar vernachlässigbar gering (s. Abschn. 6.23), ihre Auswirkung auf die von der
Sonde ausgekoppelte Spannung ist jedoch wesentlich größer. Abhilfe kann hier die
Einführung der Sonde von der Seite statt von oben bringen (z. B. Abb. 6.7).
Die Leitungsteile von Hohlleitermeßleitungen werden meist aus zwei Hälften zusammengesetzt, wobei die Trennfuge sich in der Mitte der breiten Seite befindet
bzw. durch den Abtastschlitz gebildet wird.

*Abb. 6.10  Meßleitung*
*mit Hohlleitereinsatz für K-Band*
(Werkfoto Fa. Hewlett–Packard, Palo Alto)

Der die Sonde tragende Schlitten wird gewöhnlich mit kleinstem Luftspalt an der
gut bearbeiteten Außenfläche des Außenleiters bzw. Hohlleiters entlanggeführt,
wobei auf große Flächen Wert gelegt wird, um große Massekapazität zu erhalten.
Direkter galvanischer Kontakt wird meist vermieden. Häufig sind bei Hohlleitermeßleitungen auch $\lambda/4$-Einfräsungen vorgesehen, die eine Drosselwirkung wie beim
Flansch nach Abb. 1.24 besitzen. Die Schlittenführung erfolgt durch Stahlstäbe,
schwalbenschwanzförmige Stahlschienen oder dgl. Häufig ist eine Kugellagerung
des Schlittens vorgesehen. Der Transport wird durch Friktionstrieb, Seiltrieb oder
grobgängige Spindeln bewerkstelligt. Spielfreiheit des Antriebs ist zwar zur Einhaltung der Genauigkeit nicht erforderlich, erleichtert jedoch die Handhabung
wesentlich. Der zur Anzeige der Sondenverschiebung benutzte Längenmaßstab ist
häufig verschiebbar, um seine Nullmarke auf die Bezugsebene einstellen zu können.
Zur genaueren Ablesung ist meist ein Nonius vorgesehen. Bei Meßleitungen für
mm-Wellen findet man häufig Mikrometerskalen oder Meßuhren. Für längere Leitungen sind Meßuhren auch in Verbindung mit austauschbaren Endmaßen zu
finden. Auch optische Projektionsanzeige kann die Ablesegenauigkeit verbessern
(vgl. Abb. 6.9, [6.27]).
Bei den meisten Konstruktionen mit kapazitiver Sonde ist die Eintauchtiefe der
Sonde verstellbar. Diese Einstellung sollte reproduzierbar, d. h. mit einer genauen
Skale versehen sein. Beim Leitungsquerschnitt nach Abb. 6.2b hängt wegen der

exponentiellen Abnahme des Feldes die Tauchtiefe linear mit der Abtasterdämpfung zusammen und ermöglicht eine einfache Eichung in dB [6.1 a, 6.25, 6.26, 6.159, 6.160]. Zur Vermeidung von großen Rückwirkungen des Abtasters (vgl. Abschn. 6.23) wird der Sondenkreis gewöhnlich auf Parallelresonanz abgestimmt. Diese Abstimmung wird meist mit $\lambda/4$-Resonatoren vorgenommen, wobei die Abstimmleitungen direkt

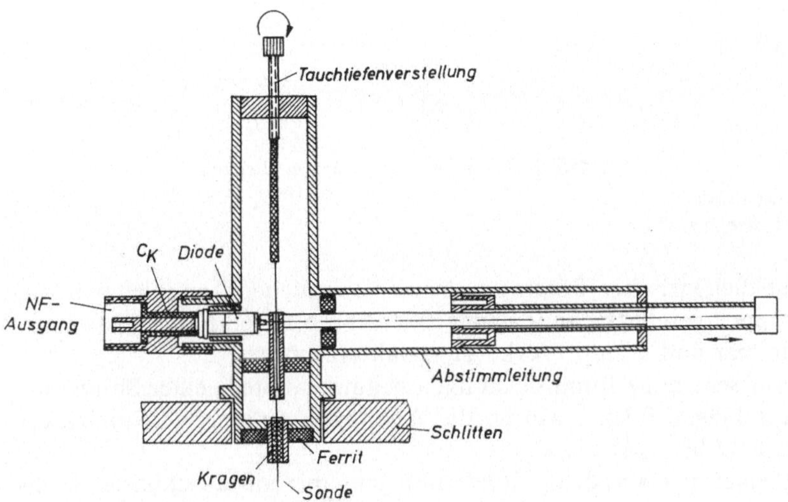


*Abb. 6.11  Sondenabstimmvorrichtung*

auf den Schlitten aufgesetzt sind. Eine Skizze mit Gleichrichterdiode zeigt Abb. 6.11 in Koaxialausführung. Die Diodenfassung mit Kurzschlußkapazität $C_K$ und NF-Stecker kann durch ein Durchgangsstück mit HF-Stecker ersetzt werden, wenn man einen Überlagerungsempfänger anschließen will. Die zur Sondenabstimmung dienende Blindleitung kann auch kreisförmig aufgewickelt sein, z.B. in Form einer Bandleitung ähnlich Abb. 2.4, was bei tieferen Frequenzen zu kleineren Abmessungen führt [6.27].

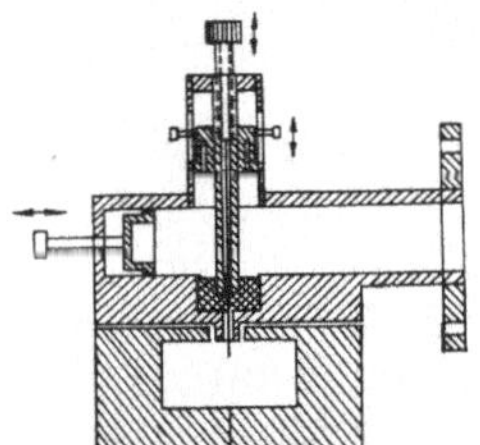

*Abb. 6.12  Sondenanschluß für Hohlleiter*

Es sind auch Lösungen bekannt, bei denen der Eingangsmischkopf für den Meß-empfänger zusammen mit dem Überlagerungsoszillator direkt auf dem Sonden-schlitten montiert wird, um eine Verstimmung des Sondenkreises durch die bei Schlittenbewegung mögliche Verbiegung des Anschlußkabels zu vermeiden.

Abbildung 6.12 zeigt eine Sonde, die an einen Hohlleiter angekoppelt ist, an den dann wahlweise eine Diodenfassung, z.B. nach Abb.3.6e, oder ein Hohlleiter-Koaxialübergang angeschlossen werden kann.

Zur Verkürzung der geometrischen Länge von Meßleitungen finden sich solche mit kapazitiv belasteten Hohlleitern (Ridge Waveguide, Abb. 1.1 h [6.24] und in Koaxial-

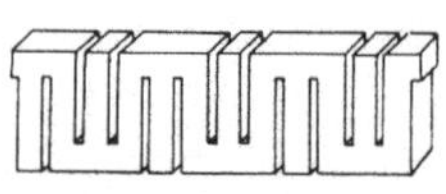

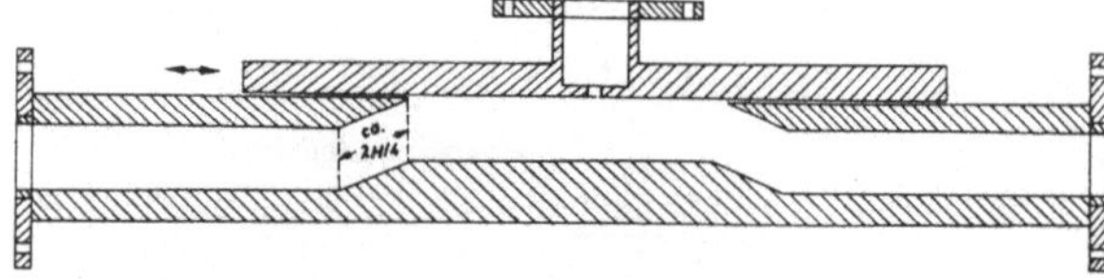

*Abb. 6.13*
*Doppeltgeschlitzter Innenleiter*
*zur Verkürzung der Wellenlänge*

*Abb. 6.14  Lochkopplung für hohe Leistungen*

technik solche mit dielektrischer Füllung und mit gewendeltem Innenleiter [6.4a, 6.28, 6.29]. Der doppelt geschlitzte Innenleiter nach Abb.6.13 [6.9b, 6.39] ist relativ gleichmäßig herstellbar und erlaubt Verkürzungsfaktoren bis zu 3.

Eine Meßleitung für sehr hohe Impulsleistungen benutzt an Stelle einer Sonde, die zu Spannungsüberschlägen führen würde, die Ankopplung des Abtasthohlleiters über ein Koppelloch (Abb.6.14) [6.2a].

Die Verwendung einer gemeinsamen Sondenführung mit austauschbaren Meß-leitungsteilen z.B. verschiedenen Hohlleiterquerschnitts usw. [6.21] erscheint zu-

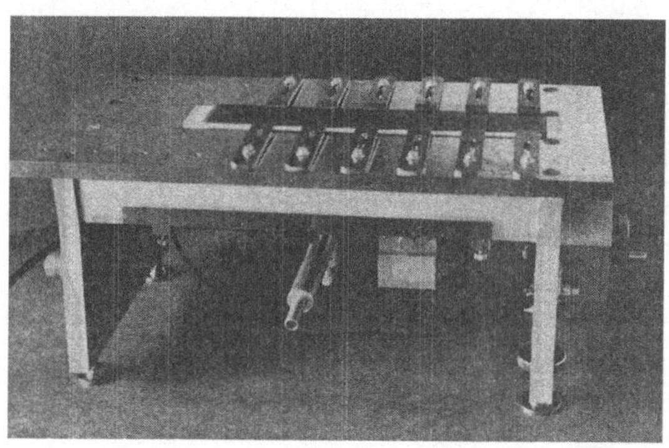

*Abb. 6.15  Meßaufbau zur Abtastung*
*von Streifenleitungen*
(Foto des Verfassers)

nächst bestechend. Es zeigt sich jedoch, daß infolge der Auswechselbarkeit die me-chanische Konstruktion entsprechend stabiler ausgeführt werden muß, um gleiche Genauigkeit zu erreichen, wodurch die Herstellungskosten wieder so ansteigen, daß im Endeffekt keine nennenswerte Ersparnis eintritt.

Zur Abtastung von Streifenleitungen (z. B. nach Abb. 1.1 b und c) ist eine Konstruk-tion nach Abb.6.15 geeignet. Hier wird die Sonde von unten bis an das feste Di-elektrikum der auf die Platte gespannten Leitung geführt. Infolge der Unmöglichkeit, in den Querschnitt der Streifenleitung einzutauchen, ist die Abtasterdämpfung sehr hoch und die Anfälligkeit für Störspannungen (s. Abschn. 6.23) recht groß. Bei der seitlichen Ankopplung der Sonde nach [6.163] dürfte diese Gefahr noch größer sein.

b) Automatische Sichtanzeige – Umlaufmeßleitungen

Zunächst läßt sich der Schlitten einer geraden Meßleitung mit Hilfe eines Motors antreiben. Synchronisiert man mit der Schlittenstellung die x-Ablenkung eines Oszillografen z. B. durch Abgreifen eines Widerstandes, der parallel zur Leitung

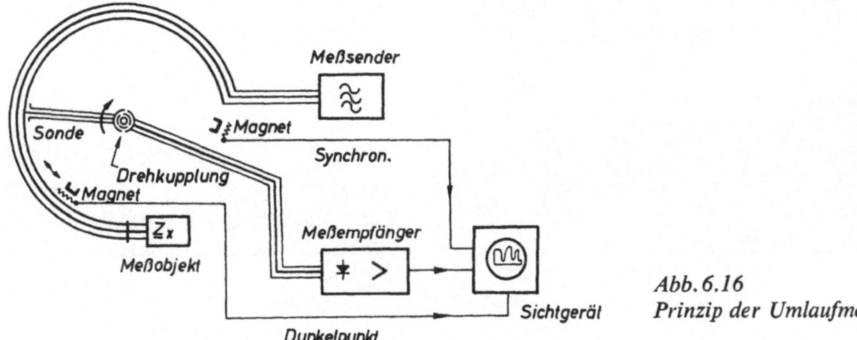


Abb. 6.16
*Prinzip der Umlaufmeßleitung*

angeordnet ist, und führt man die gleichgerichtete Sondenspannung dem Y-Eingang des Oszillografen zu, so läßt sich die Spannungsverteilung auf der Meßleitung auf dem Bildschirm sichtbar machen. Wegen der nur relativ langsamen Sondenverschiebung ist die Verwendung eines Nachleuchtschirmes nötig. Auch die mechanische Kopplung der Sondenverschiebung mit dem Papiervorschub eines Schreibers wird benutzt [6.150, 6.164].

Auch die elektronische Auswertung des Quotienten aus $U_{max}$ und $U_{min}$ mit direkter Anzeige des $s$-Wertes auf einem Instrument wurde schon durchgeführt [6.31]. Die automatische Minimumsuche durch Benutzung der differenzierten Meßspannung zur Steuerung des Sondenantriebes ist ebenfalls bekannt.

Die beste Sichtanzeige des Meßleitungssignals läßt sich mit einer sog. „Umlaufmeßleitung" erreichen. Hier wird die Meßleitung auf einem Kreisbogen geführt und die Sonde läuft motorgetrieben so schnell um, daß sich auf dem Schirm eines Oszillografen ein stehendes Bild der Spannungsverteilung ergibt. Abbildung 6.16 zeigt das Prinzip. Die ersten Andeutungen dieser Meßanordnung finden sich in [6.32], spätere Hinweise in [6.2b und 6.17b]. Die weitere Entwicklung dieser Geräte bis zur Funktionsreife spiegelt sich in [6.4b, 6.6b, 6.8, 6.33 bis 6.42, 6.165, 6.186] wider.

Umlaufmeßleitungen sind sowohl als Koaxialtypen als auch für Hohlleiter verschiedenen Querschnitts gebaut worden. Beispiele zeigen die Abb. 6.17 [6.42] und 6.18 [6.38]. An Hand der Skizze von Abb. 6.19 soll der Aufbau einer solchen Meßleitung erläutert werden: Als Außenleiter der eigentlichen Meßleitung (oder als Hohlleiter) dient eine Eindrehung von quadratischem oder rechteckigem Querschnitt in der Grundscheibe bzw. im Deckel des Leitungsgehäuses. Diese Bauteile können als Drehteile recht genau hergestellt werden. Bei Koaxialtypen wird der

Innenleiter ebenfalls als Drehteil mit rechteckigem Querschnitt gefertigt und in zwei
Trolitulringen von U-förmigem Querschnitt gelagert. Der Abgleich zur genauen
Einstellung des Wellenwiderstandes kann durch nachträgliches Abdrehen dieser
Trolitulringe vorgenommen werden (vgl. Abschn. 6.23 e). Bei Meßleitungen für hohe

*Abb. 6.17*
*Umlaufmeßleitung – Koaxialtyp*
(Werkfoto Fa. Wendel & Goltermann,
Reutlingen)

Frequenzen wird das abgetastete Leitungsstück nur auf einem Halbkreis geführt, die
beiden Anschlüsse liegen dann tangential zum Drehkörper. Bei Meßleitungen für
tiefere Frequenzen (z. B. $\lambda > 50$ cm) wird, um Leitungslänge zu gewinnen, die Leitung über etwa 270° abgetastet und nur *ein* Anschluß tangential ausgebildet, der

*Abb. 6.18*
*Umlaufmeßleitung – Hohlleitertyp*
(Foto des Verfassers)

andere wird über einen Leitungswinkel herangeführt (Abb. 6.17). Der gewinkelte
Eingang ist als Meßsenderseite, der tangentiale Anschluß als Meßobjektseite vorgesehen, weil so der Übergang leichter reflexionsfrei zu machen ist. Der Abtaster
wird auf der Innenseite der gebogenen Leitung im Schlitz geführt und liegt mit seiner
Anschlußleitung in der motorgetriebenen Abtastertrommel eingebettet. Die Trommel sollte den vom Gehäuse gebildeten Hohlraum möglichst vollständig ausfüllen,

um große Kapazität zwischen Meßleitungsaußenleiter und Abtasteraußenleiter zu bilden. Einer beliebigen Verkleinerung des Luftspaltes sind natürlich durch die Baugenauigkeit der Trommel und ihrer Lagerung Grenzen gesetzt. Die Art der Lagerung ist mit der Ausführung der Drehkupplung, welche die rotierende Abtasterleitung mit dem feststehenden Stecker für den Meßempfängeranschluß verbindet, eng verknüpft. Die Unterbrechung des Außenleiters in der Drehkupplung bringt nämlich die Gefahr mit sich, daß im Trommelhohlraum entstehende Störspannungen (vgl. Abschn. 6.23) in die Abtasterleitung eindringen können. Die Längskapazität, die an dieser Stelle im Außenleiter der Abtasterleitung vorhanden ist, muß deshalb möglichst groß gemacht werden. Bei sehr hohen Frequenzen (cm-Wellen) genügt vielfach eine Drehkupplung gemäß [6.9 d] mit kleinem Luftspalt. Bei dm-Wellen kann man durch Füllen des Spaltes mit einer Flüssigkeit hoher Dielektrizitätskonstante (Glyzerin) nach [6.40] die Kapazität ausreichend groß machen. In diesen Fällen

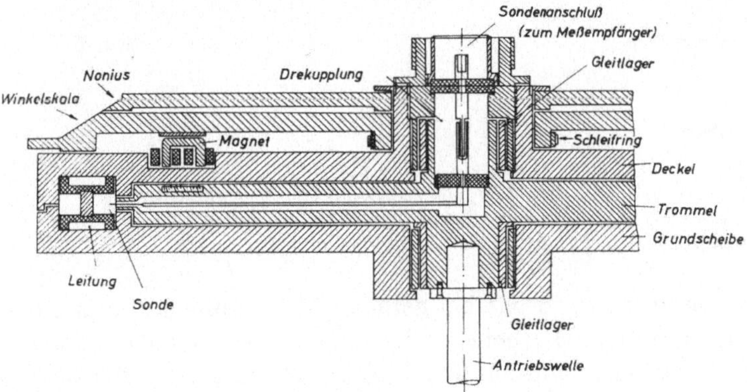


*Abb. 6.19  Aufbau einer Umlaufmeßleitung*

kann die Welle des Trommelantriebs in Kugeln gelagert werden. Verwendet man einen Motor ausreichender Leistung, so können Gleitlager großer Fläche eingebaut werden. Die Lagerschalen dienen dann gleichzeitig als Außenleiterkapazität der Drehkupplung [6.38]. In Abb. 6.19 ist diese Art der Konstruktion skizziert. Je nach Frequenzbereich muß die Lagerfläche dann so groß gemacht werden, daß der kapazitive Widerstand die punktweise auftretenden galvanischen Kontakte des Gleitlagers, die einige zehntel Ohm betragen, praktisch kurzschließt, da sonst „Rauschspannungen" des Lagers entstehen. Der Innenleiterteil der Drehkupplung kann ebenfalls als Luft-Zylinderkondensator, als galvanischer Schleifkontakt mit Graphitstift oder Federspitze oder als Quecksilberkontakt ausgeführt werden.
Die Synchronisation des Anzeigeoszillografen mit dem Sondenumlauf erfolgt zweckmäßig über einen Impuls, der von einer Magnetspule abgegeben wird, wenn unter dem Magneten eine auf der Trommel befestigte Eisenscheibe durchläuft. Der Rücklauf des Elektronenstrahls wird nicht dunkelgetastet, um die Nullinie schreiben zu können, wenn die Sonde den spannungsfreien Teil zwischen Generator- und Meßobjektanschluß durchläuft. Die Festlegung der zur Phasenbestimmung not-

wendigen Bezugsebene wird vorteilhaft durch eine Dunkelmarke auf dem Bildschirm besorgt [6.34 bis 6.38, 6.151]. Der zur Erzeugung des Dunkelpunktes notwendige Austastimpuls wird ebenfalls mit einer Magnetspule erzeugt. Dieser Magnet ist jedoch verschiebbar angeordnet; seine Lage kann auf einer Winkelskala abgelesen werden, die auf jener Scheibe eingraviert ist, an der der Magnet befestigt ist (Abb. 6.19).

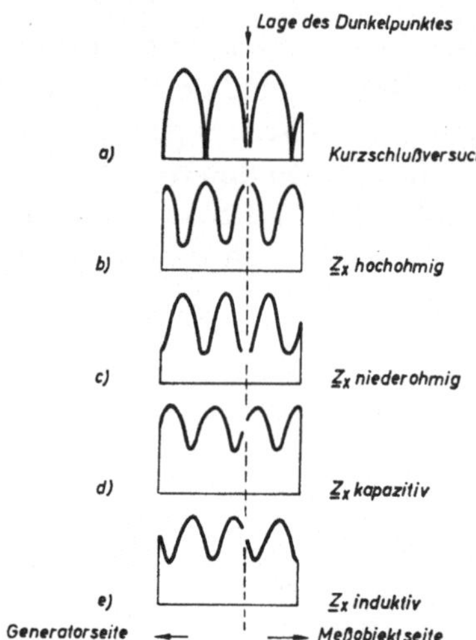


Abb. 6.20  *Interpretation von Schirmbildern einer Meßleitung mit Sichtanzeige*

Die Festlegung der Bezugsebene wird wie bei geraden Meßleitungen durch einen Kurzschlußversuch vorgenommen. Hierbei wird der Magnet so verschoben, daß der Dunkelpunkt die Lage eines Minimums auf dem Bildschirm markiert. – Bei stehenden Wellen kann dies sehr genau erfolgen, wenn man die Skalenscheibe so einstellt, daß die beiden „Beinchen" des Kurvenzuges rechts und links des Minimums gleich lang sind (Abb. 6.20a). – Durch Verschieben des Dunkelpunktes in ein zweites Minimum kann dann die zur Widerstandsmessung notwendige Längenmessung auf eine Winkelmessung zurückgeführt werden, d. h. man ermittelt für die Meßfrequenz die Längenverschiebung in Grad/$\lambda$, ohne die genaue elektrische Länge der Meßleitung kennen zu müssen. (Bei den Koaxialtypen weicht ja durch die dielektrischen Ringe $\lambda$ von $\lambda_0$ ab.)

Den Umlaufmeßleitungen wird zwar gegenüber den geraden Meßleitungen eine geringere Meßgenauigkeit nachgesagt (sie beträgt etwa 2 bis 3 %), ihre Vorteile bestehen jedoch nicht nur in einer wesentlich verkürzten Meßzeit, sondern auch darin, daß sich einige Fehlerursachen, die bei geraden Meßleitungen sehr leicht zu Meßfehlern führen können, auf dem Schirmbild der Umlaufmeßleitung sofort erkennen und somit beseitigen lassen, wodurch die Meßsicherheit erhöht wird.

Ohne zahlenmäßige Auswertung gemessener Größen und ohne Benutzung des Leitungsdiagrammes kann der geübte Betrachter direkt aus dem Schirmbild den Betrag und die Phase eines angeschlossenen Widerstandes mit oft ausreichender Genauigkeit abschätzen, wie dies in Abb. 6.20 grob skizziert ist. Abb. 6.21 zeigt einige vom Verfasser aufgenommene Schirmbilder einer 3-cm-Umlaufmeßleitung.

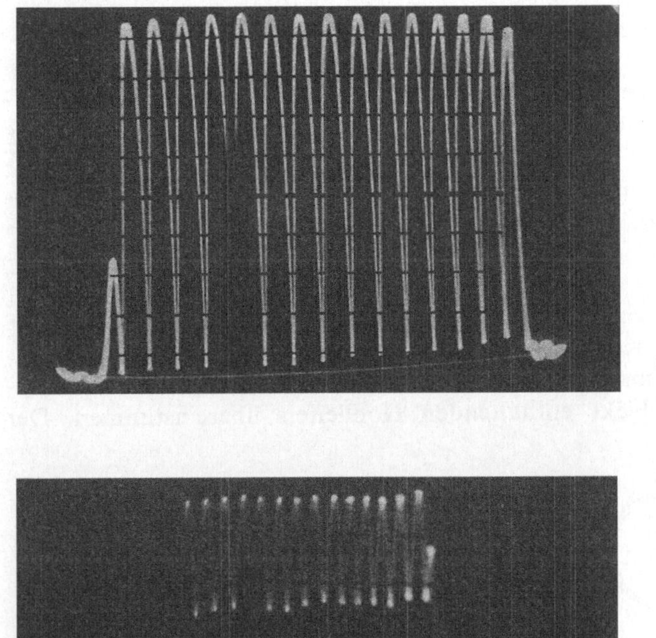

*Abb. 6.21  Schirmbildaufnahmen*
a) $m \approx 0$; b) $m \approx 0{,}7$; c) $m \approx 1$

## 6.23  *Fehlerquellen und Absoluteichung*

Die verschiedenen Fehler, die bei der Impedanzmessung mit der Meßleitung auftreten können, werden zweckmäßig unterteilt in solche, die durch die Meßleitung selbst (z.B. Diskontinuitäten) bedingt sind, in solche, die beim Abtastvorgang auftreten, und in solche, die durch Änderung äußerer Parameter (z.B. Generatorfrequenz) verursacht werden.

### a) Leitungsfehler

Da alle Widerstandsmessungen auf den Wellenwiderstand $Z_L$ der Meßleitung bezogen werden, müssen bei Koaxialtypen die Abmessungen möglichst genau der Bedingung der Gl. (1.2) entsprechen bzw. bei Hohlleitermeßleitungen mit den Abmessungen des das Meßobjekt enthaltenden Hohlleiters übereinstimmen. Der

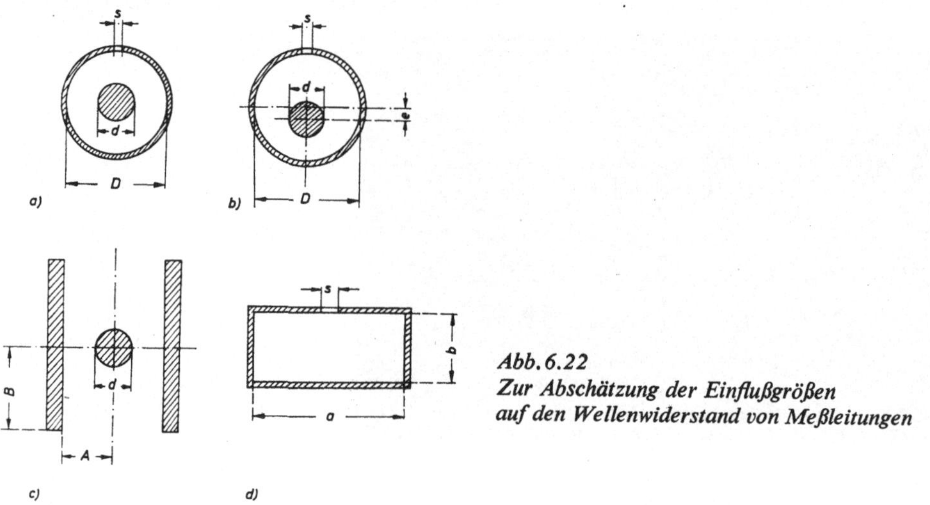

Abb. 6.22
Zur Abschätzung der Einflußgrößen
auf den Wellenwiderstand von Meßleitungen

Wellenwiderstandsfehler, der durch Abmessungsfehler $\Delta$ hervorgerufen wird, ergibt sich für Koaxialleitungen nach [6.6, 6.7b, 6.47, 6.80] zu:

$$\Delta Z_L = 60 \left( \frac{\Delta D}{D} - \frac{\Delta d}{d} \right) \Omega \tag{6.2}$$

Die Bezeichnungen der Abmessungen gehen aus Abb. 6.22 hervor. Für eine Leitung mit $D = 16$ mm, $d = 7$ mm ergibt z.B. eine Abweichung $\Delta d = 0{,}01$ mm einen Fehler $\Delta Z_L/Z_L = 1{,}7\%$.

Der Wellenwiderstandsfehler, der durch den Abtastschlitz erzeugt wird, beläuft sich auf [6.1a, 6.43, 6.44]:

$$\frac{\Delta Z_L}{Z_L} = \frac{1}{\pi^2} \cdot \frac{s^2}{D^2 - d^2} \tag{6.3}$$

Für einen Schlitz von $s = 2$ mm Breite bei $D = 16$ mm und nicht zu kleiner Wandstärke des Außenleiters ergibt sich hieraus ein Fehler $\Delta Z_L/Z_L = 2^0/_{00}$.

Die Exzentrizität $e$ des Innenleiters (Abb. 6.22b) ruft ebenfalls einen Wellenwiderstandsfehler hervor [6.7b, 6.9c], der jedoch sehr klein ist:

$$\Delta Z_{\mathrm{L}} = -240 \left(\frac{e}{D}\right)^2 \Omega \qquad (6.4)$$

Eine Exzentrizität $e = 0,1$ mm ruft bei $D = 16$ mm einen Fehler $\Delta Z_{\mathrm{L}}/Z_{\mathrm{L}} = 0,2^0/_{00}$ hervor.

Der Leitungsquerschnitt nach Abb. 6.22c, dessen Wellenwiderstand sich nach [6.9c, 6.45] berechnet zu

$$Z_{\mathrm{L}} = 60 \ln 2,54 \frac{A}{d} \Omega, \qquad (6.5)$$

ist einer Koaxialleitung mit kreisförmigem Querschnitt äquivalent, deren Schlitzbreite $s$ wesentlich kleiner ist. Die äquivalente Schlitzbreite ergibt sich zu [6.1a]:

$$s = \frac{4}{\sin \pi B/2A} \text{ Radian} \qquad (6.6)$$

Für $B/A = 3$ und $D = 16$ mm würde $s$ nur 0,58 mm betragen; ein Wert, der praktisch zur Einführung einer Sonde nebst Abschirmmantel nicht mehr realisierbar wäre. Nachdem die $Z_{\mathrm{L}}$-Veränderung nach Gl. (6.3), hervorgerufen durch den Schlitz, jedoch schon beim normalen Querschnitt so geringfügig ist, bringt die Verwendung der Leitung nach Abb. 6.22c hier keinen Vorteil. Er liegt vielmehr bei einer besseren Konstanthaltung der Kapazität zwischen Abtaster und Innenleiter sowie zwischen Abtaster und Masse und führt zu kleineren Schwankungen der Auskoppelspannung bei Rauhigkeiten der Abtasterführung [6.160].

Die Änderung des Feldwellenwiderstandes $Z_{\mathrm{F}}$ und der Leitungslänge $\lambda_{\mathrm{H}}$ bei Rechteckhohlleitern (Abb. 6.22d) ist in [6.2a] angegeben. Sie beträgt

$$\frac{\Delta Z_{\mathrm{F}}}{Z_{\mathrm{F}}} = \frac{\Delta \lambda_{\mathrm{H}}}{\lambda_{\mathrm{H}}} = \frac{s^2 \cdot \lambda_{\mathrm{H}}^2}{8\pi b a^3}. \qquad (6.7)$$

Bei einer Wellenlänge von $\lambda_0 = 3$ cm und $\lambda_{\mathrm{H}} = 4,5$ cm, $a = 25$ mm, $b = 12,5$ mm und einer Schlitzbreite von $s = 2$ mm ergibt sich eine Änderung $\Delta Z_{\mathrm{F}}/Z_{\mathrm{F}} = \Delta \lambda_{\mathrm{H}}/\lambda_{\mathrm{H}} = 1,5^0/_{00}$.

Bei Frequenzen, die wesentlich über 10 GHz liegen, kann die Schlitzbreite $s$ nicht mehr sehr klein gegenüber den Hohlleiterabmessungen gemacht werden, so daß sich hier der Fehler durch den Schlitz stärker bemerkbar machen kann. Deshalb wird der Querschnitt manchmal entsprechend verändert und der Schlitz an den Enden keilförmig oder in einer $\lambda/4$-Stufe erweitert [6.1a]. Zur mechanischen Meßtechnik s. [6.187].

Weitere Fehlerursachen sind bei Koaxialmeßleitungen die Isolierstützen, die zur Halterung des Innenleiters dienen, und etwaige Querschnittsänderungen, die am Stecker des Objektanschlusses vorgenommen werden. Die durch diese Diskontinuitäten hervorgerufenen Vierpolfehler sind, soweit es die Konstruktion erlaubt, zu vermeiden bzw. so zu kompensieren, daß die restliche Reflexion im interessierenden Frequenzbereich kleinste Werte annimmt. Eine kompensierte Isolierstütze, deren

Grenzfrequenz bei der Grenzfrequenz der Koaxialleitung selbst liegt, ist in [6.46] beschrieben.

Eine Exzentrizität des Innenleiters, die sich längs der Meßleitung verändert, z. B. ein durch die Schwerkraft verursachter Durchhang des Innenleiters oder eine Führung des Abtasterschlittens, die nicht genau parallel zur Meßleitung liegt, kann zu einer ortsabhängigen Auskoppeldämpfung führen, wenn sie in Richtung der Sonde verläuft. Senkrecht zur Sondenrichtung bleibt eine Exzentrizität des Innenleiters praktisch ohne Auswirkung. Immer dann, wenn die Innenleiterexzentrizität nicht systematisch ist, oder wenn die Frequenz so niedrig ist, daß nicht die Spannungsverläufe mehrerer Halbwellen miteinander verglichen werden können – wenn sie also unerkannt bleibt –, gibt sie Anlaß zu Meßfehlern.

Die Spannungsänderung am Abtaster durch eine solche Exzentrizität läßt sich nach [6.1 a] errechnen:

$$\frac{\Delta U}{U} = \frac{4D}{D^2 - d^2} \cdot e \tag{6.8}$$

Eine Exzentrizität von $e = 0{,}01$ mm bei $D = 16$ mm und $Z_L = 50\ \Omega$ ergibt eine Änderung der abgetasteten Spannung $\Delta U/U = 3^0/_{00}$. Bei Umlaufmeßleitungen nach [6.38] wurde z.B. durch eine Trommelexzentrizität von 0,01 mm eine Spannungsänderung von etwa 2% beobachtet.

## b) Störspannungen

Die in [6.4 a, 6.6, 6.7 a, 6.38, 6.47 und 6.51] erwähnten Störspannungen sind eine relativ häufige, bei anderen Autoren jedoch seltsamerweise nicht beachtete Fehlerquelle beim Gebrauch von Meßleitungen. Unter Störspannung versteht man in diesem Zusammenhang eine Spannung der Meßfrequenz, die ebenfalls von dem die Meßleitung speisenden Generator stammt, aber auf einem anderen Weg an den Eingang des am Abtaster liegenden Meßempfängers gelangt und sich deshalb mit beliebiger Phase der Meßspannung überlagert und diese verfälscht. Es gibt verschiedene Wege, über die eine Störspannung in den Empfänger eindringen kann: Ist z. B. die Abschirmung von Sender und Empfänger oder ihrer Verbindungsleitungen nicht ausreichend, so kann die Störspannung außerhalb der Meßanordnung zum Empfänger gelangen. (Besitzt die Abschirmung z. B. jeweils nur 50 dB Dämpfung und liegt zwischen Meßsender und Meßleitung ein Dämpfungsglied von 40 dB, besitzt ferner die Meßleitung eine Abtasterdämpfung von 40 dB, so ist der Betrag der Störspannung schon 10 % der Nutzspannung am Empfänger.) Breitet sich die Störspannung als Mantelwelle auf der Außenseite der Meßleitung aus, so kann sie auch an der Stelle $C_2$ der Abb. 6.2, d.h. also zwischen Meßleitungs- und Sondenaußenleiter, eindringen, wenn die Massekapazität des Sondenschlittens $C_2$ zu gering ist. Bei Umlaufmeßleitungen ist die Drehkupplung eine beliebte Stelle, um Störspannungen Zugang zur Abtasterleitung zu gewähren. Störspannungen können ferner direkt in den Abtaster eintreten, wenn am Schlitz eine Querspannung auftritt. Dies ist dann der Fall, wenn eine Unsymmetrie, bei Koaxialleitungen z. B. durch Exzentrizität des Innenleiters oder bei Hohlleitern durch Bauungenauigkeiten, auftritt. Bei Leitungen nach Abb. 6.2 b kann das Entstehen unerwünschter Wellentypen zu Störspannungen führen. Schließlich sind Störspannungen noch durch

Schlitzresonanzen möglich. Die Erregung einer solchen Schlitzwelle kann sowohl von außen als auch von innen her erfolgen. Sie tritt bei Meßleitungen nicht nur bei diskreten Frequenzen auf, da sich durch die stetige Verschiebung des Schlittens immer eine Schlitzlänge finden läßt, die zur Wellenlänge oder ihren Vielfachen paßt. Bei Umlaufmeßleitungen kann auch der gesamte innere Trommelraum als Hohlraumresonator schwingen und im Schlitz eine Welle anregen, wobei durch geringfügiges Taumeln der Trommel bei der Rotation eine veränderliche Resonanzfrequenz die Folge sein kann. Bei Impedanzmessungen an Antennen ist die Gefahr von Störspannungen natürlich besonders groß; Abschirmmaßnahmen sind hier nur auf der Empfängerseite möglich.

Eine Störspannung konstanter Amplitude und Phase, wie sie z.B. durch die an erster Stelle oben geschilderte Ursache entsteht, läßt sich leicht an Hand von Abb. 6.23 aus dem gemessenen Spannungsverlauf identifizieren, sofern man zwei Halbwellen oder mehr auf der Meßleitung abtasten kann: Bekanntlich ändert sich z.B. bei Anpas-

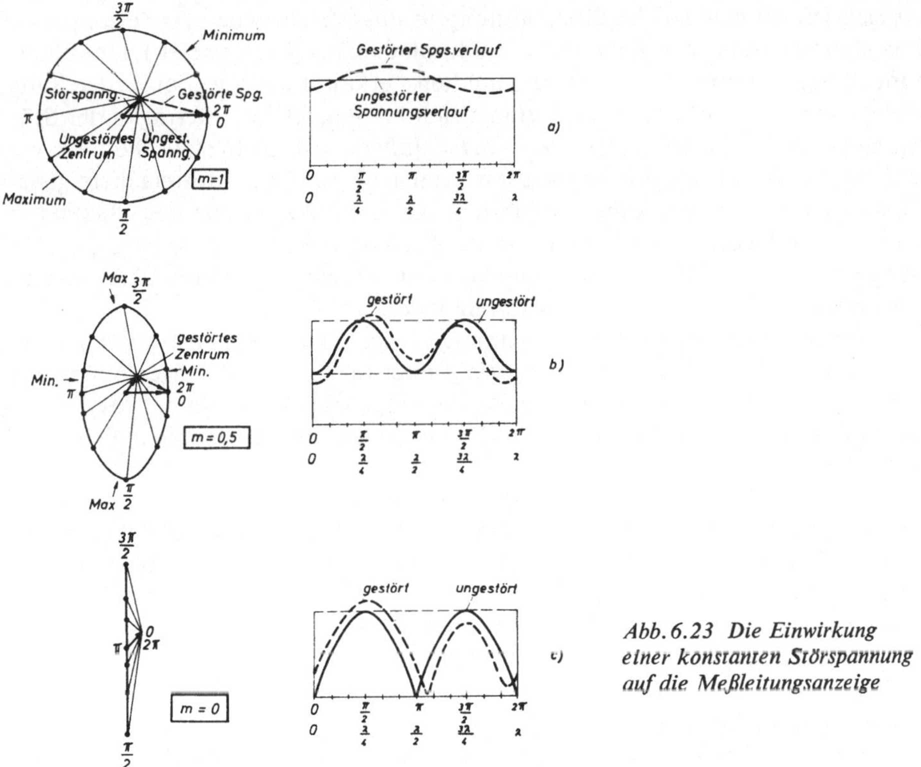



*Abb. 6.23 Die Einwirkung einer konstanten Störspannung auf die Meßleitungsanzeige*

sung des Abschlußwiderstandes ($\underline{Z}_x = \underline{Z}_L$) die Phase der abgetasteten (Nutz-)Spannung stetig von 0 bis $2\pi$, wenn man die Sonde um eine Wellenlänge verschiebt. Wird der Nutzspannung, deren Amplitude ja konstant bleibt (Abb. 6.23a), eine Störspannung konstanter Phase überlagert, so erscheint infolge der vektoriellen Addition ein Spannungsverlauf, der trotz Anpassung seine Amplitude mit der Sondenverschiebung ändert. Die Schwankung hat jedoch eine Periode, die einer *ganzen* Wellenlänge entspricht im Gegensatz zu der Periode von $\lambda/2$, wie sie bei einer echten Fehlanpassung aufträte.

Abbildung 6.23c zeigt den Fall für Totalreflexion des Meßobjekts ($m = 0$). Hier bleibt bei der Sondenverschiebung die Phase der Nutzspannung über $\lambda/2$ konstant, um dann um den Winkel $\pi$ zu springen. Die Störspannung verändert jetzt sowohl die Maximalamplituden der beiden abgetasteten Halbwellen unterschiedlich und verschiebt auch die Lage der Minima. Eine Anhebung der Minima kann, sie muß aber nicht erfolgen. Abbildung 6.23b läßt die Verhältnisse für eine pseudostehende Welle ($m = 0,5$) an Hand der Spannungsellipse erkennen.

Störspannungen, die an anderer Stelle in die Abtastleitung eindringen, ändern im allgemeinen ihre Phase mit der Stellung der Sonde. Die Verhältnisse sind dann nicht mehr so einfach zu übersehen und es sind durchaus auch Fälle möglich, bei denen eine Spannungsverteilung auf der Meßleitung vorgetäuscht wird, die z.B. einer echten Fehlanpassung entspricht, also nicht sofort zu erkennen ist. Im allgemeinen äußert sich jedoch eine solche Störspannung in unsystematischen Änderungen des abgetasteten Spannungsverlaufs und kann durch den Vergleich zweier Halbwellen – die ohne Störspannung völlig gleich sein müßten – erkannt werden. Zur Feststellung, ob Störspannungen vorhanden sind, eignet sich bei sehr kleinen Beträgen der Störspannung ($<$ einige %) am besten der Kurzschlußversuch: Man stellt die Lage von mindestens drei der Spannungsminima fest. Ist der Abstand der Minima nicht genau gleich, so ist eine Störspannung vorhanden. Auch die Amplitude der Maxima ist dann meist verschieden und wechselt mit der Periode von $\lambda$. Voraussetzung der Erkennung ist in jedem Fall die Abtastung von mindestens zwei Halbwellen, was zur Widerstandsmessung allein nicht notwendig wäre.

Um zu unterscheiden, ob eine Störspannung, deren Existenz man festgestellt hat, von außen in die Empfängerleitung eindringt oder im Inneren der Meßleitung entsteht, genügt es meist, die Hand an den Verbindungskabeln oder an der Meßleitung entlangzuführen. Hierbei auftretende Änderungen der Anzeige deuten auf das Vorhandensein einer äußeren Ausbreitung, z.B. als Mantelwelle, hin. Eine Variation des am Sender angeschlossenen Dämpfungsgliedes läßt auf die Austrittsstelle schließen.

Neben der Erkennung von Störspannungen ist ihre Beseitigung von besonderem Interesse. Bei ihrer Ausbreitung außerhalb der Meßleitung ist die Verbesserung der Abschirmmaßnahmen die einzig mögliche Abhilfe. Das Eindringen von Störspannungen zwischen Meßleitungs- und Sondenaußenleiter kann durch Vergrößern der Schlitten-Massekapazität, durch Einbau von Ferrit-Dämpfungsscheiben in der Umgebung des Sondenaußenleiters (Abb. 6.11) und durch Drosseleinfräsungen (Abb. 6.2c) vermindert werden. Der Außenleiter der Sonde muß auf alle Fälle bis in das Innere des Schlitzes geführt werden; dieser „Kragen" sollte bis zur Innenkante des Meßleitungsaußenleiters geführt sein, wie dies z.B. aus den Abb. 6.2c, 6.11 und 6.12 zu entnehmen ist. Eine Verlängerung dieses Kragens in Form einer Nase (Abb. 6.24) in Längsrichtung des Schlitzes vermindert erfahrungsgemäß die Störspannungsanfälligkeit. Bei Hohlleitermeßleitungen macht man diese Nase etwa $\lambda/2$ lang. Schlitzresonanzen können durch Einbau eines kleinen Widerstands- oder Ferritstreifens am Ende der Nase und am Ende des Schlitzes gedämpft werden

(Abb. 6.24). Auch kleine mit dem Schlitten verschiebbare Kurzschlußkontakte, die im Schlitz angebracht waren, konnten schon Verbesserungen bringen. Bei Umlaufmeßleitungen empfiehlt es sich zur Dämpfung möglicher Resonanzen des Trommelraumes, die Trommeloberfläche und die inneren Gehäuseflächen mit einer dämpfenden Schicht – z.B. Lack mit Ferritpulver – zu überziehen.

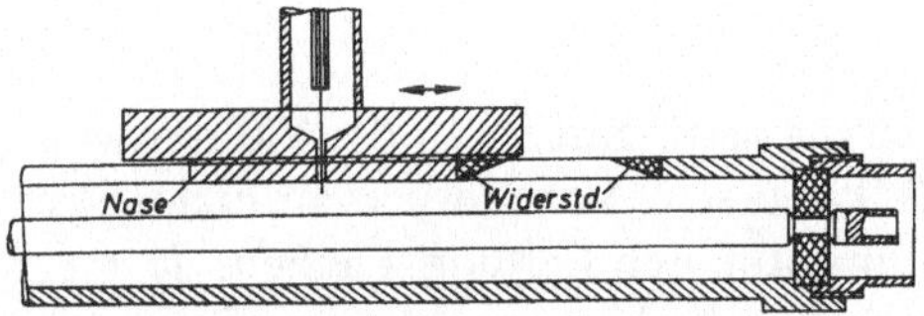


*Abb. 6.24  Sondenschlitten und Schlitzende mit Dämpfungsstreifen*

Sehr vorteilhaft ist es nach [6.4a und 6.51] zur Unterdrückung von Störspannungen, die in den Abtaster gelangen können, die Sondenspannung dadurch auf den Sondenaußenleiter als Nullpunkt zu beziehen, daß man zur Abtastung eine induktive Sonde statt der sonst üblichen kapazitiven Sonde verwendet. Die als einfache Koppelschleife ausgeführte induktive Sonde nach Abb. 6.25a bringt zwar eine in vielen Fällen schon ausreichende Verbesserung, sie besitzt jedoch eine gemischt kapazitivinduktive Kopplung, da die Selbstinduktivität der Schleife nicht vernachlässigbar klein ist und der vom Erdpunkt ferne Teil der Koppelschleife zusätzlich kapazitiv an das elektrische Feld der Meßleitung gekoppelt ist. Eine rein induktiv wirkende Schleife erhält man nach [6.4a] durch den Einbau eines Abschirmbügels, der am Sondenaußenleiter angeschlossen ist und den größten Teil der Schleife gegen das E-Feld abschirmt (Abb. 6.25b). Mit dieser Form der Schleife ist oft eine wesentliche Verminderung der Störspannungen möglich; die induktive Sonde besitzt jedoch neben der nicht veränderlichen Tauchtiefe einen weiteren Nachteil, auf den unten noch eingegangen werden soll.

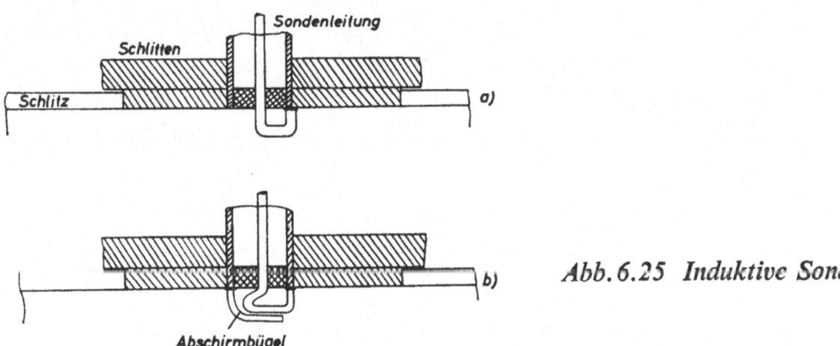


*Abb. 6.25  Induktive Sonden*

Die Anzeige des Wellenzustandes auf der Meßleitung wird durch Verwendung einer induktiv gekoppelten Sonde prinzipiell nur insoweit verändert, als sich die Lage der Minima und Maxima um $\lambda/4$ gegenüber der Abtastung mit kapazitiver Sonde verschiebt. Bei gemischter Kopplung tritt eine Verschiebung ein, die einem Zwischenwert entspricht und den Anteil von kapazitiver Restkopplung errechnen läßt. Der

Anteil kapazitiver Kopplung einer induktiven Sonde kann auch durch Drehen der Sonde ermittelt werden. Eine Änderung des angezeigten *m* tritt auch bei gemischter Kopplung nicht auf. Wendet man bei der Impedanzmessung den Kurzschlußversuch nach Abschn. 6.21 zur Festlegung der Bezugsebene an, so ist die Art der Auskopplung völlig unerheblich, da die „Neue Bezugsebene" (Abb. 6.3) sich entsprechend einstellt.

### c) Abtasterrückwirkung

Da der Abtaster, um eine Anzeige möglich zu machen, einen Teil der auf der Meßleitung fließenden Leistung entnehmen muß, kann sein Vorhandensein nicht gänzlich ohne Einfluß auf die Spannungsverteilung auf der Leitung bleiben. Je mehr Sendeleistung zur Verfügung steht und je empfindlicher der Meßempfänger ist, desto kleiner kann die Ankopplung der Sonde gewählt werden, desto geringer werden auch etwaige Rückwirkungen des Abtasters auf den Wellenzustand der Leitung sein.
Zunächst sei das Ersatzschaltbild des kapazitiven Abtasters in Abb. 6.26 betrachtet. Es sei vorausgesetzt, daß die Massekapazität $C_2$ genügend groß ist, so daß auch geringfügige Änderungen ihres Wertes bei einer Verschiebung des Schlittens keine merkbaren Änderungen des Widerstandes der Serienschaltung $C_2$, $Z_R$, $C_1$ hervor-

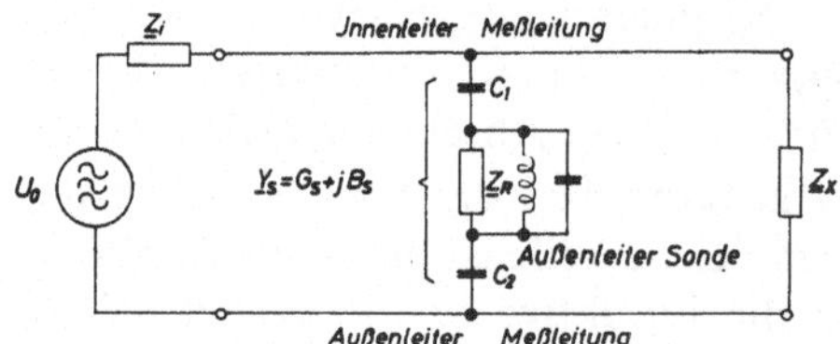


Abb. 6.26  *Ersatzbild der kapazitiven Sonde*

rufen. Hierzu ist erforderlich, daß $X_{C1}$ und $|Z_R| \gg X_{C2}$ sind, der zur Sondenabstimmung dienende Resonanzkreis muß sich also (im Gegensatz zu dem Hinweis in [6.1, S. 249]) in Resonanz befinden. Ferner sei die Koppelkapazität $C_1$ der Sonde konstant, d. h., Schlittenführung und Innenleiter weisen keine Exzentrizitätsabweichungen auf. Der durch die Elemente der Ersatzschaltung des Abtasters gebildete Sondenleitwert sei mit $Y_s = G_s + jB_s$ bezeichnet. Er liegt parallel zur Meßleitung

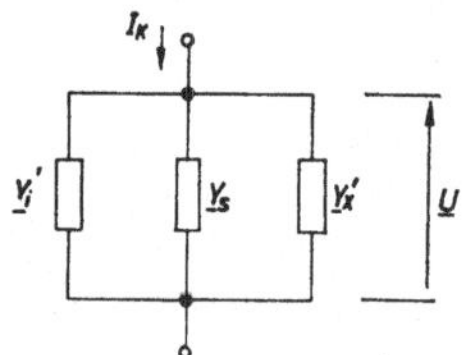


Abb. 6.27  *Parallelschaltung der transformierten Leitwerte von Generator, Sonde und Abschluß*

und kann die Spannung $\underline{U}$, die in ihrer Größe nur vom Innenwiderstand $Z_i$ und vom Abschlußwiderstand $Z_x$ und in ihrem Verlauf längs der Leitung nur von $Z_x$ abhängen sollte, merkbar beeinflussen. Da $Y_s$ bei der Messung längs der Leitung verschoben wird, ergibt die Parallelschaltung nach Abb. 6.27 für jeden Punkt der Leitung andere Verhältnisse. Der in den Leitwert $Y_i'$ transformierte Generatorinnenwiderstand und der in $Y_x'$ transformierte Abschlußleitwert $Y_x = 1/Z_x$ nehmen an jeder Stelle der Leitung einen anderen Wert an, sofern nicht beidseitige Anpassung vorliegt. Um die Abtasterrückwirkung so gering als möglich zu halten, sollte $Y_s$ möglichst klein sein. Man muß vor allem vermeiden, daß der Sondenabstimmungskreis $Z_R$ eine induktive Komponente besitzt, die zu einer Serienresonanz mit $C_1$ und zu sehr großen Werten für $Y_s$ führen könnte. Auch hierfür ist Resonanzabstimmung des $Z_R$ die sicherste Methode.

Der Abschlußwiderstand $Z_x$ muß beliebig wählbar sein; besitzt jedoch auch der Generatorinnenwiderstand $Z_i$ beliebige Größe, so kann an irgendeiner Stelle der Fall eintreten, daß die an dieser Stelle transformierten Leitwerte $Y_x'$ und $Y_i'$ *gleichzeitig* recht kleine Werte annehmen, wodurch dann der Sondenleitwert $Y_s$ nach Abbildung 6.27 an dieser Stelle eine relativ große Änderung der Leitungsspannung $\underline{U}$ hervorrufen könnte. Ist jedoch $Y_i = 1/Z_L$, so bleibt dieser Wert an jeder Stelle der Leitung konstant und die Bedingung $Y_s \ll Y_i'$ kann immer erfüllt werden. Dann wird der Einfluß von $Y_s$ auch an jenen Stellen der Leitung, für die $Y_x'$ sehr kleine Werte annimmt, nicht untragbar groß sein. Es ist also wichtig, den Innenwiderstand des Generators an den Wellenwiderstand der Meßleitung anzupassen, um die Abtasterrückwirkungen auf ein Mindestmaß zu beschränken [6.1a, 6.2a, 6.3a, 6.4a, 6.5a, 6.6, 6.7a, 6.52, 6.185] (vgl. a. Abschn. 6.24d).

Die unter der Bedingung $Z_i = Z_L$ verbleibenden Abtasterrückwirkungen sind an Stellen großer Leitungsspannung ($Y_x'$ ein Minimum) natürlich am größten. Hat $Y_s$ keine Blindkomponente, so ergibt sich nur eine Änderung des gemessenen $m$. Ist dagegen $G_s$ sehr klein und $B_s$ kapazitiv oder induktiv, so werden vor allem die Spannungsmaxima etwas in ihrer Lage verschoben. Diese Verhältnisse sind stark übertrieben in Abb. 6.28 (nach [6.6]) skizziert. Spannungsminima werden in ihrer

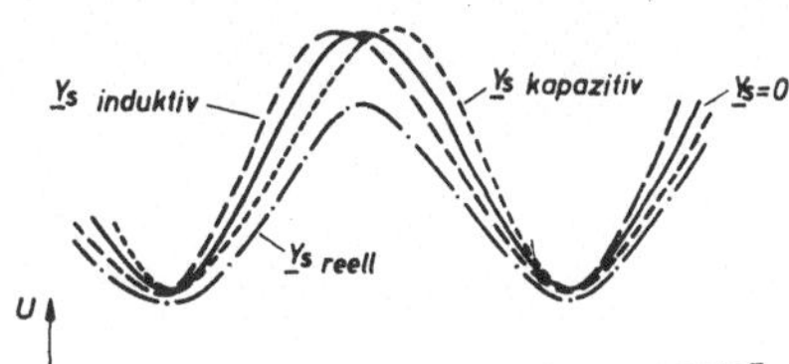


*Abb. 6.28 Einfluß der Abtasterrückwirkung auf den Spannungsverlauf*

Lage abhängig von $m$ beeinflußt. Bei $m = 0$ ist im Minimum die Abtasterrückwirkung ganz ausgeschaltet, was für die in Abschn. 6.23e und Kap. 7 beschriebenen „Knotenverschiebungsmessungen" sehr von Vorteil ist.

Eine quantitative Abschätzung der $m$-Fehler und der Extrema-Verschiebung durch die Abtasterrückwirkung kann an Hand von Abb. 6.29 (nach [6.2a]) erfolgen. Hierbei stellt $m'$ das angezeigte Spannungsverhältnis und $m$ den tatsächlichen Anpassungsfaktor des $Z_x$ dar. Es ist

$$m' = m\left(1 + G_s Z_L \frac{1-m}{1+m}\right). \tag{6.9}$$

Der relative Sondenleitwert $G_s \cdot Z_L$ in Abhängigkeit von der Eintauchtiefe $\varDelta$ kann aus Abb. 6.30 abgeschätzt werden. Es handelt sich hierbei um Meßwerte bei 3 GHz nach [6.1 a]. Die Sondenadmittanz kann auch durch eine Vierpolmessung (Kap. 7) bestimmt werden.

Der Sondeneinfluß läßt sich meßtechnisch auch direkt erfassen, wenn man entweder zwei Meßleitungen hintereinanderschaltet oder auf die zu untersuchende Meßleitung noch eine zweite Sonde aufsetzt: Der Meßleitungsausgang wird hierzu kurzgeschlossen, beide Sonden werden auf ein Spannungsminimum gestellt. Dann wird die zu prüfende Sonde, die sich auf der generatorfernen Seite befinden soll, vom

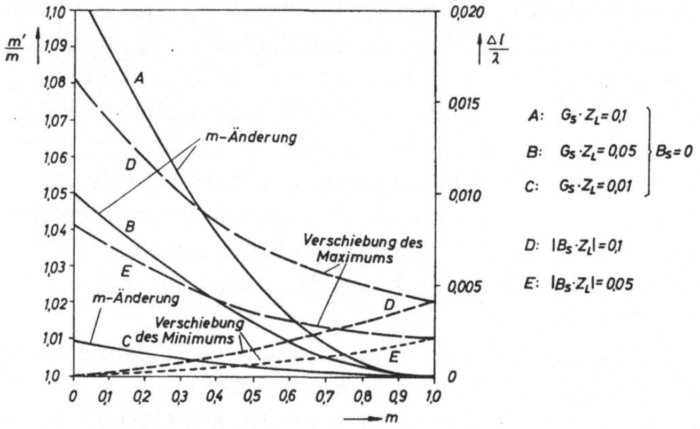


*Abb. 6.29  m- und l/λ-Fehler in Abhängigkeit vom Anpassungsfaktor m des Abschlußwiderstandes für verschiedene Sondenwirk- und -blindleitwerte*

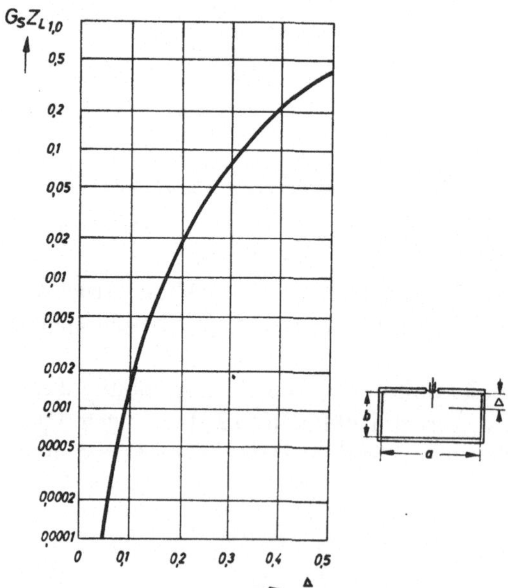


*Abb. 6.30 Sondenwirkleitwert in Abhängigkeit von der Eintauchtiefe*

Minimum auf ein Maximum geschoben und mit der Hilfssonde festgestellt, wieweit sich *ihr* Minimum verändert hat. Die Verschiebung $\Delta l/\lambda$ läßt sich mit der Hilfssonde direkt ablesen. Die Verfälschung der $m$-Messung kann mit einer Messung der Knotenbreite (Abschn. 6.24b) durch die Hilfssonde bestimmt werden. Ergibt sich nach Gl. (6.18) hierbei ein $m_2$, so ist für $m_2 \ll m' \ll 1$:

$$m \approx m' - m_2 \tag{6.10}$$

Die Belastung der ersten Sonde (Meßempfängereingang oder Diode) muß hierbei natürlich dem normalen Betriebsfall entsprechen.

Die oben erwähnte induktive Sonde besitzt etwas größere Rückwirkungen als eine gleichstark angekoppelte kapazitive Sonde. Postiert man nämlich die induktive Sonde im Minimum der Anzeige, so befindet sie sich ja an der Stelle des *Stromminimums*, an der aber die Spannung ein Maximum bildet. Da jedoch auch die auf Resonanz abgestimmte induktive Sonde noch eine zusätzliche Kapazität zum Innenleiter bzw. zum Hohlleiterfeld besitzt, ergibt sich auch im Anzeigeminimum eine gewisse Rückwirkung.

## d) Äußere Einflüsse

Kurzzeitige Schwankungen der Spannung des Meßsenders können, wenn sie z. B. zwischen der Messung der Maximal- und der Minimalspannung auftreten, zu einer falschen Messung des $m$ führen. Eine ständige Kontrolle der Senderspannung durch eine Diode mit Anzeigeinstrument, die zweckmäßig über einen Richtkoppler zwischen Sender und dem der Meßleitung vorgeschalteten Dämpfungsglied angeschlossen wird, kann solche Fehler vermeiden helfen. Bei Umlaufmeßleitungen sind solche Spannungsänderungen ebenfalls sofort zu erkennen. Bei Diodengleichrichtung kann eine Veränderung der Diodeneigenschaften auch zu fehlerhaften $m$-Messungen führen. Eine häufige Kontrolle der Diodeneichkurve ist deshalb ratsam. Bei Frequenzwechsel ist stets der Sendepegel so nachzustellen, daß die Diode im gleichen Bereich arbeitet.

Frequenzänderungen treten bei Mikrowellengeneratoren im allgemeinen leichter auf als Amplitudenänderungen. Sie wirken sich, sofern sie während der Messung auftreten, doppelt aus: Einmal verschiebt sich die Lage der Minima, und zwar um so mehr, je weiter der Meßpunkt von der tatsächlichen Bezugsebene des Meßobjekts entfernt ist. Zum anderen wirkt sich eine Frequenzänderung auch auf die Amplitude der Anzeige aus, wenn die Resonanzabstimmung der Sonde oder die ZF-Bandbreite des Meßempfängers zu schmalbandig sind. Hiergegen bietet die Ankopplung eines Frequenzmessers (z. B. in Form eines Hohlraumresonators mit Detektor und Anzeigeinstrument – s. Abschn. 12.2) an die Senderleitung eine gute Kontrollmöglichkeit, die gleichzeitig zur Amplitudenüberwachung geeignet ist.

Eine der Senderspannung aufgeprägte Frequenzmodulation, z. B. durch ungünstige Kurvenform des Amplitudenmodulationssignales (Abschn. 2.51) oder durch ungenügende Siebung der Versorgungsspannung hervorgerufen, ergibt eine „verwaschene" Anzeige der Minima auf der Meßleitung. Hierdurch kann die genaue Bestimmung der Phase des $Z_x$ beeinträchtigt, aber auch eine zu große Minimalspannung vorgetäuscht werden (Abb. 6.31). Erfolgt bei Sendern, die an Umlauf-

meßleitungen angeschlossen sind, die unerwünschte Frequenzmodulation mit Netzfrequenz, so ist dies auf der oszillografischen Anzeige meist daran zu erkennen, daß
die dargestellte Spannungskurve mit der Schlupffrequenz (Asynchronmotor als Antrieb vorausgesetzt) des Antriebsmotors seitlich „wackelt". Ist der Meßempfänger
nicht genau auf die Mitte seiner ZF-Durchlaßkurve eingestellt, so tritt noch eine
Amplitudenmodulation des Spannungsbildes hinzu, die ebenfalls mit der Schlupffrequenz durchläuft.

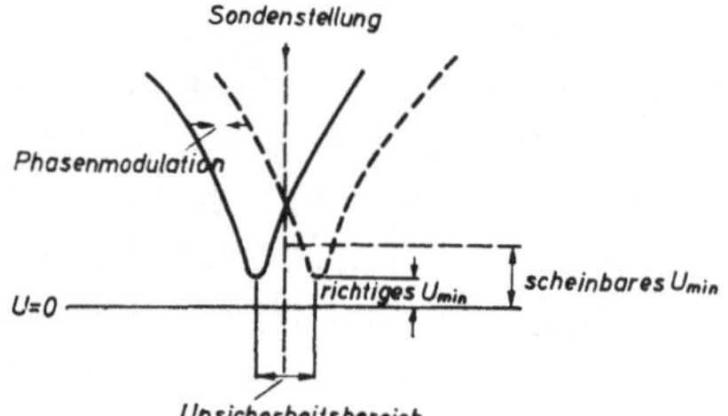


*Abb. 6.31 Verfälschung der Minimum-Anzeige durch unerwünschte Frequenzmodulation*

Ist das Meßobjekt sehr schmalbandig – z. B. Eingangsimpedanz eines Resonators
hoher Güte – so kann eine Frequenzmodulation des Senders die Messung mit gerader Meßleitung und Instrumentenanzeige völlig verfälschen, da die Impedanz
innerhalb des durchlaufenen Frequenzbereiches die verschiedensten Werte annehmen und die integrierende Wirkung des Zeigerinstrumentes zu völlig falschen $m$-
und $l/\lambda$-Werten führen kann. Die Anschaltung eines Oszillografen an Stelle des
Zeigerinstrumentes läßt im allgemeinen diese Gefahr erkennen, die Sichtanzeige
mit Umlaufmeßleitung macht die Messung in manchen Fällen trotz einer Rest-FM
noch auswertbar.
Das Vorhandensein starker Oberwellen im Sendersignal kann bei Diodengleichrichtung mit relativ stark gedämpftem Sondenkreis bzw. bei ungenauer Abstimmung
eines Meßempfängers auch zu den verschiedensten Verzerrungen des angezeigten
Spannungsverlaufs führen, wobei das Verhalten der Impedanz des Meßobjektes bei
den gleichzeitig empfangenen Oberwellen ausschlaggebend für die Form der Verzerrung ist. Eine Verwechslung dieses Effektes mit Störspannungen ist zwar möglich, durch Verändern der Empfängerabstimmung aber leicht auszusondern.
Weitere Verfälschungen des Meßergebnisses sind vor allem bei kleinen $m$-Werten
und bei Verwendung von Videodioden durch Einstreuung des Modulationssignals
direkt in die NF-Leitung des Anzeigeverstärkers möglich. Diese Fehler sind durch
Verändern des HF-Dämpfungsgliedes zu identifizieren. In ähnlicher Weise kann
(vorwiegend bei Messung kleiner $m$-Werte durch Variation eines Dämpfungsgliedes
im ZF-Kanal eines Meßempfängers) das Eigenrauschen des Empfängers einen konstanten Grundpegel der Anzeige hervorrufen und zu falschen $m$-Messungen Anlaß
geben. Ein Abtrennen des Senders in der Minimumstellung der Sonde läßt dies erkennen.
Schließlich sei noch auf die Möglichkeit hingewiesen, daß eine Gleichrichterdiode
bei großen Pegeln eine Kapazitätsvariation erfahren und dadurch den Sondenkreis
pegelabhängig verstimmen kann. Dies kann ebenfalls zu einer Verzerrung der ge-

messenen Kurvenform der Spannungsverteilung führen. Auch eine bei der Bewegung des Sondenschlittens häufig auftretende Verbiegung des Verbindungskabels zum Empfänger kann durch C-Änderung zu einer lageabhängigen Verstimmung des Sondenkreises Anlaß geben.

### e) Meßgenauigkeit und Absoluteichung

Wie die Betrachtung der verschiedenen Fehlerquellen schon zeigte, hängt die mit Meßleitungen erreichbare Genauigkeit der Impedanzmessung von verschiedenen Faktoren ab. Da die Meßleitung selbst als Widerstandsnormal dient, ist zunächst einmal die Genauigkeit, mit der sich ihre den Wellenwiderstand bestimmenden Abmessungen mechanisch reproduzieren lassen, ein wesentlicher Faktor. Weiter ist zur Genauigkeitsbestimmung die Abschätzung der Größe der oben beschriebenen Fehler durch Diskontinuitäten, Störspannungen, Abtasterrückwirkung usw. vonnöten. Schließlich geht in die $m$-Messung noch die jeder Spannungsmessung anhaftende Unsicherheit ein. Die Messung der Phase des $Z_x$ erfordert eine exakte Längenmessung, doch spielt auch hier die Unsicherheit der Spannungsmessung eine Rolle, wie noch gezeigt wird.

Man kann heute mit einer Genauigkeit von etwa $\pm 2\,^0/_{00}$ des Wellenwiderstandes gerader Meßleitungen bis zu Frequenzen von etwa 10 GHz rechnen [6.11, 6.47, 6.48, 6.49, 6.80]. Bei höheren Frequenzen – die höchste Frequenz, für welche Meßleitungen z. Z. Anwendung finden, liegt bei etwa 80 GHz – wird die Schlitzbreite relativ zu den Hohlleiterabmessungen schon recht groß, die Genauigkeit des $Z_F$ nimmt ab und die Reflexionen am Schlitzende und an der Sonde nehmen zu.

Für die Genauigkeit der Sondenverschiebung dürfte $\pm 0{,}01$ mm die mit erträglichem Aufwand erreichbare Grenze darstellen. Eine Verschiebung von 0,01 mm bedeutet zwar bei z. B. 10 GHz nur etwa $0{,}5\,^0/_{00}$ der halben Wellenlänge, bei 80 GHz etwa $4\,^0/_{00}$ von $\lambda_H/2$. Das Spannungsminimum selbst läßt sich jedoch nicht so genau bestimmen, besonders wenn $m$ nahe bei 1 liegt. Man kann die Minimumbestimmung zwar verbessern, wenn man eine Mittelwertbildung aus gleichen Spannungswerten rechts und links des Minimums vornimmt (Abschn. 6.24), doch ergibt hier die begrenzte Spannungsmeßgenauigkeit einen Restfehler. Der Zusammenhang zwischen der Unsicherheit der Minimumbestimmung $\Delta l/\lambda$ in Abhängigkeit von $m$ und Spannungsmeßunsicherheit $\varepsilon$ ist in Abb. 6.32 für quadratische Gleichrichter nach [6.1a] dargestellt. Für lineare Gleichrichter dürfte diese Ungenauigkeit bei kleinen $m$ um den Faktor 2 kleiner sein.

Die $m$-Messung selbst ist natürlich von der Ungenauigkeit der Spannungsmessung $\varepsilon$ direkt beeinflußt. Es ist

$$m\,(1 + 2\varepsilon) \geqslant m' \geqslant m\,(1 - 2\varepsilon). \tag{6.11}$$

Der kleinste erreichbare Gesamtfehler einer Impedanzmessung dürfte etwa bei 1 % liegen, wenn $f < 10$ GHz bleibt, und hängt natürlich stark von den zur Verfügung stehenden Geräten und der auf die Messung verwendeten Sorgfalt ab.

Die *Absoluteichung* einer Meßleitung wird meist mit Hilfe der sog. „Knotenverschiebungsmessung", auf die in Kap. 7 noch näher eingegangen wird, auf den Vergleich mit einer Blindleitung zurückgeführt [6.1b, 6.4c, 6.5b, 6.6b, 6.7d, 6.9k, 6.47,

6.48, 6.50, 6.61, 6.80, 6.166, 6.167, 6.185]. Diese Blindleitungen sind sehr genau zu bauen und ermöglichen es, den Einfluß des Schlitzes, einer Isolierstütze oder auch einer Leitungsform, wie sie z.B. bei Umlaufmeßleitungen nach Abb. 6.19 vorkommt, meßtechnisch sehr genau zu erfassen. Die Knotenverschiebungsmessung besteht nur aus einer Längenmessung, die sehr genau durchführbar und vor allem auch frei

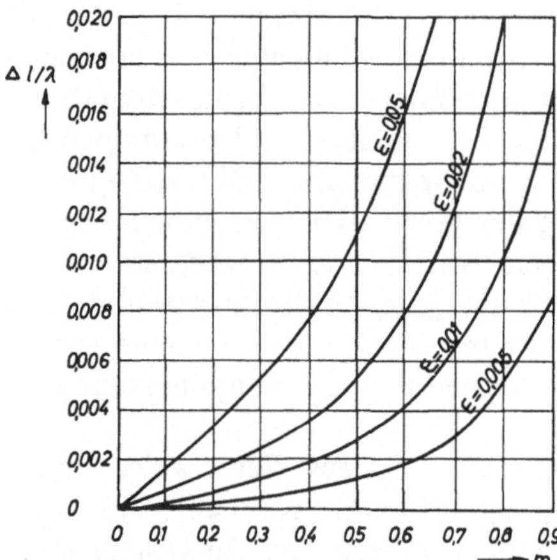

*Abb. 6.32  Unsicherheit der $l/\lambda$-Bestimmung in Abhängigkeit vom Anpassungsfaktor m und von der Unsicherheit $\varepsilon$ der Spannungsmessung*

von jeder Abtasterrückwirkung (s. oben) ist. Die Meßschaltung ist in Abb. 6.33 angedeutet. Der Kurzschluß der Blindleitung wird stückweise um mindestens $\lambda/2$ verschoben, wobei die stehenden Wellen und damit die Minima auf der Meßleitung in der gleichen Richtung wandern. Die Länge der Blindleitung bis zur Bezugsebene ist mit $l_2$, die Länge von der Bezugsebene bis zum ersten Minimum (Spannungsknoten), dessen Lage mit der Sonde festgestellt wird, ist mit $l_1$ bezeichnet. Besitzen Blindleitung und Meßleitung den gleichen Wellenwiderstand und ist die Verbindungsstelle zwischen beiden ohne Reflexion, so wird das Minimum sich genauso bewegen wie der Kurzschluß. Besteht jedoch eine Abweichung der Wellenwiderstände

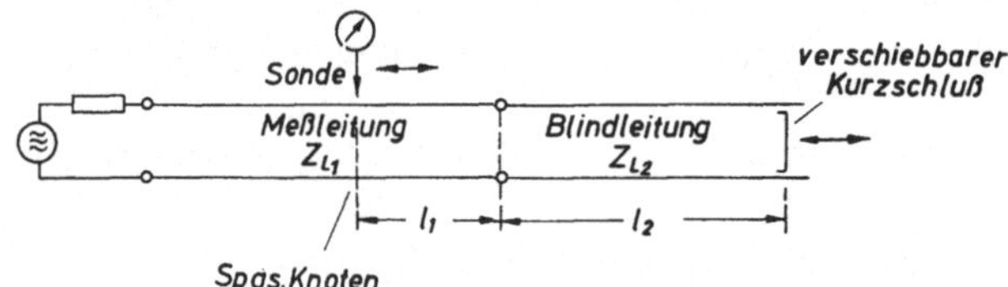


*Abb. 6.33  Schaltung zur Eichung einer Meßleitung (Knotenschiebungsmessung)*

$Z_{L1} \neq Z_{L2}$), so wird das Minimum an manchen Stellen der Bewegung des Kurzschlusses vor- oder nacheilen. Zeichnet man die aus der Messung gewonnenen Längen $l_1$ und $l_2$ in der in Abb. 6.34a skizzierten Weise auf, so zeigt sich eine Abhängigkeit, die bei *kleinen* Abweichungen durch eine Sinuskurve dargestellt werden kann, die mit $\lambda/2$ periodisch ist. Ist $\lambda_1$ von $\lambda_2$ verschieden, wie dies z.B. bei Hohlleitern mit relativ breitem Schlitz der Fall sein kann (Gl. (6.7)), so ist an Stelle von $(l_1 + l_2)/\lambda$ natürlich $l_1/\lambda_1 + l_2/\lambda_2$ zu setzen. Bei Längen $l > \lambda/2$ ist jeweils $n \cdot \lambda/2$ abzuziehen ($n$ = ganze Zahl).

Ist der Wellenwiderstand in beiden Leitungen gleich ($Z_{L1} = Z_{L2}$), besteht aber eine Kontinuitätsstörung (z. B. schlecht kompensierte Isolierstütze, Reflexion am Schlitzende oder dgl.), so äußert sich dieser „Vierpolfehler" ebenfalls in einer Abweichung bei der Knotenverschiebungsmessung. Da bei den hier in Frage kommenden Diskontinuitäten als Ersatzbild nur eine Längsinduktivität $X_L$ oder eine Parallelkapazität $Y_C$ vorkommen kann, sind die zugehörigen Knotenverläufe in Abb. 6.34b nur für $X_L$ und $Y_C$ eingezeichnet. Der Vergleich mit Abb. 6.34a zeigt, daß es sich hier um einen Cosinusverlauf handelt.

Im allgemeinen Fall ist jede Wellenwiderstandsänderung auch mit einer Vierpolstörung verbunden und es ergibt sich als Ergebnis der Knotenverschiebungsmessung ein kombinierter Kurvenverlauf, wie er in Abb. 6.34c dargestellt ist.

Man kann nun zur Bestimmung der Art bzw. des Vorzeichens und der Größe des Fehlers die kombinierte Kurve in ihren Sinus- und Cosinusanteil zerlegen, jedoch ist hierzu die genaue Kenntnis des Nullpunktes von $l_2/\lambda$, d. h. die genaue Bestimmung des Ortes der Störung bzw. des Wellenwiderstandssprunges notwendig; dies bereitet vor allem dann Schwierigkeiten, wenn mehrere mögliche Diskontinuitäten

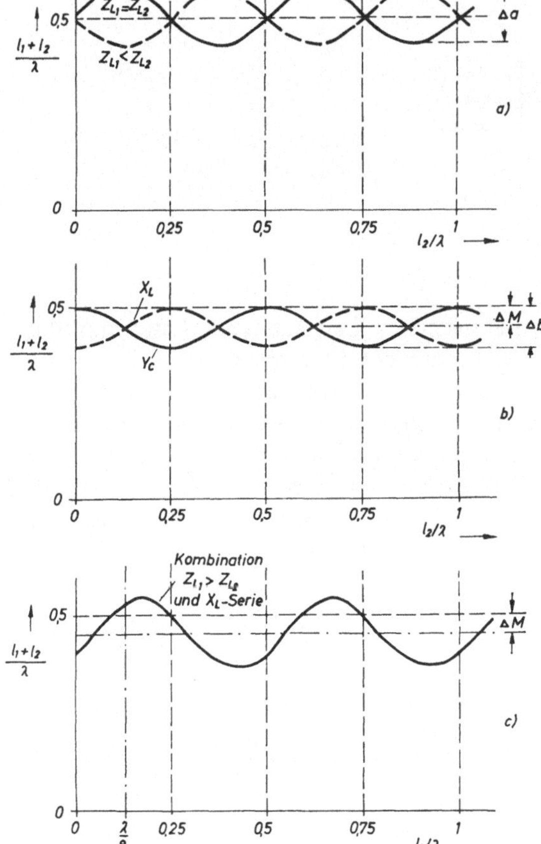

Abb. 6.34
*Knotenschiebungskurven für kleine Fehler*

a) Wellenwiderstandsabweichung;
b) Vierpolfehler;
c) kombinierter Fehler

im Zuge der Leitung liegen. Um ihre Wirkung getrennt zu erfassen, muß man sie einzeln vermessen und die Bezugsebene der Messung ($l_2 = 0$) genau an den Ort der Störung legen. Ein Beispiel für eine solche Messung sei an Hand von Abb. 6.35 erläutert:

Man stellt zunächst in einer Übersichtsmessung fest, ob sich eine Abweichung ergibt, die eine zugelassene Größe $\Delta l$ überschreitet. Ist dies der Fall und besteht der Verdacht, daß mehrere Stoßstellen an dem Fehler beteiligt sind, wie dies durch das Vorhandensein zweier Isolierscheiben in Abb. 6.35a nahegelegt wird, so ist es zweckmäßig, diese Isolierscheiben auszubauen und die verbleibenden Durchmessersprünge durch möglichst genau gearbeitete Metallringe auszugleichen, wie dies in Abb. 6.35b angedeutet ist. (Die Halterung des Innenleiters der Meßleitung erfolgt jetzt durch die zentrierende Wirkung des Kurzschlußkolbens – dies ist natürlich nicht bei allen Meß-

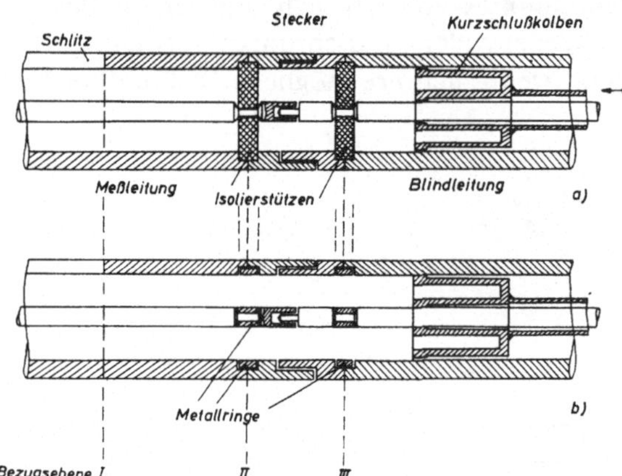


*Abb. 6.35 Mehrere Vierpolfehler im Zuge der Leitung*

leitungs- bzw. Steckertypen möglich.) Bei manchen Leitungstypen kann man dann mit dem Kurzschlußkolben auch in das Innere der Meßleitung vordringen. Legt man die Bezugsebene des $l_2$ in den Schlitzanfang (Bezugsebene I), so beschreibt die gemessene Knotenverschiebungskurve den Wellenwiderstandsfehler und den Vierpolfehler am Ort der Bezugsebene I. Diese Kurve läßt sich leicht in den Sinus- und Cosinusanteil zerlegen, da der Sinusanteil der Schwankung für $l_2/\lambda = n \cdot 0{,}25$ und der Cosinusanteil für $l_2/\lambda = 0{,}125 + n \cdot 0{,}25$ Null werden muß. Die Größe des Wellenwiderstandsfehlers ergibt sich dann nach Abb. 6.34a zu:

$$\frac{Z_{L2}}{Z_{L1}} = 1 + 2\pi\Delta a \tag{6.12}$$

und die Größe des Längsblindwiderstandes oder Querblindleitwertes ist nach Abb. 6.34b:

$$\frac{X_L}{Z_L} = -2\pi\Delta b \tag{6.13}$$

bzw.

$$Y_C Z_L = -2\pi \Delta b \tag{6.14}$$

mit $Z_L \approx Z_{L1} \approx Z_{L2}$.

Das Vorzeichen des $\Delta a$ ist aus der Abb. 6.34a zu entnehmen, das Vorzeichen des $\Delta b$ ist unter den oben gemachten Voraussetzungen immer negativ. Deshalb kann auch aus der Kombinationskurve $c$ die Größe des Vierpolanteils durch die Verschiebung der Mittellinie um $\Delta M = \Delta b/2$ sofort ermittelt werden.

Bei relativ langen Koaxialmeßleitungen, die auch für verhältnismäßig niedrige Frequenzen noch brauchbar sind, kann die Trennung von Wellenwiderstands- und Vierpolfehlern auch dadurch erfolgen, daß man zunächst bei tiefen Frequenzen mißt. Hier ist vorwiegend der $Z_L$-Fehler wirkam. Beim Übergang auf höhere Frequenzen macht sich dann ein etwa vorhandener Vierpolfehler immer mehr bemerkbar.

Soll der Einfluß der Isolierstütze gemessen werden, so ist zunächst möglichst die $Z_L$-Abweichung und der in Bezugsebene I auftretende Vierpolfehler durch entsprechende mechanische Veränderung zu beseitigen. Dann kann nach Einbau der Stützscheibe die Messung mit Bezugsebene II wiederholt werden. Auch ein etwa vorhandener Fehler des Steckers selbst kann natürlich mittels der Knotenverschiebung festgestellt werden.

In allen Fällen ist vor Einstellung auf die Bezugsebene die genaue Lage der wirksamen Kurzschlußebene im Kolben der Blindleitung festzustellen, die je nach Aufbau mehr oder weniger frequenzabhängig sein kann. Dies erfolgt bei Koaxialleitungen stets durch Vergleich mit einem Kurzschlußstecker nach Abb. 6.36, bei Hohlleitern durch Auflegen einer planen Metallplatte auf das Meßleitungsende, mit der dann die Blindleitung vertauscht wird.

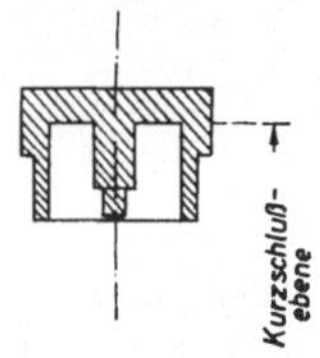


Abb. 6.36  *Kurzschlußstecker*

Die in jüngster Zeit erheblich verbesserten Impuls-Reflektometer lassen sich sehr vorteilhaft zur Eichung des Wellenwiderstandes und zur Untersuchung der Vierpolfehler von Meßleitungen benutzen. Hierauf wird in Abschn. 7.8 näher eingegangen.

## 6.24  *Einige zweckmäßige Meßverfahren*

### a)  *Messung der Lage des Minimums*

Zur Bestimmung der Phase eines unbekannten Widerstandes benutzt man vorwiegend die Lage des Minimums des abgetasteten Spannungsverlaufes, da dieses in seiner Form stärker ausgeprägt ist als das Maximum und auch weniger durch etwaige Abtasterrückwirkungen beeinträchtigt wird. Bei großen $m$-Werten wird jedoch auch die Bestimmung der Lage des Minimums durch bloße Verschiebung der Sonde ungenau, bei quadratischer Gleichrichtung tritt auch bei kleinen $m$-Werten eine Abflachung des Minimums auf. In diesen Fällen ist es zweckmäßig, die Sonde so zu verschieben, daß zu beiden Seiten des Minimums die gleiche Spannung $U_a$ angezeigt wird (Abb. 6.37) und zur genauen Positionsbestimmung den Mittelwert aus $l'$ und $l''$ zu bilden:

$$l_{min} = \frac{l' + l''}{2} \tag{6.15}$$

Bei linearer Detektoranzeige erhält man die genaueste Messung, wenn man bei kleinen $m$-Werten die Meßpunkte relativ nahe an das Minimum, also an Orte großer Kurvensteilheit legt; bei quadratischer Anzeige liegen die günstigsten Meßpunkte etwa $\pm\lambda/8$ vom Minimum entfernt [6.3a]. In [6.1a] ist der optimale Punkt als Funktion von $s$ für quadratische Anzeige angegeben.

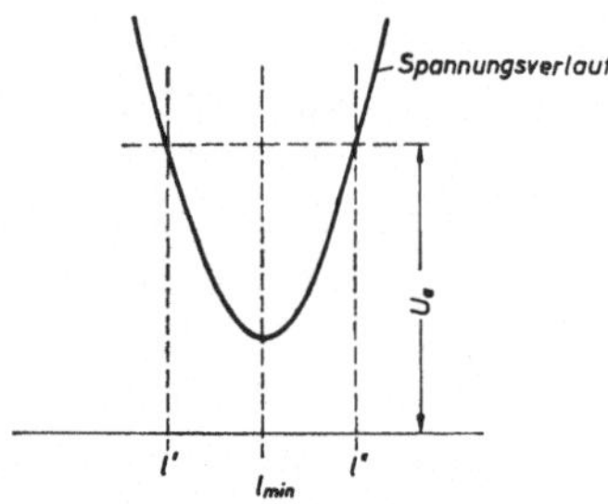


Abb. 6.37
*Minimumbestimmung durch Mittelwertbildung*

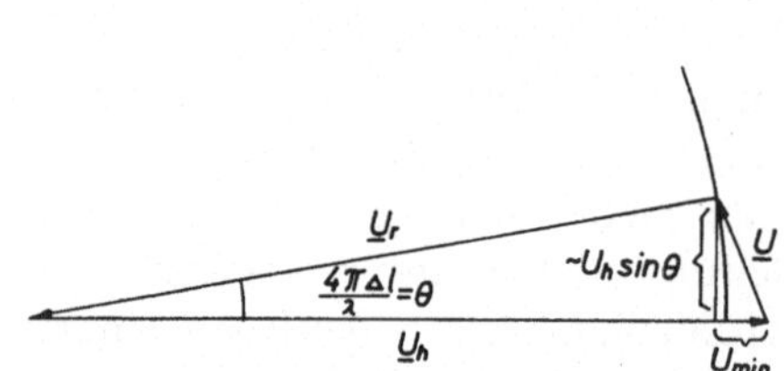


Abb. 6.38  *Zur Knotenbreitenmessung*

*b) Messung sehr kleiner m-Werte (Knotenbreite)*

Die übliche Messung sehr kleiner $m$-Werte erfordert die Erfassung sehr großer Pegelunterschiede, da $U_{min}$ sehr viel kleiner als $U_{max}$ ist. Hierbei ergeben sich leicht Meßfehler durch Übersteuerung von Meßverstärkern, durch Abweichungen in der Diodencharakteristik und durch Ableseungenauigkeiten bei der Spannungsmessung. Diese Fehler lassen sich weitgehend vermeiden, wenn man statt der Messung des Spannungsquotienten $U_{min}/U_{max}$ die Breite des Spannungsminimums (Knotenbreite) ermittelt [6.1a, 6.2a, 6.3a, 6.4c, 6.6b, 6.9a, 6.10, 6.15, 6.16, 6.55 bis 6.59]. Da es sich hierbei um die Messung kleiner Längendifferenzen handelt, kann man die Verschiebung des Sondenschlittens mit einer Meßuhr abtasten und sehr hohe Genauigkeiten erhalten. Als Grenze wird $m = 3 \cdot 10^{-4}$ angegeben [6.10]. (Die Methode nach [6.190] erscheint weniger empfehlenswert.)
Nach Abb. 6.38 ist für kleine $m$:

$$|U| = \sqrt{U_{min}^2 + (U_h \sin \theta)^2} \tag{6.16}$$

mit

$$\sin \theta \approx \theta = \frac{4\pi\Delta l}{\lambda}$$

und

$$U_{\mathrm{h}} \approx \frac{U_{\max}}{2} = \frac{U_{\min}}{2m} \, ;$$

daraus ergibt sich

$$|\underline{U}| = U_{\min} \sqrt{1 + \left(\frac{2\pi\Delta l}{m\lambda}\right)^2} \tag{6.17}$$

$$\text{Für} \quad |\underline{U}| = \sqrt{2} \cdot U_{\min} \quad \text{wird} \quad \frac{2\pi\Delta l}{m\lambda} = \pm 1$$

und

$$m = \pi \cdot \frac{2\Delta l}{\lambda} \tag{6.18}$$

Verwendet man quadratisch anzeigende Detektoren, deren Anzeigestrom $I_{\mathrm{a}} \sim |\underline{U}|^2$ ist, so wählt man für die Bedingung (6.18) das Verhältnis $I_{\mathrm{a}} = 2I_{\mathrm{a\,min}}$.
Höhere Genauigkeit erhält man mit größeren Spannungsverhältnissen [6.3a, 6.10a]:
Für $|\underline{U}| = k \cdot U_{\min}$ wird

$$m = \frac{\sin\left(\pi \cdot \dfrac{2\Delta l}{\lambda}\right)}{\sqrt{k^2 - \cos^2\left(\pi \cdot \dfrac{2\Delta l}{\lambda}\right)}} \approx \frac{\pi \cdot \dfrac{2\Delta l}{\lambda}}{\sqrt{k^2 - 1}} \tag{6.19}$$

Für einen Anzeigestrom $I_{\mathrm{a}}$, der der Beziehung $I_{\mathrm{a}} \sim |\underline{U}|^{\mathrm{n}}$ folgt, gilt dann

$$I_{\mathrm{a}} = k^{\mathrm{n}} \cdot I_{\mathrm{a\,min}}. \tag{6.20}$$

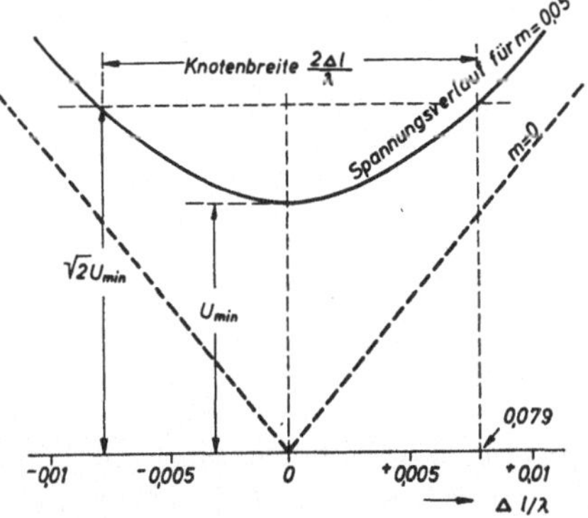


Abb. 6.39 Messung des m aus der Knotenbreite

Der Zusammenhang (6.19) ist in Abb.6.40 für verschiedene Werte von $k$ dargestellt.
Vorteilhaft stellt man den Faktor $k$ durch Variation eines Dämpfungsgliedes ein.
Bei der Messung sehr kleiner $m$-Werte ist natürlich Voraussetzung, daß die Leitung
frei von Störspannungen ist, die im Minimum besonders große Fehler verursachen
könnte (s. Abschn.6.23b). Die Abtasterrückwirkung geht mit dem Realteil $G_s$ der
Sondenadmittanz bei der Knotenbreitemessung voll als Fehler ein (Abb.6.29), der
Blindanteil $B_s$ wirkt sich jedoch nicht aus, da beide Flanken des Minimums in
gleicher Richtung verschoben werden (Abb.6.41).

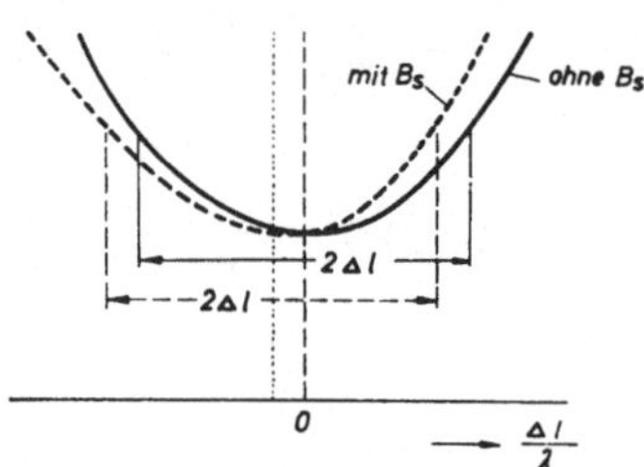



Abb.6.41 Auswirkung des Blind-
anteils der Sondenadmittanz auf die
Knotenbreitemessung

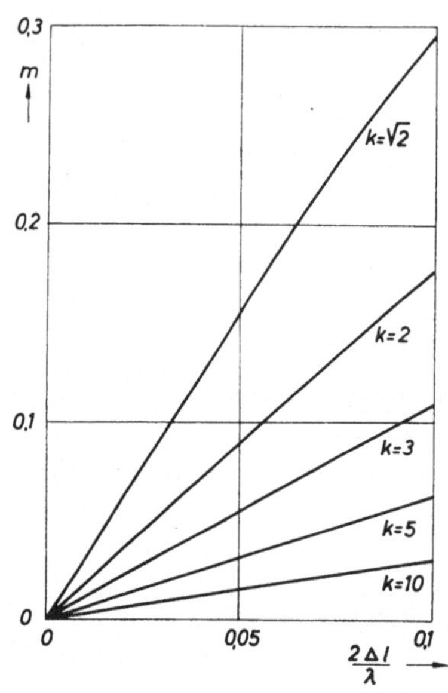



Abb.6.40
Zusammenhang zwischen Knotenbreite $2\Delta l/\lambda$ und $m$

Als Kontrollmessung kann die Messung der Leitungsdämpfung der Meßleitung
selbst dienen [6.6a, 6.57]. Hierzu nimmt man die Messung der Knotenbreite am
ersten Minimum nahe dem kurzgeschlossenen Leitungsende vor und erhält $m_1$,
dann mißt man im zweiten Knoten und erhält $m_2$. Die Eigendämpfung der Leitung
ist dann (s. auch Gl. (10.12)):

$$\alpha l/\mathrm{Np} = m_2 - m_1 \quad \text{mit} \quad l = \lambda/2, \tag{6.21}$$

die Dämpfungskonstante

$$\alpha \left/ \frac{\mathrm{Np}}{\mathrm{cm}} \right. = \frac{R^*}{Z_\mathrm{L}} \tag{6.22}$$

bzw.

$$\alpha \left/ \frac{\mathrm{dB}}{\mathrm{cm}} \right. = 8{,}69\,\alpha \left/ \frac{\mathrm{Np}}{\mathrm{cm}} \right.$$

ist an Hand von Berechnungen oder Tabellen [6.11b, 6.60] überprüfbar. Bei sehr
kleinem $m$ des Meßobjektes ist deshalb auch die Dämpfung der Meßleitung nicht

mehr vernachlässigbar [6.59]. Ist $m$ der gemessene Wert und $m_x$ der dem Meßobjekt zuzuschreibende Wert, so wird [6.6b]

$$m_x = m - \alpha l \cdot \left(1 + \frac{\sin \psi}{\psi}\right) \tag{6.23}$$

mit $\psi = 4\pi l/\lambda$, wobei $l$ die Entfernung des Minimums vom Ort des Meßobjektes $Z_x$ darstellt.

Zu bemerken ist noch, daß die Auswertung einer Impedanzmessung bei sehr kleinem $m$ nicht mehr mit Hilfe des Leitungsdiagrammes (Abschn. 6.21) erfolgen kann. Man verwendet entweder die Formel (1.18) oder nach [6.6b] für $Z_x = R_x + jX_x$ die Näherung

$$R_x = \frac{m_x Z_L}{\cos^2 \dfrac{2\pi l_x}{\lambda}} \quad \text{bzw.} \quad jX_x = - jZ_L \tan \frac{2\pi l_x}{\lambda}, \tag{6.24}$$

die jedoch nicht in der Nähe des Spannungsmaximums gilt.

Eine andere Möglichkeit, Impedanzen mit sehr kleinem $m$ zu messen, besteht nach [6.61, 6.6b] darin, eine Zwischentransformation vorzunehmen. So kann z.B. der Widerstand $Z_x$, dessen $m$ sehr klein ist, durch Parallelschalten einer Kapazität geeigneter Größe an geeigneter Stelle in einen Widerstand mit wesentlich größerem $m$ transformiert werden, der auf einfache Weise meßbar ist. Die Hilfskapazität kann durch einen verstellbaren Tauchstift, der in den Schlitz der Meßleitung eintaucht und auch in seiner Lage verschiebbar ist, gebildet werden. Die zur Berechnung der Transformation notwendige Kenntnis der Größe der Hilfskapazität verschafft man sich durch eine Knotenverschiebungsmessung (Abschn. 7.4).

### c) Impedanzmessung bei sehr kleinem Pegel

In manchen Fällen ist die Impedanz eines Meßobjektes mit dem zugeführten Leistungspegel stark veränderlich. Es kann auch vorkommen, daß die zur Impedanzmessung normalerweise nötige Leistung das Meßobjekt übersteuern oder gar schädigen könnte. Soll also die Impedanz eines derartigen Objektes (z.B. der Eingangswiderstand eines Empfängers oder die Impedanz einer Diode) gemessen werden, so muß entweder ein besonders empfindlicher und rauscharmer Meßempfänger verwendet werden, um mit kleinstmöglichem Pegel am Meßobjekt arbeiten zu können, oder man benutzt die in Abb. 6.42 skizzierte Anordnung, bei der die vom Generator kommende Leistung an der Sonde der Meßleitung eingespeist wird [6.1c, 6.3, 6.62, 6.63]. In diesem Fall kann der Pegel am Meßobjekt um einen Faktor, der etwa der Abtasterdämpfung (etwa 30 bis 40 dB) entspricht, gegenüber der üblichen Schaltung abgesenkt werden, ohne die Meßgenauigkeit zu beeinträchtigen.

Die genaue Untersuchung dieser Anordnung zeigt nämlich, daß bei loser Ankopplung der Sonde auch bei beliebigem Eingangswiderstand $Z_e$ des Meßempfängers die Spannung $U_e$, die an seinem Eingang liegt, in der gleichen Weise von der Sondenstellung $l_s$ und vom Meßobjekt $Z_x$ abhängt, wie das auch bei üblicher Schaltung (z.B. Abb. 6.1) der Fall ist. Man kann also ebenso aus $U_{e\,\mathrm{min}}/U_{e\,\mathrm{max}} = m_x$ und aus der Position des Minimums $l_s/\lambda = l_x/\lambda$ die Größe des $Z_x/Z_L$ ermitteln.

Bei Fehlanpassung des Empfängers $Z_e \neq Z_L$ hängt allerdings die Größe der maximal auftretenden Spannungen $U_e$ und $U_x$ sowohl von $Z_e$ und $Z_x$ als auch von der elektrischen Länge der Meßleitung $l_m/\lambda$ ab. In diesem Fall ist die Spannung am Meßobjekt $U_x$ gegenläufig zu $U_e$ und ihre maximale Schwankung entspricht dem Anpassungsfaktor des Empfängereinganges $m_e = U_{x\,min}/U_{x\,max}$.

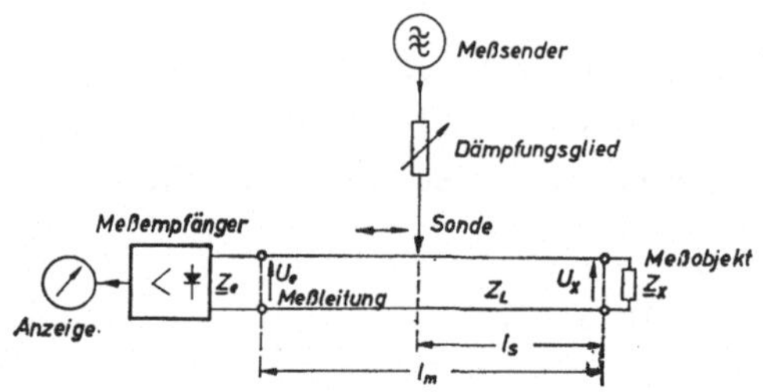


*Abb. 6.42 Messung mit kleinem Pegel am Meßobjekt durch Vertauschung von Sender und Empfänger*

Für $Z_e = Z_L$ ist die Spannung am Objekt $U_x$ unabhängig von der Sondenstellung und nur noch von $Z_x$ selbst beeinflußt. Sie kann jedoch niemals größer als die maximale Empfängereingangsspannung werden ($U_x \leqslant U_{e\,max}$). Andererseits gibt es auch keine etwa „günstigste" Kombination aus Leitungslänge $l_m$ und Empfängerwiderstand $Z_e$, die es ermöglichen würde, bei beliebigem $Z_x$ die minimale Empfängerspannung größer als die maximale Objektspannung zu machen [6.63].
Deshalb ist also eine möglichst gute Anpassung des Empfängereinganges anzustreben. Sie könnte zwar prinzipiell durch eine Blindwiderstandstransformation bewerkstelligt werden, doch ist hierbei die Spannungsabhängigkeit der Eingangsimpedanz üblicher Empfänger störend, so daß am vorteilhaftesten die Vorschaltung einer Richtungsleitung (Abschn. 4.3) ist. Die Einfügung eines Wirkdämpfungsgliedes zwischen Empfänger und Meßleitung zur Anpassung ist wegen des Leistungsverlustes bei dieser für höchste Empfindlichkeit ausgelegten Schaltung nicht sinnvoll.

### d) Messung des Innenwiderstandes eines Generators

Bei vielen Meßaufgaben (Impedanzmessung, Leistungsmessung, Dämpfungsmessung usw.) wird ein Generatorinnenwiderstand gefordert, der an den Wellenwiderstand der Verbindungsleitung angepaßt ist. In den meisten Fällen kann man zwischen den Generator und die folgende Schaltung ein Dämpfungsglied schalten, dessen Dämpfung so hoch ist, daß sein Ausgang auch dann annähernd angepaßt ist, wenn der an seinem Eingang liegende Generator einen beliebigen Innenwiderstand besitzt. Zur Kontrolle des $Z_i$ des Dämpfungsgliedes genügt es in diesem Fall meistens, es als Abschluß $Z_x$ an den Meßleitungsausgang zu legen und die Impedanz bei Kurzschluß und Leerlauf der anderen Seite des Dämpfungsgliedes zu messen. Kleine Fehlanpassungen können dann durch eine Blindwiderstandstransformation kompensiert werden.
Kann jedoch die Dämpfung des dem Generator nachgeschalteten Dämpfungsgliedes nur gering gehalten werden, was sich in einem starken Durchgriff des $Z_i$ äußert, oder soll aus anderen Gründen das $Z_i$ z.B. einer Schwingschaltung gemessen werden, so verfährt man wie in Abb. 6.43 angedeutet [6.3a, 6.5a]:

Am Anfang der Messung steht wie üblich der Kurzschlußversuch (Abb. 6.43 a) zur Festlegung der Bezugsebene des $Z_i$. Anschließend wird der Generator auf der „Objektseite" der Meßleitung angeschlossen und die ursprüngliche „Generatorseite" mit einer Blindleitung versehen (Abb. 6.43 b). Der den Generator belastende Blindwiderstand hängt von der Gesamtlänge $l_m/\lambda$ ab. Verändert man nun die Lage des Kurzschlusses, so durchläuft dieser Blindwiderstand sämtliche Werte von $-\infty$ über 0 nach $+\infty$ und die vom Generator abgegebene Leistung ändert sich mehr

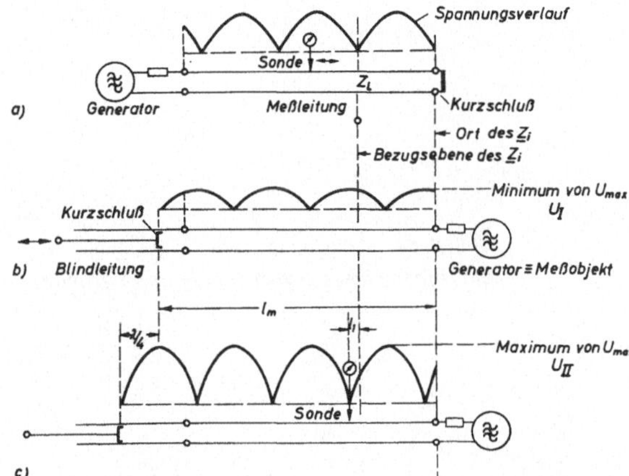


Abb. 6.43 *Messung*
*des Innenwiderstandes einer Quelle*

oder weniger je nach Größe und Phase seines Innenwiderstandes $Z_i$. Auf der Meßleitung befindet sich immer eine stehende Welle, doch ist die jeweilige Größe der Maximalspannung in der in Abb. 6.44 a skizzierten Form von $l_m$ abhängig. Um den größten Wert $U_{II}$ bzw. den kleinsten Wert $U_I$ von $U_{max}$ zu finden, muß man die Sonde in ein Spannungsmaximum stellen und dann Sonde und Kolben der Blindleitung gleichzeitig in gleicher Richtung verschieben. (Eine Umlaufmeßleitung macht nur die Verstellung der Blindleitung nötig.) Der $m$-Kreis, auf dem $Z_i/Z_L$ liegen muß, ergibt sich dann zu $m_i = U_I/U_{II}$. Die Phase des komplexen Innenwiderstandes ermittelt man bei derjenigen Stellung der Blindleitung, die den größten Wert von $U_{max}$ ergibt (Abb. 6.43 c): Die Sonde wird auf ein Minimum geführt und der Abstand $l_1$ des Minimums von der Bezugsebene stellt dann die „Ersatzlänge" des konjugiert komplexen Innenwiderstandes dar. Der Winkel $4\pi l_1/\lambda$ muß deshalb im Leitungsdiagramm *gegen* den Uhrzeigersinn durchlaufen werden, um den Punkt $Z_i/Z_L$ auf dem zugehörigen $m_i$-Kreis zu bezeichnen (Abb. 6.44 b). Dies ist im vorgegebenen Beispiel leicht einzusehen: Ist $l_1$ kleiner als $\lambda/4$, so ist die Belastung des Generators induktiv. Da dieser hierbei maximale Spannung auf der Meßleitung erzeugt, muß sein Innenwiderstand eine kapazitive Komponente besitzen, im Diagramm also in der unteren Halbebene liegen.

Wird der gemessene Generator direkt oder über ein Dämpfungsglied kleiner Dämpfung an die Meßleitung angeschlossen, so ist zu beachten, daß durch die Rückwirkung beim Verschieben des Kurzschlusses sehr leicht Frequenzänderungen (auch Frequenzsprünge) auftreten können. Hierdurch kann die $Z_i$-Messung verfälscht werden. Eine Kontrolle durch einen Frequenzmesser ist zu empfehlen. Gegebenenfalls ist bei der Messung ein dämpfender Vierpol zwischenzuschalten, dessen transformierende Wirkung dann bei der Bestimmung des $Z_i$ einzurechnen ist. (Zur $R_i$-Messung vgl. auch Abschn.6.42 [6.115c] und den folgenden Abschnitt.)

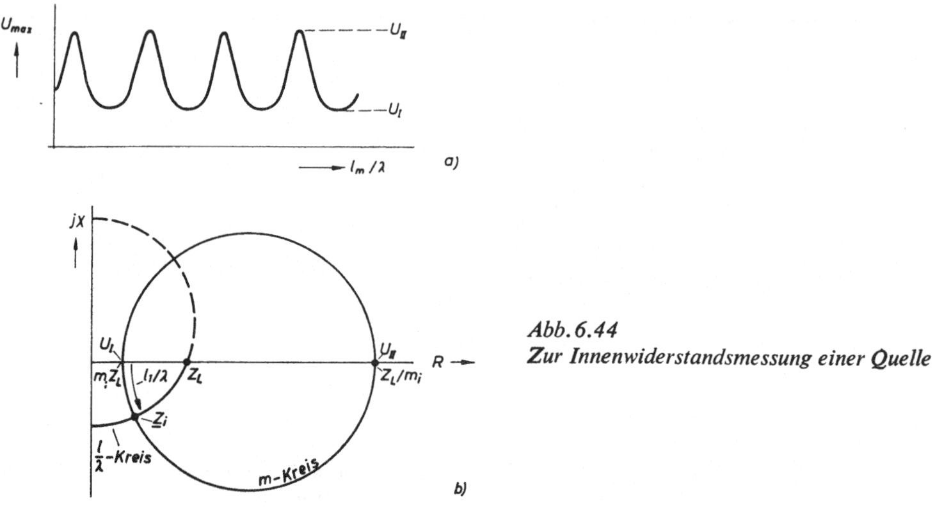

Abb.6.44
*Zur Innenwiderstandsmessung einer Quelle*

### e) Wobbelverfahren mit Meßleitung

Die Darstellung des Anpassungsfaktors $m$ einer Impedanz in Abhängigkeit von der Frequenz kann man nach [6.192 bis 6.195] auch mit Hilfe einer Meßleitung vornehmen. Auf die Ermittlung der Phase muß man wie auch beim Anpassungsschreiber mit Richtkopplern (Abschn.6.5) verzichten. Die Verwendung einer Meßleitung anstelle von Richtkopplern hat in jenen Frequenzbereichen Vorteile, in welchen breitbandige Richtkoppler hoher Richtdämpfung nicht zu realisieren sind und die Steckerfehler der Meßleitung höhere Meßgenauigkeit zulassen. Diese Frequenzgrenze hat sich in jüngster Zeit auf etwa 8 GHz verschoben [6.196].

In der oben zitierten Meßanordnung wird die Meßleitung, an der das Meßobjekt liegt, von einem Wobbelsender (z.B. Carcinotron) gespeist. Zwischen Sender und Meßleitung ist eine Hilfssonde, die auch durch eine zweite Meßleitung dargestellt sein kann, und ein möglichst reflexionsfreies Dämpfungsglied geschaltet. Die Hilfssonde dient zur Erzeugung einer Regelspannung für die Pegelregelung des Senders (Abschn.2.51). Wesentlich ist, daß die von der Hilfssonde abgegebene Spannung den gleichen Frequenzgang besitzt wie die der Meßsonde. Die nach der Meßsonde gleichgerichtete Spannung wird der Vertikalauslenkung eines Schreibers oder eines Speicheroszillografen zugeführt, der in seiner Horizontalrichtung proportional zur Senderfrequenz abgelenkt wird. Bewegt man den Sondenschlitten einigemal von Hand hin und her, so werden bei entsprechender Wobbelgeschwindigkeit eine große Anzahl von Kurven übereinandergeschrieben, deren Einhüllende den $m$-Wert über der Frequenzachse erkennen läßt. Zweckmäßig benutzt man dieses Verfahren nur für relativ gut angepaßte Objekte ($m$ nahe bei 1) und verwendet logarithmische An-

zeige, um aus der Kurvenbreite den Quotienten $U_{min}/U_{max}$ ohne Kenntnis des Nullpunktes direkt in dB ablesen zu können.

Die Hauptschwierigkeit des Verfahrens besteht nach Erfahrungen des Verfassers
darin, die Sonden mit den nachgeschalteten Gleichrichterdioden so zu konstruieren,
daß ein möglichst geringer Frequenzgang auftritt und daß die senderseitige Reflexion des Dämpfungsgliedes und der Zwischenstecker sehr gering ist.


### 6.25   *Meßleitungsähnliche Impedanzmeßverfahren*

#### *a) Schlitzlose Meßleitung – Resonanzkreisverfahren*

Die sog. schlitzlose Meßleitung [6.1 b, 6.6 b, 6.9 a, 6.10 a, 6.15, 6.64, 6.65, 6.66, 6.168]
stellt bei Abschluß mit $Z_x = 0$ einen Resonator dar, der durch Verschieben des
Kurzschlußkolbens, in den die induktive Detektorsonde eingebaut ist, auf $\lambda/2$-
oder $n\lambda/2$-Resonanz gebracht werden kann. Der Meßsender wird kapazitiv in der
Nähe des Meßobjektanschlusses angekoppelt, wie das Prinzipbild in Abb. 6.45 zeigt.
Der Vorteil dieser Konstruktion gegenüber der normalen geschlitzten Meßleitung

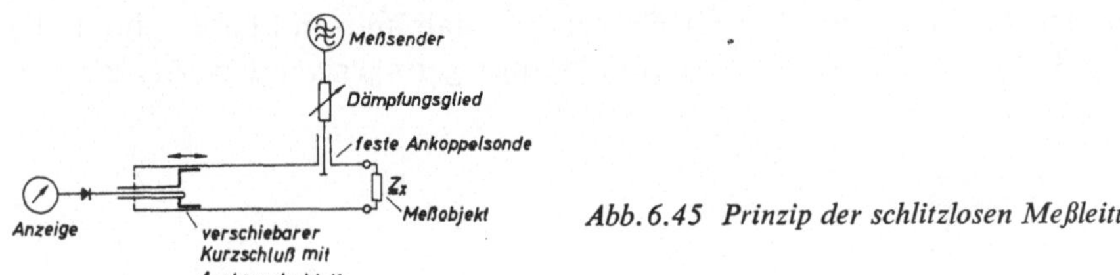


Abb. 6.45 *Prinzip der schlitzlosen Meßleitung*

liegt darin, daß kein Schlitz und keine Isolierstütze notwendig sind und Anlaß zu
Diskontinuitäten geben. Innenleiter und Kurzschlußschieber lassen sich leicht aus-
wechseln, um den Wellenwiderstand zu ändern. Eine Innenleiterverbiegung oder
-vibration kann durch symmetrische Anordnung der Sendersonden elektrisch leicht
kompensiert werden [6.71]. Nachteilig ist, daß bei der Messung kleiner $m$-Werte
sowohl die Diodenankopplung, die Senderankopplung als auch die Verluste im
Kurzschlußschieber das gemessene $m$ erhöhen. Dadurch ist man gezwungen, *beide*
Ankopplungen sehr lose vorzunehmen, was den Leistungsbedarf bzw. die nötige
Empfängerempfindlichkeit gegenüber dem normalen Verfahren erhöht. Die Verluste der Leitung selbst lassen sich wie unter Gl. (6.21) berücksichtigen [6.1 b,
6.6 b]. Abb. 6.46 zeigt eine vereinfachte Skizze und Abb. 6.47 die technische Ausführung einer derartigen Leitung.

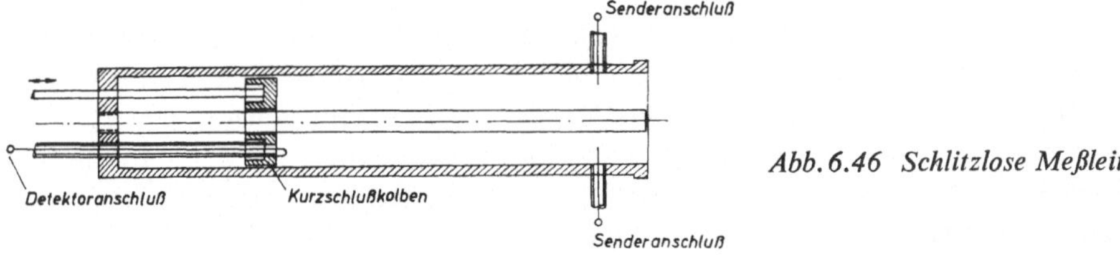


Abb. 6.46 *Schlitzlose Meßleitung*

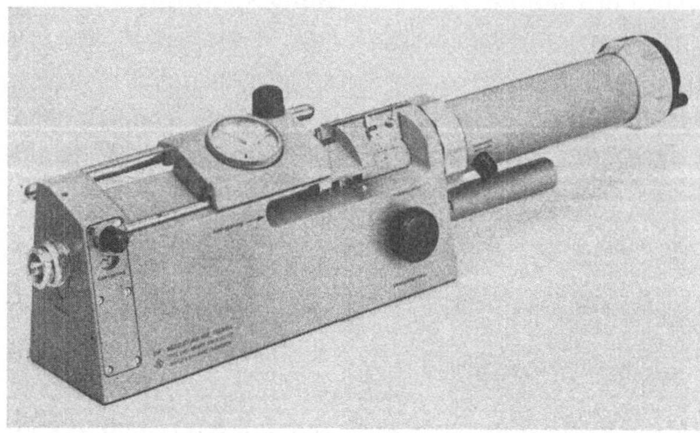

*Abb. 6.47  Schlitzlose Meßleitung*
(Werkfoto Fa. Rohde & Schwarz,
München)

Das Meßverfahren selbst ist in Abb. 6.48 angedeutet. Es besitzt gegenüber dem üblichen Vorgehen nur geringe Unterschiede. Der vom Detektor bzw. Meßempfänger angezeigte Sondenstrom $I_s$ ist proportional zu dem über den verschiebbaren Kurzschluß fließenden Leitungsstrom. Seine Abhängigkeit von der Stellung des Kurzschlußschiebers bzw. von der Meßleitungslänge $l_m$ ist für den Kurzschlußversuch ($Z_x = 0$) in Abb. 6.48 a gezeigt. Die Größe der Resonanzspitzen können durch die Leitungsdämpfung mit zunehmender Leitungslänge geringer werden. Als Bezugs-

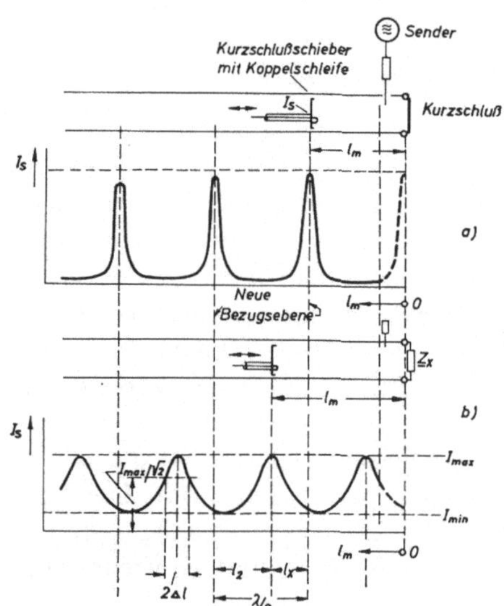



*Abb. 6.48*
*Meßverfahren mit der schlitzlosen Meßleitung*

ebene verwendet man eines der sehr scharf ausgeprägten Maxima. Bei der Messung eines Objektes $Z_x$ mit mittlerem $m$-Wert ergibt sich ein Stromverlauf nach Abb. 6.48 b, der dem üblichen Verlauf reziprok ist. Das Anpassungsmaß läßt sich aus $m = I_{min}/I_{max}$ ermitteln und die Phase des $Z_x$ ergibt sich aus der Verschiebung des Maximums gegenüber der Bezugsebene. Die Auswertung kann in gleicher Weise an Hand des Leitungsdiagramms mit $m$ und $l_x/\lambda$ erfolgen, wie dies in Abb. 6.4 beschrieben ist.

Kleine $m$-Werte können hier ebenfalls unter Benutzung der Gleichungen (6.18) oder (6.19) aus der Knotenbreite $2\Delta l$ bestimmt werden, wenn man $I_s = I_{max}/\sqrt{2}$ bzw. $I_a = I_{max}/k^n$ einstellt.

Bei kleinen $m$-Werten unterscheidet sich der Kurvenverlauf des $I_s$ in der Umgebung der Resonanzspitze nicht vom Verlauf der Resonanzkurve eines Resonanzkreises aus konzentrierten Elementen und man kann auch hier das in der Langwellentechnik übliche Meßverfahren benutzen, um mittels Frequenz- oder Kapazitätsvariation die Dämpfung des Resonanzkreises und eines eventuell an ihn angeschlossenen Meßobjektes zu bestimmen [6.6b, 6.9e]. Eine eichbare Kapazitätsvariation $\Delta C$ läßt sich hierfür z.B. durch einen Tauchstift am Leitungsende anbringen.

Ist die Ein- und Auskoppelsonde in der gleichen Querschnittsebene der schlitzlosen Meßleitung angebracht, so ergibt sich eine quadratische Anzeige der Sondenspannungen [6.168].

*b) Meßverfahren mit veränderlicher Leitungslänge*

Anstelle der verschiebbaren Sonde der üblichen Meßleitung läßt sich auch eine feststehende Abtastsonde in Kombination mit einer Leitung veränderlicher Länge zur Impedanzmessung verwenden [6.2a, 6.6b, 6.10a, 6.67, 6.68]. Grundsätzlich bestehen hierfür zwei Möglichkeiten. Bei der ersten ist die Leitung veränderlicher Länge $l_1$ zwischen Generator und fester Sonde eingefügt (Abb. 6.49a), bei der zweiten ist die veränderliche Leitung $l_2$ zwischen Objekt und Sonde eingeschaltet. Bei beiden Schaltungen geht die Größe des Generatorinnenwiderstandes in die Auswertung der Messung ein, so daß sich nur einfache Verhältnisse für $Z_i = Z_L$ oder für $Z_i = 0$ (bzw. reinen Blindwiderstand) ergeben [6.6b]. Im ersten Fall (a) ist eine Messung nur bei $Z_i = 0$ möglich. Die Anordnung entspricht dann der von Abb. 6.46 unter Vertauschung von Generator- und Detektoranschluß. Die Auswertung erfolgt wie in Absch. 6.25a beschrieben. Die zweite Schaltung (b) ergibt für $Z_i = Z_L$ die gleiche Auswertung, wie sie bei normalen Meßleitungen üblich ist.

Der zunächst scheinbare Vorteil, eine feste Sonde zu verwenden und auf die mechanisch schwierige Sondenverschiebung verzichten zu können, wird durch schwerwiegende Nachteile wieder aufgehoben: Die Leitung veränderlicher Länge, in Koaxialtechnik durch eine Ausziehleitung (sog. Posaune, Abschn. 8.42) realisierbar, ist ebenfalls mechanisch schwer herstellbar und über große Bandbreiten nur schwer reflexionsfrei zu machen. Ferner liegen die Kontakte der Ausziehleitung je nach Einstellung und Abschluß abwechselnd an Stellen großen oder kleinen Leitungsstromes, so daß die Kontaktverluste einen nicht überschaubaren Fehler bei der Messung kleinerer $m$-Werte verursachen können. Bei Hohlleiterschaltungen kann man als Leitungen veränderlicher elektrischer Länge sog. Quetschleitungen (Abschn. 8.42) [6.10a, 6.67] oder Phasenschieber mit veränderlichen Streifen aus Dielektrikum [6.69] einsetzen. Beide haben keinen linearen Zusammenhang zwischen Betätigungsgröße und elektrischer Länge und sind schlecht eichbar.

Eine denkbare Lösung für eine Impedanzmessung mit Sichtanzeige wäre die Verwendung eines elektronisch steuerbaren Phasenschiebers (z.B. Abschn. 4.3 und 8.42) in der oben beschriebenen Anordnung.

### c) *Meßverfahren mit Frequenzvariation*

Da es bei Leitungstransformationsschaltungen auf das Verhältnis von $l/\lambda$ ankommt, kann man eine Impedanzmessung auch dadurch vornehmen, daß man statt der Leitungslänge (wie im vorhergehenden Abschnitt) die Wellenlänge bzw. die Frequenz verändert [6.6b, 6.10a, 6.70, 6.83]. Voraussetzung einer sinnvollen Messung ist natürlich, daß das Meßobjekt innerhalb des durchlaufenen Frequenzbereiches seine Impedanz nicht (bzw. nicht wesentlich) verändert. Eine relative Wellenlängenänderung $\Delta\lambda/\lambda$ kann man dann einer Leitungslängenänderung $\Delta l/l$ gleich-

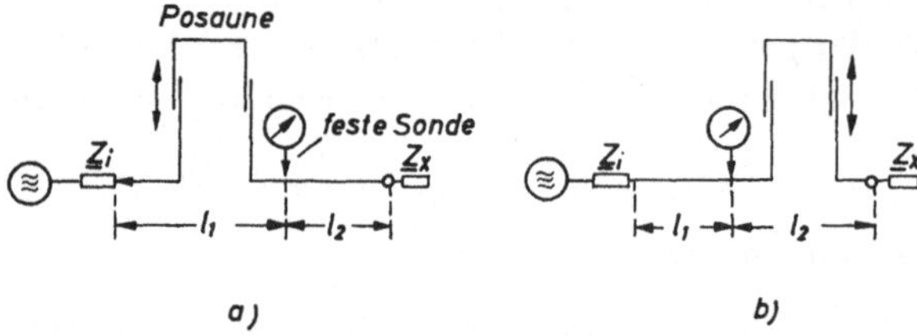


Abb. 6.49  *Meßanordnungen mit feststehender Sonde und variabler Leitungslänge*

setzen. Die Anordnung der Abb. 6.49a mit festem $l_1$ und variabler Frequenz kann dann mit $Z_i = 0$, die Anordnung der Abb. 6.49b mit festem $l_2$ kann mit $Z_i = Z_L$ verwendet werden. Die erste Anordnung ist für die Messung sehr kleiner $m$ geeignet, wobei für kleine $Z_x$ die Längen $l_1 \approx l_2 \approx \lambda/4$ gewählt werden sollten; für sehr große $Z_x$ wählt man zweckmäßig $l_2 \ll \lambda$ und $l_1 \approx \lambda/2$. Bei der Messung der Knotenbreite ist für $l_1 + l_2 = l$:

$$\frac{\Delta l}{\lambda} = \frac{\Delta\lambda}{\lambda} \cdot \frac{l}{\lambda} \tag{6.25}$$

und

$$m = \pi \frac{2\Delta l}{\lambda} \cdot \frac{l}{\lambda} \tag{6.26}$$

nach [6.6b], wenn man $|\underline{U}| = U_{max}/\sqrt{2}$ macht.

Zur Messung größerer $m$-Werte wählt man vorteilhafter die zweite Anordnung (b). Um $m$ aus $U_{min}/U_{max}$ zu gewinnen, muß $\Delta l/\lambda$ den Wert 0,25 übersteigen, d.h. man wählt hier $l_2$ möglichst groß, um die Wellenlängenänderung gering halten zu können.

Für eine Leitungslänge $l_2 = 25\,\lambda$ ist dann z.B. eine Wellenlängenänderung $\Delta\lambda/\lambda$ von 0,01 notwendig.

Mit Hilfe von Wobbelsendern, die einen großen Frequenzhub ermöglichen, kann das Verfahren mit großen Leitungslängen in der Form abgewandelt werden, daß die an der Sonde auftretenden Spannungsschwankungen nach Frequenz, Phase und Amplitude ausgewertet werden. Näheres in [6.197 bis 6.202].

## 6.3      Impedanzmessung nach Festsondenverfahren

### 6.31      *Drei- und Viersondenverfahren*

Die Ermittlung der Spannungsverteilung auf einer Meßleitung durch Verschieben
einer Sonde läßt sich auch durch Anordnung mehrerer Sonden längs der Leitung,
die gleichzeitig oder nacheinander „abgefragt" werden, ersetzen. Prinzipiell sind
zur Messung der Impedanz des Leitungsabschlusses nur 3 Sonden im Abstand $\lambda/8$
notwendig, die Auswertung wird bei Verwendung von 4 Sonden jedoch erleichtert
[6.1 d, 6.4 d, 6.9 a, 6.10 a, 6.12, 6.72 bis 6.76, 6.169].

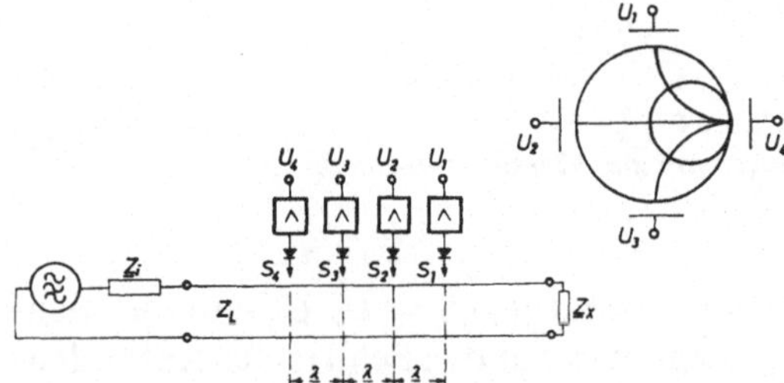

Abb. 6.50  *Impedanzmessung
mit Viersondenverfahren*

Mißt man die Spannungen an den Sonden $S_1$ bis $S_4$ (Abb. 6.50) und bildet man den
Quotienten $U_1/U_3$ bzw. $U_2/U_4$, so lassen sich Ortskurven für konstante Spannungs-
verhältnisse im Reflexionsfaktordiagramm (Smith-Chart, Abb. 1.11) konstruieren,
die Kreise sind [6.1 d] (Kreisgleichungen in [6.4 d]). Die ausgezogenen Linien in
Abb. 6.51 entsprechen dem einen, die gestrichelten Linien entsprechen dem anderen
Sondenpaar. Die Geraden $U_1/U_3 = 1$ und $U_2/U_4 = 1$ gehen durch $Z/Z_\mathrm{L} = 1$.
Wählt man als Bezugsebene des zu messenden $Z_\mathrm{x}$ die Querschnittsebene der Sonde 1,
so stellt der Schnittpunkt der Kreise der gemessenen Spannungsverhältnisse den
gesuchten Widerstand dar. Die Messung ist für große $m$-Werte am genauesten.
Sind an die Sonden Gleichrichter mit quadratischer Charakteristik angeschlossen,
so ist nach [6.10 a]:

$$U_1 = k \cdot U_{s1}^2 = \frac{U_h^2}{2} + \frac{U_r^2}{2} + U_h \cdot U_r \cos \varphi \qquad (6.27)$$

und

$$U_2 = k \cdot U_{s2}^2 = \frac{U_h^2}{2} + \frac{U_r^2}{2} + U_h \cdot U_r \sin \varphi \qquad (6.28)$$

Bei den Ausgangsspannungen $U_3$ und $U_4$ ist nur das Vorzeichen des letzten Sum-
manden entgegengesetzt; bildet man die Differenzen, so wird

$$U_1 - U_3 = 2k \cdot U_h \cdot U_r \cos \varphi \qquad (6.29)$$

und

$$U_2 - U_4 = 2k \cdot U_h \cdot U_r \sin \varphi \qquad (6.30)$$

Hierbei bedeutet $U_h$ die Amplitude der hinlaufenden Welle, $U_r$ die Amplitude der
vom Meßobjekt reflektierten Welle und $\varphi$ den vom Objekt erzeugten Phasenwinkel.

Die Differenzbildung kann einfach dadurch erfolgen, daß man die am Ausgang der Sondenverstärker nach quadratischer Gleichrichtung liegenden Spannungen den Ablenkplatten einer Kathodenstrahlröhre zuführt, wie dies in Abb. 6.50 angedeutet ist. Hält man $U_h$ konstant und stellt man $k$ richtig ein, so entspricht die Auslenkung

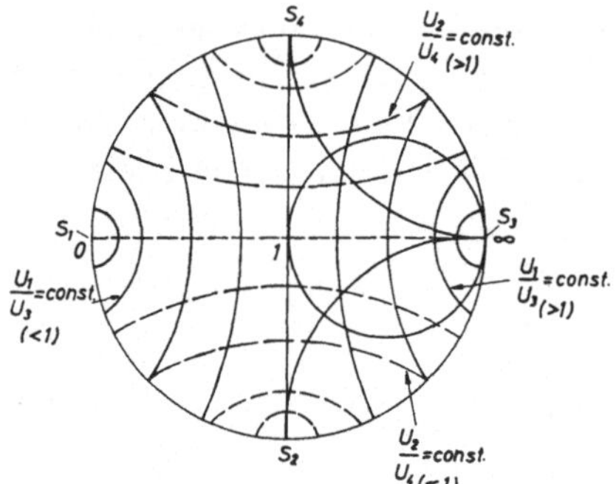


*Abb. 6.51*
**Diagramm zur Viersondenmethode**

des Elektronenstrahles dem Betrag des Reflexionsfaktors $|r| = U_r/U_h$ und die Richtung der Auslenkung dem Phasenwinkel $\varphi$. Legt man auf den Schirm der Kathodenstrahlröhre ein transparentes Diagramm nach Abb. 1.11 auf, so läßt sich $Z_x/Z_L$ direkt ablesen. Die Einstellung der Bezugsebene läßt sich durch Verdrehen der Diagrammscheibe besorgen: Beim Kurzschlußversuch muß der Leuchtpunkt auf $R = 0$ des Diagramms gelegt werden. Die Konstanthaltung von $U_h$ erfordert eine genaue Anpassung des Generatorinnenwiderstandes $Z_i = Z_L$. Die Konstanthaltung des Faktors $k$ bedeutet, daß die Verstärkungsfaktoren und Diodencharakteristiken konstant und für alle vier Sonden genau gleich sein müssen. Dies ist eine der Hauptschwierigkeiten dieses Meßverfahrens.

Die Bedingung des $\lambda/8$-Abstandes der einzelnen Sonden schränkt die Verwendbarkeit des Meßverfahrens zunächst ein. Mit einer mechanischen Verstellung der Sonden verliert man den Vorteil einer einfach zu bauenden Meßapparatur. Eine gewisse

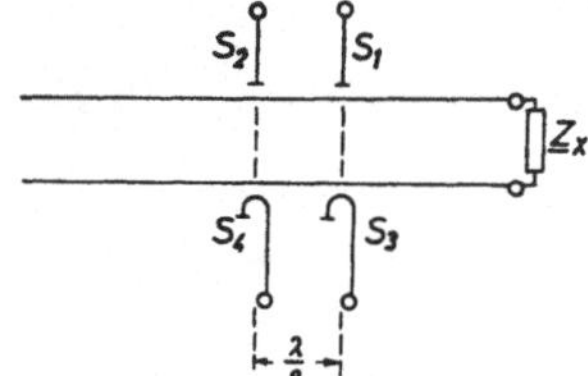


*Abb. 6.52*  **Verfahren mit 2 kapazitiven
und 2 induktiven Sonden**

Abhilfe bringt hier die Verwendung von zwei induktiven und zwei kapazitiven Sonden [6.4d]. Ordnet man eine kapazitive und eine induktive Sonde (vgl. auch Abschn. 6.23c) im gleichen Leitungsquerschnitt (bei TEM-Welle) an, so verhalten sich die von diesen Sonden gelieferten Ausgangsspannungen so, als wären zwei kapazitive Sonden im Abstand $\lambda/4$ voneinander angebracht. Voraussetzung ist natürlich, daß die Kopplungsfaktoren aufeinander abgeglichen sind. Besitzt man also eine Anordnung mit zwei Sondenpaaren, die im Abstand $\lambda/8$ angebracht sind, so kann die Auswertung auf die gleiche Weise erfolgen, wie dies für vier kapazitive Sonden geschildert wurde. Bei einer Frequenzänderung jedoch braucht der Abstand der Sondenpaare nicht mehr verändert zu werden; vielmehr kann man jetzt die Auswertung nach den Diagrammen der Abb. 6.51 vornehmen, wobei die ausgezogen gezeichnete und die gestrichelte Kurvenschar dann nicht mehr aufeinander senkrecht steht, sondern entsprechend der Frequenzänderung $\Delta f$ gegeneinander um den Winkel $\alpha = 90° \cdot \Delta f/f$ verdreht werden muß. (Dies gilt nur für TEM-Wellen [6.4d].)

Eine weitere Anordnung, die aus vier induktiven Sonden besteht, wobei die Sonden in der gleichen Querschnittsebene eines Hohlleiters angebracht und gegeneinander um je 45° verdreht sind, besitzt ähnliche Eigenschaften [6.10a].

Die Zwischenschaltung von Vierpolen aus Blindwiderständen an Stelle von $\lambda/8$-Leitungen führt ebenfalls zu einer Meßmethode, die dem 3-Sondenverfahren ähnlich ist [6.81, 6.82].

### 6.32   *Meßverfahren mit drehbarer Hohlleitersonde*

In einem Rechteckhohlleiter mit $H_{10}$-Welle kann man nach [6.4d, 6.51 und 6.10a] mit einer an der richtigen Stelle angeordneten drehbaren induktiven Sonde die gleiche Abhängigkeit der Sondenspannung vom Drehwinkel erhalten, wie sie bei

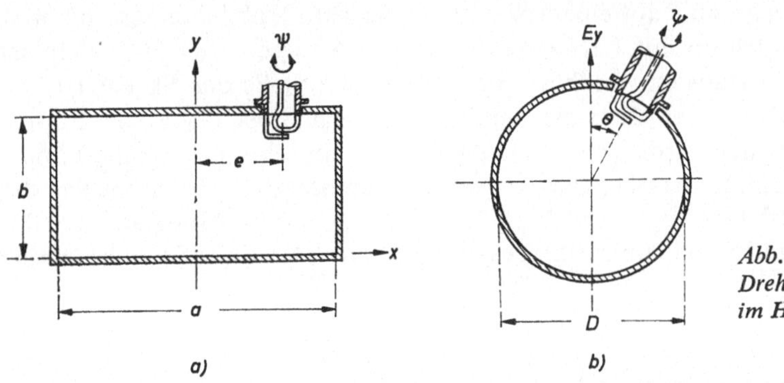


Abb. 6.53
*Drehbare induktive Sonde*
*im Hohlleiter*

der üblichen Sonde einer Meßleitung in Abhängigkeit von der Längsverschiebung auftritt. Liegt bei der Anordnung nach Abb. 6.53a die Fläche der Koppelschleife parallel zur Längsrichtung des Hohlleiters ($z$-Koordinate), so sei der Verdrehungswinkel $\psi = 0$. Die in der Sonde induzierte Spannung ist

$$U_s = k \cdot (H_x \cos \psi - H_z \sin \psi) \tag{6.31}$$

Ordnet man die Sonde so an, daß ihr Abstand $e$ von der Mittelebene des Hohlleiters die Bedingung

$$e = \frac{a}{\pi} \arctan \frac{2a}{\lambda_H} \tag{6.32}$$

erfüllt, so ist bei Anpassung des Hohlleiterabschlusses das $H$-Feld an der genannten Stelle zirkularpolarisiert, d.h. $|H_x| = |H_z|$. Bei dieser Entfernung der Sonde von der Mittelebene ist die Sondenspannung

$$U_s = U_0 \left(1 - |\underline{r}|\, e^{-j2\psi} \cdot e^{-j\frac{4\pi l}{\lambda_H}}\right) \cdot e^{j\psi} \cdot e^{-j\frac{2\pi l}{\lambda_H}} \tag{6.33}$$

Hierbei bedeutet $U_0$ die Sondenspannung bei Anpassung und $\underline{r}$ den Reflexionsfaktor des Meßobjektes, $l$ den Abstand des Meßobjektes und $\psi$ den Verdrehungswinkel der Sonde. Man sieht, daß eine Verdrehung um $\psi$ mit einer Längenänderung $\Delta l/\lambda_H$ vertauschbar ist:

$$\frac{\Delta l}{\lambda_H} = \frac{\psi}{2\pi} \pm n \cdot 0{,}5 \tag{6.34}$$

Man kann den Anpassungsfaktor des Meßobjektes aus $U_{s\,min}/U_{s\,max} = m$ ermitteln, der Reflexionsfaktor $|\underline{r}| = (1 - m)/(1 + m)$ besitzt den Phasenwinkel $\varphi = 2\psi_{min}$, wobei $\psi_{min}$ der Winkel der Sonde bei Einstellung auf $U_{s\,min}$ ist. Man kann hier also die Phase des $\underline{Z}_x$ sofort ablesen; sie bezieht sich aber auf den Ort der Sonde, und der übliche Kurzschlußversuch empfiehlt sich zur Festlegung der elektrischen Distanz zwischen Objekt und Sonde [6.4d].
Die oben nach Gl. (6.32) geforderte Exzentrizität der Sonde ist frequenzabhängig. Deshalb wird sie zweckmäßig auf einem Schlitten quer zum Hohlleiter verschiebbar angebracht. Bei Hohlleitern mit Kreisquerschnitt und Anregung der $H_{11}$-Welle ist das Meßverfahren ebenfalls anwendbar. Hier tritt an die Stelle der Exzentrizität $e$ der Verdrehungswinkel $\theta$, mit dem die Sondenachse gegenüber der Polarisationsrichtung ($E_y$) ausgerichtet werden muß. Dies kann z.B. mittels eines um die Längsachse verdrehbaren Hohlleiterstückes erfolgen. Eine automatische Sichtanzeige des Sondenspannungsverlaufes (vgl. Abschn. 6.22b) ist hier durch Motorantrieb der Sondenverdrehung und Synchronisation des Oszillografen mit dieser Drehbewegung möglich [6.4d].

## 6.4 Impedanzmessung mittels Verzweigungsschaltungen

### 6.41 *Kombinierte Strom-Spannungsmessung*

Die in der Niederfrequenztechnik gebräuchliche Widerstandsmessung durch Bestimmung der Spannung, die am Meßobjekt liegt, und des Stromes, der das Meßobjekt durchfließt, hat ein im Bereich der längeren Mikrowellen anwendbares Analogon, das an Hand von Abb. 6.54 beschrieben sei [6.1c, 6.4a, 6.10b, 6.77, 6.78]:
An das vom Generator zum Meßobjekt führende kurze Leitungsstück ist eine induktive Sonde und eine kapazitive Sonde angekoppelt. Beide Sondenspannungen werden über einen Widerstand $R_1 = Z_L$ auf eine geschlitzte Leitung mit verschiebbarer Sonde gegeben. Sind die Amplituden der von beiden Sonden angeregten Wellen gleich, so läßt sich auf der geschlitzten Leitung eine Nullstelle finden. Gleich-

heit der Sondenspannungen wird durch Verstellung der Tauchtiefe der Sonden erreicht, die so betätigt werden, daß bei Vergrößerung der Tauchtiefe der einen Sonde die der anderen Sonde gleichzeitig verkleinert wird. Da die Spannung der induktiven Sonde proportional zum Strom, die der kapazitiven Sonde proportional zur Spannung am Meßobjekt ist, läßt sich aus der Sondenstellung der Absolutwert des

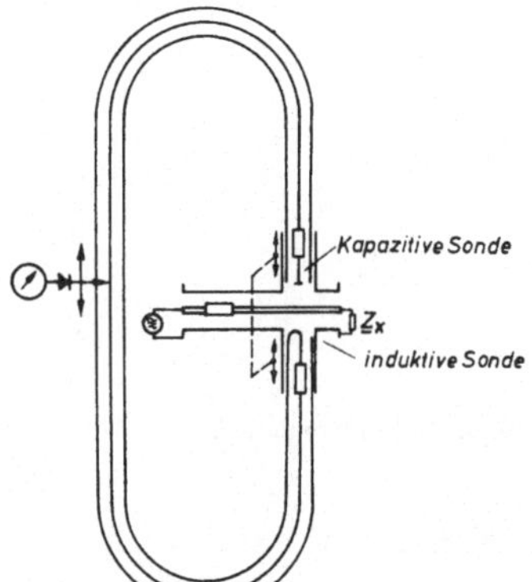


Abb. 6.54 Impedanzermittlung
aus Strom- und Spannungsmessung

Widerstandes $|Z_x| = |U_x/I_x| = |U_{s\,kap}/U_{s\,ind}|$ ermitteln. Die mit dem verschiebbaren Abtaster festgestellte Lage der Nullstelle hängt von der Phase des $Z_x$ ab. Die Anordnung arbeitet im Frequenzbereich von 50 bis 500 MHz mit einer Meßgenauigkeit von etwa 5 %, wobei Impedanzen zwischen 2 und 2000 $\Omega$ bestimmt werden können [6.79].

## 6.42 Vergleich von Impedanzen mittels Brückenschaltungen

In der Mikrowellentechnik finden als Brückenschaltungen häufig Anordnungen Verwendung, die wie Differentialtransformatoren wirken. Die Arbeitsweise mit solchen Brücken ist der in der Niederfrequenztechnik gebräuchlichen sehr ähnlich. Es gibt eine große Anzahl von Mikrowellenbauteilen, die für solche Schaltungen verwendbar sind [6.1c, 6.2c, 6.4e, 6.9f und g, 6.10b, 6.11d und e, 6.84 bis 6.91, 6.151, 6.152, 6.170, 6.171a, 6.185]. Es sei hier nur auf zwei typische Beispiele hingewiesen, das sog. „Magische T" und die Ringverzweigung, die in den Abb. 6.55 und 6.56

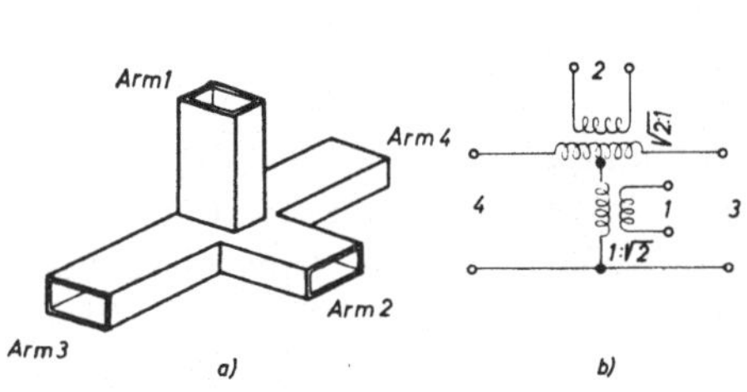


Abb. 6.55 „Magisches T"
a) technische Ausführung; b) Ersatzschaltung

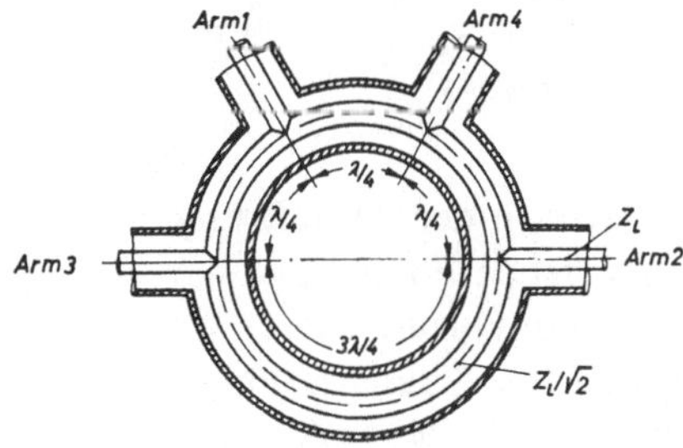


Abb. 6.56 Koaxiale Ringverzweigung

skizziert sind. Die letzte ist wegen des erforderlichen $\lambda/4$-Abstandes der Anschlüsse relativ schmalbandig.

Die Prinzipschaltung für einen Impedanzvergleich ist in Abb. 6.57 gezeichnet. Die Brückenschaltung wird in Arm 1 vom Generator gespeist. An Arm 2 ist ein Meßempfänger bzw. eine Diode mit Modulationsverstärker als Nullindikator angeschlossen. Sind die an den symmetrischen Zweigen 3 und 4 angeschalteten Impedanzen nach Betrag und Phase gleich, so erscheint an Arm 2 keine Ausgangs-

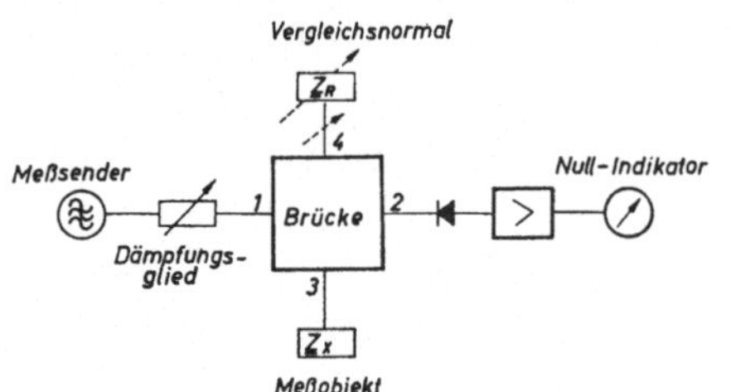


*Abb. 6.57*
*Brückenschaltung zum Impedanzvergleich*

spannung. Entspricht das Vergleichsnormal $Z_R$ dem Wellenwiderstand $Z_L$ der Anordnung, so ergibt sich Nullanzeige für $Z_x = Z_L$. Man spricht dann von einer Anpassungsbrücke. Für kleine Fehlanpassungen kann man oft den Ausschlag des Nullindikators – z.B. in $\Delta m$ – auch eichen. Will man beliebige Impedanzen $Z_x$ messen, so muß im allgemeinen $Z_R$ definiert veränderbar sein.

Definierte Abschlußwiderstände des Vergleichszweiges kann man z.B. mit Hilfe von Absorbern mit vorgeschalteten Impedanztransformatoren nach Abschn. 1.6 erzeugen, wobei die Eichung der Transformationsschaltung meist Schwierigkeiten macht bzw. sehr umständlich ist, da sie grundsätzlich frequenzabhängig ist. Eine Vereinfachung bringt die sog. variable Impedanz nach [6.88, 6.89, 4.16], bei der lediglich die Phase des Reflexionsfaktors frequenzabhängig ist (Abb. 4.6).

Zu den Impedanzvergleichsverfahren kann man auch die sog. „konjugiert-komplexe Anpassung" zählen. Sie wird zur Messung des Generatorinnenwiderstandes [6.115c] oder zur Untersuchung der Eingangsimpedanz von den Empfängern [6.92] angewendet. Im zweiten Fall wird der Empfänger selbst als Anzeigeorgan benutzt, um die an ihm liegende Spannung möglichst gering halten zu können (Abschn. 6.24c).

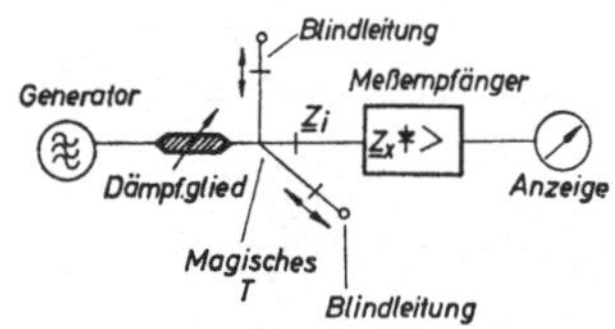


*Abb. 6.58 Messung der Eingangsimpedanz*
*eines Empfängers über*
*die „konjugiert komplexe Anpassung"*

Es wird in der Anordnung nach Abb. 6.58 auf maximalen Ausschlag abgeglichen. Dann ist der Eingangswiderstand $Z_x = Z_i^*$, dem konjugiert komplexen Innenwiderstand der Quelle. Dieser Widerstand $Z_i^*$ wird durch eine dem Dämpfungsglied nachgeschaltete Transformationsschaltung, aus einem „Magischen T" und 2 Blindleitungen bestehend, erzeugt. Sein Wert kann entweder gemessen oder auch aus Eichkurven abgelesen werden. Wegen der relativ breiten Maxima und der Frequenzabhängigkeit der Transformation ist die erreichbare Genauigkeit relativ gering.

### 6.43 Einstellbare Meßverzweigungen

Eine andere Art von Brückenschaltungen zur Impedanzmessung benützt als Vergleichsnormal $Z_r$ eine Impedanz, die nicht mit dem zu messenden Widerstand $Z_x$ übereinstimmen muß. Hier wird der Brückenabgleich vielmehr durch Verändern der Auskopplungsorgane erreicht [6.1c, 6.4e, 6.51, 6.93 bis 6.96]. Einige dieser sog. Meßverzweigungen benützen rein induktive Koppelschleifen, die symmetrisch zum Verzweigungspunkt dreier Koaxialleitungen angeordnet sind (Abb. 6.59 nach

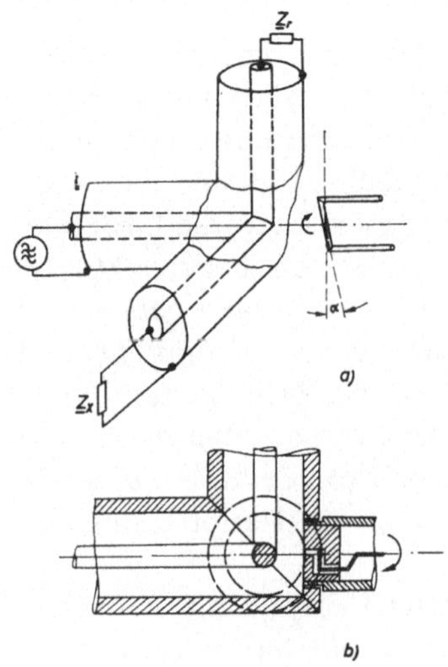

Abb. 6.59 „Meßverzweigung" zur Impedanzmessung

[6.93]). Wird an die Verzweigung nach Abb. 6.59a als Referenzimpedanz $Z_r$ ein reiner Blindwiderstand angeschlossen, so ergibt sich ähnlich wie bei der Drehsonde nach Abschn. 6.32 eine Abhängigkeit der Sondenspannung vom Drehwinkel $\alpha$, die genau dem Spannungsverlauf längs einer Meßleitung entspricht. Es läßt sich dann aus $U_{min}/U_{max}$ der Anpassungsfaktor $m$ und aus $\alpha$ die Phase des Meßobjektes bestimmen. Von Nachteil ist hierbei, daß die Referenzimpedanz, die durch einen veränderlichen Kondensator [6.97] oder durch eine Blindleitung realisiert wird, frequenzabhängig ist und bei Frequenzwechsel verstellt und auch geeicht werden muß. Abschluß mit frequenzunabhängigem $Z_r = Z_L$ führt zu einer etwas schwierigeren Auswertung und zur Doppeldeutigkeit in bezug auf das Vorzeichen des Imaginärteiles von $Z_x$. Die automatische Sichtanzeige bei motorisch gedrehter Sonde ist hier ebenfalls möglich.

Die kapazitive Entkopplung der induktiven Sonde wird nach [6.93] durch eine metallische Abschirmung der Schleife erreicht, die nur mit einem schmalen Schlitz versehen ist, der senkrecht zur Schleife verläuft (Abb. 6.59b).

Die Genauigkeit von Meßverzweigungen wird durch die Streufelder am Verzweigungspunkt, die durch verstellbare Zusatzkapazitäten nur teilweise kompensiert

14  Mikrowellenmeßtechnik

werden können, und durch die Selbstinduktion und die restliche kapazitive Kopplung beeinträchtigt, so daß der Anwendungsbereich sich auf Frequenzen unter 1 GHz beschränkt. Hier liegt der Fehler bei 4 %.

## 6.5 Anpassungsmessung mit Richtkopplern

### 6.51 *Aufbau und Eigenschaften von Richtkopplern*

Unter Richtkoppler versteht man eine Anordnung, bestehend aus einer Haupt- oder Energieleitung und einer Nebenleitung, die so miteinander verkoppelt sind, daß ein Teil der auf der Hauptleitung laufenden Welle auf die Nebenleitung übergeht und sich dort nur in einer Richtung ausbreitet. Die wesentlichste Eigenschaft eines Richtkopplers ist seine Richtwirkung. Durch sie ist man in der Lage, die Größe der auf der Hauptleitung zum Verbraucher hinlaufenden und der von ihm reflektierten Welle an zwei in verschiedener Richtung orientierten Nebenleitungen getrennt zu erfassen, um z.B. den Reflexionsfaktor des angeschlossenen Verbrauchers zu bestimmen. Vorteilhaft ist hierbei die Tatsache, daß die in der Nebenleitung angeregte Welle in ihrer Leistung unabhängig von der Lage bzw. von der Phase des Meßobjektes ist, da die Anregung gleichermaßen vom Strom und von der Spannung oder von 2 um $\pi/2$ gegeneinander verschobenen Spannungen in der Hauptleitung ausgeht.

Die Richtwirkung läßt sich auf verschiedene Art erzielen: Erfolgt die Kopplung z.B. wie in Abb. 6.60a durch ein zentrales Loch in der Hohlleiterbreitseite, so ist sowohl die elektrische wie auch die magnetische Kopplung wirksam. Die erste ist vom Winkel $\alpha$, mit dem die Hohlleiter gegeneinander verdreht sind, unabhängig, die zweite ist proportional $\cos \alpha$. Für $\alpha = 30°$ ist die elektrische und magnetische Kopplung gleich groß, und bei rein fortschreitender Welle auf der Hauptleitung erfolgt auf der Nebenleitung in einer Richtung Auslöschung, in der anderen Richtung Anregung einer Welle [6.2d, 6.98, 6.99]. Das Prinzip ist für Koaxialleitungen in gleicher Weise geeignet.

Die Kombination einer Koppelschleife und einer kapazitiven Sonde führt ebenfalls zu einer technischen Lösung für einen Richtkoppler, die auch bei tieferen Frequenzen brauchbar ist [6.100].

Eine rein elektrische Kopplung an *einer* Stelle zwischen Haupt- und Nebenleitung regt in der Nebenleitung zunächst eine Welle an, die sich nach beiden Richtungen gleichermaßen ausbreitet. Bringt man die gleiche Kopplung im Abstand $\lambda/4$ nochmals an, so überlagert sich die von hier ausgehende Welle der ersten mit einer solchen Phasenverschiebung, daß wieder in einer Richtung Auslöschung und in der anderen Richtung Verdopplung eintritt [6.2d, 6.4f, 6.9h, 6.10c, 6.115a]. Solche $\lambda/4$-Koppler (z.B. Abb. 6.60b und c) besitzen natürlich starke Frequenzabhängigkeit ihrer Eigenschaften.

Eine weitere Art von Richtkopplern (z.B. Abb. 6.60d und e) benützt eine homogene gemischte Verkopplung von Haupt- und Nebenleitung über eine längere Strecke

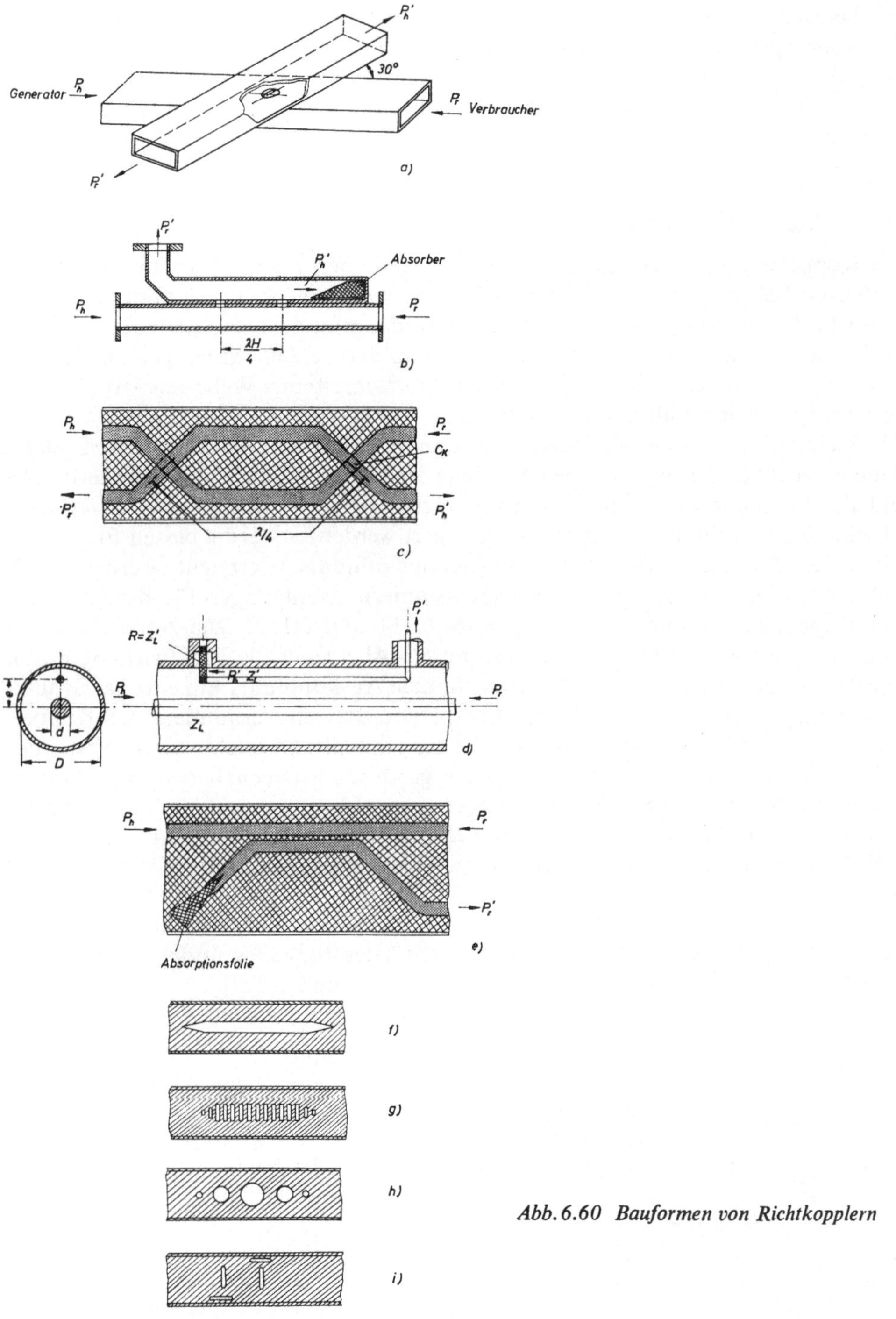



*Abb. 6.60 Bauformen von Richtkopplern*

(ein bis mehrere $\lambda/4$). Die Theorie dieser Leitungskopplung läßt sich aus der Theorie des Nebensprechens auf Telegrafenleitungen ableiten [6.9h, 6.101 bis 6.107].

Da sich die Eigenschaften von Richtkopplern je nach Bauart stark unterscheiden, benutzt man zu ihrer Beschreibung die Koppeldämpfung $a_k$ und die Richtwirkung oder Richtungsdämpfung $a_r$:

$$a_k/\text{dB} = 10 \log P_h/P_h' = 10 \log P_r/P_r' \tag{6.35}$$

$$a_r/\text{dB} = 10 \log P_h'/P_r' \quad \text{für} \quad P_r = 0 \tag{6.36}$$

Die Koppeldämpfung besagt, wie groß der Anteil der auf der Hauptleitung transportierten Leistung ist, der auf die Nebenleitung übergeht. Die Koppeldämpfung ist für beide Richtungen gleich. Die Richtungsdämpfung ist eine Gütebezeichnung. Sie bezeichnet das Verhältnis der Leistungen an den beiden Ausgängen der Nebenleitung, wenn auf der Hauptleitung eine rein fortschreitende Welle existiert ($P_r = 0$). Dann sollte im Idealfall auch $P_r' = 0$ sein.

Die Richtwirkung ist bei Kopplern mit verteilter Kopplung im allgemeinen relativ frequenzunabhängig, die Koppeldämpfung ist von der Länge der Koppelstrecke und der Frequenz abhängig. Die Abhängigkeit der $\lambda/4$-Koppler kann durch periodische Wiederholung der Kopplung verringert werden, wobei die besten Ergebnisse mit einer Binominal-Verteilung der Koppelöffnungen erreicht werden (z.B. Abb.6.60h) [6.4f, 6.108 bis 6.110]. Dimensionierungsunterlagen für Koppellöcher und Koppelschlitze findet man in [6.60b, 6.111 und 6.112]. Die Anordnung der Koppelschlitze nach Abb.6.60i [6.113 und 6.114] erzeugt die Richtwirkung durch eine der $H_y$- und $H_z$-Komponente proportionale Auskopplung. Ein einziges Schlitzpaar genügt hierfür; eine größere Anzahl von Paaren vermindert die Koppeldämpfung. Durch Serienschaltung von Leitungskopplern verschiedenen Abstandes gelingt es, die Koppeldämpfung über einen größeren Frequenzbereich konstant zu halten [6.116, 6.176 bis 6.179]. Einstellbare Koppeldämpfung erhält man durch die Anwendung von Ferriten bei Variation des äußeren Magnetfeldes [6.123 bis 6.125]. Richtkoppler, deren Kopplung mechanisch veränderbar ist, sind in [6.89 und 6.175] beschrieben.

Neben den in [6.1c, 6.2d, 6.4f, 6.9f und h, 6.10c, 6.11c, 6.89, 6.98 bis 6.125, 6.154 und 6.171b bis 6.180, 6.204 bis 6.220] zitierten Literaturstellen findet man ausführliche Literaturhinweise über Richtkoppler in [6.126 und 6.203].

Kommerzielle Ausführungen verschiedener Richtkoppler sind in Abb.6.61 bis 6.65 gezeigt.

*Abb.6.61*
*Richtkoppler koaxialer Bauform*
(Werkfoto Fa. Dr. Spinner, München)

**Abb. 6.62 Koaxialer Doppelrichtkoppler**
(Werkfoto Fa. Rohde & Schwarz, München)

**Abb. 6.63 Richtkoppler mit angebautem Diodenmeßkopf**
(Werkfoto Fa. Hewlett–Packard, Palo Alto)

**Abb. 6.64 Hohlleiterkreuzkoppler**
(Werkfoto Fa. Hewlett–Packard, Palo Alto)

*Abb. 6.65  Richtkoppler mit
verstellbarer Koppeldämpfung –
Rotationsrichtkoppler*

(Werkfoto Fa. Philips, Eindhoven)

## 6.52  Richtkoppler als Reflektometer

Zur Messung des Reflexionsfaktors eines Meßobjektes benötigt man im allgemeinen
zwei Richtkoppler, die gegeneinandergeschaltet sind (Abb. 6.66) [6.1c, 6.2d, 6.4f,
6.9e, 6.10c, 6.13, 6.26, 6.99, 6.127]. Üblicherweise ist der Sender mit einer niedrigen
Frequenz rechteckmoduliert, um eine einfache NF-Verstärkung der Diodenspan-
nung zu ermöglichen (s. Abschn. 3.2). Der eine Richtkoppler (1) gibt, sofern die an
seinen Ausgang geschaltete Diode im quadratischen Bereich arbeitet, eine Spannung

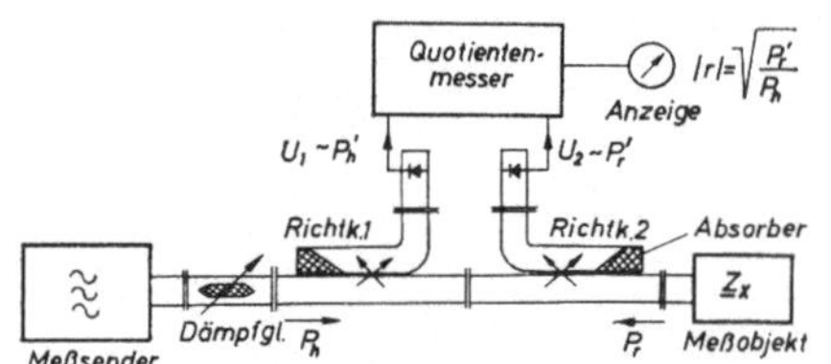


*Abb. 6.66
Reflektometer mit zwei Richtkopplern*

ab, die proportional $P_h$ ist, der andere (2) liefert eine der reflektierten Leistung $P_r$
proportionale Spannung. Bildet man aus beiden Spannungen den Quotienten, was
z.B. mit Hilfe eines Regelverstärkers, dessen Regelspannung $U_1$ darstellt, geschehen
kann, so läßt sich am Ausgangsinstrument das Quadrat des Reflexionsfaktors
direkt ablesen (Gl. (1.12)):

$$|r|^2 = \frac{U_2}{U_1} = \frac{U_r^2}{U_h^2} = \frac{P_r}{P_h} \tag{6.37}$$

An Stelle der Quotientenbildung kann man auch zwei getrennte Instrumente, ein Kreuzzeigerinstrument oder auch *ein* Instrument verwenden, das von der ersten auf die zweite Diode umgeschaltet wird. Im letzten Fall kann die Ablesung des $|r|$ am Dämpfungsglied erfolgen, wenn man jedesmal auf gleichen Ausschlag einstellt.

Die bei der Anordnung nach Abb. 6.66 verwendeten Richtkoppler müssen bestimmte Voraussetzungen erfüllen, um hohe Meßgenauigkeit zu gewährleisten: a) Die Koppeldämpfung $a_k$ darf nicht zu gering sein, um der Hauptleitung nicht zu viel Leistung zu entziehen. Andererseits steigt mit der Koppeldämpfung die Anforderung an Sendeleistung, Dichtigkeit und Empfängerempfindlichkeit. Für den Koppler 1 sind Werte von 20 bis 40 dB, für den Koppler 2 sind Werte von 10 bis 20 dB gebräuchlich. b) Die Richtungsdämpfung $a_r$ soll möglichst groß sein. Zur Messung eines Reflexionsfaktors von 1 % mit einer Genauigkeit von 10 % müßte die Richtungsdämpfung 60 dB betragen. Dies ist etwa die obere Grenze, die heute in besonderen Fällen erreichbar ist. Übliche Werte sind 35 bis 45 dB. c) Der dem Diodenausgang gegenüberliegende Arm der Nebenleitung muß mit einem Absorber geringsten Reflexionsfaktors abgeschlossen sein, um bei kleiner Reflexion des Meßobjektes nicht selbst einen nennenswerten Beitrag zur gemessenen Leistung $P_r'$ beizutragen, was zu erheblichen Meßfehlern führen könnte. d) Die Anpassung der Diode im Seitenarm ist nicht so kritisch. Eine Fehlanpassung an dieser Stelle führt nur einen Fehler nach Gl. (5.2) herbei. Einfachere Anpassung und genaue quadratische Kennlinie bringt die Verwendung von Thermistoren an dieser Stelle [6.104].

Zur Eichung der beiden Meßzweige wird bei Beginn der Messung der Richtkoppler mit einem Kurzschluß abgeschlossen. Dann muß $|r| = 1$ sein, bzw. bei Verwendung von zwei Instrumenten müssen beide Ausschläge gleich groß sein. Zur Eichung von Zwischenwerten kann ein geeichtes Dämpfungsglied zwischen den Nebenarm und die Meßdiode des Richtkopplers 2 eingeschaltet werden.

Die Genauigkeit von Richtkopplern kann man auf ähnliche Weise überprüfen, wie dies in Abschn. 6.23 e für Meßleitungen beschrieben wurde: Man schließt an den Ausgang der Hauptleitung und an den der Diode der Nebenleitung gegenüberliegenden Arm statt des Absorbers je eine Blindleitung an. Stellt man einmal die Blindleitungen so, daß sich maximaler Ausschlag ergibt, das andere Mal um $\lambda/4$ verschoben, so daß sich minimaler Ausschlag zeigt, so bekommt man zuerst die Addition, dann die Subtraktion des Anzeigefehlers [6.99]. Bei Verwendung eines verschiebbaren Abschlußwiderstandes mit kleiner Reflexion (sliding termination [6.68, 6.128, 6.157, 6.167b, 6.182, 6.221 bis 6.224]) läßt sich in ähnlicher Weise aus der Schwankung der Richtkoppleranzeige auf die Richtwirkung schließen. Auch der Vergleich mit Meßleitungen ist üblich [6.129, 6.130, 6.131]: Zur Kontrolle der Richtwirkung kann ein mit einer Transformationsschaltung versehener Absorber am Richtkopplerausgang so verstellt werden, daß die Richtkoppleranzeige Null wird. Eine Messung an der Meßleitung zeigt dann diejenige Fehlanpassung, die zur Kompensation der Fehlwelle im Richtkoppler notwendig war [6.4d].

Die an den Nebenausgängen der Richtkoppler auftretenden Spannungen enthalten zwar noch die Phaseninformation, die zur Beschreibung des Meßobjektes $Z_x$ dienen könnte, doch geht sie durch die einfache Videogleichrichtung verloren, so daß sich bei der beschriebenen Anordnung nur der Betrag des Reflexionsfaktors ermitteln läßt. Für viele Anwendungsfälle genügt dieses Meßergebnis jedoch, und in jüngerer Zeit hat sich diese Messung des Reflexions- oder Anpassungsfaktors zur serienmäßigen Prüfung von Mikrowellenbauteilen aller Art in zunehmendem Maße durchgesetzt. Vorwiegend in Verbindung mit Wobbelverfahren (vgl. Abschn. 2.6) und bei Abgleicharbeiten, die ohnehin oft durch „probierendes Verändern" am

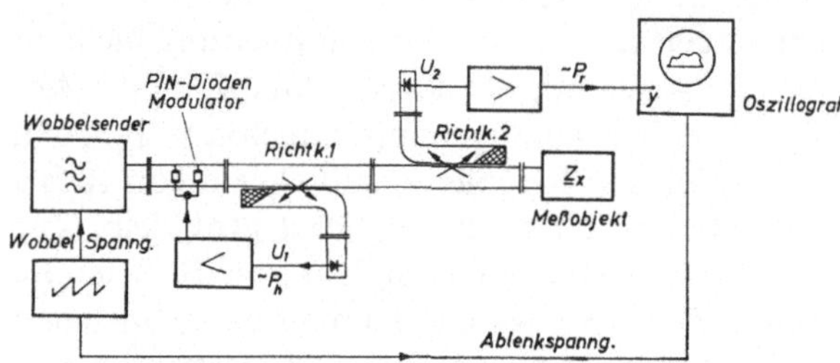


*Abb. 6.67  Reflexionsfaktormeßplatz mit Pegelregelung*

Meßobjekt bei gleichzeitiger Beobachtung der Meßanzeige vorgenommen werden, ist die Kenntnis der Phase häufig völlig uninteressant. Für solche Anwendungen finden Meßplätze der in Abb. 6.67 angedeuteten Art zunehmend Anwendung.
Die Quotientenbildung kann auch bei Sichtanzeige wie im Beispiel der Abb. 6.66 durch Regelverstärker im Ausgang vorgenommen werden [6.131, 6.133, 6.155,

(Werkfoto Fa. Siemens & Halske, München)

*Abb. 6.68  Reflexionsfaktormeßplatz mit mechanisch gewobbeltem Sender und Quotientenmesser mit Sichtanzeige*

6.156, 6.158, 6.181]. Beim Aufbau nach Abb. 6.67 wird die Bildung des Quotienten dadurch erreicht, daß $U_1$ mit Hilfe eines am Richtkoppler 1 angeschlossenen Regelverstärkers und eines PIN-Diodenmodulators (vgl. Abschn. 2.51) konstant gehalten wird [6.132]. An Stelle des Oszillografen kann auch ein schreibendes Registrierinstrument Verwendung finden, um den Reflexionsfaktor in Abhängigkeit von der Frequenz aufzuzeichnen. Abb. 6.68 zeigt das Foto eines Reflexionsfaktormeßplatzes mit 2 Richtkopplern.

## 6.53   Impedanzmessung mit Richtkopplern

Wie oben schon erwähnt, geht durch die Videogleichrichtung des den Kopplern entnommenen Signales die Phaseninformation verloren. Durch eine zusätzliche kapazitive Sonde nach Abb. 6.69a läßt sie sich jedoch wieder gewinnen [6.1e, 6.115b, 6.134]. Legt man die Bezugsebene für das Meßobjekt $Z_x$ in die Ebene der Zusatz-

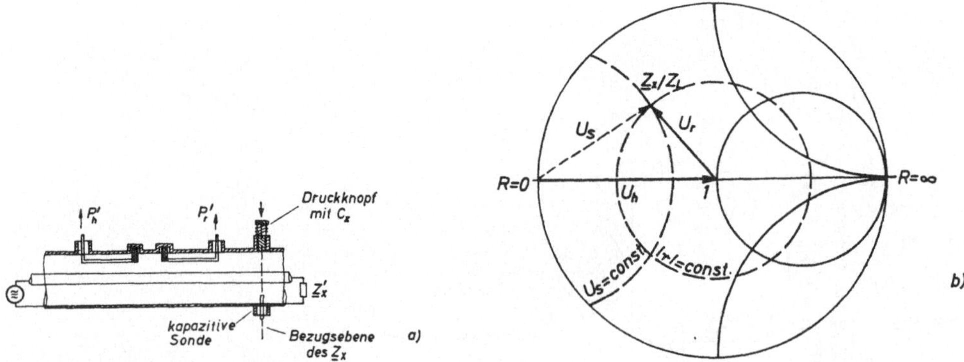


**Abb. 6.69** *Gewinnung der Phaseninformation durch Zusatzsonde*
a) Meßanordnung; b) Auswertung im Diagramm

sonde, so gilt der in Abb. 6.69b gezeichnete Zusammenhang: Der Ort des gesuchten $Z_x$ liegt zunächst auf dem durch die Richtkoppler in üblicher Weise ermittelten Kreis $|r| = $ const. Hat man ferner die Empfindlichkeit der Zusatzsondenanzeige so eingestellt, daß bei Anpassung die Sondenspannung $U_s = U_h = 1$ ist, so stellt einer der Schnittpunkte des Kreises $U_s = $ const mit dem Kreis $|r| = $ const den gsuchten Widerstand $Z_x$ am Ort der Sonde dar. Zur Klärung des Vorzeichens der Blindkomponente dient die durch einen Druckknopf einrückbare Zusatzkapazität $C_z$. Steigt beim Anschalten von $C_z$ die Spannung an der Sonde, so ist $Z_x$ induktiv; der oben

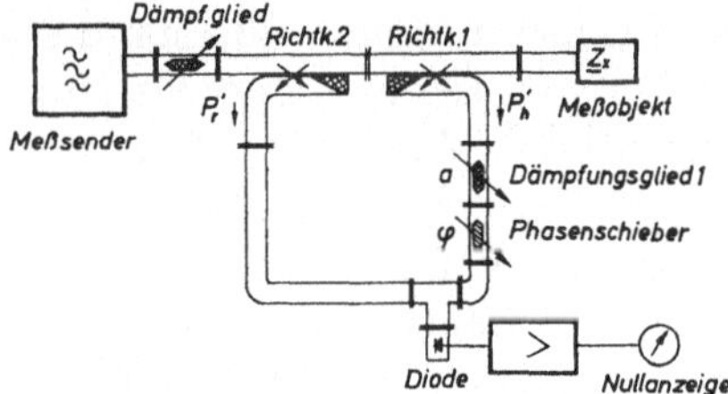


**Abb. 6.70**
*Gewinnung der Phaseninformation
durch zusätzliche Phasenbrücke*

liegende Schnittpunkt der Kreise ist richtig. Fällt die Spannung $U_s$, so ist die Blindkomponente kapazitiv und der in der unteren Halbebene liegende Schnittpunkt $Z_x$.
Eine andere Möglichkeit, die Phase des $Z_x$ zugleich mit der Richtkopplermessung zu ermitteln, bietet die Kombination mit einer Phasenbrücke nach Abb. 6.70 [6.4f]. Hier läßt sich durch gleichzeitige Verstellung des Dämpfungsgliedes und des Phasenschiebers im Nebenzweig erreichen, daß am T-Stück die beiden Wellen, die $P_r'$ und

$P_h'$ entsprechen, gleiche Amplitude und 180° Phase zueinander besitzen. Dann ergibt sich an der Diode Nullanzeige, und der Betrag des Reflexionsfaktors $|r|$ kann unter der Voraussetzung, daß beide Richtkoppler gleiche Koppeldämpfung haben, am Dämpfungsglied 1 abgelesen werden. Zur Messung der Phase von $r = |r|\,e^{j\varphi}$ muß durch Kurzschlußversuch ($Z_x = 0$) eine Bezugsphase $\varphi_0$ eingestellt werden. Die sich bei Anschluß des Meßobjektes $Z_x$ ergebende Stellung des (geeichten) Phasenschiebers $\varphi_x$ läßt dann die Phase des Meßobjekts $\varphi = \varphi_x - \varphi_0$ errechnen (s. auch [6.183, 6.184]).

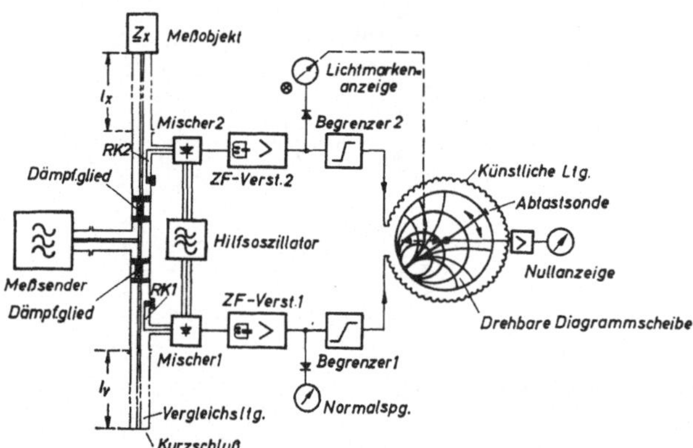


Abb. 6.71  Prinzipschaltung des „Zg-Diagraphen"

Die Anordnung der Abb. 6.70 läßt sich dahingehend abwandeln, daß die hinlaufende Welle nicht mit einem Koppler direkt gemessen wird, sondern erst nach Reflexion an einem Kurzschluß in einem getrennten Zweig. Diese Art der Richtkoppleranordnung wird in dem Meßgerät nach Abb. 6.71 verwendet. Sie besitzt den Vorteil, daß die Bezugsebene des Meßobjekts $Z_x$ bei Frequenzwechsel nicht erneut festgestellt werden muß, wenn die mit dem Kurzschluß versehene Vergleichsleitung die gleiche elektrische Länge hat wie die Anschlußleitung des Meßobjekts ($l_v = l_x$) [6.9i, 6.72, 6.73, 6.135]. In diesem als „Zg-Diagraph" bezeichneten Gerät werden die beiden mit je einem Richtkoppler versehenen Leitungen über getrennte Dämpfungsglieder gespeist, die einen möglichst gut angepaßten Generatorinnenwiderstand erzeugen sollen. Der Richtkoppler 1 entnimmt der Vergleichsleitung eine der „hinlaufenden" Welle proportionale Spannung, die im Mischer 1 auf eine Zwischenfrequenz umgesetzt wird, wobei die Phasenlage erhalten bleibt. Richtkoppler 2 speist über den Mischer 2 den ZF-Verstärker 2 mit einer Spannung, die in Amplitude und Phase der vom Objekt reflektierten Welle entspricht. Die Amplitudeneichung erfolgt mit Hilfe des ZF-Zweiges 1 und des Normalspannungszeigers. Ist die Verstärkung richtig eingeregelt, so entspricht die ZF-Spannung 2 dem Betrag des Reflexionsfaktors. Diese Spannung betätigt ein Lichtmarkenanzeigegerät, welches einen Leuchtfleck auf eine transparente Diagrammscheibe derart projiziert, daß der Abstand vom Mittelpunkt dem $|r|$ entspricht. Die beiden ZF-Spannungen werden nach Amplitudenbegrenzung an eine künstliche Leitung gelegt, die mit einer Sonde abgetastet wird. Die Sonde ist mit der Diagrammscheibe verbunden und gewährleistet die richtige Lage des Diagramms, wenn sie so verdreht wird, daß sich Nullanzeige ergibt. Der Leuchtpunkt zeigt dann direkt den Objektwiderstand $Z_x$ auf dem Reflexionsfaktordiagramm (Smith-Diagramm, Abb. 1.11) an. Das Verfahren kann als halbautomatisches Impedanzmeßverfahren bezeichnet werden. Ein Foto dieses Meßgerätes, das für Frequenzbereiche von 30 bis 2400 MHz erhältlich ist, zeigt Abb. 6.72.

Eine Anzeige des komplexen Reflektionsfaktors nach Betrag und Phase ist auch mit Hilfe des sog. „Vectorvoltmeters" [6.225, 6.226] bis zu Frequenzen etwas über 1 GHz möglich. Dieses Gerät arbeitet nach der „Sampling-Technik" (vgl. Abschn. 6.6

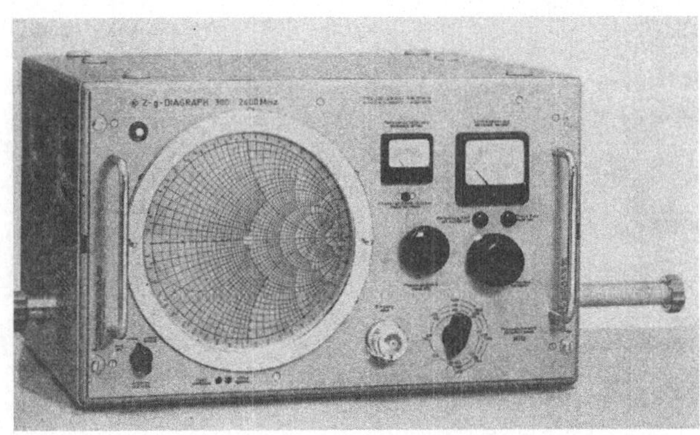

Abb. 6.72 *Zg-Diagraph*
(Werkfoto Fa. Rohde & Schwarz, München)

und 7.8) und nimmt die Phasenmessung im niederfrequenten Bereich vor. Die Dioden-Tastköpfe von Meß- und Vergleichskanal sind hierbei an die Nebenarme eines Doppelrichtkopplers anzuschließen.

Weitere Meßverfahren zur Impedanzmessung mit Polarisationsrichtkopplern an Hohlleitern sind in [6.76 und 6.136] geschildert. Es sei noch bemerkt, daß auch die in Abb. 6.54 [6.77] skizzierte Brücke als Richtkoppler aufgefaßt werden kann.

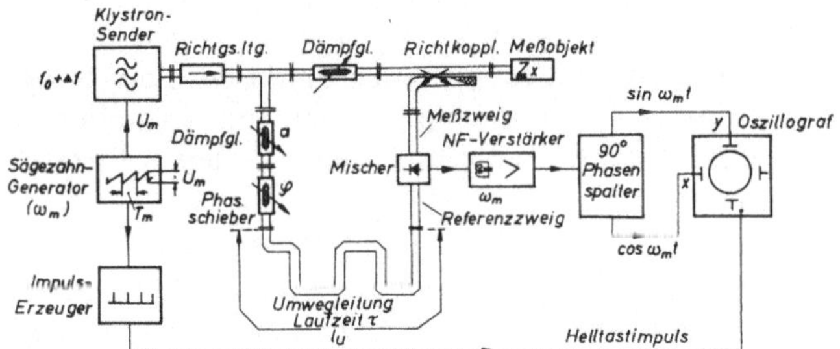


Abb. 6.73 *Automatisches Impedanzmeßverfahren nach* [6.138]

Ein vollautomatisches Impedanzmeßverfahren mit Sichtanzeige, welches auch sehr schnell vor sich gehende Impedanzänderungen als Ortskurve aufzeichnen kann, ist in [6.137 und 6.138] beschrieben. Die Anordnung ist vorwiegend für die Anwendung bei mm-Wellen ausgelegt und kann mit geringen Variationen auch zur Messung des komplexen Übertragungsfaktors von Vierpolen (Abschn. 7.2) eingesetzt werden. Die Grundschaltung ist in Abb. 6.73 skizziert. Die vom Richtkoppler im Nebenarm angeregte Welle, die nach Betrag und Phase der vom Objekt reflektierten Welle proportional ist, wird im Mischer mit einer vom gleichen Sender stammenden Welle überlagert, die über eine Umwegleitung der Länge $l_u$ eine Laufzeitverzögerung $\tau$ erfahren hat. Wird der Sender mit einem Frequenzhub $\Delta f$ frequenzmoduliert, so entsteht am Mischer eine Differenzfrequenz $\omega_m$, die unter der Bedingung $\Delta f = 1/\tau$ der Grundfrequenz der Modulationssägezahnspannung gleich ist: $\omega_m = 2\pi/T_m$. Die Bedingung $\Delta f = 1/\tau$ kann durch passende Wahl von $l_u$ oder $U_m$ eingehalten werden. Man kann diese Kombination als Synchrondetektor auffassen (Abschn. 3.5

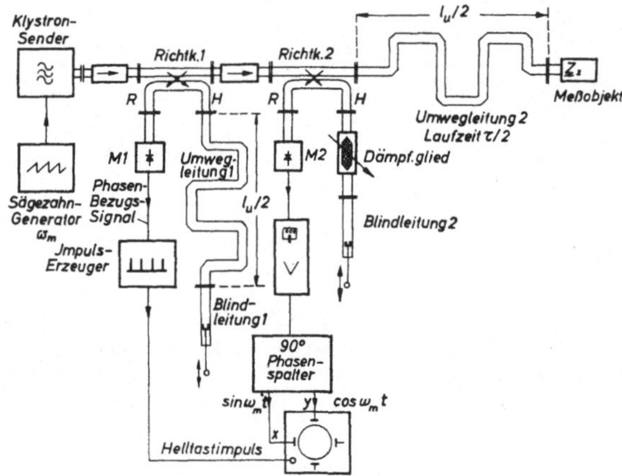


*Abb. 6.74*
*Variante der Anordnung der Abb. 6.73*

und Abb. 3.2a). Durch die Mischung bleibt der lineare Zusammenhang zwischen Betrag und Phase der reflektierten Welle und dem niederfrequenten Signal am Mischerausgang erhalten. Leitet man von der Signalspannung durch einen Phasenschieber auch eine um 90° gedrehte NF-Spannung ab, so kann man mit Sinus- und Cosinusschwingung die $x$- und $y$-Ablenkung eines Oszillografen ansteuern. Der Elektronenstrahl beschreibt dann auf dem Schirm einen Kreis, dessen Durchmesser dem Betrag des Reflexionsfaktors proportional ist. Tastet man mit Hilfe eines vom Modulationsgenerator synchronisierten Impulses nur einen Punkt des Kreises hell, so beschreibt dieser Punkt bei richtig vorgenommener Phasen- und Amplitudeneichung die Lage des $Z_x$ im Reflexionsfaktordiagramm, das auf den Schirm des Oszillografen aufgelegt werden kann.

Eine Verbesserung zur Vermeidung von Phasenfehlern bei statistischen Frequenzschwankungen sieht nach [6.137 und 6.138] die Ableitung des Helltastsignales über eine zweite Umwegleitung vor. Setzt man diese Leitung an das eine Ende eines zweiseitigen Kopplers und versieht sie mit einem Kurzschluß, so kann man ihre Länge auf $l_u/2$ verkürzen, da sie von der Welle zweimal durchlaufen wird (Umwegleitung 1 in Abb. 6.74). In ähnlicher Weise kann man eine Umwegleitung der halben Länge zwischen Richtkoppler 2 und Meßobjekt legen. Die dem Mischer 2 zugeführte Überlagererspannung entsteht dann durch die im Arm H ausgekoppelte hinlaufende Welle, die an Blindleitung 2 reflektiert wird und so zu Arm R an Mischer 2 gelangt. Die von $Z_x$ reflektierte Welle wird direkt zum Arm R des Kopplers 2 und zum Mischer 2 geführt, ist aber durch Umwegleitung 2 um $2 \cdot \tau/2$ verzögert. Nachteilig dürften bei der zweiten Anordnung (Abb. 6.74) die schlecht eichbaren Verluste der Umwegleitung 2 sein. Die Phaseneichung kann wieder auf einfache Weise durch Kurzschluß von $Z_x$ und Verschieben der Blindleitung 1 (oder 2) erfolgen. Bei Zwischenschaltung eines unbekannten Vierpols anstelle des Richtkopplers mit $Z_x$ zwischen Dämpfungsglied und Mischer kann der komplexe Übertragungsfaktor dieses Vierpols gemessen werden.

## 6.6  Impedanzschreiber

Unter Impedanzschreiber versteht man ein Gerät, welches die Ortskurve einer Impedanz in Abhängigkeit von der Frequenz in der komplexen Ebene (Reflexionsfaktordiagramm) auf einem Oszillografenschirm oder mit Hilfe eines 2-Koordinatenschreibers direkt darstellt. Ein derartiges Impedanzmeßgerät ist in bezug auf die Anwendbarkeit und auf die Verkürzung der Meßzeit natürlich die Ideallösung. Verständlicherweise ist bei einigermaßen sinnvollen Anforderungen an die Meßgenauigkeit und größerem Frequenzbereich der apparative Aufwand recht erheblich, was die Verbreitung solcher Geräte stark einschränkt.

Impedanzschreiber kann man als vollautomatische Meßverfahren bezeichnen, wenn man z.B. die Umlaufmeßleitung mit Sichtanzeige (Abschn. 6.22a) oder den Zg-Diagraph (Abschn. 6.53) unter die halbautomatischen Verfahren einreiht. Die Mehrsondenverfahren mit Oszillografenanzeige (Abschn. 6.31) sollte man nicht zur Kategorie der vollautomatischen Geräte rechnen, da hier der Frequenzbereich sehr gering ist – bei einer Bandbreite $>5\%$ wird der Meßfehler schon $>5\%$.

Es sind verschiedene Anordnungen für Impedanzschreiber bekannt, die teils mit Brückenschaltungen, teils mit Richtkopplern und mit Kombinationen von Richtkopplern und Phasenbrücken arbeiten [6.13, 6.115b, 6.76, 6.136, 6.139 bis 6.148].

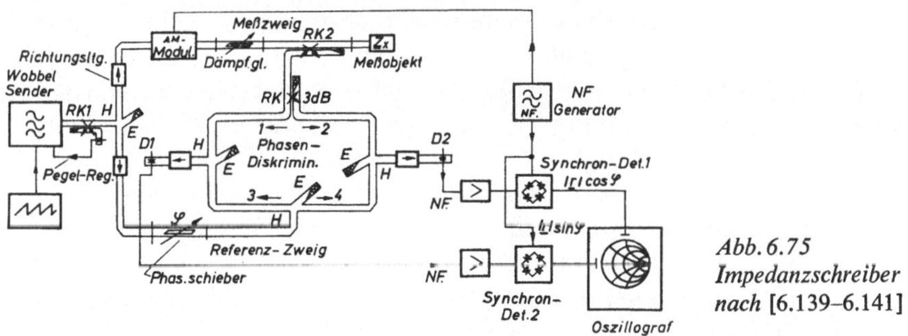


Abb. 6.75
Impedanzschreiber
nach [6.139–6.141]

In einigen Fällen wird die Phaseninformation durch Brückenabgleich mit Servosteuerung gewonnen [6.115b], in den meisten jedoch durch Überlagerungsverfahren der Modulation aufgedrückt, wobei Amplituden- und Einseitenbandmodulation [6.144] verwendet wird.

Die Funktion eines Impedanzschreibers soll an Hand eines Beispieles mit Amplitudenmodulation beschrieben werden: In Abb. 6.75 ist das Blockschaltbild einer

Anordnung nach [6.139 bis 6.141] gezeichnet. In einem „Magischen T" wird die vom Wobbelsender, der zur Erzielung konstanter Ausgangsleistung über RK 1 mit einer Pegelregelung versehen ist, kommende Welle auf zwei Arme aufgeteilt. Die den Meßzweig speisende Welle wird von einem NF-Generator in der Amplitude moduliert. Referenz- und Meßzweig sind durch Richtungsleitungen entkoppelt. Das eigentliche Meßorgan wird vom Richtkoppler RK 2 gebildet. Die vom Meß-objekt $Z_x$ reflektierte Welle wird über seinen Nebenarm dem 3-dB-Koppler zuge-führt und in die beiden Hälften 1 und 2 aufgeteilt, die auf Grund der Richtkoppler-eigenschaften frequenzunabhängig gegeneinander um 90° phasenverschoben sind [6.9 h]. Die vom Referenzzweig kommende Welle wird in einem „Magischen T" ebenfalls in zwei gleiche Teilwellen 3 und 4 aufgeteilt, die jedoch gleichphasig sind. In der Diode D 1 werden nun die Wellen 1 und 3, in der Diode D 2 werden die Wellen 2 und 4 miteinander gemischt, wobei niederfrequente Spannungen entstehen, deren Amplituden auf Grund der 90°-Phasenverschiebung der Träger 1 und 2 pro-portional zu $|r| \cdot \sin \varphi$ bzw. zu $|r| \cdot \cos \varphi$ sind. Hierbei ist $|r|$ der Betrag und $\varphi$ der Phasenwinkel des Reflexionsfaktors von $Z_x$, wenn Amplitude und Anfangsphase richtig geeicht sind. Die Synchrongleichrichtung am Ausgang der NF-Verstärker zur Erzeugung der Ablenkspannung ist notwendig, um auch wechselnde Vorzeichen des $\sin \varphi$ bzw. $\cos \varphi$ richtig auswerten und den zugehörigen Quadranten im Re-flexionsfaktordiagramm auf dem Oszillografenbildschirm ansteuern zu können. Jedem Wert des $Z_x$ entspricht so ein Leuchtpunkt und bei Frequenzänderung wird automatisch die Ortskurve durchlaufen. Die mögliche Wobbelfrequenz hängt von der Bandbreite der NF- und Oszillografen-(Gleichspannungs-)Verstärker ab.

Schaltet man anstelle des Richtkopplers RK 2 und des Objektes $Z_x$ einen Vierpol zwischen Meßzweig und 3-dB-Koppler, so kann der komplexe Übertragungsfaktor geschrieben werden (vgl. Abschn. 7.2). In vielen Fällen wird dann auch nur der Quotient der beiden NF-Spannungen gebildet, was zu einer reinen Phasenanzeige führt (Abschn. 8.41 c) [6.140].

In [6.143] wird die 90°-Verschiebung durch zwei im Abstand $\lambda/4$ angekoppelte Mischer erreicht, doch dürfte hier die Wobbelbandbreite wesentlich geringer sein. Der in [6.149] beschriebene Impedanz-Plotter, der auch in [6.13] erwähnt ist, dürfte aus Gründen des Aufbaues des „Resolvers" die angegebene Bandbreite schwerlich erreichen.

Die Weiterentwicklung der „Sampling"-Technik mit sehr kurzen Abtastimpulsen (s. auch Abschn. 7.81) bietet die Möglichkeit, Überlagerungsverfahren anzuwenden, bei welchen die Überlagerungsfrequenz auch schnell veränderlichen Signalfrequen-zen automatisch so nachgeregelt wird, daß die entstehende Differenzfrequenz kon-stant bleibt [6.195, 6.225 bis 6.227]. Auf diese Weise läßt sich Betrag und Phase des komplexen Reflexionsfaktors in der Zwischenfrequenzlage verarbeiten und zur An-zeige bringen. Die Funktion eines derartigen Impedanzschreibers, der z. Z. auf die-sem Gebiet das Gerät mit der größten Bandbreite darstellt, sei an Hand von Abb. 6.76 (in Anlehnung an [6.227]) kurz beschrieben:

Die Frequenzumsetzung des dem Doppelrichtkoppler entnommenen Referenz- und Meßsignals erfolgt im Zweifach-Sampling-Kopf durch Mischung einer Oberwelle des Samplingimpulses mit der Meßfrequenz. Durch extrem kurze Impulse wird das Frequenzspektrum bis über 12 GHz ausgedehnt, wobei die Folgefrequenz des Pulsgenerators über eine Regelschleife so verändert wird, daß eine der zahlreichen Oberwellen mit der Sendefrequenz genau die Differenz von 20 MHz bildet. Durch eine vom Referenzzweig abgeleitete Amplitudenregelung wird das zwischenfrequente Meßsignal so geregelt, daß eine Quotientenbildung erfolgt. Auf diese Weise ist das nochmals umgesetzte Signal dem Betrag des Reflexionsfaktors proportional. Die Verwendung zweier gesteuerter Gleichrichter und eines 90°-Phasendrehgliedes gestattet die phasenrichtige Anzeige auf dem Bildschirm. Diese Art der Aufbereitung

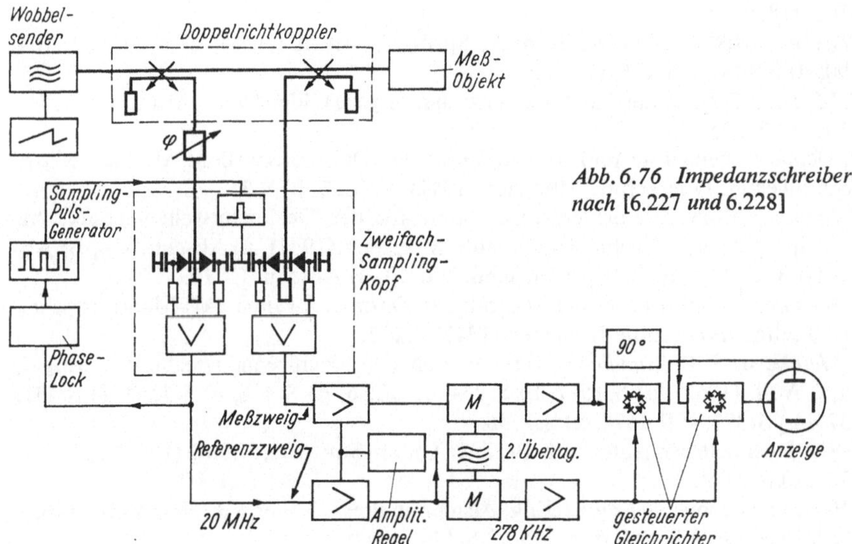


Abb. 6.76 *Impedanzschreiber nach* [6.227 und 6.228]

hat gegenüber der anhand von Abb. 6.73 geschilderten phasenabhängigen Helltastung den Vorteil größerer Bildhelligkeit. Die Bezugsebene für das Meßobjekt kann durch Phasenschiebung $\varphi$ (mittels einer Posaune) am Ausgang des Referenzrichtkopplers eingestellt und auch in das Innere eines ausgedehnten Meßobjekts geschoben werden. Zwei Richtkoppler für den Frequenzbereich von 0,1 bis 2 GHz und von 2 bis 12,4 GHz sind lieferbar. Sie besitzen bei der höchsten Frequenz noch eine Richtwirkung von 30 dB [6.196]. Der verbleibende Restfehler kann durch eine bei einer größeren Anzahl von Frequenzen durchgeführte Bestimmung des Fehlerkreises mit einer verschiebbaren Wirklast (Abschn. 7.5) über die Eingabe der Meßwerte in einen speziellen Digitalrechner derart kompensiert werden, daß sich eine wirksame Richtwirkung von 60 dB ergibt [6.228]. Der Wobbelbereich für eine geschlossene Ortskurvendarstellung kann durch die Kombination mehrerer Carcinotronsender auch auf mehrere Oktaven ausgedehnt werden. Die Wobbelgeschwindigkeit hängt über die Regelzeitkonstante der Pulsfolgefrequenz vom Wobbelhub ab, sie beträgt aber weniger als 50 ms/GHz, wenn man die Wobbelspannung der Nachregelspannung überlagert. Die Darstellung der Meßwerte ist auch auf Zeigerinstrumenten oder in kartesischen Koordinaten möglich.

Der komplexe Übertragungsfaktor von Vierpolen kann durch Zwischenschaltung des Meßobjekts zwischen Referenz- und Meßkopf ebenfalls als Funktion der Frequenz dargestellt werden (vgl. Abschn. 7.2).

**Literatur**

[6.1] *E.L.Ginzton:* Microwave Measurements, McGraw-Hill, New York, Toronto, London (1957), a) S.235, b) S.278, c) S.293, d) S.303, e) S.300.

[6.2] *C.G.Montgomery:* Technique of Microwave Measurements. M.I.T. Rad. Lab. Series Bd.11, McGraw-Hill, New York, Toronto, London (1947), a) S.473, b) S.511, c) S.515, d) S.854.

[6.3] *H.M.Barlow* u. *A.L.Cullen:* Microwave Measurements. Constable & Co., London (1950) S.118.

[6.4] *F.J.Tischer:* Mikrowellen-Meßtechnik, Springer, Berlin (1958), a) S.80, b) S.104, c) S.90, d) S.108, e) S.126, f) S.116.

[6.5] *H.H.Meinke:* Theorie der Hochfrequenzschaltungen, Oldenbourg, München (1951), a) S.193, b) S.225.

[6.6] *H.H.Meinke:* Meßgeräte und Meßverfahren für Dezimeterwellen. Als Manuskript gedruckt. Techn. Hochschule München (1947), a) S.26, b) S.31.

[6.7] *H.H.Meinke:* Kurven, Formeln und Daten aus der Dezimeterwellentechnik. Als Manuskript gedruckt. Techn. Hochschule München (1947), a) Abschn. V 4, b) Abschnitt III 3, c) Abschn. XIII, d) Abschn. V 6–13, e) Abschn. IX 19.

[6.8] *H.H.Meinke:* Einführung in die Technik der Dezimeterwellen. Als Manuskript gedruckt. Techn. Hochschule München (1947) S.127.

[6.9] *H.H.Meinke* u. *F.W.Gundlach:* Taschenbuch der Hochfrequenztechnik, Springer, Berlin, 2.Aufl. (1962), a) S.1567, b) S.264, c) S.256, d) S.416, e) S.1564, f) S.431, g) S.375, h) S.377, i) S.1576, k) S.1586.

[6.10] *G.Megla:* Dezimeterwellentechnik, Berliner Union, Stuttgart, 5.Aufl. (1962), a) S.701, b) S.723, c) S.727.

[6.11] *A.F.Harvey:* Microwave Engineering, Academic Press, London & New York (1963), a) S.167, b) S.15, c) S.107, d) S.115, e) S.174.

[6.12] Technique of Microwave Measurements. Discussion Meeting. Journ. Brit. Inst. Radio Engrs. 16 (1956) S.385.

[6.13] *A.Lytel:* Microwave Test and Measurement Techniques. Sams & Co., Indianapolis (1964) Kap. 4.

[6.14] *O.Zinke* u. *H.Brunswig:* Lehrbuch der Hochfrequenztechnik. Springer, Berlin (1965). Abschn. 2,2.

[6.15] *L.Brück:* Widerstandsmessung bei Dezimeterwellen. Die Telefunkenröhre H. 27/28 (1943) S.60.

[6.16] *L.Brück:* Messung von Blindwiderständen im Dezimeterwellengebiet. Die Telefunkenröhre H.24/25 (1942) S.1.

[6.17] *F.Vilbig:* Hochfrequenzmeßtechnik. C.Hanser, München (1965), a) S.412, b) S.172.

[6.18] *D.Hirst* u. *R.W.Hogg:* The Design of Precision Standing-Wave Indicators for Measurement in Waveguides. Journ. Inst. Electr. Engrs. 94 Pt. III A (1946) S.589.

[6.19] *F.A.Benson* u. *G.V.Lusher:* A Coaxial Standing-Wave Indicator for Frequencies near 10.000 Mc/s Electronic Engrng. 26 (1954) S.534.

[6.20] *E.M.Wareham:* Slotted-Section Standing-Wave Meter. Journ. Brit. Inst. Radio Engrs. 15 (1955) S.539.

[6.21] *J.K.Hunton:* Micrometric 12–40 kMc/s Waveguide Slotted Line with Interchangeable Sections and Untuned Probe. Hewlett-Packard Journ. 8 (1956) Nr. 1–2, S.1.

[6.22] *J.Turban:* Eine koaxiale Meßleitung sehr hoher Genauigkeit für den Mikrowellenbereich. Siemens-Zeitschr. 29 (1955) S.446.

[6.23] *O.Macek:* Hohlkabel-Meßleitungen für Zentimeterwellen. Fernm. Techn. Zeitschr. 4 (1951) S.436.

[6.24] *T.N.Anderson:* Double-Ridged Slotted Lines. Microwave Journ. 3 (1960) Febr. S.61.

[6.25] *W.B.Wholey* u. *W.N.Eldred:* A New Type of Slotted Line Section. Proc. Inst. Radio Engrs. 38 (1950) S.244.

[6.26] *H.H.Meinke:* Neueres aus der Höchstfrequenzmeßtechnik der U.S.A. Fernm. Techn. Zeitschr. 4 (1951) S.477.

[6.27] Firmenprospekt Fa. Dr. G.Spinner, München (1964).

[6.28] *F.J.Tischer:* Schraubenförmige Meßleitung für Mikrowellen. Zeitschr. f. angew. Phys. (1952) S.345.

[6.29] *F.J.Tischer:* Standing Wave Detector with a Helix-Line Element. Tele-Tech. 14 (1955) S.130.

[6.30] *A.Weber:* Rohde & Schwarz-Mitteilungen. (1963) Nr.4.

[6.31] *M.Kollanyi* u. *R.M.Verran:* VSWR Indicators with Automatic Read-Out. Electron. Engrng. 31 (1959) S.666.

[6.32] *F.Vilbig* u. *J.Zenneck:* Fortschritte der HF-Technik. Bd.1, Leipzig (1941).

[6.33] *F.J.Tischer:* Meßleitung mit umlaufender Sonde. Transactions of the Royal Institute of Technology, Stockholm (1949) Nr. A 47.

[6.34] *K.Schmid:* VDE-Fachberichte 15 (1951) S.240.

[6.35] *H.H.Meinke:* Meßgeräte für Dezimeterwellen. Fernm. Techn. Zeitschr. 2 (1949) S.197.

[6.36] *H.H.Meinke:* Eine Meßleitung mit Sichtanzeige. Fernm. Techn. Zeitschr. 2 (1949) S.233.

[6.37] *H.H.Meinke:* Direkt anzeigende Ringmeßleitungen für den Frequenzbereich von $10^8$ bis $3 \times 10^{10}$ Hz. Electrotechn. Zeitschr. 73 A (1952) S.583.

[6.38] *H.Ritzl* u. *H.Groll:* Ringförmige Hohlleitermeßleitung mit automatischer Sichtanzeige. Fernm. Techn. Zeitschr. 8 (1955) S.281.

[6.39] *H.H.Meinke:* Neuere Fortschritte der Höchstfrequenz auf der Grundlage früherer deutscher Geräte. Bücherei der Funkortung. Bd. 2 II. Verkehrs- u. Wirtschaftsverlag Dortmund (1953) S.31.

[6.40] *G.Pusch* u. *H.Groll:* Bewegliche Kupplungen für Koaxialleitungen. DBP. 902746 (1953).

[6.41] *H.Ritzl:* Weiterentwicklung von Meßleitungen mit rotierendem Abtaster. Diss. Techn. Hochschule München (1953).

[6.42] Firmenprospekt Fa. Wandel & Goltermann, Reutlingen (1960).

[6.43] *R.E.Collin:* The Characteristic Impedance of a Slotted Coaxial Line. Transact. Inst. Radio Engrs. MTT-4 (1956) Nr.1, S.4.

[6.44] *J.Smolarska:* Characteristic Impedances of the Slotted Coaxial Line. Transact. Inst. Radio Engrs. MTT-6 (1958) S.161.

[6.45] *R.M.Chisholm:* The Characteristic Impedance of Trough and Slab Lines. Transact. Inst. Radio Engrs. MTT-4 (1956) S.166.

[6.46] *G.Spinner:* Probleme der Isolierstutze der koaxialen Leitung unter Berücksichtigung der Eigenresonanzen. Dissert. Techn. Hochschule München (1963).

[6.47] *H.H.Meinke:* Über die Grenzen der absoluten Meßgenauigkeit von Widerstandsmessungen bei hohen Frequenzen. Arch. El. Übertr. 1 (1947) S.101.

[6.48] *A.A.Oliner:* The Calibration of the Slotted Section for Precision Microwave Measurements. Rev. Sci. Instr. 25 (1954) S.13.

[6.49] *H.E.Sorrows, W.E.Ryan* u. *R.C.Ellenwood:* Evaluation of Coaxial Slotted Line Impedance Measurements. Proc. Inst. Radio Engrs. 39 (1951) S.163.

[6.50] *H.H.Meinke:* Widerstandsnormale bei hohen Frequenzen. Z. f. Naturforschung 2a (1947) S.55.

15 Mikrowellenmeßtechnik

[6.51] *F.J.Tischer:* Induktive Sonde für Meßleitungen und Nahfeldprüfer bei Mikrowellen. Transact. of the Royal Inst. of Technology, Stockholm (1951) Nr.45.

[6.52] *W.Altar, F.B.Marshall* u. *L.P.Hunter:* Probe Error in Standing Wave Detectors. Proc. Inst. Radio Engrs. 34 (1946) S.33.

[6.53] *E.W.Collings:* Voltage Standing Wave Ratio Measurement. The Attenuator-Substitution Method. Electronic Radio Engr. 35 (1958) S.287.

[6.54] Firmenprospekt De Mornay-Bonardi, Pasadena, Cal. (1964).

[6.55] *S.Roberts* u. *A. v. Hippel:* A New Method for Measuring Dielectric Constant and Loss in the Range of Centimetre Wavelengths. Journ. Appl. Phys. 17 (1946) S.610.

[6.56] *T.J.Buchanan:* The Measurement of High Standing-Wave Ratios. Proc. Inst. Electr. Engrs. 99 Pt.IV (1952) S.372.

[6.57] *A.F.Pomeroy* u. *E.M.Suarez:* Determining Attenuation of Waveguide from Electrical Measurements on Short Samples. Transact. Inst. Radio Engrs. MTT-4 (1956) S.122.

[6.58] *A.M.Winzemer:* Methods of Obtaining SWR on Transmission Lines Independently of the Detector Characteristics. Proc. Inst. Radio Engrs. 38 (1950) S.275.

[6.59] *F.Mayer:* Corrections for Line Losses in Impedance Measurements. Ann. Telecomm. 10 (1955) S.109.

[6.60] The Microwave Engineers Handbook. Horizon House, Dedham Mass. (1965). a) S.27, b) S.104.

[6.61] *A.Weissfloch:* Schaltungstheorie und Meßtechnik des Dezimeter- und Zentimeterwellengebietes. Birkhäuser, Basel (1954).

[6.62] *H.N.Dawirs* u. *E.K.Damon:* Measurement of Crystal Impedances at Low Levels. Transact. Inst. Radio Engrs. MTT-4 (1956) S.94.

[6.63] *H.Bauer:* Eine Möglichkeit zur Impedanzmessung mittels Meßleitung bei sehr kleinem Pegel am Meßobjekt. Diplomarbeit Inst. für Hochfrequenztechnik, Techn. Hochschule München (1964).

[6.64] *R.A.Chipman:* A Resonance-Curve Methode for Absolute Measurement of Impedance at Frequencies of the Order of 300 Mc. J. Appl. Phys. 10 (1939) S.27.

[6.65] *A.S.Meier* u. *W.P.Summers:* Measured Impedance of Vertical Antennas over Finite Ground Planes. Proc. Inst. Radio Engrs. 37 (1949) S.609.

[6.66] *R.Eichacker:* Rohde & Schwarz Mitteilungen (1953) Nr.4.

[6.67] *H.Severin:* Eine verbesserte Quetschleitung mit streckenweise konstanter Breite. Zeitschr. Angewandte Phys. 6 (1954) S.262.

[6.68] *A.C.Macpherson* u. *D.M.Kerns:* A New Technique for the Measurement of Microwave Standing-Wave Ratios. Proc. Inst. Radio Engrs. 44 (1956) S.1024.

[6.69] *A.Huxley:* Survey of the Principles and Practice of Waveguides. Cambridge (1947) S.101.

[6.70] *J.C. v.d. Hogenband* u. *J.Stolk:* Messung von Reflexionen und Impedanzen mit Hilfe einer langen Meßleitung. Philips Techn. Rdsch. 17 (1955) H.1, S.22.

[6.71] Firmenprospekt: Fa. Rohde & Schwarz, München (1965) Type LMC.

[6.72] *R.Eichacker:* Über zwei Diagramm-Meßverfahren zur Bestimmung der Kennwerte von Netzwerken bei sehr hohen Frequenzen. Fernm. Techn. Zeitschr. 5 (1952) S.487.

[6.73] *R.Eichacker:* Entwicklungstendenzen bei Impedanzmeßgeräten für sehr hohe Frequenzen. Fernm. Techn. Zeitschr. 7 (1954) S.399.

[6.74] *W.J.Duffin:* Three-Probe Method of Impedance Measurement. Wireless Engr. 29 (1952) S.317.

[6.75] *A.L.Samuel:* An Oscilloscope Method of Presenting Impedances on the Reflection-Coefficient Plane. Proc. Inst. Radio Engrs. 35 (1947) S.1279.

[6.76] *R.S.Cole* u. *W.N.Honeyman:* Two Automatic Impedance Plotters. Electronic Engng. 30 (1958) S.442.

[6.77] *I.F.Byrne:* A Null Method for the Determination of Impedance in the 100 to 400 Mc Range. Proc. Nat. Electron. Conf. 3 (1947) S.603.

[6.78] *A.Fong:* Direct Measurement of Impedance in the 50–500 Mc Range. Hewlett-Packard-Journ. 1 (1950) Nr. 8.

[6.79] Firmenprospekt: Fa. Hewlett–Packard, Palo Alto, Calif. (1964) Type 803 A.

[6.80] *B.O.Weinschel:* Air-Filled Coaxial Lines as Absolute Impedance Standards. Microwave Journ. 7 (1964) S.47.

[6.81] *A.Egger:* Messung von Widerständen bei hohen Frequenzen mittels verlustloser Vierpole. Diss. Techn. Hochschule München (1949).

[6.82] *A.Egger* u. *H.H.Meinke:* Widerstandsmessung bei hohen Frequenzen mittels verlustloser Vierpole. Funk & Ton 5 (1950) S.233.

[6.83] *H.J.Riblet:* A Swept Frequency 3 cm-Impedance Indicator. Proc. Inst. Radio Engrs. 36 (1948) S.1493.

[6.84] *B.E.Kingdon:* A Circular-Waveguide Magic Tee and its Application to Higher Power Microwave Transmission. Journ. Brit. Inst. Radio Engrs. 13 (1953) S.275.

[6.85] *W.A.Tyrrell:* Hybrid Circuits for Microwaves. Proc. Inst. Radio Engrs. 35 (1947) S.1294.

[6.86] *C.G.Montgomery, R.H.Dickey* u. *F.M.Purcell:* Principles of Microwave Circuits. M. I. T. Radiation Lab. Series, Bd. 8, McGraw-Hill, New York, Toronto, London (1948) Kap.12.

[6.87] *H.Yanai, T.Shiratori, N.Tako* u. *K.Niguchi:* Microwave Impedance Bridge. J. Inst. Electr. Comm. Engrs. Japan 36 (1953) S.662.

[6.88] *B.Henkel:* Reflexionsfaktormessung mit der einstellbaren, geeichten Impedanz. Philips Industrie Elektronik 11 (1963) Nr.4, S.12.

[6.89] *C.W. van Es, M.Gevers* u. *F.C. de Ronde:* Hohlleiterapparatur für 2 mm Wellenlänge. Philips Techn. Rundsch. 22 (1960/61) S.175 u. S.205.

[6.90] *R.W.Beatty:* A Microwave Impedance Meter Capable of High Accuracy. Transact. Inst. Radio Engrs. MTT-8 (1960) S.461.

[6.91] *A.Jaumann:* Widerstandsmeßverfahren im Frequenzgebiet bis 10000 MHz. Fernm. Techn. Zeitschr. 7 (1954) S.410.

[6.92] *W.Börner:* Impedanzmessung im S-Band bei sehr kleinen Amplituden. Diplomarbeit Inst. für Hochfrequenztechnik. Techn. Hochschule München (1963).

[6.93] *A.Egger:* Widerstandsmessung mit der Meßverzweigung. Fernm. Techn. Zeitschr. 8 (1955) S.277.

[6.94] *H.A.Finke:* Impedance Meter 50–1000 Mc/s. Transact. Inst. Radio Engrs. J-3 (1954) S.15.

[6.95] *O.M.Woodward jr.:* Comparator for Coaxial Line Adjustments. Electronics (1947) April, S.116.

[6.96] *W.R.Thursten:* A Direct-Reading Impedance Measuring Instrument for the UHF Range. General Radio Experimenter 24 (1950) Nr.12.

[6.97] *R.C.Powell, R.M.Jickling* u. *A.E.Hess:* High-Frequency Impedance Standards at the National Bureau of Standards. Transact. Inst. Radio Engrs. I-7 (1958) S.270.

[6.98] *H.A.Bethe:* Theory of Diffraction by Small Holes. Phys. Rev., Second Ser. Okt. (1944) S.163.

[6.99] *E.L.Ginzton* u. *P.S.Goodwin:* A Note on Coaxial Bethe-Hole Directional Couplers. Proc. Inst. Radio Engrs. 38 (1950) S.305.

[6.100] *W.Buschbeck:* HF-Wattmeter und Fehlanpassungsmesser mit direkter Anzeige. Hochfrequenzt. u. Elektroakust. (1943) S.93.

[6.101] *J. Grosskopf:* Das Reflektometer als Meßinstrument im Kurzwellenbereich. Fernm. Techn. Zeitschr. 5 (1952) S. 307.

[6.102] *H. Wolf:* Zur Theorie des Reflektometers. Arch. Elektr. Übertrag. 8 (1954) S. 505.

[6.103] *H. Wolf:* Anwendung der Theorie des Reflektometers. Arch. Elektr. Übertrag. 9 (1955) S. 221.

[6.104] *H. Groll:* Leistungsmessung bei Dezimeterwellen mittels Thermistoren. Diss. Techn. Hochschule München (1951).

[6.105] *P. P. Lombardini, R. F. Schwartz* u. *P. J. Kelly:* Criteria for the Design of Loop-Type Directional Couplers for the L-Band. Transact. Inst. Radio Engrs. MTT-4 (1956) S. 234.

[6.106] *W. Klein:* Das Nebensprechen auf einem Freileitungsgestänge. Arch. Elektr. Übertrag. 4 (1956) S. 293.

[6.107] *W. Doebke:* Das Nebensprechen in Fernsprechkabeln. Elektr. Nachr. Techn. 8 (1931) S. 63.

[6.108] *W. W. Mumford:* Directional Couplers. Proc. Inst. Radio Engrs. 35 (1947) S. 160.

[6.109] *S. E. Miller* u. *W. W. Mumford:* Multi-Element Directional Couplers. Proc. Inst. Radio Engrs. 40 (1952) S. 1071.

[6.110] *J. Reed:* The Multiple Branch Waveguide Coupler. Transact. Inst. Radio Engrs. MTT-6 (1958) S. 398.

[6.111] *H. Kaden:* Loch- und Schlitzkopplungen zwischen koaxialen Leitungssystemen. Zeitschr. f. angew. Phys. 3 (1951) H. 2.

[6.112] *S. B. Cohn:* Determination of Aperture Parameters by Electrolytic-Tank Measurements. Proc. Inst. Radio Engrs. 39 (1951) S. 1416 und 40 (1952) S. 33.

[6.113] *H. J. Riblet* u. *T. S. Saad:* A New Type of Waveguide Directional Coupler. Proc. Inst. Radio Engrs. 36 (1948) S. 61.

[6.114] *D. Pfab:* Einstellbare Normalechos für Radargeräte. Diss. Techn. Hochschule München (1965) S. 59.

[6.115] *D. D. King:* Measurements at Centimeter Wavelength. D. v. Nostrand Comp., New York, Toronto, London (1952), a) S. 95, b) S. 242, c) S. 216.

[6.116] *J. Shelton, J. Wolfe* u. *R. C. van Wagoner:* Tandem Couplers and Phase Shifters for Multi-Octave Bandwidth. Microwaves (1965) April, S. 14.

[6.117] *A. K. Kamal* u. *L. R. Whicker:* Designing Coupled-Wave, Non-Reflective Filters. Microwaves (1965) Jan., S. 36.

[6.118] *C. Y. Pon:* Hybrid-Ring Directional Coupler for Arbitrary Power Divisions. Transact. Inst. Radio Engrs. MTT-9 (1961) S. 529.

[6.119] *E. M. T. Jones* u. *J. T. Bolljahn:* Coupled Strip Transmission Line Filters and Directional Couplers. Trans. Inst. Radio Engrs. MTT-4 (1956) S. 75.

[6.120] *W. J. Getsinger:* A Coupled Strip-Line Configuration Using Printed-Circuit Construction that Allows Very Close Coupling. Transact. Inst. Radio Engrs. MTT-9 (1961) S. 535.

[6.121] *A. Ott:* Herstellung und Untersuchung von Bauelementen und Schaltungen in Mikrostriptechnik. Dipl.-Arbeit Inst. f. Hochfrequenztechnik, Techn. Hochschule München (1962).

[6.122] *J. K. Shimizu* u. *E. M. T. Jones:* Coupled Transmission-Line Directional Couplers. Transact. Inst. Radio Engrs. MTT-6 (1958) S. 403.

[6.123] *A. D. Beck* u. *E. Strumwasser:* Ferrite Directional Couplers. Proc. Inst. Radio Engrs. 44 (1956) S. 1439.

[6.124] *D. C. Stinson:* Coupling Through an Aperture Containing an Anisotropic Ferrite. Transact. Inst. Radio Engrs. MTT-5 (1957) S. 185.

[6.125] *D. C. Stinson:* Ferrite Directional Couplers with Off-Center Apertures. Transact. Inst. Radio Engrs. MTT-6 (1958) S. 332.

[6.126] *R. F. Schwartz:* Bibliography on Directional Couplers. Transact. Inst. Radio Engrs. MTT-2 (1954) Nr. 2, S. 58.

[6.127] *M. Borchert:* Richtkoppler und Meßbrücke zur Bestimmung hin- und rücklaufender Welle auf HF-Leitungen. Telefunken Zeitg. 28 (1955) S. 246.

[6.128] *G. E. Schafer* u. *R. W. Beatty:* A Method for Measuring the Directivity of Directional Couplers. Transact. Inst. Radio Engrs. MTT-6 (1958) S. 419.

[6.129] *W. C. Jakes:* Broadband Matching with a Directional Coupler. Proc. Inst. Radio Engrs. 40 (1952) S. 1216.

[6.130] *G. F. Engen* u. *R. W. Beatty:* Microwave Reflectometer Techniques. Transact. Inst. Radio Engrs. MTT-7 (1959) S. 351.

[6.131] The Ratio Meter in Microwave Sweept Frequency Measurements. Hewlett-Packard Appl. Note Nr. 54, Palo Alto, Calif. (1964).

[6.132] Leveled Sweept-Frequency Measurements with Oscilloscope Display. Hewlett-Packard Appl. Note Nr. 61, Palo Alto, Calif. (1964).

[6.133] Firmenprospekt: Fa. Siemens & Halske, München (1965). Gerätebeschreibung Rel 3 K 217 d und Rel 33 K 79.

[6.134] *B. Parzen:* Impedance Measurements with Directional Couplers and Supplementary Voltage Probe. Proc. Inst. Radio Engrs. 37 (1949) S. 1208.

[6.135] *R. Eichacker:* Der Z-g-Diagraph, ein direkt zeigendes Kennwert-Meßgerät für 30 bis 300 MHz. Rohde & Schwarz-Mitteilungen (1952) Nr. 2, S. 75.

[6.136] *S. B. Cohn:* Impedance Measurement by Means of a Broadband Circularpolarisation Coupler. Proc. Inst. Radio Engrs. 42 (1954) S. 1554.

[6.137] *G. Lisitano:* Anwendung der sinusförmigen Interferenztechnik zum Bau eines Reflektometers und Polarimeters in mm-Wellenbereich. Nachr. Techn. Zeitschr. 15 (1962) S. 446, engl.: NTZ-Comm. Journ. 3 (1963) S. 103.

[6.138] *G. Lisitano:* Ein Meßverfahren zur direkten Anzeige des Übertragungs- und Reflektionsfaktors im mm-Wellenbereich. Diss. Techn. Hochschule München (1964).

[6.139] *S. B. Cohn* u. *N. P. Weinhouse:* Polar Display Adapter ET-120 for Use with Rantec's Phase Measurement Systems. Rantec Corp., Calabasas, Cal. (1964).

[6.140] *S. B. Cohn* u. *N. P. Weinhouse:* An Automatic Microwave Phase-Measurement System. Microwave Journ. 7 (1964) Nr. 2, S. 49.

[6.141] *S. B. Cohn* u. *H. Oltmann:* A Precision Microwave Phase-Measurement System with Sweep Presentation. Internat. Convent. Rec. Inst. Radio Engrs. Pt. 3 (1961) S. 147.

[6.142] *G. E. Schafer:* A Modulated Subcarrier Technique of Measuring Microwave Phase Shifts. Transact. Inst. Radio Engrs. I-9 (1960) S. 217.

[6.143] *J. P. Vinding:* The Z-Scope, an Automatic Impedance Plotter. Nat. Conv. Rec. Inst. Radio Engrs. Part 5 (1956) S. 178.

[6.144] *J. A. C. Kinnear:* An Automatic Swept-Frequency Impedance Meter. Brit. Commun. Electronics 5 (1958) S. 359.

[6.145] *H. L. Bachmann:* A Waveguide Impedance Meter for the Automatic Display of Complex Reflection Coefficient. Transact. Inst. Radio Engrs. MTT-3 (1955) Nr. 1, S. 22.

[6.146] *W. F. Gabriel:* An Automatic Impedance Recorder for X-Band. Proc. Inst. Radio Engrs. 42 (1954) S. 1410.

[6.147] *D. A. Alsberg:* A Precise Sweep-Frequency Method of Vector Impedance Measurement. Proc. Inst. Radio Engrs. 39 (1951) S. 1393.

[6.148] *E. Whitehead:* A Microwave Swept-Frequency Impedance Meter. Elliot Journ. 1 (1951) S. 57.

[6.149] Firmenprospekt: Fa. Dielectric Products Engineering Comp. Raymond, Maine (1964).

[6.150] Firmenprospekt: Fa. General Radio Comp. West Concord, Mass. (1964), Type 1640 A.

[6.151] *H. Meinke:* Widerstandsmessung bei sehr hohen Frequenzen. Elektron 1 (1947), S. 333.

[6.152] *W. Stösser:* Das Magische T. Frequenz 14 (1961) S. 98.

[6.153] *H. Brand:* Der Doppel-T-Anpassungstransformator. Arch. Elektr. Übertr. 18 (1964) S. 204.

[6.154] *P. A. Hudson:* A Precision RF-Power Transfer Standard. Transact. Inst. Radio Engrs. I-9 (1960) S. 280.

[6.155] *J. K. Hunton* u. *E. Lorence:* Improved Sweep Frequency Techniques for Brodband Microwave Testing. Hewlett–Packard Journ. 12 (1960) Nr. 4.

[6.156] X-Band Waveguide Bridge Improves Accuracy of Coaxial Reflectometry. Microwaves, (1965) April, S. 42.

[6.157] *T. Mukaihata, M. F. Bottjer* u. *H. J. Tondreau:* Rapid Broad-Band Directional Coupler Directivity Measurements. Transact. Inst. Radio Engrs. I-9 (1960) S. 196.

[6.159] *J. R. Woodyard:* Ultra High Frequency Apparatus (1946) U.S. Patent Nr. 2.496.837.

[6.160] *E. L. Ginzton:* Ultra High Frequency Transmission Line System (1949). U.S. Patent Nr. 2.534.437.

[6.161] *H. Fricke:* Messung symmetrischer Scheinwiderstände im Meter- und Dezimeterwellengebiet. Nachr. Techn. Zeitschr. 12 (1959) S. 233.

[6.162] *H. Kogo:* Charakteristic Impedance of Split Coaxial Line. Transact. Inst. Radio Engrs. MTT-7 (1959) S. 393.

[6.163] *H. M. Altschuler* u. *A. A. Oliner:* Discontinuities in the Center Conductor of Symmetric Strip Transmission Line. Transact. Inst. Radio Engrs. MTT-8 (1960) S. 328.

[6.164] *A. E. Sanderson:* A Slotted Line Recorder System. General Radio Experimenter 39 (1965) Nr. 1, S. 3.

[6.165] *A. Egger:* Meßplätze mit Umlaufmeßleitung für den m-, dm- und cm-Wellenbereich. In: Einführung in die Fernmeldemeßtechnik, E. Herzog, Goslar (1955).

[6.166] *G. W. Epprecht* u. *C. Stäger:* Die Messung kleiner Reflexionen in Koaxial- und Hohlleitersystemen. Techn. Mitteilgen d. P.T.T. 33 (1955) S. 143.

[6.167] *M. Wind* u. *H. Rapaport:* Handbook of Microwave Measurements. 2. Aufl. Edwards Brothers Inc., Ann Arbor, Mich. (1955), a) Sect. 2 und 6, b) S. 13–10.

[6.168] *R. W. Beatty:* Magnified and Squared VSWR Responses for Microwave Reflection Coefficient Measurements. Transact. Inst. Radio Engrs. MTT-7 (1959) S. 346.

[6.169] *A. Bloch, F. J. Fisher* u. *G. J. Hunt:* New Equipment for Impedance Matching and Measurement at Very High Frequencies. Proc. Inst. Electr. Engrs. 100 Pt. III (1953) S. 93.

[6.170] *W. Klockhaus:* Ein einfaches Gerät zur Messung von Widerstandsabweichungen und Anpassungsfehlern im Frequenzbereich von 0,3–300 MHz. Felten & Guillome Rundschau 37 (1953) S. 218.

[6.171] *G. Klages:* Einführung in die Mikrowellenphysik. D. Steinkopf, Darmstadt (1956), a) S. 194, b) S. 204.

[6.172] *S. B. Cohn:* Shielded Coupled Strip Transmission Line. Transact. Inst. Radio Engrs. MTT-3 (1955) Nr. 5, S. 29.

[6.173] *B. Oguchi:* Circular Electric Mode Directional Coupler. Transact. Inst. Radio Engrs. MTT-8 (1960) S. 660.

[6.174] *W. J. Getsinger:* Coupled Rectangular Bars Between Parallel Plates. Transact. Inst. Radio Engrs. MTT-10 (1962) S. 65.

[6.175] *M.E.Brodwin* u. *V.Ramaswamy:* Continuously Variable Directional Couplers in Rectangular Waveguide. Transact. Inst. E.E.E., MTT-11 (1963) S.137.

[6.176] *R.Levy:* General Synthesis of Asymmetric Multi-Element Coupled-Transmission-Line Directional Couplers. Transact. Inst. E.E.E., MTT-11 (1963) S.226.

[6.177] *P.P.Toulos* u. *A.C.Todd:* Synthesis of Symmetrical TEM-Mode Directional Couplers. Transact. Inst. E.E.E., MTT-13 (1965) S.536.

[6.178] *E.G.Gristal* u. *L.Young:* Theory and Tables of Optimum Symmetrical TEM-Mode Coupled-Transmission-Line Directional Couplers. Transact. Inst. E.E.E., MTT-13 (1965) S.544.

[6.179] *G.L.Matthair, L.Young* u. *E.M.T.Jones:* Microwave Filters. Impedance-Matching Networks and Coupling Structures. McGraw-Hill, New York, Toronto, London (1964) S.775.

[6.180] *R.C.Harmon:* High Directivity TEM-Mode Coupler. U.S. Patent Nr. 3.204.206 (1965).

[6.181] *N.L.Pappas:* A Ratiometer. Transact. Inst. Radio Engrs. J-3 (1954) S.28.

[6.182] *W.E.Little* u. *R.L.Kasparek:* A Coaxial Reflectometer System. Department of Commerce, Washington D.C. Ber. SCTM 10–62 (24), (1962).

[6.183] *A.Linnebach:* Meßtechnik für lineare Netzwerke im Gebiet der Meter- und Dezimeterwellen. VDE-Fachberichte 19 (1956).

[6.184] *A.Linnebach:* Messung kleiner Reflexionsfaktoren bei hohen Frequenzen nach Betrag und Phase. Arch. Elektr. Übertr. 11 (1957) S.471.

[6.185] *R.L.Jesch* u. *R.M.Jickling:* Impedance Measurements in Coaxial Waveguide Systems. Proc. Inst. E.E.E. 55 (1967) S.912.

[6.186] *E.Schuegraf:* Eine Ringmeßleitung mit rotierendem Abtaster für den 5-mm-Wellenbereich. Frequenz 19 (1965) S.225.

[6.187] *J.Bachel:* Meßverfahren zum Bestimmen der Innenmaße von Hohlleitern. Frequenz 14 (1960) S.131.

[6.188] *J.K.Hunton* u. *W.B.Wholey:* The Perfect Load and the Null Shift-Aids in VSWR Measurements. Hewlett-Packard Journ. 3, Nr. 5–6 (Jan.–Febr. 1952).

[6.189] *B.O.Weinschel, G.U.Sorger, S.J.Raff* u. *J.E.Ebert:* Precision Coaxial VSWR Measurements by Coupled Sliding-Load Technique. Transact. Inst. E.E.E., IM-13, Nr.4 (Dec. 1964).

[6.190] *K.Tomiyasu:* Decoupling Probe Method of Measuring Very High VSWR. Proc. Inst. E.E.E. 55 (1967) S.1088.

[6.191] *R.W.Beatty:* Impedance Measurements and Standards for Uniconductor Waveguide. Proc. Inst. E.E.E. 55 (1967) S.933.

[6.192] *G.U.Sorger* u. *B.O.Weinschel:* Swept Frequency High Resolution VSWR Measuring System. Weinschel Eng. Comp. Intern. Report 90–117, 723–3/66, March 1966.

[6.193] *S.F.Adam:* Swept-Frequency SWR Measurements in Coaxial Systems. Hewlett-Packard Journ. 18, Nr.4 (Dec. 1966) S.14.

[6.194] *S.F.Adam:* Swept SWR Measurement in Coax. Hewlett-Packard Appl., Note 84, Palo Alto (1967).

[6.195] *P.C.Ely Jr.:* Swept-Frequency Techniques. Proc. Inst. E.E.E. 55 (1967) S.991.

[6.196] Datenblatt Richtkoppler Type 8742A Fa. Hewlett-Packard, Palo Alto (1967).

[6.197] *L.L.Libby:* A Frequency Scanning VHF Impedance Meter. Electronics (Juni 1948) S.94.

[6.198] *J.C. van der Hoogenband:* Reflection and Impedance Measurements by means of a Long Transmission Line. Philips Techn. Rev. 16 (1955) S.309.

[6.199] *W.L.Bajorat:* Kabel-Wellenwiderstandsmessung mit dem Polyskop. Neues von Rohde & Schwarz 5 (1965) Nr.14, S.31.

[6.200] *F.C. de Ronde:* A Precise and Sensitive X-Band Reflectometer Providing Automatic Full-Band Display of Reflection Coefficient. Transact. Inst. E.E.E., MTT-13 (1965) S.435.

[6.201] *C. Mahle:* Reflexionsmessung in der Leitungstechnik mittels breitbandiger Frequenzmodulation im Mikrowellengebiet. Diss. ETH Zürich (1966).

[6.202] *C. Mahle* u. *G. Epprecht:* Reflection Measurements with Broadband Frequency Modulation Using Long Transmission Lines. Transact. Inst. E.E.E., MTT-14 (1966) S.496.

[6.203] *W.E. Caswell* u. *R.F. Schwartz:* The Directional Coupler – 1966. Transact. Inst. E.E.E., MTT-15 (1967) S.120.

[6.204] *B.M. Oliver:* Directional Electromagnetic Couplers. Proc. Inst. Radio Engrs. 42 (1954) S.1686.

[6.205] *G.D. Monteath:* Coupled Transmission Lines as Symmetrical Directional Couplers. Proc. Inst. Electr. Engrs. Pt. B 102 (1955) S.383.

[6.206] *W. Stösser:* Der 3-dB-Koppler. Frequenz 14 (1960) S.117.

[6.207] *R. Levy:* Tables for Asymmetric Multi-Element Coupled-Transmission-Line Directional Couplers. Transact. Inst. E.E.E., MTT-12 (1964) S.275.

[6.208] *L.C. Gunderson* u. *A. Guida:* Stripline Coupler Design. Microwave Journ. 8 (1965) Nr.6, S.97.

[6.209] *J.P. Shelton:* Synthesis and Design of Wide-Band Equal-Ripple TEM Directional Couplers and Fixed Phase Shifters. Transact. Inst. E.E.E., MTT-14 (1966) S.462.

[6.210] *C.P. Tresselt:* The Design and Construction of Broadband, High-Directivity, 90-Degree Couplers Using Nonuniform Line Techniques. Transact. Inst. E.E.E., MTT-14 (1966) S.647.

[6.211] *P.A. Hudson:* A High Directivity Broadband Coaxial Coupler. Transact. Inst. E.E.E., MTT-14 (1966) S.293.

[6.212] *E.G. Cristal:* Coupled-Transmission-Line Directional Couplers with Coupled Lines of Unequal Characteristic Impedances. Transact. Inst. E.E.E., MTT-14 (1966) S.337.

[6.213] *D.C. Cooper:* Waveguide Directional Couplers Using Inclined Slots. Microwave Journ. 9 (1966) Nr.8, S.97.

[6.214] *S.B. Cohn:* 3-dB-Reentrant-Coupler. USA-Patent Nr.3.237.130 (1966).

[6.215] *F. Arndt:* Hochpaß-Richtkoppler für TEM-Wellen mit ortsabhängiger Kopplung. Arch. El. Übertrag. 21 (1967) S.139.

[6.216] *I. Lucas:* Allgemeine Theorie des Kurzschlitz-Richtungskopplers. Arch. El. Übertrag. 21 (1967) S.339.

[6.217] *J.A. Mosko:* Coupling Curves for Offset Parallel-Coupled Strip Transmission Lines. Microwave Journ. 10 (1967) Nr.4, S.35.

[6.218] *M.B. Hall* u. *W.E. Little:* A Directional Coupler with a Readily Calculable Coupling Ratio. Transact. Inst. E.E.E., MTT-15 (1967) S.598.

[6.219] *A. Kraus:* Der technische Richtkoppler aus gekoppelten Leitungen. Rohde & Schwarz-Mitteilungen 21 (1967) S.297.

[6.220] *R.G. Fellers:* Measurements in the Millimeter to Micron Range. Proc. Inst. E.E.E. 55 (1967) S.1003.

[6.221] *G.E. Schafer* u. *R.W. Beatty:* Correction to "A Method for Measuring the Directivity of Directional Couplers". Transact. Inst. E.E.E., MTT-12 (1964) S.361.

[6.222] *R.W. Beatty:* Measuring the Directivity of a Directional Coupler Using a Sliding Short-Circuit and an Adjustable Sliding Termination. Transact. Inst. E.E.E., MTT-12 (1964) S.383.

[6.223] *F. Jayne:* Improved Reflectometer Test for Coaxial Connectors. Microwaves 4 (1965) Nr. 9, S. 34.

[6.224] *M. H. Zanboorie:* A Semi-Automatic Technique for Tuning a Reflectometer. Transact. Inst. E.E.E., MTT-13 (1965) S. 709.

[6.225] *F. K. Weinert:* The RF Vector Voltmeter – An Important Instrument for Amplitude and Phase Measurements from 1 to 1000 MHz. Hewlett-Packard Journ. 17 (1966) Nr. 9.

[6.226] Complex Impedance and Gain Measurement at RF and Microwave Frequencies. Microwave Journ. 10 (1967) Nr. 1, S. 79.

[6.227] *R. W. Anderson* u. *O. T. Dennison:* An Advanced New Network Analyzer for Sweep-Measuring Amplitude and Phase from 0·1 to 12·4 GHz. Hewlett-Packard Journ. 18, Nr. 6 (Febr. 1967) S. 1.

[6.228] Firmenprospekt "Network-Analyzer" Type 8410A und "Computer Controlled Network Analyzer System". Fa. Hewlett-Packard, Palo Alto (1967).

# KAPITEL 7 · MESSUNGEN AN VIERPOLEN

## 7.1    Allgemeines über Vierpole

In der Nachrichtentechnik versteht man unter einem Vierpol (Zweitor) eine Schaltung mit zwei Eingangs- und zwei Ausgangsklemmen, wobei Ströme und Spannungen am Eingang auf irgendeine Weise mit den Strömen und Spannungen am Ausgang zusammenhängen. Dieser Zusammenhang wird üblicherweise durch die Bauelemente einer Ersatzschaltung bzw. durch die Elemente einer Widerstands- oder Leitwertmatrix usw. beschrieben. Wegen der schon erwähnten Schwierigkeit der Definition von Strom und Spannung bei Mikrowellen betrachtet man hier ein irgendwie geartetes Gebilde, welches gegen den Außenraum abgeschirmt ist und je eine homogene Eingangs- und Ausgangsleitung besitzt, als Vierpol (Abb. 7.1). Man

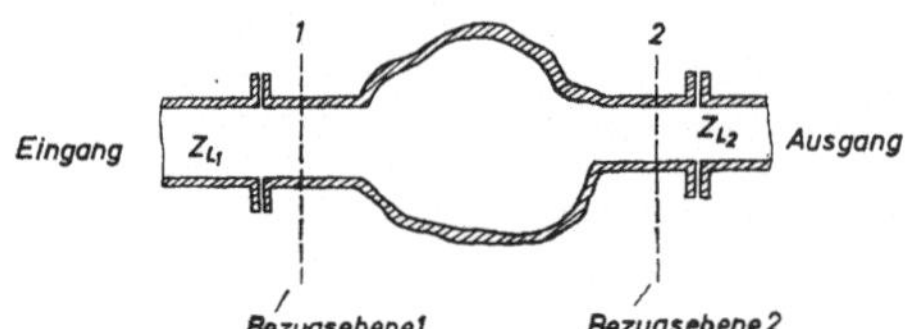


*Abb. 7.1*
*Allgemeinste Form des Vierpols bei Mikrowellen*

definiert eine Querschnittsebene dieser Leitungen als Eingangs- und Ausgangsebene und beschreibt die Eigenschaften des Vierpols z. B. durch den auf den Wellenwiderstand bezogenen oder durch den bei bestimmtem Hohlleiterquerschnitt auftretenden Reflexionsfaktor, wenn der Ausgang in ähnlicher Weise definiert abgeschlossen ist usw.

Ganz allgemein lassen sich zu den Vierpolen in oben bezeichneter Ausführung die verschiedensten Arten von Schaltungen zählen, wie z. B. Verstärker, Dämpfungsglieder, Frequenzfilter und ähnliche; der einfachste Vierpol ist ein Stück Leitung homogenen Querschnittes. Im folgenden sollen jedoch nur umkehrbare lineare Vierpole behandelt werden; nichtreziproke Vierpole, wie z. B. Richtungsleitungen (s. Abschn. 4.32) oder Verstärker, sollen außer Betracht bleiben. Die im Mikrowellenbereich am häufigsten zu untersuchenden Vierpole sind wohl die durch Leitungsdiskontinuitäten wie Stecker, Krümmer, Querschnittsänderungen und dgl. hervorgerufenen Störvierpole.

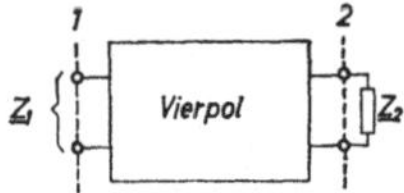


*Abb. 7.2  Schaltungssymbol des Vierpols*

Die Eigenschaften eines Vierpols lassen sich durch sein Transformationsverhalten beschreiben, d.h. durch die Abhängigkeit des am Eingang 1 gemessenen Widerstandes $Z_1$ von dem an den Ausgang 2 angeschalteten Abschlußwiderstand $Z_2$ (Abb. 7.2). Alle umkehrbaren passiven linearen Vierpole transformieren jeden beliebigen passiven Widerstand $Z_2$, der also in der rechten Halbebene der $Z_2$-Ebene liegt, eindeutig in einen ebenfalls passiven Widerstand in der rechten $Z_1$-Halbebene. Ist der Vierpol verlustfrei, so kann $Z_1$ auf der ganzen rechten $Z_1$-Halbebene liegen; ist der Vierpol verlustbehaftet, so muß $Z_1$ innerhalb eines Grenzkreises liegen (Abb. 7.3). Dieser Grenzkreis stellt die Transformation der imaginären Achse der $Z_2$-Ebene in die $Z_1$-Ebene dar [7.1 bis 7.10, 7.22b und 7.23b]. Sind die Widerstände

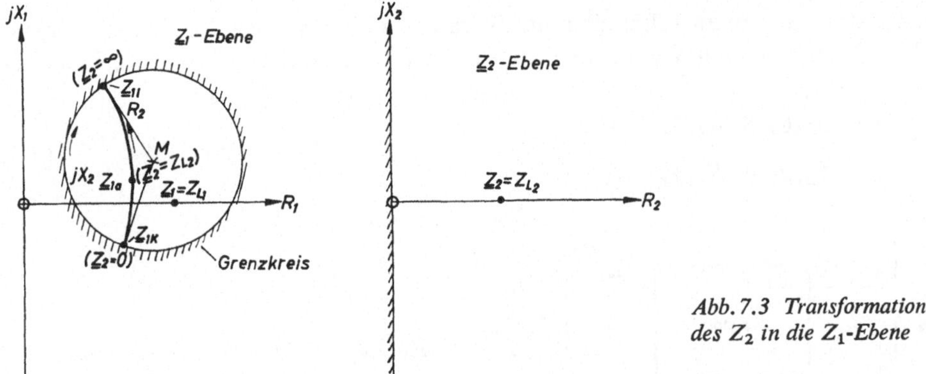


Abb. 7.3 *Transformation des $Z_2$ in die $Z_1$-Ebene*

$Z_{1k}$ (für $Z_2 = 0$) und $Z_{1I}$ (für $Z_2 = \infty$) bekannt, so läßt sich auch die transformierte reelle Achse der $Z_2$-Ebene in den Grenzkreis einzeichnen, die ebenfalls in einen Kreis abgebildet wird und den Grenzkreis in rechten Winkeln schneidet, da bei der Abbildung alle Winkel erhalten bleiben.
Die rechnerische Behandlung der Vierpoleigenschaften, die im niederfrequenten Bereich der Nachrichtentechnik vorteilhaft durch die Anwendung von Widerstands- und Leitwertmatrizen erfolgt [7.11], wird im Mikrowellenbereich zweckmäßig mit der sog. „Streumatrix" vorgenommen [7.12 bis 7.22a, 7.63, 7.66, 7.68 und 7.69]. Diese Streu- und Wellenmatrizen beschreiben das Reflexions- und Transmissionsverhalten eines Mehrpols und sind stets auf die Wellenwiderstände seiner Anschlußleitungen zu beziehen. Bezeichnet man die zum Vierpol hinlaufenden Wellen mit $a_n$ und die von den Vierpoleingängen reflektierten Wellen mit $b_n$, so ist die Beziehung zu den Klemmenspannungen und Strömen:

$$a_n = \frac{1}{2}\left(\frac{U_n}{\sqrt{Z_{Ln}}} + I_n\sqrt{Z_{Ln}}\right)$$

$$b_n = \frac{1}{2}\left(\frac{U_n}{\sqrt{Z_{Ln}}} - I_n\sqrt{Z_{Ln}}\right) \tag{7.1}$$

mit $U_n = U_n^h + U_n^r$ und $I_n = I_n^h - I_n^r$. Die in das Klemmenpaar $n$ fließende Leistung ist dann

$$P_n = \tfrac{1}{2}\,a_n \cdot a_n^* \tag{7.2}$$

Der am Eingang $n$ meßbare Reflexionsfaktor ist

$$\underline{r}_{ne} = \frac{\underline{b}_n}{\underline{a}_n} \tag{7.3}$$

und der an den Klemmen $n$ gemessene relative Eingangswiderstand beträgt

$$\frac{\underline{R}_{ne}}{Z_{Ln}} = \frac{\underline{a}_n + \underline{b}_n}{\underline{a}_n - \underline{b}_n} = \frac{1 + \underline{r}_{ne}}{1 - \underline{r}_{ne}} \tag{7.4}$$

Der Zusammenhang zwischen den am Eingang 1 und am Ausgang 2 eines Vierpols (Abb. 7.4) auftretenden Wellen wird durch die Elemente der Streumatrix beschrieben:

$$\underline{b}_1 = \underline{S}_{11}\underline{a}_1 + \underline{S}_{12}\underline{a}_2$$

$$\underline{b}_2 = \underline{S}_{21}\underline{a}_1 + \underline{S}_{22}\underline{a}_2 \tag{7.5}$$

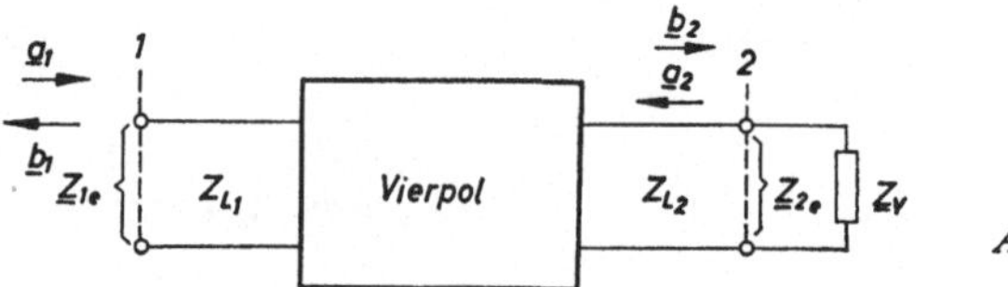


Abb. 7.4 Zur Definition der Streumatrix

Wird der Ausgang 2 des Vierpols reflexionsfrei abgeschlossen, so ist $Z_v = Z_{L2}$; $\underline{r}_v = 0$ und $\underline{a}_2 = 0$. Damit wird

$$\underline{S}_{11} = \frac{\underline{b}_1}{\underline{a}_1} = \underline{r}_{1e} \Big|_{\underline{a}_2 = 0} \tag{7.6}$$

Bei umgedrehtem Vierpol ergibt sich für $a_1 = 0$, d. h. bei reflexionsfreiem Abschluß der Klemmen 1

$$\underline{S}_{22} = \frac{\underline{b}_2}{\underline{a}_2} = \underline{r}_{2e} \Big|_{\underline{a}_1 = 0} \tag{7.7}$$

Die beiden Elemente $\underline{S}_{11}$ und $\underline{S}_{22}$ der Streumatrix entsprechen also den komplexen Eingangsreflexionsfaktoren, wenn die gegenüberliegenden Klemmen reflexionsfrei abgeschlossen sind. In ähnlicher Weise lassen sich die beiden anderen Streuparameter $\underline{S}_{12}$ und $\underline{S}_{21}$ bestimmen. So ist $\underline{S}_{21}$ mit dem komplexen Übertragungsfaktor $\underline{t}_{12}$ identisch, der die Übertragung der Welle vom Eingang 1 zum Ausgang 2 bei angepaßtem Abschluß beschreibt:

$$\underline{S}_{21} = \frac{\underline{b}_2}{\underline{a}_1} = \underline{t}_{12} \Big|_{\underline{a}_2 = 0} \tag{7.8}$$

$$\underline{S}_{12} = \frac{\underline{b}_1}{\underline{a}_2} = \underline{t}_{21} \Big|_{\underline{a}_1 = 0} \tag{7.9}$$

Für umkehrbare Vierpole, also solche, die aus passiven Elementen bestehen und keinen Richtungseffekt wie z.B. die Gyratoren zeigen, ist

$$\underline{S}_{12} = \underline{S}_{21}$$

bzw. $\qquad$ (7.10)

$$t_{21} = t_{12} = t,$$

so daß der allgemeine passive Vierpol mit 3 komplexen Elementen, also mit 6 Größen bestimmbar ist [7.13]. Für symmetrische Vierpole (oft auch als „reflexionssymmetrisch" bezeichnet) gilt ferner:

$$\underline{S}_{11} = \underline{S}_{22}. \qquad (7.11)$$

Solche Vierpole sind, sofern sie Eigenverluste haben, durch 4 Größen bestimmt. Ist der Vierpol verlustfrei, so ist für beide Richtungen die eingespeiste Leistung gleich der am Ausgang abgegebenen Leistung. Es gilt dann:

$$|\underline{S}_{21}|^2 = 1 - |\underline{S}_{11}|^2 \qquad (7.12)$$

und

$$|\underline{S}_{12}|^2 = 1 - |\underline{S}_{22}|^2 \qquad (7.13)$$

Wegen (7.10) ist dann auch

$$|\underline{S}_{11}| = |\underline{S}_{22}|. \qquad (7.14)$$

Die Beträge der Reflexionsfaktoren für angepaßten Ausgang sind also bei verlustfreien Vierpolen für beide Richtungen gleich, ihre Winkel sind

$$\varphi_{11} + \varphi_{22} = 2\varphi_{12} \pm 2\pi, \qquad (7.15)$$

wenn man die Bezeichnungen $\underline{S}_{11} = |\underline{S}_{11}| \cdot e_{j\varphi_{11}}$, $\underline{S}_{22} = |\underline{S}_{22}| \cdot e_{j\varphi_{22}}$ und $\underline{S}_{12} = \underline{S}_{21} = |\underline{S}_{21}| \, e_{j\varphi_{12}}$ wählt [7.17a]. Verlustfreie Vierpole sind demnach mit 3 Größen bestimmbar. Sind sie zudem symmetrisch, so gilt zusätzlich (7.11), und es ist

$$\varphi_{11} = \varphi_{22} \qquad (7.16)$$

Der verlustfreie symmetrische Vierpol ist mit 2 Größen (z.B. einem Betrag und einem Winkel) bestimmt.

Die durch den Vierpol bewirkte Transformation seines Abschlußwiderstandes $Z_v$ läßt sich durch seinen Eingangsreflexionsfaktor ausdrücken [7.13, 7.14]:

$$r_{1e} = \underline{S}_{11} + r_v \frac{\underline{S}_{21}^2}{1 - r_v \underline{S}_{22}}, \qquad (7.17)$$

mit $Z_v/Z_L = (1 + r_v)/(1 - r_v)$.

Im Gegensatz zu den in der Vierpoltheorie der Nachrichtentechnik [7.11] gebräuchlichen Definitionen für die Dämpfung wird im Mikrowellenbereich meist der Vergleich von *Wirkleistungen* zur Dämpfungsdefinition herangezogen. So versteht man unter der *Betriebsdämpfung* $a_B$ eines Vierpols [7.13]:

$$a_B/\mathrm{dB} = 10 \log \frac{P_{max}}{P_v}, \qquad (7.18)$$

wobei $P_{max}$ die vom Generator maximal an einen zu seinem Innenwiderstand $Z_i$ konjugiert komplexen Verbraucher $Z_i^*$ abgebbare Leistung und $P_v$ die vom Widerstand $Z_v$ aufgenommene Wirkleistung darstellt (s. auch Gl. (5.1)). Für $Z_i = Z_{L_1}$ ist dann

$$a_B/\mathrm{dB} = 20 \log \frac{1}{|\underline{S}_{21}|} + 20 \log |1 - \underline{r}_v \underline{S}_{22}| + 20 \log \frac{1}{\sqrt{1 - |\underline{r}_v|^2}} \qquad (7.19)$$

Zur Definition der Einfügungsdämpfung (Insertion Loss) benutzt man das Verhältnis der Leistung $P_v'$, die der Generator ohne die Zwischenschaltung des Vierpols an den Verbraucher $Z_v$ abgeben würde, zu derjenigen Leistung $P_v$, die über den Vierpol an den Verbraucher tatsächlich gelangt (s. auch Abschn. 10.1). Zur Berechnung von $P_v'$ ist für $Z_{L1} \neq Z_{L2}$ ein ideal von $Z_{L1}$ nach $Z_{L2}$ transformierender Vierpol vorausgesetzt, so daß nur die auf den Wellenwiderstand der Anschlußleitungen bezogenen Reflexionsfaktoren wirksam werden. Die Einfügungsdämpfung $a_E$ wird dann:

$$a_E/\mathrm{dB} = 10 \log \frac{P_v'}{P_v}. \qquad (7.20)$$

Für angepaßten Generatorinnenwiderstand $Z_i = Z_{L1}$ gilt:

$$a_E/\mathrm{dB} = 20 \log \frac{1}{|\underline{S}_{21}|} + 20 \log |1 - \underline{r}_v \underline{S}_{22}|. \qquad (7.21)$$

Bei angepaßtem Verbraucher $Z_v = Z_{L2}$ gehen beide Dämpfungen ineinander über:

$$a_B/\mathrm{dB} = a_E/\mathrm{dB} = 20 \log \frac{1}{|\underline{S}_{21}|} = a_{E0}/\mathrm{dB}. \qquad (7.22)$$

Zur meßtechnischen Erfassung der Streuparameter s. Abschn. 7.2 bis 7.6 bzw. Kap. 10. Der Einfluß der Fehlanpassung auf die Dämpfungsmessung und die Definition der speziellen Einfügungsdämpfung $a_{E0}$ ist in Abschn. 10.1 behandelt.
Eine andere Form der Beschreibung eines Vierpols ist die Angabe der Elemente seines Ersatzschaltbildes. Betrachtet man z. B. eine Leitungsstoßstelle nach Abb. 7.5 als Vierpol, so wird die meßtechnische Ermittlung der Größen des Ersatzschaltbildes direkte Aufschlüsse geben können, in welcher Weise der Leitungsaufbau zu korrigieren sei, um die Störgrößen zu beseitigen und den Vierpol reflexionsfrei zu machen. So führt z. B. ein zu kleiner Abstand $\Delta$ der beiden Durchmessersprünge der Anordnung nach Abb. 7.5a zu einer Querkapazität $C$ im Ersatzbild. Wäre $\Delta$ zu groß, ergäbe sich eine Längsinduktivität. Die Vierpolmessung erlaubt also, die richtige Dimensionierung des $\Delta$ zu überprüfen.
Neben der Angabe der ein- und ausgangsseitigen Wellenwiderstände dienen in dem angeführten Beispiel der Abb. 7.5 die Größe des Querblindwiderstandes und die beiden Ersatzlängen $l_1'$ und $l_2'$ zur Kennzeichnung der Vierpoleigenschaften. Da es sich hier um einen unsymmetrischen umkehrbaren und verlustfreien Vierpol handelt, muß er 3 Bestimmungsgrößen besitzen (s. oben, Gl. (7.12) bis (7.15)). Die ge-

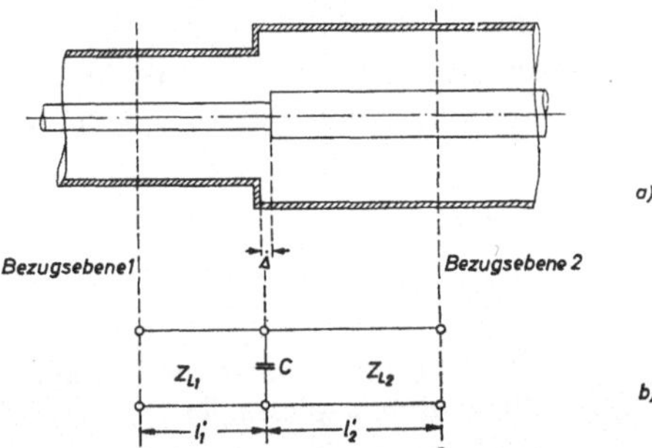



*Abb. 7.5 Beschreibung eines Vierpols durch die Elemente seiner Ersatzschaltung*

bräuchlichen Ersatzschaltbilder sind in Abschn. 7.42, für verlustbehaftete Vierpole in Abschn. 7.6 näher erläutert.

Das Transformationsverhalten eines Vierpols läßt sich bei Kenntnis der Größen der Elemente seines Ersatzschaltbildes rechnerisch oder auch unter Zuhilfenahme der in Abschn. 1.5 erwähnten Leitungsdiagramme behandeln.

Zur Messung der Streuparameter oder der Ersatzschaltungselemente sind mehrere Verfahren bekannt. Interessieren nur die Beträge der Streuparameter, so können Richtkoppler mit Diodengleichrichtern zur Ermittlung der zu- und ablaufenden Wellen an die Vierpoleingänge gelegt werden. Die beidseitigen Eingangsreflexionen eines Vierpols bei angepaßtem Abschluß der gegenüberliegenden Klemmen können auch durch Impedanzmessung ermittelt werden, während der komplexe Übertragungsfaktor in einer mit geeichtem Dämpfungsglied und Phasenschieber ausgerüsteten Brückenschaltung bestimmbar ist. Diese Methode wird jedoch bei sehr kleinen Reflexions- und großen Übertragungsfaktoren (nahe 1) recht ungenau. Die Meßmethode mit größter Genauigkeit ist die sog. Knoten- oder Minimumverschiebungsmethode. Hier wird der Vierpol mit einem variablen Blindwiderstand abgeschlossen und der Verlauf der Eingangsimpedanz gemessen. Aus diesem Verlauf lassen sich sowohl für verlustfreie als auch für verlustbehaftete Vierpole die Streuparameter bzw. die Größen der Ersatzschaltungen bestimmen. Ferner sind auch noch Meßverfahren bekannt, bei denen der Vierpol mit definiert veränderbaren komplexen Widerständen (z. B. „Sliding Termination") abgeschlossen wird. Schließlich können Vierpole noch mit Impuls-Reflektometern untersucht werden.

Die vollautomatische Anzeige der Ortskurve des komplexen Übertragungsfaktors über große Frequenzbereiche ist durch geringfügige Abwandlung einiger in Abschnitt 6.6 behandelter Impedanzschreiber möglich.

## 7.2     Direkte Messung des Übertragungs- und Reflexionsfaktors

Die Brückenschaltung nach Abb. 7.6 [7.23a] erlaubt einen direkten Vergleich der Dämpfung und des Phasenwinkels des untersuchten Vierpols mit dem einstellbaren Dämpfungsglied und dem Phasenschieber im Vergleichszweig. Haben die Wellen beider symmetrischen Arme des „Magischen T" gleiche Amplitude und Phase, so wird der Anzeigestrom der im H-Arm liegenden Diode zu Null. Die Anfangsdämpfung des variablen Dämpfungsgliedes und die Grundeinstellung des Phasenschiebers wird ermittelt, indem man den Vierpol durch ein homogenes Leitungsstück gleicher Baulänge ersetzt und die Brücke abgleicht. Dann ist $a_1 + a_2 = a_3$ und $\varphi = \beta l + n\pi$. Bei Einsetzen des zu messenden Vierpols ist dann die zum erneuten Abgleich nötige

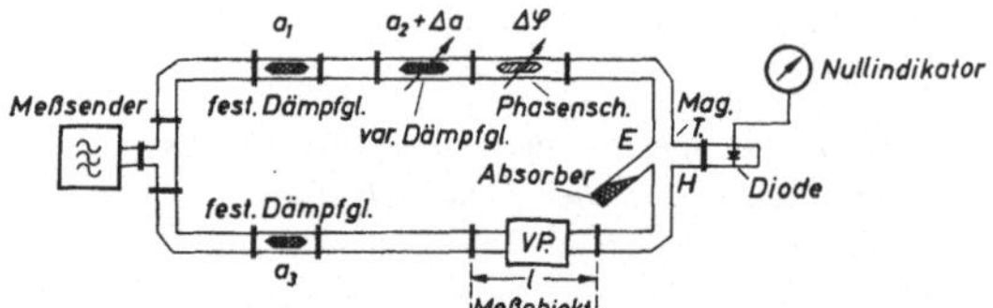


Abb. 7.6  Brückenschaltung zur Messung der Übertragungseigenschaften eines Vierpols

Zusatzdämpfung dem Betrag des Übertragungsfaktors gleich: $\Delta a = |t_{12}| = |\underline{S}_{21}|$. Die Ablesung der Phase des Übertragungsfaktors $\varphi_{12} = \beta l + \Delta\varphi$ am Phasenschieber ist mit einer Vieldeutigkeit $n \cdot \pi$ behaftet, die nur durch mehrere Messungen über einen größeren Frequenzbereich aufgeklärt werden kann. Alle ähnlich aufgebauten Brückenschaltungen erfordern den Abgleich von Betrag und Phase, finden aber oft auch zur reinen Dämpfungs- oder Phasenmessung Verwendung [7.61, 7.62]. Für Frequenzen bis etwa 1 GHz läßt sich die Spannungs- und Phasendifferenz auch durch Anlegen der Tastköpfe eines „Vectorvoltmeters" [7.91, 7.92] am Ein- und Ausgang des Vierpols bestimmen (s. auch Abschn. 6.53, 6.6 und 8.41 c). Eine Automatisierung der direkten Messung des komplexen Übertragungsfaktors kann durch eine Abwandlung der Anordnungen, die in Abschn. 6.53 und 6.6 beschrieben wurden, erfolgen. Abb. 7.7 zeigt die Veränderung, welche die Schaltung nach Abb. 6.73 und 6.74 erfahren muß, um den komplexen Übertragungsfaktor direkt auf dem Oszillografen sichtbar zu machen [6.137 und 6.138]. Die Anordnung nach Abb. 6.75 kann mit der in Abb. 7.8 skizzierten Abwandlung den Reflexionsfaktor über größere Frequenzbereiche im Wobbelverfahren zur Anzeige bringen [6.139 bis 6.142]. Für die Meßanordnung der Abb. 6.76 ist anstelle des Doppelrichtkopplers eine mit „Posaunen" ausgerüstete Zusatzeinheit (sog. „Transmission-Test Unit") lieferbar, die Vierpole beliebiger elektrischer Länge zwischenzuschalten gestattet. Die Ortskurvendarstellung des komplexen Übertragungsfaktors kann im Frequenz-

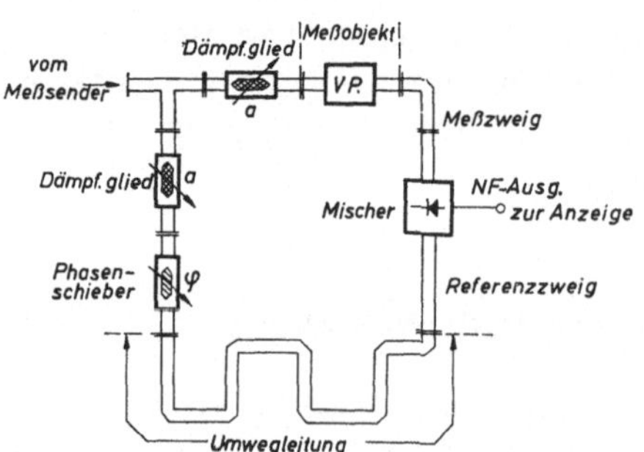


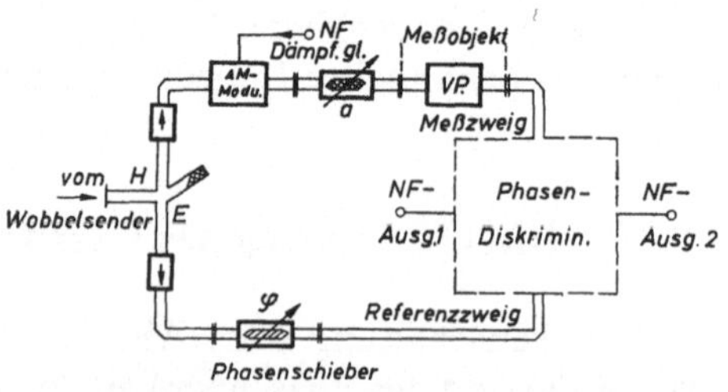


Abb. 7.7  Meßanordnung zur automatischen Anzeige des komplexen Übertragungsfaktors nach Abb. 6.73 [6.138]

Abb. 7.8  Wobbelmeßplatz zur automatischen Anzeige des Verlaufs des Übertragungsfaktors nach Betrag und Phase [6.139–6.142]

bereich von 0,1 bis 12,4 GHz mit einem dynamischen Bereich der Dämpfung von 60 dB erfolgen [7.93 bis 7.95]. Die Eichung der Betragsanzeige erfolgt bei diesen Verfahren zweckmäßig ebenfalls durch Einschalten eines homogenen Leitungsstückes anstelle des zu messenden Vierpols und passende Einstellung des im Meßzweig liegenden Dämpfungsgliedes. Die Bezugsphase kann sowohl im Meßzweig als auch im Referenzzweig auf Null gestellt werden.

Interessiert nur der Betrag des Übertragungsfaktors, so kann auch die Kombination von zwei Richtkopplern mit Videogleichrichtern nach Abb. 7.9 verwendet werden. Bei der Bildung des Quotienten von Anzeige 1 und 2, die auch mit Quotientenmeßgeräten (vgl. Abschn. 6.52) erfolgen kann, ist die meist quadratische Abhängigkeit des Diodenstromes zu beachten. Durch Verwendung eines einzigen Richtkopplers, der zunächst vor und dann hinter dem Vierpol eingeschaltet wird, kann man die Berücksichtigung der Detektorcharakteristik vermeiden, wenn man durch Variation des Dämpfungsgliedes stets auf gleichen Ausschlag einstellt [7.24] (s. auch Dämpfungsmessung, Abschn. 10.22).

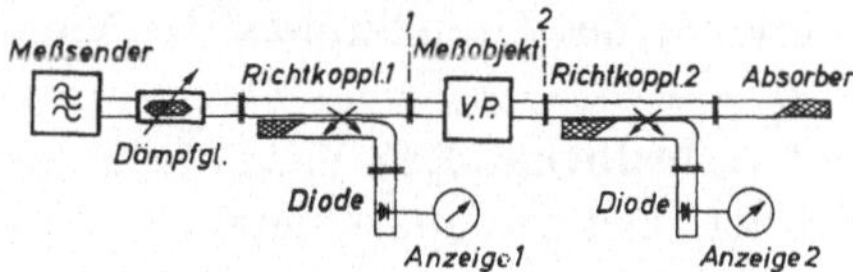


*Abb. 7.9  Messung des t mit Richtkopplern*

Die oben beschriebenen Meßanordnungen können auch für nichtumkehrbare Vierpole (Verstärker, Richtungsleitungen) verwendet werden. In diesem Fall ist $t_{12} = \underline{S}_{21}$ und $t_{21} = \underline{S}_{12}$ durch zwei getrennte Messungen zu ermitteln, wobei nur Eingang 1 und Ausgang 2 bei der zweiten Messung vertauscht wird. Wegen ihres Aufbaues eignen sich die genannten Meßanordnungen nur für Vierpole mit gleichartigen Ein- und Ausgangsleitungen ($Z_{L1} = Z_{L2}$). Meßverfahren für verschiedenartige Leitungsanschlüsse s. Abschn. 7.4.

Der Parameter $\underline{S}_{11}$ (bzw. bei Vertauschung der Eingänge $\underline{S}_{22}$) entspricht dem Eingangsreflexionsfaktor $r_{1e}$ bei ausgangsseitigem Abschluß mit $Z_v = Z_{L2}$. Er läßt sich deshalb auf einfache Weise durch Messung der Eingangsimpedanz nach einem der in Kap. 6 beschriebenen Verfahren feststellen, z. B. mit der Meßleitung.

## 7.3  Ermittlung der Streuparameter aus Impedanzmessungen

Für den allgemeinen Vierpol sind insgesamt 4 Messungen komplexer Größen nötig, um $\underline{S}_{11}$, $\underline{S}_{12}$, $\underline{S}_{21}$ und $\underline{S}_{22}$ zu erfassen; für passive umkehrbare Vierpole muß nach Gl. (7.10) der Übertragungsfaktor nur einmal gemessen werden, da 6 Größen zur Beschreibung ausreichen. Im Prinzip können diese 6 Größen auch durch die Messung von 3 verschiedenen Eingangsimpedanzen ermittelt werden. Schließt man nach Abb. 7.10a bis c den Vierpol mit den Ausgangsimpedanzen $Z_v = Z_{L2}$, $Z_v = 0$ und $Z_v = \infty$ ab, die alle auf der reellen Achse der $Z_2$-Ebene liegen, so ergeben sich

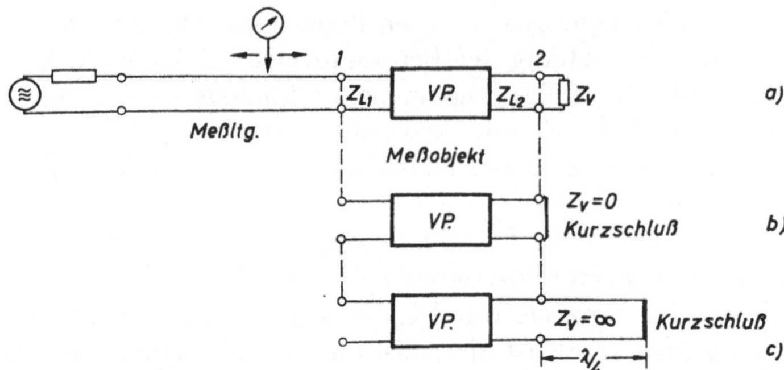


*Abb.7.10 Schaltung zur Ermittlung der Streuparameter aus Impedanzmessungen*

3 verschiedene Eingangsimpedanzen der $Z_1$-Ebene: $Z_{1a}$, $Z_{1k}$ und $Z_{11}$ (Abb.7.3). Durch die 3 Punkte, die diesen Eingangswiderständen entsprechen, läßt sich ein Kreis legen, der das Abbild der reeellen $Z_2$-Achse ist. Die Tangenten durch die Punkte $Z_{1k}$ und $Z_{11}$ schneiden sich im Mittelpunkt $M$ des Grenzkreises des Vierpols.

Im Beispiel der Abb.7.11 ist der Grenzkreis eines verlustbehafteten Vierpols in das Reflexionsfaktordiagramm (Abb.1.11) eingezeichnet. Der Streuparameter $\underline{S}_{11}$ entspricht dem Zeiger $\overrightarrow{0Z_{1a}}$, sein Winkel $\varphi_{11}$ wird vom Reflexionsfaktor $r = +1$ aus gezählt. Es sind eine Reihe von geometrischen Konstruktionen bekannt, welche die übrigen Streuparameter zu bestimmen gestatten [7.22b, 7.23b, 7.25 bis 7.28]. Der Betrag von $\underline{S}_{22}$ ergibt sich aus der Strecke $\overline{Z_{1a}M}$, dividiert durch den Radius des Grenzkreises. Sein Winkel $\varphi_{22}$ kann durch die Lage des Durchmessers $\overline{BC}$ bestimmt werden. $B$ und $C$ erhält man durch die Verlängerung der Strecken $\overline{Z_{1k}Z_{1a}}$ und $\overline{Z_{11}Z_{1a}}$ als Schnittpunkte mit dem Grenzkreis (Abb.7.11a). Der Betrag von $\underline{S}_{21} = \underline{S}_{12}$ ergibt sich aus der Strecke $\overline{Z_{1a}D}$, die senkrecht auf $\overline{Z_{1a}M}$ steht, dividiert durch die Wurzel aus dem Radius des Grenzkreises. Der zugehörige Winkel $2\varphi_{12}$ ist ebenfalls durch die Lage des Durchmessers $\overline{BC}$ festgelegt. Alle Winkel sind um $n \cdot \pi$ unbestimmt (Abb.7.11b).

Man kann auch anstelle des Lastwiderstandes $Z_v = Z_{L2}$ den Vierpol nur mit reinen Blindwiderständen abschließen, um $Z_{1a}$ zu bestimmen: Erzeugt man diese Blindwiderstände mit Hilfe einer kurzgeschlossenen Leitung und wählt man die Stellungen des Kurzschlusses so, daß jeweils Paare mit einem Längenunterschied von $\lambda/4$ zusammengehören, so lassen sich die in die $Z_1$-Ebene transformierten Widerstandspaare ebenfalls durch je einen Kreis verbinden, der den Grenzkreis senkrecht schneidet und durch $Z_{1a}$ geht. In Abb.7.11c ist $Z_1'$ und $Z_1''$ neben $Z_{11}$ und $Z_{1k}$ ein derartiges Widerstandspaar. Die Kreise können mit Hilfe der Tangenten an den Grenzkreis konstruiert werden. Der Schnittpunkt dieser Kreise ist dann $Z_{1a}$. Einfacher zu zeichnen sind in vielen Fällen jedoch die in Abb.7.11c punktiert dargestellten Verbindungsgeraden zwischen den zusammengehörenden Widerständen. Verbindet man ihren Schnittpunkt $S$ mit dem Mittelpunkt $M$, so liegt $Z_{1a}$ auf dieser

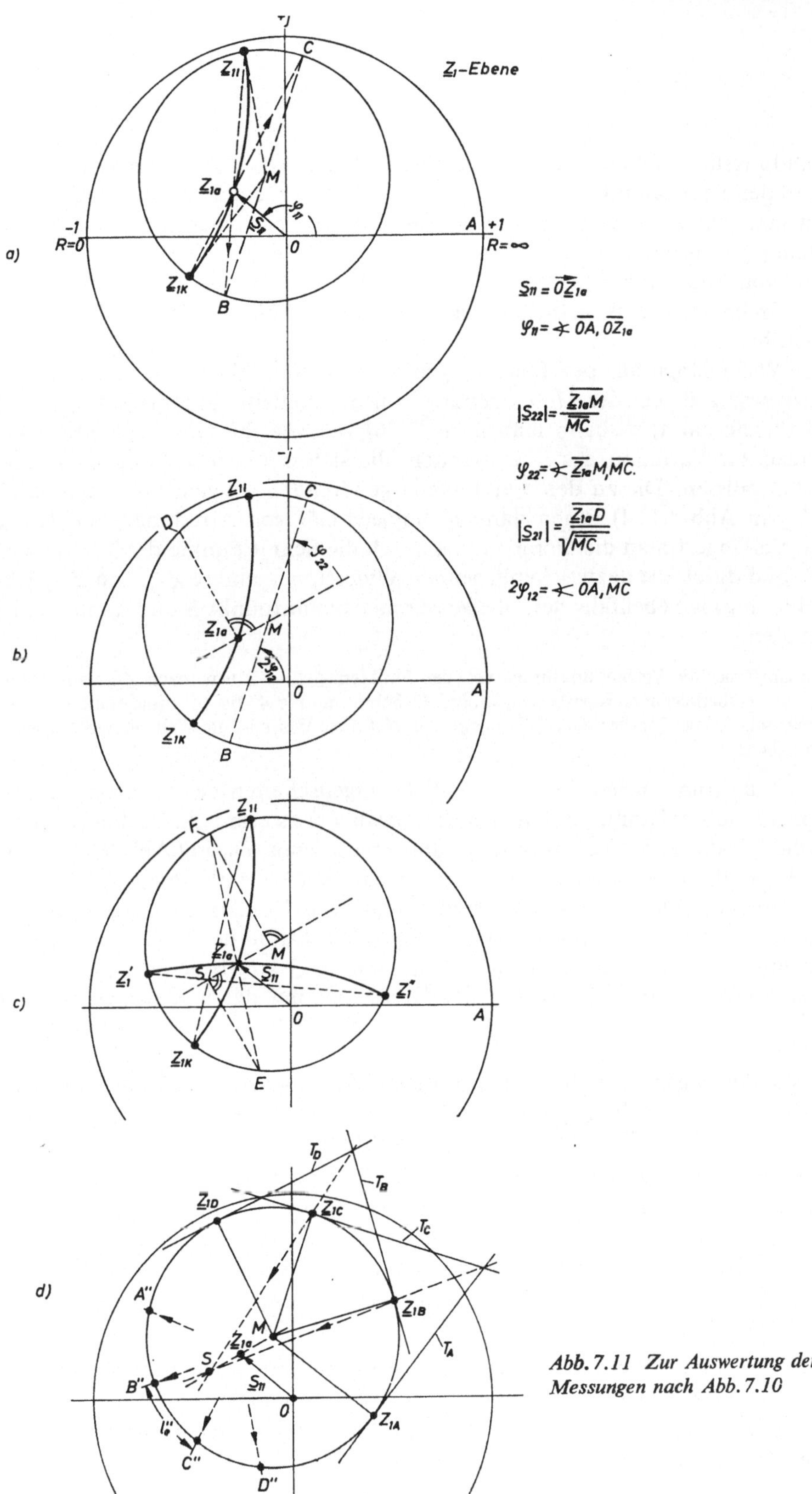


Abb. 7.11 Zur Auswertung der Messungen nach Abb. 7.10

Verbindungslinie. Die in $S$ und $M$ errichteten Senkrechten zu $SM$ ergeben schließlich mit den Kreisschnittpunkten $E$ und $F$ eine weitere Gerade, die durch $Z_{1a}$ geht.
Führt man eine größere Anzahl von Messungen mit verschiedenen Kurzschlußschieberstellungen durch, z. B. im Abstand von jeweils $\lambda/16$, so erhält man eine größere Anzahl von Widerstandspaaren, die eine Mittelwertbildung zur Bestimmung von $M$, $S$ und Grenzkreisradius gestatten und so eine Erhöhung der Meßgenauigkeit herbeiführen.
Ist die Wellenlänge auf der Leitung $l_2$ unbekannt und läßt sich $l_2$ nicht stetig verändern, was z. B. bei der Untersuchung von Streifenleitungsbauteilen (Abb. 1.1 c) der Fall sein kann, so kann man nach [7.26] vier verschiedene feste Kurzschlußleitungen zur Variation des $l_2$ verwenden, die sich um gleiche Längen $\Delta l_2$ unterscheiden müssen. Die zu den vier Längen gehörenden Eingangswiderstände ($Z_{1A}$ bis $Z_{1D}$ in Abb. 7.11 d) liegen dann in ungleichmäßigen Abständen auf dem $Z_1$-Kreis. Verlängert man die Geraden, die durch die Schnittpunkte der Tangenten $T_A$ bis $T_D$ und durch die dazwischenliegenden Widerstandspunkte $Z_{1B}$ und $Z_{1C}$ gehen, so bekommt man ebenfalls den obenerwähnten Schnittpunkt $S$ und kann $Z_{1a}$ bzw. $\underline{S}_{11}$ finden.

Zieht man ferner die Verbindungslinien von den Punkten $Z_{1A}$, $Z_{1B}$ usw. nach $\underline{Z}_{1a}$ und verlängert sie zum gegenüberliegenden Kreisbogen, so sind die Schnittpunkte $A''$ bis $D''$ äquidistant und ergeben die elektrische Länge $l_e''$, die dem $\Delta l_2/\lambda_2$ entspricht. Auf diese Weise ist die Wellenlängenbestimmung in $l_2$ möglich.

Sind – z. B. vom Aufbau her – zusätzliche Eigenschaften des zu untersuchenden Vierpols schon bekannt, so läßt sich die Anzahl der zu ermittelnden Parameter und auch die Anzahl der notwendigen Meßpunkte reduzieren. Die mit Abb. 7.11 beschriebene Behandlung des allgemeinen verlustbehafteten Vierpols vereinfacht sich z. B. schon, wenn der Vierpol als symmetrisch gelten kann. Dann ist $\underline{S}_{11} = \underline{S}_{22}$ und in der Zeichnung liegen 0, $Z_{1a}$ und $M$ auf *einer* Geraden. Damit ließe sich der Grenzkreis schon mit nur zwei Widerständen (z. B. $Z_{11}$ und $Z_{1k}$) konstruieren.
Ist der Vierpol *verlustfrei*, so fällt der Grenzkreis mit der imaginären Achse der $Z_1$-Ebene zusammen, d. h. mit dem Einheitskreis des Reflexionsfaktordiagrammes. Der Mittelpunkt $M$ ist identisch mit 0 und bei ausgangsseitigem Abschluß mit Blindwiderständen liegen auch alle transformierten Widerstände $Z_1$ auf dem Einheitskreis (Abb. 7.12). Ist hier z. B. $Z_{1a}$ bekannt, so genügt lediglich noch eine weitere Angabe, z. B. der Winkel von $Z_{1k}$, um den Vierpol vollständig zu beschreiben. In Abb. 7.12a ist skizziert, wie man über die Strecken $\overline{OF}$, $\overline{FE}$ und $\overline{ES}$ die Verbindung $\overline{Z_{1k}S}$ bis $Z_{11}$ verlängern kann, um auch diesen Widerstand zu bestimmen. Die Beträge der Streuparameter $\underline{S}_{11}$ und $\underline{S}_{22}$ sind gleich, $|\underline{S}_{21}|$ ergibt sich aus dem rechtwinkligen Dreieck $0Z_{1a}D$. Die Winkel $\varphi_{22}$ und $\varphi_{12}$ sind wieder durch die Lage des Durchmessers $\overline{BC}$ festgelegt (Abb. 7.12b). $B$ und $C$ gehen aus der Verlängerung von $\overline{Z_{11}Z_{1a}}$ oder $\overline{Z_{1k}Z_{1a}}$ hervor.
Ist der verlustfreie Vierpol symmetrisch, so werden nur noch zwei Bestimmungsgrößen notwendig. Ist z. B. der komplexe Wert von $\underline{S}_{11}$ bekannt, so kann man (wegen $\varphi_{22} = \varphi_{11}$) den Winkel $\varphi_{11}$ verdoppeln und aus dem so festliegenden Durchmesser $\overline{BC}$ sofort auch $Z_{11}$ und $Z_{1k}$ gewinnen.

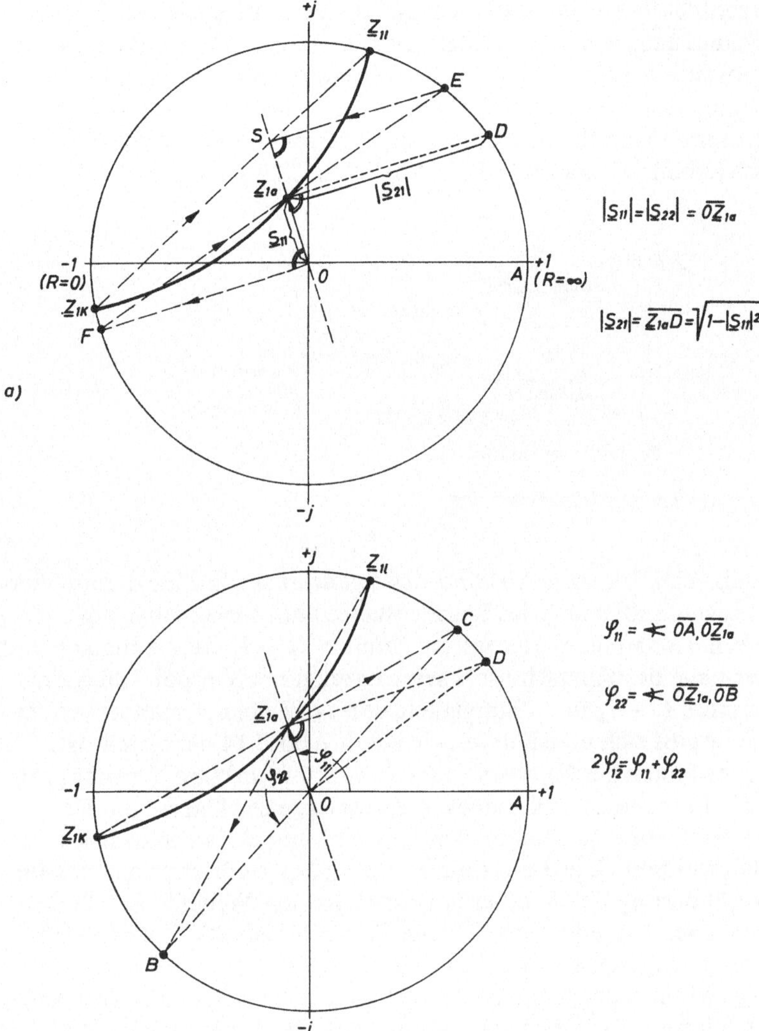



Abb. 7.12 *Auswertung für verlustfreie Vierpole*

Selbstverständlich ist auch beim verlustlosen Vierpol durch eine größere Anzahl von Meßpunkten – ähnlich wie in Abb. 7.11c – eine Erhöhung der Genauigkeit bei der Bestimmung von $\underline{S}_{11}$ usw. möglich.

## 7.4    Die Knotenverschiebungsmethode für verlustfreie Vierpole

### 7.41    *Die Knotenverschiebungskurve*

Wird ein verlustfreier Vierpol mit einer Blindleitung abgeschlossen, so ist nach dem Obengesagten sein Eingangswiderstand ebenfalls ein Blindwiderstand. Zur Ermitt-

lung der Vierpoleigenschaften kann man auch auf die oben beschriebene Einzeich-
nung der Eingangsimpedanzen in das Widerstandsdiagramm verzichten und statt
dessen mit der Anordnung nach Abb. 7.13 die Wanderung des Minimums direkt
mit der Verschiebung des Kurzschlusses vergleichen. Dieses Verfahren ist als
„Knoten- oder Minimumverschiebungsmessung" („Nodal-Shift-Method") oder
auch als „Tangens-Methode" bekannt [7.1, 7.15b, 7.22c, 7.23a, 7.29 bis 7.43a, 7.64,
7.70 und 6.9k].

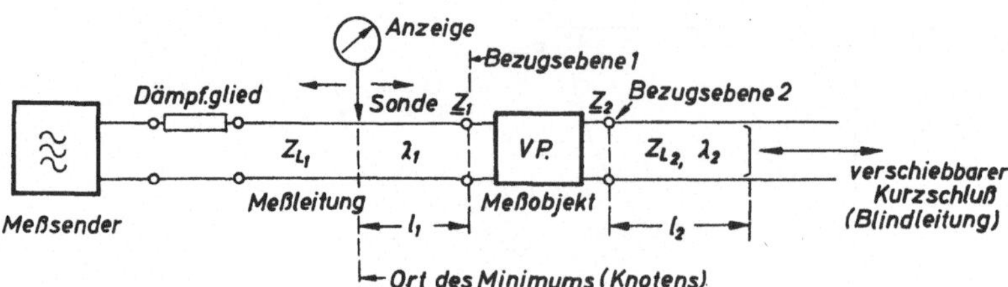


*Abb. 7.13  Schaltung zur Knotenverschiebungsmessung*

Bezeichnet man nach Abb. 7.13 den Abstand des Spannungsminimums vom Vierpoleingang mit $l_1$ und die Entfernung des Kurzschlusses vom Vierpolausgang mit $l_2$,
so wird bei völlig reflexionsfreiem Vierpol die Summe $l_1 + l_2$ stets konstant und
unabhängig von der Lage des Kurzschlusses sein. Erzeugt der Vierpol Reflexionen,
so schwankt die Summe $l_1 + l_2$ in Abhängigkeit von $l_2$. Zeichnet man diesen Zusammenhang auf, so ergibt sich eine Kurve, wie sie in Abb. 7.14 dargestellt ist. Für
sehr kleine Reflexionen ähnelt der Kurvenverlauf einer Sinusfunktion, für sehr große
Reflexionen hat er die Form eines Sägezahns. Aus der Lage der Kurve zum Koordi-
natenursprung und der Größe der maximalen Schwankung $\Delta l$ lassen sich die Elemente des Vierpols ermitteln. Die Funktion ist mit $\lambda/2$ periodisch; zur Messung
genügt also eine Veränderung des $l_2$ innerhalb einer halben Wellenlänge. Besitzen
die Anschlußleitungen des Vierpols verschiedene Wellenlängen (typisches Beispiel:
Hohlleitungs-Koaxialübergang), so ist als Summe $l_1/\lambda_1 + l_2/\lambda_2$ aufzutragen.
Der Zusammenhang zwischen der Knotenverschiebungskurve und der Widerstandstransformation des Vierpols läßt sich an Hand eines Beispieles nach [7.34] beschreiben: Nimmt man an, daß der Vierpol nur aus einer Serieninduktivität mit dem
Widerstand $jX$ bestehe, so wird die Transformation des Abschlußwiderstandes $Z_2$
in den Eingangswiderstand $Z_1$ nur aus der Addition des $jX$ bestehen, wenn $Z_{L1} = Z_{L2}$
$= Z_L$ ist. Der Abschlußwiderstand $Z_2$ ist durch die Länge $l_2$ der Blindleitung gegeben (Gl. 1.15):

$$Z_2 = jZ_L \tan \frac{2\pi l_2}{\lambda} \tag{7.23}$$

Der Eingangswiderstand ist also:

$$Z_1 = jX + jZ_L \tan \frac{2\pi l_2}{\lambda} \tag{7.24}$$

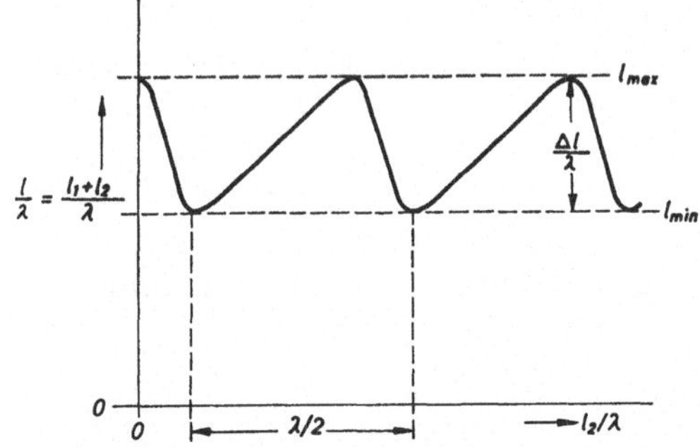

Abb. 7.14
*Allgemeine Knotenverschiebungskurve*

Die auf der Meßleitung festgestellte Entfernung des Minimums $l_1$ der Abb. 7.13 entspricht dann dem $l_x$ der Abb. 6.3, und es ist:

$$Z_1 = -jZ_L \tan \frac{2\pi l_1}{\lambda} \tag{7.25}$$

Als Zusammenhang zwischen $l_1$ und $l_2$ ergibt sich mit $\tan(\alpha + \beta) = (\tan\alpha + \tan\beta)/(1 - \tan\alpha \tan\beta)$ und (7.24) = (7.25):

$$\tan 2\pi \frac{l_1 + l_2}{\lambda} = \frac{-X/Z_L}{1 + \left[ X/Z_L + \tan\frac{2\pi l_2}{\lambda} \right] \tan\frac{2\pi l_2}{\lambda}} \tag{7.26}$$

Die beiden Extremwerte der Kurve ergeben sich nach Differentiation zu

$$l_{max} = \lambda/2 \quad \text{für} \quad l_2 = \lambda/4$$

und

$$\tan 2\pi \frac{l_{min}}{\lambda} = \frac{-X/Z_L}{1 - \left(\dfrac{X/Z_L}{2}\right)^2} \quad \text{für} \quad l_2 = l_1 \tag{7.27}$$

Die Differenz der Extremwerte $\Delta l = l_{max} - l_{min}$ läßt sich mit $\tan(\alpha - \beta) = (\tan\alpha - \tan\beta)/(1 + \tan\alpha \tan\beta)$ und $\tan 2\alpha = 2\tan\alpha/(1 - \tan^2\alpha)$ umformen und ergibt

$$X/Z_L = 2 \tan \pi \frac{\Delta l}{\lambda}. \tag{7.28}$$

Die Größe der in dem angeführten Beispiel angenommenen Serieninduktivität läßt sich danach aus der maximalen Schwankung $\Delta l$ errechnen. Für Vierpole, die aus anderen Elementen bestehen, ist die Rechnung in ähnlicher Weise durchführbar.


## 7.42 Vierpol-Ersatzbilder

Der Zweck der im folgenden erwähnten Vierpolersatzbilder ist, die Eigenschaften des tatsächlich vorhandenen Vierpols einer möglichst einfachen Beschreibung zugänglich zu machen, um die aus der Messung gewonnenen Größen leicht weiter-

verarbeiten zu können. Die in Abb. 7.15 skizzierte Zerlegung des ursprünglichen
Vierpols in zwei Leitungsstücke der Längen $l'_1$ und $l'_2$ und einen neuen Vierpol,
dessen Länge als verschwindend angesehen wird, erscheint für die im Mikrowellenbereich üblichen Leitungsschaltungen besonders geeignet [7.29 bis 7.34, 7.44]. Die
inneren Leitungsstücke werden als Leitungen von gleichem Querschnitt wie die
äußeren Anschlußleitungen angenommen. Ihre beiden Längen $l'_1$ und $l'_2$ sowie das
Element des „neuen Vierpols" sind die drei Bestimmungsstücke, die zur Kennzeichnung eines verlustfreien Vierpols ausreichen müssen.

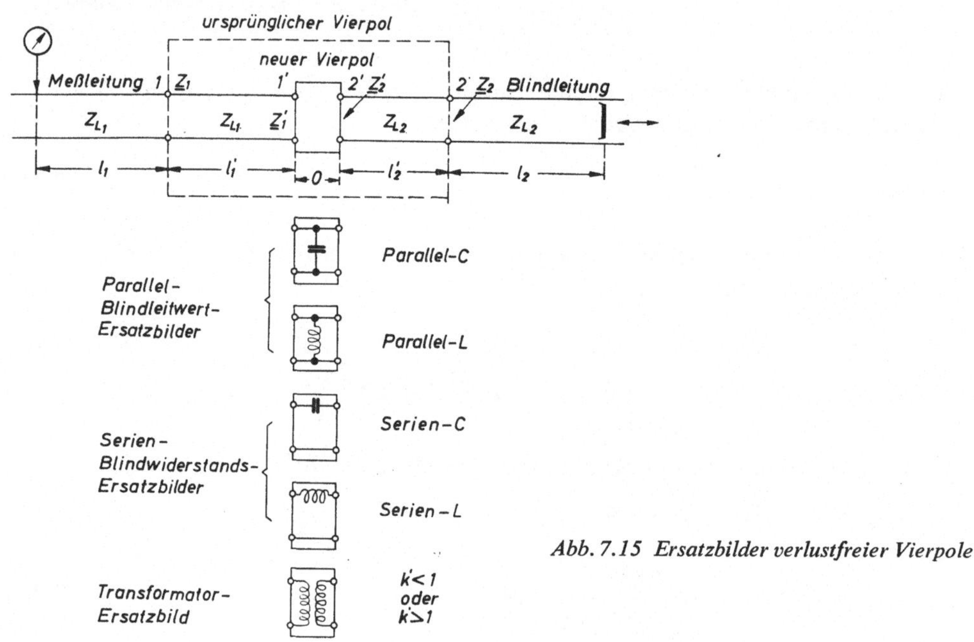


Abb. 7.15 Ersatzbilder verlustfreier Vierpole

Solange das Ersatzbild die Verhältnisse nur bei einer Frequenz beschreiben soll,
ist man in der Auswahl, welches der verschiedenen in Abb. 7.15 skizzierten Ersatzbilder man der Messung oder Rechnung zugrunde legen soll, völlig frei. Ergibt sich
bei beliebiger Wahl des Ersatzbildes z. B. eine negative Länge für $l'_1$ oder $l'_2$, so ist
die betreffende Leitungslänge einfach um $\lambda/2$ zu vergrößern. Bei willkürlicher Anwendung eines dieser „formellen" Ersatzbilder über größere Frequenzbereiche kann
jedoch eine starke Frequenzabhängigkeit der inneren Leitungslängen $l'_1$ und $l'_2$ auftreten. Die Längen $l'_1$ und $l'_2$ stehen dann zu den im echten Vierpol vorhandenen Abmessungen in keiner Beziehung.
In vielen Fällen wird es jedoch möglich sein, die im tatsächlichen Vierpol herrschen-
den Verhältnisse grob abzuschätzen und das Ersatzbild so auszuwählen, daß es
diesen Verhältnissen möglichst nahekommt. Man spricht dann vom „physikalischen Ersatzbild" und kann durch Messungen über einen größeren Frequenzbereich die zunächst angestellten Vermutungen erhärten. Bei richtiger Anwendung
des physikalischen Ersatzbildes stimmen die Leitungslängen $l'_1$ und $l'_2$ mit den

tatsächlichen Abmessungen des Leitungsgebildes annähernd überein (Abweichungen werden oft durch schlecht übersehbare Streufelder am Rand von Diskontinuitäten hervorgerufen) und bleiben auch bei größeren Frequenzänderungen erhalten.

Der wesentlichste Vorteil des in Abb. 7.15 skizzierten Leitungsersatzschaltbildes ist, daß die Transformation des Abschlußwiderstandes $Z_2$ in den inneren Widerstandspunkt $Z_2'$ und ebenso des Widerstandes $Z_1'$ in den äußeren Eingangswiderstand $Z_1$ mit dem gleichen Leitungstyp vorgenommen wird, der schon an den äußeren Anschlüssen vorhanden ist. Die ohnehin notwendige Berechnung der durch die Zuleitungen hervorgerufenen Widerstandstransformation muß also nur durch Vergrößern der Leitungslängen $l_1$ um $l_1'$ und $l_2$ um $l_2'$ abgeändert werden. Die Errechnung der Gesamttransformation kann sich dann auf diejenige beschränken, die der „neue" innere Vierpol hervorruft. Da er nur aus *einem* Schaltelement besteht, ist sie sehr einfach durchführbar.

Die den vier verschiedenen Blindleitwert- bzw. Blindwiderstands-Ersatzbildern zuzuordnenden Knotenverschiebungskurven sind in Abb. 7.16a, die zu dem Transformatorersatzbild gehörenden beiden Kurven sind in Abb. 7.16b dargestellt. (Als Beispiel ist $|X/Z_\mathrm{L}| = 3$ bzw. $|B \cdot Z_\mathrm{L}| = 3$ und $k' = 0,1$ bzw. $k' = 10$ gewählt. Da zunächst nur der „innere" Vierpol betrachtet wird, bleibt $l_1'$ und $l_2'$ außer Ansatz.) Die verschiedenen Kurven unterscheiden sich nur durch ihre Lage:

Die Parallelleitwerte haben keinen Einfluß, wenn an ihre Klemmen ein Kurzschluß transformiert wird. Dies ist für $l_2 = 0$ und $l_2 = 0,5\,\lambda_2$ der Fall. Dann ist $l_1/\lambda_1 + l_2/\lambda_2 = 0,5$.

Die Serienwiderstände sind ohne Wirkung, wenn an ihrem Ort ein Leerlauf transformiert wird. Ihre Kurven müssen also für $l_2 = 0,25\,\lambda_2$ durch die Ordinate 0,5 gehen.

Serien-C und Parallel-L üben eine verlängernde Wirkung auf die Gesamtleitungslänge $l_1 + l_2$ aus, ihre Kurven müssen also oberhalb der Ordinate 0,5 liegen. Parallel-C und Serien-L verkürzen die Gesamtlänge, ihre Kurven liegen deshalb unter der Linie 0,5.

Die beiden Transformatorkurven liegen symmetrisch zur Linie 0,5; sie unterscheiden sich in ihrer Phasenlage.

Die inneren Längen $l_1'$ und $l_2'$ verschieben nun die oben geschilderten Kurven in beiden Koordinatenrichtungen. Hat man die Knotenverschiebungskurve eines unbekannten Vierpols genessen und aufgezeichnet, so kann man die inneren Längen $l_1'$ und $l_2'$ ermitteln, wenn man sich für eines der erwähnten Ersatzbilder entscheidet. Man muß die gemessene Kurve so verschieben, daß sie in ihrer Lage der dem gewählten Ersatzbild zugeordneten Kurve entspricht (Abb. 7.16). Die Koordinatenverschiebung kann man durch Einzeichnen neuer Normalachsen vornehmen, wie dies in Abb. 7.17 angedeutet ist. Die Bezugspunkte für die verschiedenen Ersatzbilder sind in Tabelle 7.1 nochmals aufgeführt. Wählt man den Abstand der Normalachsen vom Bezugspunkt nach dieser Tabelle, so ergibt die Distanz der vertikalen Normalachse von der entsprechenden Meßachse die Länge $l_2'/\lambda_2$ und der Abstand der beiden horizontalen Achsen die Summe $l_1'/\lambda_1 + l_2'/\lambda_2$, woraus dann $l_1'/\lambda_1$ zu entnehmen ist.

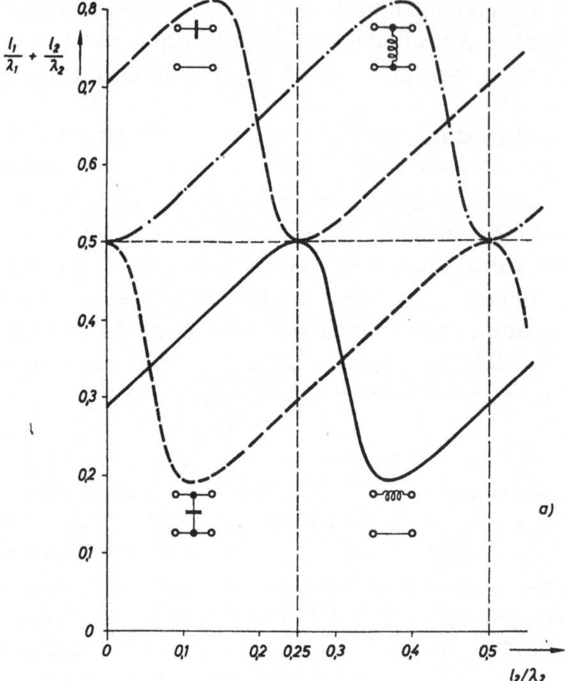



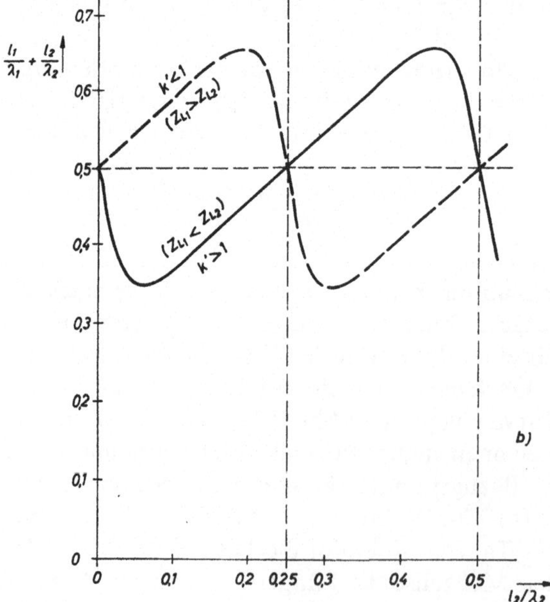



**Abb. 7.16**
*Lage der Knotenverschiebungskurven*

a) für Ersatzbilder mit L bzw. C;
b) für Transformatorersatzbild

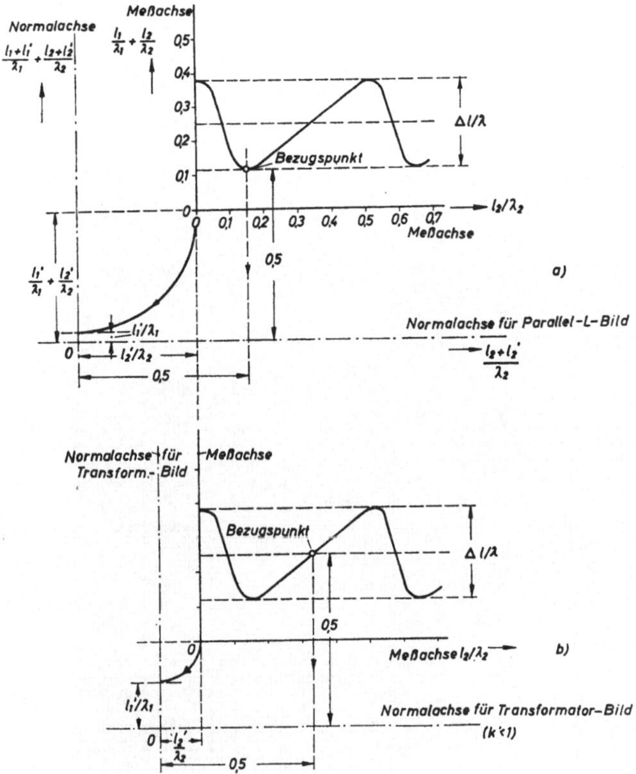



**Abb. 7.17 Koordinatenverschiebung zur Ermittlung der Ersatzlängen $l_1'$ und $l_2'$**
a) für Ersatzbild mit Parallel-L; b) für Transformatorersatzbild

## Tabelle 7.1. Gegenüberstellung der Bezugspunkte für die Koordinatenverschiebung

| Ersatzbild | Bezugspunkt auf Meßkurve | $l/\lambda$-Abstand von der | |
|---|---|---|---|
| | | vertikalen Normalachse | horizontalen Normalachse |
| Parallel-C | höchster Kurvenpunkt | 0 bzw. 0,5 | |
| Parallel-L | tiefster Kurvenpunkt | 0 bzw. 0,5 | |
| Serien-C | tiefster Kurvenpunkt | 0,25 bzw. 0,75 | |
| Serien-L | höchster Kurvenpunkt | 0,25 bzw. 0,75 | 0,5 |
| Transformator $k'<1$ | Schnittpunkt d. ansteigenden Kurve m. Mittelachse | 0 bzw. 0,5 | |
| Transformator $k'>1$ | Schnittpunkt d. abfallenden Kurve m. Mittelachse | 0 bzw. 0,5 | |

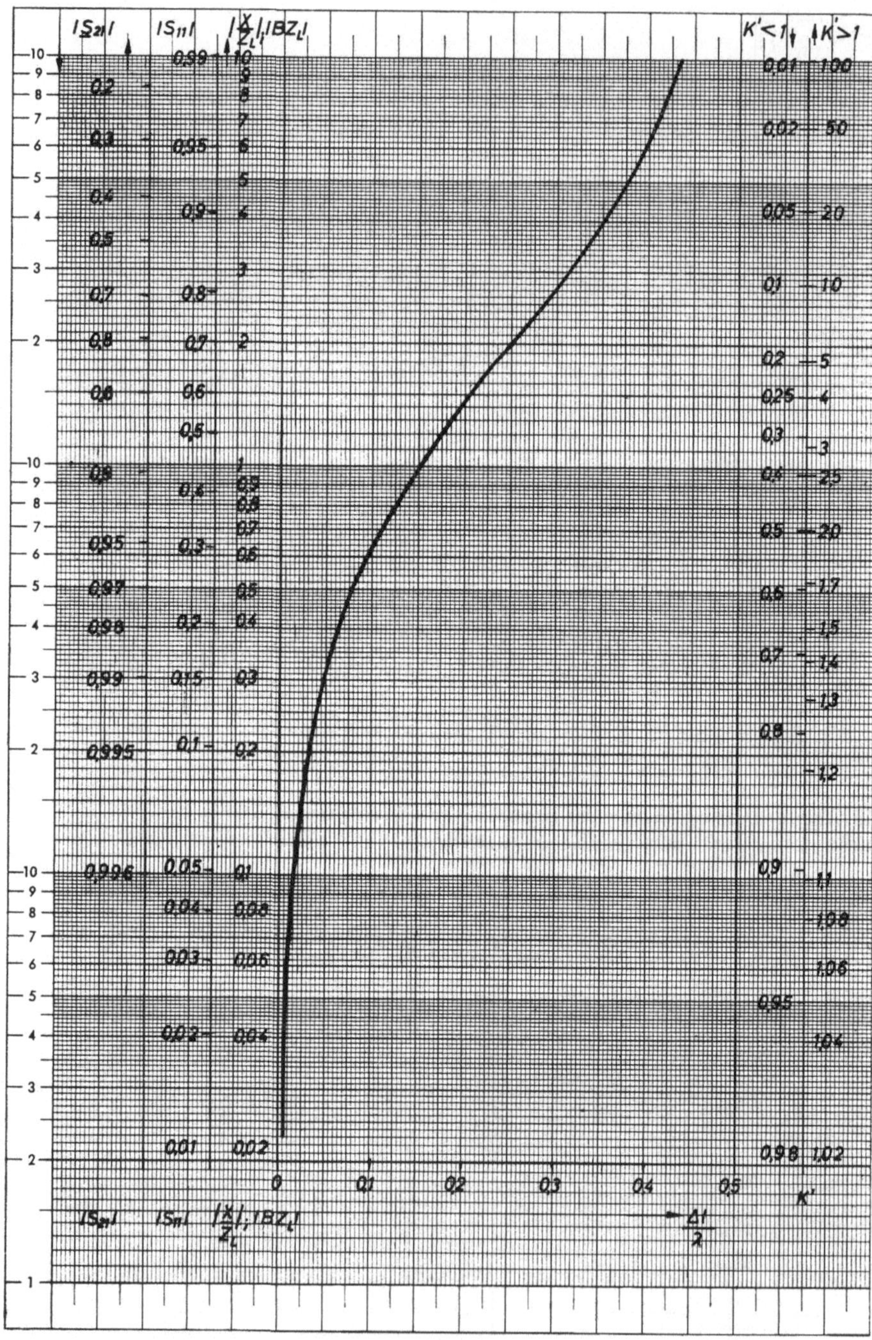


Abb. 7.18 *Zur Auswertung der Knotenverschiebung*

Für die Leitwerts-Ersatzbilder ist die Größe des Blindleitwertes in gleicher Weise nach Gl. (7.28) aus der Schwankung $\Delta l$ zu ermitteln wie für die Blindwiderstände des Widerstands-Ersatzbildes:

$$\left|\frac{X}{Z_L}\right| \quad \text{bzw.} \quad |B \cdot Z_L| = 2 \tan \pi \frac{\Delta l}{\lambda} \tag{7.28a}$$

Die Auswertung kann auch an Hand der Kurve in Abb. 7.18 (nach [7.32]) vorgenommen werden. An der Ordinate können die Werte für $|\underline{S}_{11}|$ und $|\underline{S}_{21}|$ ebenfalls abgelesen werden.

Das Transformator-Ersatzbild hat in größerem Maße formellen Charakter. Es wird vorteilhaft dann angewendet, wenn Eingangs- und Ausgangsleitung verschiedenen Querschnitt bzw. Wellenwiderstand besitzen. Die durch den als „ideal" gedachten Übertrager bewirkte Widerstandstransformation kann durch einen Faktor $k$ beschrieben werden, wobei zunächst $Z_{L1} = Z_{L2}$ angenommen sei:

$$Z_1' = k \cdot Z_2' \tag{7.29}$$

Durch passende Wahl von $l_1'$ und $l_2'$ kann $k$ in jedem Fall reell gemacht werden; auch die Wahl von $k < 1$ oder $k > 1$ steht frei. Führt man verschiedenartige Wellenwiderstände $Z_{L1} \neq Z_{L2}$ ein, so muß man auf $k'$ übergehen:

$$\frac{Z_1}{Z_{L1}} = k' \frac{Z_2}{Z_{L2}} \quad \text{mit} \quad k' = \frac{Z_{L2}}{Z_{L1}} \cdot k \tag{7.30}$$

Stellt der Vierpol einen reinen Wellenwiderstandssprung ohne zusätzliche Elemente dar, so ist $k = 1$, und $k'$ entspricht dem Wellenwiderstandsverhältnis. Im Leitungsdiagramm (Abb. 1.9) läßt sich diese Widerstandstransformation durch eine Verschiebung längs einer durch den Ursprung gehenden Geraden darstellen, wie dies in

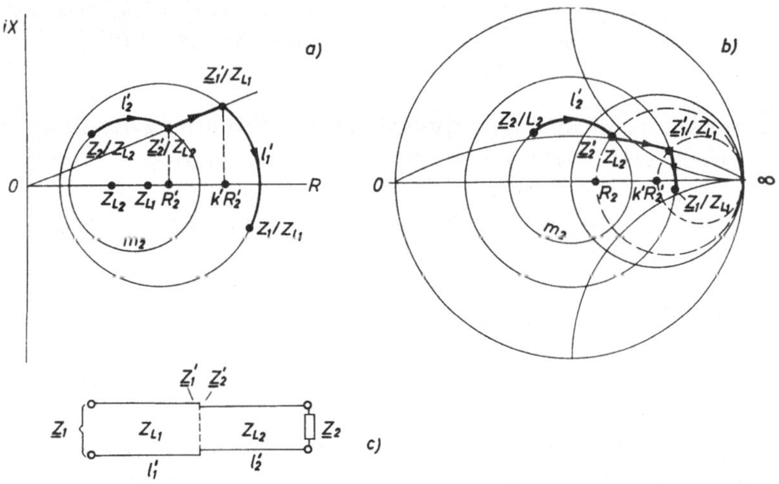


**Abb. 7.19** *Widerstandstransformation durch den idealen Transformator*
a) im Leitungsdiagramm mit kartesischen Koordinaten; b) im „Smith"-Diagramm; c) Bezeichnungen

Abb. 7.19a angedeutet ist. Im Reflexionsfaktordiagramm (Abb. 1.11) liegen die transformierten Widerstände auf einem Kreis, der durch die Punkte 0 und $\infty$ geht. Aus der Knotenverschiebungsdifferenz $\Delta l$ läßt sich der Transformationsfaktor ebenfalls berechnen [7.32]:

$$\text{für}\quad k' > 1: \quad \sqrt{k'} - \frac{1}{\sqrt{k'}} = 2 \tan \pi \frac{\Delta l}{\lambda}$$

$$\text{für}\quad k' < 1: \quad \frac{1}{\sqrt{k'}} - \sqrt{k'} = 2 \tan \pi \frac{\Delta l}{\lambda} \tag{7.31}$$

(Vgl. auch Abb. 7.18.)

Besitzt der untersuchte Vierpol nur geringe Transformationswirkung, ist also $\underline{S}_{11}$ sehr klein, so entspricht der Verlauf der Knotenverschiebungskurve einer Sinusfunktion. Die Phasenlage der Kurven für die „inneren" Vierpole der oben behandel-

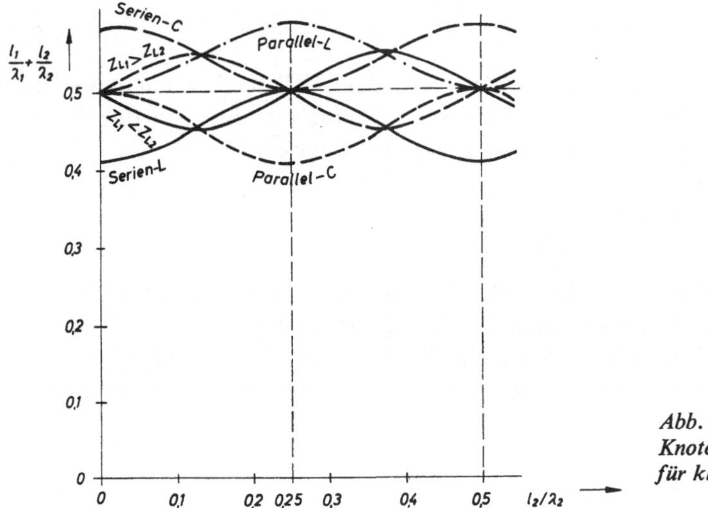


Abb. 7.20
Knotenverschiebungskurven
für kleine Reflexionen

ten Ersatzbilder ist entsprechend, und die Bezugspunkte zur Ermittlung der Längen $l_1'$ und $l_2'$ können ebenfalls aus Tabelle 7.1 entnommen werden. In Abb. 7.20 ist der Verlauf der verschiedenen Kurven angedeutet. Für kleine Reflexionen vereinfachen sich auch die Formeln zur Ermittlung der Blindwiderstände und -leitwerte:

$$\left| \frac{X}{Z_{\mathrm{L}}} \right| \approx 2\pi \frac{\Delta l}{\lambda}$$

$$|BZ_{\mathrm{L}}| \approx 2\pi \frac{\Delta l}{\lambda} \tag{7.28 b}$$

Für das Transformatorersatzbild gilt dann mit $k = 1$ und $Z_{\mathrm{L}1} = Z_{\mathrm{L}2} + \Delta Z_{\mathrm{L}}$:

$$\left| \frac{\Delta Z_{\mathrm{L}}}{Z_{\mathrm{L}2}} \right| \approx 2\pi \frac{\Delta l}{\lambda} \tag{7.32}$$

Das Vorzeichen ist der Phasenlage der Knotenverschiebungskurve zu entnehmen.
Für kleine Reflexionen kann auch für die Fehlanpassung $\Delta m$, die am Vierpoleingang
bei angepaßtem Ausgang auftritt, und für den Streuparameter $\underline{S}_{11}$ eine Näherung
verwendet werden:

$$2\,|\underline{S}_{11}| \approx \Delta m \approx 2\pi\,\frac{\Delta l}{\lambda}. \tag{7.33}$$

### 7.43    *Die Überlagerung mehrerer Einflüsse*

In vielen Fällen tritt an einer Leitungsstoßstelle (z. B. nach Abb. 7.5) neben einem
Wellenwiderstandssprung noch ein zusätzlicher Blindwiderstand oder -leitwert auf.
Sind die Reflexionen nicht zu groß, so ist die getrennte Ermittlung beider Einflußgrößen aus der gemeinsamen Knotenverschiebungskurve relativ einfach. Voraussetzung ist jedoch, daß der Ort der Störung einigermaßen genau bekannt ist. Die
innere Länge $l_1'$ oder $l_2'$ bis zu den äußeren Bezugsebenen muß also geometrisch
bestimmbar sein; die Anwendung des „physikalischen Ersatzbildes" ist hier zu
fordern.
Bekanntlich hat die Knotenverschiebungskurve des Wellenwiderstandssprunges
(Transformatorersatzbild) den Verlauf einer Sinusfunktion, während die übrigen
Widerstands- oder Leitwertkurven einer Cosinusfunktion entsprechen, wenn man
die Kurvenverläufe jeweils auf ihre horizontale Mittellinie und die vertikale Normalachse bezieht. Hat man eine irgendwie „gemischte" Knotenverschiebungskurve gemessen, so kann man bei Kenntnis des $l_2'$ die vertikale Normalachse sofort einzeichnen und den gemessenen Kurvenzug in die beiden Sinus- und Cosinusanteile
zerlegen. Beide Anteile haben je eine maximale Schwankung, die nach den Gl. (7.28 b)
und (7.32) den Wellenwiderstandssprung und den zusätzlichen Querleitwert oder
Längswiderstand getrennt zu berechnen gestatten. Dieses Verfahren wird zur Eichung
von Meßleitungen und zur Erfassung ihrer Steckerreflexionen angewandt und in
Abschn. 6.23 e (Abb. 6.34) beschrieben. Da bei derartigen Leitungsstoßstellen als

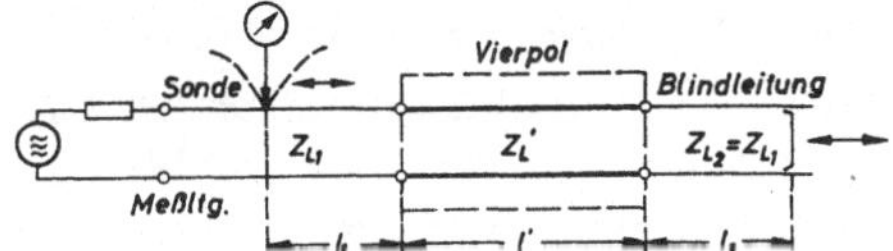


Abb. 7.21  *Schaltung mit Leitungsersatzbild*

Störvierpole neben dem Wellenwiderstandssprung meist nur die Ersatzschaltungen
eines Quer-C oder eines Serien-L in Frage kommen, kann auch die Verschiebung
der Mittellinie $\Delta M$ der kombinierten Knotenkurve vom Wert 0,5 schon über die
absolute Größe des Fehlers Auskunft geben (Abb. 6.34 c).
In manchen Fällen tritt ein Vierpol auf, dessen physikalisches Ersatzbild besser
durch ein Stück Leitung eines anderen Wellenwiderstandes als durch ein konzen-
triertes Blindelement plus Anschlußleitungen beschrieben wird – z. B. eine relativ
„dicke" Isolierstütze. In diesem Fall ist das „Leitungsersatzbild" der Abb. 7.21 zu-

treffend, das als symmetrischer verlustfreier Vierpol über zwei Bestimmungsstücke verfügen muß, nämlich $l'$ und $Z_L'$. (Vorausgesetzt ist $Z_{L1} = Z_{L2}$.)
Im ungestörten Fall ($Z_L' = Z_{L1} = Z_{L2} = Z_L$) ist die Summe $l_1 + l_2 + l' = 0{,}5$ konstant. Bei nicht zu großen Abweichungen ($\Delta Z_L'/Z_L < 0{,}3$) ergibt sich die elektrische

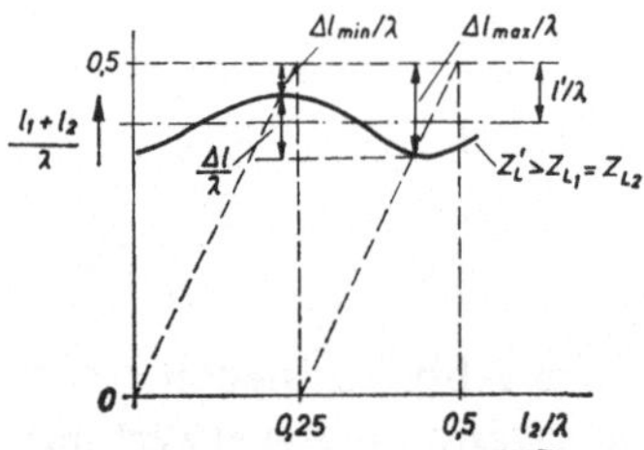

Abb. 7.22  Bestimmung der Länge $l'$

Länge $l'/\lambda$ des Leitungsstückes aus der Differenz des Mittelwertes der Knotenkurve zu 0,5. Dieser ist aus der maximalen und minimalen Abweichung zur Linie 0,5 zu bestimmen (Abb. 7.22):

$$l'/\lambda = \sqrt{\frac{\Delta l_{\min}}{\lambda} \cdot \frac{\Delta l_{\max}}{\lambda}} \tag{7.34}$$

Bei relativ kurzen Leitungen ($l' < 0{,}1\,\lambda$) entspricht die Lage der Kurve für $Z_L' > Z_L$ etwa der einer Serieninduktivität, für $Z_L' < Z_L$ etwa der einer Parallelkapazität (Abb. 7.20), $(l_1 + l_2)/\lambda$ ist also immer kleiner als 0,5. Für kleine Abweichungen und kurze Leitungen kann man den Wellenwiderstand $Z_L'$ näherungsweise berechnen:

$$\left| \frac{\Delta Z_L'}{Z_L} \right| \approx \frac{1}{2}\left( \frac{\Delta l_{\max}}{\Delta l_{\min}} - 1 \right) \tag{7.35}$$

(für $\Delta Z_L' < 0{,}3\,Z_L$ und $l' < 0{,}1\,\lambda$ mit $Z_L' = Z_L \pm \Delta Z_L'$). Das Vorzeichen ist der Phasenlage der Kurve zu entnehmen.
Für größere Leitungslängen $l'$ kann man die Transformation und die Knotenverschiebungskurve des Leitungsersatzbildes der Abb. 7.21 durch zweimalige Anwendung des Transformatorbildes berechnen. Entsprechende Kurven sind in Abb. 7.23 (für $Z_L' = 2\,Z_L$) angegeben. Die Leitung von einer Länge $l' = 0{,}25\,\lambda$ zeigt die größte Schwankung.
Die Meßschaltung der Abb. 7.21 ist zur Ermittlung des Wellenwiderstandes eines unbekannten Leitungsstückes besonders geeignet, da als Meßgeräte meist eine Meßleitung und eine Blindleitung von gleichem Wellenwiderstand und Querschnitt zur Verfügung steht. Wird die Leitung mit unbekanntem Wellenwiderstand zwischengeschaltet, so wählt man die Frequenz[1]) zweckmäßig so, daß $l' = \lambda/4$ oder $\lambda/4 + n \cdot \lambda/2$ ist, um maximales $\Delta l$ zu erhalten. Die Meßgenauigkeit für den Wellenwiderstand ist hier zweimal größer als nach Gl. (7.32). Der gesuchte Wellenwiderstand ergibt

---

[1]) Zur geeigneten Frequenzeinstellung vgl. Abschn. 11.14b (Abb. 11.5 u. 11.6).

sich für $l' = \lambda/4$ näherungsweise aus

$$\left|\frac{\Delta Z_\mathrm{L}'}{Z_\mathrm{L}}\right| \approx \pi\,\frac{\Delta l}{\lambda} = \pi\,\frac{\Delta l_{\max} - \Delta l_{\min}}{\lambda}\,. \tag{7.36}$$

Bei Auswertung nach Abb. 7.18 ist $\Delta l/\lambda$ zu halbieren.

In der Praxis treten bei der Messung von Leitungsstücken nach Abb. 7.21 stets auch noch zusätzliche Vierpolfehler (Parallel-C oder Serien-L) an den Leitungsübergängen (Stecker usw.) auf. Vierpolfehler und Wellenwiderstand $Z_\mathrm{L}'$ lassen sich dadurch getrennt ermitteln, daß man die Meßfrequenz so variiert, daß einmal

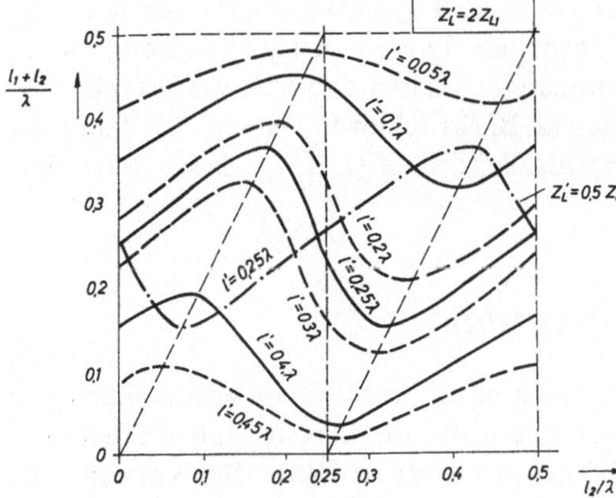

Abb. 7.23 *Knotenverschiebungskurven für das Leitungsersatzbild für verschiedene $l'/\lambda$*

$l' = \lambda/4\ (+n\cdot\lambda/2)$ and das andere Mal $l' = \lambda/2$ ist. Im ersten Fall kompensieren sich die Diskontinuitätsstörungen (wenn sie nicht zu groß sind), die Knotenkurve wird nur durch $Z_\mathrm{L}'$ beeinflußt; im zweiten Fall bleibt die Transformation durch $Z_\mathrm{L}'$ ohne Wirkung, und die Stoßstelle ergibt eine Knotenverschiebung, als wäre die Störgröße an einem Leitungsende verdoppelt (Abb. 7.24). Diese Meßmethode wird auch bei bekanntem $Z_\mathrm{L}'$ zur Untersuchung von Steckerfehlern gern verwendet [7.32]. Die in [7.45 und 7.46] erwähnte Verwendung einer $\lambda/2$-Luftleitung als Widerstandsnormal erscheint unklar.

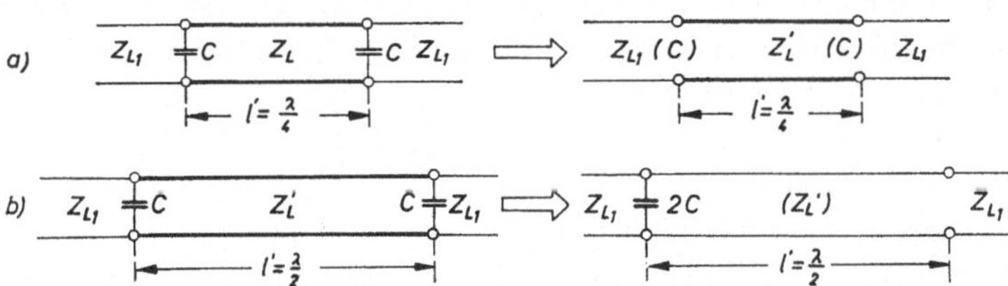

Abb. 7.24 *Wirkung von Stoßstellen und Wellenwiderstand bei Längen der Zwischenleitung von $\lambda/4$ und $\lambda/2$*

Wesentlich einfacher zur Trennung sich überlagernder Einflüsse ist die in Abschnitt 7.8 beschriebene Verwendung des Impulsreflektometers, das in jüngster Zeit auch für Mikrowellen anwendbar wurde.

**7.44**   *Knotenverschiebung bei Sechs- und Achtpolen*

Ähnlich wie beim Vierpol kann man auch bei Sechs- oder Achtpolen die Elemente der Streumatrix definieren. Die Eingangsreflexionsfaktoren $S_{nn}$ und die Übertragungsfaktoren $\underline{S}_{nm}$ werden gemessen, wenn alle übrigen Ausgänge reflexionsfrei abgeschlossen sind, z.B. nach den in Abschn.7.2 erwähnten Methoden. Sechs- und Achtpole können aber auch unter Zuhilfenahme der Knotenverschiebungsmethode wie Vierpole behandelt werden, wenn man entweder die restlichen Eingänge reflexionsfrei abschließt oder auch hier zusätzliche Blindleitungen anbringt und für mehrere Stellungen $l_3$ bzw. $l_4$ dieser Kurzschlußleitungen eine Vierpolmessung nach oben beschriebener Art durchführt. Geeignete Sechspolersatzbilder für derartige Messungen sind in [7.32, 7.34b und 7.47] gegeben. Diese meist sehr umfangreichen Messungen können bei einigen Verzweigungsschaltungen dadurch vereinfacht werden, daß sich Kurzschlußschieberstellungen (z.B. für $l_3$) finden lassen, bei denen die Veränderung des oder der anderen Kurzschlußleitungen (z.B. $l_2$) dann ohne Wirkung ist [7.47 bis 7.49].

**7.45**   *Meßgenauigkeit und technische Einzelheiten*

Die Knotenverschiebungsmethode zeichnet sich unter bestimmten Voraussetzungen durch eine hohe Genauigkeit aus, die vor allem darauf beruht, daß die gesamte Meßtechnik auf Längenmessungen zurückgeführt werden kann. Bei Verwendung sehr genauer Längenmaßstäbe in Verbindung mit Meßuhren für die Differenzmessung lassen sich noch Längendifferenzen von etwa $2 \cdot 10^{-3}$ cm feststellen. Bei $\lambda = 10$ cm ergibt dies ein $\Delta l/\lambda \approx \pm 2 \cdot 10^{-4}$. Damit können Wellenwiderstände oder relative Blindwiderstände noch auf etwa $\pm 1\,°/_{00}$ genau bestimmt werden, wenn die als Vergleichsnormal dienende Blindleitung entsprechend genaue Querschnittsabmessungen und die Meß- und Blindleitung die notwendige Längsgleichmäßigkeit besitzen (vgl. auch Abschn.6.23e).
Voraussetzung für diese hohe Meßgenauigkeit ist hohe Frequenzkonstanz des Meßsenders, da sich jede Frequenzschwankung als $\Delta l$ äußert. Deshalb empfiehlt sich die Messung eines möglichst nahe am Meßobjekt liegenden Minimums. Die Frequenz sollte möglichst mit einem Wellenmesser hoher Güte laufend kontrolliert werden. Wegen des Abschlusses der Meßleitung mit einem verschiebbaren Kurzschluß ist die Gefahr einer Impedanzrückwirkung auf die Senderfrequenz besonders groß, weshalb die Zwischenschaltung eines Dämpfungsgliedes großer Dämpfung oder einer Richtungsleitung unbedingt notwendig ist. Die Forderung nach relativ großer Sendeleistung bzw. hoher Empfindlichkeit des Sondenempfängers ist aus diesem Grunde und wegen der Messung im Minimum wesentlich. Überlagerungsempfänger sind deshalb empfehlenswert.
Die in Abschn.6.23c geschilderten Abtasterrückwirkungen fallen bei der Knotenmessung (für $Z_1 = Z_L$) weg, da die (kapazitive) Sonde stets im Spannungsminimum bleibt. Die Abwesenheit von Störspannungen oder Schlitzresonanzen (Abschn.6.23b) muß bei der Knotenverschiebungsmessung besonders eindringlich gefordert wer-

den, da sich diese im Minimum besonders stark auswirken. Eine induktive Sonde [6.4c, 6.51] kann hier Vorteile bringen.

Die Definition der Eingangsebenen von Vierpolen kann ebenso wie bei der Impedanzmessung durch den „Kurzschlußversuch" vorgenommen werden. Besondere Sorgfalt ist der Konstruktion des bei der Knotenverschiebung verwendeten Vergleichsnormals – der Blindleitung – zu widmen. Neben der schon erwähnten Querschnittsgenauigkeit und Längsgleichmäßigkeit und der Präzision der Ablesung der Längsverschiebung verdient der Kurzschluß selbst besondere Erwähnung: Die sog. „galvanischen" Kurzschlußkolben bestehen meist aus einer Reihe von federnden Kontaktfingern, die auf Innen- und Außenleiter bzw. auf den breiten Hohlleiterseiten aufliegen. Sie können oft durch unregelmäßige Kontaktgabe zu wechselnder Dämpfung führen. Gleichmäßiger in der Längsbewegung sind die „kapazitiven" oder „kontaktlosen" Kolben [7.31b, 7.50], die meist aus massiven Metallzylindern oder Klötzen mit Drosselschlitzen bestehen und eine dünne dielektrische Schicht guter Gleitfähigkeit zwischen Kolben und Leiter besitzen. Auch zylindrische Metallkolben in Rechteckhohlleitern sind als Kurzschlußkolben brauchbar [7.61, 7.100]. Diese kapazitiven Kurzschlußschieber sind jedoch meist nur für eingeengte Frequenzbereiche anwendbar, da sie manchmal bei speziellen Frequenzen dazu neigen, auch in dem rückwärtigen Raum eine Welle anzuregen, was zu Störungen der Eingangsimpedanz führen kann. Bei hohen Frequenzen ist bei fast allen Kurzschlußkolben eine Frequenzabhängigkeit der Lage der wirksamen Kurzschlußebene relativ zur geometrischen Stellung des Kolbens zu beobachten. Es ist deshalb zweckmäßig, bei der erstmaligen Ingebrauchnahme einer Blindleitung die Lage der Kurzschlußebene durch Vergleich mit einem Kurzschlußstecker (z.B. Abb. 6.36) in Abhängigkeit von der Frequenz auszumessen. Keine Frequenzabhängigkeit scheint der Kurzschlußkolben für Hohlleiter aus Keramik mit versilberter Frontfläche nach [7.51] zu besitzen; seine Dämpfung erzeugt erst bei $\lambda_0 \leq 2,5$ cm ein $m = 0,005$ [7.52].

Der Längenmaßstab von Blindleitungen ist meist mit einem Nonius versehen; bei kleiner Auszuglänge wird häufig ein Mikrometertrieb verwendet. Genaue Längendifferenzen lassen sich auch durch Einlegen von Endmaßen einstellen (Abb. 7.25b).

Zur Vereinfachung der Meßtechnik kann man bei Verwendung einer geraden Meßleitung und einer Blindleitung mit gleicher Wellenlänge auch die Antriebe von Abtastsonde und Kurzschlußschieber über Gestänge oder dgl. mechanisch koppeln, um nur die auftretende Längendifferenz bei Abweichung des Knotens vom Wert 0,5 durch einen mit einer Meßuhr versehenen Differenztrieb abzulesen [7.23b, 7.53].

Eine Meßleitung mit umlaufender Sonde ist zur Knotenverschiebungsmessung natürlich auch geeignet. Hier ist die Wanderung des Minimums mit einer Verschiebung des Dunkelpunktes (vgl. Abschn. 6.22b) zu verfolgen. Auch das Resonanzverfahren mit der sog. schlitzlosen Meßleitung (Abschn. 6.25a) kann zur Messung der Knotenverschiebung in ähnlicher Weise, wie oben beschrieben, herangezogen werden [6.66, 7.22d].

Auch die Kombination von Motorantrieb der Sonde und Blindleitung mit einem Meßwertschreiber ist bekannt [7.96]. Die Vertauschung von Sender und Empfänger ähnlich Abschn. 6.24c zur Messung mit kleinem Pegel ist bei der Knotenverschiebung ebenfalls möglich [7.97].

Eine Beschleunigung der relativ aufwendigen Knotenverschiebungsmessung bringt die Teilautomatisierung durch eine magnetische Vibrationssonde mit Sichtanzeige nach [7.23 b]: Hier wird ebenfalls der Sondenschlitten einer geraden Meßleitung mit dem Kurzschlußkolben der Blindleitung mechanisch gekoppelt. Die Abtastsonde ist

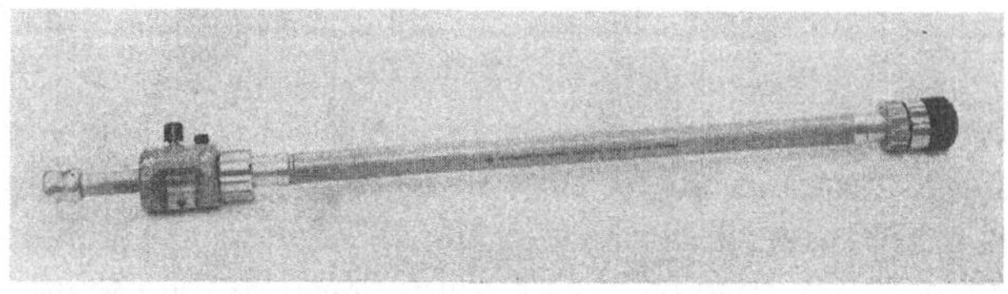


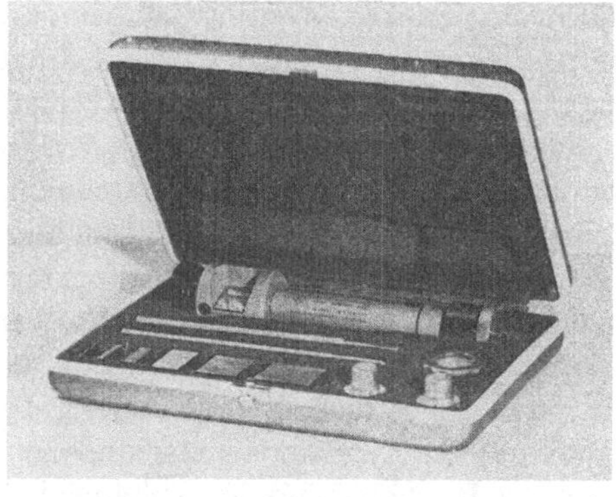


**Abb. 7.25  Blindleitungen**
a) Auszugslänge 50 cm; b) Auszugslänge 13 cm
mit Austauschinnenleitern und Endmaßen
(Werkfotos Fa. Rohde & Schwarz, München)

aus Stahl und kann durch eine Magnetspule in Längsrichtung des Meßleitungsschlitzes um einige mm in vibrierende Bewegung gesetzt werden. Die Sondenspannung wird auf einem Oszillografen angezeigt, wobei die Horizontalablenkung mit dem Strom der Magnetspule synchron läuft. Die Auswanderung des Minimums kann bei Bewegung der Schlitten-Kurzschlußeinheit direkt auf dem Schirm beobachtet und geeicht werden. Für die serienmäßige Untersuchung von Mikrowellenbauteilen kann sich hierdurch große Zeitersparnis ergeben.


## 7.5  Die Meßmethode mit verschiebbarer Wirklast

Anstelle eines veränderlichen reinen Blindwiderstandes – wie er durch eine Blindleitung erzeugt werden kann – ist zur Ermittlung der Vierpolparameter vorzugsweise bei kleinen Reflexionen auch der Abschluß mit einem komplexen Widerstand veränderlicher Phase möglich. Ein derartiger Widerstand ist im englischen Sprachgebrauch unter den Bezeichnungen „Movable Termination" oder „Sliding Load" bekannt [7.22d, 7.54, 7.55, 7.56, 7.65 bis 7.67, 7.101 bis 7.103]. Er soll konstanten Betrag des Reflexionsfaktors besitzen und nur die Phase verändern. Dies erreicht man durch Verschieben eines etwas fehlangepaßten Absorptionskörpers bzw. Widerstandsstreifens längs der Leitung. Solche verschiebbaren Wirkwiderstände sind zwar sowohl für Koaxial- als auch für Hohlleitungen erhältlich, doch scheint es, daß ihre Herstellung in Koaxialtechnik auf große Schwierigkeiten stößt, wenn der Betrag $|\underline{r}|$ konstant sein soll. Die „variablen Impedanzen" nach [4.16 und 4.19] können ebenfalls verwendet werden. Auch das nachträgliche Anbringen einer Ab-

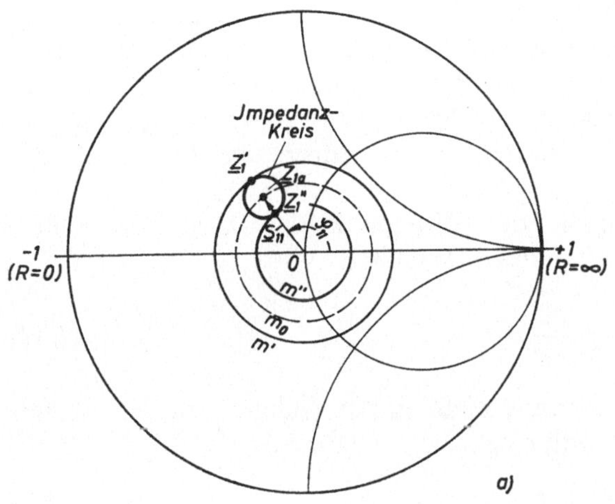


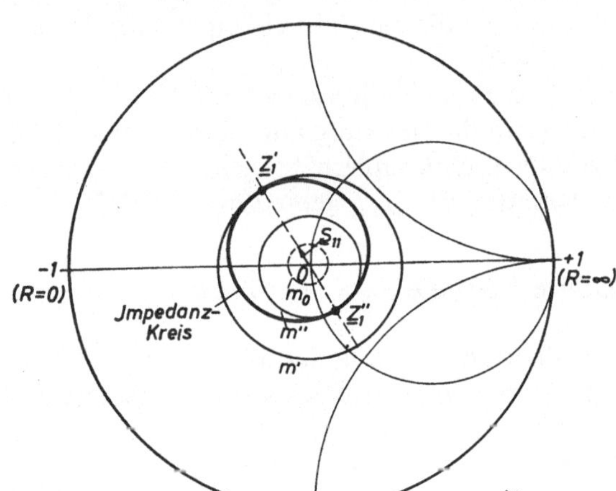


**Abb. 7.26**
*Messung mit verschiebbarer Wirklast*
a) $m_L > m_0$; b) $m_L < m_0$

sorberfolie an den Kurzschlußschieber einer Blindleitung soll möglich sein [7.57]. Beim Gebrauch dieser Bauteile ist jedoch Vorsicht geboten. Einige Fabrikate verändern beim Verschieben auch den *Betrag* des Reflexionsfaktors.
Wie schon in Abschn. 7.2 erwähnt wurde, ist die direkte Messung des Eingangsreflexionsfaktors $\underline{S}_{11}$ bei sehr kleinen Werten des $\underline{S}_{11}$ recht ungenau, wenn der Vierpol mit $Z_2 = Z_{L2}$ abgeschlossen wird. Erstens ist die Herstellung von Absorbern

mit sehr kleiner Restreflexion äußerst schwierig und zweitens läßt sich die Phase bei Anpassungsfaktoren von $m \approx 1$ nur sehr ungenau bestimmen.

Schließt man nun den Vierpol mit einer verschiebbaren Wirklast ab, die selbst einen Reflexionsfaktor $|r_\mathrm{L}|$ bzw. einen Anpassungsfaktor $m_\mathrm{L} = (1 - |r_\mathrm{L}|)/(1 + |r_\mathrm{L}|)$ besitzt, so durchläuft der Eingangswiderstand $Z_1$ einen Kreis, wenn man die Wirklast um $\lambda/2$ bewegt. Hierbei ändert sich der am Eingang des Vierpols gemessene Anpassungsfaktor $m$ zwischen zwei Extremwerten $m'$ und $m''$. Der für angepaßten Ausgang sich ergebende Eingangswiderstand $Z_{1\mathrm{a}}$ liegt dann auf der Verbindungslinie der extremen Widerstände $Z_1'$ und $Z_1''$. Sein Anpassungsfaktor $m_0 = (1 - |\underline{S}_{11}|)/(1 + |\underline{S}_{11}|)$ läßt sich aus $m'$ und $m''$ ermitteln, wobei jedoch zwei Fälle zu unterscheiden sind, wie Abb. 7.26 zeigt:

a) Ist $m_\mathrm{L} > m_0$ bzw. $|r_\mathrm{L}| < |\underline{S}_{11}|$, so liegt der Mittelpunkt des Diagramms außerhalb des Impedanzkreises für $Z_1$ (Abb. 7.26a). Dann ist:

$$m_0 = \sqrt{m' \cdot m''} \quad \text{und} \quad m_\mathrm{L} = \sqrt{\frac{m'}{m''}} \tag{7.37}$$

b) Ist $m_\mathrm{L} < m_0$ bzw. $|r_\mathrm{L}| > |\underline{S}_{11}|$, so umschließt der Impedanzkreis den Mittelpunkt des Diagramms (Abb. 7.26b), und es gilt:

$$m_0 = \sqrt{\frac{m'}{m''}} \quad \text{und} \quad m_\mathrm{L} = \sqrt{m' \cdot m''} \tag{7.38}$$

Die Bestimmung des $\varphi_{11}$ ist aus der Zeichnung zu entnehmen. Der Fall b) dürfte bei Vierpolen mit sehr kleiner Reflexion ($|\underline{S}_{11}|$ sehr klein) zu genaueren Meßergebnissen bei der Bestimmung von $|\underline{S}_{11}|$ und $\varphi_{11}$ führen, die Fehlanpassung der verschiebbaren Wirklast ist entsprechend zu wählen.

Häufig wird – z. B. bei der Messung der Reflexion von Steckern – auf die Ermittlung des Phasenwinkels $\varphi_{11}$ verzichtet. Dann kann die Messung mit Hilfe der verschiebbaren Wirklast auch in Kombination mit Richtkopplern vorgenommen werden, wobei anstelle von $m'$ und $m''$ die Schwankung des $|r_{1\mathrm{e}}|$ gemessen wird [7.58].

## 7.6 Ersatzbilder für verlustbehaftete Vierpole

Neben der in Abschn. 7.2 und 7.3 geschilderten Messung der Streuparameter kann auch bei verlustbehafteten Vierpolen die Ermittlung der Elemente von Ersatzschaltbildern vorteilhaft sein. Man wird sie sinnvoll nur bei Vierpolen mittlerer Dämpfung anwenden. Vierpole mit sehr kleiner und sehr großer Dämpfung werden gesondert behandelt.

### 7.61 *Vierpole mittlerer Dämpfung*

Wegen der notwendigen 6 Bestimmungsgrößen des allgemeinen Vierpols gibt es in der Auswahl eines geeigneten Ersatzschaltbildes viele Kombinationsmöglichkeiten. Einige sind in Abb. 7.27 skizziert. Nach [7.1, 7.3, 7.32] lassen sich verlustbehaftete

Vierpole in einen verlustbehafteten und einen verlustfreien Teil auftrennen, wobei sich die Verluste durch einen Serienverlustwiderstand $R_s$ und einen Parallelverlustwiderstand $R_p$ beschreiben lassen. Der Kreis, den der Eingangswiderstand $\underline{Z}_1$ beschreibt, wenn am Ausgang eine Blindleitung von $l_2 = 0$ bis $l_2 = \lambda_2/2$ durchge-

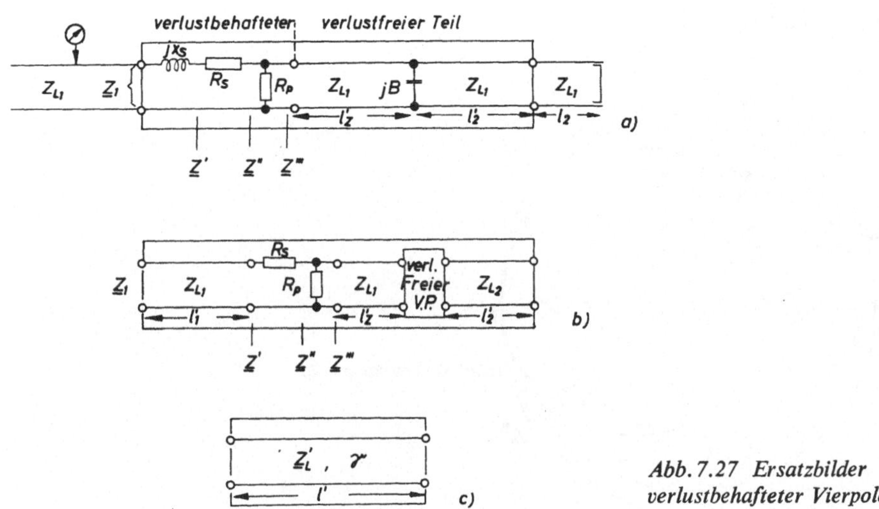


Abb. 7.27  Ersatzbilder verlustbehafteter Vierpole

schoben wird (s.a. Abb. 7.3 bzw. 7.11), besitzt im orthogonalen Koordinatennetz den Durchmesser $R_p$, der Punkt mit geringstem Realteil besitzt den Abstand $R_s$ von der imaginären Achse und den Abstand $jX_s$ von der reellen Achse. Die Rückwärtstransformation bei Darstellung im Reflexionsfaktordiagramm ist in Abb. 7.28 a gezeichnet, wenn man das Ersatzbild der Abb. 7.27 a zugrunde legt.

Der ursprüngliche Kreis des $\underline{Z}_1$ geht nach Transformation längs Kreisen konstanten Wirkwiderstandes um den Betrag $-X_s$ in einen Kreis des $Z'$ über, der symmetrisch zur reellen Achse liegt. Die Subtraktion von $R_s$ ergibt dann einen Kreis $Z''$, der durch die Punkte 0 und $R_p$ geht. Die Ortskurve des $Z'''$ muß, da alle rechts von $Z'''$ liegenden Elemente verlustfrei sind, mit dem Umfang des Diagramms identisch sein. Die Verteilung der Widerstandspunkte $Z'''$ in Abhängigkeit von $l_2$ erhält man nach Übergang des Kreises $Z''$ in den Leitwertskreis $Y'' = 1/Z''$. Die Subtraktion von $G_p = 1/R_p$ längs Kreisen konstanten Blindleitwertes ergibt die Punkte $Y'''$, die alle auf dem Umfang des Einheitskreises liegen. Ihre Lageverteilung kann man zur Identifizierung des verlustfreien Vierpolteiles, z.B. nach Abb. 7.11 bzw. 7.12, benützen. Man kann aber auch, ausgehend vom Punkt $Y'''$, der $l_2 = 0$ entspricht, sich aus der Wanderung der Punkte $Y'''$, die verschiedenen $l_2$ zugehören, eine Knotenverschiebungskurve nach Abb. 7.14 zeichnen und diese nach dem in Abschnitt 7.4 geschilderten Verfahren auswerten.

Anstelle des $X_s$ der Abb. 7.27 a kann man dem verlustbehafteten Teil auch eine Leitung $l_1'$ vorgeschaltet denken (Abb. 7.27 b). Die Ermittlung von $l_1'$ geht aus der in Abb. 7.28 b skizzierten Transformation, die längs $m$-Kreisen erfolgt, hervor. Zur Transformation von $Z'$ nach $Z'''$ verfährt man in gleicher Weise wie bei Abb. 7.28 a.

Für symmetrische verlustbehaftete Vierpole sind vier Bestimmungsgrößen nötig. Bei Anwendung des Ersatzbildes der verlustbehafteten Leitung (Abb. 7.27c) [7.32] sind dies die Größen $Z'_L$, $\zeta$, $l'$ und $\alpha$. Der Wellenwiderstand $Z'_L$ ergibt sich aus den Eingangswiderständen $Z_{1k}$ und $Z_{1l}$ bei Kurzschluß und Leerlauf am Ausgang:

$$Z'_L = Z'_L e^{j\zeta} = \sqrt{\underline{Z}_{1k} \cdot \underline{Z}_{1l}}\,. \tag{7.39}$$

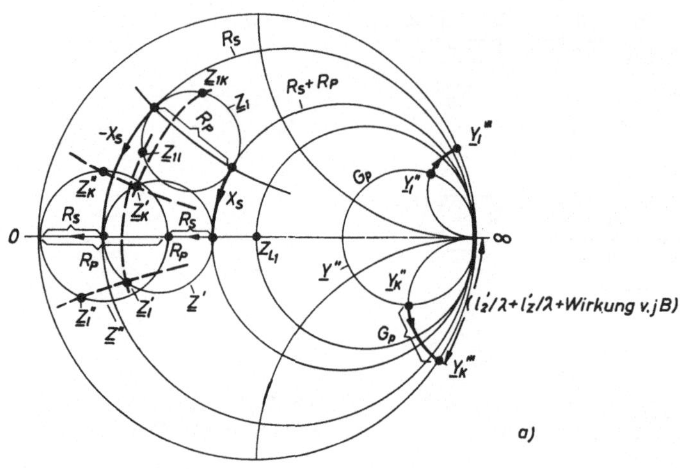


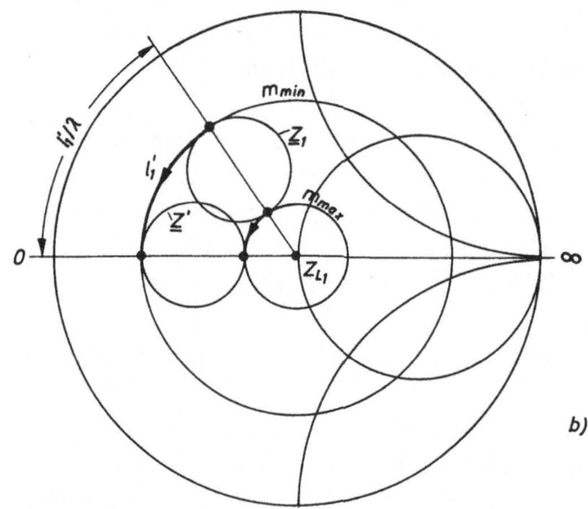


**Abb. 7.28** *Transformation durch verlustbehafteten Vierpol von $\underline{Z}_1$ über $\underline{Z}'$ ... nach $\underline{Z}'''$*
a) für Ersatzbild Bild 7.27a;
b) für Ersatzbild Bild 7.27c

Der Betrag $|Z'_L| = \sqrt{|Z_{1k}| \cdot |Z_{1l}|}$ und der Winkel $\zeta = (\varphi_k + \varphi_l)/2$ kann einer orthogonalen Darstellung des $\underline{Z}_1$ (Abb. 7.29) entnommen werden. Vierpollänge $l'$ und Dämpfungskonstante sind ebenfalls aus $Z_{1k}$ und $Z_{1l}$ zu bestimmen:

$$\gamma l' = \alpha l' + j\beta l' = \operatorname{arth} \sqrt{\frac{\underline{Z}_{1k}}{\underline{Z}_{1l}}} \tag{7.40}$$

mit der Dämpfung

$$\alpha l'/\mathrm{Np} = \frac{1}{2}\ln\frac{|Z_{11} + Z'_{\mathrm{L}}|}{|Z_{11} - Z'_{\mathrm{L}}|} = \frac{1}{2}\ln\frac{|Z'_{\mathrm{L}} + Z_{1k}|}{|Z'_{\mathrm{L}} - Z_{1k}|}. \tag{7.41}$$

(s. auch Gl. (1.19)).
Die zugehörigen Beträge sind in der Skizze Abb. 7.29 zu entnehmen.

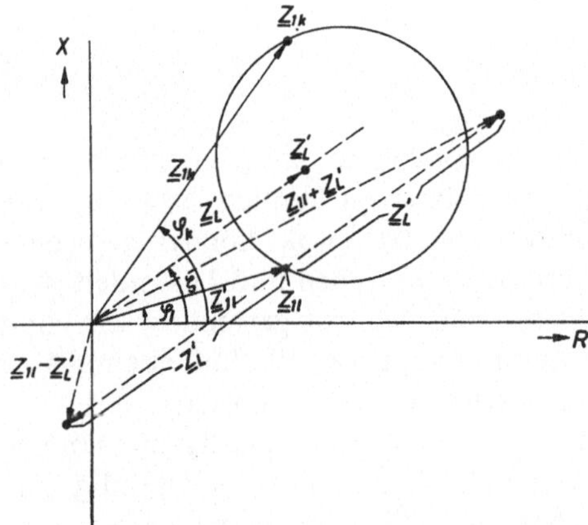


*Abb. 7.29 Eingangswiderstand*
*der verlustbehafteten Leitung*

### 7.62 *Vierpole sehr kleiner und sehr großer Dämpfung*

Vierpole mit *sehr kleiner Dämpfung* ergeben bei Blindabschluß einen Eingangswiderstand, dessen $m$-Wert sehr klein ist. Man mißt einen derartigen Vierpol zunächst nach dem Verfahren des Abschn. 7.4 wie einen verlustfreien Vierpol. Anschließend bestimmt man das maximale und minimale $m$ nach der Methode der Knotenbreitemessung (Abschn. 6.24b), um hieraus entweder $R_s$ und $R_p$ nach Abb. 7.28 zu errechnen oder analog zu Gl. (6.21) bzw. (6.23) die Dämpfung zu bestimmen. In vielen Fällen wird das durch die unvermeidlichen Verluste des Kurzschlußschiebers der Blindleitung hervorgerufene $m$ schon in der Größenordnung liegen, die man beim Vierpol selbst messen will. Dann muß man für die interessierenden Längen $l_2$ einige Leitungsstücke verwenden, die einen massiven, gutverlöteten Kurzschluß besitzen. Die restlichen Verluste dieser Leitungsstücke kann man schließlich noch in einer Korrekturrechnung berücksichtigen.
Um die Dämpfung relativ kurzer Kabelstücke zu bestimmen, betrachtet man diese zweckmäßig nicht als Vierpol, sondern mißt ihre Eingangsimpedanz bei kurzgeschlossenem Ausgang und wertet nach Gl. (6.23) aus.
Die Messung dielektrischer Scheiben und dgl., die bei meßbarem $\tan \delta_\varepsilon$ auch als Vierpol mit Verlusten aufzufassen sind, wird in Abschn. 11.1 beschrieben.
Vierpole mit *sehr großer Dämpfung* ergeben bei Blindabschluß einen Widerstandskreis des $Z_1$ mit sehr kleinem Durchmesser. Die Größe dieses Kreises gibt an, wieweit überhaupt noch Rückwirkungen der Ausgangsbelastung auf den Eingang auftreten. Meist kann man den Eingangswiderstand als konstant annehmen und kann

auch den Ausgangswiderstand, der in der Normalschaltung als Innenwiderstand einer Quelle wirkt, bei Umkehrung des Vierpols als Impedanz nach üblichen Verfahren messen. Selbstverständlich kann man auch nach Abschn. 6.24d vorgehen. Neben diesen Widerständen interessiert noch die Dämpfung, und möglicherweise die Phasenverschiebung, die der Vierpol hervorruft. Beide Größen können z. B. in einer Vergleichsschaltung nach Abb. 7.6 bestimmt werden. Genauere Meßmethoden sind in Kap. 8 bzw. 10 angegeben.

## 7.7    Sonstige Vierpolmeßmethoden

Eine größere Anzahl oben nicht erwähnter Bauelemente kann ebenfalls nach Methoden untersucht werden, die den oben geschilderten ähnlich sind. Bauteile mit Ferriten (s. Abschn. 4.3) und Verstärker sind nichtreziprok, können aber dennoch mit einigen ihrer Eigenschaften wie Vierpole beschrieben und behandelt werden [7.59]. Resonanzkreise hoher Güte zählen, wenn sie mit getrennter Ein- und Auskopplung versehen oder seitlich an eine Leitung angekoppelt sind, ebenfalls zu den Vierpolen. Sie sollen jedoch in Kap. 9 gesondert behandelt werden.
Filter wie Hoch-, Tief- und Bandpässe wirken im Sperrbereich im allgemeinen wie Blindwiderstände. Sie reflektieren die einfallenden Wellen beinahe vollständig. Die Größe der Sperrdämpfung und die Frequenzabhängigkeit der Sperrdämpfung im Übergangsbereich wird bei diesen Filtern meist nach den Methoden der Dämpfungsmessung (Kap. 10) untersucht. Wegen Gl. (7.12) ist jedoch auch die Messung des Eingangsreflexionsfaktors möglich, um mit Gl. (7.22) die Sperrdämpfung zu berechnen. $|\underline{S}_{11}|$ wird entweder mit Richtkopplern oder nach Abschn. 6.24b über die Knotenbreite bestimmt. Im Übertragungsbereich sollen Filter gute Anpassung besitzen. Hier interessiert ebenfalls die Eingangsreflexion, die jedoch möglichst gering sein soll ($|\underline{S}_{11}| \approx 0$, $m \approx 1$). Als Meßgeräte kommen Richtkoppler und Meßleitungen in Betracht. Zur Beurteilung der Filterverzerrungen wird auch die Frequenzabhängigkeit des Phasenwinkels herangezogen, die mit Hilfe von Knotenverschiebungsmessungen relativ einfach festzustellen ist [7.23c].
Schließlich ist noch eine Methode anzuführen, die eine Lokalisierung von Stoßstellen bei Vierpolen mit relativ großen Abmessungen erlaubt: Speist man nach [7.60] den mit $Z_L$ abgeschlossenen Vierpol mit einem Sender variabler Frequenz und tastet man am Eingang die Spannung mit einer feststehenden Sonde ab, so erhält man in Abhängigkeit von der Frequenz verschiedene durch die Stoßstelle hervorgerufene Minima. Tritt das erste Minimum bei der Wellenlänge $\lambda_1$ auf und das zweite bei $\lambda_2$, so ergibt sich die Entfernung der Stoßstelle zu $l = \lambda_1 \cdot \lambda_2/2\,(\lambda_1 - \lambda_2)$. Einfacher ist jedoch die im folgenden Abschnitt beschriebene Laufzeitmessung.

## 7.8    Messung mit Impulsreflektometer

Die seit langem in der Kabel- und Freileitungstechnik übliche Lokalisierung von Fehlerstellen mit Hilfe der Reflexionsmessung von Impulsen [7.104, 7.105] ist in jüngster Zeit durch die Entwicklung geeigneter Impulsgeneratoren und Abtast-

Oszillografen auch in der Mikrowellentechnik anwendbar geworden, wobei infolge des hohen Auflösungsvermögens selbst sehr kleine und relativ dicht benachbarte Leitungsdiskontinuitäten erfaßt werden können. Aus diesem Grunde eignet sich dieses Verfahren auch zur Untersuchung von typischen Mikrowellenvierpolen, wie Steckerübergänge, Leitungsstoßstellen und dgl., und kann auch zur Eichung von Meßleitungen und Richtkopplern verwendet werden. Da die Darstellung und Auswertung des reflektierten Signales im Zeitbereich erfolgt, wird vielfach die englische Bezeichnung „Time Domain Reflectometry" (TDR) verwendet.

Beaufschlagt man eine Leitung mit einem Impuls, so wird dieser an jeder Diskontinuität eine mehr oder weniger starke Reflexion erfahren. Verfolgt man mit einem Oszillografen am Eingang der Leitung das Eintreffen der reflektierten Impulse, so kann man aus der Laufzeit auf den Ort der Diskontinuität und aus Form, Größe und Polarität der reflektierten Impulse auf die Art und den Reflexionsfaktor der Diskontinuitäten schließen. Haben diese Leitungsstoßstellen einen Abstand voneinander, der das Auflösungsvermögen der Meßapparatur übersteigt, so werden die von ihnen hervorgerufenen Reflexionen getrennt angezeigt, was gegenüber den bisher besprochenen Vierpol- und Impedanzmeßverfahren einen wesentlichen Vorteil bringt.

Das Auflösungsvermögen des Impulsreflektometers hängt im wesentlichen von der Flankensteilheit des Meßimpulses und von der höchsten Frequenz, die der Abtastoszillograf noch anzuzeigen vermag, ab. Um bei mehreren aufeinanderfolgenden Reflexionen das Oszillogramm leichter deuten zu können, ist es vorteilhaft, anstelle eines kurzen Meßimpulses eine Sprungfunktion großer Flankensteilheit zu verwenden, da dann die Rückflanke nicht stört.

### 7.81  *Der Abtastoszillograf (Sampling-Oszillograf)*

Die obere Frequenzgrenze üblicher Breitbandoszillografen liegt heute bei etwa 50 bis 100 MHz; Spezialoszillografen, deren Kathodenstrahlröhren mit Wanderwellenablenksystemen ausgerüstet sind, können zwar Frequenzen bis zu etwa 1 GHz anzeigen, haben aber sehr geringe Ablenkempfindlichkeiten. Durch die seit einigen Jahren bekannten „Sampling"-Oszillografen wurde der Anwendungsbereich von Kathodenstrahloszillografen dadurch bis in das Frequenzgebiet der Mikrowellen ausgedehnt, daß durch einen dem Stroboskop ähnlichen Abtastvorgang eine Kompression der Bandbreite vorgenommen wird [7.71 bis 7.80]. Das Abtastverfahren ist jedoch nur zur Aufzeichnung von Spannungsverläufen geeignet, die sich über längere Zeit unverändert periodisch wiederholen. Das Prinzip sei an Hand der stark vereinfachten Skizzen der Abb. 7.30 und 7.31 erläutert: Das abzubildende Testsignal wird von einem Triggerimpuls über eine Verzögerungsschaltung in regelmäßigen Zeitabständen ausgelöst und von einem Abfrageimpuls sehr geringer Pulsdauer $\tau$ in jeder Periode einmal abgetastet. Der Abfrageimpuls verschiebt sich hierbei von Periode zu Periode um einen konstanten Betrag. Der über die Abtastdioden im Augenblick des Abfragens ermittelte Spannungswert des Testsignals wird über eine längere Zeit gespeichert und dem Vertikalverstärker des Oszillo-

grafen zugeführt. Die Horizontalablenkung des Kathodenstrahls wird nun so vorgenommen, daß auf dem Bildschirm die gespeicherten Spannungswerte als eine
Reihe von Impulsen erscheinen, deren Einhüllende ein getreues Abbild des Testsignals in einem fiktiven Zeitmaßstab darstellt. Die oben erwähnte gleichmäßige

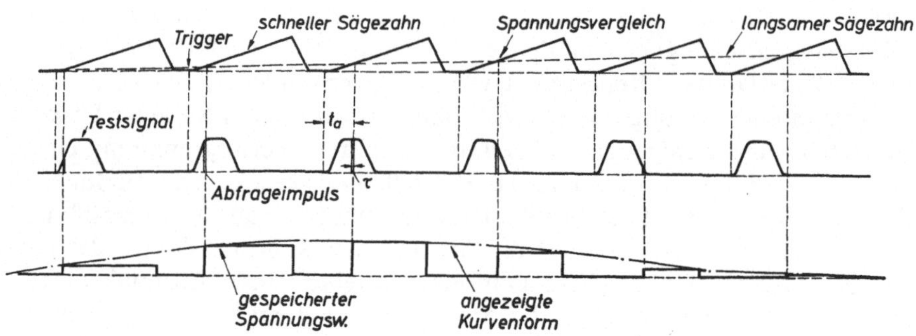


*Abb. 7.30  Prinzip des Abtast-Oszillografen*

Verschiebung des Abfrageimpulses (Vergrößerung der Zeit $t_a$ – Abb. 7.30) wird
durch einen Spannungsvergleich einer langsamen und einer schnellen Sägezahnspannung bewirkt; das Testsignal läuft mit dem schnellen Sägezahn synchron, die
Ablenkung des Oszillografen wird vom langsamen Sägezahn besorgt.

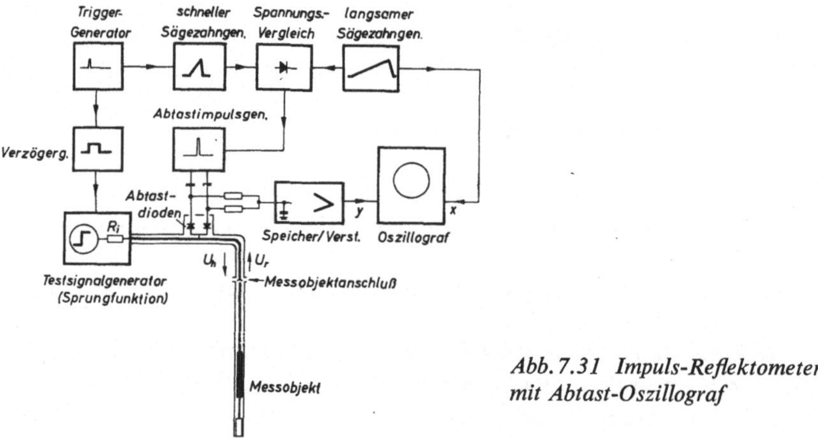


*Abb. 7.31  Impuls-Reflektometer
mit Abtast-Oszillograf*

Die obere Frequenzgrenze des Sampling-Oszillografen wird außer von konstruktiven Einzelheiten und den Eigenschaften der Abtastdioden vorwiegend durch die
Impulsbreite $\tau$ des Abfrageimpulses und seinen genauen zeitlichen Einsatz (geringer
„time-jitter") bestimmt [7.106]. Durch Verwendung von „Step-Recovery-Dioden"
und einem Laufzeit-Impulsformer, der aus zwei koaxialen Kegelleitungen von
einigen mm Länge besteht, gelingt es z. Z., Impulse von $\tau < 28$ ps zu erzeugen und
obere Frequenzgrenzen für Abtastoszillografen von $f > 12$ GHz zu erreichen [7.107
bis 7.110].

### 7.82 *Reflexionsmessungen in der Zeitebene*

Die Kombination des Sprungfunktionsgenerators mit einem Sampling-Oszillografen [7.81 bis 7.84 und 7.98] kann, wie dies in Abb. 7.31 angedeutet ist, dazu verwendet werden, auch Meßobjekte mit mehreren Reflexionsstellen an Hand des Oszillogrammes zu analysieren. (Wegen ihres Hochpaßcharakters und der auftretenden Dispersion sind Hohlleiterschaltungen allerdings ausgenommen.)

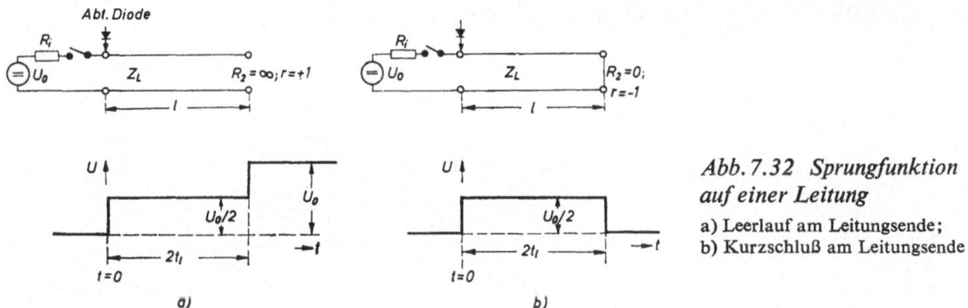


*Abb. 7.32 Sprungfunktion auf einer Leitung*

a) Leerlauf am Leitungsende;
b) Kurzschluß am Leitungsende

Zur Deutung der hierbei auftretenden Spannungsverläufe sei zunächst auf Abb. 7.32 verwiesen: Legt man eine Gleichspannung $U_0$ über einen Widerstand $R_i$ an den Eingang einer Leitung vom Wellenwiderstand $Z_L$, so wird sich im Augenblick des Einschaltens ($t = 0$) eine Welle entlang der Leitung ausbreiten, wobei sich Strom und Spannung so einstellen, daß $U/I = Z_L$ ist. Für $R_i = Z_L$ ergibt sich für die hinlaufende Welle $U = U_0/2$. Erreicht die Welle das offene Ende der Leitung ($R_2 = \infty$, Abb. 7.32a), so wird in diesem Zeitpunkt der Strom zu Null, die Welle wird total reflektiert, und die Spannung steigt auf den doppelten Wert $U = U_0$. Der Reflexionsfaktor ist $r = +1$. Nach der doppelten Laufzeit $2t_l$ erreicht die reflektierte Welle wieder den Leitungseingang, und die Abtastdiode kann jetzt die Spannung $U_0$ registrieren. Im Falle der ausgangsseitig kurzgeschlossenen Leitung (Abb. 7.32b) verdoppelt sich der Strom beim Eintreffen der Welle am Leitungsende, und die Spannung wird zu Null. Der Reflexionsfaktor ist diesmal $r = -1$. Die am Leitungseingang angebrachte Abtastdiode wird jetzt während der Zeit $2t_l$ die Spannung $U_0/2$ anzeigen, die dann wieder auf Null absinkt.

Aus der nach der Zeit $2t_l$ auftretenden Spannungsänderung kann man demnach den Reflexionsfaktor bzw. die Größe der Unstetigkeit ermitteln. Handelt es sich um einen ohmschen Abschluß $R$ oder um einen Wellenwiderstandssprung von $Z_{L0}$ auf $Z_{L1}$, so erzeugt die erste Reflexion einen Spannungssprung von 1 auf $1 + r$ (Abb. 7.34a, m oder 7.36). Es ist dann

$$r = \frac{Z_L - R}{Z_L + R} \quad \text{oder} \quad r = \frac{Z_{L0} - Z_{L1}}{Z_{L0} + Z_{L1}} \quad \text{und} \quad \frac{R}{Z_L} \quad \text{bzw.} \quad \frac{Z_{L1}}{Z_{L0}} = \frac{1 + r}{1 - r}.$$

$$(7.42)$$

Der Wert von $R$ bzw. $Z_{L1}$ läßt sich für $Z_{L0} = 50\,\Omega$ auch aus der in Abb. 7.33 gezeichneten Leiter abschätzen. Aus der Zeit $2t_l$, die vom ersten Durchlauf der Sprungfunktion bis zum Eintreffen der Reflexion am Leitungseingang verstreicht, kann man ferner auf die Entfernung $l$ der Unstetigkeitsstelle vom Leitungseingang schließen:

$$l = \frac{t_1 \cdot c_0}{\sqrt{\varepsilon_r}} \tag{7.43}$$

(Hierbei ist $c_0 = 3 \cdot 10^{10}$ cm/s. Eine Länge $l = 15$ cm ergibt z.B. bei einer Luftleitung ($\varepsilon_r = 1$) eine Laufzeit $2t_1 = 1 \cdot 10^{-9}$ s $= 1$ ns. Auch zur Bestimmung des $\varepsilon_r$ eines Kabeldielektrikums eignet sich die Beziehung (7.43)).

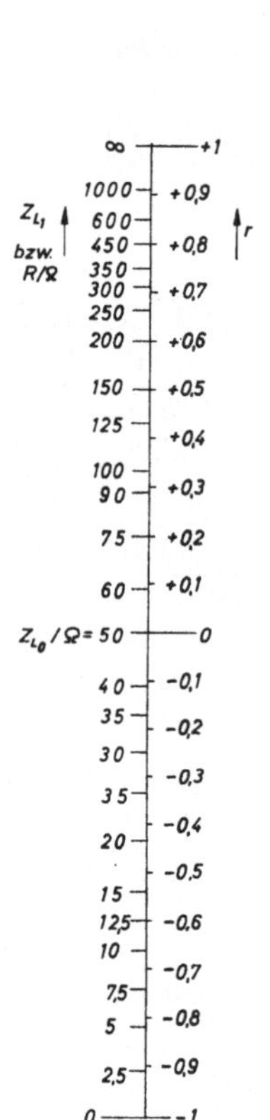

Abb. 7.33 *Zusammenhang zwischen R bzw. $Z_{L1}$ und r für $Z_{L0} = 50\ \Omega$*

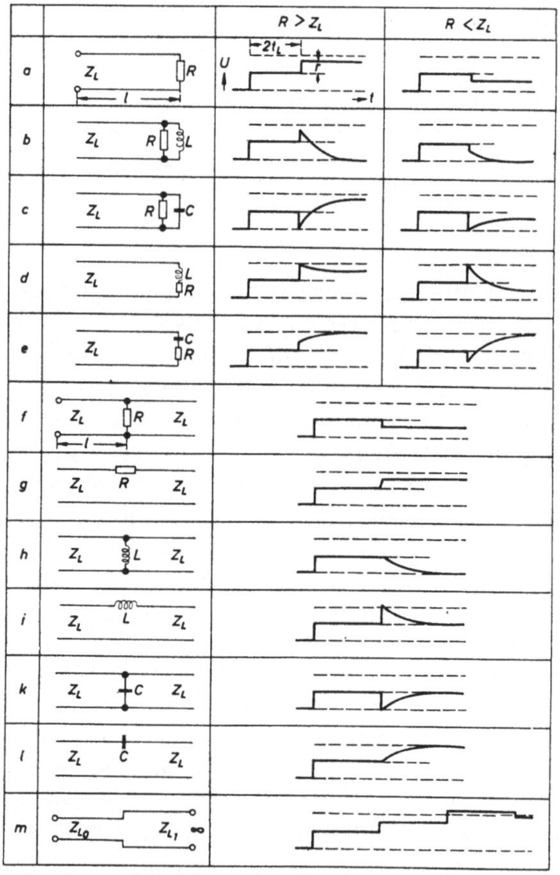

Abb. 7.34 *Verlauf der reflektierten Spannung*

Ist der Leitungsabschluß bzw. die Leitungsdiskontinuität mit einer Induktivität oder Kapazität behaftet, so entsteht nach der Reflexionssprungstelle ein Spannungsverlauf nach einer Exponentialfunktion. Die prinzipiellen Kurvenformen sind in Abb. 7.34 für eine Anzahl von Schaltungsbeispielen zusammengestellt [7.76b, 7.81,

7.82, 7.84 und 7.86]. Der Anfangswert der *e*-Funktion entspricht jeweils dem Reflexionsfaktor, für den der beteiligte Blindwiderstand seinen Wert für $\omega \to \infty$ annähme. Als asymptotischer Endwert ergibt sich derjenige, der von dem Blindwiderstand für $\omega = 0$ hervorgerufen würde. Die Größe des vorhandenen $L$ oder $C$ läßt sich aus der Zeitkonstante bzw. aus der Anfangssteilheit der *e*-Funktion errechnen [7.81, 7.82 und 7.84]. Verlustbehaftete Leitungen geben kein eindeutiges Reflexionsdiagramm, sofern sowohl ein Querverlustleitwert $G_p$ als auch ein Längsverlustwiderstand $R_s$ vorhanden ist (Abb. 7.35). Für $R_s/G_p = L^*/C^* = Z_L^2$ tritt überhaupt keine Reflexion auf.

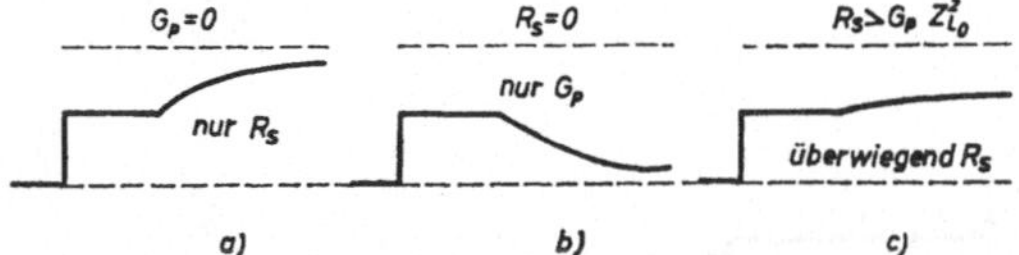


Abb. 7.35 *Reflektierte Spannung verlustbehafteter Leitungen*

Sind im Zuge einer Leitung mehrere Stoßstellen vorhanden, so ist der Spannungssprung von 1 auf $1 + r_1$ nur für die erste Reflexion exakt. Die an den Leitungseingang gelangende zweite Reflexion wird durch die erste Unstetigkeitsstelle in zweierlei Weise beeinflußt: Erstens hat die vorangehende Stoßstelle transformierende Wirkung, wodurch die weiterlaufende Welle in ihrem Spannungswert verändert wird, und zweitens muß die von der zweiten Stoßstelle reflektierte Welle auf dem Weg zum Eingang wieder die erste Unstetigkeitsstelle passieren und ist hierbei einer nochmaligen Reflexion und Transformation unterworfen usw. Die Verhältnisse sind in Abb. 7.36 und 7.37 an zwei Beispielen erläutert. Sind die beiden Reflexionsfaktoren jeweils auf die angrenzenden Widerstände bezogen, also

$$r_1 = \frac{Z_{L1} - Z_{L0}}{Z_{L1} + Z_{L0}} \quad \text{und} \quad r_2 = \frac{Z_{L2} - Z_{L1}}{Z_{L2} - Z_{L1}}, \tag{7.44}$$

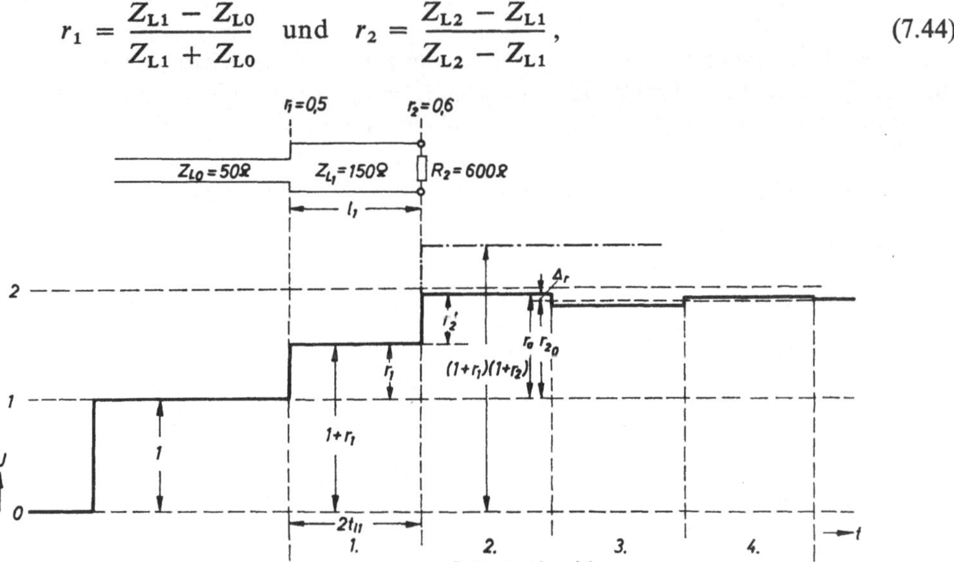


Abb. 7.36 *Spannungsverlauf bei Mehrfachreflexion*

so entspricht die Spannung nach der zweiten Stoßstelle dem Wert $(1 + r_1) \cdot (1 + r_2)$, der strichpunktiert eingezeichnet ist.

Da der Spannungsverlauf der Reflexionen am Leitungseingang beim Wellenwiderstand $Z_{L0}$ gemessen wird, interessiert zur Ermittlung des die zweite Reflexion ver-

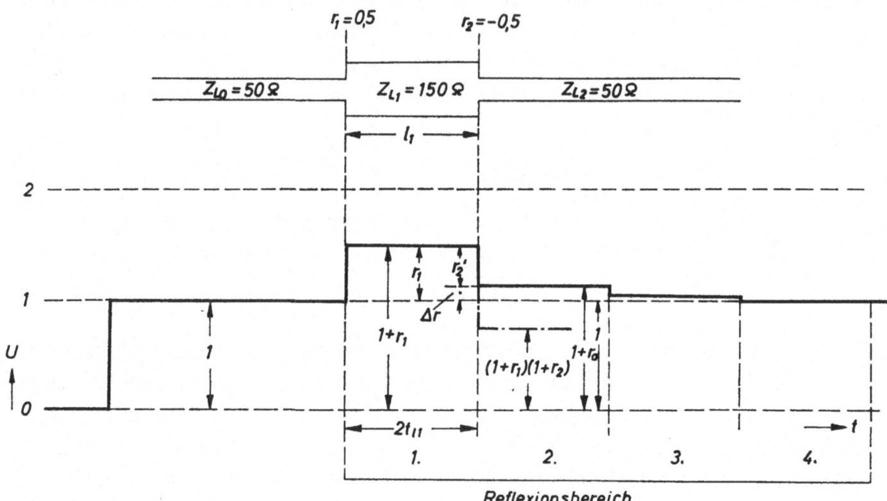


*Abb. 7.37  Spannungsverlauf bei Mehrfachreflexion $(Z_{L0} = Z_{L2})$*

ursachenden Widerstandes $Z_{L2}$ der auf $Z_{L0}$ bezogene Reflexionsfaktor $r_{20}$. Er ist

$$r_{20} = \frac{r_1 + r_2}{1 + r_1 r_2}. \tag{7.45}$$

Der tatsächlich angezeigte Spannungsverlauf am Eingang ergibt jedoch einen (ebenfalls auf $Z_{L0}$ zu beziehenden) Reflexionsfaktor $r_a = r_1 + r_2'$ für die zweite Reflexion, der von dem interessierenden Wert $r_{20}$ glücklicherweise nur sehr wenig abweicht. Das Reflexionsdiagramm der Abb. 7.38 [7.43d, 7.81] läßt erkennen, daß die Spannung am Eingang dann $2U/U_0 = 1 + r_1 + r_2(1 - r_1^2)$ beträgt und damit

$$r_2' = r_2 (1 - r_1^2) \tag{7.46}$$

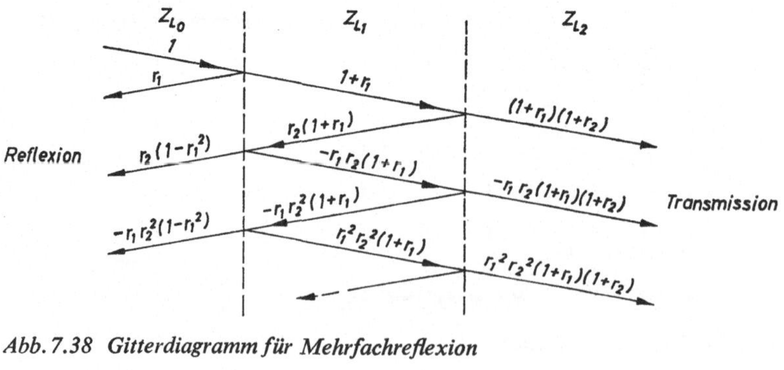

*Abb. 7.38  Gitterdiagramm für Mehrfachreflexion*

wird. Aus den vom Oszillogramm ablesbaren Größen $r_1$ und $r_a = r_1 + r'_2$ ergibt sich:

$$r_{20} = \frac{r_1(1 - r_1^2) + r'_2}{1 - r_1^2 + r_1 r'_2} \quad \text{bzw.} \quad \frac{Z_{L2}}{Z_{L0}} = \frac{Z_{L1}}{Z_{L0}} \cdot \frac{1 + r'_2 - r_1^2}{1 - r'_2 - r_1^2} \tag{7.47}$$

Für kleine Reflexionen kann man ohne großen Fehler $r_a$ anstelle von $r_{20}$ zur Berechnung des $Z_{L2}$ oder $R_2$ benutzen. Die hierbei auftretende Abweichung $\Delta r = r_a - r_{20}$ (vgl. Abb. 7.36 und 7.37) ist dann:

$$\Delta r = \frac{r_1 r_2'^2}{1 + r_1 r'_2 - r_1^2} \tag{7.48}$$

Für $|r_1| < 0{,}2$ und $|r'_2| < 0{,}2$ ist $\Delta r < 0{,}01$. Wie aus Abb. 7.36 zu erkennen ist, bildet die Abweichung $\Delta r$ in den weiteren Reflexionsbereichen eine alternierende Reihe. Nach Ablauf einiger Vielfachreflexionen geht $r_a$ in $r_{20}$ über. Für nicht zu große $r$ stellt demnach das Oszillogramm ein recht gutes Abbild des Impedanzprofiles eines auch mit mehreren Stoßstellen behafteten Leitungsvierpols dar. Die Wellenwiderstände $Z_{Ln}$ der einzelnen Abschnitte sind dann näherungsweise bestimmbar zu

$$Z_{Ln} \approx Z_{L0}(1 + 2r_{an}) \tag{7.49}$$

Der in Abb. 7.37 skizzierte Sonderfall mit $Z_{L0} = Z_{L2}$ ist im Hinblick auf die *Impedanzeichung* des Impulsreflektometers interessant. Infolge der hohen Vertikalempfindlichkeit von Sampling-Oszillografen ist die Impedanzmeßgenauigkeit besser als $1^0/_{00}$, bezogen auf das Vergleichsnormal [7.82]. Will man höchste Genauigkeit erreichen, so ist es zweckmäßig, nicht den Innenwiderstand $R_i$ des Generators, sondern eine genau herstellbare Luft-Koaxialleitung als Impedanznormal zu verwenden. Vergleichsleitungen mit variablem Wellenwiderstand lassen sich mit Rechteckquerschnitt und verdrehbarem Rechteckinnenleiter bauen.

Es interessiert nun die Frage, ob die Zwischenschaltung eines beliebigen Verbindungskabels zwischen Generator und Vergleichsleitung durch Mehrfachreflexionen zu Eichfehlern führen kann. Aus Gl. (7.48) ergibt sich für $r_1 = -r_2$ bzw. $r_{20} = 0$:

$$\Delta r = r_a = r_1^3 \tag{7.50}$$

Eine Verbindungsleitung mit 10% Wellenwiderstandsfehler ($r \approx 0{,}05$) würde eine Abweichung von $\Delta r \approx 0{,}1 \cdot 10^{-3}$, also einen Wellenwiderstandsfehler von $0{,}2^0/_{00}$ der Vergleichsleitung im 2. Reflexionsbereich hervorrufen, der vernachlässigbar klein ist.

Sollen Widerstände, die stark vom Generatorinnenwiderstand abweichen, möglichst genau gemessen werden, so empfiehlt sich neben einer Vergleichs-Luftleitung ähnlichen Wellenwiderstandes noch die Zwischenschaltung eines ohmschen Teilers geeigneter Dimensionierung, um eine Quelle passenden Innenwiderstandes nachzubilden [7.83]. Eine Fehlerdiskussion findet man in [7.112].
Der Einfluß der endlichen Flankensteilheit des Sprungfunktionsgenerators und der Grenzfrequenz des Abtastoszillografen macht sich neben der Begrenzung des Längenauflösungsvermögens auch in einer Verschleifung der Kurvenformen be-

18  Mikrowellenmeßtechnik

merkbar. Dies tritt vor allem bei der Ermittlung der Kapazitäts- oder Induktivitäts-werte sehr kleiner Leitungsdiskontinuitäten (z.B. bei Steckerfehlern u. dgl.) in Erscheinung. Die Kurven der reflektierten Spannung haben dann nicht mehr die theoretische Form, wie sie in Abb. 7.34i, k und Abb. 7.39a skizziert ist. Die Spitzen erreichen nicht mehr den Wert $U_0$ bzw. 0, sondern bekommen einen Verlauf, wie er in Abb. 7.39b skizziert ist. Die Störgrößen lassen sich durch Vergleich mit einem geeichten Parallel-$C$ ermitteln [7.113]. Die Größen der Serieninduktivität $L$ bzw. der Parallelkapazität $C$ lassen sich bei bekannter Grenzfrequenz der Meßanordnung, die durch die abgebildete Flankensteilheit $\mathrm{d}u/\mathrm{d}t$ des Anfangssprungs gegeben ist, auch aus der Spitzenamplitude $u_{\mathrm{rL}}$ bzw. $u_{\mathrm{rC}}$ errechnen [7.82]:

$$L = \frac{2Z_{\mathrm{Lo}}}{\dfrac{\mathrm{d}u}{\mathrm{d}t}}\, u_{\mathrm{rL}} \quad \text{bzw.} \quad C = \frac{2}{Z_{\mathrm{Lo}}\dfrac{\mathrm{d}u}{\mathrm{d}t}}\, u_{\mathrm{rC}} \tag{7.51}$$

$u_{\mathrm{r}}$ und $\mathrm{d}u/\mathrm{d}t$ können bei geeichter Vertikal- und Horizontalablenkung mit dem Sampling-Oszillografen gemessen werden (s. auch unten). Die Eichung der Zeitbasis kann über Gl. (7.43) unter Zuhilfenahme einer Luftleitung genau bestimmter Länge vorgenommen werden.

Das Auflösungsvermögen kann man mit Hilfe einer Leitungsstruktur nach Abbildung 7.40a testen. Zweckmäßig definiert man das Auflösungsvermögen so, daß hiermit der Abstand $a$ zweier z.B. kapazitiver Störstellen bezeichnet wird, der im

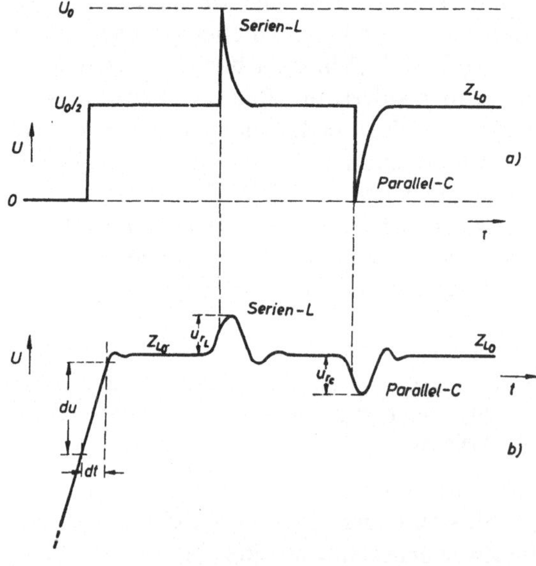


Abb. 7.39
*Spannungsverlauf der Reflexion einer kleinen Längsinduktivität bzw. Querkapazität*
a) theoretisch; b) praktisch

aufgezeichneten Spannungsverlauf zwischen zwei Spitzen der Größe $u_{\mathrm{r}}$ einen Einbruch von $u_{\mathrm{r}}/2$ entstehen läßt (Abb. 7.40b). Der zeitliche Abstand $t_{\mathrm{a}} = 2a/c_0$ der beiden Spitzen entspricht dann etwa der Anstiegszeit der Meßanordnung. (Bei einer Anstiegszeit von etwa 40 ps (Gerät nach [7.101 bis 7.109] ist $a$ etwa 0,5 cm.) Zu beachten ist hierbei, daß durch Strukturen mit Tiefpaßcharakter, wie sie z.B. das Gebilde der Abb. 7.40 a aufweist, oder durch längere Kabel, deren Verluste mit der Frequenz steigen, die Steilheit des Spannungssprunges laufend vermindert wird. Dies macht sich in einer Verringerung des Auflösungsvermögens mit wachsender Entfernung bemerkbar, wie es auch in dem Spannungsverlauf der Abb. 7.40 b angedeutet wurde.

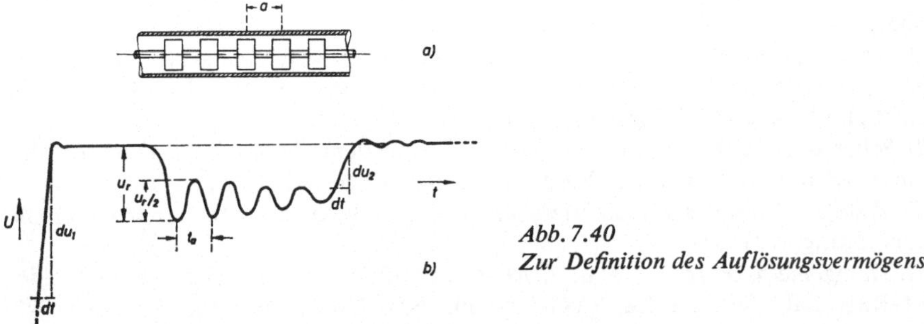

*Abb. 7.40*
*Zur Definition des Auflösungsvermögens*

Auf gute Kontakte im untersuchten Leitungszug ist Wert zu legen. Schlechte Verbindungen können zu periodischen, langsam abklingenden Anzeigefehlern führen.
Will man die Feinstruktur des Wellenwiderstandsverlaufes relativ kleiner Bauteile (z. B. Stecker, Leitungswinkel, Richtkoppler u.ä.) ermitteln, für die das Auflösungsvermögen in normaler Größe nicht mehr ausreicht, so kann eine maßstäbliche Vergrößerung des Bauteils, bei der bekanntlich alle Wellenwiderstands- und Kapazitätsdetails usw. erhalten bleiben, zum Ziele führen. Allerdings besteht dann die Gefahr, daß in dem vergrößerten Gebilde höhere Wellentypen angeregt werden, die nach [7.85] zusätzliche Welligkeit im Reflexionsoszillogramm entstehen läßt.
Abschließend sei noch bemerkt, daß das Impulsreflektometer nicht zur Messung schmalbandiger Meßobjekte (z.B. Resonatoren) geeignet ist. Auch Leitungsteile an sich breitbandiger Anordnungen, die innerhalb des Frequenzbereichs des Reflektometers zu Eigenresonanzen angeregt werden, können möglicherweise zu Störungen des Reflexionsbildes Anlaß geben.

## Literatur

[7.1] *A. Weissfloch:* Schaltungstheorie und Meßtechnik des Dezimeter- und Zentimeterwellengebietes. Birkhäuser, Basel (1954), Abschn. II.

[7.2] *A. Weissfloch:* Ein Transformationssatz für verlustlose Vierpole und seine Anwendung auf die experimentelle Untersuchung von dm- und cm-Wellenschaltungen. Hochfr. u. Elektroakust. 60 (1942) Nr. 3, S. 67.

[7.3] *A. Weissfloch:* Kreisgeometrische Vierpoltheorie und ihre Bedeutung für die Meßtechnik und Schaltungstheorie des Dezimeter- und Zentimeterwellengebietes. Hochfrequenztechn. u. Elektroakust. 61 (1943) S. 100.

[7.4] *A. Weissfloch:* Anwendung des Transformationssatzes über verlustlose Vierpole auf die Hintereinanderschaltung von Vierpolen. Hochfrequenztechn. u. Elektroakust. 61 (1943) S. 19.

[7.5] *F. J. Tischer:* Zur Fortleitungs- und Anpassungstheorie homogen geführter Wellen. Arch. Elektr. Übertrag. 8 (1954) S. 8 und S. 75.

[7.6] *H.Lueg:* Über die Transformationseigenschaften verlustloser Vierpole zwischen homogenen Leitungen und ein kreisgeometrischer Beweis des Weissfloch'schen Transformatorsatzes. Arch. El. Übertrag. 7 (1953) S.478.

[7.7] *H.Lueg:* Eine Verallgemeinerung des Weißfloch'schen Transformatorsatzes. Arch. El. Übertrag. 8 (1954) S.137.

[7.8] *F.W.Gundlach:* Grundlagen der Höchstfrequenztechnik. Springer, Berlin (1950) S.435.

[7.9] *D.J.Stock, L.J.Kaplan:* The Analogy Between the Weissfloch Transformer and the Ideal Attenuator and an Extension to Include the General Lossy Two-Port. Trans. Inst. Radio Engrs. MTT-7 (1959) S.473.

[7.10] *L.B.Felsen* u. *A.A.Oliner:* Determination of Equivalent Circuit Parameters for Dissipative Microwave Structures. Proc. Inst. Radio Engrs. 42 (1954) S.477.

[7.11] *R.Feldtkeller:* Einführung in die Vierpoltheorie der Elektrischen Nachrichtentechnik. Hirzel, Stuttgart (1953).

[7.12] *C.G.Montgomery, R.H.Dicke* u. *E.M.Purcell:* Principles of Microwave Circuits. MIT-Rad. Lab. Series Bd.8, McGraw-Hill, New York, Toronto, London (1948) S.146.

[7.13] *E.Schuon* u. *H.Wolf:* Die Darstellung von Mehrpolen durch die Streumatrix. Nachr. Techn. Zeitschr. (1959) S.361 u. S.408.

[7.14] *A.F.Harvey:* Microwave Engineering. Academic Press, London & New York (1963) S.167.

[7.15] *G.Megla:* Dezimeterwellentechnik, 5.Aufl., Berliner Union Stuttgart (1962). a) S.294, b) S.732.

[7.16] *E.W.Matthews jr.:* The Use of Scattering Matrices in Microwaves. Transact. Inst. Radio Engrs. MTT-3 (1955) Nr.3, S.21.

[7.17] *G.E.Knausenberger:* A Note on the Scattering Matrix of an Active Linear, Two-Terminal Pair Network. Transact. Inst. Radio Engrs. CT-3 (1955) S.112.

[7.18] *H.J.Carlin:* The Scattering Matrix in Network Theory. Transact. Inst. Radio Engrs. CT-4 (1956) S.88.

[7.19] *V.Belevitch:* Elementary Applications of the Scattering Formalism in Network Design. Transact. Inst. Radio Engrs. CT-4 (1956) S.97.

[7.20] *Y.Oono:* Application of Scattering Matrices to the Synthesis of n Ports. Transact. Inst. Radio Engrs. CT-4 (1956) S.111.

[7.21] *W.K.Kahn:* Scattering Equivalent Circuits for Common Symmetrical Junctions. Transact. Inst. Radio Engrs. CT-4 (1956) S.121.

[7.22] *E.L.Ginzton:* Microwave Measurements. McGraw-Hill, New York, Toronto, London (1957). a) S.320, b) S.334, c) S.275, d) S.285.

[7.23] *F.J.Tischer:* Mikrowellen-Meßtechnik. Springer, Berlin (1958). a) S.149, b) S.160, c) S.165.

[7.24] *A.Kraus:* UHF-Meßempfänger. Rohde & Schwarz-Kurzinformation (1961) Nr.2, S.6.

[7.25] *G.A.Deschamps:* Determination of Reflection Coefficients and Insertion Loss of a Waveguide Junction. Journ. Appl. Phys. 24 (1953) S.1046.

[7.26] *G.Deschamps:* A Variant in the Measurement of Two-Port Junctions. Transact. Inst. Radio Engrs. MTT-5 (1957) S.159.

[7.27] *J.E.Storer, L.S.Sheingold* u. *S.Stein:* A Simple Graphical Analysis of a Two-Port Waveguide Junction. Proc. Inst. Radio Engrs. 41 (1953) S.1004.

[7.28] *F.L.Wenthworth* u. *D.R.Barthel:* A Simplified Calibration of Two-Port Transmission Line Devices. Transact. Inst. Radio Engrs. MTT-4 (1956) S.173.

[7.29] *H.H.Meinke:* Ein Kreisdiagramm zur Berechnung der Vorgänge auf Leitungen. Hochfrequenztechn. u. Elektroakust. 57 (1941) S.17.

[7.30] *H.H.Meinke:* Widerstandsnormale bei hohen Frequenzen. Z. f. Naturforschung 2a (1947) S.55.

[7.31] *H.H.Meinke:* Kurven, Formeln und Daten aus der Dezimeterwellentechnik. Als Manuskript gedruckt Techn. Hochschule München (1947). a) Abschn. V 6–13, b) Abschnitt IX 19.

[7.32] *H.H.Meinke:* Meßgeräte und Meßverfahren für Dezimeterwellen. Als Manuskript gedruckt Techn. Hochschule München (1947) S.47.

[7.33] *H.H.Meinke:* Eine Meßleitung mit Sichtanzeige. Fernm. Techn. Zeitschr. 2 (1949) S.233.

[7.34] *H.H.Meinke:* Theorie der Hochfrequenzschaltungen. Oldenbourg, München (1951). a) S.225, b) S.287.

[7.35] *E.Feenberg:* The Relation between Nodal Positions and SWR in a Composite Transmission System. J. Appl. Phys. 17 (1946) S.530.

[7.36] *N.Marcuvitz:* On the Representation and Measurement of Waveguide Discontinuities. Proc. Inst. Radio Engrs. 36 (1948) S.728.

[7.37] *E.T.Jaynes:* The Concept and Measurement of Impedance in Periodically Loaded Transmission Lines. J. Appl. Phys. 23 (1952) S.1077.

[7.38] *A.A.Oliner:* The Calibration of the Slotted Section for Precision Microwave Measurements. Rev. Sci. Instr. 25 (1954) S.13.

[7.39] *H.M.Altschuler:* A Method of Measuring Dissipative Four-Poles Based on a Modified Wheeler Network. Transact. Inst. Radio Engrs. MTT-3 (1955) Nr.1, S.30.

[7.40] *F.Gemmel:* Eine Beschreibung verlustbehafteter Vierpole des Mikrowellengebietes durch Spannungsknotenverschiebungen. Arch. Elektr. Übertrag. 12 (1958) S.76.

[7.41] *F.Gemmel:* Eine Analyse verlustbehafteter symmetrischer Vierpole des Dezimeter- und Zentimeterwellengebietes aus Spannungsknotenverschiebungen. Arch. Elektr. Übertrag. 12 (1958) S.169.

[7.42] *D.D.King:* Measurements at Centimeter Wavelength. D. v. Nostrand, New York (1952) S.219.

[7.43] *H.M.Barlow* u. *A.L.Cullen:* Microwave Measurements. Constable & Co., London (1950). a) S.194, b) S.216, c) S.256, d) S.147.

[7.44] *J.R.Whinnery* u. *H.W.Jamieson:* Equivalent Circuits for Discontinuities in Transmission Lines. Proc. Inst. Radio Engrs. 32 (1944) S.98.

[7.45] *A.E.Sanderson:* A New High-Precision Method for the Measurement of the VSWR of Coaxial Connectors. Trans. Inst. Radio Engrs. MTT-9 (1961) S.524.

[7.46] *A.E.Sanderson:* An Accurate Substitution-Method of Measuring the VSWR of Coaxial Connectors. Microwave Journ. 5 (1962) Nr.1, S.69.

[7.47] *H.Lueg:* Über die Transformationseigenschaften verlustloser Sechspole zwischen homogenen Leitungen, ihre Charakterisierung durch die Sechspolfläche und deren Bedeutung für die Meßtechnik. Arch. Elektr. Übertrag. 8 (1954) S.331.

[7.48] *H.Lueg:* Die Mehrfach-Kurzschlußschieber-Meßmethode zur Bestimmung der Transformationseigenschaften verlustloser 2n-Pole zwischen homogenen Leitungen. Arch. Elektr. Übertrag. 8 (1954) S.457.

[7.49] *S.Stein:* Graphical Analysis of Measurements on Multi-Port Waveguide Junctions. Proc. Inst. Radio Engrs. 42 (1954) S.599.

[7.50] *J.Deutsch* u. *O.Zinke:* Kontaktlose Kolben für Mikrowellen-Meßgeräte. Fernm. Techn. Zeitschr. 7 (1954) S.419.

[7.51] *G.Spinner:* D.B. Pat. Nr. 1035711.

[7.52] Firmenprospekt: Fa. G.Spinner, München (1965).

[7.53] *F.R.Huber* u. *H.Neubauer:* Dezifixstecker und andere koaxiale HF-Leitungsbauelemente. Rohde & Schwarz – Mitteilungen Nr.16 (1961) S.75 u. Nr.17 (1962) S.86.

[7.54] *A.C.Macpherson* u. *D.M.Kerns:* A New Technique for the Measurement of Microwave Standing-Wave Ratios. Proc. Inst. Radio Engrs. 44 (1956) S.1024.

[7.55] *H.M.Altschuler* u. *A.A.Oliner:* Microwave Measurements with a Lossy Variable Termination. Proc. Inst. Electr. Engrs. 103C (1956) S.392.

[7.56] Firmenprospekt: Fa. De Mornay-Bonardi, Pasadena (1964) S. C 9.

[7.57] *H.M.Altschuler* u. *A.A.Oliner:* A Shunt Technique for Microwave Measurements. Transact. Inst. Radio Engrs. MTT-3 (1955) Nr.4, S.24.

[7.58] *R.W.Beatty, G.F.Engen* u. *W.J.Anson:* Measurement of Reflections and Losses of Waveguide Joints and Connectors Using Microwave Reflectometer Techniques. Transact. Inst. Radio Engrs. J-9 (1960) S.219.

[7.59] *L.J.Kaplan* u. *D.J.Stock:* An Extension of the Reflection Coefficient Chart to Include Active Networks. Trans. Inst. Radio Engrs. MTT-7 (1959) S.298.

[7.60] *O.T.Neau:* A Practical Method of Locating Waveguide Discontinuities. Transact. Inst. Radio Engrs. MTT-3 (1955) Nr.1, S.45.

[7.61] *M.Magid:* Precision Microwave Phaseshift Measurements. Transact. Inst. Radio Engrs. J-7 (1958) S.321.

[7.62] *R.Mittra:* An Automatic Phase-Measuring Circuit at Microwaves. Transact. Inst. Radio Engrs. J-6 (1957) S.238.

[7.63] *G.W.Epprecht:* Allgemeine aktive, passive und nichtreziproke Vierpole. Techn. Mitteilg. PTT Nr.5 (1957) S.169.

[7.64] *A.Linnebach:* Meßtechnik für lineare Netzwerke im Gebiet der Meter- und Dezimeterwellen. VDE-Fachberichte 19 (1956).

[7.65] *W.E.Little* u. *R.L.Kasparek:* A Coaxial Reflectometer System. Techn. Bericht SCTM 10-62 (24) Department of Commerce, Washington DC (1962).

[7.66] *J.E.Ebert:* Precision Tunable Impedance Measuring System. Report Weinschel Engineering Co., Gaithersburg, Md. (1965).

[7.67] *B.O.Weinschel, G.U.Sorger, S.J.Raff* u. *J.Ebert:* Precision Coaxial Impedance Measurements by Coupled Sliding Load Technique. Transact. Inst. Electr. a. Electron. Engrs. J-13 (1964) Dez.

[7.68] *H.M.Altschuler:* Matrix Manipulation of Bilinear Transformations. Microwave Journ. 7 (1964) H.7, S.62.

[7.69] *M.Wind* u. *H.Rapaport:* Handbook of Microwave Measurements. 2.Aufl. Edwards Brothers Inc., Ann Arbor, Mich. (1955) Sect. 6.

[7.70] *G.W.Epprecht* u. *C.Stäger:* Die Messung kleiner Reflexionen in Koaxial- und Hohlleitersystemen. Techn. Mitteilungen d. PTT. 33 (1955) S.143.

[7.71] *J.M.L.Janssen:* An Experimental Stroboscopic Oscilloscope for Frequencies Up to About 50 mc/s. Philips Technical Rev. 12 (1950) S.52 u. S.73.

[7.72] *J.G.McQueen:* The Monitoring of High-Speed Waveforms. Electronic Engineering 24 (1952) S.436.

[7.73] *W.Otto:* Radar Signal Sampler Compresses Bandwidth. Electronics (1952) April, S.132.

[7.74] *F.Kirschstein:* Die Fernübertragung von Funk-Meßbildern (Radar-Relay). Fernm. Techn. Zeitschr. 6 (1953) S.389.

[7.75] *A.C.Beck:* Microwave Testing with Millimicrosecond Pulses. Transact. Inst. Radio Engrs. MTT-2 (1954) Nr.1, S.93.

[7.76] *I.A.D.Lewis* u. *F.H.Wells:* Millimicrosecond Pulse Techniques. Pergamon Press, London (1954). a) S.208, b) S.37.

[7.77] *H.Riedle:* Verzerrungsfreie Darstellung von Wellenformen extrem großer Bandbreite mit Hilfe von Sichtgeräten geringer Bandbreite – Bandbreitenkompression. Dissert. Techn. Hochschule München (1955).

[7.78] *R. Sugarman:* Sampling Oscilloscope for Statistically Varying Pulses. Rev. of Scientific Instr. 28 (1957) S. 933.

[7.79] Firmenprospekt Fa. Tektronix Inc., Beaverton, Oregon (1960).

[7.80] Sampling Oscillography. Hewlett-Packard Appl. Note Nr. 36 und 44A–D, Palo Alto, Cal. (1959–61).

[7.81] *B. M. Oliver:* Time Domain Reflectometry. Hewlett-Packard Journ. 15 (1964) Nr. 6.

[7.82] Time Domain Reflectometry. Hewlett-Packard Appl. Note Nr. 62, Palo Alto, Cal. (1964).

[7.83] Cable Testing with Time Domain Reflectometry. Hewlett-Packard Appl. Note Nr. 67, Colorado Springs, Col. (1965).

[7.84] *J. J. Macrie:* New Equipment and Developments have Updated Microwave Measurement Techniques. International Electronics 10 (October 1965) Nr. 4, S. 28.

[7.85] *H. Poulter:* Mechanical Scaling Enhances Time Domain Reflectometry Use. Western Electronic Show and Conv. Record, Sess. 8 (1965) Nr. 3.

[7.86] *B. M. Oliver:* Square Wave and Pulse Testing of Linear Systems. Hewlett-Packard Journ. 7 (1955) Nr. 3 und Hewlett-Packard Appl. Note Nr. 17.

[7.87] *K. Kurokawa:* Power Waves and the Scattering Matrix. Transact. Inst. E.E.E., MTT-13 (1965) S. 194.

[7.88] *M. Kummer:* Versuch einer einheitlichen Schaltungsbeschreibung für Schaltungen mit konzentrierten und verteilten Parametern. Nachrichtentechnik 17 (1967) S. 320.

[7.89] *G. E. Bodway:* Two Port Power Flow Analysis Using Generalized Scattering Parameters. Microwave Journ. 10 (1967) Nr. 5, S. 61.

[7.90] *D. M. Kerns:* Definitions of v, i, Z, Y, a, b and S. Proc. Inst. E.E.E. 55 (1967) S. 892.

[7.91] *F. K. Weinert:* The RF Vector Voltmeter – An Important Instrument for Amplitude and Phase Measurements from 1 to 1000 MHz. Hewlett-Packard Journ. 17 (1966) Nr. 9.

[7.92] Complex Impedance and Gain Measurement at RF and Microwave Frequencies. Microwave Journ. 10 (1967) Nr. 1, S. 79.

[7.93] *R. W. Anderson* u. *O. T. Dennison:* An Advanced New Network Analyzer for Sweep-Measuring Amplitude and Phase from 0,1 to 12,4 GHz. Hewlett-Packard Journ. 18, Nr. 6 (Febr. 1967) S. 1.

[7.94] Firmenprospekt „Network Analyzer" Type 8410A und „Computer Controlled Network Analyzer System". Fa. Hewlett-Packard, Palo Alto (1967).

[7.95] *P. C. Ely Jr.:* Swept-Frequency Techniques. Proc. Inst. E.E.E. 55 (1967) S. 991.

[7.96] *R. W. Beatty:* An Automatic Method for Obtaining Data in the Weissfloch-Feenberg Node-Shift Technique. Proc. Inst. E.E.E. 53 (1965) S. 79.

[7.97] *H. M. Altschuler:* The Interchange of Source and Detector in Low-Power Microwave Network Measurements. Transact. Inst. E.E.E., MTT-13 (1965) S. 84.

[7.98] *R. L. Jesch* u. *R. M. Jickling:* Impedance Measurements in Coaxial Waveguide Systems. Proc. Inst. E.E.E. 55 (1967) S. 912.

[7.99] *G. R. Hoffmann* u. *A. A. Willem:* An Improved Method for Measuring Scattering Parameters of Nonreciprocal Two-Ports. Transact. Inst. E.E.E., MTT-15 (1967) S. 131.

[7.100] *M. Rzepecka* u. *S. Stuchly:* Rectangular Waveguide Short Circuit with Cylindrical Slugs. Transact. Inst. E.E.E., MTT-14 (1966) S. 161.

[7.101] *J. K. Hunton* u. *W. B. Wholey:* The Perfect Load and the Null Shift-Aids in VSWR Measurements. Hewlett-Packard Journ. 3, Nr. 5–6 (Jan.–Febr. 1952).

[7.102] *W. E. Little* u. *J. P. Wakefield:* A Coaxial Adjustable Sliding Termination. Transact. Inst. E.E.E., MTT-12 (1964) S. 247.

[7.103] *R. W. Beatty:* Measuring the Directivity of a Directional Coupler Using a Sliding Short-Circuit and an Adjustable Sliding Termination. Transact. Inst. E.E.E., MTT-12 (1964) S. 383.

[7.104] *R. Eichacker* u. *H. Knirsch:* Das Impulsreflektometer, ein neues Gerät zur Betriebsüberwachung und meßtechnischen Untersuchung von Energieleitungen und Antennenanlagen im VHF-Bereich. Rohde & Schwarz Mitteilg. (1955) Nr. 6, S. 417.

[7.105] *K. O. Müller:* Impulsreflektometer ZUPI für den Fernsehbereich 470 bis 790 MHz. Neues von Rohde & Schwarz 6 (1966) Nr. 23, S. 13.

[7.106] *G. Dehmel:* Über die Erhöhung der Grenzfrequenz von Abtastoszillographen. Frequenz 20 (1966) S. 273.

[7.107] *W. M. Grove:* Sampling for Oscilloscopes and Other RF Systems: Dc Through X-Band. Transact. Inst. E.E.E., MTT-14 (1966) S. 629.

[7.108] *A. I. Best, D. L. Howard* u. *J. M. Umphrey:* An Ultra-Wideband Oscilloscope Based on an Advanced Sampling Device. Hewlett-Packard Journ. 18, Nr. 2 (Oct. 1966) S. 2.

[7.109] *W. M. Grove:* A Dc to 12,4 GHz Feedthrough Sampler for Oscilloscopes and other RF-Systems. Hewlett-Packard Journ. 18, Nr. 2 (Oct. 1966) S. 12.

[7.110] *N. S. Nahman:* The Measurement of Baseband Pulse Rise Times of Less than $10^{-9}$ Second. Proc. Inst. E.E.E. 55 (1967) S. 855.

[7.111] *J. E. Cruz* u. *R. L. Brooke:* A Variable Characteristic Impedance Coaxial Line. Transact. Inst. E.E.E., MTT-13 (1965) S. 477.

[7.112] *F. Jenik:* Über die Bestimmung der Wellenwiderstände kurzer Leitungen mit dem Impulsreflektometer. Nachr. Techn. Zeitschr. 20 (1967) S. 566.

[7.113] *R. W. Anderson:* A Calibrated Susceptance for TDR Measurements of small Reactive Discontinuities. Hewlett-Packard Journ. 17, Nr. 10 (Jun. 1966) S. 12.

# KAPITEL 8 · MESSUNG VON SPANNUNG, STROM UND PHASE

Wie in Abschn. 1.2 schon erwähnt, lassen sich Spannung und Strom bei Mikrowellen nur in einer verschiebungsstrom- und induktionsfreien Querschnittsfläche einer Leitung mit TEM-Wellentyp definieren. Deshalb ist auch nur in dieser Leitungsform eine Spannungs- oder Strommessung sinnvoll. Eine „direkte" Spannungsmessung, die auf eine Eichung mit Gleich- oder niederfrequenten Wechselstrom zurückführbar ist, kann nur im langwelligen Mikrowellenbereich bis etwa 1 GHz vorgenommen werden. Eine „direkte" Messung des Leitungsstromes ist wegen der Undurchführbarkeit der Auftrennung der benutzten Leitungstypen unmöglich. Alle Strommessungen und die Spannungsmessungen bei höheren Frequenzen müssen deshalb durch Eichung auf die an einem definierten Widerstand auftretende Leistung bezogen werden. Da nur beim Abschluß mit dem Wellenwiderstand Strom und Spannung längs einer Leitung konstant bleiben, müssen Eichung und Messung bei Anpassung vorgenommen werden. Als Vergleichsnormalien dienen die Leistung $P$, die nach Abschn. 5.6 auf eine Temperatur- oder Gleichstrommessung zurückgeführt wird, und der Wellenwiderstand $Z_L$, der sich aus reinen Längenmessungen nach Abschn. 6.23e bestimmen läßt. Spannung und Strom (Scheitelwerte) errechnen sich dann zu:

$$|U| = \sqrt{2PZ_L} \tag{8.1}$$

$$|I| = \sqrt{\frac{2P}{Z_L}} \tag{8.2}$$

Die Ermittlung der Phasenbeziehung zwischen Spannung $U$ und Strom $I$ im gleichen Leitungsquerschnitt ist eine Teilaufgabe der Impedanzmessung; die Bestimmung der relativen Phase zweier Spannungen (oder Ströme) an verschiedenen Stellen einer Schaltung ist zwar auch eine Teilaufgabe der Vierpolmessung, soll jedoch in Abschnitt 8.4 unter dem Gesichtspunkt der amplitudenunabhängigen Messung behandelt werden.


## 8.1 Spannungsmessung

Soll eine Spannungsmessung durchgeführt werden, die weitgehend frequenzunabhängig die Berechnung der Scheitelspannung aus Richtstrom und Arbeitswiderstand bzw. eine Eichung mit niederfrequenter Wechselspannung erlaubt, so kommt als Gleichrichter nur eine Vakuumdiode in Betracht, da nur diese bei ausreichender HF-Spannung einen genügend hochohmigen Eingangswiderstand und entsprechende

Reproduzierbarkeit besitzt. In der Anordnung nach Abb. 8.1 a arbeitet die Diode in Parallelschaltung, wobei die Kurzschlußkapazität $C_k$ gleichzeitig als Ladekondensator dient. Der nur für die Augenblicke $u_{HF} > U_0$ auftretende impulsförmige Diodenstrom erzeugt einen mittleren Richtstrom $I_0$, der am Arbeitswiderstand $R_0$ die Spannung $U_0$ hervorruft, mit der sich die Röhre automatisch negativ vorspannt. Für $R_0 \gg Z_i$ ist die Spannung $U_0$ annähernd gleich dem Scheitelwert der HF-Spannung $|\underline{U}|$, solange keine störenden Laufzeiteffekte in Erscheinung treten. Der hochfrequente Widerstand der Diodenschaltung ist dann $R_D \approx R_0/2$ [8.3b] und ist z.B. bei $R_0 = 100\ k\Omega$ so hoch, daß er der Koaxialleitung keine nennenswerte Energie entzieht.

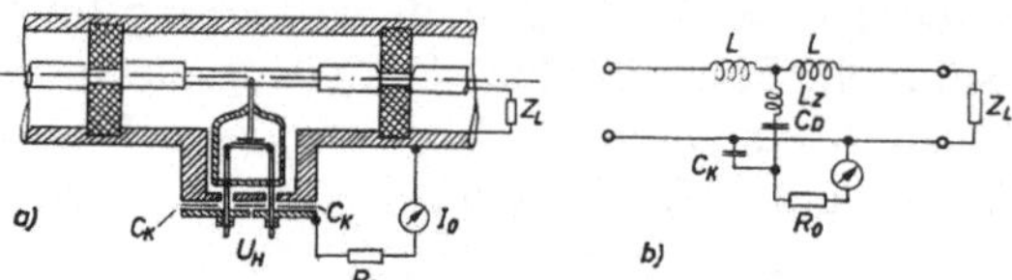

Abb. 8.1
*Spannungsmessung mit Vakuumdiode*
a) Aufbau; b) Ersatzbild

Der Gleichstromrückweg für den Diodenstrom wird bei dieser Schaltung vom hochfrequenten Abschlußwiderstand $Z_L$ gebildet. (Eine Gleichstromverbindung vom Innen- zum Außenleiter kann natürlich auch durch eine kurzgeschlossene $\lambda/4$-Leitung bewerkstelligt werden, doch ergibt sich dann die Notwendigkeit einer Abstimmung.)
Die Diodenkapazität $C_D$ wird, um die Gleichförmigkeit der Leitung nicht zu stören, durch eine Innenleitereindrehung kompensiert, so daß sich mit der Induktivität der Diodenzuleitungen $L_Z$ ein Ersatzbild wie Abb. 8.1 b ergibt [8.1]. Diese Kompensationsschaltung besitzt natürlich eine obere Grenzfrequenz und muß im Betriebsbereich an Hand von Vierpolmessungen (Kap. 7) auf ihre Reflexionsfreiheit untersucht werden.[1])
Die Spannung an der Diodenkapazität $C_D$, die maßgebend für den Richtstrom ist, würde bei der durch $L_Z$ und $C_D$ gegebenen Serienresonanzfrequenz stark ansteigen, wird jedoch durch $R_D$ gedämpft. Bei höheren Frequenzen wirkt sich nämlich die Elektronenlaufzeit dahingehend aus, daß $R_D$ erniedrigt und $I_0$ verkleinert wird

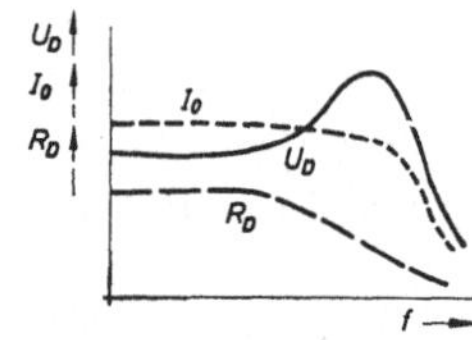

Abb. 8.2  *Frequenzabhängigkeit der Spannungsmessung*

[8.1, 8.2a, 8.3c, 8.4]. Durch Spezialdioden mit besonders kleinen Elektrodenabständen läßt sich der Laufzeiteinfluß bis zu einer Frequenz von etwa 1 GHz gering halten [8.2b, 8.5 bis 8.8]. Durch zweckmäßige Dimensionierung kann man den durch die Resonanz hervorgerufenen Spannungsanstieg zur Kompensation des Stromabfalls durch den Laufzeiteffekt ausnutzen. In Abb. 8.2 sind die betrachteten Grö-

---

[1]) Die Angabe der oberen Frequenzgrenze mancher Herstellerfirmen von Tastkopf-Spannungsmessern sollte für $f > 100\ MHz$ mit größter Skepsis aufgenommen werden, da beim Masseanschluß eines Tastkopfes oft völlig unkontrollierbare induktive Serienwiderstände auftreten.

ßen in ihrer Frequenzabhängigkeit angedeutet. Oberhalb der Resonanzfrequenz ist eine Spannungsmessung nach dem beschriebenen Prinzip nicht mehr möglich. Hier muß eine Eichung an Hand einer Leistungsmessung vorgenommen werden. Die Belastung der HF-Leitung durch das kleiner werdende $R_D$ führt dann zu steigender Meßunsicherheit.

Zu erwähnen ist noch, daß sich lineare Gleichrichtung ($U_0 \sim |\underline{U}|$) nur für Spannungen ergibt, die einige V übersteigen. Bei kleineren Werten wird die Anzeige quadratisch; der Eingangswiderstand ist hier wesentlich kleiner und entspricht etwa der Neigung der Diodenkennlinie. Die direkte Anschaltung der Diode an den Innenleiter würde zu starker Fehlanpassung führen.

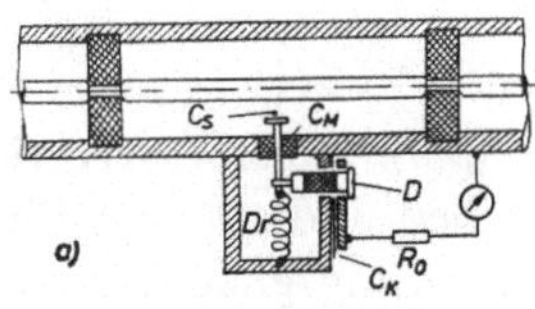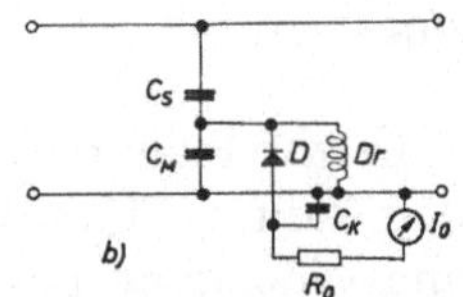

Abb. 8.3 *Kapazitive Teilankopplung einer Halbleiterdiode*
a) Aufbau; b) Ersatzbild

Wenn man sehr große HF-Spannungen zur Verfügung hat oder sich mit sehr kleinen Richtströmen und quadratischer Anzeige zufrieden gibt, so kann man die Diode über eine kapazitive Teilkopplung nach Abb. 8.3 anschließen. Für große Massekapazität $C_M$ ist dann auch ein niedriger Hochfrequenzwiderstand der Diode $R_D$ unschädlich ($R_D \gg X_{CM}$), und die vom Verhältnis $C_S/C_M$ abhängige Spannungsteilung ist frequenzunabhängig. Da eine Eichung des Spannungsteilers in jedem Fall erforderlich ist, können auch Halbleiterdioden eingesetzt werden. Sie machen jedoch eine öftere Nacheichung notwendig (vgl. Abschn. 3.31).

Wird die Koppelkapazität $C_S$ durch eine in die Leitung tauchende Sonde gebildet und die zur Gleichstromrückführung dienende Drossel Dr durch eine Blindleitung zur Resonanzabstimmung des Diodenkreises ersetzt, so hat man eine Anordnung, wie sie auch als Abtastsonde für Meßleitungen (Abb. 6.11) verwendet wird.

Die in Abschn. 3.33 erwähnten Diodenfassungen (Abb. 3.6) sind im allgemeinen zur direkten Spannungsanzeige ungeeignet. Der hochfrequente Widerstand der Halbleiterdioden, der etwa einige hundert $\Omega$ beträgt, dient hier selbst als Leitungsabschluß und ist meist über eine geeignete Transformation so angepaßt, daß $m > 0,75$ ist. Für die Feststellung relativer Leistungspegel ist dann nach Gl. (5.2) eine Genauigkeit von etwa 2% gegeben, eine Spannungsmessung wäre jedoch mit einem Fehler von über 25% behaftet. Lediglich die Fassung nach Abb. 3.6g könnte für großes Teilungsverhältnis eine Ausnahme bilden.

Die von den Abtastoszillografen (Abschn. 7.81) her bekannte „Sampling-Technik" hat sich in jüngster Zeit auch zur Spannungsmessung eingeführt, wobei bis zu Frequenzen von 1 GHz Tastköpfe mit Spezial-T-Gliedern zum Anschluß an Koaxialleitungen verwendet werden. Als Meßdioden werden „Hot-Carrier-Dioden" verwendet (Abschn. 3.32), die sich durch große Konstanz auszeichnen. Durch den sehr kurzen Abtastimpuls und durch die Speicherung des abgefragten Spannungswertes ergibt sich nur während Spannungs*änderungen* eine geringfügige Belastung der durchgehenden Leitung. Durch Verstärkung des gespeicherten Spannungswertes läßt sich hohe Empfindlichkeit erzielen, so daß Spannungen zwischen 50 μV und 3 V gemessen werden können. Im Gegensatz zu den Sampling-Oszillografen wird bei den Voltmetern eine inkohärente Abtastimpulsfolge (mit statistisch verteilter Pulsperiode, die keinen Zusammenhang mit dem Meßsignal aufweist) verwendet. Die Anzeige entspricht unabhängig von der Signalform und vom Pegel dem arithmetischen Mittelwert der Spannung [8.54 und 8.55].

Die in Abschn. 3.4 beschriebenen Meßempfänger mit Frequenzumsetzung sind am empfindlichsten und zur Messung kleinster Spannungen geeignet. Auf ihre Eichung wird im folgenden Abschnitt eingegangen.

## 8.2  Die Eichung von Spannungsmessern

In Abb. 8.4 ist eine Schaltung gezeigt, die zur Eichung von Spannungsmessern für größere Spannungen verwendet werden kann. Dämpfungsglied 1 dient zur Einstellung der Spannung, die am Eingangswiderstand des Dämpfungsgliedes 2 auftritt. Wesentlich ist die gute Anpassung dieses Eingangswiderstandes. Das zweite

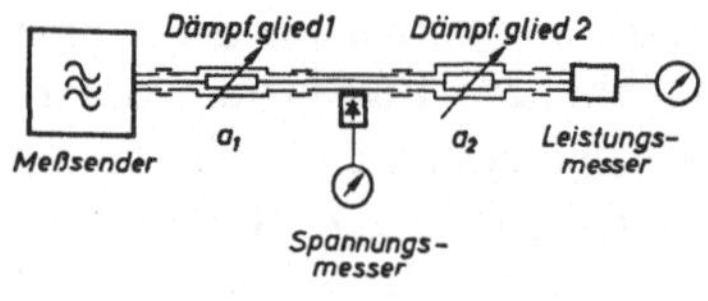


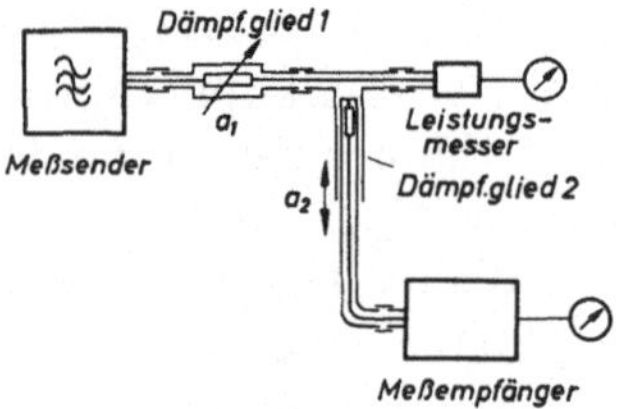


Abb. 8.4  *Eichschaltung für Spannungsmesser*          Abb. 8.5  *Eichschaltung für Meßempfänger*

Dämpfungsglied hat die Leistung so weit herabzusetzen, daß der Leistungsmesser gerade ausgesteuert wird. Aus der Dämpfung $a_2$ und der am Leistungsmesser angezeigten Leistung läßt sich nach Gl. (10.3) die in das Dämpfungsglied eintretende Leistung bestimmen und nach Gl. (8.1) die am Spannungsmesser liegende Spannung berechnen. Neben der Meßunsicherheit des Leistungsmessers fällt hier vor allem eine mögliche Ungenauigkeit der Dämpfung $a_2$ als Fehlerursache ins Gewicht. Auf die Belastbarkeit der verwendeten Dämpfungsglieder ist besonders zu achten.

Statt der Kombination von Dämpfungsglied und Leistungsmesser (für kleine bis mittlere Leistung) empfiehlt sich für die Eichschaltung der Abb. 8.4 auch die Anwendung kalorimetrischer Leistungsmesser (für größere Leistungen – vgl. Abschn. 5.4) wegen des Wegfalls der Unsicherheit von $a_2$.

Wegen der gewöhnlich recht hohen Empfindlichkeit von Überlagerungsmeßempfängern muß bei ihrer Eichung ein Dämpfungsglied relativ hoher Dämpfung zwischen Leistungsmessereingang und Empfängereingang geschaltet werden. Auch auf besonders gute Abschirmung des Empfängers und seines Zuleitungskabels ist zu achten. Als Bezugsleistung zur Anwendung der Gl. (8.1) dient direkt die Anzeige des Leistungsmessers (für kleine Leistungen), dessen Meßkopf hier sehr gute Anpassung aufweisen soll. Als Dämpfungsglied 2 sollte vorzugsweise ein Hohlrohrteiler nach Abschn. 4.22 (z. B. Abb. 4.21) dienen. Die am Empfängereingang liegende Spannung errechnet sich aus der Spannung auf der Hauptleitung und der Dämpfung $a_2$ nach Gl. (10.1). Der Empfängereingang sollte angepaßt oder über eine Richtungsleitung angeschlossen sein.

## 8.3 Strommessung

Wie eingangs schon erwähnt, ist eine direkte Strommessung in Mikrowellenleitungen nicht möglich. Eine indirekte, durch Leistungsvergleich eichbare Strommessung erhält man durch Einführung einer Koppelschleife (induktiven Sonde) in den Raum zwischen Innen- und Außenleiter einer Koaxialleitung [8.1, 8.3a]. Durch Verdrehen oder Verändern der Tauchtiefe läßt sich die Empfindlichkeit variieren. In Hohlleitern lassen sich durch passende Verdrehung die verschiedenen Komponenten des Magnetfeldes getrennt ausmessen. Um kapazitive Einstreuungen zu vermeiden, kann man auch geschirmte induktive Sonden nach [6.51] verwenden (Abb. 6.25). Schließt man an die zur induktiven Sonde führende Leitung eine Diode an, so ist der dem Quadrat des HF-Stromes proportionale Richtstrom $I_0$ stark frequenzabhängig, da die in der Schleife induzierte Spannung $U_s = j\omega M \cdot I$ ist. Die Anwendung des Stromwandlerprinzips nach Abb. 8.6 [8.1, 8.3a] kann die Frequenzabhängigkeit der Anzeige beseitigen, wenn der hochfrequente Widerstand des Meß-

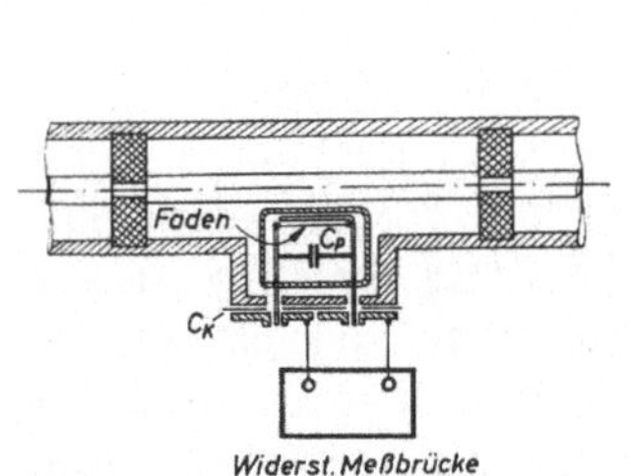


*Abb. 8.6 Thermoschleife (Bolometer nach Stromwandlerprinzip angekoppelt)*

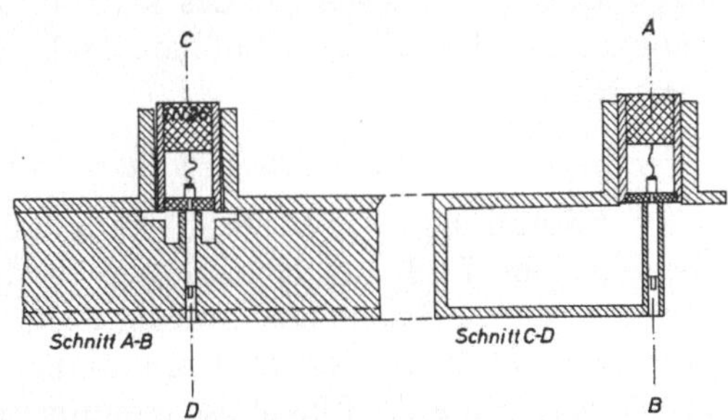


*Abb. 8.7 Wandstrommessung bei Hohlleitern [8.11, 8.48]*

organs kleiner als der Blindwiderstand $\omega L_s$ der Koppelschleife ist. Dann wird der Strom in der Schleife $I_s = U_s/j\omega L_s = I \cdot M/L_s$. Den geringen HF-Widerstand des Meßorgans erhält man dadurch, daß man die Schleife selbst als Bolometerfaden ausbildet und ihre Zuleitungen durch eine Kapazität für die HF kurzschließt. Die Strommessung leitet man aus der Widerstandsänderung des Fadens ab (s. Abschnitt 5.3). Auch die Kopplung des Widerstandsfadens mit einem Thermoelement kann benutzt werden [8.9, 8.49]. Die untere Frequenzgrenze ist erreicht, wenn $\omega L_s$ zu klein wird; die obere Frequenzgrenze, die durch den Skineffekt des Fadens bestimmt wird, kann durch sehr dünnen Bolometerfaden nach oben geschoben werden.

Andere Möglichkeiten zur Messung des Leitungsstromes bzw. der Wandströme in Hohlleitern ergeben sich durch Ankopplung an Schlitze im Außenleiter oder in der Hohlleiterwand [8.10, 8.47]. Eine durch besondere Formgebung des Schlitzes relativ breitbandige Anordnung zur Messung des Hohlleiterwandstromes ist in [8.11 und 8.48] beschrieben und in Abb. 8.7 skizziert. Auch die Einfügung von Widerstandsstreifen in Hohlleiterwandungen, wobei die infolge der Erwärmung auftretende Widerstandsänderung gemessen wird, ist bekannt [8.12].

In jedem Falle ist eine Eichung der Stromanzeige nach dem in Abb. 8.4 beschriebenen Verfahren unter Benutzung von Gl. (8.2) notwendig.

## 8.4    Phasenmessung

### 8.41    *Phasenmeßverfahren*

Allgemeine Literatur: [8.17 bis 8.25, 8.50, 8.60 bis 8.66]. Ausführliches Literaturverzeichnis in [8.63].

Die hier angewendeten Meßverfahren, die die relative Phasenlage zweier Spannungen (oder Ströme) zueinander ermitteln sollen, beruhen zumeist auf dem Vergleich mit geeichten Phasenschiebern. Diese werden in Abschn. 8.42 besprochen. Auch die einer Meßleitung entnommene Spannung kann zum Phasenvergleich herangezogen werden. Die direktanzeigenden (automatischen) Phasenmesser benutzen meist eine Umsetzung des Meß- und des Vergleichssignals auf eine niedrige Frequenz, um die hierfür geläufigen Meßmethoden auch bei Mikrowellenobjekten anwenden zu können.

*a) Der Vergleich mit geeichten Phasenschiebern*

In der Anordnung nach Abb. 8.8 kann durch Umstecken des flexiblen Koaxialkabels, das am Ende mit einer Sonde zur kapazitiven Abtastung versehen ist, die Spannung an verschiedenen Stellen einer Schaltung abgegriffen werden. Durch geeignete Einstellung der Dämpfungsglieder und des Phasenschiebers wird für jeden Meßvorgang die Eingangsspannung am Meßempfänger, die sich ja vektoriell aus der Spannung des Vergleichszweiges $\underline{U}_r$ und der Spannung des Meßzweiges $\underline{U}_m$ zusammensetzt, zu Null gemacht. Die Differenz der verschiedenen zum jeweiligen Nullabgleich notwendigen Einstellungen des Phasenschiebers gibt dann die Phasenbeziehung der an verschiedenen Meßpunkten gemessenen Spannungen an. Auf konstante Länge $l_a$ des Abtasterkabels ist zu achten. Hohe Empfängerempfindlichkeit gestattet genaue Einstellung des Minimums und gewährleistet gute Meßgenauigkeit.

Die gleiche Anordnung in Hohlleiterausführung ist in Abb. 8.9 wiedergegeben. Sie unterscheidet sich in Ermangelung eines flexiblen Abtasterkabels, das bei sehr hohen Frequenzen auch nicht mehr genau genug die Bezugsebenen der Meßpunkte fixieren könnte, dadurch von der vorhergehenden Schaltung, daß nicht der Phasenunterschied zwischen Bezugsebene 1 und 2 (oder einer anderen Bezugsebene) gemessen wird, sondern die Differenz $(\Delta\varphi - \Delta\varphi')$ der Phasenverschiebung eines homogenen

Hohlleiterstückes (a) und eines Meßobjektes (b) gleicher geometrischer Länge festgestellt wird. Dies ist kein Nachteil, da bei bekannter Frequenz die Wellenlänge in dem Hohlleiterstück (a) und damit die Phasenverschiebung bzw. die elektrische Länge jederzeit zu berechnen ist. Nach Gl. (1.4) ist

$$\lambda_H = \frac{\lambda_0}{\sqrt{1 - \left(\dfrac{\lambda_0}{\lambda_k}\right)^2}} \tag{8.3}$$

mit $\lambda_0 = c_0/f$ und $\lambda_k = 2a$. Dann wird

$$\Delta\varphi' = 2\pi\,\frac{l'}{\lambda_H} \tag{8.4}$$

In manchen Fällen ist auch nur die Phasenänderung eines Meßobjektes (c), die von einem anderen Parameter abhängt, von Interesse (z. B. die Phasenänderung eines variablen Dämpfungsgliedes). Hierfür braucht eine Umrechnung überhaupt nicht vorgenommen zu werden. $\Delta\varphi$ ist direkt am Phasenschieber ablesbar.

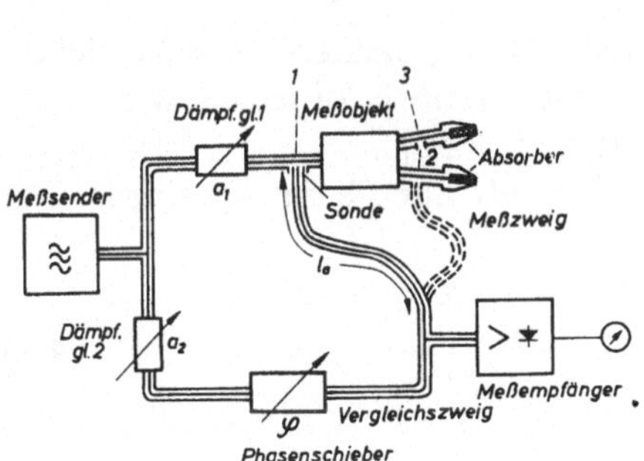


*Abb. 8.8 Vergleich mit geeichtem Phasenschieber (Umstecken eines Koaxialkabels)*

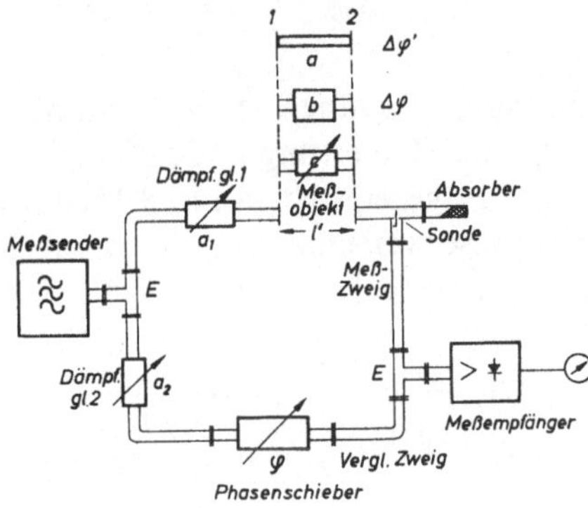


*Abb. 8.9 Vergleich mit geeichtem Phasenschieber (Austausch mit homogenem Hohlleiterstück)*

Die beiden Phasenbrücken der Abb. 8.8 und 8.9 unterscheiden sich von der zur Vierpolmessung geeigneten Anordnung der Abb. 7.6 [8.13a] dadurch, daß der Meßzweig nicht direkt an die Empfängerverzweigung geführt ist. Der Grund hierfür ist, daß in der Brücke der Abb. 7.6 auch die Dämpfung des Vierpols genau bestimmt werden soll, wogegen hier die Dämpfungsbestimmung durch die kapazitiven Sonden relativ undefiniert ist. Wegen des notwendigen reflexionsfreien Abschlusses des Meßobjekts ist in der Anordnung nach Abb. 7.6 ein gut kompensiertes „Magisches T" als Empfängerverzweigung nötig, während hier ein Absorber als Abschluß genügt, der durch die lose Ankopplung der Sonde nicht merkbar gestört wird. Es sei jedoch darauf hingewiesen, daß auch bei der reinen Phasenmessung reflexionsfreier Abschluß vorgenommen werden soll [8.14]. Häufig werden deshalb bei genauen Messungen noch Anpassungstransformatoren (Abschn. 1.6) vor und hinter das Meß-objekt geschaltet [8.17]. Die Zusammenschaltung von Meß- und Vergleichskanal erfolgt manchmal auch über 3 dB-Koppler. Zur Erhöhung der Empfindlichkeit und damit der Anzeigegenauigkeit werden vielfach modulierte Signale in Kombination mit Synchrondetektoren [Abschn. 3.5] verwendet [8.18]. Auch die Modulation nur *eines* Zweiges ist zu finden [8.19].

*b) Die Meßleitung als Phasenschieber*

Bekanntlich ändert sich die Phase der Spannung (oder des Stromes) einer rein fort-schreitenden Welle stetig längs einer homogenen Leitung. Sie erfährt über eine Wellenlänge eine Drehung von $2\pi = 360°$. Tastet man eine reflexionsfrei abgeschlos-sene Leitung mit einer verschiebbaren Sonde (Meßleitung – vgl. Abschn. 6.22) ab, so kann man durch Verschiebung der Sonde eine in ihrer Phase sich stetig ändernde

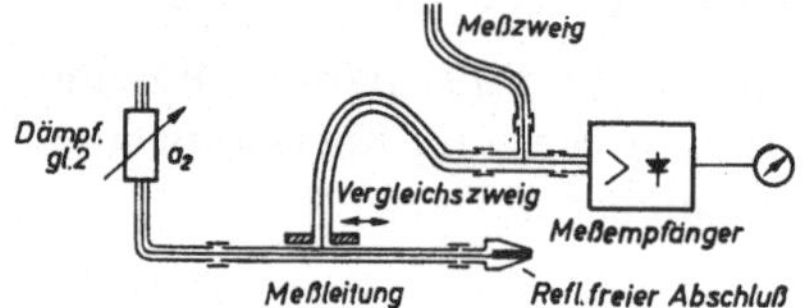


*Abb. 8.10  Meßleitung als Phasenschieber*

Spannung gewinnen. Man kann demnach anstelle eines geeichten Phasenschiebers auch eine Meßleitung in den Vergleichszweig einer Phasenbrücke setzen, wie dies in Abb. 8.10 gezeigt ist [8.1a, 8.15, 8.16, 8.18, 8.21, 8.31, 8.50].
Die Phasenverschiebung längs der Meßleitung verläuft nur für $m = 1$ linear. Für Anpassungsfehler ergibt sich als *Spannungsphase*:

$$\Delta\varphi = 2\pi \frac{\Delta l}{\lambda} \cdot \frac{m}{\sin^2 \dfrac{2\pi l_0}{\lambda} + m^2 \cos^2 \dfrac{2\pi l_0}{\lambda}}, \tag{8.5}$$

wobei $m$ der Anpassungsfaktor und $l_0$ der Abstand zum Minimum der Spannung ist. Zur Bestimmung der *Stromphase* ist in (8.5) sin mit cos zu vertauschen.
Der Phasenvergleich wird in gleicher Weise durchgeführt wie oben beschrieben. Die zu messende Phasendifferenz ergibt sich aus dem Abstand der Sondenstellungen $\Delta l$, bei denen die Empfängerspannung Null wird:

$$\Delta\varphi = 2\pi\Delta l/\lambda \tag{8.6}$$

Man beachte, daß hier im Gegensatz zur sonst üblichen Spannungsverteilung auf Meßleitungen der Abstand zweier Minima eine *volle* Wellenlänge beträgt. (Vgl. auch Abschn. 6.23b – Störspannungen – und Abb. 6.23.)
Auch eine Meßleitung mit rotierendem Abtaster und Sichtgerätanzeige (Ab-schnitt 6.22b) läßt sich vorteilhaft für diese Art der Phasenmessung einsetzen [8.16]. $\Delta l/\lambda$ wird hierbei durch die Verschiebung des ins Minimum gelegten „Dunkelpunk-tes" festgestellt. Zweckmäßig werden hierbei die Amplituden der Spannungen des

Vergleichszweiges $|\underline{U}_v|$ und des Meßzweiges $|\underline{U}_m|$ durch Auftrennen des jeweils anderen Zweiges auf gleiche Größe gebracht. Die entsprechenden Schirmbildanzeigen sind in Abb. 8.11 a und b skizziert. Nach der Zusammenschaltung ergibt sich dann der Verlauf nach Abb. 8.11 c bzw. d und e.

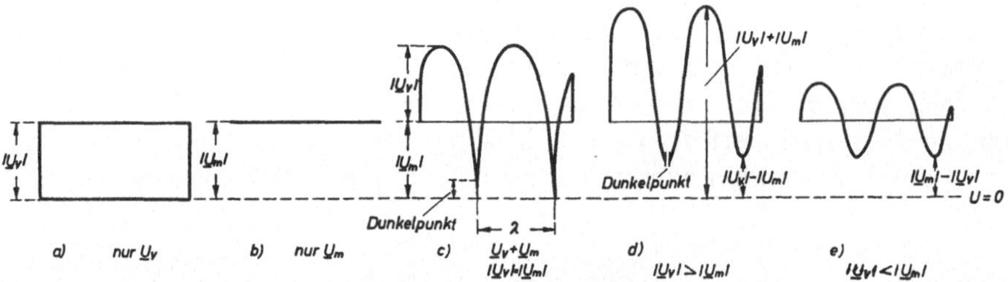


*Abb. 8.11 Schirmbilder bei Phasenmessung mit Umlaufmeßleitung*

a), b) Spannungseinstellung von $\underline{U}_v$ und $\underline{U}_m$; c) richtig gewählte Spannung; d), e) Spannungen ungleich

### c) Direktanzeigende Phasenmeßgeräte

Direktzeigende Phasenmesser sind dadurch gekennzeichnet, daß der Meßwert nicht durch Nullabgleich und nachfolgendes Ablesen des Vergleichsphasenschiebers gewonnen wird, sondern an einem Zeigerinstrument oder auf dem Oszillografenschirm direkt abgelesen werden kann. Um dies zu ermöglichen, ist es erforderlich, auch auf den Amplitudenabgleich der beiden Zweige verzichten zu können.

Das Ziel einer direkten Phasenanzeige wird mit der in Abb. 8.12 skizzierten Schaltung nach [8.20] zwar nicht erreicht, doch ist der immer noch notwendige Phasenabgleich wenigstens (innerhalb etwa 20 dB) amplitudenunabhängig. In einem „Magischen T" werden auf einer Seite der symmetrischen Arme die Amplituden von Meß- und Vergleichszweig addiert, auf der anderen Seite subtrahiert. Dadurch ergibt sich an den Ausgängen der beiden gegeneinandergeschalteten Gleichrichter-

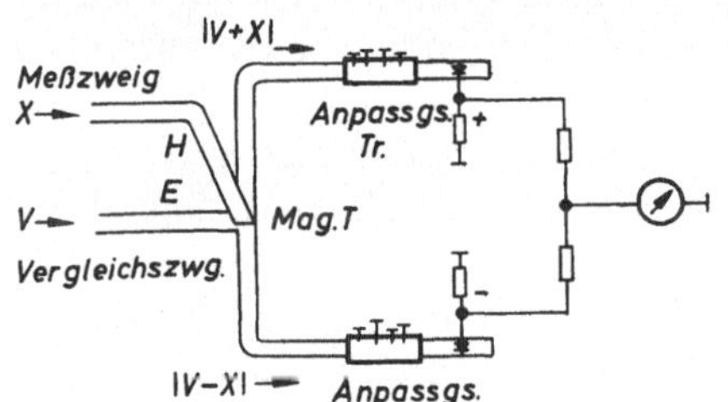


*Abb. 8.12 Phasenvergleichsschaltung mit „Magischem T"*

dioden eine Summenspannung, die bei einer Phasenverschiebung zwischen Meß- und Vergleichsspannung von $\varphi = 90°$ zu Null wird. Diese Nullstelle ist unabhängig vom Amplitudenverhältnis. Dadurch ergibt sich schon eine wesentliche Vereinfachung des Abgleichs. Ein ähnliches Verfahren, bei dem ein Koaxial-Hybrid-Ring eingesetzt und der Meßzweig moduliert ist, wird in [8.21] beschrieben.

Die Verwendung eines derartigen amplitudenunabhängigen Phasendiskriminators macht einen mit Hilfe eines motorgetriebenen Phasenschiebers automatisierten

Phasenabgleich möglich, der zu einer Direktanzeige des Phasenwertes benutzt werden kann [8.22].

Die meisten direktzeigenden Mikrowellen-phasenmesser verlegen jedoch mittels einer Frequenzumsetzung die eigentliche Phasenmessung in den Niederfrequenzbereich, wo sich amplitudenunabhängige und genaue Messungen leichter realisieren lassen [8.23 bis 8.26]. Bei vielen Geräten dieser Art wird mit Ein-Seitenband-Modulation gearbeitet, wie dies an Hand von Abb. 8.13 [8.23] kurz erläutert sei: Der Vergleichszweig besteht selbst wieder aus zwei Armen, von denen jeder mit einem Amplitudenmodulator ausgerüstet ist. Das Mikrowellensignal am Eingang der Modulatoren ist durch passende Phasenschiebereinstellung um 90° phasenverschoben,

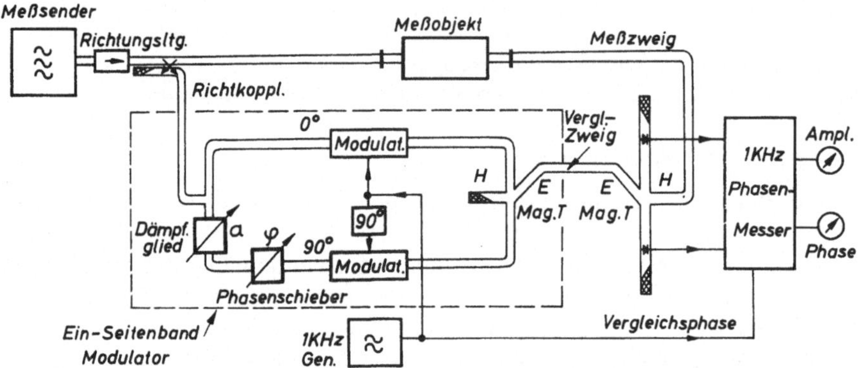


*Abb. 8.13 Phasenmessung mit Ein-Seitenband-Modulation und niederfrequenter Auswertung*

die Modulationsspannung eines Modulators ist ebenfalls um 90° gedreht. Hierdurch entsteht am Ausgang des ersten „Magischen T" eine ESB-Schwingung, die an den Dioden des zweiten „Magischen T" zu einer Gegentaktschwingung der Modulationsfrequenz umgesetzt wird. Diese folgt in ihrer Phasenlage allen Phasenänderungen des Meßobjekts und läßt sich mit einem niederfrequenten Phasenmesser erfassen.

In [8.25] ist ein Gerät mit einer durch motorgetriebenen Phasenschieber erzeugten Phasenmodulation, in [8.26] ist eine Anordnung, die auch gepulste HF-Signale zu messen vermag, beschrieben.

Die mit Hilfe der in Abschn. 6.6 und 7.8 erwähnten „Sampling-Technik" durchführbare Frequenzumsetzung ermöglicht ebenfalls eine niederfrequente Auswertung der zwischen zwei Tastköpfen auftretenden Phasenverschiebung. Derartige „Vectorvoltmeter" arbeiten bis zu Frequenzen von etwas über 1 GHz und besitzen eine Genauigkeit der angezeigten Phasendifferenz von etwa 0,1° [8.56 und 8.57].

Als direktzeigende NF-Phasenmesser werden in Verbindung mit diesen Mikrowellengeräten sowohl solche mit Zeiger- als auch mit Oszillografenanzeige eingesetzt. Neben Brückenschaltungen werden auch Impulszähler verwendet. Einige dieser niederfrequenten Verfahren sind in [8.27 bis 8.30] aufgeführt.

Meßgeräte, die zur automatischen Impedanzmessung oder als Impedanzschreiber dienen, wie sie in Abschn. 6.53 und 6.6 beschrieben wurden oder solche zur Erfassung des komplexen Übertragungsfaktors von Vierpolen (Abschn. 7.2) [6.135 bis 6.148, 6.227 und 6.228], lassen es zumeist ohne Schwierigkeiten zu, nur die Phaseninformation allein auszuwerten, sofern nur diese benötigt wird. Einige dieser Geräte sind sogar ursprünglich als reine Phasenmeßgeräte konstruiert – z.B. [6.139 bis 6.141] – und durch Zusätze zum Impedanzschreiber erweitert.

## 8.42 *Phasenschieber*

Bekanntlich erfolgt bei einer fortschreitenden Welle eine Phasendrehung von $2\pi = 360°$ innerhalb einer Wellenlänge. Bei Mikrowellen lassen sich deshalb Phasenschieber mit einer Variation von mehr als 360° bauen, die auf einer Veränderung der Leitungslänge oder der Wellenlänge in der Leitung beruhen, ohne sehr große Abmessungen in Kauf nehmen zu müssen [8.31 bis 8.38]. Phasenschieber aus konzentrierten Elementen (z.B. mit veränderlichem $L$ und $C$ [8.1 b]) werden in der Meßtechnik nicht benutzt.

Leitungen mit veränderlicher Länge (sog. Ausziehleitungen oder Posaunen) werden vor allem im langwelligen Bereich verwendet [8.1 b, 8.13 b, 8.32]. Bei Präzisionsmessungen ist darauf zu achten, daß an den Querschnittssprüngen, die durch das

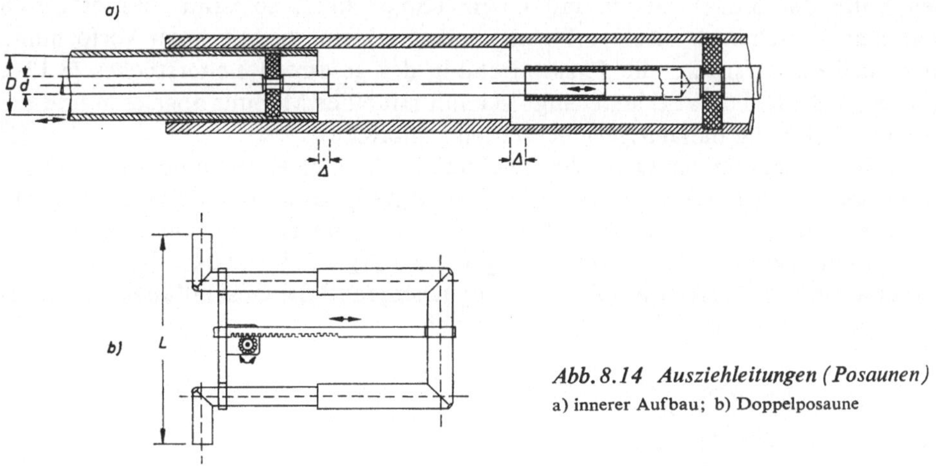

Abb. 8.14 *Ausziehleitungen (Posaunen)*
a) innerer Aufbau; b) Doppelposaune

Ineinanderschieben der Rohre entstehen, keine Reflexionen auftreten. Dies wird bei der „kompensierten Posaune" [8.32] dadurch erreicht, daß Innen- und Außenleiter zusammen verschoben werden und so gehaltert sind, daß an jeder Stelle das Durchmesserverhältnis $D/d$ der Leitung das gleiche ist (Abb. 8.14a). An den Sprungstellen ist der Abstand $\Delta$ zwischen Außen- und Innenleitersprung nach Abb. 1.17 einzuhalten. Beim Aufbau einer Meßanordnung mit starren Leitungsteilen ist ein Bauelement mit veränderlichen Abmessungen oft störend. Hier kann die doppelt geknickte Posaune (Abb. 8.14b [8.1b] und 8.15), deren Einbaulänge $L$ trotz variablen Auszugs konstant bleibt, Abhilfe schaffen. Die Leitungswinkel sind natürlich reflexionsfrei zu gestalten.

In Hohlleitertechnik sind reflexionsfreie ineinanderschiebbare Leitungen schlecht zu bauen. Die in [8.45] angegebene Lösung, einen verkleinerten Hohlleiterquerschnitt durch einen zusätzlichen dielektrischen Steg zu kompensieren, dürfte nach Gl. (1.10) nicht ausführbar sein.

*Abb. 8.15 Doppelposaune (800 mm Variation der elektrischen Länge)*
(Werkfoto Fa. Dr. Spinner, München)

Nach Gl. (1.4) bzw. (8.3) ist die Hohlleiterwellenlänge $\lambda_H$ von $\lambda_k$ bzw. von der breiten Seite a des Hohlleiters abhängig. Versieht man ein Hohlleiterstück in der stromlosen Mitte der breiten Seiten mit einem Längsschlitz, so kann man es durch Zusammenquetschen elastisch verformen und a verkleinern. Mit dieser Verformung ändert sich dann $\lambda_H$ und die Phasendrehung des gesamten Leiterstückes [8.13b, 8.31b, 8.33, 8.34]. Die Verkleinerung $\Delta a$ kann mit einer Meßuhr abgelesen und die Phasenverschiebung danach geeicht werden (Abb. 8.16).

Da die Durchbiegung der Quetschhohlleitung nach einer Kettenlinie erfolgt [8.34] und nur kleine mittlere $\Delta a$ erreichbar sind, wird die gesamte Baulänge relativ groß. Für $\lambda_0 = 3$ cm und $a = 2{,}2$ cm ist $\lambda_H \approx 4{,}1$ cm. Eine mittlere Quetschung von $\Delta a = 0{,}1$ cm ergibt nur eine Wellenlängenänderung $\Delta\lambda/\lambda \approx 0{,}045$. Um eine Gesamtvariation der Phase von 360° zu ermöglichen, muß die Gesamtlänge des Hohlleiterstückes also etwa $22\,\lambda_H \approx 90$ cm betragen.

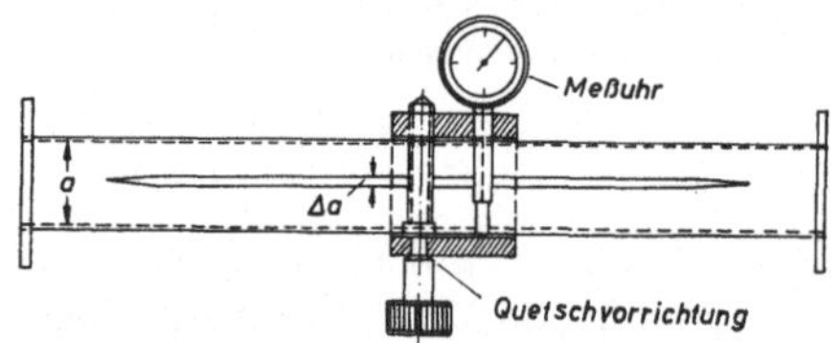


*Abb. 8.16 Quetschhohlleiter*

Will man die Baulänge verkürzen, so muß man den Querschnitt der Quetschleitung gegenüber dem Normalprofil verkleinern, um sich der Grenzwellenlänge $\lambda_k$ anzunähern. Dann wird der Einfluß des $\Delta a$ größer; man bekommt jedoch wieder stärkere Reflexionen und schränkt den Betriebsfrequenzbereich ein.

Quetschhohlleiter sind mit sinnvollen Abmessungen nur für höhere Frequenzen zu bauen. Eine andere Möglichkeit, die Wellenlänge und damit die Phase zu variieren, bietet sich durch veränderliches Eintauchen dielektrischer Körper in die Hohlleitung an [8.13b, 8.20, 8.35 bis 8.37]. Die Möglichkeit von Reflexionen ist hier allerdings größer als beim Quetschhohlleiter. Man muß deshalb auch hier langsame – z.B. keilförmige – Übergänge schaffen, wie dies in Abb.8.17a angedeutet ist.Statt des keilförmigen Überganges kann man auch $\lambda_H/4$-Transformationsstücke an den Enden des Streifens vorsehen (Abb.8.17b). Auch zylindrische Körper aus Dielektrikum mit kegelförmigen Übergängen sind im Gebrauch [8.20]. Da in der Mitte der breiten Seite des Hohlleiters die elektrische Feldstärke ihr Maximum besitzt, ist dort die Wirkung des dielektrischen Streifens am größten, die Wellenlänge wird am meisten verkürzt. Zum Rande verschoben ist der Streifen fast ohne Einfluß. Mechanisch genauer durchführbar als das Eintauchen oder seitliche Verschieben ist die Verdrehung des dielektrischen Streifens in einem Hohlleiter mit Kreisquerschnitt und $H_{11}$-Welle. Die mechanische Konstruktion eines derartigen Phasenschiebers entspricht genau der eines Rotationsdämpfungsgliedes nach Abb.4.10. Lediglich die *mittlere* drehbare Widerstandsfolie ist durch eine dielektrische Scheibe größerer Wandstärke ersetzt. Die beiden festen Widerstandsfolien, die am Ein- und Ausgang senkrecht zum E-Feld angeordnet sind, sollen auch hier unerwünschte Polarisationsrichtungen unterdrücken [8.37]. Die Wellenlänge in einem *ganz* mit Dielektrikum ausgefüllten Hohlleiter ändert sich gegenüber der im luftgefüllten etwa um den Faktor $1/\sqrt{\varepsilon_r}$ (genauer Wert in Gl. (11.16)). Da sich der Feldwellenwiderstand gleichfalls entsprechend ändert, die Reflexionen aber klein bleiben und die Verluste im Dielektrikum vernachlässigbar sein sollen, verwendet man verlustfreie Materialien mit $\varepsilon \approx 2{,}0$ bis $2{,}5$ und macht die Streifen nur so breit, daß sich ein Verkürzungsfaktor von höchstens 0,8 ergibt. Man benötigt dann insgesamt eine Länge von etwa $5\,\lambda_H$ für den Streifen, wenn die Phasenvariation 360° betragen soll.

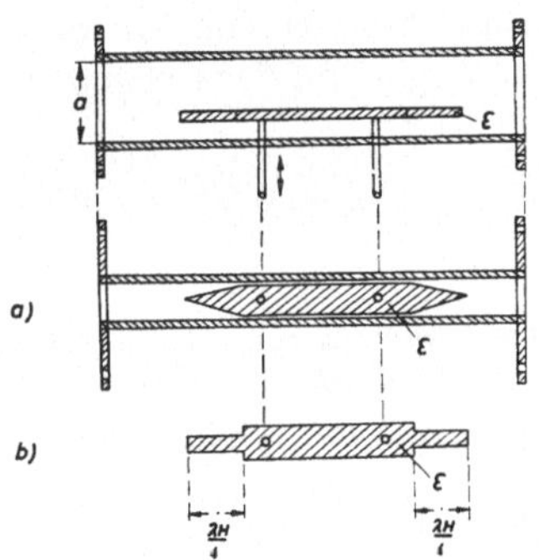



*Abb.8.17 Veränderliche Hohlleiter-Phasenschieber*

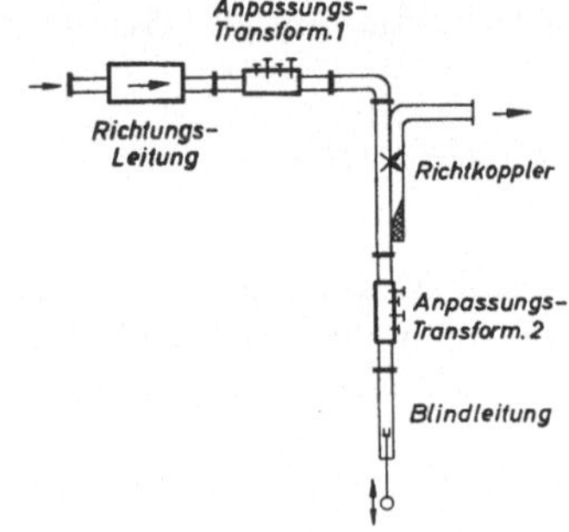



*Abb.8.18 Blindleitung in Verbindung mit Richtkoppler als Phasenschieber*

Neben der in Abschn.8.41b schon erwähnten Verwendung der Meßleitung als Phasenschieber ist auch die Blindleitung in Verbindung mit einem Richtkoppler geeignet, eine gut eichbare Phasenverschiebung zu erzeugen [8.17, 8.36, 6.116, 6.137 und 6.138]. In Abb.8.18 ist eine solche Anordnung skizziert, bei der zur Erreichung höchster Präzision zwei Anpassungstransformatoren angeschlossen sind, die die restlichen Fehler des Kopplers und des Generatorinnenwiderstandes kompensieren

[8.17]. Der Fehlerabgleich erfolgt nach [6.128]. Die zur Phasendrehung von 360° benötigte Verschiebelänge beträgt bei der Meßleitung $\lambda_H$ und bei der Blindleitung $\lambda_H/2$. Bezüglich Einstellgenauigkeit und Baulänge stellen Meß- und Blindleitung als Phasenschieber das Optimum dar. Beide besitzen jedoch den Nachteil, daß das phasenverschobene Signal gegenüber dem Eingangssignal relativ stark gedämpft ist. Bei der Meßleitung beträgt die übliche Abtasterdämpfung etwa 20 bis 40 dB, bei der Anordnung nach Abb. 8.18 geht die Koppeldämpfung $a_k$ des Richtkopplers ein.

Die Kombination von zwei Richtkopplern und zwei Blindleitungen mit verschiedenem $\lambda_H$ über einen Antrieb führt zu einem sehr genau einstellbaren Differential-Phasenschieber [8.67 und 8.68].

Außer den bisher beschriebenen mechanisch veränderbaren Phasenschiebern sind noch eine Reihe von elektrisch steuerbaren Phasenschiebern bekannt, die auf der Wirkung der gyromagnetischen Resonanz beruhen (Abschn. 4.31). Diese zu den „reziproken" Ferritbauelementen zählenden Phasenschieber können durch Veränderung der Vormagnetisierung gesteuert werden [8.39 bis 8.44, 8.69 und 8.70]. Durch Variation der Vorspannung von Kapazitätsvariationsdioden erhält man ebenfalls elektronisch steuerbare Phasenschieber, wenn man 3-dB-Koppler an je zwei Armen mit solchen Dioden abschließt. Mit *einem* derartigen Element läßt sich eine Phasendrehung von etwa 120° erzielen [8.71 bis 8.75]. Eine Anwendung in der Meßtechnik müßte z.B. für selbstabgleichende Phasenbrücken möglich sein.

Eine *Absoluteichung* von Phasenschiebern ist nur für solche mit verschiebbarem Dielektrikum oder mit Ferriten notwendig. Sie kann durch Messung der Knotenverschiebung mittels Meß- und Blindleitung mit großer Genauigkeit durchgeführt werden (vgl. Absch. 7.4). Der Phasenwinkel ist selbstverständlich nach Gl. (8.6) frequenzabhängig. Die Änderung der elektrischen Länge $\Delta l/\lambda$ ist für koaxiale Phasenschieber unabhängig, für Hohlleitertypen jedoch abhängig von der Frequenz.

## Literatur


[8.1] *H. H. Meinke:* Meßgeräte und Meßverfahren für Dezimeterwellen. Als Manuskript gedruckt. Technische Hochschule München (1947), a) S. 84, b) S. 19.

[8.2] *G. Megla:* Dezimeterwellentechnik. Berliner Union Stuttgart, 5. Aufl. (1962), a) S. 677, b) S. 32.

[8.3] *O. Zinke:* Hochfrequenzmeßtechnik. S. Hirzel, Leipzig (1947), a) S. 27, b) S. 73, c) S. 80.

[8.4] *H. H. Meinke:* Das Richtkennlinienfeld einer Diode bei niedrigen und hohen Frequenzen. Telefunken-Röhre, H. 21/22 (1941) S. 250.

[8.5] *H. Pauksch:* Das Verhalten von Raumladungsdioden bei Höchstfrequenzen unter Berücksichtigung der Maxwellschen Geschwindigkeitsverteilung. Nachr. Techn. Zeitschr. 9 (1956) S. 410.

[8.6] *H. Stietzel:* Die UKW-Mischdiode E A 52. Elektron. Rundschau 10 (1956) S. 34.

[8.7] *W. F. Kowalenko:* Mikrowellenröhren. VEB Verlag Technik Berlin, Porta-V; München (1957).

[8.8] *A. B. Bromwell, T. C. Wang, J. May, J. C. Nitz* u. *H. Wachowski:* Vacuum Tube Detector and Converter for Microwaves Using Large Electron Transit Angles. Proc. Inst. Radio Engrs. 42 (1954) S. 1117.

[8.9] *F. Vilbig:* Hochfrequenzmeßtechnik. C. Hanser, München (1953) S. 102.

[8.10] *H. Kaden:* Loch- und Schlitzkopplungen zwischen koaxialen Leitungssystemen. Zeitschr. f. angew. Phys. 3 (1951) H. 2.

[8.11] *F. C. de Ronde:* A Universal Wall-Current Detector. Transact. Inst. E.E.E., MTT-12 (1964) S. 112.

[8.12] *L. E. Norton:* Broad-Band Power Measuring Methods at Microwave Frequencies. Proc. Inst. Radio Engrs. 37 (1949) S. 759.

[8.13] *J. Tischer:* Mikrowellenmeßtechnik. Springer, Berlin (1958), a) S. 151. b) S. 177.

[8.14] *G. E. Schafer:* Mismatch Errors in Microwave Phase Shift Measurements. Transact. Inst. Radio Engrs., MTT-8 (1960) S. 617.

[8.15] *H. H. Meinke:* Theorie der Hochfrequenzschaltungen. Oldenbourg, München (1951) S. 193.

[8.16] *H. H. Meinke:* Eine Meßleitung mit Sichtanzeige. Fernm. Techn. Zeitschr. 2 (1949) S. 233.

[8.17] *M. Magid:* Precision Microwave Phaseshift Measurements. Transact. Inst. Radio Engrs. J-7 (1958) S. 321.

[8.18] *J. H. Richmond:* Measurement of Time-Quadrature Components of Microwave Signals. Transact. Inst. Radio Engrs., MTT-3 (1955) Nr. 3, S. 13.

[8.19] *G. E. Schafer:* A Modulated Subcarrier Technique of Measuring Microwave Phase Shifts. Transact. Inst. Radio Engrs. J-9 (1960) S. 217.

[8.20] *A. Slocum* u. *C. F. Augustine:* 6 kMc Phase Measurement System for Traveling Wave Tubes. Transact. Inst. Radio Engrs. J-4 (1955) S. 145.

[8.21] *R. W. Burton:* A Coaxial Amplitude-Insensitive Phase-Detection System. Microwave Journ. 7 (1964) H. 4, S. 51.

[8.22] *D. D. King:* Measurements at Centimeter Wavelength. D. v. Nostrand Comp., New York, Toronto, London (1952) S. 226.

[8.23] *R. Mittra:* An Automatic Phase-Measuring Circuit at Microwaves. Transact. Inst. Radio Engrs. J-6 (1957) S. 238.

[8.24] *C. A. Finnila, L. A. Roberts* u. *C. Süsskind:* Measurement of Relative Phase Shift at Microwave Frequencies. Transact. Inst. Radio Engrs., MTT-8 (1960) S. 143.

[8.25] *H. A. Dropkin:* Direct Reading Microwave Phase-Meter. Nat. Conv. Rec. Inst. Radio Engrs. (1958) Pt. 1, S. 57.

[8.26] *R. T. Stevens:* Precision Phasemeter for C.W. or Pulsed U.H.F. Electronics 33 (1960) 4. März, S. 54.

[8.27] *D. A. Alsberg* u. *D. Lead:* Phase and Transmission Measurement. Bell Syst. Techn. Journ. 28 (1949) S. 221.

[8.28] *W. Lutz:* Direkte Phasenmessung mit der Braunschen Röhre. El. Nachr. Techn. 14 (1937) S. 307.

[8.29] *A. Ruhrmann:* Hochfrequenz-Phasenmessung mit direkter Anzeige. I. Mit Braunscher Röhre, II. Mit Zeigerinstrumenten. Arch. Techn. Messen V 3631–3 und V 3631–4 (Mai 1950).

[8.30] *A. v. Weel:* A Direct-Indicating Phase Meter. Journ. Brit. Inst. Radio Engrs. 15 (1955) S. 143.

[8.31] *C. G. Montgomery* u. *E. M. Purcell:* Technique of Microwave Measurements. M.I.T. Rad. Lab. Series Bd. 11, McGraw-Hill, New York, Toronto, London (1947), a) S. 916, b) S. 473.

[8.32] *A. Weissfloch:* Schaltungstheorie und Meßtechnik des Dezimeter- und Zentimeterwellengebietes. Birkhäuser, Basel (1954) S. 285.

[8.33] *J. J. Brady, M. D. Pearson* u. *S. Peoples:* Squeeze-Section Phase Shifter for Microwaves. Rev. Sci. Instr. (1952) S. 601.

[8.34] *H. Severin:* Eine verbesserte Quetschleitung mit streckenweise konstanter Breite. Zeitschr. Angewandte Phys. 6 (1954) S. 262.

[8.35] *A. Huxley:* Survey of the Principles and Practice of Waveguides. Cambridge (1947) S. 101.

[8.36] *C. F. Augustine* u. *J. Cheal:* The Design and Measurement of Two Broad-Band Coaxial Phase Shifters. Transact. Inst. Radio Engrs., MTT-8 (1960) S. 398.

[8.37] *E. F. Barnett:* A New Precision X-Band Phase-Shifter. Transact. Inst. Radio Engrs. J-4 (1955) S. 150.

[8.38] *G. J. Halford:* A Wide-Band Waveguide Phase Shifter. Proc. Inst. Electr. Engrs. 100, Pt. III (1953) S. 117.

[8.39] *H. Scharfmann:* Three New Ferrite Phase Shifters. Proc. Inst. Radio Engrs. 44 (1956) S. 1456.

[8.40] *F. Reggia* u. *E. G. Spencer:* A New Technique in Ferrite Phase Shifting for Beam Scanning of Microwave Antennas. Proc. Inst. Radio Engrs. 45 (1957) S. 1510.

[8.41] *A. Clavin:* Reciprocal Ferrite Phase Shifters in Rectangular Waveguide. Transact. Inst. Radio Engrs. MTT-6 (1958) S. 334.

[8.42] *C. M. Johnson:* Ferrite Phase Shifter for the UHF Region. Transact. Inst. Radio Engrs., MTT-7 (1959) S. 27.

[8.43] *D. D. King, C. M. Barrek* u. *C. M. Johnson:* Precise Control of Ferrite Phase Shifters. Transact. Inst. Radio Engrs., MTT-7 (1959) S. 229.

[8.44] *P. A. Rizzi* u. *B. Gatlin:* Rectangular Guide Ferrite Phase Shifters Employing Longitudinal Magnetic Fields. Proc. Inst. Radio Engrs. 47 (1959) S. 446.

[8.45] *R. W. Beatty:* Magnified and Squared VSWR Responses for Microwave Reflection Coefficient Measurements. Transact. Inst. Radio Engrs., MTT-7 (1959) S. 346.

[8.46] *E. Uiga, W. F. White:* Techniques and Errors in High-Frequency Voltage Calibration. Transact. Inst. Radio Engrs. J-9 (1960) S. 274.

[8.47] *M. D. Sirkis* u. *C. S. Kim:* A Wall-Current Detector for Use with Beam Waveguides. Transact. Inst. E.E.E., MTT-11 (1963) S. 552.

[8.48] *F. C. de Ronde:* Improvement of the Wall-Current Detector. Transact. Inst. E.E.E., MTT-12 (1964) S. 616.

[8.49] *W. W. Scott* u. *N. V. Frederick:* The Measurement of Current at Radio Frequencies. Proc. Inst. E.E.E. 55 (1967) S. 886.

[8.50] *N. B. Hamlin:* Double-Probe Phase Meter is Simple and Accurate. Microwaves 5 (1966) Nr. 1, S. 42.

[8.51] *M. E. Hines:* Fundamental Limitations in RF Switching and Phase Shifting Using Semiconductor Diodes. Proc. Inst. E.E.E. 52 (1964) S. 700.

[8.52] *J. F. White:* High Power PIN-Diode Controlled Microwave Transmission Phase Shifters. Transact. Inst. E.E.E., MTT-13 (1965) S. 233.

[8.53] *R. W. Burns* u. *L. Stark:* PIN-Diodes Advance High-Power Phase Shifting. Microwaves 4 (1965) H. 11, S. 38.

[8.54] *F. W. Wenninger Jr.:* A Sensitive New 1-GHz Sampling Voltmeter with Unusual Capabilities. Hewlett-Packard Journ. 17, Nr. 11 (July 1966) S. 2.

[8.55] Firmenprospekt „Sampling-Voltmeter" Type 3406A, Fa. Hewlett-Packard, Palo Alto (1966).

[8.56] Complex Impedance and Gain Measurement at RF and Microwave Frequencies. Microwave Journ. 10 (1967) Nr. 1, S. 79.

[8.57] *F. K. Weinert:* The RF Vector Voltmeter – An Important Instrument for Amplitude and Phase Measurements from 1 to 1000 MHz. Hewlett-Packard Journ. 17 (1966) Nr. 9.

[8.58] *M. C. Selby:* Voltage Measurement at High and Microwave Frequencies in Coaxial Systems. Proc. Inst. E.E.E. 55 (1967) S. 877.

[8.59] *A. R. Ondrejka:* Peak Pulse Voltage Measurement (Baseband Pulse). Proc. Inst. E.E.E. 55 (1967) S. 882.

[8.60] *P. Lacy:* A Versatile Phase Measurement Method for Transmission Line Networks. Transact. Inst. Radio Engrs., MTT-9 (Nov. 1961) S. 568.

[8.61] *R. J. Blum:* Amplitude Insensitive Microwave Phase Measurement System. Proc. Inst. E.E.E. 56 (1965) S. 523.

[8.62] *E. N. Phillips:* The Uncertainities of Phase Measurements. Microwaves 4 (1965) Nr. 2, S. 14.

[8.63] *J. D. Dyson:* The Measurement of Phase at UHF and Microwave Frequencies. Transact. Inst. E.E.E., MTT-14 (1966) S. 410.

[8.64] *J. Weaver* u. *R. Alvarez:* Accurate Phase-Length Measurements of Large Microwave Networks. Transact. Inst. E.E.E., MTT-14 (1966) S. 623.

[8.65] *H. D. Dickstein:* Near Field Phase Measurements Using Standard Microwave Equipment. Microwave Journ. 9 (1966) Nr. 2, S. 55.

[8.66] *D. A. Ellerbruch:* UHF and Microwave Phase-Shift Measurements. Proc. Inst. E.E.E. 55 (1967) S. 960.

[8.67] *R. W. Beatty:* A Differential Microwave Phase Shifter. Transact. Inst. E.E.E., MTT-12 (1964) S. 250.

[8.68] *D. A. Ellersbruch:* Analysis of a Differential Phase Shifter. Transact. Inst. E.E.E., MTT-12 (1964) S. 453.

[8.69] *E. Pivit:* Reziproke und nichtreziproke Phasenschieber im Rechteckhohlleiter. Frequenz 14 (1960) S. 369.

[8.70] *F. Reggia:* Amplitude and Phase Modulators in Rectangular Waveguides for 5 to 7 Gc/s. Transact. Inst. E.E.E., MTT-14 (1966) S. 154.

[8.71] *R. H. Hardin, E. J. Downey* u. *J. Munushian:* Electronically – Variable Phase Shifters Utilizing Variable Capacitance Diodes. Proc. Inst. Radio Engrs. 48 (1960) S. 944.

[8.72] *K. E. Mortenson:* Microwave Semiconductor Control Devices. Microwave Journ. 7 (1964) Nr. 5, S. 49.

[8.73] *R. V. Garver:* Broadband Binary 180° Diode Phase Modulators. Transact. Inst. E.E.E., MTT-13 (1965) S. 32.

[8.74] *C. A. Liechti* u. *G. W. Epprecht:* Controlled Wideband Differential Phase Shifters Using Varactor Diodes. Transact. Inst. E.E.E., MTT-15 (1967) S. 586.

[8.75] *J. Detlefsen:* Die Anwendung von 3-dB-Richtkopplern zum Bau mit Dioden abstimmbarer Phasenschieber und Dämpfungsglieder. Dipl. Arb. Inst. f. HF.Technik, T.H. München (1967).

Resonatoren werden in der Mikrowellentechnik vorwiegend als Durchlaß- oder Sperrfilter in Frequenzweichen, als frequenzbestimmende Elemente von Generatoren, Verstärkern und Umsetzern oder als Frequenzmesser verwendet. Infolge der bei Mikrowellen üblichen Bauweise als Topfkreis oder Hohlraumresonator lassen

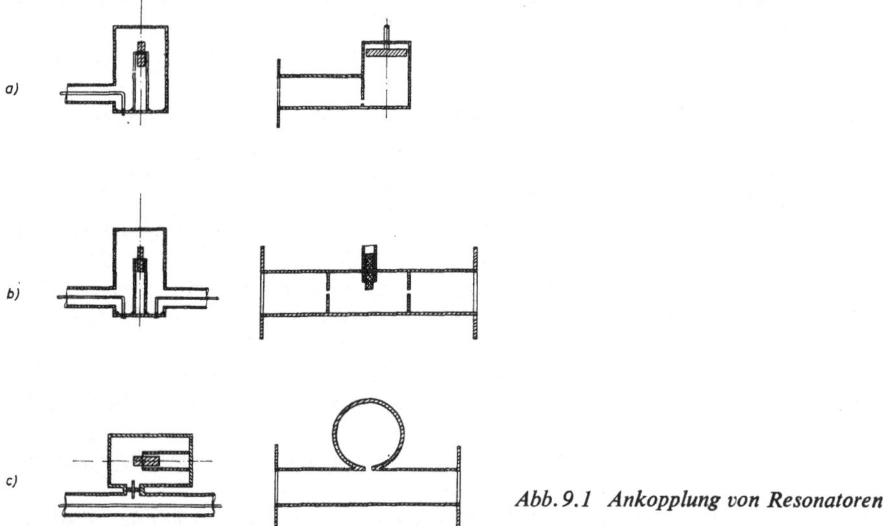

Abb. 9.1 Ankopplung von Resonatoren

sich sehr hohe Kreisgüten erzielen, die die bei niederfrequenten Schwingkreisen gewohnten Gütezahlen oft um mehr als eine Größenordnung übertreffen. Da diese Kreise durchweg als Leitungsresonatoren aufgebaut sind, besitzen sie verteilte Kapazitäten und Induktivitäten, die sich oft schwer berechnen lassen, so daß man zur Ermittlung der Resonatoreigenschaften auf die Messung angewiesen ist. Charakteristische Größen sind die Resonanzfrequenz $\omega_0 = 2\pi f_0$, der Gütefaktor $Q_u = 1/d_u$ des unbelasteten Kreises, der Kopplungsgrad $k$ bzw. Transformationsfaktor $n$, der die Transformation der inneren Kreisgrößen auf die Anschlußleitung und gegebenenfalls die Wirkung eines äußeren Belastungswiderstandes auf die Kreiseigenschaften beschreibt, und schließlich der Resonanzwiderstand $R_p$ oder $R_s$, der die inneren Kreisverluste bezeichnet. Er ist häufig schwer zu definieren, sein Wert jedoch nur in seltenen Fällen von Interesse.

Die drei Grundschaltungen der Verbindung von Anschlußleitung und Resonator sind in Abb. 9.1 für Koaxial- und Hohlleiteraufbau an einigen Beispielen angedeutet.

In Fall a bildet der Resonator das Abschlußelement einer Leitung, Fall b zeigt ihn als Durchgangselement und in Fall c ist er seitlich an eine Leitung angekoppelt. Als Meßverfahren für die Güte kommt für alle drei Anordnungen in erster Linie die Messung der Eingangsimpedanz in Betracht, wobei in Fall b die Ausgangsleitung meist angepaßt abgeschlossen und in Fall c mit einem Blindabschluß versehen wird. Die Ermittlung der Güte aus der auf die Ausgangsleitung übertragenen Leistung ist vor allem für Fall b geeignet, wobei aber die Dämpfung durch den Generatorinnenwiderstand nicht zu vernachlässigen ist. Ferner sind noch Meßverfahren durch Vergleich in Brückenschaltungen und durch Phasenmessung eines Seitenbandes bei modulierten Schwingungen bekannt. Schließlich kann man aus der Dauer des Ausschwingvorganges bei impulsförmiger Erregung eines Resonators seine Güte ermitteln.

## 9.1 Das Impedanzverhalten von Resonatoren

Die Eigenschaften von Mikrowellenresonatoren sind in der Literatur ausführlich behandelt (z.B. [9.1a bis 9.10, 9.15]), so daß nur kurz auf das Wesentlichste eingegangen werden soll: Alle Leitungsresonatoren haben Mehrfachresonanzen, die z.B. beim Leitungswellentyp (TEM) dadurch entstehen können, daß sich auf einer Leitung gegebener Länge eine stehende Welle mit *einem* oder mit *mehreren* Spannungs-

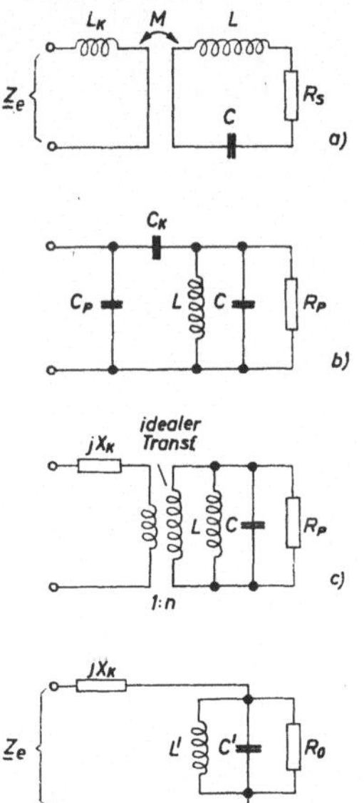

Abb. 9.2 *Ersatzbilder von Resonatoren und Ankopplungselementen*

knoten ausbilden kann. Es kann also eine $\lambda/4$-, $\lambda/2$- oder $n \cdot \lambda/4$-Resonanz entstehen. Bei Hohlraumresonatoren kommen noch Variationen durch die Möglichkeit verschiedenster Wellentypen hinzu [9.1b, 9.8, 9.10]. In der Umgebung *einer* solchen Resonanz kann man jedoch bei nicht zu geringer Güte das Verhalten des Resonators auf die gleiche Weise beschreiben, die auch für Schwingkreise aus konzentrierten Schaltelementen üblich ist. Es lassen sich dann Ersatzschaltbilder mit konzentrierten Elementen angeben (Abb. 9.2), bei denen zunächst Parallel- und Serienresonanzkreise gleichberechtigt sind.

Bezeichnet man

$$f_0 = \frac{\omega_0}{2\pi} = \frac{1}{2\pi \sqrt{LC}} \tag{9.1}$$

als Resonanzfrequenz und

$$X_\mathrm{R} = \omega_0 L = \frac{1}{\omega_0 C} = \sqrt{\frac{L}{C}} \tag{9.2}$$

als Resonanzblindwiderstand, so ist der Widerstand eines *Serienresonanzkreises*

$$Z_{\mathrm{K_s}} = R_\mathrm{s} + jX_\mathrm{R}\left(\frac{f}{f_0} - \frac{f_0}{f}\right) = R_\mathrm{s}\,(1 + jV) \tag{9.3}$$

Hierbei bedeutet $V$ die relative Verstimmung

$$V = Q_\mathrm{u}\left(\frac{f}{f_0} - \frac{f_0}{f}\right) \approx Q_\mathrm{u}\,\frac{2\Delta f}{f_0} \tag{9.4}$$

und $Q_\mathrm{u}$ die Güte des unbelasteten Kreises

$$Q_\mathrm{u} = \frac{1}{d_\mathrm{u}} = \frac{X_\mathrm{R}}{R_\mathrm{s}} = X_\mathrm{R} G_\mathrm{s} \tag{9.5}$$

Der Leitwert eines *Parallelresonanzkreises* läßt sich in ähnlicher Form wie (9.3) anschreiben:

$$Y_{\mathrm{Kp}} = \frac{1}{R_\mathrm{p}}\,(1 + jV) \tag{9.6}$$

Sein Widerstand ist dann:

$$Z_{\mathrm{Kp}} = \frac{1}{Y_{\mathrm{Kp}}} = \frac{R_\mathrm{p}}{1 + jV} \tag{9.7}$$

mit

$$Q_\mathrm{u} = \frac{R_\mathrm{p}}{X_\mathrm{R}} = \frac{1}{G_\mathrm{p} \cdot X_\mathrm{R}}. \tag{9.8}$$

In der Widerstandsebene mit kartesischen Koordinaten erscheint die Ortskurve des Parallelschwingkreises als Kreis durch den Ursprung, der bei Resonanz den reellen Widerstand $R_\mathrm{p}$ besitzt, der Serienkreis als Gerade mit dem Resonanzwiderstand $R_\mathrm{S}$ (Abb. 9.3a). Im Reflexionsfaktor- (Smith-) Diagramm ergeben die Widerstandsortskurven beider Schwingkreisarten Kreise, die durch 0 bzw. ∞ gehen (Abb. 9.3b).

Die auf eine irgendwie angekoppelte Anschlußleitung transformierten Kreis-
impedanzen ergeben Ortskurven, deren Durchmesser vom Grad der Ankopplung
abhängt (Abb. 9.4). Der bei Resonanz an der Anschlußleitung liegende Widerstand
ist dann $R_0 = k \cdot Z_\mathrm{L}$.

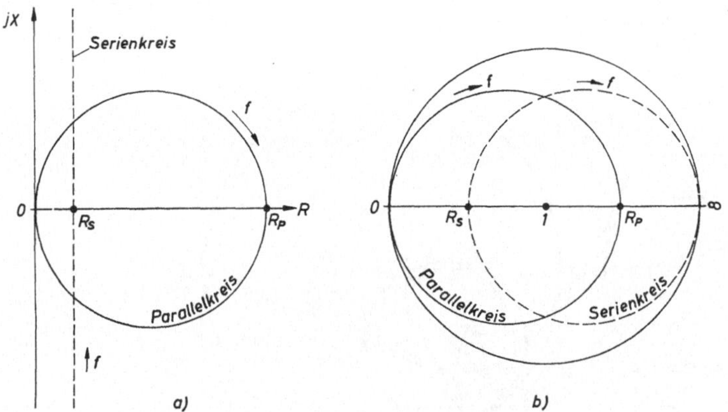


**Abb. 9.3** *Impedanzverlauf eines Resonanzkreises*
a) in der Widerstandsebene mit kartesischen Koordinaten; b) im Smith-Diagramm

Da im üblichen abgeschirmten Aufbau eines Mikrowellenresonators der Kreis von
„L" und „C" immer geschlossen ist, kann man im „Inneren" des Resonators Serien-
und Parallelresonanz nicht unterscheiden. Wie der Resonator nach außen wirkt,
hängt von der Art der Ankopplung an die Anschlußleitung ab. Koppelt man sich
induktiv über eine Koppelschleife an den Strom im Resonator an (Abb. 9.1a, b und
9.2a), so tritt unter Vernachlässigung der Induktivität der Koppelschleife $L_\mathrm{K}$ nach

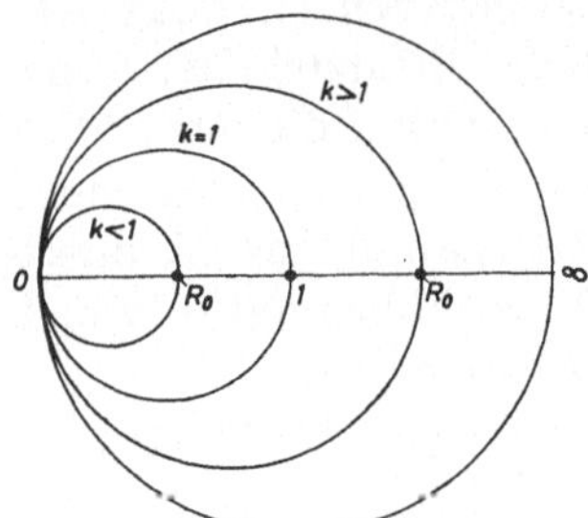


**Abb. 9.4** *Einfluß des Kopplungsgrades k*

außen eine Parallelresonanz in Erscheinung. Der Eingangswiderstand $Z_\mathrm{e}$ ist nämlich [9.8, 9.11]:

$$Z_\mathrm{e} = j\omega L_\mathrm{K} + \frac{(\omega M)^2}{Z_\mathrm{Ks}}, \tag{9.9}$$

wobei $Z_\mathrm{Ks}$ nach Gl. (9.3) den Widerstand des inneren Kreises als Serienresonanz
darstellt und bei minimalem $Z_\mathrm{Ks}$ (Resonanz) zu maximalem $Z_\mathrm{e}$ führt.

Koppelt man kapazitiv (Abb. 9.2 b), so entspricht bei starker Kopplung die Ortskurve dem Verlauf einer Parallelresonanz, bei sehr loser Kopplung zeigt sich ein der
Serienresonanz ähnliches Verhalten.

Der Einfluß der Induktivität $L_K$ einer Koppelschleife ist in Abb. 9.5 a skizziert, die
Transformation durch die Serienkapazität $C_K$ und die Streukapazität $C_p$ einer kapazitiven Ankopplung ist in Abb. 9.5 b gezeichnet. Neben der Veränderung des Kreis-

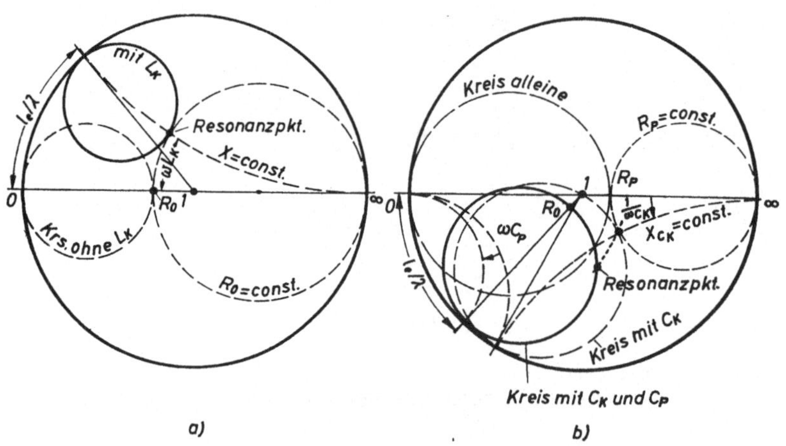


*Abb. 9.5 Transformation der Kreisimpedanz durch die Ankoppelelemente (im Smith-Diagramm)*
a) bei induktiver Kopplung; b) bei kapazitiver Kopplung

durchmessers (Veränderung des Transformationsfaktors) tritt durch die Koppelelemente auch eine Blindkomponente des Widerstands im Resonanzpunkt auf
(Verstimmung). Der zweite Einfluß kann im allgemeinen durch Wahl einer geeigneten Bezugsebene bei der Impedanzmessung ausgeglichen werden (s. auch Abschnitt 9.2). Man verwendet zu diesem Zweck gewöhnlich das Ersatzbild der transformierten Parallelresonanz (Abb. 9.2 c bzw. d) ohne Rücksicht auf die tatsächlich
vorhandene Ankopplung und legt bei sehr großer Verstimmung die Bezugsebene
auf der Meßleitung in ein Spannungsminimum. Man ersetzt dadurch das $jX_K$ durch
eine Ersatzlänge $l_e/\lambda$. Bei hohen Kreisgüten tritt die Frequenzabhängigkeit von $l_e$
gegenüber der Phasendrehung des Resonanzkreises in den Hintergrund.

Die über die Transformation der Ankopplung wirksame Kreisgüte bleibt die gleiche, wie die des Schwingkreises allein – Verlustfreiheit der Koppelelemente vorausgesetzt –, da durch die Transformation die Blindanteile des Kreiswiderstandes in
gleicher Weise wie seine Wirkanteile umgesetzt werden (s. Abb. 9.2 c und d):

$$R_0 = k \cdot Z_L = \frac{R_p}{n^2} \tag{9.10}$$

$$L' = L/n^2; \quad C' = n^2 C. \tag{9.11}$$

Die Vernachlässigung der Verluste in den Koppelelementen ist in der Praxis jedoch
nicht immer möglich. Es zeigt sich, daß auch die Güte $Q_u$ von $k$ abhängt und bei

sehr fester und sehr loser Kopplung oft kleinere Werte gemessen werden als bei mittleren Kopplungsfaktoren.

Ist der Resonator von außen über eine zusätzliche Ankopplung belastet ($R_L$ in Abb. 9.6), so wird sein Eingangswiderstand bei Resonanz:

$$R_{0L} = \frac{R_p \cdot n_2^2 R_L}{n_1^2 (R_p + n_2^2 R_L)} \qquad (9.12)$$

Sind beide Ankopplungen gleich ($n_1 = n_2 = n$ bzw. $k_1 = k_2 = k$) und der Lastwiderstand gleich dem Wellenwiderstand der Ankoppelleitung ($R_L = Z_L$), so wird mit (9.10):

$$R_{0L} = \frac{R_0}{1 + k}. \qquad (9.13)$$

Analog dazu wird häufig auch die Güte des belasteten Resonators mit $Q_L$ bezeichnet:

$$Q_L = \frac{Q_u}{1 + k}. \qquad (9.14)$$

Betrachtet man nicht die Änderung der Eingangsimpedanz (Klemmen e-e, Abb. 9.6), sondern die Änderung des Leistungsübergangs vom Generator zum Lastwiderstand $R_L$, so wird der Innenwiderstand $R_i$ des Generators wirksam, der den Resonator zusätzlich bedämpft. In diesem Fall erhält man für $R_i = R_L = Z_L$ die Kreisgüte

$$Q_L' = \frac{Q_u}{1 + k_1 + k_2}. \qquad (9.15)$$

Im Schwingkreis selbst stellt der Parallelverlustwiderstand $R_p$ meist nur eine Rechengröße dar, die im Resonatorinneren längs der Feldlinien maximaler Feldstärke zu denken ist. Die tatsächlichen Verluste entstehen vorwiegend durch die Ströme in der Leiteroberfläche des Resonators. Der Serienverlustwiderstand $R_s$ ist bei nicht zu

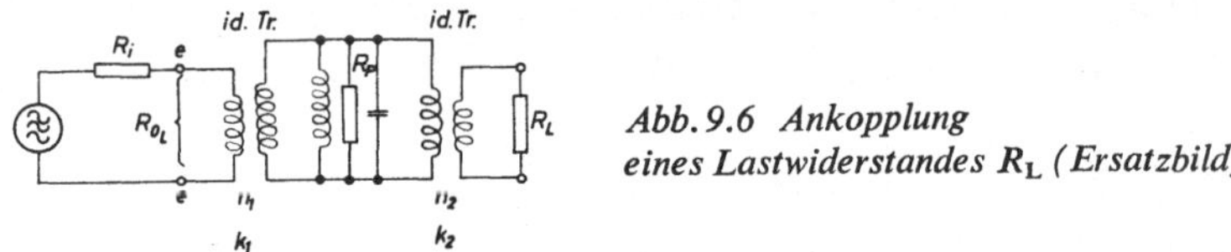


*Abb. 9.6 Ankopplung eines Lastwiderstandes $R_L$ (Ersatzbild)*

komplizierten Anordnungen aus der Oberflächenstromdichte und dem Flächenwiderstand der Leiter berechenbar [9.3d, 9.8, 9.9, 9.10]. $R_p$ ist dann aus der Umrechnung

$$R_p \approx \frac{X_R^2}{R_s} \qquad (9.16)$$

zu gewinnen.

Üblicherweise liefert die Gütemessung jedoch die Größen $Q_u$, $R_0$ und $\omega_0$. Will man $R_p$ ermitteln, so muß der Transformationsfaktor $n$ bekannt sein. Er läßt sich z.B. aus der Größe der Koppelschleife berechnen [9.8, 9.12 bis 9.14]. Es besteht auch die Möglichkeit, das $L$ oder $C$ des Resonators zu bestimmen und $n^2 = L/L'$ nach Gl. (9.10) zu ermitteln (s. auch [9.1c, 9.3a, 9.15 bis 9.17, 9.21, 9.27, 9.39 und 9.45]).

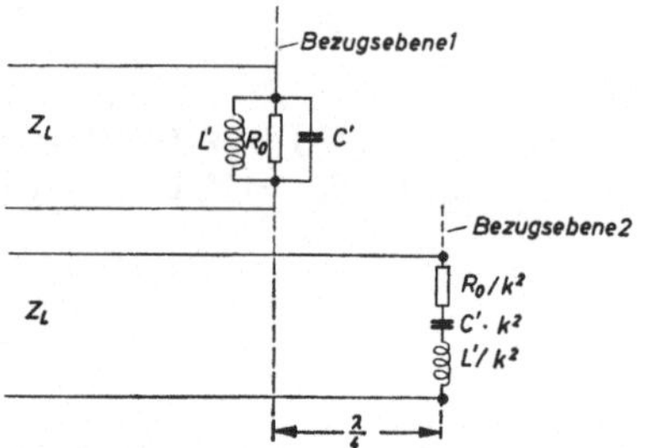


Abb. 9.7  *Umwandlung einer Parallel-*
*in eine Serienresonanz*
*durch λ/4-Transformation*

Will man an Stelle des Parallelkreisverhaltens die Eigenschaften eines Serienkreises erhalten, so muß man lediglich die Länge der Anschlußleitung gegenüber der obengenannten Bezugsebene um $\lambda/4$ verändern. $R_0$ geht dann in $R_0/k^2$ über, wie dies in Abb. 9.7 angedeutet ist.

## 9.2  Die Gütemessung aus dem Reflexions- und Übertragungsverhalten von Resonatoren

### 9.21  *Die Ermittlung der Güte aus der Änderung der Eingangsimpedanz*

Mit der Anordnung nach Abb. 9.8 läßt sich nach den in Kap. 6 beschriebenen Verfahren die Eingangsimpedanz eines Resonators messen. Verändert man die Frequenz, so erhält man in der Umgebung der Resonanz den im vorhergehenden Ab-

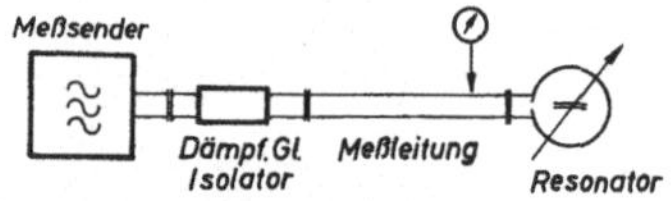


Abb. 9.8  *Anordnung zur Messung der Güte*
*aus dem Eingangsimpedanzverhalten*

schnitt beschriebenen Verlauf des Widerstandes und kann aus dem Zusammenhang von Frequenz- und Impedanzänderung die Kreisgüte ermitteln [9.1a, 9.2, 9.3a, 9.4, 9.5, 9.13 bis 9.26, 9.36, 9.37, 9.39, 9.40, 9.42, 943]. Die notwendige Frequenzänderung kann man sowohl durch Variation der Meßsenderfrequenz als auch durch Verändern der Abstimmelemente des zu untersuchenden Resonators vornehmen. Verfügt das Meßobjekt selbst nicht über eine Frequenzeichung seiner Abstimmung, so muß man in den meisten Fällen dem Meßsender einen geeichten Wellenmesser oder eine andere Frequenzmeßanordnung (s. Kap. 12) zusätzlich ankoppeln, um die benötigten Frequenzdifferenzen genügend genau ermitteln zu können. Häufig besitzt auch der zu untersuchende Resonator eine Abstimmvorrichtung, die nicht in

Frequenzen geeicht ist. Man kann dann eine Eichung in größeren Frequenzabständen mit Hilfe des Meßsenders vornehmen und die Steilheit $df/d\alpha$ der Eichkurve bestimmen, um hieraus dann die zur Gütemessung erforderlichen kleinen $\Delta f$ abzuleiten. An die Frequenzkonstanz der verwendeten Meßsender werden bei der Messung von Kreisen hoher Güte natürlich hohe Anforderungen gestellt.

Zu Beginn der Messung verstimmt man extrem, so daß der Eingangswiderstand nur durch die Blindelemente der Ankopplung bestimmt wird, und legt die Abtastsonde der Meßleitung in ein Minimum (Bezugsebene, Abb. 9.11). Man ersetzt hierdurch das $jX_\mathrm{K}$ der Ankopplung durch $l_\mathrm{e}/\lambda$ und arbeitet mit dem Ersatzbild der Abb. 9.7a, d.h., der Antiresonanzpunkt des Impedanzkreises liegt im Punkt 0 der Widerstandsebene. Bei beabsichtigter Variation der *Sendefrequenz* ist es zweckmäßig, ein dem Resonator möglichst nahe gelegenes Minimum zur Bezugsebene zu wählen, um die Frequenzabhängigkeit der Leitungslänge bis zum Resonator möglichst gering zu halten. (Bei geringen Gütewerten, die große $\Delta f$ während der Messung ergeben, kann dennoch eine Korrektur des $l_\mathrm{e}/\lambda$ erforderlich werden.) Anschließend sucht man die Resonanzabstimmung. Bei phasenreinem $R_\mathrm{i}$ des Generatordämpfungsglieds entspricht die Resonanzeinstellung maximaler Spannung an der Meßleitungssonde an ihrer ursprünglichen Stellung. Bei hohen Gütewerten ist die Abstimmung sehr langsam zu betätigen, um den Resonanzpunkt nicht zu übersehen. Bei Resonanzeinstellung mißt man nun durch Sondenverschiebung, wie groß $m_0$ ist, und prüft, ob sich in der Bezugsebene ein Minimum oder ein Maximum der Spannungsverteilung befindet. Im ersten Fall ist $R_0 = m_0 Z_\mathrm{L}$ bzw. $k = m_0$ (Abbildung 9.11b), im zweiten Fall ist $R_0 = Z_\mathrm{L}/m_0$ bzw. $k = 1/m_0$ (Abb. 9.11c). Besitzt man eine Meßleitung mit Sichtanzeige (Abschn. 6.22b), so findet man den Resonanzpunkt bei Abstimmung auf maximalen $m$-Wert, eine Korrektur infolge Phasenfehler von $R_\mathrm{i}$ entfällt.

Im weiteren Verlauf der Messung kann man nach dem üblichen Impedanzmeßverfahren mehrere Punkte der Ortskurve mittels $m$ und $l/\lambda$ ermitteln und die zugehörigen Frequenzen feststellen ($Z_\mathrm{a}; f_\mathrm{a}; Z_\mathrm{b}; f_\mathrm{b}$), wie dies in Abb. 9.9 skizziert ist. Hierbei durchlaufen die Impedanzwerte auch die Punkte $Z_1$ und $Z_2$, die auf den unter 45° zur reellen Achse liegenden Geraden $R = \pm X$ liegen. Diese „Bandbreitenpunkte" ergeben sich bei den Frequenzen $f_1$ und $f_2$. Es ist nun $f_0 - f_1 = f_2 - f_0 = \Delta f$ und nach Gl. (9.7) im Bandbreitenpunkt für $R = X$ die relative Verstimmung $V = -1$. Damit wird nach Gl. (9.4):

$$Q = \frac{f_0}{2\Delta f} = \frac{f_0}{f_2 - f_1}. \qquad (9.17)$$

Handelt es sich um einen Resonator nach Abb. 9.1a, so ist $Q_\mathrm{u}$ einzusetzen, wird ein Resonator nach Abb. 9.1b, der ausgangsseitig belastet ist, so ergibt Gl. (9.17) den Wert für $Q_\mathrm{L}$.

Da es zeitraubend oder schwierig ist, die Frequenzen $f_1$ bzw. $f_2$ genau zu treffen, kann man diese Frequenzpunkte auch grafisch nach Abb. 9.9 ermitteln [9.1a, 9.4]: Zeichnet man eine Gerade, die senkrecht zur reellen Achse steht und verlängert man die unter 45° geneigten Geraden $R = \pm X$ bis zum Schnitt mit der ersten Geraden, so kann man die Schnittpunkte mit den Frequenzen $f_1$ bzw. $f_2$ oder mit der Verstimmung $V = \mp 1$ bezeichnen. Auf der Geraden ist dann der Frequenz- bzw. Verstimmungsmaßstab linear. Man kann also bei Kenntnis einer an einer beliebigen

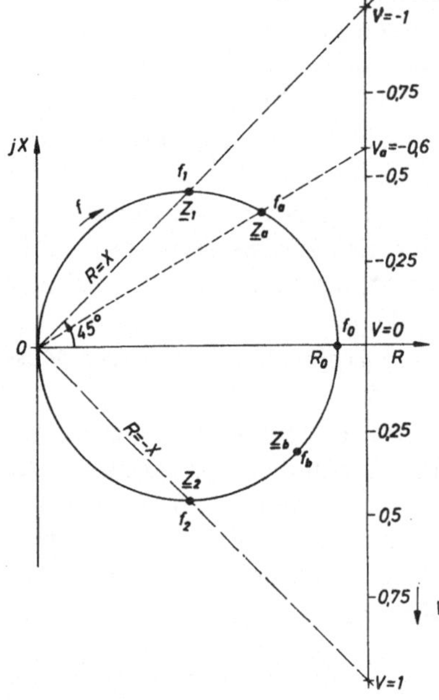

Abb. 9.9
Gewinnung des Frequenzmaßstabes
auf dem Impedanzkreis
(kartesische Koordinaten)

Stelle des Kreises liegenden Impedanz $\underline{Z}_a$ und der zugehörigen Frequenz $f_a$ die Verstimmung $V_a$ grafisch ermitteln und daraus die Kreisgüte wie folgt berechnen:

$$Q = V_a \cdot \frac{f_0}{2\,(f_a - f_0)} \, . \tag{9.18}$$

Abb. 9.10 zeigt die gleiche Konstruktion im „Smith"-Diagramm. Hier liegen alle Punkte $R = X$ auf einem Kreis, der durch $R = 0$ und $R = \infty$ geht und der seinen Mittelpunkt auf dem Umfang bei $X = -1$ hat. Der Schnittpunkt des Impedanzkreises mit dem Kreis $R = X$ ist der Bandbreitenpunkt ($V = -1$).
Zur Erhöhung der Genauigkeit kann man mehrere Impedanzpunkte bei verschiedenen Frequenzen messen und einen Mittelwert bilden. Im Prinzip ist jedoch die

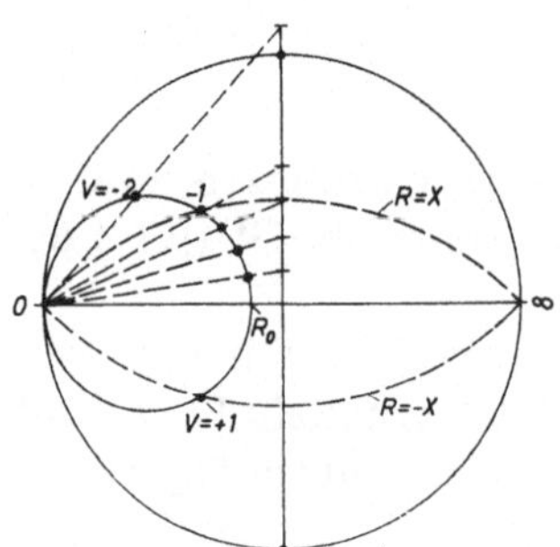

Abb. 9.10
Gewinnung des Frequenzmaßstabes
und Ermittlung der Bandbreitenpunkte
im Smith-Diagramm

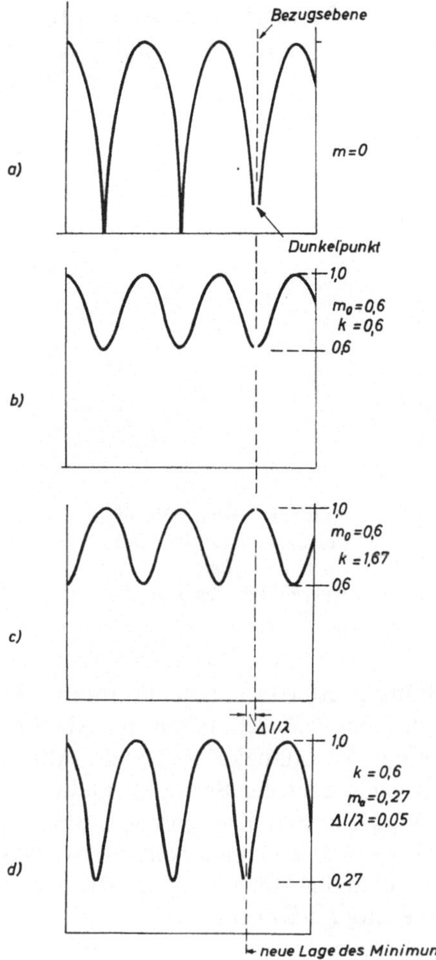



Abb. 9.11
Spannungsverlauf auf der Meßleitung
bei der Impedanzmessung an Resonatoren

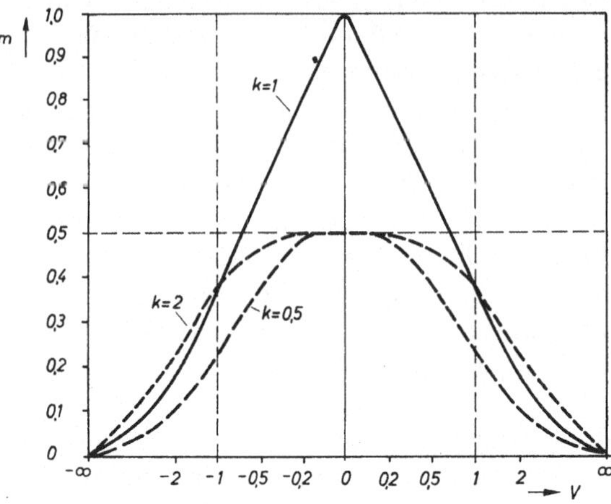



Abb. 9.12 Variation der Welligkeit m
in Abhängigkeit
von der relativen Verstimmung V

Ermittlung der Impedanz mit beiden Koordinaten nicht notwendig. Man kann die relative Verstimmung auch nur mit Hilfe der $m$-Messung oder mit der $l/\lambda$-Messung allein bestimmen. Welche der beiden Methoden zu größerer Genauigkeit führt, hängt von der Größe des Ankopplungsfaktors $k$ ab, der in jedem Fall zu Beginn der Messung ermittelt werden muß.

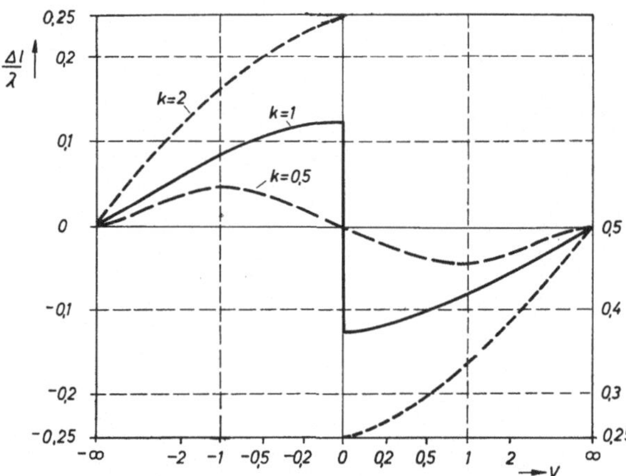


*Abb. 9.13  Verschiebung des Spannungsminimums in Abhängigkeit von der Verstimmung V*

Abb. 9.12 zeigt die Veränderung des $m$ in Abhängigkeit von der Verstimmung $V$. Als Parameter ist $k$ eingetragen. Man sieht, daß beim Durchdrehen der Abstimmung der $m$-Wert einen Verlauf nimmt, der einer Resonanzkurve ähnelt. Abbildung 9.13 gibt die Verschiebung des Minimums gegenüber der Bezugsebene in Abhängigkeit von der Verstimmung wieder. Der Vergleich der Kurven zeigt, daß für kleine Kopplungsfaktoren ($k < 1$) die $m$-Messung größere Genauigkeiten erwarten läßt. Bei starker Ankopplung ($k > 1$) ändert sich $m$ in der Umgebung der Resonanz nur wenig; hier ist die Messung der Phasenänderung ($\Delta l/\lambda$) genauer.

Zur Auswertung der Messung kann man die Kurven der Abb. 9.14 und 9.15 benützen: Bei der Resonanzfrequenz $f_0$ wird wie oben der Kopplungsfaktor $k$ bestimmt (Abb. 9.11 b oder c). Dann wird eine Frequenz $f_a$ so eingestellt, daß sich ein $m_a$ ergibt, das etwa in der Mitte zwischen $m = 0$ (völlige Verstimmung) und $m_0$ (Resonanz) liegt. In Abb. 9.14 kann die relative Verstimmung $V_a$ abgelesen und $Q$ an Hand von Gl. (9.18) berechnet werden. Mittels Abb. 9.15 kann für $\Delta l/\lambda$ in gleicher Weise verfahren werden. Zur Erhöhung der Genauigkeit kann die Kombination von $m$- und $l/\lambda$-Messung bei mehreren Frequenzen beiderseits von $f_0$ zweckmäßig sein.

Eine Meßmethode, bei der die Berücksichtigung des Kopplungsfaktors unterbleiben kann, ist in [9.2] angegeben. Hierbei wird zwischen Resonator und Meßleitung eine möglichst dämpfungsarme Transformationsschaltung eingefügt und so eingestellt, daß $m_0 = 1$ wird. Für $V = 1$ ergibt sich dann immer $m_1 = 0{,}38$ bzw. $\Delta l/\lambda = 0{,}09$. Die Methode eignet sich vor allem für Meßleitungen mit Sichtanzeige und Messungen an größeren Serien.

Die Verwendung von Richtkopplern (vgl. auch Abschn. 9.23) zur Gütemessung kann eine eindeutige Bestimmung von $k$ möglich machen, wenn man z. B. mit Hilfe

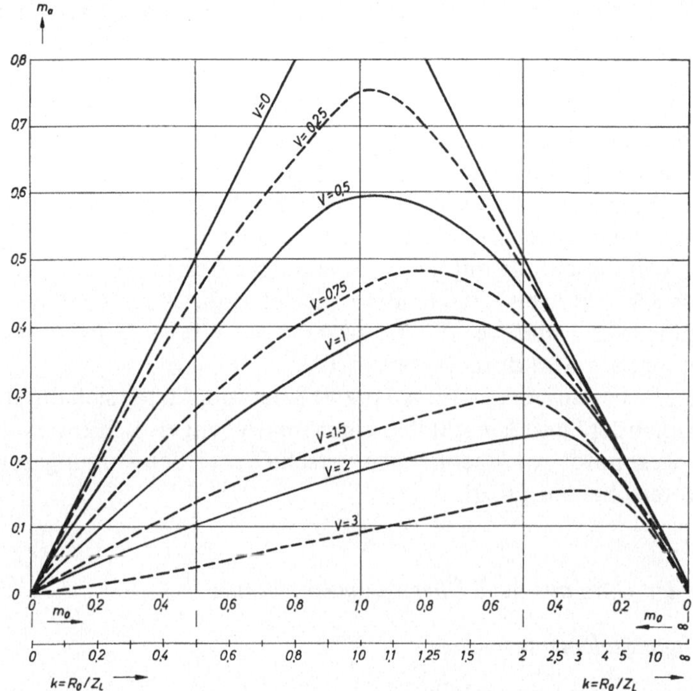

Abb. 9.14 Zusammenhang zwischen der Welligkeit bei Resonanz $m_0$ und der Welligkeit bei Verstimmung $m_a$

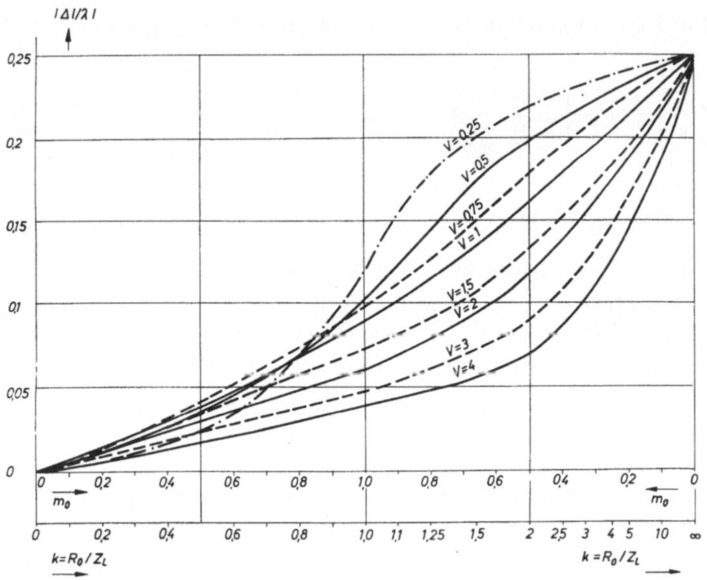

Abb. 9.15 Zusammenhang zwischen der Welligkeit bei Resonanz $m_0$ und der Verschiebung des Minimums $\Delta l/\lambda$ bei Verstimmung

eines „Vectorvoltmeters" (Abschn.6.53, [6.225]) oder eines Impedanzschreibers (Abschn.6.6, [6.227]) auch die Phase des Reflexionsfaktors mißt. Bei Verstimmung nach beiden Seiten durchläuft dieser Phasenwinkel für $k > 1$ volle 360°, für $k < 1$ durchläuft er höchstens 180°, und es ergibt sich oberhalb und unterhalb der Resonanzfrequenz ein Maximum des Winkels. Die Abhängigkeit dieses Winkels von der Verstimmung entspricht den in Abb.9.13 gezeichneten Kurven für $\Delta l/\lambda$. Bei direkter Anzeige des Winkels des komplexen Reflexionsfaktors ist jedoch für $\Delta l/\lambda = 0{,}25$ ein Winkel von 180° einzusetzen. Die Ermittlung des Bandbreitenpunktes ($V = 1$) an Hand dieses Winkels kann ebenfalls mit großer Genauigkeit erfolgen. Die entsprechenden Winkelwerte können nach Umrechnung aus der Abb.9.15 entnommen werden. Zu beachten ist für $k < 1$, daß der für $V = 1$ geltende Winkel in Richtung zum Resonanzpunkt ein zweites Mal durchlaufen wird.

Ähnlich der in Abschn.6.25c beschriebenen Impedanzmeßmethode lassen sich durch Frequenzmodulation des Senders und Einschalten einer relativ langen Leitung zwischen Abtastsonde und Resonator die Resonanzen verschiedener Schwingungszustände in der Anzeige unterscheiden [9.29].

## 9.22    *Die Ermittlung der Güte aus dem Übertragungsverhalten*

### a) Resonatoren als Durchgangselemente

Resonatoren mit 2 Ankoppelanschlüssen können natürlich ebenso wie solche, die nur eine Ankopplung besitzen, als Leitungsabschluß nach Abschn.9.21 gemessen werden. Zwischen $Q_u$ und $Q_L$ ist hierbei durch Abtrennen von $R_L$ leicht zu unterscheiden (Gl. (9.12) ...). Verwendet man jedoch bei Resonatoren nach Abb.9.1b die Meßanordnung der Abb.9.16, so geht aus der Messung nur die belastete Güte $Q_L'$

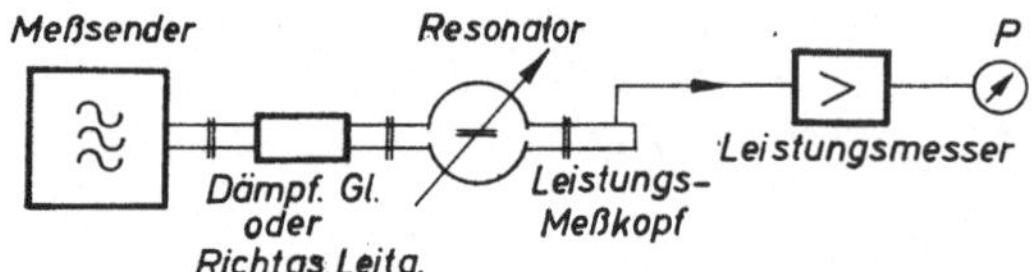


Abb.9.16 *Anordnung zur Messung der Güte aus dem Übertragungsverhalten*

hervor (Gl. (9.15)), da der Generatorinnenwiderstand den Resonator zusätzlich bedämpft. Die Meßmethode an sich ist sehr einfach. Wenn man an die Auskopplung einen Leistungsmesser oder eine im quadratischen Bereich arbeitende Diode anschließt, so ergibt die Anzeige beim Durchlaufen der Frequenz eine Resonanzkurve nach Abb.9.17. Die Punkte halber Leistung $P_L/P_{Lmax} = 0{,}5$ entsprechen den Bandbreitepunkten und die Anwendung der Gl. (9.17) erlaubt, aus $f_0, f_1$ und $f_2$ die Güte $Q_L'$ zu berechnen.

Ebenso wie bei dem im vorhergehenden Abschnitt geschilderten Meßverfahren kann hier sowohl der Resonator als auch der Sender in der Frequenz durchgestimmt werden. Im zweiten Fall ist jedoch auf konstante Senderleistung zu achten (Kontrollinstrument) bzw. die Leistung über einen Regelkreis, wie z.B. in Abb.9.18, zu stabilisieren.

Die unbelastete Güte $Q_u$ kann hier nach Gl. (9.15) nur ermittelt werden, wenn die Kopplungsfaktoren $k_1$ und $k_2$ bekannt sind. Da dies meist nicht der Fall ist, muß die Kopplung gesondert bestimmt werden, wenn $Q_u$ verlangt ist. Im Falle variabler

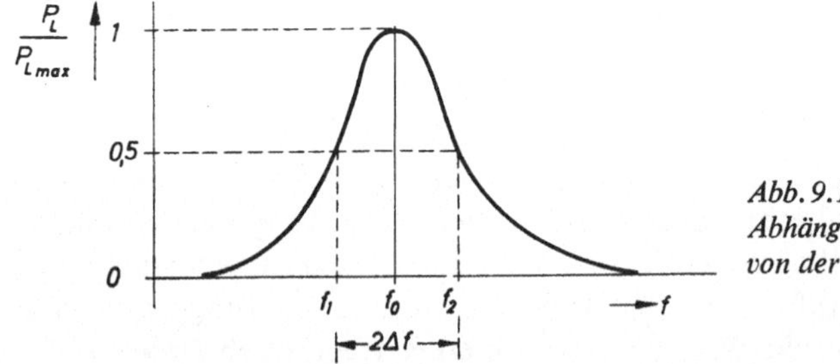

*Abb. 9.17*
*Abhängigkeit der übertragenen Leistung*
*von der Abstimmung*

Kopplung (z. B. verdrehbare Koppelschleifen) kann man die Kopplung so lange verringern, bis die gemessene Güte konstant bleibt, da für $k \ll 1$ die äußere Belastung vernachlässigbar ist ($Q_u \approx Q_L \approx Q_L'$).[1]
Ist dies nicht möglich, so muß man zur Messung von $P_L$ einen angepaßten Leistungsmesser ($R_L = Z_L$) verwenden und außer $P_L/P_{L\,max}$ auch die Leistung $P_0$ messen, die *ohne* Zwischenschaltung des Resonators vom Generator an einen angepaßten Ver-

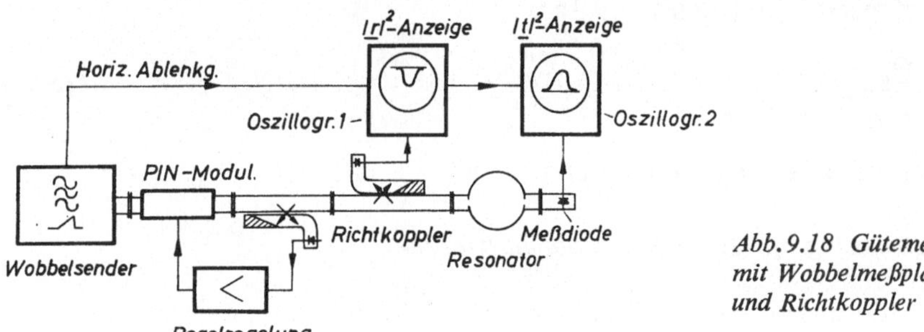


*Abb. 9.18 Gütemessung*
*mit Wobbelmeßplatz*
*und Richtkoppler*

braucher abgegeben wird (vgl. Abschn. 5.1). Damit läßt sich der Betrag des Übertragungsfaktors $t_{12}$ des Resonators bestimmen (s. a. Gl. (7.8)):

$$|t_{12}|^2 = \frac{P_{L\,max}}{P_0} \tag{9.19}$$

Die Messung der Einfügungsdämpfung (Abschn. 10.1) ist hierfür ebenfalls möglich. Nach [9.2, 9.3a] ist dann für $k_1 = k_2 = k$:

$$Q_u = \frac{Q_L'}{1 - |t_{12}|} = \frac{Q_L'}{1 - \sqrt{P_{L\,max}/P_0}} \tag{9.20}$$

---

[1] Extremlose Kopplung kann jedoch auch zu Fehlmessungen der Güte führen.

bzw.

$$k = \frac{|t_{12}|}{2\,(1 - |t_{12}|)}. \tag{9.21}$$

Für unsymmetrische Ankopplung $k_1 \neq k_2$ muß $P_{\mathrm{L\,max}}/P_0$ ein zweites Mal bei vertauschten Resonatorklemmen gemessen werden.

### b) Seitlich angekoppelte Resonatoren

Resonatoren, die nach Abb. 9.1c seitlich an eine Leitung angekoppelt sind, beeinflussen den Leistungsfluß auf dieser Leitung nur in der Umgebung der Resonanz. Sie stellen dann einen Querleitwert dar [9.3e], der eine Reflexion verursacht und auch einen Teil der Leistung aufnimmt. Bei Blindabschluß der Leitung kann zwar die Impedanzmessung nach Abschn. 9.21 vorgenommen werden, doch ändert sich $k$ mit der Lage des Kurzschlusses und etwaige Verluste im Kurzschluß können die Gütemessung verfälschen.

Einfacher und zuverlässiger ist eine der Abb. 9.16 ähnliche Meßanordnung. Die sich hier ergebende Resonanzkurve hat, verglichen mit Abb. 9.17, die umgekehrte Lage [9.2, 9.3e]. Bei großer Verstimmung erscheint am Ausgang die maximale Leistung $P_{\mathrm{L}}$, bei Resonanz tritt die kleinste Leistung $P_{\mathrm{L\,min}}$ auf. Der Leistungsmesser sollte auf jeden Fall angepaßt sein. Die Güte $Q_{\mathrm{L}}'$ kann ebenfalls aus Gl. (9.17) für die Punkte halben Leistungsabfalls $P_{\mathrm{L\,min}}/P_{\mathrm{L}} = 0{,}5$ berechnet werden. Die Güte $Q_{\mathrm{u}}$ des unbelasteten Kreises ergibt sich zu [9.3a]:

$$Q_{\mathrm{u}} = \frac{Q_{\mathrm{L}}'}{|t_{12}|}, \tag{9.22}$$

wobei $|t_{12}|$ wie unter a) bestimmt werden kann.

### 9.23  *Gütemessung mit Hilfe von Wobbelverfahren*

Mit Wobbelsendern (vgl. Abschn. 2.6) lassen sich sehr zeitsparende Meßanordnungen zur Gütemessung aufbauen. Diese Wobbelverfahren, die meist eine direkte Anzeige des Übertragungs- oder des Reflexionsfaktors auf dem Oszillografenschirm vorsehen, werden oft auch als „dynamische Gütemeßverfahren" bezeichnet [9.1d, 9.3a, 9.6b, 9.21, 9.36, 9.37 und 9.44].

Im Bild 9.18 ist eine derartige Meßanordnung skizziert. Auf dem Schirm des Oszillografen 1 wird die dem Richtkoppler entnommene gleichgerichtete Spannung angezeigt. Sie ist gewöhnlich $|r|^2$, dem Quadrat des Reflexionsfaktors proportional. Man kann nun den zur Resonanzfrequenz $f_0$ gehörenden minimalen Reflexionsfaktor $|r_0|$ ablesen und nach Gl. (1.14) in den Wert $m_0$ umrechnen. Ist bekannt, ob der Kopplungsfaktor $k < 1$ oder $k > 1$ ist, so kann man die Kurven der Abb. 9.14 benutzen, um aus einem weiteren Wertepaar $f_{\mathrm{a}}$, $m_{\mathrm{a}}$ die relative Verstimmung $V_{\mathrm{a}}$ zu ermitteln und nach Gl. (9.18) die Güte zu berechnen. Je nachdem, ob am Ausgang des Resonators die Meßdiode – die gut angepaßt sein sollte – angeschlossen ist oder nicht, erhält man die Güte $Q_{\mathrm{L}}$ bzw. $Q_{\mathrm{u}}$. Ist der Kopplungsfaktor nicht bekannt, so bekommt man für $k = m_0$ und $k = 1/m_0$ zwei verschiedene Ergebnisse. Um das richtige auszuwählen, kann man entweder die Form der Kurve $m = f(f)$ ähnlich Abb. 9.12 oder die Messung des Übertragungsfaktors am Oszillografen 2 der Abb. 9.18 zum Vergleich heranziehen.

Hat man einen Resonator zu messen, der nur *eine* Ankopplung besitzt, so bleibt nur die erste Möglichkeit. In diesem Falle kann man an mehreren Frequenzpunkten den zugehörigen $|r|$- bzw. $m$-Wert feststellen und über $V$ die Güte berechnen. Ergibt sich überall der gleiche Wert, so ist $k$ richtig gewählt.

Die auf dem Oszillografen 2 wiedergegebene Kurve des Übertragungsfaktorquadrates entspricht der Abb. 9.17 und kann ebenso ausgewertet werden, wie unter 9.22 b beschrieben. Der Vergleich der hierbei gemessenen Güte $Q'_L$ mit der über $|r|^2$ ermittelten Güte $Q_L$ gestattet die Bestimmung von $k$, sofern die Ankopplungen symmetrisch sind ($k = k_1 = k_2$). Dann ist

$$k = \frac{Q_L}{Q'_L} - 1 \qquad\qquad (9.23)$$

und $Q_u$ kann nach Gl. (9.14) berechnet werden. Ist $k_1 = k_2 \ll 1$, so unterscheiden sich die gemessenen Güten kaum und es ist $Q_u \approx Q_L \approx Q'_L$. Wenn $k_2 \ll k_1$, so ergibt die Reflexionsfaktormessung $Q_u$ und die Übertragungsfaktormessung $Q_L$. Dann kann $k_1$ nach Gl. (9.14) berechnet oder der richtige Wert aus den beiden Möglichkeiten, die die $|r_0|$- bzw. $m_0$-Bestimmung offenläßt, ausgesondert werden.

Prinzipiell muß man jedoch für beliebige $k_1 \neq k_2$ den Resonator in beiden Richtungen messen, was je zwei verschiedene Werte für $Q_L$ und $Q'_L$ ergibt, um $k_1$, $k_2$ und $Q_u$ bestimmen zu können.

Die in Abschn. 6.6 erwähnten Impedanzschreiber [6.227] lassen auch im Wobbelverfahren die Lage des Impedanzkreises direkt erkennen und so die Bandbreitenpunkte bestimmen. Auch die oszillografische Darstellung des Phasenverlaufs und damit die Bestimmung von $k$ ist mit diesen Geräten möglich (s. Seite 223).

Die Frequenzmessung wird bei den Wobbelverfahren meist durch Einblenden von gesondert erzeugten Frequenzmarken erleichtert. Die hierzu notwendigen Schaltungsteile sind in Abb. 9.18 aus Vereinfachungsgründen weggelassen. Die Einblendung erfolgt entweder durch eine zusätzliche kurze Vertikalablenkung oder durch Ansteuern des Wehneltzylinders der Bildröhre, um einen Dunkelpunkt oder aufgehellten Fleck im Verlauf der Resonanzkurve zu erzeugen. Die Gewinnung der notwendigen Impulse erfolgt entweder über Mikrowellenresonatoren sehr hoher Güte, die beim Durchlaufen der gewobbelten Senderfrequenz durch ihre Resonanz über eine lose angekoppelte Diode eine Spannung abgeben oder durch Mischung der Wobbelfrequenz mit einer Festfrequenz, wobei in einem schmalen NF-Kanal kurzzeitig ein Signal entsteht, wenn die Frequenzen gleich sind. Es ist auch möglich, einen schmalen abstimmbaren ZF-Kanal zu verwenden. Dann tritt die Schwebung zweimal auf und der Abstand der Frequenzmarken ist durch die ZF-Abstimmung einstellbar [9.1 d, 9.3 a, 9.6 b] (vgl. auch Abschn. 12.3).

Zur Gütemessung sind auch Verfahren bekannt, bei denen durch Mischung mit einer Festfrequenz eine im gleichen Rhythmus gewobbelte Zwischenfrequenz entsteht, die einem Vergleichsresonanzkreis im ZF-Gebiet zugeführt wird. Dieser aus $L$, $C$ und variablem Parallelwiderstand bestehende ZF-Resonanzkreis ist einfach in seiner Güte zu eichen. Seine Durchlaßkurve wird über einen elektronischen Schalter auf dem gleichen Schirmbild dargestellt wie die Durchlaßkurve des Mikrowellenresonators. Werden beide Kurven in Deckung gebracht, so läßt sich die Güte am $R_\mathrm{p}$ des ZF-Kreises ablesen [9.1d, 9.28].

Auch der Vergleich zweier Mikrowellenresonatoren, die an verschiedene Arme einer Mikrowellenbrücke (vgl. Abschn. 6.42) angeschaltet sind, ist möglich [9.2, 9.30].


## 9.3  Gütemessung mittels modulierter Schwingungen

### 9.31  *Gütemessung über die Phasenverschiebung der Modulation*

Gibt man eine modulierte Schwingung auf einen Resonanzkreis, so erfahren ihre Seitenbänder eine Phasenverschiebung von $\pm 45°$ gegenüber der Trägerschwingung, wenn die Modulationsfrequenz $f_\mathrm{m}$ und damit der Abstand der Seitenbänder vom Träger $f_0$ gerade der Bandbreite des Resonanzkreises $\Delta f$ entspricht. Da eine symmetrische Phasenverschiebung der Seitenbandschwingungen um $\pm\varphi$ einer Phasenverschiebung der Modulation um $\varphi$ entspricht, kann man durch Vergleich der Phase der Modulation der vor und nach dem Resonator entnommenen Spannungen auf die Bandbreite bzw. die Güte des Resonators schließen. Man kann hierfür sowohl Amplitudenmodulation als auch Frequenzmodulation mit kleinem Hub (wobei die Seitenbänder mit einem Frequenzabstand $\geqslant 2 f_\mathrm{m}$ vernachlässigbar sind) verwenden. Der Zusammenhang zwischen Modulationsfrequenz und Bandbreite ist allgemein:

$$f_\mathrm{m} = \Delta f \tan \varphi \tag{9.24}$$

und nach Gl. (9.17)

$$Q_\mathrm{L}' = \frac{f_0}{2 f_\mathrm{m}} \tan \varphi . \tag{9.25}$$

Auf Grund der verwendeten Schaltung entspricht das Meßergebnis der belasteten Güte $Q_\mathrm{L}'$ nach G.l (9.15). Der prinzipielle Aufbau einer derartigen Meßschaltung entspricht der Abb. 9.19 [9.31].

Will man die unbelastete Güte des Resonators messen, so muß man die Kopplung auf beiden Seiten sehr lose machen ($k \ll 1$ ergibt $Q \approx Q_\mathrm{L}'$) und muß zur Demodulation Überlagerungsempfänger verwenden, um genügende Empfindlichkeit zu erreichen. In diesem Fall ist es zweckmäßig, nur einen Empfänger zu verwenden und das Signal mit Hilfe eines Umschalters wechselweise *vor* und *nach* dem Resonator abzugreifen, wobei die Phase der Modulation durch Vergleich mit dem NF-Generator ermittelt wird. Eine solche Anordnung für Amplitudenmodulation ist in Abb. 9.20 gezeigt [9.32]; eine ähnliche Schaltung für frequenzmoduliertes Signal gibt Abb. 9.21 wieder [9.33]. Nach Gl. (9.25) kann man sowohl mit variabler Modulationsfrequenz $f_\mathrm{m}$ arbeiten und auf einen bestimmten Wert des Phasenwinkels $\varphi$

einstellen als auch mit fester Modulationsfrequenz die Veränderung des $\varphi$ beobachten. Letzteres hat den Vorteil, daß man selektive NF-Verstärker verwenden kann, wodurch der Rauschabstand steigt. Der Einsatz eines geeichten Phasenschiebers mit einem Oszillografen als Anzeigeorgan (Abb. 9.21) ist zwar umständlicher aber

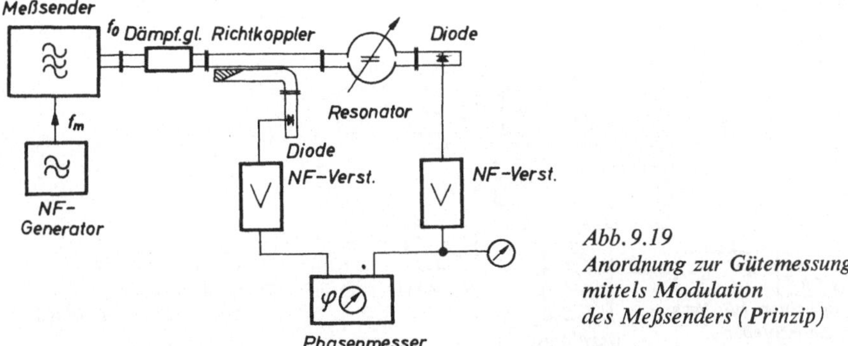


Abb. 9.19
Anordnung zur Gütemessung
mittels Modulation
des Meßsenders (Prinzip)

weniger aufwendig als der eines direktzeigenden Phasenmessers (Abb. 9.19 und 9.20). Bei fester Kopplung ist die zusätzliche Messung des $k$ über $m_0$ oder $|\underline{r}_0|$ nach Abschnitt 9.2 angebracht.

Die Anforderungen, die an die Einstellgenauigkeit der Meßfrequenz $f_0$ gestellt werden, sind bei dem oben beschriebenen Meßverfahren sehr viel geringer als bei Gütemessungen nach Abschn. 9.2. Auch die Frequenzkonstanz des Meßsenders kann etwas geringer sein. Eine Frequenzdrift, die bei Messungen nach Abschn. 9.2 einen erheblichen Fehler der interessierenden Frequenzdifferenz hervorrufen würde,

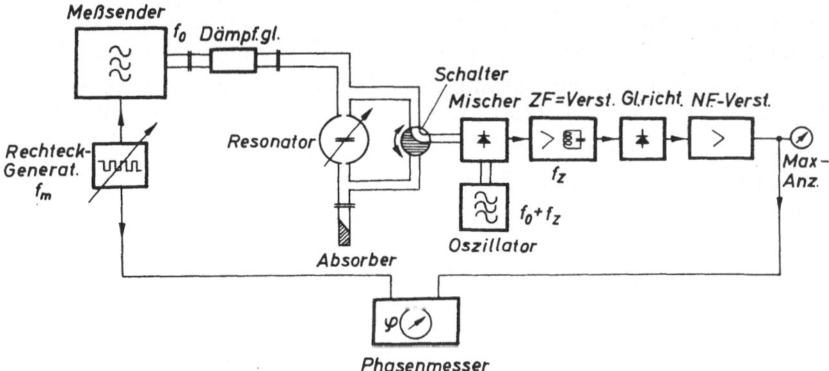


Abb. 9.20  Anordnung zur Gütemessung mittels Amplitudenmodulation

kann hier nicht auftreten, da nur *eine* Messung über den Resonator vorgenommen wird. Eine unerwünschte Frequenzmodulation (z. B. Frequenzbrumm) äußert sich bei den Impedanzverfahren in einer „Unschärfe" der Meßwerte. Bei den Modulationsverfahren kann man einer Störfrequenzmodulation durch einen trägheitslos anzeigenden Phasenmesser begegnen: Da bei genauer Übereinstimmung der Sendefrequenz mit der Resonanzfrequenz $f_0$ des Resonators die Phasenverschiebung $\varphi$ der Modulation ein Maximum besitzt, muß man bei schwankender Anzeige das *Anzeigemaximum* ablesen, um den richtigen Meßwert zu erhalten.

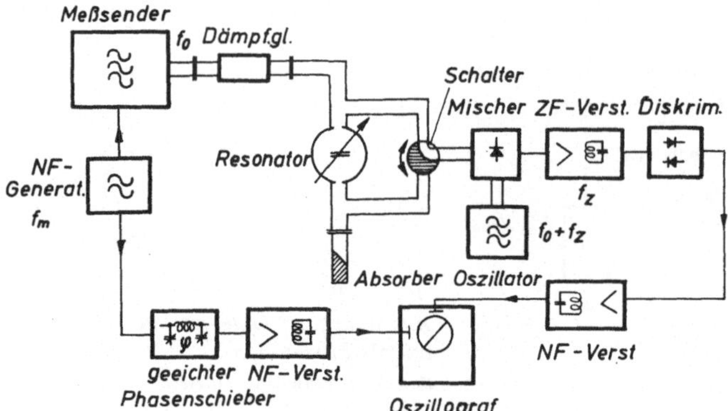



*Abb. 9.21 Anordnung zur Gütemessung mittels Frequenzmodulation*

Mit den Verfahren nach [9.32 und 9.33] konnten Kreisgüten zwischen 5000 und 30000 bei $f_0 \approx 3$ GHz gemessen werden, wobei der Meßfehler zwischen 4% und 10% lag.

## 9.32 *Gütemessung über die Oberwellenbildung der Modulation*

Zur Gütemessung können auch die Auswirkungen der Krümmung der Resonanzkurve herangezogen werden. So ist es möglich, den Meßsender mit $f_m$ in der Frequenz zu modulieren und am Ausgang des Resonators einen AM-Demodulator mit einem nachfolgenden auf $2 f_m$ abgestimmten NF-Verstärker anzuschließen. Dann ergibt die Größe der an der Kurvenkrümmung im Scheitel der Resonanzkurve entstehenden Oberwellenspannung ein Maß für die Güte des Resonators [9.1d, 9.36]. Eine andere Meßmethode bestimmt mit Hilfe der Oberwellenbildung den Wendepunkt der Filterkurve als Punkt minimaler Krümmung. Diese als „inflection points" bezeichneten Punkte ergeben einen Frequenzabstand $\Delta f_i = \Delta f / \sqrt{2}$, wenn $\Delta f$ den Frequenzabstand der Bandbreitenpunkte nach Gl. (9.4) bezeichnet [9.36]. Auch die Messung der Kurvenkrümmung nach der Intermodulationsmethode, bei der der Sender mit $f_{m1}$ und $f_{m2}$ frequenzmoduliert wird und die Entstehung der Differenzfrequenz $f_{m1} - f_{m2}$ beobachtet wird, kann hierfür Verwendung finden [9.36].

## 9.33 *Gütemessung mittels Impulstastung*

Der Abklingvorgang der Schwingungen eines Resonanzkreises nach einer Stoßerregung verläuft nach einer $e$-Funktion, wobei die Zeitkonstante $T$ proportional zur Kreisgüte ist. Man kann deshalb aus dem Verlauf des Ausschwingvorganges auf die Güte schließen. Die hierfür gebräuchlichen Meßverfahren [9.1e, 9.2, 9.3a, 9.4,

9.6c, 9.34, 9.35] stellen insofern eine gute Ergänzung der anderen oben beschriebenen Meßmethoden dar, als bei diesen die Meßgenauigkeit mit steigender Güte geringer wird, der Ausklingvorgang jedoch mit größerer Güte länger anhält und die notwendige Zeitmessung genauer durchzuführen ist. Die Gütemessung mit Hilfe des Ausschwingvorganges ist also für sehr hohe Gütewerte besonders geeignet.

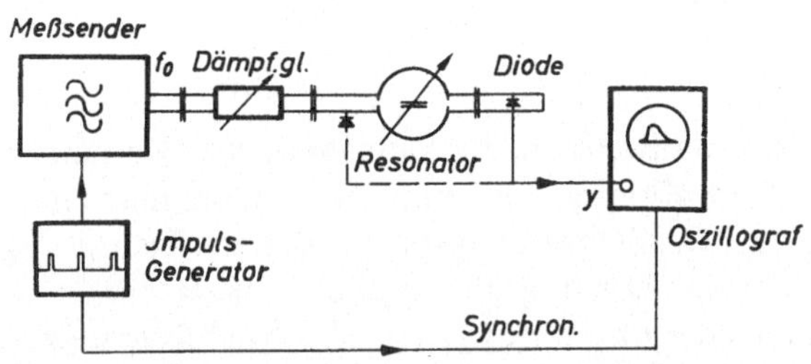


Abb. 9.22 *Anordnung zur Gütemessung aus dem Ausschwingverhalten (Echobox)*

Der prinzipielle Meßaufbau ist in Abb. 9.22 angedeutet: Der auf die Resonanzfrequenz $f_0$ des Resonators abgestimmte Sender wird impulsgetastet, wobei die Impulsdauer $\tau > 5\,T$ sein sollte. Die Abfallzeit des Sendeimpulses sollte kleiner als $T/10$ sein. Der Amplitudenverlauf der hochfrequenten Schwingung wird entweder an der zweiten Auskopplung des Resonators oder parallel zur Einspeisung (in Abb. 9.22 gestrichelt) abgenommen und über einen Gleichrichter der Vertikalablenkung des Oszillografen zugeführt. Anstelle der Diodengleichrichtung wird

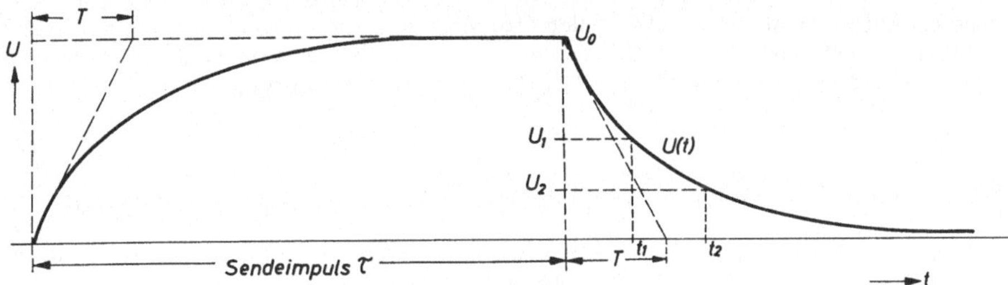


Abb. 9.23 *Spannungsverlauf am Resonatorausgang*

häufig ein Überlagerungsempfänger verwendet, der jedoch genügend große ZF-Bandbreite besitzen muß. Man kann dann auf dem Oszillografen direkt die ZF-Spannung sichtbar machen und ihre Einhüllende auswerten.

Der bei linearer Gleichrichtung entstehende Spannungsverlauf $u(t)$ ist in Abb. 9.23 gezeichnet. Nach Abschaltung des Sendeimpulses ist

$$u(t) = U_0 e^{-\frac{t}{T}} \tag{9.26}$$

mit

$$T = \frac{Q_L}{\pi f_0} \tag{9.27}$$

Bei geeichter Zeitablenkung des Oszillografen läßt sich die Zeitkonstante $T$ aus der Anfangstangente der $e$-Funktion grob abschätzen und die Güte nach Gl. (9.27) berechnen. Genauere Ergebnisse erhält man, wenn man im Zeitpunkt $t_1$ die Spannung $U_1$ und zur Zeit $t_2$ die Spannung $U_2$ abliest und hieraus die Güte bestimmt:

$$Q_\mathrm{L} = \pi f_0 \, \frac{t_2 - t_1}{\ln \dfrac{U_1}{U_2}} \qquad\qquad (9.28)$$

Kann man keine lineare Gleichrichtung anwenden, so kann man das Verhältnis $U_1/U_2$ auch mit Hilfe eines geeichten Dämpfungsgliedes einstellen, indem man einen beliebigen Punkt der Kurve $u(t)$ auf dem Oszillografen festlegt, dann die Dämpfung um $A/\mathrm{dB}$ reduziert und den Zeitpunkt des Oszillografentriggers um $\Delta t = t_2 - t_1$ so weit verschiebt, bis die Kurve $u(t)$ wieder durch den gleichen, vorher festgelegten Punkt des Oszillografenschirmes geht [9.6c]. Dann ist:

$$Q_\mathrm{L} = \pi f_0 \, 8{,}68 \cdot \frac{A}{\Delta t} \qquad\qquad (9.29)$$

Es ist auch möglich, eine direkte $Q$-Anzeige zu erhalten, wenn man über eine elektronische Schaltung einen Kondensator mit konstantem Strom auflädt, der beim Pegel $U_1$ ein- und beim Pegel $U_2$ abgeschaltet wird [9.4]. Auch das gleichzeitige Sichtbarmachen der Entladekurve eines verstellbaren RC-Gliedes auf dem Oszillografen kann zur Bestimmung von $T$ herangezogen werden.

Nimmt man als Auflösungsvermögen eines guten Oszillografen 10 ns an, so kann bei $f_0 = 10\ \mathrm{GHz}$ als kleinste Güte etwa $Q = 6000$ mit einer Genauigkeit von etwa 5% bestimmt werden. Bei größeren Gütewerten oder niedrigeren Frequenzen steigt die Genauigkeit entsprechend.

## Literatur


[9.1] *El. Ginzton:* Microwave Measurements. McGraw-Hill, New York, Toronto, London (1957), a) S.391, b) S.354, c) S.435, d) S.431, e) S.428.

[9.2] *F. J. Tischer:* Mikrowellen-Meßtechnik. Springer, Berlin (1958) S.198.

[9.3] *G. Megla:* Dezimeterwellentechnik. Berliner Union Stuttgart, 5. Aufl. (1962), a) S.753, b) S.350, c) S.231, d) S.182, e) S.311.

[9.4] *H. M. Barlow* u. *A. L. Cullen:* Microwave Measurements. Constable & Co., London (1950) S.254.

[9.5] *D. D. King:* Measurements at Centimeter Wavelength. D. v. Nostrand Co., New York, Toronto, London (1952), S.128.

[9.6] *C. G. Montgomery:* Technique of Microwave Measurements. MIT Rad. Lab. Series Bd.11. McGraw-Hill, New York, Toronto, London (1947), a) S.375, b) S.396, c) S.340.

[9.7] *G. L. Ragan:* Microwave Transmission Circuits. MIT Rad. Lab. Series Bd.9. McGraw-Hill, New York, Toronto, London (1948) S.646.

[9.8] *H. H. Meinke* u. *F. W. Gundlach:* Taschenbuch der Hochfrequenztechnik. Springer, Berlin, 2. Aufl. (1962) Abschn. G.

[9.9] *H. H. Meinke:* Kurven, Formeln und Daten aus der Dezimeterwellentechnik. Als Manuskript gedruckt. Techn. Hochschule München (1947) Abschn. IX.

[9.10] *A.F.Harvey:* Microwave Engineering. Academic Press, New York, London (1963) S.193.

[9.11] *H.H.Meinke:* Einführung in die Elektrotechnik höherer Frequenzen. Springer, Berlin, 2.Aufl. (1965) S.96.

[9.12] *G.Pusch:* Frequenzweichen zum Betrieb mehrerer Dezimeterfunkgeräte an einer Antenne. Fernm. Techn. Zeitschr. 5 (1952) S.262.

[9.13] *H.W.Urbarz:* Zur Messung der Güte von Hohlraumresonatoren mit gerader Meßleitung. Nachr. Techn. Zeitschr. 9 (1956) S.112.

[9.14] *H.W.Urbarz:* Zur Gütemessung von leitungsgekoppelten Hohlraumresonatoren mittels Meßleitung. Nachr. Techn. Zeitschr. 11 (1958) S.571.

[9.15] *J.C.Slater:* Microwave Electronics. D. von Nostrand, Princeton, N.J. (1950).

[9.16] *L.C.Maier* u. *J.C.Slater:* Field Strength Measurements in Resonant Cavities. Journ. Appl. Phys. 23 (1952) Nr.1.

[9.17] *W.W.Hansen* u. *R.F.Post:* On the Measurement of Cavity Impedance. Journ. Appl. Phys. 19 (1948) S.1059.

[9.18] *A.Singh:* An Improved Method for the Determination of Q of Cavity Resonators. Transact. Inst. Radio Engrs., MTT-6 (1958) S.155.

[9.19] *E.L.Ginzton:* Microwave Q Measurements in the Presence of Coupling Losses. Transact. Inst. Radio Engrs., MTT-6 (1958) S.383.

[9.20] *W.Altar:* Q Circles – A Means of Analysis of Resonant Microwave Systems. Proc. Inst. Radio Engrs. 35 (1947) S.355 u. 478.

[9.21] *H.Döring* u. *W.Klein:* Resonanzwiderstandsmessungen bei cm-Wellen. Arch. Techn. Messen 191, V 3518-2 T 135.

[9.22] *P.I.Somlo:* Some Aspects of the Measurement of the Q-Factor of Transmission Lines. Transact. Inst. E.E.E., MTT-11 (1963) S.472.

[9.23] *W.Schmidt:* Güte-Kaltmeßverfahren für Magnetrons. Elektron. Rdsch. 11 (1957) S.235.

[9.24] *H.H.Meinke:* Eine Meßleitung mit Sichtanzeige. Fernm. Techn. Zeitschr. 2 (1949) S.233.

[9.25] *L.Malter* u. *G.R.Brewer:* Microwave Q Measurements in the Presence of Series Losses. Journ. Appl. Phys. 20 (1949) S.918.

[9.26] *H.Golde:* Theory and Measurement of Q in Resonant Ring Circuits. Trans. Inst. Radio Engrs., MTT-8 (1960) S.560.

[9.27] *F.Borgnis:* Experimentelle Bestimmung des Resonanzwiderstandes von Resonatoren im cm-Wellenbereich. Naturwissenschaften (1943) H.1/2.

[9.28] *H.Le Caine:* The Q of a Microwave Cavity by Comparison with a Calibrated High-frequency Circuit. Proc. Inst. Radio Engrs. 40 (1952) S.155.

[9.29] *R.Alvarez* u. *J.P.Lindley:* Q Measurement of Strongly Coupled Cavities. Transact. Inst. E.E.E., MTT-11 (1963) S.89.

[9.30] *E.B.Mullen* u. *P.M.Pan:* A Comparison Method for Measuring Cavity Q. Transact. Inst. Radio Engrs. J-4 (1955) S.113.

[9.31] *D.S.Lerner* u. *H.A.Wheeler:* Measurement of Bandwith of Microwave Resonator by Phase Shift of Signal Modulation. Transact. Inst. Radio Engrs., MTT-8 (1960) S.343.

[9.32] *R.Teupser:* Messung der Güte von Hohlraumresonatoren mit Amplitudenmodulation des Senders. Dipl.-Arbeit Inst. f. HF-Technik, Techn. Hochschule, München (1961).

[9.33] *G.Winkler:* Ein Verfahren zur Messung der Güte von Hohlleiterresonatoren mittels einer frequenzmodulierten Schwingung. Dipl.-Arbeit Inst. f. HF-Technik, Techn. Hochschule München (1961).

[9.34] *L.W.Shawe* u. *C.M.Burrell:* A Q-Faktor Comparator for Echo Boxes in the 10 cm-Band. Journ. Inst. Electr. Engrs. Pt. III A Nr. 9 (1946) S.1443.

[9.35] *G. Pusch:* Die Echobox, ihre Theorie und ihre Anwendung in der Radartechnik. Nachr. Techn. Zeitschr. 14 (1961) S.169.

[9.36] *M. Wind* u. *H. Rapaport:* Handbook of Microwave Measurements. Edwards Broth., Ann Arbor, Michig. 2.Aufl. (1955) Bd.1, Sect.V, S.5–6.

[9.37] *A. F. Harvey:* Microwave Engineering. Academic Press, London, New York (1963) S.202.

[9.38] *D. Kajfez:* Graphical Analysis of Q-Circuits. Transact. Inst. E.E.E., MTT-11 (1963) S.453.

[9.39] *H. J. Riblet:* The Coupling Coefficients of an Unsymmetrical High-Q Lossy Waveguide Resonator. Transact. Inst. E.E.E., MTT-11 (1963) S.78.

[9.40] *R. Alvarez* u. *J. P. Lindley:* Q-Measurement of Strongly Coupled Cavities. Transact. Inst. E.E.E., MTT-11 (1963) S.89.

[9.41] *T. Moreno:* Microwave Transmission Design Data. McGraw-Hill, New York, Toronto, London (1948) S.210.

[9.42] *G. L. Hall* u. *P. Parzen:* Measurement of Resonant-Cavity Characteristics. Proc. Inst. Radio Engrs. 41 (1953) S.1769.

[9.43] *R. J. Mohr:* Rapid Measurement of Microwave Cavity Parameters. Microwave Journ. 2 (1959) Nr.6, S.30.

[9.44] *J. K. Hunton* u. *E. Lorence:* Improved Sweep Frequency Techniques for Broadband Microwave Testing. Hewlett-Packard Journ. 12 (1960) Nr.4.

[9.45] *W. C. Jakes:* Analysis of Coupling Loops in Waveguide and Application to the Design of a Diode Switch. Transact. Inst. E.E.E., MTT-14 (1966) S.189.

# KAPITEL 10 · DÄMPFUNGSMESSUNG

## 10.1 Allgemeines

Unter der Dämpfung eines Vierpols – z.B. eines Kabels, eines Filters oder eines Dämpfungsgliedes – versteht man in der Mikrowellentechnik stets das Verhältnis von *Wirkleistungen*. Man kann unterscheiden zwischen Betriebsdämpfung $a_B$ (Gl. (7.18)), allgemeiner Einfügungsdämpfung (Insertion Loss) $a_E$ (Gl. (7.20)) und spezieller Einfügungsdämpfung $a_{E0}$ (Restricted Insertion Loss), wobei die letzte für angepaßten Generatorinnenwiderstand und Verbraucher definiert wird. Dies ist deshalb zweckmäßig, weil dann auch fehlangepaßte Dämpfungsglieder eindeutig mit einer Dämpfungsangabe versehen werden können. Bezeichnet man mit $P_0$ die Leistung, die ein Generator mit $R_i = Z_L$ einem Verbraucher $R_v = Z_L$ zuführt und mit $P_{20}$ diejenige Leistung, die unter Zwischenschaltung eines dämpfenden Vierpols an den gleichen Verbraucher gelangt, so ist definitionsgemäß

$$a_{E0/\mathrm{dB}} = 10 \log \frac{P_0}{P_{20}} \tag{10.1}$$

bzw. für $Z_{L1} = Z_{L2}$

$$a_{E0}/\mathrm{dB} = 20 \log \frac{|\underline{U}_1|}{|\underline{U}_2|} = 8{,}68 \cdot A_{E0}/\mathrm{Np} = 8{,}68 \cdot \ln \frac{|\underline{U}_1|}{|\underline{U}_2|}$$

und nach Gl. (7.8) und (7.20):

$$a_{E0}/\mathrm{dB} = 10 \log \frac{1}{|\underline{S}_{21}|^2} \tag{10.2}$$

Demgegenüber ist die allgemeine Einfügungsdämpfung bei beliebigem Generator- und Verbraucherwiderstand

$$a_{E0}/\mathrm{dB} = 10 \log \frac{P_v}{P_2}, \tag{10.3}$$

wenn man die Bezeichnungen nach Abb. 10.1b und d verwendet. Die Unsicherheit, die sich in der Dämpfungsangabe eines Vierpols ergibt, wenn Generator und Verbraucher nicht angepaßt sind, ist dann

$$\Delta a = |a_{E0} - a_E| = \pm 10 \log \frac{P_0}{P_{20}} \cdot \frac{P_2}{P_v}. \tag{10.3}$$

$\Delta a$ läßt sich mit Hilfe der Ersatzschaltbilder der Abb. 10.1 berechnen, wobei man vereinfachend mit reellen Widerständen $R_n = m_n Z_L$ rechnen und die Voraussetzung treffen kann, daß die innere Dämpfung des Vierpols groß, also keine Impedanzrückwirkung vom Ausgang auf den Eingang vorhanden sei. Der Ansatz der Leistungen für die vier in Abb. 10.1 skizzierten Fälle ergibt mit Gl. (10.3):

$$\Delta a = \pm 20 \log \frac{(1 + m_1)(1 + m_2)(m_i + m_v)}{2(m_i + m_1)(m_2 + m_v)} \tag{10.4}$$

Die Umformung nach Gl. (1.14) führt zu dem in [10.1 c, 10.2] abgeleiteten Ausdruck

$$\Delta a = \pm 20 \log \frac{(1 \pm |r_i \underline{S}_{11}|)(1 \pm \underline{S}_{22} r_v)}{1 \pm |r_i r_v|}, \tag{10.5}$$

wobei $r_i$ und $r_v$ die Reflexionsfaktoren von Generatorinnenwiderstand und Verbraucher und $\underline{S}_{11}$ und $\underline{S}_{22}$ Streumatrixkoeffizienten des Vierpols darstellen.

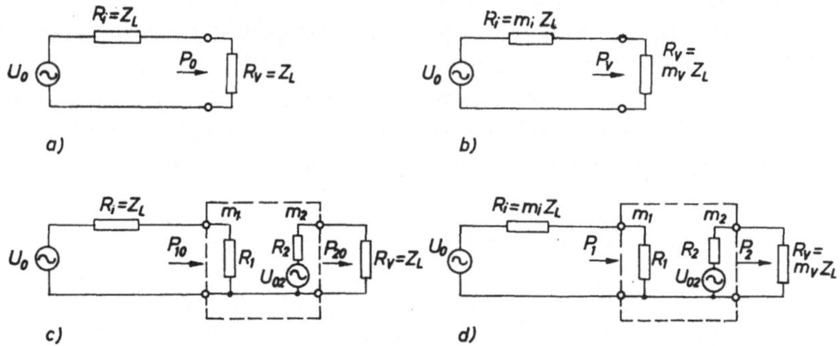

*Abb. 10.1  Zur Definition der speziellen Einfügungsdämpfung*

Spaltet man die Gesamtdämpfung eines Dämpfungsgliedes, dessen Eingang und Ausgang nicht an den Wellenwiderstand der Verbindungsleitung angepaßt ist, in ihre Anteile auf, so ergeben sich (im Gegensatz zu [10.3]) drei Komponenten:

$$a_{E0} = a_{F1} + a_I + a_{F2}, \tag{10.6}$$

$a_{F1}$ und $a_{F2}$ stellen die Fehlanpassungsdämpfungen am Eingang und Ausgang des Dämpfungsgliedes und $a_I$ die innere Dämpfung [10.4 bis 10.6, 10.58] dar. (Die Wechselwirkungsdämpfung zwischen Ein- und Ausgang kann bei großer Dämpfung vernachlässigt werden.) Es ergibt sich aus (10.5):

$$a_{F1} = 10 \log \frac{1}{1 - |\underline{S}_{11}|^2}$$

$$a_I = 10 \log \frac{(1 - |\underline{S}_{11}|^2)(1 - \underline{S}_{22})^2}{|\underline{S}_{21}|^2} \tag{10.7}$$

$$a_{F2} = 10 \log \frac{1}{(1 - \underline{S}_{22})^2},$$

wobei $a_{F1}$ stets einen positiven Dämpfungsanteil erzeugt, das Vorzeichen von $a_{F2}$ jedoch wechseln kann.

Bei Verwendung der allgemeinen Einfügungsdämpfung würden die Fehlanpassungsanteile der Dämpfung sowohl von den Impedanzen des Dämpfungsgliedes als auch von jenen der Anschlußelemente abhängen. Deshalb ist zur eindeutigen Angabe des

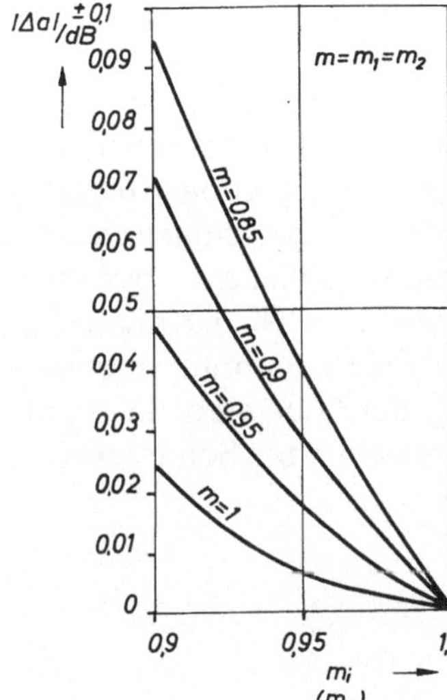


*Abb. 10.2  Unsicherheit der Dämpfung in Abhängigkeit von den Anpassungsfaktoren m und $m_1$*

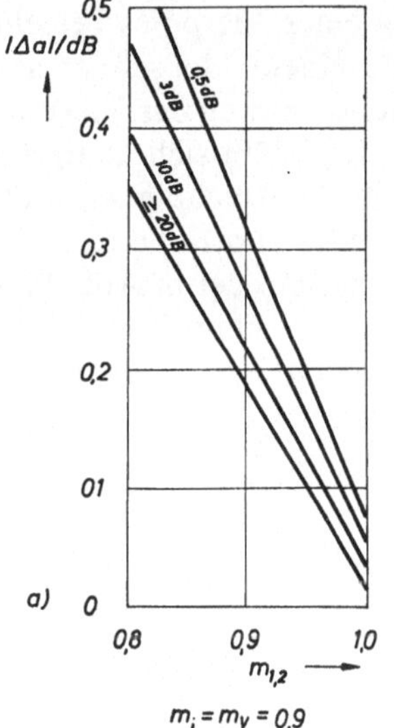


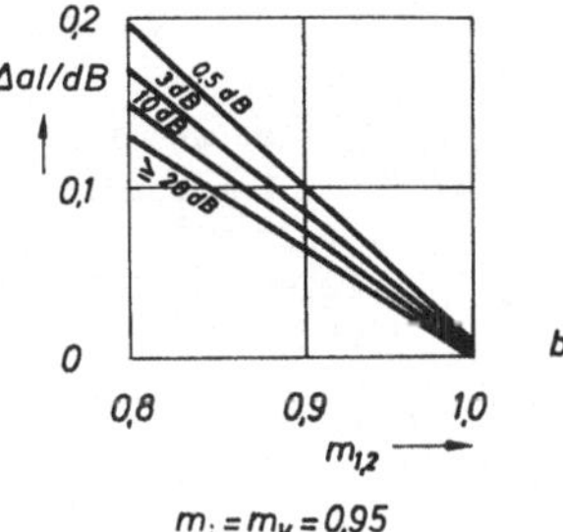


*Abb. 10.3  Unsicherheit bei Serienschaltung zweier Dämpfungsglieder*

Dämpfungswertes eines Vierpols die Forderung nach Anpassung des $R_1$ und $R_v$ notwendig [10.7, 10.8a, 10.36, 10.59 bis 10.61]. Eine Restunsicherheit $\Delta a$, die nach Gl. (10.5) berechnet werden kann, bleibt durch die Meßunsicherheit bei der Bestimmung der Impedanzen von Generator, Lastwiderstand und Dämpfungsglied natürlich bestehen.

Eine vereinfachte Darstellung der Dämpfungsunsicherheit ist nach [10.9] in Abb. 10.2 gezeichnet.

Da man bei $R_i = R_v = Z_L$ im Prinzip eine Fehlanpassung der Eingangswiderstände von Dämpfungsgliedern akzeptieren kann, ergibt sich bei der Serienschaltung zweier Dämpfungsglieder eine *zusätzliche* Unsicherheit [10.10, 10.11]. Eine Darstellung dieses $\Delta a$ nach [10.11] ist in Abb. 10.3 wiedergegeben.

Die Dämpfungsmessung kann analog zur Definition der Gl. (10.1) direkt durch die Messung des Leistungsverhältnisses erfolgen. Häufig wird sie jedoch durch Vergleich mit geeichten Dämpfungsgliedern, die in Serie zum Meßobjekt oder im Austausch mit dem Meßobjekt in die Leitung geschaltet werden, vorgenommen. Solche Substitutionsverfahren lassen sich mit Mikrowellendämpfungsgliedern aber auch durch Einfügung der geeichten Dämpfung in den Zwischen- oder Niederfrequenten Teil der Meßanordnung ausführen. Schließlich kann man die Dämpfungsmessung auch auf eine Impedanzmessung oder auf eine Messung der Güte eines Leitungsschwingkreises zurückführen. Messungen an Abschirmungen sind Sonderanwendungen der Dämpfungsmessung.

## 10.2  Meßverfahren zur Dämpfungsmessung

### 10.21  *Messung des Leistungsverhältnisses*

Die naheliegendste Methode zur Messung der Dämpfung eines Vierpoles besteht darin, mit einem gut angepaßten Leistungsmesser die von einem Meßsender abgegebene Leistung einmal direkt und einmal unter Zwischenschaltung des Vierpols zu messen [10.1a, 10.3, 10.8a, 10 12 bis 10.22]. Nach Gl. (10.1) läßt sich dann die Dämpfung $a_{E0}$ bestimmen. Bei hohen Anforderungen an die Meßgenauigkeit muß man die Anpassung des Meßkopfes und des Innenwiderstandes kontrollieren bzw. mit Hilfe von Anpassungstransformatoren abgleichen, wie dies mit der in Abb. 10.4 skizzierten Meßanordnung möglich ist. Anstelle der Meßleitung kann hierfür natürlich auch ein Richtkoppler (2 in Abb. 10.5) Verwendung finden. Der Meßbereich,

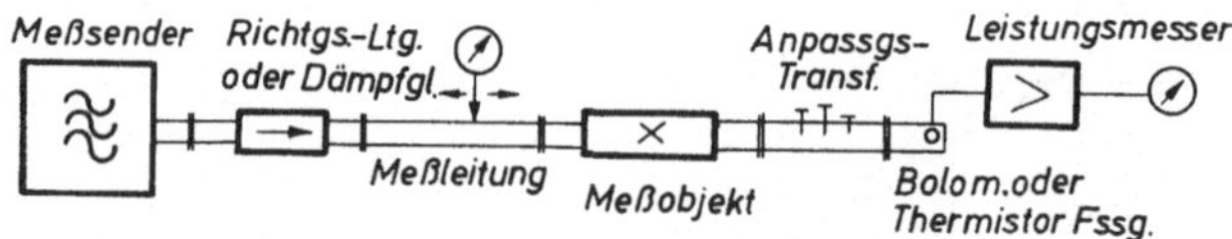


*Abb. 10.4 Anordnung zur Messung der Dämpfung aus dem Verhältnis der Leistung mit und ohne Dämpfungsglied*

der hierbei überdeckt werden kann, hängt von der geforderten Genauigkeit ab. Die eine Grenze wird durch das Rauschen gebildet, die andere Grenze ergibt sich durch die Abweichung von der Linearität der Anzeige, d.h., durch das obere Ende des quadratischen Bereichs der Meßfühler [10.12 bis 10.14]. Voraussetzung ist natürlich gute Linearität des Anzeigeverstärkers. Bei üblichen Thermistorleistungsmessern ist der Bereich etwa 30 dB, bei Bolometern mit nachfolgender NF-Verstärkung (vgl. Abschn. 5.33) etwa 50 dB, bei Halbleiterdioden etwa 40 dB, wenn man eine Genauigkeit von $\pm 0,1$ dB verlangt. Der Bereich läßt sich erweitern, wenn man zusätzlich ein geeichtes Dämpfungsglied einfügt und die Messung in zwei Schritten vornimmt (partielle Substitution). Man erreicht dann mit Dioden etwa 80 dB, wobei man nur etwa 0,1 mW maximale Senderleistung benötigt. Mit Bolometern ist die obere Grenze für die partielle Substitution durch die erforderliche Leistung gegeben.

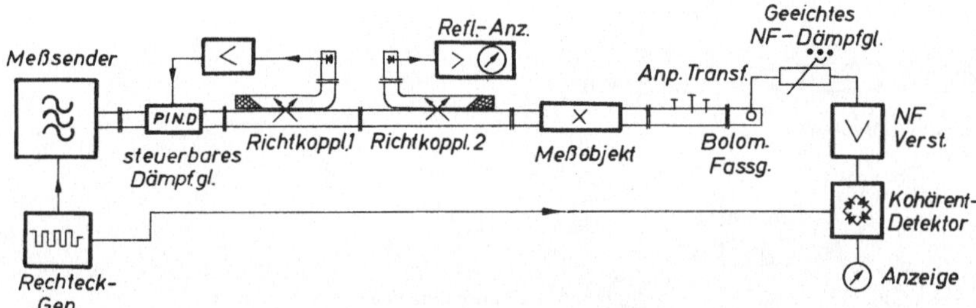


Abb. 10.5 *Meßanordnung mit Pegelregelung für niederfrequente Substitution*

Für einen Bereich von 80 dB muß der Sender schon 1 W abgeben können [10.13]. Trotz geringerer Empfindlichkeit ist das Bolometer wegen seiner Langzeitkonstanz der Diode vorzuziehen.

Eine gefährliche Fehlerquelle für diese Art von Messungen, bei denen einmal mit und einmal ohne Meßobjekt gemessen werden muß, sind Pegelschwankungen des Senders, die zwischen der ersten und zweiten Messung eingetreten sein können. Viele Meßsender sind erschütterungsempfindlich und Erschütterungen lassen sich bei Steckerwechsel oder Flanschverschraubung schwer vermeiden. Eine gewisse Abhilfe schafft eine gleichzeitig am Senderausgang vorgenommene (ungeeichte) Pegelkontrolle. Auch die Verwendung von Koaxial- bzw. Hohlrohrschaltern (vgl. Abb. 10.7b) kann zweckmäßig sein, doch entstehen hier neue Reflexionsgefahren. Das sicherste Verfahren ist eine automatische Pegelregelung [10.16], wie sie z.B. in Abb. 10.5 über Richtkoppler 1 und PIN-Diodenmodulator skizziert ist (vgl. auch Abschn. 2.51).

Zur Messung der Frequenzabhängigkeit der Dämpfung, die z.B. an der Grenze von Sperr- und Durchlaßbereich von Filtern interessant ist, kann man vorteilhaft Wob-

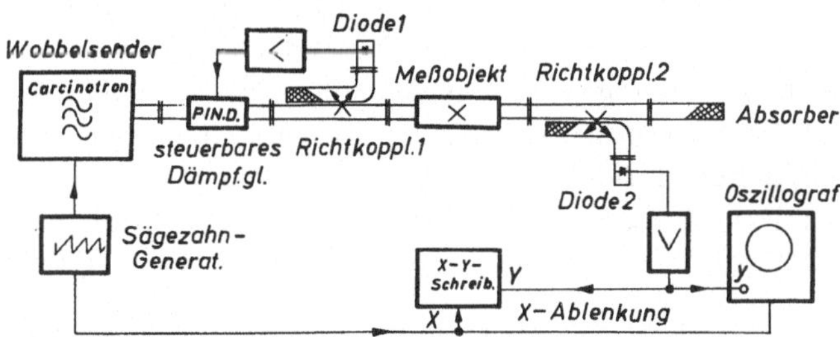


Abb. 10.6 *Wobbelmeßplatz zur Aufzeichnung des Frequenzgangs der Dämpfung*

belverfahren (vgl. auch Abschn. 2.6) verwenden. In Abb. 10.6 ist eine derartige Meßanordnung skizziert. Die Verwendung des Richtkopplers 2 vor der Meßdiode hat
den Zweck, den restlichen Frequenzgang des Richtkopplers 1, der zur Pegel-
konstanthaltung dient, zu kompensieren. Dies gelingt, wenn für beide Koppler das
gleiche Baumuster verwendet wird. Der Meßbereich einer solchen Anordnung beträgt etwa 30 dB und kann mittels partieller Substitution durch Einschaltung eines

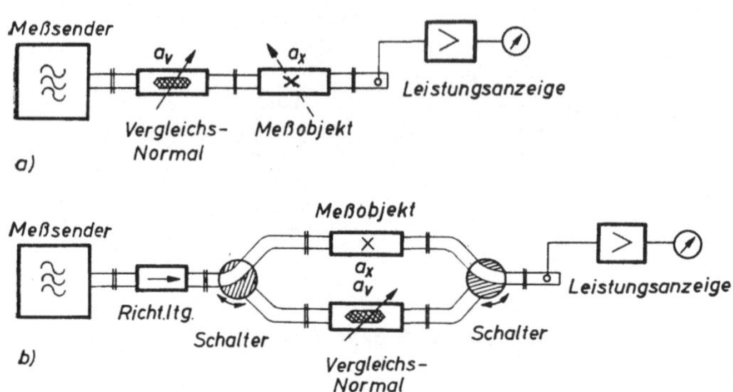


*Abb. 10.7  Anordnungen zur Messung der Dämpfung mittels hochfrequenter Substitution*
a) Seriensubstitution;  b) Parallelsubstitution

Dämpfungsgliedes zwischen Koppler 2 und Diode 2 etwa verdoppelt werden. Die
Anzeige auf dem Oszillografen oder Schreiber kann bei Verwendung eines logarithmischen Verstärkers direkt in dB erfolgen, die Eichung wird durch Einschalten
eines variablen geeichten Dämpfungsgliedes anstelle des Meßobjektes vorgenommen. Ein Netz von Eichlinien gestattet dann, restliche Frequenzabhängigkeiten der
Anzeige zu erkennen und zu berücksichtigen [10.21, 10.22].


## 10.22   *Dämpfungsmessung mittels Substitution*

Der Vergleich eines unbekannten Vierpols mit einem geeichten Dämpfungsglied in
der Art, daß beide abwechselnd in den Meßkreis geschaltet werden und dabei das
Vergleichsnormal so verändert wird, daß die Leistungsanzeige konstant bleibt, wird
mit Substitutionsmethode bezeichnet [10.1a, 10.3, 10.8a, 10.15, 10.19, 10.23 bis
10.28]. Die Substitution kann mit Mikrowellen-, mit Niederfrequenz- und mit
Zwischenfrequenzdämpfungsgliedern erfolgen. Sie hat gegenüber Brückenmethoden
(Abschn. 7.2) den Vorteil, daß die notwendige Anpassung für Generatorinnen- und
lastwiderstand wesentlich einfacher erreichbar ist, jedoch den Nachteil, daß etwaige Schwankungen der Senderleistung oder Empfängerempfindlichkeit sich als
Meßfehler äußern können, was bei der Nullmethode von Brückenschaltungen nicht
der Fall ist.
Auf Linearität oder Eichung des Anzeigegerätes kann beim Substitutionsverfahren
völlig verzichtet werden, da die Ausgangsleistung konstant gehalten wird. Der

Meßbereich hängt deshalb – vom Vorhandensein des passenden Vergleichsnormals abgesehen – nur von der Empfindlichkeit des Anzeigegerätes und der vom Sender maximal abgebbaren Leistung ab.

### a) Hochfrequente Substitution

Zwei Anordnungen für die hochfrequente Substitutionsmessung sind in Abb. 10.7 gezeichnet. In Abb. 10.7a sind Meßobjekt und Vergleichsnormal in Serie geschaltet; man spricht von Seriensubstitution. Sie wird vorwiegend verwendet, wenn das Meßobjekt selbst variable Dämpfung besitzt. Das Vergleichsnormal wird dann stets so eingestellt, daß $a_x + a_v = $ const bleibt. Dämpfungsänderungen können so direkt gemessen werden. Zur Bestimmung der Anfangs- oder Grunddämpfung (Abschn. 4.2) sind zwei Messungen – mit entferntem und mit eingefügtem Meßobjekt – nötig.

Die Parallelsubstitution nach Abb. 10.7b ermöglicht auch eine schnelle Bestimmung der Grunddämpfung. Hier ist das Vergleichsnormal so lange zu verstellen, bis nach mehrmaligem Umlegen der beiden Schalter die Leistungsanzeige keine Änderung mehr erfährt. Dann ist $a_x = a_v$ und es kann der Dämpfungswert des Meßobjektes direkt an der Skala des Vergleichsnormals abgelesen werden. Die Grunddämpfung des Vergleichsnormals muß hier natürlich bekannt sein.

Bei relativ kleinen Vierpoldämpfungen kann man auch den Vierpol mit einem Kurzschluß abschließen und ihn von der Welle zweimal durchlaufenlassen, um dann die reflektierte Welle über einen Richtkoppler auszukoppeln [10.17]. Die Methode ist identisch mit der Dämpfungsbestimmung aus der Eingangsreflexion (Abschn. 10.23), wobei die *m*-Messung durch Seriensubstitution mittels des Vergleichsnormals erfolgt.

### b) Niederfrequente Substitution

In der Meßanordnung der Abb. 10.5 ist zwischen Bolometerfassung und Niederfrequenzverstärker ein geeichtes NF-Dämpfungsglied eingezeichnet. Man kann hier den am Bolometer durch die Einfügung oder Überbrückung des Meßobjektes auftretenden Leistungsunterschied, durch verschiedene Einstellung des NF-Dämpfungsgliedes in seiner Auswirkung auf die Ausgangsanzeige ausgleichen [10.1a, 10.8a, 10.12, 10.14, 10.29 bis 10.31, 10.37, 10.59, 10.62]. Da die am Bolometer entstehende Niederfrequenzspannung im quadratischen Bereich genau proportional zur HF-Leistung ist, die niederfrequente Ausgangsanzeige aber proportional zur NF-*Spannung* ist, muß die am NF-Dämpfungsglied in dB abgelesene Dämpfungsdifferenz *doppelt* so groß sein wie die im HF-Zweig eingeschaltete Dämpfung:

$$a_{\text{NFSubst.}}/\text{dB} = 2 \cdot a_{E0}/\text{dB} \qquad (10.8)$$

Als Dämpfungsglieder für die niederfrequente Spannung werden gewöhnlich in kleinen Stufen schaltbare Widerstandsteiler [10.31], sog. Eichleitungen, verwendet. Von Vorteil ist bei der NF-Substitution, daß eventuelle Frequenzabhängigkeiten und Anpassungsfehler des Vergleichsdämpfungsgliedes nicht zur Wirkung kommen.

### c) Zwischenfrequente Substitution

Benutzt man zur Anzeige der am Ausgang des Meßobjekts liegenden HF-Spannung
einen Überlagerungsempfänger (vgl. Abschn. 3.4), so kann man zwischen Mischer
und Zwischenfrequenzverstärker ebenfalls ein geeichtes Dämpfungsglied einfügen
und eine Substitutionsmessung in gleicher Weise vornehmen, wie oben beschrieben
[10.1a, 10.8a, 10.15, 10.24, 10.32 bis 10.35, 10.59, 10.62]. Da die Mischung im
Überlagerungsempfänger einen linearen Zusammenhang zwischen HF- und ZF-
Spannung ergibt, ist die im ZF-Zweig einzufügende Dämpfung genauso groß, wie
die Dämpfung des Meßobjekts:

$$a_{\text{ZF Subst.}}/\text{dB} = a_{\text{E0}}/\text{dB}. \tag{10.9}$$

Als Dämpfungsglieder kommen im ZF-Bereich sowohl Widerstandteiler als auch
Hohlrohrdämpfungsglieder (vgl. Abschn. 4.22) in Betracht. Die Hohlrohrdämpfungsglieder lassen bei präzisem mechanischem Aufbau größere Genauigkeiten erreichen, besitzen jedoch meist eine relativ hohe Grunddämpfung, um die der Dämp-
fungsmeßbereich der Gesamtanordnung bei der Seriensubstitution verringert wird.
Die eine Bereichsgrenze ist hier wieder durch das Empfängerrauschen, die andere
durch die Nichtlinearität des Mischers gegeben. Wird eine Genauigkeit von 0,1 dB
gefordert, so darf die Eingangssignalamplitude am Mischer das 0,3fache der Oszilla-
toramplitude nicht überschreiten [10.33, 10,34].
Die ZF-Parallelsubstitutionsmethode [10.25, 10.32 bis 10.35] benutzt einen zweiten
auf der Zwischenfrequenz schwingenden Oszillator, der abwechselnd mit dem
Mischerausgang an den Zwischenfrequenzverstärker gelegt wird. Die Amplitude
dieser Vergleichsspannung wird über das ZF-Dämpfungsglied so eingeregelt, daß
die ZF-Ausgangsspannung sich beim Umschaltvorgang nicht mehr ändert. Diese
Anordnung bietet den Vorteil, daß an den ZF-Verstärker keine Linearitätsanforde-
rungen zu stellen sind und daß die Grunddämpfung des ZF-Teilers den Meßbereich
nicht einschränkt.

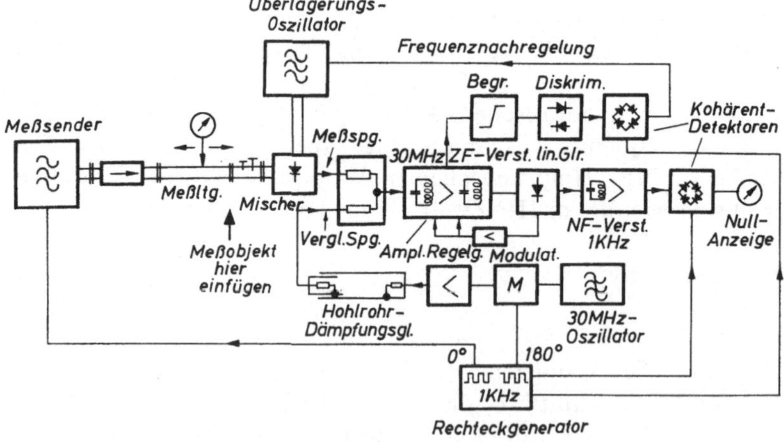


*Abb. 10.8  Präzisionsdämpfungsmeßplatz mit ZF-Parallelsubstitution nach* [10.33 bis 10.35]

In Abb. 10.8 ist eine Meßanordnung nach [10.33 bis 10.35] skizziert, in der die Umschaltung von der Meßspannung auf die Vergleichsspannung im Rhythmus von 1 kHz dadurch vorgenommen wird, daß abwechselnd der Meßsender oder die 30 MHz-Quelle aufgetastet wird. Ist die Vergleichsspannung gleich der Meßspannung, so verschwindet die 1-kHz-Modulation der ZF-Spannung und es ergibt sich Nullanzeige. Die Verstärkung braucht deshalb nicht konstant zu sein und man kann zur Verarbeitung großer Pegelunterschiede auch eine automatische Verstärkungsregelung vorsehen. Die Dämpfungsmessung erfolgt durch Einfügen des Meßobjekts zwischen Meßsender und Mischer, wobei die dann notwendige Pegeländerung der Vergleichsspannung durch Verstellung des Hohlrohrdämpfungsglieds vorgenommen wird. Die Änderung seiner Dämpfung entspricht dann der des Meßobjekts. Verwendet man zur NF-Gleichrichtung einen Kohärentdetektor (Abschn. 3.5) zur Erhöhung der Anzeigeempfindlichkeit, so läßt sich bei 0,1 dB Genauigkeit ein Bereich von etwa 70 dB erfassen.

### 10.23  *Ermittlung der Dämpfung aus der Reflexionsfaktormessung*

Für eingangs- und ausgangsseitig gut angepaßte Dämpfungsglieder ($|S_{11}| \ll 1$, $|S_{22}| \ll 1$, vgl. Abschn. 7.1) kann bei nicht zu großer Dämpfung ($a < 20$ dB) eine einfache Meßmethode zur Ermittlung der Dämpfung herangezogen werden: Man schließt das Dämpfungsglied am Ausgang mit einer Blindleitung ab und mißt den Reflexionsfaktor bzw. die Welligkeit am Eingang nach einer der in Kap. 6 beschrie-

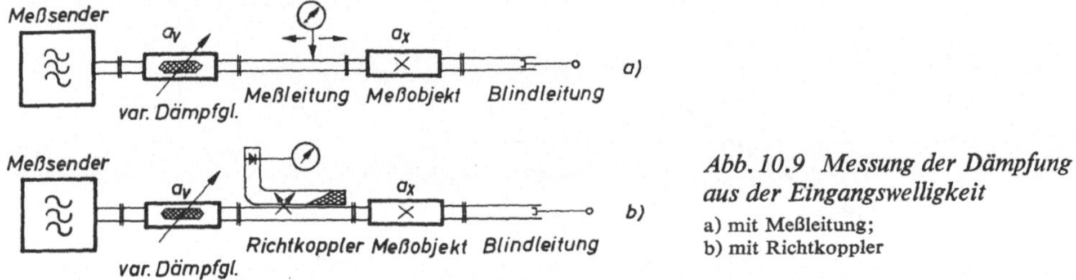


*Abb. 10.9 Messung der Dämpfung aus der Eingangswelligkeit*
a) mit Meßleitung;
b) mit Richtkoppler

benen Methoden, z. B. nach Abb. 10.9 [10.1a, 10.8b, 10.26, 10.27, 10.38, 10.39 und 10.58]. Zur Kontrolle des $\underline{S}_{11}$ bzw. $\underline{S}_{22}$ verschiebt man den Kurzschluß am Ausgang und überprüft dabei die Eingangswelligkeit. Bleibt sie konstant, so ist die Dämpfung

$$a_x/\text{dB} = 10 \log \frac{1}{|r|} = 10 \log \frac{1+m}{1-m}. \qquad (10.10)$$

(Will man sicher sein, daß sich etwaige Ein- und Ausgangsstörstellen nicht gerade kompensieren, messe man bei zwei Frequenzen.) Der Zusammenhang zwischen $m$ und $a_x$ ist in Abb. 10.10 gezeichnet. Mißt man den Welligkeitsfaktor $m$ unter Zuhilfenahme des Dämpfungsgliedes gemäß Abschn. 6.21, so ergibt sich für $\Delta a_v$ der Wert nach Gl. (6.1).

Benützt man jedoch einen Richtkoppler zur Messung der Reflexion nach Abb. 10.9b, so ist der Zusammenhang einfacher: Schließt man zunächst den Richtkoppler direkt mit einem Kurzschluß ab und fügt dann das Meßobjekt ein, und hält man durch Variation des Vergleichsdämpfungsgliedes die Ausgangsanzeige am Richtkoppler konstant [10.17], so ist:

$$2a_x = \Delta a_v. \tag{10.11}$$

Bleibt die Welligkeit bzw. die Reflexion beim Verschieben des Kurzschlußes nicht konstant, so kann man auch die Vierpolparameter $\underline{S}_{11}$, $\underline{S}_{22}$ und $\underline{S}_{21}$ nach Abschn. 7.3 bzw. 7.5 bestimmen, wobei der Radius des Grenzkreises auf die Dämpfung schließen läßt [10.2, 10.3, 10.8b, 10.27].

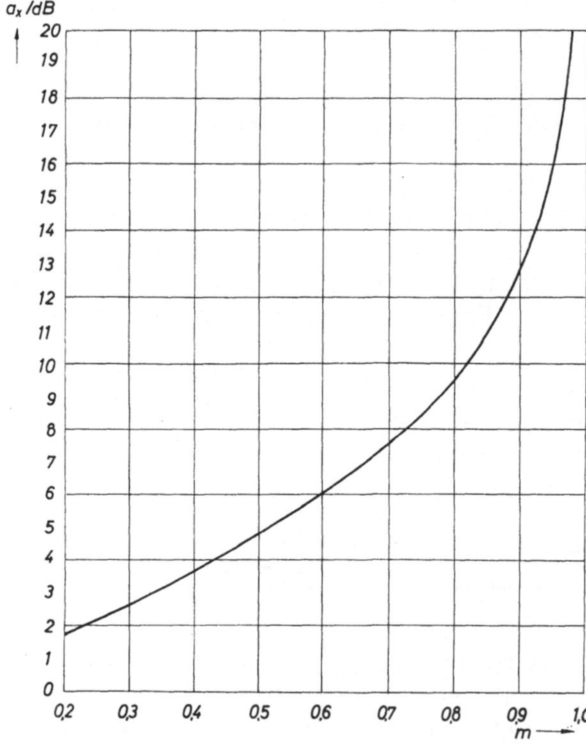

Abb. 10.10  *Zusammenhang zwischen Eingangswelligkeit m und Dämpfung*

Bei der Eingangsimpedanzmessung von ausgangsseitig kurzgeschlossenen Vierpolen mit sehr kleinen Verlusten – z. B. bei kurzen Kabel- oder Hohlleiterstücken - ergibt sich ein sehr kleiner $m$-Wert, der zweckmäßig nach Abschn. 6.24b aus der Messung der Knotenbreite bestimmt wird (vgl. auch [10.1a, 10.8b, 10.24, 10.41 und 10.42]). Für sehr kleine $m$ kann man wegen $\frac{1}{2}\ln\left[(1 + x)/(1 - x)\right] \approx x$ statt der Gl. (10.10) folgende Näherung verwenden:

$$a_x/\mathrm{Np} = m \quad \text{bzw.} \quad a_x/\mathrm{dB} = 8{,}68 \cdot m \quad \text{für} \quad m \ll 1. \tag{10.12}$$

Das in Abschn. 6.25a beschriebene Resonanzmeßverfahren mit schlitzloser Meßleitung eignet sich bei Anschluß eines kurzen Leitungs- oder Hohlleiterstückes ebenfalls zur Bestimmung der Dämpfungskonstante $\alpha$ [10.3, 10.24, 10.26 und 10.43]. Die Dämpfung $\alpha l/\mathrm{Np} = m$ läßt sich hierbei nach Gl. (6.18) direkt aus der Knotenbreite ($=$ Halbwertsbreite der Resonanzkurve) berechnen.

## 10.3  Die Eichung von Dämpfungsnormalien

Im Prinzip ist zwar die Dämpfung auf den Quotienten zweier Leistungen zurückführbar und man könnte sich bei gegebener Absoluteichung von Leistungsmessern, die auf einer Gleichstromleistungs- oder Temperaturdifferenzmessung beruht (vgl. Kap. 5), zur Eichung von Dämpfungsgliedern auf die Leistungsmessung beziehen [10.63]. Größere Genauigkeiten erreicht man jedoch, wenn man die Methode der Parallel-Zwischenfrequenzsubstitution, die in Abschn. 10.22c beschrieben wurde, zur Eichung von Mikrowellendämpfungsgliedern anwendet. Als Vergleichsnormal sollte hierbei kein Widerstandsteiler, sondern ein Hohlrohrdämpfungsglied (Abschnitt 4.22) verwendet werden, da hier bei sorgfältiger mechanischer Konstruktion nur der Innendurchmesser und die Längsverschiebung nach Gl. (4.6) bis (4.12) für die Dämpfung maßgebend sind, wenn man von der Grunddämpfung absieht. Mit der in [10.33 bis 10.35] beschriebenen Anordnung werden nur *Dämpfungsänderungen* zum Vergleich herangezogen, die Grunddämpfung geht in die Messung nicht ein. Die erreichbaren Genauigkeiten liegen bei 0,02 dB je 10 dB Dämpfung; der Meßbereich beträgt dann etwa 60 dB.
In [10.44] ist eine weitere Möglichkeit zur Absoluteichung angegeben. Hier wird durch Umschalten auf mehrere Vergleichsarme einer Mikrowellenbrückenschaltung die Leistungsteilung solcher Anordnungen ausgenützt. Der Bereich soll 20 dB bei einer Genauigkeit von 0,02 dB betragen.

## 10.4  Die Messung von Abschirmungen

Die Wirkung einer Abschirmung kann man im allgemeinen durch ein Dämpfungsmaß ausdrücken, wenn man z. B. die Feldstärke eines Strahlers außerhalb und innerhalb eines Abschirmgehäuses oder dgl. miteinander vergleicht. Eine derartige Messung durch das Aufstellen eines Senders außerhalb und eines Empfängers innerhalb eines solchen Gehäuses, wobei beide mit Antennen versehen sind (z. B. [10.8c]), vornehmen zu wollen, erscheint im Mikrowellenbereich äußerst problematisch. Durch die an den Gehäusewänden auftretenden Reflexionen bzw. die im Inneren bestehenden Resonanzmöglichkeiten führen geringfügige Änderungen der Antennenaufstellung oder der Meßfrequenz zu völlig voneinander abweichenden Ergebnissen.
Sinnvoll ist jedoch die Angabe von Schirmwirkungen bzw. Koppeldämpfungen von bestimmten Bauteilen in definierter Umgebung. So kann man z. B. die Siebwirkung einer der Zuführung von Betriebsspannungen dienenden Drosselkette (z. B. in

Abb. 2.3) dadurch messen, daß man sie als Vierpol zwischen zwei koaxiale Leitungen
schaltet und ihre Dämpfung nach den oben beschriebenen Verfahren mißt.
Bei flexiblen Koaxialkabeln, deren Außenleiter oft nicht völlig undurchlässig ist
(z.B. Drahtgeflecht), bei Steckverbindungen und auch bei Schraub- oder ähnlichen
Verschlüssen kann man die Dichtigkeit bzw. die Schirmwirkung durch Angabe des
Kopplungswiderstandes $\underline{Z}_\mathrm{K}$ oder der Koppeldämpfung $a_\mathrm{K}/\mathrm{dB} = 20\log|U_1/U_2|$
definieren und in geeigneten Meßaufbauten auch bei Mikrowellen messen.
Die Definition des Kopplungswiderstandes [10.24, 10.45 bis 10.50, 10.57] erfolgt für
Kabel mit teildurchlässigem Außenmantel nach Abb. 10.11a vorteilhaft als Wider-
stand pro Längeneinheit

$$Z_\mathrm{K}^* = \frac{Z_\mathrm{K}}{l} = \frac{U_2}{\underline{I}_1 \cdot l}, \tag{10.13}$$

für konzentrierte Stellen einer Durchlässigkeit, wie Steckverbindungen oder Schrau-
verschlüsse, als Widerstand.

$$Z_\mathrm{K} = \frac{U_2}{\underline{I}_1} \tag{10.14}$$

Die Meßanordnung für Kabel hat die prinzipielle Form der Abb. 10.11b bzw. c,
d.h., das zu messende Kabel wird so in ein Metallrohr eingebracht, daß der Außenleiter des Testkabels gleichzeitig den Innenleiter der zum Empfänger führenden
Koaxialleitung bildet. Sender- und Empfängeranschluß können im Prinzip vertauscht werden [10.46b, 10.47, 10.53 bis 10.56]. Bei Mikrowellen kann man nun,

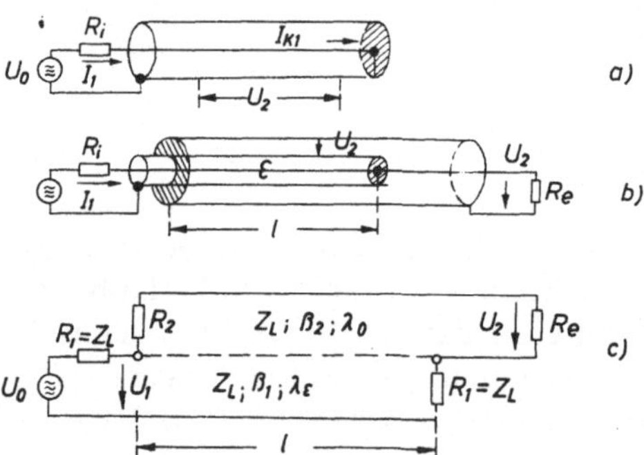

Abb. 10.11 *Zur Messung der Abschirmwirkung eines Kabelmantels*

um meßbare Ausgangsgrößen zu erhalten, die Leitungslängen nicht klein gegenüber
der Wellenlänge machen. Dadurch sind im Falle des einseitigen Kurzschlusses der
beiden ineinander getauchten Koaxialleitungen Strom und Spannung ortsabhängig.
Bei verschiedener Ausbreitungskonstante $\beta$, also verschiedenen Wellenlängen im
Testkabel mit Dielektrikum ($\lambda_\varepsilon$) und in der äußeren luftgefüllten Koaxialleitung
($\lambda_0$), ergeben sich verwickelte Verhältnisse, die zu starken Schwankungen der Aus-

gangsspannung in Abhängigkeit von der Leitungslänge bzw. von der Frequenz
führen [10.24, 10.48 bis 10.50]. Nach [10.24] ergibt sich

$$\frac{U_2}{U_1} = \frac{Z_K^*}{2\pi Z_L} \cdot \frac{\lambda_0 \cdot \lambda_\varepsilon}{\lambda_0^2 - \lambda_\varepsilon^2} \cdot \left[ \lambda_0 \sin\left(2\pi\,\frac{l}{\lambda_\varepsilon}\right) - \lambda_\varepsilon \sin\left(2\pi\,\frac{l}{\lambda_0}\right) \right]. \tag{10.15}$$

In Abhängigkeit vom $\varepsilon$ des Testkabels, d.h. vom Verhältnis $\lambda_\varepsilon/\lambda_0$, kann man eine
günstigste Kabellänge $l/\lambda$ ermitteln, bei der die Meßanzeige ein Maximum hat. Konstruktiv läßt sich die Meßanordnung etwa nach Abb. 10.12 ausbilden. Maximale
Ausgangsanzeige erhält man, wenn das Testkabel in der äußeren Hülle so angeordnet wird, daß sich ein Koaxialresonator ergibt [10.55]. Macht man die Fläche der
Koppelschleife der Abb. 10.13 so groß, daß die Eingangsimpedanz (senderseitig)
an den Wellenwiderstand bzw. an das $R_i$ des Senders angepaßt ist, so wird der auf
dem Testkabel fließende Strom um den Gütefaktor $Q$ des Resonators erhöht.

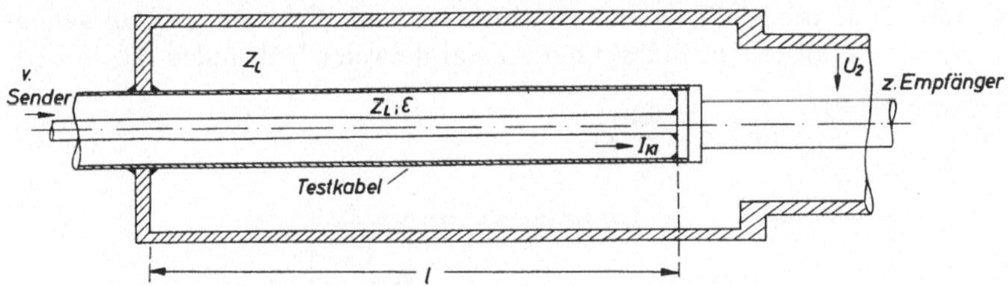


*Abb. 10.12 Aufbau zur Messung der Kabelschirmung*

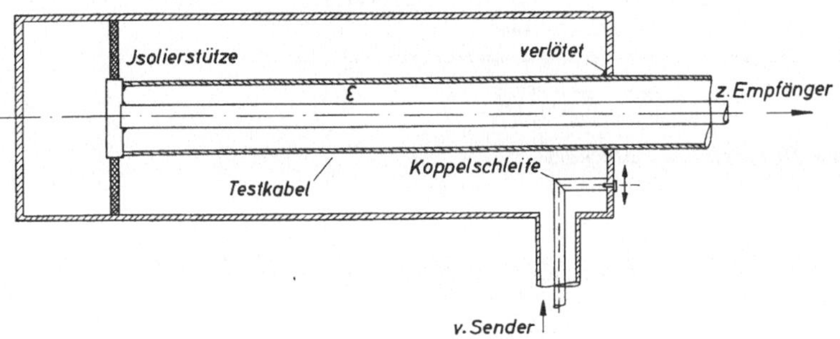


*Abb. 10.13 Messung der Kabelschirmung. Außenraum als Resonator ausgebildet*

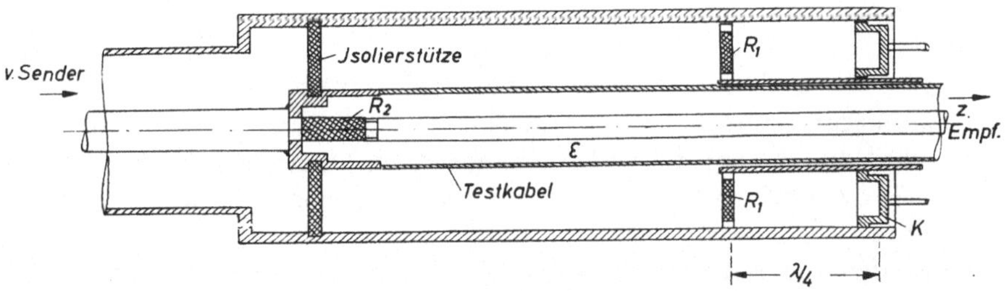


*Abb. 10.14 Messung der Kabelschirmung. Beide Leitungen reflexionsfrei abgeschlossen*

Einfachere Auswertung, doch geringere Anzeige und komplizierteren Aufbau der
Meßanordnung bekommt man, wenn man durch Abschlußwiderstände in der Test-
leitung und in der äußeren Koaxialleitung für gleichmäßige Strom- und Spannungsverteilung sorgt [10.46b, 10.48 bis 10.50]. Die Meßanordnung nimmt dann eine
Form an, wie sie Abb. 10.14 zeigt. In der äußeren Leitung können die Widerstände
z. B. sternförmig angebracht werden ($R_1$). Bei beidseitiger Anpassung ergibt sich
dann:

$$\frac{\underline{U}_2}{\underline{U}_1} = \frac{Z_K^*}{2\pi Z_L} \cdot \frac{\lambda_0 \lambda_\varepsilon}{\lambda_0 - \lambda_\varepsilon} \sin\left(\pi l \frac{\lambda_0 - \lambda_\varepsilon}{\lambda_0 \lambda_\varepsilon}\right) =$$

$$= \frac{Z_K^*}{2\pi Z_L} \cdot \frac{\lambda_0}{\sqrt{\varepsilon} - 1} \sin\left(\frac{\pi l}{\lambda_0}\left(\sqrt{\varepsilon} - 1\right)\right). \tag{10.16}$$

Eine einfache Auswertung ohne Bestimmung des $\varepsilon$ ist in [10.48 und 10.50] angegeben: Verändert man die Meßfrequenz, so durchläuft die Spannung $\underline{U}_2$ in gleich-
mäßigen Abständen Nullstellen. Beträgt der Abstand zweier Nullstellen $\Delta\lambda$, so ist

$$\frac{\underline{U}_2}{\underline{U}_1} = \frac{Z_K^* \cdot l}{2\pi Z_L} \cdot \frac{\lambda_0}{\Delta\lambda} \sin\left(\pi \cdot \frac{\Delta\lambda}{\lambda_0}\right). \tag{10.17}$$

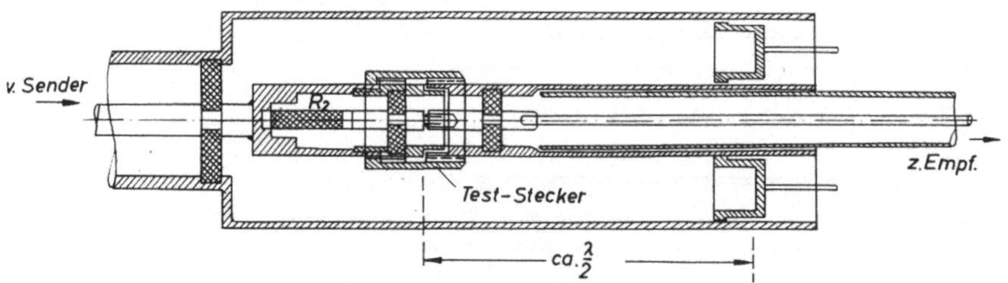


*Abb. 10.15 Messung der Dichtheit eines Steckers*

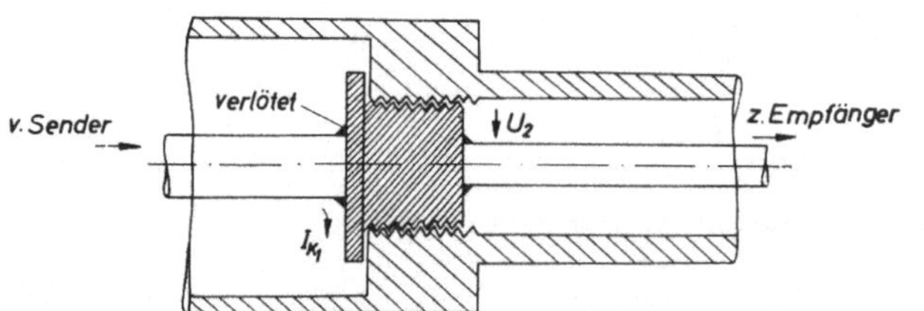


*Abb. 10.16 Messung der Dichtheit
eines Schraubverschlusses*

Der Kopplungswiderstand, der gewöhnlich nur nach seinem Absolutbetrag interessiert, läßt sich hieraus einfach bestimmen. Das im allgemeinen recht kleine Verhältnis $\underline{U}_2/\underline{U}_1$ wird durch Vergleich mit einem geeichten Dämpfungsglied ermittelt.
Auf die Dichtheit der übrigen hierbei verwendeten Stecker und Geräte ist bei den
hohen Dämpfungen besonders zu achten.
Bauelemente, an denen der Kopplungswiderstand an definierter Stelle auftritt, wie
z. B. Steckverbindungen oder Schraubverschlüsse, können in ähnlichen Meß-

anordnungen untersucht werden [10.24, 10.51, 10.52 und 10.56] (Abb. 10.15 und 10.16). Hier kann meist ohne große Schwierigkeiten auch auf Anpassungswiderstände verzichtet werden. Die undichte Stelle ist dann möglichst in einen Strombauch ($I_K$) zu legen. Handelsübliche Koaxialsteckverbindungen besitzen Kopplungswiderstände von einigen m$\Omega$ bis etwa $10^{-5}\ \Omega$, was Koppeldämpfungen von etwa 90 bis 140 dB entspricht [10.51].

## Literatur

[10.1] *C. G. Montgomery:* Technique of Microwave Measurements. M.I.T. Radiation Lab. Series Bd. 11. McGraw-Hill, New York, Toronto, London (1947), a) S. 804, b) S. 679, c) S. 824.

[10.2] *R. W. Beatty:* Mismatch Errors in the Measurement of Ultrahigh-Frequency and Microwave Variable Attenuators. Journ. Res. Nat. Bur. Stand. 52 (1954) S. 7.

[10.3] *E. L. Ginzton:* Microwave Measurements. McGraw-Hill, New York, Toronto, London (1957) S. 462.

[10.4] *R. W. Beatty:* Intrinsic Attenuation. Transact. Inst. E.E.E., MTT-11 Nr. 3 (1963) S. 179.

[10.5] *R. W. Beatty:* Insertion Loss Concepts. Proc. Inst. E.E.E. 52 (1964) S. 663.

[10.6] *K. Tomiyasu:* Intrinsic Insertion Loss of a Mismatched Microwave Network. Transact. Inst. Radio Engrs., MTT-3 (1955) S. 40.

[10.7] *B. O. Weinschel:* Development in Attenuation Measurements and Standards. Journ. Res. Nat. Bur. Stand. 64D (1960) Nr. 6.

[10.8] *M. Wind* u. *H. Rapaport:* Handbook of Microwave Measurements. Edward Broth., Ann Arbor. Michig. 2. Aufl. (1955) Bd. 1, a) Sect. III, b) Sect. VIII, c) Sect. XI.

[10.9] Microwave Mismatch Error Analysis, Application Note Nr. 56, Fa. Hewlett-Packard, Palo Alto, Calif. (1964).

[10.10] *R. W. Beatty:* Cascade-Connected Attenuators. Proc. Inst. Radio Engrs. 38 (1950) S. 1190.

[10.11] *G. E. Schafer* u. *A. Y. Rumfeldt:* Micmatch Errors in Cascade-Connected Variable Attenuators. Transact. Inst. Radio Engrs., MTT-7 (1959) S. 447.

[10.12] *B. O. Weinschel:* Insertion Loss Test Sets Using Square Low Detectors. Transact. Inst. Radio Engrs. J-4 (1955) S. 160.

[10.13] *G. U. Sorger* u. *B. O. Weinschel:* Comparison of Deviations from Square Law for RF Crystal Diodes and Barretters. Transact. Inst. Radio Engrs. J-8 (1959) S. 103.

[10.14] *G. U. Sorger* u. *B. O. Weinschel:* Precise Insertion Loss Measurements, Using Imperfect Square Low Detectors, and Accuracy Limitations Due to Noise. Transact. Inst. Radio Engrs. J-4 (1955) S. 55.

[10.15] *B. O. Weinschel:* An Accurate Attenuation Measuring System with Great Dynamic Range. Microwave Journ. 4 (1961) Nr. 9, S. 77.

[10.16] *G. F. Engen* u. *R. W. Beatty:* Microwave Attenuation Measurements with Accuracies from 0,0001 to 0,06 dB Over a Range of 0,01 to 50 dB. Journ. Res. Nat. Bur. Stand. 64C (1960) S. 139.

[10.17] *C. W. van Es, M. Gevers* u. *F. C. de Ronde:* Hohlleiterapparatur für 2 mm Wellenlänge. Philips Techn. Rundsch. 22 (1960/61) S. 175 und 205.

[10.18] *A. Linnebach:* Meßtechnik für lineare Netzwerke im Gebiet der Meter- und Dezimeterwellen. VDE-Fachberichte 19 (1956).

[10.19] *A. Lytel:* Microwave Test & Measurement Techniques. H. W. Sams & Co., Indianapolis, N.Y. (1964) S. 116.

[10.20] *H. H. Race* u. *C. V. Laverick:* Coaxial Cable Attenuation Measurements at 300 Mc.
Gen. Electr. Review 44 (1941) Nr. 9.

[10.21] *J. K. Hunton* u. *E. Lorence:* Improved Sweep Frequency Techniques for Broadband
Microwave Testing. Hewlett-Packard Journal 12 (1960) Nr. 4.

[10.22] Swept Frequency Techniques, Application Note Nr. 65, Fa. Hewlett-Packard, Palo
Alto, Calif. (1965).

[10.23] *A. F. Harvey:* Microwave Engineering. Academic Press, London, New York (1963)
S. 157.

[10.24] *H. H. Meinke:* Meßgeräte und Meßverfahren für Dezimeterwellen. Als Manuskript
gedruckt Technische Hochschule München (1947).

[10.25] *D. L. Hollway* u. *F. P. Kelly:* A Standard Attenuator and the Precise Measurement of
Attenuation. Transact. Inst. E.E.E. J-13 (1964) (März) S. 33.

[10.26] *H. M. Barlow* u. *A. L. Cullen:* Microwave Measurements. Constable & Co., London
(1950) S. 238.

[10.27] *F. J. Tischer:* Mikrowellen-Meßtechnik. Springer, Berlin (1958) S. 190.

[10.28] *C. M. Allred* u. *C. C. Cook:* A Precision RF Attenuation Calibration System. Transact.
Inst. Radio Engrs. J-9 (1960) S. 268.

[10.29] *J. Korewick:* Audio Modulation Substitution System for Microwave Attenuation
Measurements. Transact. Inst. Radio Engrs., MTT-1 (1953) Nr. 1, S. 14.

[10.30] *J. Korewick:* AM-System Measures Microwave Attenuation. Electronics 27 (1954)
Nr. 1, S. 175.

[10.31] *A. Kraus:* Eichleitungen. Arch. Techn. Messen 170 Bl. T 25–T 36 (März 1950).

[10.32] *G. F. Gainsborough:* A Method of Calibrating Standard-Signal Generators and
Radio-Frequency Attenuators. Journ. Inst. Electr. Engrs. 94 (1947) Part III, Nr. 29,
S. 203.

[10.33] *A. L. Hedrich, B. O. Weinschel, G. U. Sorger* u. *S. J. Raff:* Calibration of Signal Generator Output Voltage in the Range of 100 to 1000 Megacycles. Transact. Inst. Radio
Engrs. J-7 (1958) S. 275.

[10.34] *B. O. Weinschel, G. U. Sorger* u. *A. L. Hedrich:* Relative Voltmeter for VHF/UHF
Signal Generator Attenuator Calibration. Transact. Inst. Radio Engrs. J-8 (1959)
S. 22.

[10.35] *B. O. Weinschel:* Voltage Ratio Meter for High-Frequency Calibration Systems.
U.S.A.-Patent Nr. 3.034.045 (1960).

[10.36] *B. O. Weinschel:* IRE Standards on Antennas and Waveguides. Waveguide and
Waveguide Component Measurements, 1959. Proc. Inst. Radio Engrs. 47 (1959)
S. 568.

[10.37] *S. Silver:* Microwave Antenna Theory and Design. M.I.T. Rad. Lab. Series Bd. 12.
McGraw-Hill, New York, Toronto, London (1949) S. 602.

[10.38] *R. W. Beatty, G. F. Engen* u. *W. J. Anson:* Measurement of Reflections and Losses of
Waveguide Joints and Connectors Using Microwave Reflectometer Techniques.
Transact. Inst. Radio Engrs. J-9 (1960) S. 219.

[10.39] *V. Weill:* Insertion VSWR and Insertion Loss Measurements of Connector Pairs in
Coaxial Cable. Microwave Journ. 7 (1964) Nr. 1, S. 68.

[10.40] *R. W. Beatty:* Determination of Attenuation from Impedance-Measurement. Proc.
Inst. Radio Engrs. 38 (1950) S. 895.

[10.41] *A. F. Pomeroy* u. *E. M. Suarez:* Determining Attenuation of Waveguide from Electrical Measurements on Short Samples. Transact. Inst. Radio Engrs. MTT-4 (1956)
S. 122.

[10.42] *W.T.Blackband* u. *D.R.Brown:* The Two-Point Method of Measuring Characteristic Impedance and Attenuation of Cables at 3000 Mc/s. Journ. Inst. Electr. Engrs. 93 Part IIIA (1946) Nr.9.

[10.43] *P.I.Somlo:* Some Aspects of the Measurement of the Q Factor of Transmission Lines. Transact. Inst. E.E.E., MTT-11 (1963) S.472.

[10.44] *E.Laverick:* The Calibration of Microwave Attenuators by an Absolute Method. Transact. Inst. Radio Engrs., MTT-5 (1957) S.250.

[10.45] *H.Ochem:* Der Kopplungswiderstand koaxialer Leitungen. Hochfrequ. techn. u. El. Akustik 48 (1936) S.182.

[10.46] *H.Kaden:* Wirbelströme und Schirmung in der Nachrichtentechnik. Springer, Berlin (1959), a) S.290, b) S.315.

[10.47] *W.Wild:* Die praktische Bedeutung und die Messung des Kopplungswiderstandes von Leitungen und Bauteilen für Antennenanlagen. VDE-Blatt 0886/VI (1943).

[10.48] *H.Jungfer:* Die Messung des Kopplungswiderstandes von Kabelabschirmungen bei hohen Frequenzen. Ber. Heinr. Hertz-Inst. Berlin (Mai 1956).

[10.49] *H.Jungfer:* Die Frequenzabhängigkeit verschiedener Meßverfahren zur Bestimmung des Kopplungswiderstandes bei hohen Frequenzen. Ber. Heinr. Hertz-Inst. Berlin (Okt. 1956).

[10.50] *H.Jungfer:* Die Messung des Koppelwiderstandes von Kabelabschirmungen bei hohen Frequenzen. Nachr. Techn. Zeitschr. 9 (1956) S.553.

[10.51] *F.R.Huber* u. *H.Neubauer:* Dezifixstecker und andere koaxiale HF-Leitungsbauelemente. Rohde & Schwarz-Mitteilungen 17 (1962) S.95.

[10.52] Kabelkonstanten zwischen 0 und 7000 MHz. Druckschrift Fa. Rohde & Schwarz, München (1965).

[10.53] *L.Krügel:* Abschirmwirkung von Außenleitern flexibler Koaxialkabel. Telefunken-Zeitung 29 (1956) S.256.

[10.54] *L.Krügel:* Mehrfachschirmung flexibler Koaxialkabel. Telefunken-Zeitung 30 (1957) S.207.

[10.55] *A.R.Anderson:* Cylindrical Shielding and Its Measurement at Radio Frequencies. Proc. Inst. Radio Engrs. 34 (1946) S.312.

[10.56] *J.Zorzy* u. *R.F.Muehlberger:* RF Leakage Characteristics of Popular Coaxial Cables and Connectors, 500 Mc to 7.5 Gc. Microwave Journ. 4 (1961) Nr.11, S.80.

[10.57] *H.Nitsche:* Hochfrequenz-Steckverbindungen. Fernm. Techn. Zeitschr. 4 (1951) S.97.

[10.58] *A.Linnebach:* Meßtechnik für lineare Netzwerke im Gebiet der Meter- und Dezimeterwellen. VDE-Fachberichte 19 (1956).

[10.59] *H.Baudrand* u. *S.Lefeuvre:* Intrinsic Attenuation. Transact. Inst. E.E.E., MTT-12 (1964) S.470.

[10.60] *B.O.Weinschel:* Mikrowellen-Dämpfungsnormale. Nachr. Techn. Zeitschr. 20 (1967) S.155.

[10.61] *A.N.Leber:* Method Free from Mismatching Errors for Measuring the Loss of Attenuators. Transact. Inst. E.E.E., MTT-12 (1964) S.480.

[10.62] *D.C.Youla* u. *P.M.Paterno:* Realizable Limits of Error for Dissipationless Attenuators in Mismatched Systems. Transact. Inst. E.E.E., MTT-12 (1964) S.289.

[10.63] *D.Russel* u. *W.Larson:* RF Attenuation. Proc. Inst. E.E.E. 55 (1967) S.942.

[10.64] *C.T.Stelzried* u. *S.M.Petty:* Microwave Insertion Loss Test Set. Transact. Inst. E.E.E., MTT-12 (1964) S.475.

# KAPITEL 11 · MESSUNG VON MATERIALKONSTANTEN

Die Eigenschaften dielektrischer und magnetischer Stoffe sind nicht nur im Hinblick auf ihre Verwendung als Bauelemente in der Mikrowellentechnik interessant. Vielmehr wird häufig zur Klärung der Eigenarten neuartiger chemischer Verbindungen auch von anderen Forschungszweigen das Verhalten dieser Stoffe im Mikrowellenbereich untersucht.

Meßergebnisse und Eigenschaften verschiedener Materialien sind in [11.3, 11.4, 11.6b, 11.41] angegeben.

Unter Materialkonstanten seien hier die Größen verstanden, die das Verhalten von elektromagnetischen Wellen im felderfüllten Raum beeinflussen. Diese Materialkonstanten sind die komplexe relative Dielektrizitätskonstante $\varepsilon_r$, die komplexe relative Permeabilität $\mu_r$ und die Leitfähigkeit $\sigma$. Setzt man

$$\underline{\varepsilon}_r = \varepsilon'_r - j\varepsilon''_r = |\underline{\varepsilon}_r| \cdot e^{-j\delta_\varepsilon} = \frac{D}{\varepsilon_0 \cdot E}, \tag{11.1}$$

so wird mit

$$\tan \delta_\varepsilon = \frac{\varepsilon''_r}{\varepsilon'_r} \tag{11.2}$$

der durch die dielektrischen Verluste hervorgerufene Verlustfaktor bezeichnet. In vielen Fällen ist $\varepsilon'_r \gg \varepsilon''_r$ und $\tan \delta_\varepsilon \approx \delta_\varepsilon$ sowie $|\underline{\varepsilon}_r| \approx \varepsilon'_r$.

Die relative Permeabilität ist

$$\underline{\mu}_r = \mu'_r - j\mu''_r = |\underline{\mu}_r| \cdot e^{-j\delta_\mu} = \frac{B}{\mu_0 \cdot H} \tag{11.3}$$

mit dem magnetischen Verlustfaktor

$$\tan \delta_\mu = \frac{\mu''_r}{\mu'_r}. \tag{11.4}$$

Magnetische Substanzen ($|\underline{\mu}_r| > 1$) haben im Mikrowellenbereich meist ein relativ hohes $\varepsilon'_r$ und verhältnismäßig hohe Verlustfaktoren, wogegen reine Dielektrika (Isolierstoffe) $\mu'_r = 1$ und meist geringe Verluste besitzen.

Die Messung der Materialkonstanten erfolgt in den meisten Fällen durch Einbetten des zu untersuchenden Materials in eine Koaxial- oder Hohlleitung, wobei entweder die Phasenverschiebung und Dämpfung des Probenvierpols oder der Reflexionsfaktor bzw. die Eingangsimpedanz der Probenleitung untersucht wird. Ferner wird die Änderung von Resonanzfrequenz und Güte von Resonatoren durch das Einbringen von Materialproben zur Ermittlung der Kennwerte ausgenützt. Vorwiegend im Frequenzbereich über 10 GHz wird auch die Messung von Reflexion und Transmission an Probestücken, die im freien Raum zwischen zwei Hornstrahlern angebracht sind, zur Ermittlung der Materialkonstanten angewendet. Zur Messung des Leitwertes metallischer Leiter fertigt man definierte Teile von Leitungen oder Resonatoren aus dem Testmaterial und untersucht die Dämpfung. Übersichtsliteratur in [11.42].

## 11.1 Materialmessung in Leitungen

Allgemeine Literatur [11.1 bis 11.22]. Im dm- und cm-Wellenbereich wird der Messung von Materialproben fester Stoffe in Koaxialleitungen oder auch in runden Hohlleitern mit der $E_{01}$-Welle der Vorzug gegeben, weil sich die Probekörper durch Abdrehen bzw. Schleifen am einfachsten den Abmessungen der Leitung anpassen lassen. Bei der Untersuchung von Flüssigkeiten werden die an einem Ende kurzgeschlossenen Probeleitungen senkrecht gestellt, durch passendes Einfüllen läßt sich dann die elektrische Länge der Probeleitung variieren. Auch dünne dielektrische Trennwände finden zur Abgrenzung des mit dem Probestoff gefüllten Leitungsstückes bei Flüssigkeiten und Gasen Verwendung. Sind die Probenräume temperierbar, so werden Zwischenleitungen vorgesehen, die schlechte Wärmeleitung aber gleichen Wellenwiderstand wie die verwendete Meßapparatur besitzen [11.1, 11.4, 11.6 bis 11.10].
Die Bestimmung der Materialkonstanten aus der Reflexion an nur *einer* Grenzfläche [11.3, 11.6, 11.23] erscheint problematisch, weil die Vermeidung einer zusätzlichen Reflexion an der stets vorhandenen zweiten Grenzfläche auch durch geeignete Formgebung (Keil, Kegel) schwer ganz zu vermeiden und schlecht kontrollierbar sein dürfte.
Deshalb wird wohl der allgemeinste Fall einer Materialmessung durch eine Probeleitung konstanten Querschnitts und beliebiger Länge $l_p$ dargestellt, die sowohl $\varepsilon_r'$ und $\tan \delta_\varepsilon$ als auch $\mu_r'$ und $\tan \delta_\mu$ besitzt und die als verlustbehafteter Vierpol (vgl. Abschn. 7.61) betrachtet wird. Besitzt die Leitung, die mit dem Probematerial ausgefüllt ist, die gleichen Abmessungen wie die luftgefüllte Leitung (mit $Z_L$), so ist ihr Wellenwiderstand

$$Z_{L_p} = Z_L \cdot \sqrt{\frac{\underline{\mu}_r}{\underline{\varepsilon}_r}} = Z_L \cdot \sqrt{\frac{\mu_r'}{\varepsilon_r'}} \cdot \sqrt{\frac{1 - j \tan \delta_\mu}{1 - j \tan \delta_\varepsilon}} \tag{11.5}$$

und die Fortpflanzungskonstante

$$\gamma_p = \alpha_p + j\beta_p = j\beta_0 \cdot \sqrt{\underline{\mu}_r \cdot \underline{\varepsilon}_r}. \tag{11.6}$$

Hierbei ist die Dämpfungskonstante

$$\alpha_p = \frac{\pi}{\lambda_0} \cdot \sqrt{\mu_r' \varepsilon_r'} \cdot (\tan \delta_\mu + \tan \delta_\varepsilon) \tag{11.7}$$

und die Phasenkonstante

$$\beta_{\mathrm{p}} = \beta_0 \sqrt{\mu_{\mathrm{r}}'\varepsilon_{\mathrm{r}}'} = \frac{2\pi}{\lambda_0} \cdot \sqrt{\mu_{\mathrm{r}}'\varepsilon_{\mathrm{r}}'} \tag{11.8}$$

Aus (11.5) und (11.6) ergibt sich

$$\underline{\mu}_{\mathrm{r}} = \frac{1}{j\beta_0}\, \gamma_{\mathrm{p}} \cdot \frac{Z_{\mathrm{Lp}}}{Z_{\mathrm{L}}} \tag{11.9}$$

und

$$\underline{\varepsilon}_{\mathrm{r}} = \frac{l}{j\beta_0}\, \gamma_{\mathrm{p}} \cdot \frac{Z_{\mathrm{L}}}{Z_{\mathrm{Lp}}} \tag{11.10}$$

Um $\mu_{\mathrm{r}}$ und $\varepsilon_{\mathrm{r}}$ bestimmen zu können, ist also die Ermittlung von $Z_{\mathrm{Lp}}$ und $\gamma_{\mathrm{p}}$ der Probenleitung notwendig. Hierzu genügen im Prinzip zwei Messungen der Eingangsimpedanz $Z_1$. Schließt man den Vierpolausgang einmal mit einem Kurzschluß ab, zum anderen mit einem Leerlauf (Blindleitungsabschluß mit $l = \lambda_0/4$), so ergeben sich die beiden Eingangswiderstände $Z_{1\mathrm{k}}$ und $Z_{11}$ und es ist (s. a. Gl. (1.19))

$$Z_{1\mathrm{k}} = Z_{\mathrm{Lp}} \tan h\,(\gamma_{\mathrm{p}}l_{\mathrm{p}}) \tag{11.11}$$

und

$$Z_{11} = Z_{\mathrm{L}_{\mathrm{p}}} \operatorname{ctan} h\,(\gamma_{\mathrm{p}}l_{\mathrm{p}}). \tag{11.12}$$

Daraus ergibt sich

$$Z_{\mathrm{Lp}} = \sqrt{Z_{1\mathrm{k}} \cdot Z_{11}} \tag{11.13}$$

und

$$\gamma_{\mathrm{p}}l_{\mathrm{p}} = \operatorname{artan} h\sqrt{\frac{Z_{1\mathrm{k}}}{Z_{11}}} \tag{11.14}$$

Zweckmäßig benutzt man zur Auswertung für die komplexen Widerstände die Form von Betrag und Phase und benutzt spezielle (logarithmische) Leitungsdiagramme [11.7b, 11.10, 11.15]. Bei sehr kleinen Werten von $\tan \delta_\varepsilon$ müssen auch die Verluste der Probenleitung und der Abschlußblindleitung berücksichtigt werden [11.4]. Vorteilhafter sind dann die in Abschn. 11.14 beschriebenen Meßverfahren.
Die Meßgenauigkeit kann durch Mittelwertbildung gesteigert werden, wenn der Grenzkreis des Vierpols mittels mehrerer Abschlußblindwiderstände gebildet wird oder die Messungen bei verschiedenen Probenlängen oder Frequenzen vorgenommen werden. Die sehr zeitraubende Auswertung der oben angegebenen Formeln kann z.T. wesentlich vereinfacht werden, wenn man sich auf Sonderfälle, wie z.B. $\mu_{\mathrm{r}}' = 1$ oder $\lambda/2$-Probenlänge oder ähnliches, beschränkt. Hierauf soll in den folgenden Abschnitten eingegangen werden.
Leitungen mit Materialproben kann man auch als Vierpol in Brückenschaltungen (z.B. nach Abb. 7.6 bis 7.8) vermessen. Aus der Phasenverschiebung $\Delta\varphi = 2\pi\Delta l/\lambda$ kann man $\varepsilon_{\mathrm{r}}'$ und aus der Dämpfung den Verlustfaktor berechnen. Auch kalorimetrische Meßverfahren (Abschn. 5.4) finden bei stark verlustbehafteten Stoffen zur Bestimmung des $\tan \delta$ Anwendung [11.1, 11.6a].

## 11.11 *Messung an Kabeln*

Ist $\mu'_r = 1$, so ist die Wellenlänge einer mit Dielektrikum ausgefüllten Koaxialleitung

$$\lambda_\varepsilon = \frac{\lambda_0}{\sqrt{\varepsilon'_r}}. \tag{11.15}$$

Hierbei ist $\lambda_0$ die Wellenlänge im freien Raum. Im Hohlleiter wird die Wellenlänge im Dielektrikum

$$\lambda_{H\varepsilon} = \frac{\lambda_0}{\sqrt{\varepsilon'_r}\sqrt{1 - \left(\dfrac{\lambda_0}{\lambda_{k\varepsilon}}\right)^2}} = \frac{\lambda_0}{\sqrt{\varepsilon'_r - \left(\dfrac{\lambda_0}{\lambda_{k0}}\right)^2}}, \tag{11.16}$$

wobei $\lambda_{k0}$ die kritische Wellenlänge für $\varepsilon'_r = 1$ ist. Für die $H_{10}$-Welle im Rechteckquerschnitt ist $\lambda_{k0} = 2a$ (Abschn. 1.2), für die $E_{01}$-Welle im runden Hohlleiter ist $\lambda_{k0} = \pi D / 2{,}40$. Der Einfluß des $\tan \delta_\varepsilon$ auf die Wellenlänge kann im allgemeinen vernachlässigt werden.

Soll an Kabelstücken größerer Länge das $\varepsilon'_r$ des Dielektrikums gemessen werden, so bestimmt man die elektrische Länge $l_e$. Dann ist $\sqrt{\varepsilon'_r} = l_e/l_g$, wenn mit $l_g$ die geometrische Länge bezeichnet wird. Zweckmäßig schließt man das am Ende kurzge-

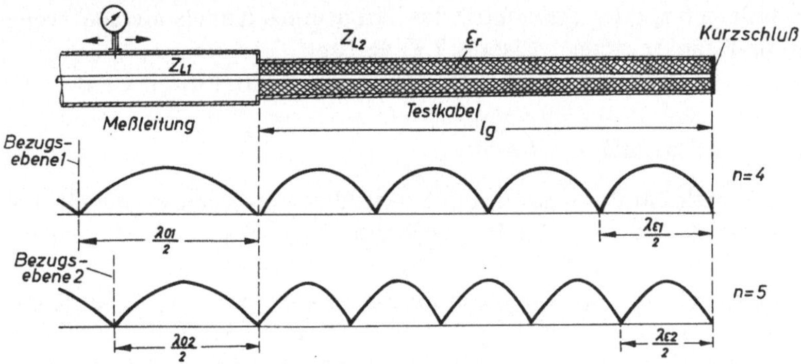


Abb. 11.1 *Messung der elektrischen Länge eines Kabels*

schlossene Kabelstück an eine Meßleitung an, wie dies in Abb. 11.1 skizziert ist, und variiert die Meßfrequenz so lange, bis genau an der Übergangsstelle ein Spannungsminimum liegt. Dann stehen auf dem Kabelstück $k$ halbe Wellenlängen und es ist

$$\sqrt{\varepsilon'_r} = k\frac{\lambda_0}{2l_g} \qquad (k = 1, 2, 3 \dots) \tag{11.17}$$

Ist $\varepsilon'_r$ annähernd bekannt, so kann auf $k$ geschlossen werden. Kann jedoch $k$ nicht geschätzt werden, so ist eine zweite Messung nötig. Erhöht man die Frequenz so weit, daß bei der Freiraumwellenlänge $\lambda_{02}$ wieder ein Minimum am Kabelübergang liegt, so stehen jetzt $k + 1$ halbe Wellenlängen $\lambda_{\varepsilon 2}$ auf dem Kabel. Es ergibt sich

$$\sqrt{\varepsilon_r'} = \frac{\lambda_{01}\lambda_{02}}{2l_g\,(\lambda_{10} - \lambda_{02})}. \tag{11.18}$$

Da die Übergangsstelle Kabel–Meßleitung durch die Sonde nicht erreichbar ist, muß mit Hilfe eines Kurzschlußsteckers, dessen Ebene genau der Anfangsebene des Kabels entspricht, bei jeder Messung eine Bezugsebene auf der Meßleitung festgelegt werden (vgl. Abschn. 6.21). Dies macht das Vorgehen relativ umständlich, da sich die Bezugsebene mit der Frequenz verschiebt und bei jeder Frequenzänderung einmal der Kurzschlußstecker und einmal das Testkabel an die Meßleitung angesteckt werden muß. Im dm-Wellenbereich kann man die Prozedur dadurch vereinfachen, daß man einen Stecker zum Kabelanschluß verwendet, der nahe dem Anfang des Dielektrikums eine Querbohrung besitzt, durch die man einen Kurzschlußstift, der Innen- und Außenleiter verbindet, einschieben kann. Dann läßt sich bei jedem Frequenzwechsel die Bezugsebene ohne Steckertausch festlegen. Es ist auch möglich, die Wanderung des 1. Minimums auf der Meßleitung in Abhängigkeit von der Frequenz sowohl bei Anschluß des Kabels als auch bei Abschluß mit Kurzschlußstecker grafisch aufzutragen und den Schnittpunkt beider Kurven auszuwerten (vgl. auch Abb. 11.5).

Bei Kabeln, die keine homogene Dielektrikumsfüllung besitzen, ergibt die Auswertung nach Gl. (11.8) bzw. (11.9) natürlich nur den Mittelwert für $\varepsilon_r'$.

Sehr viel schneller läßt sich $\varepsilon_r'$ oder die elektrische Länge eines Kabels messen, wenn man über ein Impuls-Reflektometer (Abschn. 7.8) verfügt.

Die Dämpfung des Kabels kann aus der Eingangswelligkeit $m$ bestimmt werden. Es ist

$$\alpha l_g/\mathrm{Np} = m \quad \text{bzw.} \quad \alpha l_g/\mathrm{dB} = 8{,}68 \cdot m. \tag{11.19}$$

Da sich bei geringer Kabeldämpfung gewöhnlich sehr kleine $m$-Werte ergeben, ist es zweckmäßig, das $m$ durch Messung der Knotenbreite (vgl. Abschn. 6.24 b) zu bestimmen [11.2, 11.10]. Der Einfluß der Leitfähigkeits- und der Dielektrikumsdämpfung läßt sich hier nicht getrennt erfassen. Um unkontrollierbare Verluste im Kurzschluß am Kabelende und im Steckerübergang zu vermeiden, kann es vorteilhaft sein, die $m$-Messung mit leerlaufendem Kabelende und mit Spannungsmaximum am Steckerübergang vorzunehmen [11.2]. Bei sehr geringer Dämpfung bevorzugt man die Bandbreitenmessung bei Resonanz durch lose Ankopplung des Kabels (Auswertung nach Gl. (11.47)).

### 11.12   *Proben hoher Dämpfung*

Bei sehr langen Kabeln oder Proben hoher Dämpfung ist der Eingangswiderstand $Z_e = R_e + jX_e$ gleich dem komplexen Wellenwiderstand $Z_L$ des Kabels bzw. der Probe und das gemessene $m$ ist unabhängig von der Kabellänge bzw. vom Abschlußwiderstand der Probenleitung. In diesem Fall ist $Z_{1k} = Z_{11}$ und $\gamma_p \cdot l_p$ nach

Gl.(11.14) wird unbestimmt. Für magnetische Materialien kann aber $|\varepsilon_r|$ und $\tan \delta_\varepsilon$ direkt aus $Z_{\text{Lp}}$ bestimmt werden, allerdings ohne hohe Genauigkeit: Nach Gl.(11.5) und (11.1) ist:

$$Z_{\text{Lp}} = |Z_{\text{Lp}}|\, e^{j\varphi} = \frac{Z_{\text{L}}}{\sqrt{\underline{\varepsilon}_r}} = \frac{Z_{\text{L}}}{\sqrt{|\underline{\varepsilon}_r|}}\, e^{j\frac{\delta_\varepsilon}{2}} \tag{11.20}$$

$$|\underline{\varepsilon}_r| = \frac{Z_{\text{L}}^2}{|Z_{\text{Lp}}|^2} = \frac{Z_{\text{L}}^2}{R_e^2 + X_e^2} \tag{11.21}$$

$$\delta_\varepsilon = 2\varphi \quad \text{bzw.} \quad \tan \delta_\varepsilon = \tan \frac{2X_e}{R_e} \tag{11.22}$$

Die Dämpfungskonstante ist dann aus Gl.(11.7) zu berechnen.

## 11.13   Stoffprobe in der Meßleitung

Läßt sich der zu untersuchende Stoff so bearbeiten, daß er direkt in die Meßleitung nach Abb.11.2 eingeschoben werden kann, so ist die Messung der Wellenlänge und der Dämpfung im Bereich des Probekörpers selbst möglich [11.3a, 11.11, 11.12]. Der Einfluß der zur Aufnahme der Meßleitungssonde notwendigen Nut kann bei

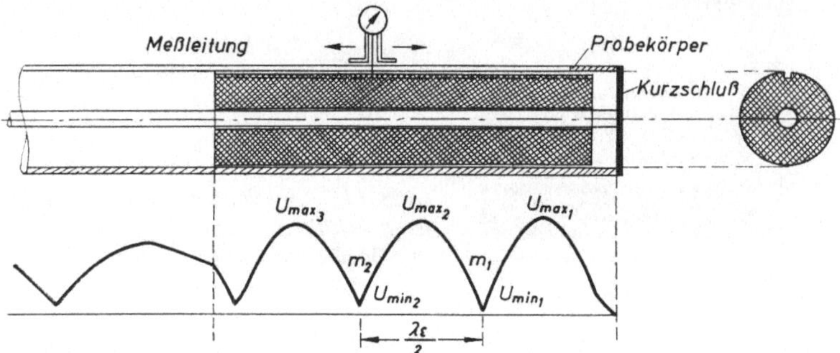


*Abb. 11.2 Untersuchung der Stoffprobe in der Meßleitung*

der Auswertung vernachlässigt werden. Für koaxiale Meßleitungen und $\mu_r' = 1$ kann $\varepsilon_r'$ sofort nach Gl.(11.15) aus dem Verhältnis $\lambda_0/\varepsilon$ entnommen werden. Befindet sich die Materialprobe in einem Hohlleiter, so ergibt sich aus Gl.(11.16):

$$\varepsilon_r' = \frac{1 + (\lambda_{k0}/\lambda_{H\varepsilon})^2}{1 + (\lambda_{k0}/\lambda_H)^2} \tag{11.23}$$

Die Dämpfung resultiert aus der *m*-Messung:

$$\alpha = \frac{2}{\lambda_\varepsilon}\,(m_2 - m_1). \tag{11.24}$$

Die *m*-Werte können entweder aus der Messung der Knotenbreite (Abschn. 6.24b) oder wie folgt bestimmt werden:

$$m_1 = \frac{2U_{\min 1}}{U_{\max 1} + U_{\max 2}} \tag{11.25}$$

Bei sehr kleinen Dämpfungen ist die Eigendämpfung $\alpha_0$ der Meßleitung (ohne Probekörper) zu berücksichtigen. Dann wird $\alpha_\varepsilon = \alpha - \alpha_0$ und nach Gl. (11.7):

$$\tan \delta_\varepsilon = \alpha_\varepsilon \frac{\lambda_\varepsilon}{\pi} \tag{11.26}$$

## 11.14   *Kurzschlußmeßverfahren*

### *a) Stoffprobe beliebiger Länge*

Ist die an die Meßleitung angeschlossene Probenleitung, die mit dem zu untersuchenden Stoff ausgefüllt ist, am Ausgang kurzgeschlossen (Abb. 11.3), so läßt sich bei beliebiger Länge $l_p$ der Eingangswiderstand $Z_e = Z_{1k}$ nach Gl. (11.11) auf den komplexen Wellenwiderstand $Z_{Lp}$ und das Übertragungsmaß $\gamma_p l_p$ zurückführen. Die Ebene des $Z_{1k}$ ist die Anfangsebene des Probematerials. Durch einen Kurz-

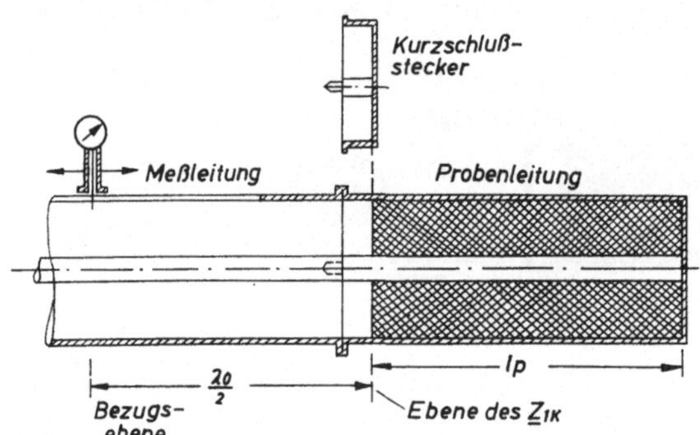


schlußstecker, dessen leitende Ebene sich an gleicher Stelle befindet, ist die Bezugsebene auf der Meßleitung festzulegen. Nach [11.2] kann man aus Real- und Imaginärteil des $Z_e$ die Stoffkonstanten bestimmen. Für $\mu'_r = 1$ und kleine Verluste ergibt sich dann:

$$\frac{X_e}{Z_L} = \frac{1}{\sqrt{\varepsilon'_r}} \tan \frac{2\pi l_p}{\lambda_0} \sqrt{\varepsilon'_r} \tag{11.27}$$

und

$$\tan \delta_\varepsilon = \frac{R_e/Z_L}{\dfrac{\pi l_p/\lambda_0}{\cos^2 \dfrac{2\pi l_p}{\lambda_0} \cdot \sqrt{\varepsilon'_r}} - \dfrac{1}{2\sqrt{\varepsilon'_r}} \tan \dfrac{2\pi l_p}{\lambda_0} \cdot \sqrt{\varepsilon'_r}} \tag{11.28}$$

Da $\sqrt{\varepsilon_r'}$ in (11.27) als Faktor und im Argument vorkommt, muß hier mittels schrittweiser Näherung oder grafisch ausgewertet werden. Bei sehr kleinen Verlusten ist $X_e$ und $R_e$ nach Gl. (6.24) zu ermitteln. $l_p \approx \lambda_\varepsilon/4$ ist zu vermeiden. Ist das Material magnetisch, so empfiehlt sich, zunächst $Z_{Lp}$ an einer genügend langen Probe (Abschnitt 11.12) direkt zu bestimmen, um anschließend an kürzeren Probestücken $\gamma_p$ zu ermitteln.

### b) Die Länge der Stoffprobe ist $\lambda_\varepsilon/2$

Die Messung von $\varepsilon_r'$ an Proben der Länge $\lambda_\varepsilon/2$ erreicht besonders hohe Genauigkeit, weil hierfür der durch die Dämpfung hervorgerufene Fehler eine Nullstelle besitzt. Die richtige Probenlänge $l_p$ wird entweder durch Abdrehen des Materials oder durch Frequenzvariation eingestellt [11.1c, 11.3, 11.4, 11.8, 11.9], wobei dem Kriterium für das Erreichen von $l_p = \lambda_\varepsilon/2$ besondere Aufmerksamkeit zu widmen ist, da das Ende der Materialprobe von der Meßleitungssonde nicht direkt erreichbar ist.

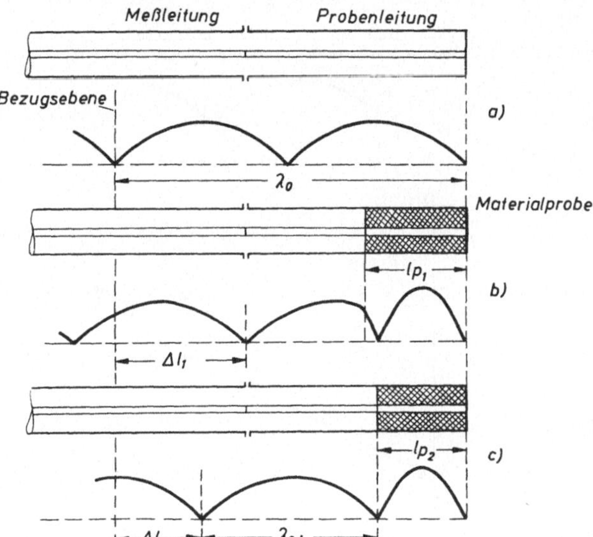


*Abb. 11.4 Spannungsverteilung bei Ermittlung der richtigen Probenlänge*

Abbildung 11.4 zeigt das Vorgehen bei Verändern der Probenlänge: Zunächst wird auf der Meßleitung eine Bezugsebene festgelegt, indem die leere Probenleitung angeschaltet wird (a). Dann wird die Materialprobe in die Probenleitung eingelegt und so lange verändert, bis der Abstand des neuen Minimums von der Bezugsebene $\Delta l = \lambda_0/2 - l_p$ beträgt (b und c). Bei Flüssigkeiten ist $l_p$ in aufrechtstehenden Probenleitungen durch geeignetes Einfüllen leicht zu verändern. Die Länge $l_p$ muß nicht sehr genau bestimmt werden, da der Einfluß der Dielektrizitätskonstante in der Umgebung des Spannungsminimums gering ist. Die Auswertung erfolgt dann aus Gl. (11.15) wie folgt:

$$\varepsilon_r' = \frac{1}{(1 - 2\Delta l/\lambda_0)^2} \tag{11.29}$$

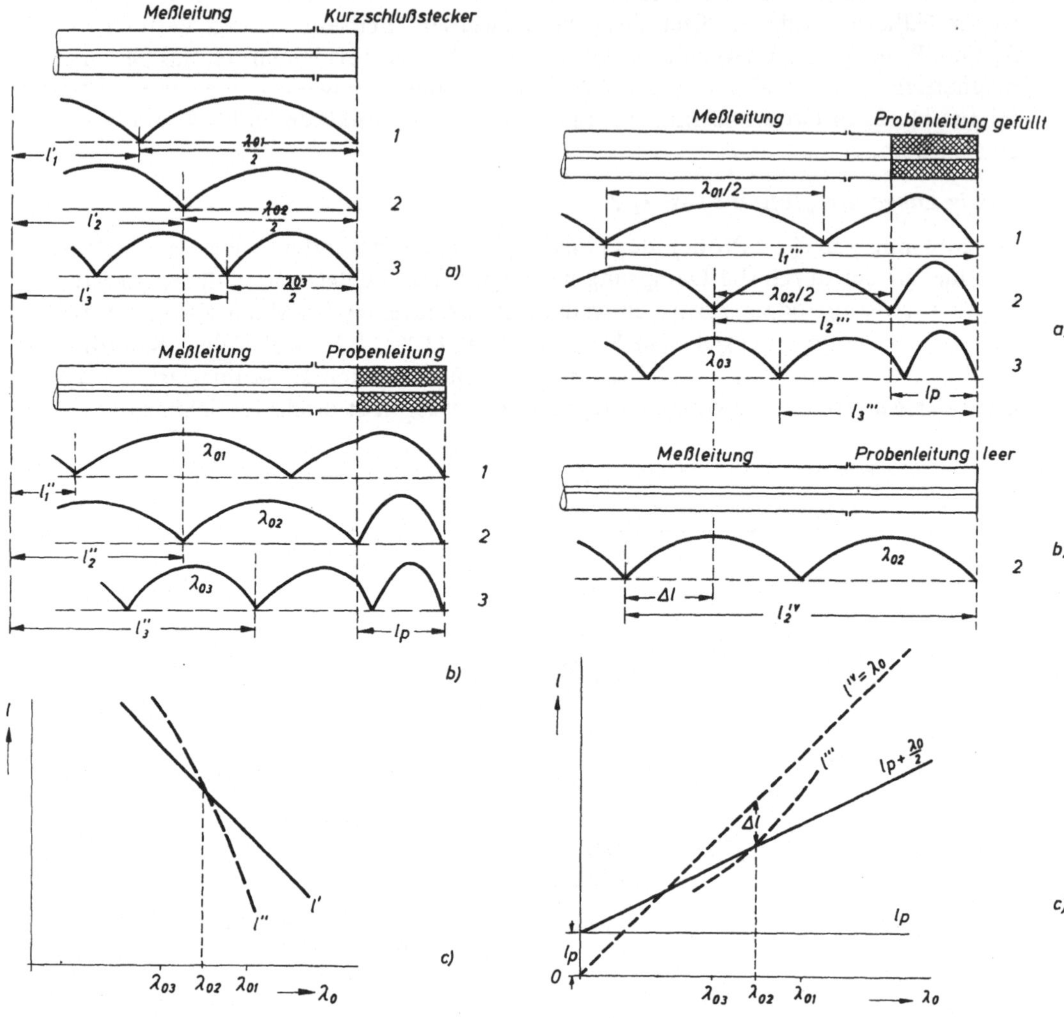

Abb. 11.5 *Frequenzvariation zur Bestimmung*
*von* $\lambda_\varepsilon/2 = l_\mathrm{p}$
a) Kurzschlußversuch;
b) Versuch mit Probenleitung;
c) grafische Auswertung

Abb. 11.6 *Frequenzvariation zur Bestimmung*
*von* $\lambda_\varepsilon/2 = l_\mathrm{p}$
a) Versuch mit gefüllter Probenleitung;
b) Versuch mit leerer Probenleitung;
c) grafische Auswertung

Ist $\varepsilon_\mathrm{r}'$ völlig unbekannt, so empfiehlt sich zunächst ein Vorgehen nach Abschn. 11.11 (Gl. (11.18)), um sicherzugehen, daß sich nur *eine* halbe Wellenlänge innerhalb $l_\mathrm{p}$ befindet.

Die Ermittlung des $\tan \delta_\varepsilon$ erfolgt durch die Messung der Eingangswelligkeit in der materialgefüllten Leitung. Bei kleinem $\tan \delta_\varepsilon$ ergeben sich kleine $m$-Werte, die durch Messung der Knotenbreite (Abschn. 6.24) festgestellt werden. Es ist dann nach

Gl. (11.7) und (11.19):

$$\tan \delta_\varepsilon = \frac{1}{\pi \sqrt{\varepsilon_r'}} \, (m - m_0) \tag{11.30}$$

Hierbei ist $m_0$ der bei leerer Probenleitung gemessene $m$-Wert, der die Eigendämpfung beschreibt. (Die durch die Materialfüllung sich ergebende Verkürzung ist auf die Eigendämpfung praktisch ohne Einfluß.) Zweckmäßig wählt man die Länge der Probenleitung so, daß sich kein Strombauch am Steckerübergang befindet.

Ist es nicht möglich, das Probematerial nachträglich zu bearbeiten (z. B. Keramik), so muß man die elektrische Länge der Probe durch Frequenzvariation auf $\lambda_\varepsilon/2$ bringen. Voraussetzung ist natürlich, daß in dem in Frage kommenden Bereich keine Änderung des $\varepsilon_r'$ zu erwarten ist. Hierfür ergeben sich zwei Möglichkeiten, die an Hand der Abb. 11.5 und 11.6 kurz beschrieben seien. Im ersten Fall, der sich besonders dann empfiehlt, wenn sich zwischen Meßleitung und Probenleitung eine Isolierstütze unbekannter Eigenschaften befindet, ist ein Kurzschlußstecker vonnöten, dessen Kurzschlußebene mit der Anfangsebene des Probematerials zusammenfällt. Man wählt nun eine beliebige feste Bezugsebene und zeichnet die Lage des Minimums in Abhängigkeit von der Wellenlänge bei Abschluß mit dem Kurzschlußstecker auf ($l'$ in Abb. 11.5a bzw. c). Dann schließt man die gefüllte Probenleitung an und stellt ebenfalls die Verschiebung der Lage des Minimums mit der Wellenlänge fest ($l''$ in Abb. 11.5b und c). Bei einer Frequenz ist $l' = l''$. Die hierzu gehörende Wellenlänge ($\lambda_{02}$ in Abb. 11.5) benutzt man zur Auswertung nach Gl. (11.15), da dann $l_p = \lambda_\varepsilon/2$ ist.

Eine ähnliche Methode, das Kriterium für $l_p = \lambda_\varepsilon/2$ zu finden, ist in Abb. 11.6 skizziert. Hier wird zuerst die Minimumverschiebung der materialerfüllten Probenleitung in Abhängigkeit von $\lambda_0$ aufgezeichnet und das $\lambda_0$ so lange verändert, bis $l''' = l_p + \lambda_0/2$ ist. Dann wird die Lage des Minimums bei leerer Probenleitung bei dieser Wellenlänge ($\lambda_{02}$) festgestellt und die Differenz $\Delta l$ gemessen. Die Auswertung erfolgt hier wieder nach Gl. (11.29).

### c) Messung dünner Scheiben

Proben fester Materialien geringer Dicke $d$ können oft so bearbeitet werden, daß sie direkt in die Meßleitung einzuschieben sind, wie dies in Abb. 11.7 skizziert ist. Für $d \ll \lambda_0$ ist im Bereich des Spannungsbauches nur das $\varepsilon$ und im Spannungsknoten nur das $\mu$ wirksam. Man kann deshalb durch geeignetes placieren der Scheiben die Materialkonstanten getrennt mittels der durch sie bewirkten Knotenverschiebung erfassen [11.2 bis 11.5]. Es ist dann

$$\varepsilon_r' = 1 + \frac{\Delta l}{d} . \tag{11.31}$$

Sind die Scheiben dicker ($d > 0{,}08 \cdot \lambda_0 \cdot \sqrt{\varepsilon_r'}$), so muß nach [11.2] das so ermittelte $\varepsilon_r'$ mit einem Korrekturfaktor $F$ multipliziert werden:

$$F = 1 + \frac{1}{3}\left(\frac{\pi d}{\lambda_0}\right)^2 \cdot \varepsilon_r' \cdot (\varepsilon_r' - \mu_r') \tag{11.32}$$

Das $\mu'_r$ ergibt sich, wenn die Scheibe nach Abb. 11.7 b im Spannungsknoten liegt, aus

$$\mu'_r = 1 + \frac{\Delta l}{d}. \tag{11.33}$$

Der Korrekturfaktor für dickere Scheiben ist ähnlich:

$$F = 1 - \frac{1}{3}\left(\frac{\pi d}{\lambda_0}\right)^2 \mu'_r \left(\varepsilon'_r - \mu'_r\right) \tag{11.34}$$

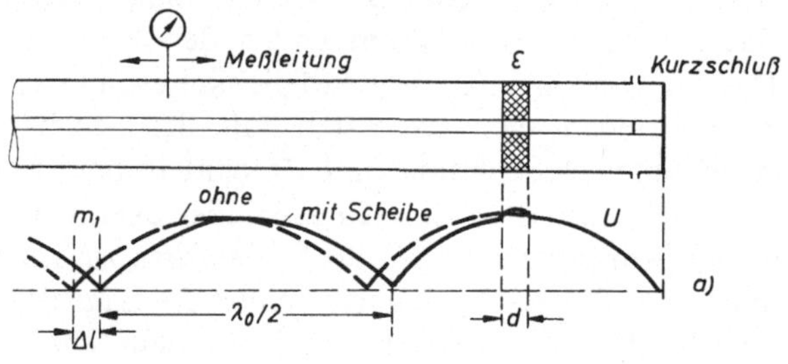


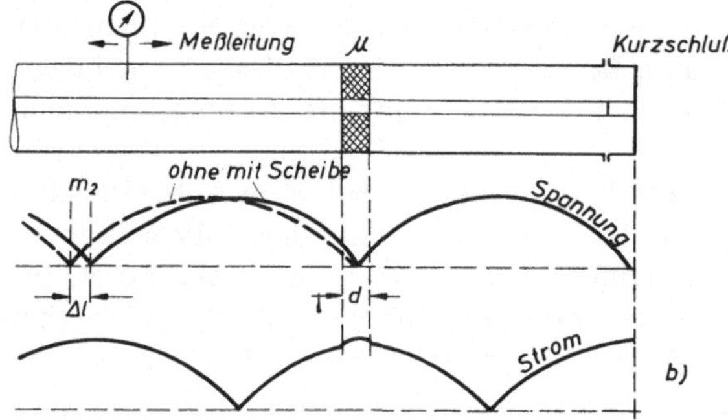


Abb. 11.7 *Messung dünner Scheiben*
a) Bestimmung des $\varepsilon_r$;
b) Bestimmung des $\mu_r$

Der Verlustfaktor ist wieder aus der *m*-Messung (nach der Knotenbreite, Abschn. 6.24) zu ermitteln, wenn $m_0$ die Eigendämpfung der Leitung ohne Scheibe beschreibt:

$$\tan \delta_\varepsilon = \frac{m_1 - m_0}{2\pi\varepsilon'_r} \cdot \frac{\lambda_0}{d} \tag{11.35}$$

bzw.

$$\tan \delta_\mu = \frac{m_2 - m_0}{2\pi\mu'_r} \cdot \frac{\lambda_0}{d} \tag{11.36}$$

Hierbei ist $m_1$ der Wert, der bei Lage der Scheibe im Spannungsmaximum, $m_2$ der bei Lage im Spannungsminimum gemessen wurde.

Zur Messung der bei dünnen Scheiben mit geringen Verlusten auftretenden sehr kleinen *m*-Werte empfiehlt sich auch die Anwendung einer Zwischentransformation, auf die auch in Abschn. 6.24 hingewiesen ist. In [11.3] werden hierfür Schlitzblenden als Parallelinduktivitäten angewendet.

Für alle oben beschriebenen Meßverfahren können auch die sog. „schlitzlosen" Meßleitungen verwendet werden [11.4, 11.5, 11.8 und 11.9]. Abb. 11.8 zeigt einen Stoffkonstantenmeßplatz mit temperierbarem Meßgefäß und schlitzloser Meßleitung.

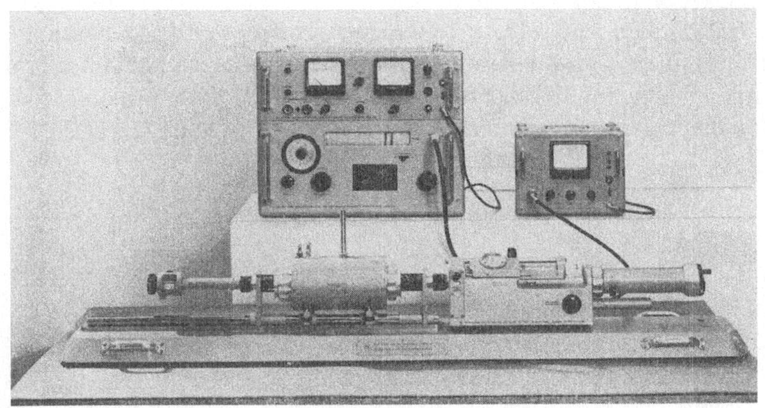

*Abb. 11.8  Stoffkonstanten-Meßplatz* [11.4]
(Werkfoto Fa. Rohde & Schwarz, München)

### 11.15  *Fehler durch Passungsluft*

Bei der Herstellung von Probekörpern, die in die Leitungsquerschnitte einzuschieben sind, ist ein Luftspalt zwischen den Leitern und dem Probekörper unvermeidlich. Durch diesen Luftspalt tritt eine Scherung der Dielektrizitätskonstante auf, die einen Meßfehler hervorruft. Eine ausführliche Diskussion dieser Fehler ist in [11.4] durchgeführt. Korrekturformeln sind ebenfalls in [11.21] angegeben. Bei dielektrischen Materialien steigt der Fehler mit größerem $\varepsilon_r'$ stark an, so daß vor allem bei hohem $\varepsilon_r'$ auf besonders genaue Bearbeitung zu achten ist. Gegebenenfalls ist die Oberfläche des Probekörpers zu versilbern oder der Luftspalt bei $\varepsilon_r'$ von etwa 2,5 mit Paraffinöl auszufüllen. Bei einer Passungsluft von $\Delta d/d + \Delta D/D = 2\%$ wird bei $\varepsilon_r' = 10$ der Fehler $\approx -20\%$. Für magnetische Materialien bleibt der Meßfehler des $\mu_r'$ kleiner als die relative Passungsluft: $\Delta\mu/\mu < \Delta d/d + \Delta D/D$ [11.8]. Durch geeignete Wellentypen (z.B. $H_{01}$-Resonatoren, s. folgenden Abschnitt) lassen sich Fehler durch Passungsluft vermeiden [11.44].

## 11.2  Materialmessung in Resonatoren

Bringt man in einen Koaxial- oder Hohlraumresonator ein Medium mit dielektrischen oder magnetischen Eigenschaften ein, so verändert sich die Eigenresonanz durch den Realteil der Dielektrizitätskonstante oder der Permeabilität; die Bandbreite wird vergrößert, wenn das Medium Verluste besitzt (Abb. 11.9). Aus der Verstimmung kann dann z.B. $\varepsilon_r'$ berechnet und zur Ermittlung von tan $\delta_\varepsilon$ kann die Messung der Kreisgüte nach Kap. 9 herangezogen werden [11.1d, 11.3a, 11.6a, 11.7a, 11.24 bis 11.33, 11.44 bis 11.52]. Auch die Aufspaltung der Eigenresonanz eines Hohlraumes in Mehrfachresonanzen kann zur Bestimmung des $\varepsilon_r$ dienen [11.34]. Bei gasförmigen und flüssigen Medien, die keine großen Verluste besitzen, wird gewöhnlich der ganze Hohlraum des Resonators mit dem Probemedium ausgefüllt, bei festen Materialien und Flüssigkeiten mit großen Verlusten beinhaltet das Probematerial nur einen Teil des Resonatorvolumens, einerseits aus mechanischen Gründen, andererseits, um die Resonanz nicht zu sehr zu dämpfen und so die Meßgenauigkeit für die Verstimmung nicht zu verringern [11.6a, 11.7a, 11.33].

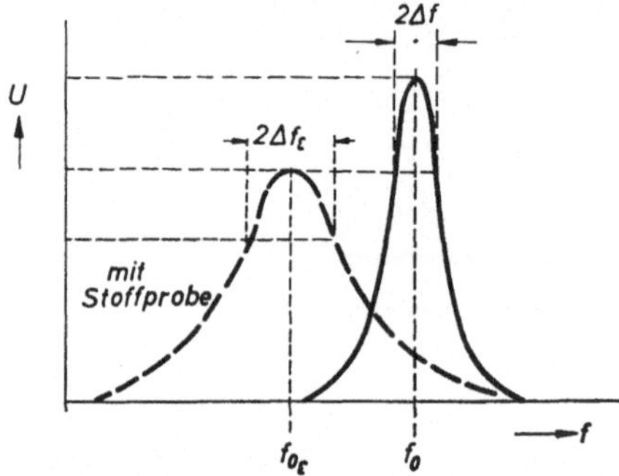


*Abb. 11.9  Veränderung der Resonanzkurve durch die Stoffprobe*

Bei der Messung von Gasen, deren $\varepsilon_r'$ nicht sehr von 1 abweicht, ist auch das $\varepsilon_r'$ der Luft zu berücksichtigen, das bei Atmosphärendruck 1,0006 beträgt [11.7a]. Ist $f_0$ die Resonanzfrequenz bei Luftfüllung und $f_{0\varepsilon}$ diejenige bei Füllung des Resonators mit dem zu messenden Gas, so ist

$$\varepsilon_r' = 1 + 2\,\frac{f_0 - f_{0\varepsilon}}{f_0} + 0{,}0006. \tag{11.37}$$

$$\tan \delta_\varepsilon = \frac{1}{Q_{u\varepsilon}} - \frac{1}{Q_{u0}} \tag{11.38}$$

Resonanzfrequenz $f_0$ und Kreisgüte $Q_u$ können nach Kap. 9 gemessen werden. Vor allem bei der Messung des Übertragungsverhaltens ist dabei auf möglichst lose Kopplung zu achten, damit $Q_u$ nicht durch die Belastung verfälscht wird ($Q_u \approx Q_L$). Gl. (11.38) gilt nur für kleine $\varepsilon_r'$, da andernfalls – z.B. bei Füllung des Resonators mit einer Flüssigkeit mit großem $\varepsilon_r'$ und kleiner Dämpfung – auch die Verteilung der Wandströme verändert wird, die dann gesondert berücksichtigt werden müßte.

Benutzt man Resonatoren mit Leitungswellen zur Messung scheibenförmiger Proben (Abb. 11.10), so ähnelt die Meßmethode der in Abschn. 11.14c beschriebenen, wobei man die Resonatorankopplung als Zwischentransformation zur Verbesserung der Dämpfungsmessung ansehen kann. Verwendet man einen beidseitig kurzgeschlossenen Koaxialresonator, so existiert eine $\lambda_0/2$- oder $k \cdot \lambda_0/2$-Resonanz und zur

Messung des $\varepsilon_r$ wird die Scheibe des Probestoffes im Spannungsmaximum, also bei $k = 1$, in der Mitte des Resonators angeordnet (Abb. 11.10a). Legt man die Scheibe in die Nähe der Kurzschlußplatte, so entspricht die Verstimmung dem $\mu_r'$ der Stoffprobe (Abb. 11.10b). Man kann nun entweder die Resonanz einmal mit und einmal

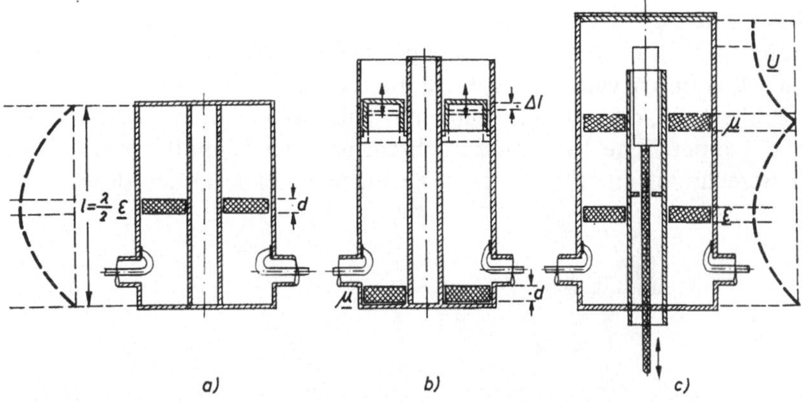

Abb. 11.10 *Anordnung von Probescheiben in Koaxialresonatoren*

ohne Stoffprobe durch Verschiebung des Kurzschlußes auf einer Seite des Resonators (Abb. 11.10b) feststellen und zur Auswertung die Gl. (11.31) bzw. (11.33) benutzen oder bei Resonatoren mit festen Abmessungen (Abb. 11.10a) die Frequenz messen, die mit und ohne Probe zur Resonanz führt. Dann ergibt sich aus der Verstimmung:

$$\varepsilon_r' = 1 + \frac{l}{d} \cdot \frac{\lambda_0' - \lambda_0}{\lambda_0} = 1 + \frac{l}{d} \cdot \frac{f_0 - f_0'}{f_0}, \tag{11.39}$$

wobei $\lambda_0'$ bzw. $f_0'$ die Resonanzwellenlänge bzw. -frequenz mit eingelegter Scheibe ist. Die Dämpfung ergibt sich nach [11.6a]:

$$\tan \delta_\varepsilon = \frac{k\lambda_0}{4(\Delta l + d)} \cdot \frac{Q_u - Q_u'}{Q_u \cdot Q_u'} \tag{11.40}$$

Hier stellt $Q_u'$ die von äußerer Beschaltung unbelastete Güte des Resonators bei eingebrachter Probenscheibe dar.

Bei sehr geringem $\tan \delta_\varepsilon$ des Probematerials ist es vorteilhaft, Resonanzkreise besonders hoher Güte zu benutzen. Hier bietet sich eine Konstruktion nach Abb. 11.10c an, die zur Abstimmung einen Tauchkolben im Innenleiter ohne galvanische Kontakte besitzt. Diese sonst gern für kapazitiv verkürzte $\lambda/4$-Resonatoren verwendete Bauform wird hier zweckmäßig mit einer $3/4$-$\lambda$-Resonanz betrieben, um ein von den Verzerrungen des Endstreufeldes freies Spannungsmaximum für die $\varepsilon_r$-Messung zur Verfügung zu haben. Die $\mu$-Messung kann in dem Spannungsknoten im mittleren Teil des Resonators (vgl. Skizze der Spannungsverteilung rechts vom Bild) vorgenommen werden. Besitzt man einen Resonator ähnlicher Bauart, der am Verstimmungsantrieb eine gute Frequenzeichung hat (Wellenmesser), so kann diese Eichung zur Feststellung der Differenz $f_0 - f_0'$ herangezogen werden.

Bei Frequenzen, die höher als etwa 3 GHz sind, werden Hohlraumresonatoren – vorwiegend mit kreisförmigem Querschnitt – verwendet. Man bevorzugt hier eine Anregung der $H_{01}$- bzw. $E_{01}$-Welle (vgl. Abschn. 1.3). Bei gänzlicher Füllung mit Gasen oder Flüssigkeiten geringer Verluste gilt auch hier Gl. (11.37) bzw. (11.38). Zur Untersuchung von Materialien bei hohen Temperaturen kann man solche Resonatoren auch aus innen versilberter Keramik herstellen [11.24]. Bei der Einbringung fester Probestoffe, die den Resonator nur teilweise ausfüllen, ist es wesentlich, auf einfache geometrische Formen zu achten, um den Einfluß auf die Feldverteilung einer Berechnung noch zugänglich zu machen. Es kommen deshalb als

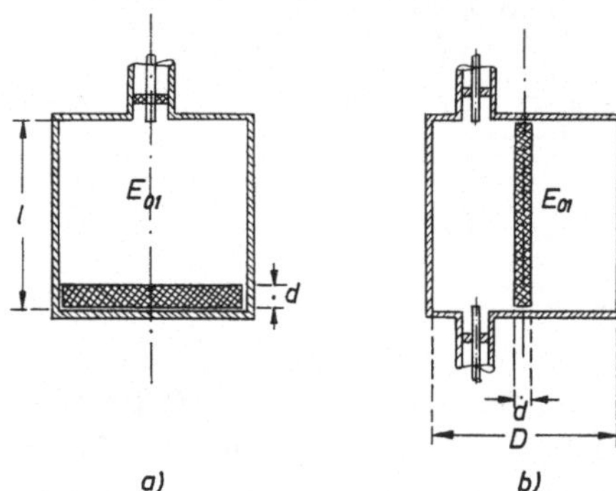


*Abb. 11.11  Anbringung fester Stoffproben in Hohlraumresonatoren*

a) dünne Scheibe;
b) zylindrischer Stab

Probekörper vornehmlich die dünne Planscheibe (Abb. 11.11 a) und der dünne Stab von kreisförmigem Querschnitt in der Resonatorachse (Abb. 11.11 b) in Betracht. Flüssigkeiten hoher Dämpfung können gut nach der ersten Art im Resonator gemessen werden.

Bei stabförmigen Probekörpern (Abb. 11.10 b) lassen sich für kleine Durchmesser ($d < 0{,}05\,D$) einfache Formeln für den Zusammenhang zwischen $\varepsilon_r$ und Verstimmung bzw. Bandbreite angeben [11.1 d, 11.24]:

$$\varepsilon_r' = 1 + 0{,}538 \left(\frac{D}{d}\right)^2 \cdot \frac{f_0 - f_{0\varepsilon}}{f_0} \tag{11.41}$$

$$\tan \delta_\varepsilon = \frac{0{,}269}{\varepsilon_r'} \left(\frac{D}{d}\right)^2 \cdot (\Delta f_\varepsilon - \Delta f_0) \tag{11.42}$$

Für die flache Probe ist die Resonanzwellenlänge aus der Hohlleiterwellenlänge im Probemedium $\lambda_{H\varepsilon}$ und in Luft $\lambda_H$ zu berechnen. Dies führt zu einer transzendenten Gleichung

$$\lambda_{H\varepsilon} \cdot \tan \frac{2\pi d}{\lambda_{H\varepsilon}} + \lambda_H \cdot \tan 2\pi \frac{l - d}{\lambda_H} = 0, \tag{11.43}$$

die nur durch schrittweise Näherung oder grafisch gelöst werden kann. Hierfür und für die ebenfalls sehr umständliche Berechnung des $\tan \delta$ sei auf [11.7 a] bzw. [11.6 a] verwiesen.

## 11.3    Materialmessung bei Freiraumausbreitung

In Fällen, in denen eine Bearbeitung des Probematerials nicht möglich ist und dieses z. B. in Plattenform zur Verfügung steht (z. B. Glas), aber auch vor allem bei mm-Wellen wird gerne die Freiraumausbreitung zur Messung der Materialeigenschaften benutzt. Man arbeitet dann mit Anordnungen, die der Skizze der Abb. 11.12 ähnlich sind [11.1b, 11.7c, 11.35 bis 11.37]. Man hat dann zwar keine Fehler durch

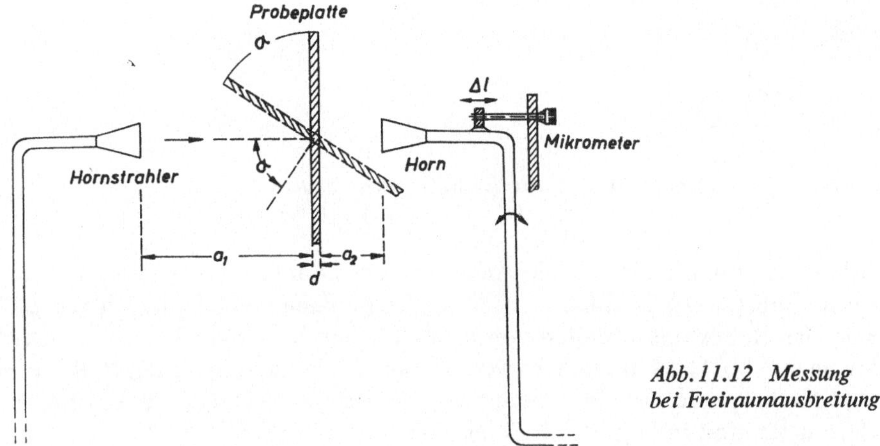



Abb. 11.12   Messung
bei Freiraumausbreitung

Passungsluft, statt dessen jedoch Unsicherheiten durch die Beugung an den Kanten des Probestückes – das deshalb möglichst groß sein sollte – und durch unkontrollierbare Reflexionen der Umgebung. Zur Verminderung dieser Fehler kann es vorteilhaft sein, in verschiedenen Abständen *a* und mit mehreren Einfallswinkeln die Messung zu wiederholen. Auch eine Umkleidung der Kanten der Hornstrahler mit absorbierendem keilförmig geformtem Material (graphitierte Faserstoffe) kann die unerwünschten Reflexionen vermindern (Abb. 11.13).

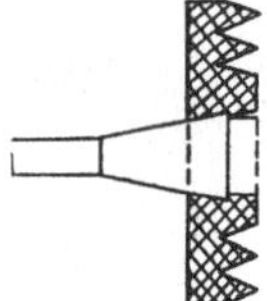

Abb. 11.13 *Umkleidung der Hornstrahlerkanten mit absorbierendem Material*

Ordnet man die Probeplatte zwischen den beiden Hornstrahlern der Abb. 11.12 an, so kann man die gezeichnete Meßstrecke als einen Zweig einer Brückenschaltung (ähnlich Abb. 7.6) benutzen, wobei der andere Zweig jedoch nur ein Dämpfungsglied zu besitzen braucht. Die Variation der Phase zum Nullabgleich erfolgt durch die Verstellung des Hornstrahlerabstandes um *Δl*, die mittels Mikrometer sehr genau erfolgen kann, wenn die Probeplatte eingeschoben wird. Dann ist [11.1b]:

$$\varepsilon_r' = 1 + 2\left(\frac{\Delta l}{d}\right)\cos\alpha + \left(\frac{\Delta l}{d}\right)^2 \tag{11.44}$$

23   Mikrowellenmeßtechnik

Ist der Einfallswinkel $\alpha = 0$, so treten nur dann keine Grenzflächenreflexionen auf, wenn $d = \lambda_0/2 \cdot \sqrt{\varepsilon_r'}$ ist. Andernfalls ist $\Delta l$ vom Abstand $a_1$ abhängig und muß gemittelt werden. Bei Parallelpolarisation wird $\Delta l$ jedoch von $a_1$ unabhängig, wenn die Probeplatte so verdreht wird, daß der Einfallswinkel gleich dem Brewsterwinkel $\alpha_B = \arctan \sqrt{\varepsilon_r'}$ wird. Für $2 < \varepsilon_r' < 4$ ist es ausreichend, $\alpha \approx 60°$ zu wählen. Hierbei ist die Platte allerdings größer zu wählen; die Projektion der Plattenabmessungen sollte $4a_2$ überschreiten. Auf extreme Frequenzkonstanz des bei diesen Messungen verwendeten Generators ist besonders zu achten.

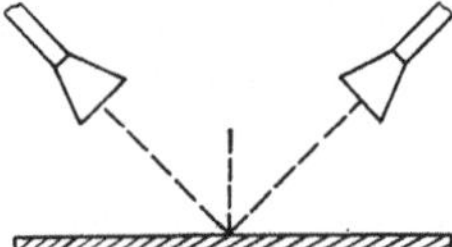

Abb. 11.14  Messung des Reflexionsverhaltens

Die Ermittlung des $\tan \delta$ kann auf die Änderung der Dämpfung bei Einfügen der Platte zurückgeführt werden, doch dürften große Meßgenauigkeiten nicht zu erwarten sein. Das Reflexionsverhalten von dielektrischen Schichten kann mit einer Anordnung nach Abb. 11.14 untersucht werden, wobei die Eichung durch Reflexion an einer Aluminiumplatte mit der Annahme $|r| = 1$ erfolgt [11.7c]. Spektrometer und Interferometer sind in [11.6d, 11.35 bis 11.37] beschrieben.
Höhere Meßgenauigkeit läßt sich durch Einschieben von Probeplatten in sog. „Fabry-Perot"-Resonatoren erreichen. Diese Resonatoren bestehen gewöhnlich aus metallischen ebenen Spiegeln oder solchen mit Kugeloberfläche, die einen Durchmesser von einigen $\lambda$ besitzen und über Koppellöcher an Hohlleiter angeschlossen sind. Der Abstand der Spiegel beträgt meist viele $\lambda$ und die erreichbaren Kreisgüten sind sehr hoch. Als Meßverfahren werden die in Abschn. 11.2 behandelten Resonanzmethoden angewendet [11.53]. Ein Wobbelverfahren, bei welchem der Spiegelabstand durch den Piezoeffekt eines keramischen Abstandsrohres mechanisch variiert wird, ist in [11.54] beschrieben.

## 11.4   Messung der Leitfähigkeit

Zur Messung der Leitfähigkeit eines relativ gut leitenden Materials kann man nach Abb. 11.15 den Eingangswiderstand einer Koaxialleitung, die als Innenleiter einen Stab des Probematerials besitzt, bestimmen [11.2, 11.3b]. Man verlängert die Meßleitung durch einen Außenleiter gleichen Durchmessers $D_2$ und möglichst guter Leitfähigkeit. Ohne Probestab wird zunächst das $m_1$ gemessen, das die Eigenverluste der Meßleitung beschreibt, und die Lage des Spannungsminimums festgelegt. Dann wird der Probestab eingesteckt und seine Länge so gewählt, daß das Minimum an der gleichen Stelle bleibt. Dann ist $l_p = k\lambda_0/2$, $(k = 1, 2, \ldots)$, und der Steckerübergang ist stromlos, so daß Übergangswiderstände die Messung nicht verfälschen. Eine erneute $m$-Messung (nach Abschn. 6.24 mittels Knotenbreite) ergibt $m_2$. Der Durchmesser des Stabs $d_2$ soll möglichst klein gewählt werden. Bezeichnet man mit $R^*$ den Widerstand pro Längeneinheit, so wird [11.2]:

$$R^* = (m_2 - m_1) \frac{Z_{L2}^2}{Z_{L2}} \cdot \frac{4}{k\lambda_0} \tag{11.45}$$

mit $Z_{L2} = 60 \ln (D_2/d_2)\,\Omega$. Aus $R^*$ läßt sich unter Berücksichtigung des Skineffekts die Leitfähigkeit $\sigma$ berechnen [1.6]:

$$\sigma = \frac{f\mu_r'}{\pi\,(d_2 R^*)^2} \tag{11.46}$$

Hierbei ist $f$ die Frequenz und $\mu_r'$ die Permeabilität des Probestabes.

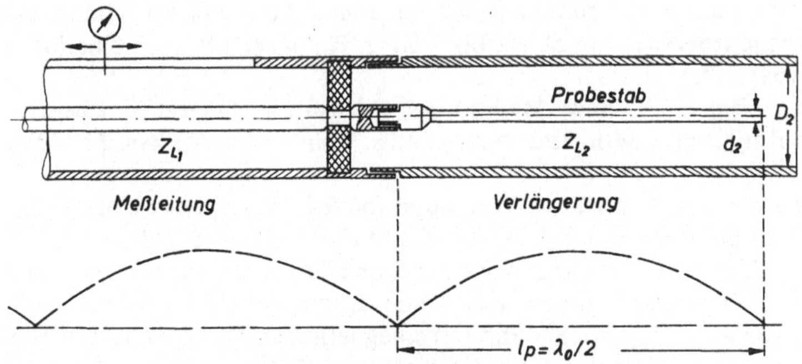


*Abb. 11.15  Messung der Oberflächenleitfähigkeit des Probestabs*

Der Einbau des Probematerials als Innenleiter eines Koaxialresonators [11.3b, 11.6c, 11.38] oder als Teil der Wandung eines Hohlraumresonators [11.39, 11.52, 11.55] findet ebenfalls zur Leitfähigkeitsmessung Anwendung. Hier wird dann eine Gütemessung durchgeführt. Bei Vernachlässigung der Verluste in der Kurzschlußebene ist der Zusammenhang zwischen Dämpfungskonstante $\alpha$ und Güte unabhängig von der Leitungslänge:

$$\alpha = \frac{\pi}{\lambda_0 Q_u} \cdot \tag{11.47}$$

Die Leitfähigkeit von Halbleitermaterialien wird meist durch Einbringen des Probestoffes in Hohlleiter bestimmt. Je nach Leitfähigkeit wird dabei eine Resonanz-, eine $m$- oder eine Dämpfungsmessung nach Abschn. 10.22 durchgeführt [11.40, 11.56].

## Literatur


[11.1] *C. G. Montgomery:* Technique of Microwave Measurements. M.I.T. Rad. Lab. Series Bd. 11. McGraw-Hill, New York, Toronto, London (1947), a) S. 561, b) S. 591, c) S. 625, d) S. 657.

[11.2] *H. H. Meinke:* Meßgeräte und Meßverfahren für Dezimeterwellen. Als Manuskript gedruckt Technische Hochschule München (1948).

[11.3] *F. J. Tischer:* Mikrowellen-Meßtechnik. Springer, Berlin (1958), a) S. 219, b) S. 244.

[11.4] *R. Eichacker:* Ein Meßplatz zur Bestimmung der elektromagnetischen Stoffkonstanten fester und flüssiger Medien bei Frequenzen zwischen 30 und 7000 MHz und Temperaturen zwischen −60 und +240°C. Rohde & Schwarz-Mitteilungen 11 (1958) S. 185.

[11.5] *H. H. Meinke* u. *F. W. Gundlach:* Taschenbuch für Hochfrequenztechnik. Springer, Berlin, 2. Aufl. (1962) S. 1577.

[11.6] *A. F. Harvey:* Microwave Engineering. Academic Press, London, New York (1963), a) S. 233, b) S. 243, c) S. 256, d) S. 605.

[11.7] *H. M. Barlow* u. *A. L. Cullen:* Microwave Measurements. Constable & Co., London (1950), a) S. 275, b) S. 285, c) S. 299.

[11.8] *W. Frieß* u. *R. Eichacker:* Stoffmessung. Rohde & Schwarz-Kurzinformation Nr. 3 u. 4 (1962).

[11.9] *W. Frieß:* Meßgeräte und Meßanordnungen zur Bestimmung der dielektrischen Stoffkennwerte im Frequenzbereich von 50 Hz bis 7 GHz. Rohde & Schwarz-Kurzinformation Nr. 10 (1964) S. 9.

[11.10] *S. Roberts* u. *A. v. Hippel:* A New Method for Measuring Dielectric Constant and Loss in the Range of Centimetre Wavelengths. Journ. Appl. Phys. 17 (1946) S. 610.

[11.11] *W. L. Curtis* u. *R. J. Coe:* A Microwave Technique for the Measurement of the Dielectric Properties of Soils. Transact. Inst. E.E.E., MTT-11 (1963) S. 211.

[11.12] *E. M. Williams* u. *J. H. Foster:* Standing-Wave Line for UHF Measurements of High-Dielectric Constant Materials. Transact. Inst. Radio Engrs. J-6 (1957) S. 210.

[11.13] *G. Klätte:* Messungen an dielektrischen und ferromagnetischen Werkstoffen bei Frequenzen um 10 GHz. Fernm. Techn. Zeitschr. 8 (1955) S. 256.

[11.14] *D. M. Bewie* u. *K. S. Kelleher:* Rapid Measurement of Dielectric Constant and Loss Tangent. Transact. Inst. Radio Engrs., MTT-4 (1956) S. 137.

[11.15] *K. Jost* u. *G. Schiefer:* Die Auswertung von Vierpol- und Materialmessungen mit dem logarithmischen Leitungsdiagramm. Arch. Elektr. Übertr. 12 (1958) S. 295.

[11.16] *A. Hersping:* Die Messung von Materialkonstanten ferromagnetischer Substanzen mittels Meßleitung. Frequenz 6 (1952) S. 345.

[11.17] *H. Lueg* u. *H. K. Ruppersberg:* Eine Methode zur Bestimmung der Dielektrizitätskonstante verlustloser fester Körper in homogenen Leitungen. Arch. Elektr. Übertr. 9 (1955) S. 307.

[11.18] *W. Kreft:* Messungen temperaturabhängiger dielektrischer Eigenschaften von Isolierstoffen bei Dezimeterwellen. Fernm. Techn. Zeitschr. 3 (1950) S. 203.

[11.19] *M. Gewers:* Messung der Dielektrizitätskonstante und des Verlustwinkels fester Stoffe. Philips Techn. Rundsch. 12 (1950/51) S. 61.

[11.20] *A. G. Holtum:* Complex Dielectric-Constant Measurements in the 100–1000 Mc-Range. Proc. Inst. Radio Engrs. 38 (1950) S. 883.

[11.21] *M. Wind* u. *H. Rapaport:* Handbook of Microwave Measurements. Edwards Broth., Ann Arbor, Michig. 2. Aufl. (1955), Abschn. 10.

[11.22] *H. G. Beljers* u. *W. J. v. d. Lindt:* Dielectric Measurements with Two Magic Tees on Shorted Wave Guides. Philips Res. Reports 6 (1951) S. 96.

[11.23] *C. G. Montgomery, R. H. Dicke* u. *E. M. Purcell:* Principles of Microwave Circuits. M.I.T. Rad. Lab. Series Bd. 8. McGraw-Hill, New York, Toronto, London (1948) S. 369.

[11.24] *F. Borgnis:* Messungen bei höheren Temperaturen an dielektrischen Substanzen im cm-Wellenbereich. Helvetia Physica Acta XXII (1949) S. 149.

[11.25] *S. Saito* u. *K. Kurokawa:* A Precision Resonance Method for Measuring Dielectric

Properties of Low Loss Solid Materials in the Microwave Region. Proc. Inst. Radio Engrs. 44 (1956) S.35.

[11.26] *E.Ledinegg* u. *P.Urban:* Zur Bestimmung der scheinbaren Permeabilität von ferromagnetischen Metallen im Zentimeterwellengebiet. Arch. Elektr. Übertr. 7 (1953) S.523.

[11.27] *E.Ledinegg* u. *E.Fehrer:* Über neue Methoden zur Bestimmung der Dielektrizitätskonstanten im cm-Wellenbereich. Acta Phys. Austr. III (1949) S.82.

[11.28] *L.Breitenhuber:* Permeabilitätsmessungen im Gebiete der Zentimeterwellen. Acta Phys. Austr. XI (1957) S.88.

[11.29] *H.Yanai* u. *M.Ogi:* Measurements of Q and Dielectric Loss by the Resonance-Curve-Area Method. Journ. Inst. Electr. Comm. Engrs. of Japan 36 (1953) S.121.

[11.30] *J.L.Farrands:* Dielectric Measurements with $H_{01n}$-Resonant Cavities Having Appreciable Loading. Proc. Inst. Electr. Engrs. 101 Pt. III (1954) S.404.

[11.31] *A.J.Estin* u. *H.E.Bussey:* Errors in Dielectric Measurements Due to a Sample Insertion Hole in a Cavity. Transact. Inst. Radio Engrs., MTT-8 (1960) S.650.

[11.32] *B.W.Hakki* u. *P.D.Colemann:* A Dielectric Resonator Method of Measuring Inductive Capacities in the Millimeter Range. Transact. Inst. Radio Engrs., MTT-8 (1960) S.402.

[11.33] *F.Horner, T.A.Taylor, R.Dunsmuir, J.Lamb* u. *W.Jackson:* Dielectric Measurement at Centimetre Wavelengths. Journ. Inst. Electr. Engrs. 93 Pt. III (1946) S.53.

[11.34] *M.Schröder:* Messung von Dielektrizitätskonstanten durch Aufspaltung entarteter Eigenfrequenzen. Zeitschr. f. angew. Physik 7 (1955) S.169.

[11.35] *T.E.Talpy:* Optical Methods for the Measurement of Complex Dielectric and Magnetic Constants at cm and mm Wavelengths. Transact. Inst. Radio Engrs., MTT-2 (1954) Nr.3, S.1.

[11.36] *B.A.Lengyel:* A Michelson-Type Interferometer for Microwave Measurements. Proc. Inst. Radio Engrs. 11 (1949) S.1242.

[11.37] *J.I.Caicoya:* Interféromètre a mode d'ordre supérieur. L'Onde électrique 39 (1959) S.321.

[11.38] *A.C.Beck* u. *R.W.Dawson:* Conductivity Measurements at Microwave Frequencies. Proc. Inst. Radio Engrs. 38 (1950) S.1181.

[11.39] *H.E.Bussey:* Standards and Measurement of Microwave Surface Impedance, Skin Depth, Conductivity and Q. Transact. Inst. Radio Engrs. J-9 (1960) S.171.

[11.40] *H.Jacobs, F.A.Brand, J.D.Meindl, M.Benanti* u. *R.Benjamin:* Electrodeless Measurement of Semiconductor Resistivity at Microwave Frequencies. Proc. Inst. Radio Engrs. 49 (1961) S.928.

[11.41] *W.H. von Aulock:* Handbook of Microwave Ferrite Materials. Academic Press, New York, London (1965).

[11.42] *H.E.Bussey:* Measurement of RF Properties of Materials, A Survey. Proc. Inst. E.E.E. 55 (1967) S.1046.

[11.43] *K.S.Champlin* u. *G.H.Glover:* „Gap Effect" in Measurement of Large Permittivities. Transact. Inst. E.E.E., MTT-14 (1966) S.397.

[11.44] *S.B.Cohn* u. *K.C.Kelly:* Microwave Measurement of High-Dielectric-Constant Materials. Transact. Inst. E.E.E., MTT-14 (1966) S.406.

[11.45] *W.Steffen:* Über ein Mikrowellen-Refraktometer. Hochfrequenztechn. u. Elektroakust. 70 (1961) S.47.

[11.46] *D.T.Paris:* An Extension of the $TE_{01n}$ Resonator Method of Making Measurements on Solid Dielectrics. Transact. Inst. E.E.E., MTT-12 (1964) S.251.

[11.47] *W.Kuny:* Ein neues einfaches Verfahren zur Bestimmung der Dielektrizitätszahl $\varepsilon$ und des dielektrischen Verlustfaktors tan $\delta$ insbesondere metallkaschierter Kunststoffplatten im GHz-Gebiet. Frequenz 19 (1965) S.422.

[11.48] *H. J. Liebe:* Ein digitales Mikrowellen-Refraktometer für Gase. Nachr. Techn. Zeitschr. 18 (1965) S. 510.

[11.49] *H. J. Liebe:* Über Untersuchungen des Brechungsindex von Wasserdampf-Stickstoff im Bereich 3 bis 14 GHz. Nachr. Techn. Zeitschr. 19 (1966) S. 79.

[11.50] *H. Sobol* u. *J. J. Hughes:* Measurement of the Permittivity of Insulating Films at Microwave Frequencies. Transact. Inst. E.E.E., MTT-15 (1967) S. 377.

[11.51] *R. C. V. Macario:* Ein Verfahren zur Bestimmung der Eigenschaften verlustbehafteter Übertragungsleitungen mit dem Polyskop. Neues von Rohde & Schwarz 7 (1967) Nr. 24, S. 20.

[11.52] *R. W. Beatty:* A Two-Channel Nulling Method for Measuring Attenuation Constants of Short Sections of Waveguide and the Losses in Waveguide Joints. Proc. Inst. E.E.E. 53 (1965) S. 642.

[11.53] *A. P. Sheppard* u. *W. J. Rothamel:* Design Techniques of a Microwave Fabry-Perot Interferometer. Microwave Journ. 10 (1967) Nr. 1, p. 73.

[11.54] *H.G. Unger* u. *P. Runge:* Optischer Resonator zur Messung von Verlusten, Reflexionen und Wellenumwandlungen. XII. Int. Kolloqu. TH Ilmenau (1967).

[11.55] *H. Meinke* u. *K. Lange:* Hohlleiter für sehr große Leistungen mit $H_{10}$-Welle. Nachr. Techn. Zeitschr. 17 (1964) S. 161.

[11.56] *F. Seifert:* Electrodeless Microwave Measurements of Semiconductor Resistivity and Faraday Effect by Cavity Wall Replacement. Proc. Inst. E.E.E. 56 (1965) S. 752.

# KAPITEL 12 · DIE MESSUNG VON WELLENLÄNGE UND FREQUENZ

Bei bekannter Ausbreitungsgeschwindigkeit ist die Wellenlängenmessung jederzeit in die Frequenzmessung überzuführen und umgekehrt. Die direkte Wellenlängenmessung, z.B. durch die Messung des Abstands der Spannungsminima bei stehenden Wellen auf Leitungen oder bei Freiraumausbreitung, bringt in manchen Anwendungsfällen nicht die gewünschte Genauigkeit. Die sehr hohen Frequenzen der Mikrowellentechnik führen bei Überlagerung auf die in der Nachrichtentechnik gebräuchlichen Frequenzen zu sehr hohen Genauigkeitsforderungen, weil die üblicherweise zugelassenen *absoluten* Frequenzabweichungen dann sehr kleine *relative* Abweichungen bedeuten. Höhere Meßgenauigkeit erlauben die Frequenzmeßverfahren, die entweder mit Hilfe sekundärer Normale, wie z.B. Hohlraumresonatoren, durchgeführt werden oder durch Mischung auf die Frequenz von Quarzgeneratoren bezogen werden. Als primäre Frequenznormale dienen Quarzuhren, die durch Zeitzeichenvergleich auf die astronomische Zeit bezogen werden, oder Generatoren, deren Frequenz durch Molekular- oder Atomresonanzen kontrolliert wird [12.76].

## 12.1 Die direkte Messung der Wellenlänge

Mit Hilfe der Meßleitung (Abschn. 6.2) kann bei Blindabschluß die Wellenlänge direkt aus dem Abstand der Spannungsminima bestimmt werden [12.1a, 12.3a 12.5, 12.6b, 12.7a]. Um möglichst genaue Meßresultate zu erhalten, ist es zweckmäßig, über mehrere Wellenlängen zu messen, wenn die Länge der Leitung dies erlaubt. Kann man nur eine halbe Wellenlänge auf der Meßleitung unterbringen, so besteht die Gefahr eines Meßfehlers durch eine möglicherweise vorhandene Störspannung (Abschn. 6.23b). Auch auf möglichst guten Kurzschluß am Leitungsende ist zu achten, um nicht durch Verluste die Schärfe des Minimums zu verlieren.
Bei der Verwendung von Hohlleitermeßleitungen ist zu berücksichtigen, daß nach Gl. (1.4) die Hohlleiterwellenlänge $\lambda_H$ größer als die Wellenlänge $\lambda_0$ im freien Raum ist. Auch die Schlitzbreite von Hohlleitermeßleitungen hat nach Gl. (6.7) einen Einfluß auf $\lambda_H$. Es kann deshalb von Vorteil sein, bei der direkten Messung die Verschiebung des Kurzschlußkolbens einer an die Meßleitung angeschlossenen Blindleitung auszunutzen (Abb. 12.1). In diesem Fall wird in der Anfangsstellung der Blindleitung die Meßleitungssonde auf ein Minimum gestellt und in dieser Lage belassen. Dann wird die Blindleitung so lange verschoben, bis wieder ein Minimum von der Sonde angezeigt wird (gegebenenfalls sollten mehrere Minima übersprungen werden, um mit möglichst langer Meßstrecke die Genauigkeit zu erhöhen). Es empfiehlt sich, zwischen die zu messende Quelle und die Meßleitung ein Dämpfungs-

glied bzw. eine Richtungsleitung zu schalten, um Rückwirkungen des variablen Abschlußes auf den Generator zu vermeiden. Auf keinen Fall sollte $\lambda_H/4$ zwischen einem Maximum und einem Minimum gemessen werden.

Die Genauigkeit der Messung wird einerseits durch die Ablesegenauigkeit der Längenmessung an Meß- oder Blindleitung bestimmt, andererseits durch die Schärfe des Minimums, die von der Verlustfreiheit der Leitung und vom Signal/Rausch-Verhältnis der Sondenanzeige abhängt. Die Genauigkeit der Längenmessung liegt bei $\lambda = 10$ cm unter Verwendung von Mikrometerablesung bei etwa $10^{-4}$, die Meßgenauigkeit der Wellenlänge beträgt dann etwa $10^{-3}$.

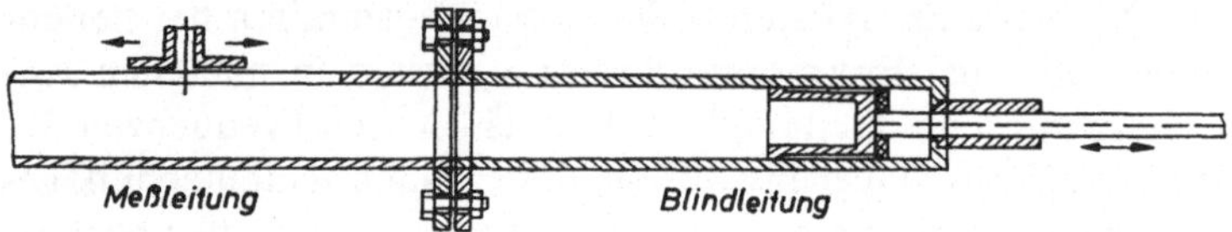


Abb. 12.1 *Meßleitung kombiniert mit Blindleitung zur Wellenlängenmessung*

Bei sehr hohen Frequenzen ($\lambda_0 < 15$ mm) wird die Wellenlängenmessung vorwiegend bei Freiraumausbreitung vorgenommen. Es werden dann Interferometer mit auf einer optischen Bank verschiebbaren Metallspiegeln u. dgl. verwendet [12.2b, 12.6f, 12.8d, 12.10, 11.35 bis 11.37].

Die gemessene Wellenlänge $\lambda_0$ (bzw. $\lambda_H$ unter Verwendung von Gl. (1.4)) läßt sich dann für die Ausbreitungsgeschwindigkeit $c_0$ im freien Raum in die Frequenz umrechnen:

$$f = \frac{c_0}{\lambda_0} \tag{12.1}$$

Für die Lichtgeschwindigkeit $c_0$ wird gewöhnlich der Näherungswert $c_0 \approx 3 \cdot 10^{10}$ cm/s eingesetzt (genauer: $c_0 = 2{,}9978 \cdot 10^{10}$ cm/s).

## 12.2    Die Wellenlängenmessung mit Resonatoren

Mit Koaxial- oder Hohlraumresonatoren lassen sich im Mikrowellenbereich Schwingkreise mit sehr hohen Gütewerten aufbauen, die deshalb zur genauen Frequenzmessung sehr geeignet sind. Man kann zwar aus den Abmessungen eines solchen Resonators die Resonanzfrequenz berechnen, wenn er geometrisch einfach aufgebaut ist, und so ein relativ genaues Frequenznormal gewinnen (z.B. [12.20]); in den meisten Fällen will man jedoch die Resonatoren abstimmbar machen, so daß die Möglichkeit einer genauen Berechnung der Resonanzfrequenz wegen des komplizierten Aufbaus ausscheidet. Man muß dann die Eichung der Skalenanzeige auf ein anderes Frequenznormal beziehen (vgl. Abschn. 12.41). Über die Eigenschaften von Resonatoren, wie z.B. Eingangsimpedanz, Güte und dergleichen, ist in Kap. 9 näheres ausgeführt.

## 12.21 Wellenmesserkonstruktionen

In der Literatur ist eine große Anzahl verschiedenartiger Resonatorkonstruktionen zu finden [12.1 a u. b, 12.2 a, 12.3 a, 12.4 a u. b, 12.5, 12.6 a, 12.8 c, 12.11 bis 12.21, 12.77 bis 12.81]. Für Frequenzen unterhalb von etwa 3 GHz werden vielfach Koaxialresonatoren des $\lambda/2$-Typs oder des kapazitiv belasteten $\lambda/4$-Typs verwendet. In Abb. 12.2 ist eine Ausführungsform des ersten Typs skizziert, bei dem die Abstimmung durch ein Drehkondensator-ähnliches Gebilde an beiden Enden des Innenleiters erfolgt.

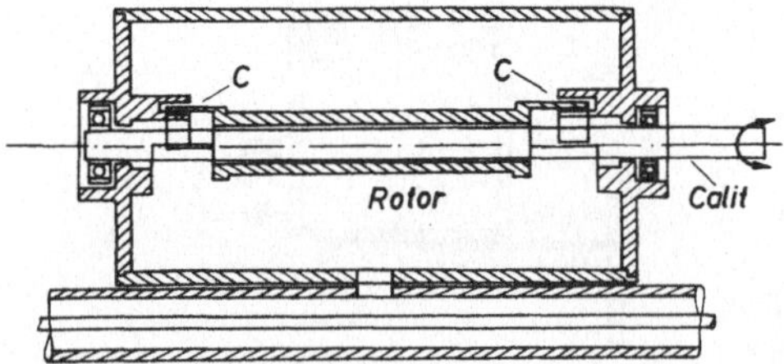


Abb. 12.2  *Wellenmesser mit $\lambda/2$-Resonanz*

Die Ankopplung geschieht hier durch ein Loch im Außenleiter der parallellaufenden Energieleitung. Eine sehr genaue Einstellung der Resonanzfrequenz gestattet die Ausführung nach Abb. 12.3 bzw. 12.4. Bei der ersten Form, die für Frequenzen unter 1 GHz geeignet ist, wird die Abstimmung vorwiegend durch Variation des Tauchkondensators $C_1$ bewirkt, während bei der für höhere Frequenzen brauchbaren zweiten Version die Innenleiterverlängerung neben der Änderung der Streukapazität des Tauchkolbens für die Verstimmung verantwortlich ist. Hohe Kreisgüte wird hier vor allem durch die Vermeidung jeglichen galvanischen Kontaktes der Abstimmorgane erreicht. Der Antrieb der Tauchkolbenverschiebung erfolgt über ein geschliffenes Feingewinde, wobei toter Gang durch Federdruck vermieden wird. Auf diese Weise läßt sich eine Reproduzierbarkeit der Längsverschiebung von $\pm 1\,\mu$ und mit einer Trommelskala ausreichenden Durchmessers eine relative Einstellgenauigkeit von $2 \cdot 10^{-5}$ erreichen. Diese hohe mechanische Genauigkeit ist notwendig, wenn man die elektrische Kreisgüte voll ausnützen will. Der relative Abstimmbereich liegt hier bei etwa 30 bis 40 % [12.14].

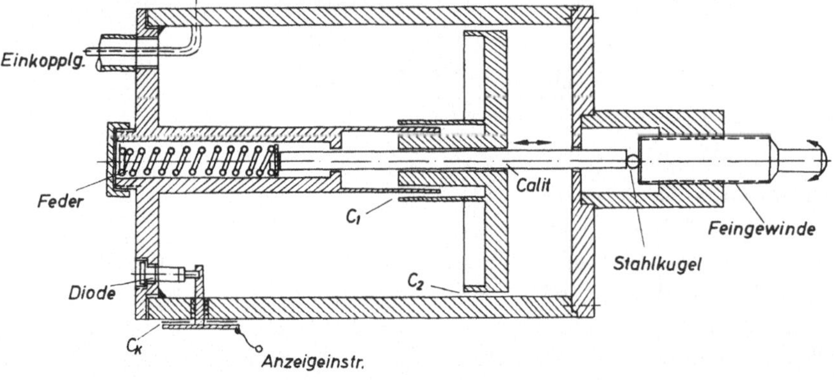


Abb. 12.3  *Wellenmesser mit kapazitiv belasteter $\lambda/4$-Resonanz*

Für Frequenzen über 3 GHz werden als Resonatoren gewöhnlich Hohlraumresonatoren verwendet. Unter den vielen möglichen Wellenformen bevorzugt man wegen
der präziseren Herstellbarkeit solche mit kreisförmigem Querschnitt des Hohlleiters,
vor allem die $H_{011}$-, $E_{011}$- und die $H_{111}$-Welle. Wegen des fehlenden Wandstromes
erbringt die $H_{01}$-Welle die höchsten Gütewerte. Die angeregte Wellenform hängt

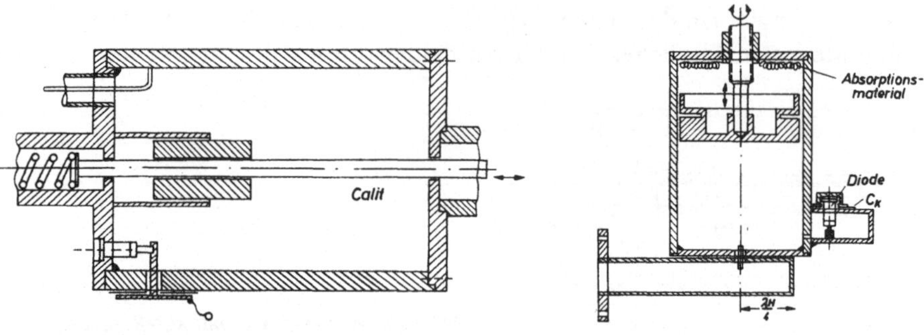


*Abb. 12.4  Resonatorkonstruktion*
*ähnlich Abb. 12.3, jedoch für höhere Frequenz*

*Abb. 12.5*
*Hohlraumresonator für $E_{01}$-Welle*

vorwiegend von der Art der Einkopplung ab; für größere Abstimmbereiche besteht
die Gefahr des Umspringens des angeregten Feldes und damit eine Vieldeutigkeit
der Frequenzanzeige [12.1a, 12.2a, 12.3a, 12.4b]. Eine Abwehrmaßnahme hiergegen bilden Wellentypunterdrücker (mode-suppressors), die aus Dämpfungsstreifen oder dgl. bestehen, welche im Resonator in Richtung der E-Feldlinien des
unerwünschten Wellentyps angebracht werden. Auch die Serienschaltung eines eindeutigen Filter-Resonators geringerer Güte mit einem mehrdeutigen Meß-Resonator
hohen Gütewertes ist möglich, um eine eindeutige Anzeige hoher Genauigkeit zu
bekommen [12.22].

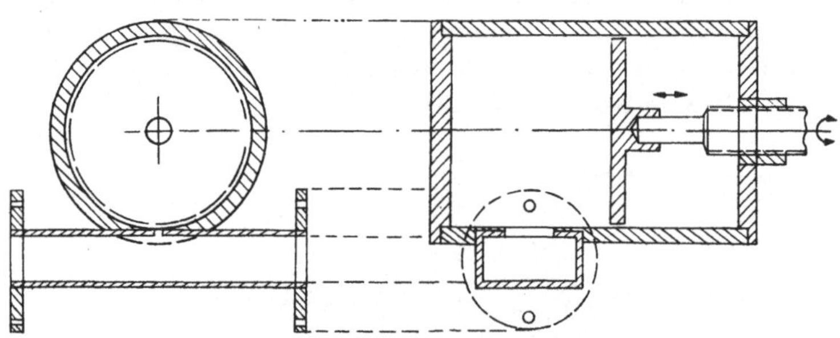

*Abb. 12.6  Hohlraumresonator für $H_{01}$-Welle*

Abbildung 12.5 zeigt den Querschnitt eines Resonators für die $E_{01}$-Welle, in
Abb. 12.6 ist eine Konstruktion für $H_{01}$-Welle skizziert. Im ersten Fall erfolgt die
Anregung durch ein in der Mittelachse wirkendes E-Feld, im zweiten Fall wird das
H-Feld durch die in einem Querschlitz des Koppelhohlleiters unterbrochenen
Längsströme erzeugt. Die Abstimmung wird durch Variation der Längsabmessung

des Resonators bewirkt, wobei die Abstimmscheibe bei der $H_{01}$-Welle keiner Kapazität zur Außenwand bedarf. In Abb. 12.7 und 12.8 sind Fotos von Resonatorwellenmessern wiedergegeben. Bei dem zweiten Foto ist zu erkennen, daß durch Aus-

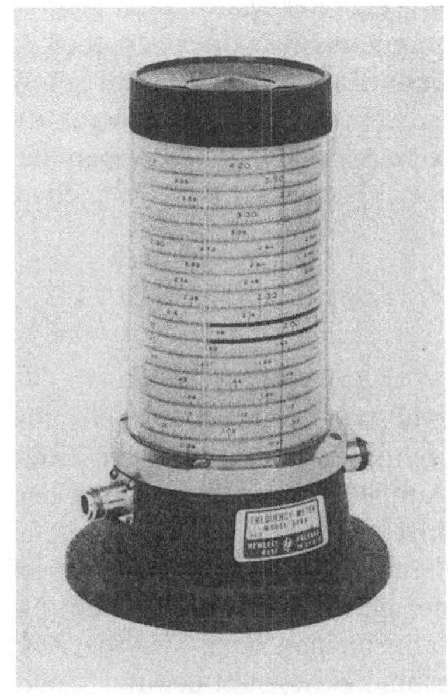

*Abb. 12.7 Wellenmesser für 1–4 GHz*
(Werkfoto Fa. Hewlett-Packard, Palo Alto)

*Abb. 12.8 Wellenmesser
mit austauschbaren
Koppelelementen*
(Werkfoto Fa. Philips, Eindhoven)

wechseln der Kopplungselemente der Hohlleiteranschluß in einen Koaxialanschluß umgerüstet werden kann.

Bei Wellenmessern mit hoher Kreisgüte und großer Einstellgenauigkeit sind die Einwirkungen durch die Wärmeausdehnung der Resonatorbauteile und durch die Änderung der Dielektrizitätskonstante der Luft durch Druck und Feuchtigkeit schon deutlich merkbar. Die Wärmeausdehnungskoeffizienten sind bei üblichen

Materialien (Cu, Ms) in der Größenordnung von $10^{-5}/{}^{\circ}C$, der Feuchte- und Druck-
einfluß liegt im Bereich der üblichen atmosphärischen Schwankungen (bei $20\,{}^{\circ}C$) insgesamt bei $10^{-6}$ [12.1b]. In erster Linie ist also die Wärmeausdehnung als Fehlerquelle zu beachten. Eine Kompensation durch Wahl geeigneter Materialien gelingt
bei großen Abstimmbereichen kaum. Die Verwendung von Invar oder versilberter
Keramik bringt eine Verbesserung um etwa 1 Größenordnung. Der Einbau in ein
gut wärmeisolierendes Gehäuse unter Berücksichtigung einer Temperaturkorrektur
ist eine andere vorteilhafte Lösung, da hierdurch die bei schnellen Änderungen der
Umgebungstemperatur auftretenden starken Hystereseerscheinungen vermieden
werden können [12.14].


### 12.22    *Die Anschaltung von Wellenmessern*

Wellenmesser können an die übrige Schaltung auf zwei Arten angeschaltet sein: als
Abschlußelement oder im Nebenschluß an eine durchgehende Leitung (vgl. auch
Abb. 9.1). Im ersten Fall wird entweder die Eingangsimpedanz zur Feststellung der
Resonanz gemessen oder der Leistungsdurchgang durch den Resonator zeigt über
eine angekoppelte oder eingebaute Diode die Resonanz an. Im zweiten Fall wirkt
der Resonator im Resonanzfalle als Wirkleitwert, der der durchgehenden Leitung
parallelgeschaltet ist und ihr Energie entzieht. Im allgemeinen wird hier die Ab-
senkung der Amplitude auf der Hauptleitung als Resonanzkriterium benutzt, doch
kann auch bei der seitlichen Ankopplung noch zusätzlich eine Diode an den Resonator gekoppelt sein, die eine Resonanzanzeigespannung abgibt.
Je nachdem, ob die Frequenzmessung für sich alleine oder in Kombination mit
anderen Messungen vorgenommen wird und welche Genauigkeit angestrebt wird,
kommen die oben genannten Anschaltungsarten zur Anwendung: Für die reine
Frequenzmessung wird man vorwiegend dann die Eingangsimpedanz betrachten,
wenn man eine automatisch anzeigende Meßleitung (z. B. Umlaufmeßleitung,
Abschn. 6.22b) besitzt. Hier wird man auf maximales $m$ abstimmen, was in Verbindung mit einem Überlagerungsempfänger auch noch bei sehr geringen Leistungen –
nahe an der Rauschgrenze – möglich ist (Abb. 12.16b). Der Resonator als Abschlußelement mit Instrumentenanzeige des Stromes einer angekoppelten Diode
wird ebenfalls zur reinen Frequenzmessung benutzt. Er erfordert größere Leistung
und sollte über ein Dämpfungsglied angeschlossen werden, um $R_i = Z_L$ zu gewährleisten, damit ungewollte Verstimmungen durch die Blindelemente der Ankopplung
vermieden werden. Das Abstimmkriterium ist maximaler Diodenstrom. Der Ab-
schluß-Resonator mit Diode kann auch als Frequenzmarkengeber für Wobbelsender
verwendet werden, wenn er über einen Richtkoppler an die Hauptleitung angeschlossen wird. Hier werden jedoch oft die seitlich angekoppelten Ausführungen mit Diode
bevorzugt (z. B. Abb. 2.19). Häufig wird dieser Resonatortyp auch benutzt, um –
z. B. bei der Impedanzmessung – die Ausgangsspannung und Frequenz des Meßsenders einer laufenden Kontrolle unterziehen zu können. Auch die Erzeugung von
Frequenznachregelspannungen erfolgt mit derartigen Resonatorausführungen
(Abb. 2.13, 2.15, 2.17). Der seitlich angekoppelte Resonator ohne Diode, der auch

als Reaktionstyp bezeichnet wird, ist dann auf Resonanz abgestimmt, wenn der an der Hauptleitung angeschlossene Leistungsindikator minimale Anzeige abgibt. Hier sollte ebenfalls zwischen Generator und Resonator ein Dämpfungsglied eingeschaltet sein. Für Wobbelmeßplätze wird dieser Wellenmessertyp ebenfalls benutzt, um Frequenzmarken in Form von schmalen Einbrüchen auf der wiedergegebenen Meßkurve zu erzeugen.

Pulsgetastete Signale können mit Resonatoren nur dann auf ihre Frequenz untersucht werden, wenn die Pulspause etwa $5\,T$ übersteigt, wobei unter $T$ die Abklingzeitkonstante des Resonators verstanden sei (vgl. Abschn. 9.33). Die Zeitkonstante der Diodenanzeige muß größer als die Pulsperiode sein und die Pulsleistung muß um das Tastverhältnis größer sein als die sonst zur Anzeige benötigte minimale Leistung.

Frequenzmodulierte Schwingungen machen bei größerem Hub die Resonanzfindung durch die Eingangsimpedanz oft unmöglich und verbreitern das Maximum bei Diodenstromanzeige.

Auf die für die Genauigkeit von Wellenmessern sehr wesentlichen Eichmethoden soll in Abschn. 12.41 eingegangen werden.

## 12.3 Frequenzmessung durch Überlagerung

Das zunächst naheliegendste Frequenzmeßverfahren durch Überlagerung ist die Feststellung einer unbekannten Frequenz mit Hilfe eines Meßempfängers (Abschnitt 3.4). Ist der Überlagerungsoszillator geeicht, so ergibt sich die gemessene Frequenz $f_x$ aus $f_0 \pm f_z$. Die Doppeldeutigkeit, die sich durch die fehlende Vorselektion ergibt (Spiegelfrequenz) kann durch die Feststellung beider Oszillatorfrequenzen, bei denen sich Empfang ergibt, aufgeklärt werden.

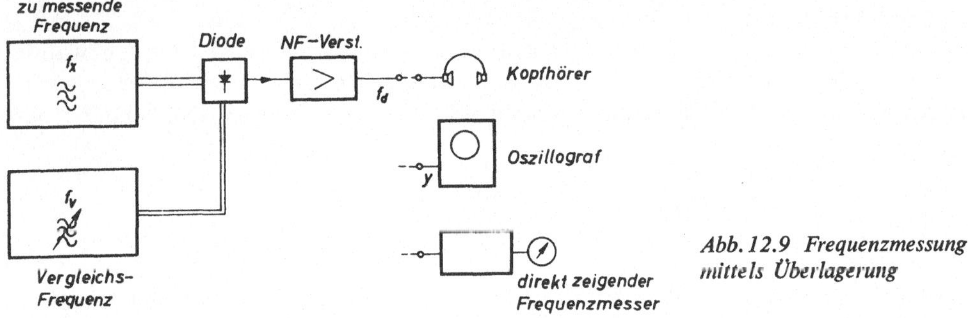


*Abb. 12.9 Frequenzmessung mittels Überlagerung*

Für die Frequenzmessung wird häufig das Überlagerungsverfahren mit einem an die Mischdiode angeschlossenen Niederfrequenzverstärker (Abb. 12.9) durchgeführt. Hier wird der Vergleichsoszillator so eingestellt, daß $f_x \approx f_v$, d.h., die Differenzfrequenz $f_d$ möglichst niedrig wird. Sie kann entweder mit dem Kopfhörer („einpfeifen") oder mit dem Oszillografen festgestellt werden [12.3b, 12.4c, 12.5, 12.8b, 12.9, 12.23].

Ist die zu messende Frequenz gepulst, so empfiehlt sich nach [12.61] die Verwendung von zwei Mischdioden, die vom Meßsignal unter 90° Phase angesteuert werden und die den Vertikal- und Horizontaleingang des Oszillografen getrennt ansteuern, um so eine Lissajousfigur zu bilden. Eine zusätzliche entgegengesetzte niederfrequente Phasendrehung (über RC-Glieder) der Differenzfrequenz kann das Vorzeichen der Schwebung erkennen lassen.

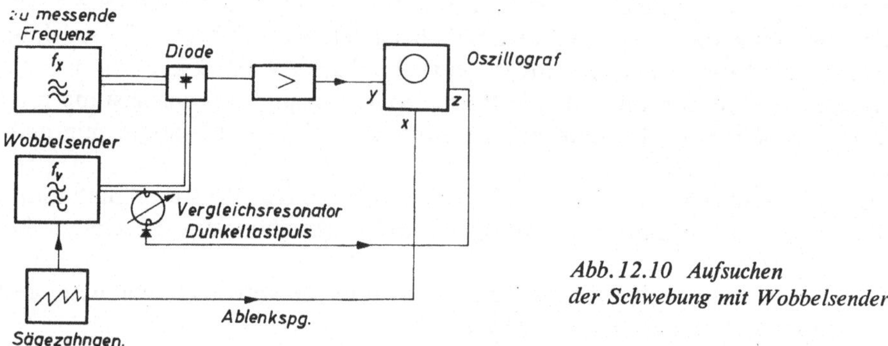


*Abb. 12.10 Aufsuchen
der Schwebung mit Wobbelsender*

Das Aufsuchen der Schwebung kann auch mit einem Wobbelsender erfolgen (Abbildung 12.10). Die Frequenzmessung muß dann mit Hilfe eines geeichten Resonators bewerkstelligt werden, z.B. durch Einblenden einer Dunkelmarke auf dem Schirmbild. Der Resonator muß in diesem Fall so lange verstimmt werden, bis die Dunkelmarke in der Mitte der Schwebung liegt.

Eine einigermaßen konstante Schwebungsfrequenz ergibt sich natürlich nur dann, wenn sowohl die zu messende Frequenz $f_x$ als auch die Vergleichsfrequenz hohe Konstanz aufweisen. Die Meßgenauigkeit der Überlagerungsverfahren hängt von der Konstanz und der Einstellgenauigkeit des Vergleichsoszillators ab. Deshalb wird hierfür häufig ein durch einen Quarz stabilisierter Normalfrequenzgenerator verwendet (s. unten).

Soll die Frequenzkonstanz eines Generators festgestellt bzw. seine Frequenzwanderung über längere Zeit beobachtet oder aufgezeichnet werden, so muß die Vergleichsfrequenz eine um Größenordnungen bessere Konstanz aufweisen. Die bei der Über-

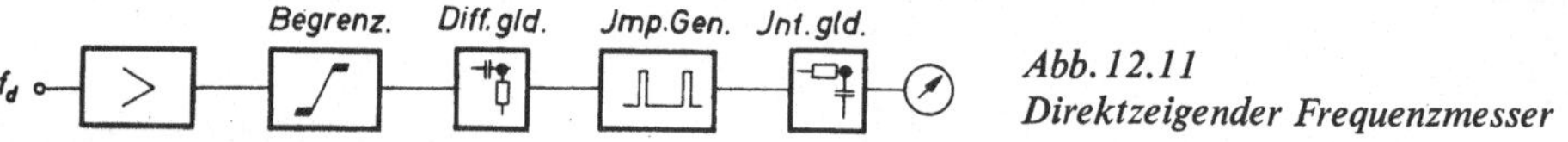


*Abb. 12.11
Direktzeigender Frequenzmesser*

lagerung entstehende Differenzfrequenz wird dann so gewählt, daß die zu erwartende Frequenzwanderung in einem Bereich liegt, der entweder von einem direktzeigenden Frequenzmesser oder von einem digitalen Zähler verarbeitet werden kann. In beiden Fällen ist dann eine laufende Registrierung möglich.

Direktzeigende Frequenzmesser [12.24 bis 12.26] arbeiten nach dem in Abb. 12.11 skizzierten Schema: Die zu messende Schwingung wird begrenzt und dann differenziert; bei jedem zweiten Nulldurchgang wird ein Impulsgenerator ausgelöst, der Impulse konstanter Dauer und Amplitude an ein Integrierglied abgibt. Die hieran liegende Spannung ist dann proportional zur Frequenz und kann z.B. von einem Schreiber registriert werden. Die maximal zu verarbeitende Frequenz liegt bei etwa 1 MHz.

Höherliegende Differenzfrequenzen $f_d$ können digitale Zähler [12.26, 12.27, 12.31] verarbeiten. Die maximale Zählfrequenz liegt heute bei etwa 50 MHz. Die Frequenzmessung mit Zählern geschieht nach dem in Abb.12.12 gezeichneten Prinzip:

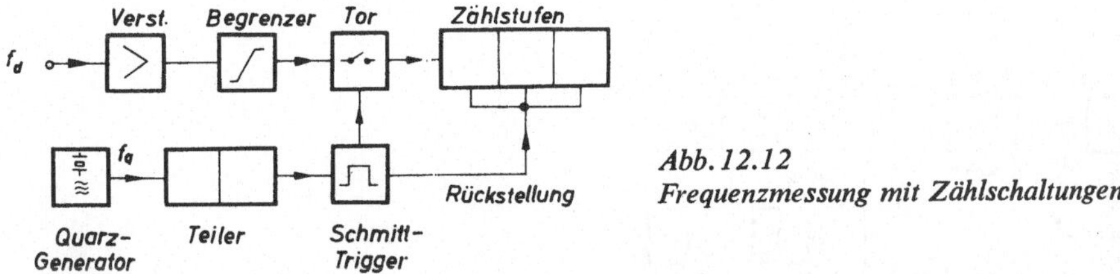


Abb. 12.12
Frequenzmessung mit Zählschaltungen

Die Zählstufen erhalten über eine Torschaltung den Fortschaltimpuls zum Zeitpunkt des Nulldurchganges der zu untersuchenden Schwingung. Durch die genau definierte Öffnungszeit des Tors, die über einen Frequenzteiler von einem Quarzoszillator abgeleitet wird, ist die Anzahl der erfaßten Perioden der gemessenen Schwingung und damit ihre Frequenz auf die Quarzfrequenz bezogen.

Die Normalfrequenz für die Überlagerung zur Bildung von $f_d$ kann man nun ebenfalls vom Quarzgenerator des Zählers ableiten, wie dies in Abb. 12.13 angedeutet ist [12.27]. Hier wird durch Vervielfacher die 50. Oberwelle der Quarzfrequenz gebildet und einem mit einer Halbleiterdiode bestückten breitbandigen Verzerrer zugleitet. *Eine* der hier erzeugten Harmonischen (Vielfache von 50 MHz) wird über einen Resonator mit großem Abstimmbereich (z.B. 100 bis 500 MHz) herausgefiltert und

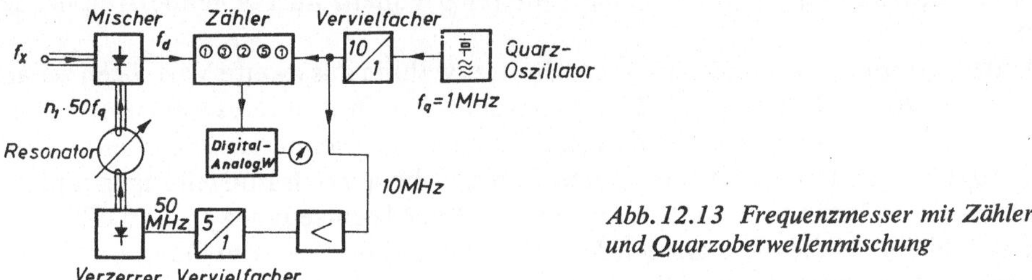


Abb. 12.13 Frequenzmesser mit Zähler
und Quarzoberwellenmischung

dem Mischer zugeführt. Innerhalb des genannten Frequenzbereichs kann also immer eine Vergleichsfrequenz gefunden werden, die mit $f_x$ eine Differenzfrequenz $f_D < 50$ MHz bildet, die vom Zähler noch verarbeitet werden kann.

Die *relative* Meßgenauigkeit entspricht der Konstanz der Quarzfrequenz $f_q$. Die *absolute* Meßgenauigkeit ist um den Vervielfachungsfaktor kleiner. Derartige Frequenzmesser sind z.Z. für Frequenzen bis zu 12 GHz erhältlich. Für Frequenzen über 3 GHz werden Quarzoberwellen im Abstand von 200 MHz verwendet. Die Differenzfrequenz $f_d$ wird durch 4 geteilt, um in einem 50-MHz-Zähler verarbeitet zu werden [12.82].

Da wenigstens eine der dem Mischer zugeführten Frequenzen $f_x$ bzw. $n_1 \cdot 50 f_q$ einigermaßen große Amplitude haben sollte, kann diese Art der Normalfreqenz-erzeugung in Verbindung mit Zählern nicht bis zu beliebig hohen Frequenzen angewendet werden, weil die Amplitude der Harmonischen zu höheren Frequenzen hin stark abnimmt. Für Frequenzen im GHz-Bereich kann man drei Verfahren benutzen, um auch bei schwachen Meßsignalen zur Mischung ausreichende Amplituden zu erhalten: Erstens die Frequenzteilung auf $f/n$ des Meßsignals mit Hilfe einer

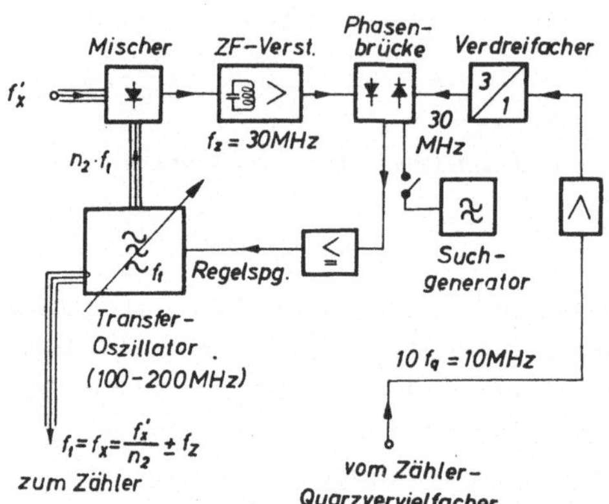


*Abb. 12.14*
*Frequenzmesser mit Transfer-Oszillator*
*(verwendet in der Kombination mit der*
*Schaltung nach Abb. 12.13) [12.28]*

Rückkopplungsschleife, in der ein Vervielfacher $(n - 1)$ enthalten ist (Abb. 12.15) [12.8 b]. Zweitens die Synchronisation einer Hilfsoszillatorschwingung oder ihrer Oberwelle mit der Meßfrequenz (Transferoszillator), wobei dann diese Hilfs-schwingung gemessen wird. Drittens die Erzeugung einer beliebig wählbaren Vergleichsfrequenz im gewünschten Frequenzbereich, die die gleiche Genauigkeit wie die Quarzfrequenz und zur Bildung der Differenzfrequenz ausreichende Amplitude besitzt.

Das dritte Verfahren ist im nächsten Abschnitt erwähnt; das zweite Verfahren sei an Hand von Abb. 12.14 erläutert [12.28 bis 12.30]: Die in Abb. 12.14 skizzierte Anordnung wird in Verbindung mit den in Abb. 12.13 gezeichneten Bauteilen betrieben. Wird der Transferoszillator durchgestimmt, so lassen sich Einstellungen finden, bei welchen die $n_2$fache Oberwelle zusammen mit der Meßfrequenz $f_x'$ die Differenz-frequenz $f_z$ bildet. In diesem Falle wird die Phase von $f_z$ mit der vom Quarzgenerator abgeleiteten Oberwelle gleicher Frequenz verglichen und der Transferoszillator so nachgeregelt, daß eine phasenstarre Synchronisation eintritt. Ein zusätzlicher Such-generator erleichtert das Auffinden der Synchronisationspunkte. Die Transfer-frequenz $f_t$ stellt nun die dem Gerät nach Abb. 12.13 zugeführte Meßfrequenz dar; d.h., es ist $f_t = f_x$ und

$$f_x' = n_2 \cdot f_t \pm f_z. \tag{12.2}$$

Die Größe $n_2$, also die Ordnungszahl der benutzten Oberwelle, kann aus dem Frequenzabstand der benachbarten Oberwelle, bei der ebenfalls $f_z$ gebildet wird, bestimmt werden: Ist $f_{t2}$ die erste Transferfrequenz und $f_{t2}$ die nächsthöhere Transferfrequenz mit Empfang, so ist $n_2 f_{t2} = (n_2 - 1) f_{t2}$ und

$$n_2 = \frac{f_{t2}}{f_{t2} - f_{t1}} \tag{12.3}$$

Eine gleichzeitig durchgeführte Übersichtsmessung der Wellenlänge, z. B. mit der Meßleitung, kann ebenfalls zur Aufklärung der Ordnungszahl $n_2$ dienen.

Wird in der Schaltung nach Abb. 12.14 am ZF-Verstärker noch ein FM-Diskriminator angeschlossen, so können auch zusätzliche Kennwerte frequenzmodulierter Signale ermittelt werden [12.28].

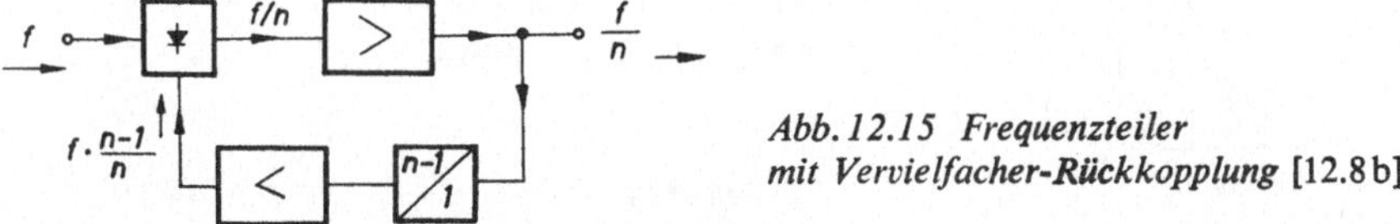

Abb. 12.15 *Frequenzteiler mit Vervielfacher-Rückkopplung* [12.8 b]

## 12.4 Normalfrequenzgeneratoren

Als sekundäres Frequenznormal findet der Quarzgenerator verbreitete Anwendung. Da sich Quarzschwinger für die im Mikrowellenbereich benötigten hohen Frequenzen nicht mehr herstellen lassen, ist man zur Erzeugung von Normalfrequenzen im Mikrowellenbereich auf die Frequenzvervielfachung, auf die Frequenzsynthese oder auf die Synchronisation von Mikrowellengeneratoren mit Quarzfrequenzoberwellen angewiesen.

### 12.41 *Eichgeneratoren mit Festfrequenzen – Eichung von Wellenmessern*

Eine für Eichzwecke benutzte Anordnung mit reinen Frequenzvervielfachern ist in Abb. 12.16a gezeichnet [12.35]: Die Quarzfrequenz von 100 kHz wird in mehreren Stufen bis auf 50 MHz vervielfacht, wobei für 10 und 50 MHz Leistungsverstärker vorgesehen sind. Werden diese Schwingungen mit ausreichender Amplitude in die Gitter-Kathoden-Strecke eines Scheibentriodenverstärkers eingespeist, so entsteht ein Spektrum von weiteren Oberwellen im Abstand von 10 bzw. 50 MHz innerhalb des Abstimmbereichs des Anodenkreises des Scheibentriodenverstärkers, also z. B. innerhalb 500 MHz bis 1 GHz. Die Anodenkreisabstimmung dient zur Hervorhebung einer bestimmten Oberwelle. Es werden häufig zur Oberwellenbildung auch breitbandige Verzerrer mit Halbleiterdioden – vorwiegend sog. „Step-Recovery-Dioden" [12.83] –, die teils in Koaxial-, teils in Hohlleiterfassungen eingebaut sind, verwendet. Hier sind dann alle Harmonischen gleichzeitig verfügbar; derartige Eichgeneratoren sind für Frequenzen bis zu 25 GHz bekannt [12.1c, 12.2c, 12.5, 12.6e, 12.8a, 12.32 bis 12.37]. (Auch Digitalschaltungen wurden für diese Zwecke entwickelt [12.38].) Die Genauigkeit dieser Eichfrequenzgeneratoren hängt vom Einbau (Doppelthermostat) und von der Konstanz der Versorgungsspannungen des Quarzoszillators ab. Sie liegt in der Größenordnung $10^{-6}$ bis $10^{-9}$.

Bei der in Abb. 12.16b gezeichneten Eichschaltung für Resonatoren wird der Oberwellengenerator als Spannungsquelle zur Speisung der Umlaufmeßleitung benutzt. Die Resonanz wird mittels der Resonatoreingangsimpedanz festgestellt (Abschnitt 9.21).

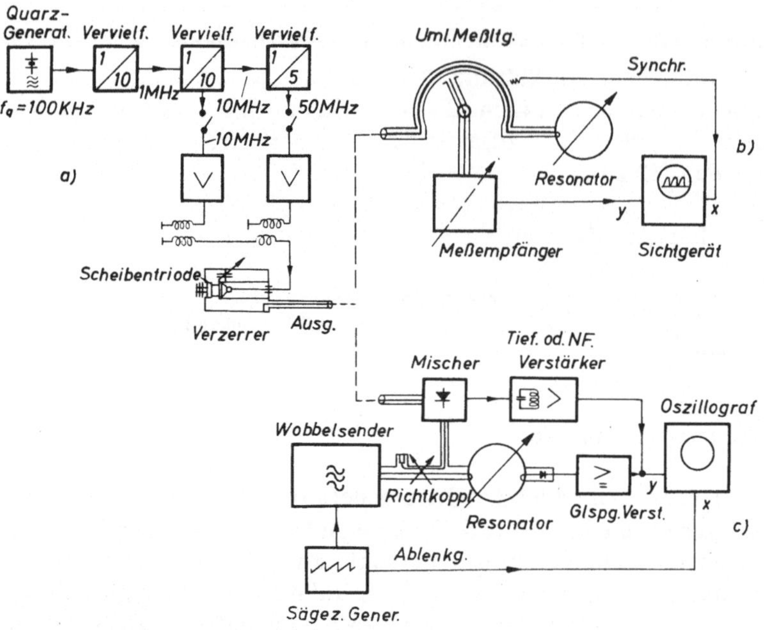


**Abb. 12.16 Eichanordnung für Wellenmesser**

a) Quarzfrequenz-Vervielfacher; b) Impedanzmessung des Wellenmessereingangs; c) Vergleich der Resonanzkurve mit einer Schwebung

Die Anordnung nach Abb. 12.16c schreibt mittels Wobbelsender und Oszillograf die Resonanzkurve des zu eichenden Resonators (Abschn. 9.22a). Die vom Oberwellengenerator kommende Eichfrequenz wird mit der vom Wobbelsender abgezweigten Spannung gemischt und ergibt bei Frequenzgleichheit eine Schwebung. Die Schwebungsfrequenz wird der Vertikalablenkung des Oszillografen ebenfalls zugeführt. Die Abstimmung des Resonators ist so zu verändern, daß die Schwebung in das Maximum der Resonanzkurve zu liegen kommt.

Die Aufklärung der Ordnungszahl der benutzten Oberwelle erfolgt am zweckmäßigsten mit einer Übersichtsmessung der Wellenlänge, z.B. mit der Meßleitung oder einem schon geeichten Resonator geringeren Auflösungsvermögens.

Der Vergleich von zwei Resonatoren, von denen einer hohes Auflösungsvermögen (hohe Güte und Einstellgenauigkeit) besitzt, kann natürlich zur Eichung des zweiten Resonators ebenfalls mit Hilfe eines Wobbelmeßplatzes vorgenommen werden, ohne die Quarznormalfrequenz zu benutzen [12.1b, 12.2a, 12.3a, 12.4b].


## 12.42    *Variable Normalfrequenzgeneratoren*

Mit Hilfe der sog. Frequenzsynthese lassen sich beliebige Frequenzen aus verschiedenen, von einem Quarzgenerator abgeleiteten Oberwellen bzw. aus Subharmonischen, die durch Teilung der Quarzfrequenz entstanden sind, zusammensetzen. Die Auswahl der Oberwellen und Subharmonischen erfolgt meist dekadisch (Frequenzdekaden) und wird entweder durch den Vervielfachern nachgeschaltete umschaltbare Filter oder durch doppelte Zwischenumsetzung mit variablen Hilfsoszillatoren und festen ZF-Filtern besorgt. Ferner werden auch variable Oszillatoren benutzt, die, von Quarzoberwellen getastet, ein Synchronisierspektrum erzeugen, welches über feste Filter mit Hilfe einer Regelschaltung eine stufenweise Synchronisierung ermöglichen [12.23, 12.39 bis 12.45]. Die Feinvariation für die letzten Stellenzahlen kann jeweils durch einen sog. Interpolationsoszillator erfolgen, der zwar vom Quarzgenerator unabhängig ist, aber die Genauigkeit nicht beeinträchtigt. Üblicherweise liefern derartige Frequenzdekaden bis zu einigen 10 oder einigen 100 MHz beliebig einstellbare Frequenzen, die eine Einstellgenauigkeit und Konstanz von etwa $10^{-7}$ bis $10^{-8}$ aufweisen. Mit Hilfe von Diodenverzerrern können hiervon Oberwellen bis zu 12 oder 18 GHz erzeugt werden. Diese können dann mittels einer Regelschaltung – z.B. nach Abb. 2.18 – zur phasenstarren Synchronisation eines Mikrowellengenerators benutzt werden, wenn höhere Leistung mit großer Frequenzkonstanz benötigt wird [12.41, 12.46, 12.47, 12.74, 12.75].

### 12.43  *Primäre Frequenznormale*

Sekundäre Frequenznormale müssen auf primäre Frequenznormale bezogen werden, diese wiederum ergeben sich aus der astronomischen Definition der Zeit. Hier bestehen nun verschiedene Definitionen, welche mehr oder weniger die Unregelmäßigkeiten der Erdumdrehung berücksichtigen (Mittlere Sonnenzeit, Universalzeit, Sternzeit, Ephemeridenzeit, Atomzeit) [12.48]. Inwieweit Ephemeridenzeit und Atomzeit identisch sind, kann heute noch nicht übersehen werden. Zur Zeit entsprechen der Sekunde der Ephemeridenzeit 9.192.631,770 Perioden der Cäsiumatomuhr.

Die Genauigkeit und der Gang (Frequenzänderung durch Alterung) der Quarzoszillatoren bzw. der von ihnen abgeleiteten Quarzuhren kann durch Zeitvergleich mit astronomisch kontrollierten Zeitzeichen erfolgen, wobei die durch Sekundenkontakte ausgelösten Impulse auf Oszillografen oder mit Schreibern mit der Lage der Zeitzeichenimpulse verglichen werden. In vielen Ländern stehen Sender zur Verfügung, die ähnlich kontrollierte Normalfrequenzen ausstrahlen, so daß auch ein direkter Frequenzvergleich mit durch Frequenzteilung gewonnenen Subharmonischen von Quarzoszillatoren erfolgen kann [12.48 bis 12.53]. Eine einfache Methode zum Frequenzvergleich zweier Frequenzen, die nur sehr geringe Abweichung voneinander zeigen, bietet sich durch die Bildung von Lissajousfiguren auf dem Oszillografen an; hierbei ist die eine Frequenz auf die Horizontal-, die andere auf die Vertikalablenkung zu geben. Die Frequenzdifferenz kann mit der Stoppuhr an Hand der Zahl der Umläufe der Figur innerhalb definierter Zeit bestimmt werden. Höchste Genauigkeit ist durch die Ausnutzung molekularer und atomarer Resonanzerscheinungen zu erreichen. Bei diesen sog. Molekular- oder Atomuhren wird die Wechselwirkung zwischen der in einem hochfrequenten Wechselfeld auftretenden

Resonanzabsorption oder stimulierten Emission (zumeist in Gasen, wie Ammoniak, Cäsium oder Wasserstoff) ausgenutzt, um ein zur Nachsteuerung eines Quarzoszillators dienendes Regelsignal zu erzeugen. Die Genauigkeit dieser als primäre Frequenznormale verwendeten Geräte liegt bei $10^{-9}$ bis $10^{-11}$ und ist nur noch durch die Abweichungen beim gegenseitigen Vergleich festzustellen [12.3c, 12.6c u. d, 12.54 bis 12.60].

## 12.5    Spektral-Analysatoren

Die Mikrowellenspektralanalyse kann in das Kapitel über Frequenzmessung eingeordnet werden, weil es sich hierbei um die getrennte Erfassung mehrerer in einem Signalgemisch vorhandener Frequenzanteile handelt, wobei die Amplitude der Teilschwingungen in Abhängigkeit von der Frequenz auf einem Bildschirm oder mit Hilfe eines Schreibers dargestellt wird.

### 12.51    *Der Aufbau von Spektralanalysatoren*

Die Verwendung eines abstimmbaren Resonators erscheint zunächst als naheliegendste Lösung zur getrennten Erfassung der Anteile eines Frequenzgemisches. Es sind auch Anordnungen dieser Art beschrieben [12.1d, 12.4d, 12.6g], wobei die verwendeten Hohlraumresonatoren besonders hohe Güte besitzen müssen, um das Auflösungsvermögen der Frequenzanalyse einigermaßen zu gewährleisten. Die Abstimmung für die Abtastbreite des Spektrums kann motorgetrieben und mit der Horizontalablenkung des Oszillografen oder Schreibers kombiniert sein (Abb.12.17).

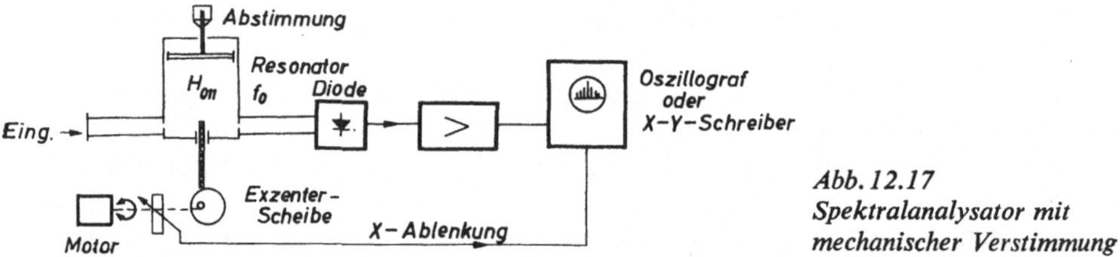


Abb. 12.17
Spektralanalysator mit
mechanischer Verstimmung

Bei der Verwendung von Überlagerungsempfängern erreicht man erstens wesentlich höhere Empfindlichkeit und kann zweitens durch schmalbandige Zwischenfrequenzverstärker das Auflösungsvermögen erheblich verbessern; man benötigt dann natürlich besonders frequenzstabile Überlagerungsoszillatoren. Zum Durchstimmen des Abtastbereiches werden als Überlagerungsoszillatoren die gleichen Generatoren benutzt, wie sie für Wobbelsender in Frage kommen (Abschn.2.2 bis 2.6) [12.1d, 12.3d, 12.4d, 12.6g, 12.7b, 12.62 bis 12.69, 12.72 und 12.73]. Ursprünglich herrschten für die elektronische Verstimmung Reflexklystrons vor, heute finden wegen des viel größeren Abstimmbereiches ausschließlich Rückwärtswellenröhren (Carcinotrons) als Überlagerer Verwendung. Auch die Mehrfachüberlagerung zum

Zwecke der Trennung von Mittenfrequenzabstimmung und Bereichsabtastung wird benutzt. Wegen des bei Mikrowellen schwierigen Gleichlaufs von Überlagererabstimmung und Vorselektion wird auf diese meist verzichtet. Deshalb haben diese Überlagerungsspektralanalysatoren den Nachteil, daß durch Spiegelfrequenzbildung und Oberwellenmischung alle Spektralfrequenzen mehrfach angezeigt werden können. Abhilfe ist nur möglich durch extrem hohe erste Zwischenfrequenz, da der Spiegelfrequenzabstand der doppelten ZF entspricht (Abschn. 3.41).

Das stark vereinfachte Blockschaltbild eines derartigen Gerätes [12.67, 12.68] ist in Abb. 12.18 wiedergegeben. Die gleichzeitig erfaßbare Breite des Spektrums kann

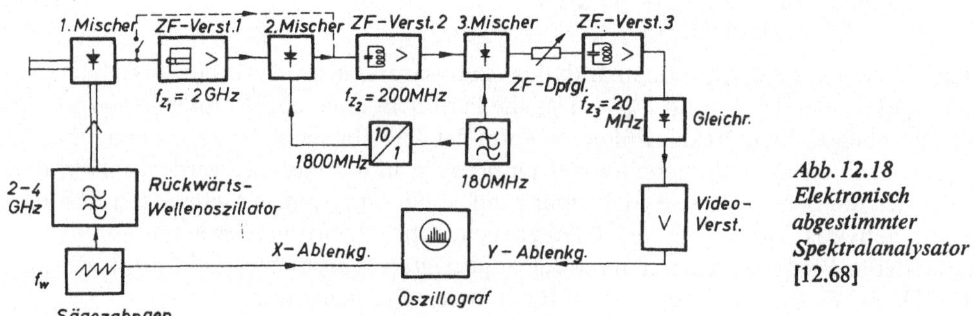


Abb. 12.18
*Elektronisch abgestimmter Spektralanalysator* [12.68]

auf Grund des zwischen 2 und 4 GHz variierbaren Carcinotronüberlagerers bis zu $\Delta F = n \cdot 2$ GHz betragen, der Empfangsbereich geht von 10 MHz bis 40 GHz, wobei bis 6 GHz die Grundwelle ($n = 1$), darüber die Oberwellen des Carcinotrons zur ersten Überlagerung benutzt werden. Der erste ZF-Verstärker arbeitet bei 2 GHz und gewährleistet großen Spiegelabstand. Lediglich bei Eingangsfrequenzen zwischen 1,8 und 4,2 GHz wird der 1. ZF-Verstärker umgangen, um eine Direktverstärkung zu vermeiden. Der Zwischenfrequenzverstärker 3 ist in seiner Bandbreite verstellbar, um die spektrale Auflösung optimal wählen zu können. Die Verstärkung für die $y$-Anzeige kann linear, quadratisch oder logarithmisch erfolgen. Die der Carcinotronwendel zugeführte Wobbelspannung ist über eine Regelschleife geführt, um über einen Vergleichsoszillator gute Frequenzkonstanz zu gewährleisten. Die durch die Oberwellenmischung mögliche Unsicherheit bezüglich der Ordnungszahl $n$ kann entweder durch die Vorschaltung von Bandpaßfiltern beseitigt oder durch definierte Versetzung der 2. und 3. Überlagerungsfrequenzen aufgeklärt werden. Bei hohen Eingangsfrequenzen kann die Anschaltung eines geeigneten Carcinotrons von außen, um die Oberwellenüberlagerung durch eine Mischung mit der Grundwelle zu ersetzen, eine Verbesserung der Empfindlichkeit bringen. In ungewobbeltem Zustand stellt dieser Spektrumanalysator einen geeichten Überlagerungsempfänger dar.

### 12.52   *Die Anwendung von Spektralanalysatoren*

Unter Auflösungsvermögen $A$ eines Spektralanalysators versteht man den kleinsten Frequenzabstand zweier Spektralfrequenzen, den das Gerät noch getrennt anzuzeigen vermag. In erster Linie hängt $A$ von der Bandbreite des die Selektionskurve bestimmenden Bauteiles ab, bei der Anordnung nach Abb. 12.17 also von der Bandbreite $b = f_0/Q$ des Hohlraumresonators, bei dem Gerät nach Abb. 12.18 von der Bandbreite $b$ des 3. ZF-Verstärkers. Für kleine Wobbelgeschwindigkeiten $df/dt$ ist

$$A = b \quad \text{für} \quad \frac{df}{dt} = \frac{\Delta F}{T_w} \ll b^2. \tag{12.4}$$

Hier bedeutet $\Delta F$ den Frequenzhub des Analysators, d.h., die Breite des abgetasteten Spektralbereiches, und $T_w = 1/f_w$ die Periodendauer des Wobbelvorganges. Ist die Wobbelgeschwindigkeit höher, so kann der Fall eintreten, daß zwei benachbarte Frequenzen so schnell nacheinander empfangen und angezeigt werden sollen, daß der oder die Schwingkreise nicht mehr auf volle Amplitude anschwingen können. Dann geht das Auflösungsvermögen zurück, d.h., $A$ wird größer als $b$, und es tritt eine kleine Frequenzverschiebung der angezeigten Kurve ein [12.70 bis 12.73 und 12.86]. Es wird nach [12.68, 12.70] für linearen Frequenzhub:

$$\frac{A}{b} = \sqrt{1 + 0{,}195\left(\frac{\Delta F}{T_w \cdot b^2}\right)^2} \tag{12.5}$$

Da man im allgemeinen bei Oszillografendarstellung eine nicht zu kleine Wobbelfrequenz anstrebt (Flimmerfreiheit), läßt sich bei gegebenem $\Delta F$ und $T_w$ eine optimale Bandbreite $b_{opt}$ aus (12.5) errechnen:

$$b_{opt} = \sqrt{\frac{\Delta F}{T_w \cdot 2{,}26}} \tag{12.6}$$

bzw. eine optimale Periodendauer $T_w$, wenn $\Delta F$ und $b$ festliegen:

$$T_w = \frac{\Delta F}{b^2 \cdot 2{,}26}. \tag{12.7}$$

Hierfür wird $A = \sqrt{2} \cdot b$. Strebt man möglichst gute Auflösung an, so wird man einen Schreiber an den Geräteausgang legen, um mit kleinster Bandbreite bei geringer Wobbelgeschwindigkeit arbeiten zu können.

Die meßtechnischen Anwendungen von Spektralanalysatoren sind sehr vielfältig: Der ursprüngliche Verwendungszweck diente der Analyse von Impulsformen getasteter Hochfrequenzimpulse, da sich nach der Fouriertransformation Vorgänge vom Zeitbereich in den Frequenzbereich umrechnen lassen und man so aus der Frequenzverteilung der Spektrallinien und dem Amplitudenverlauf ihrer Einhüllenden auf Pulsdauer, Anstiegszeit, Dachschräge und etwa vorhandene Frequenzmodulation schließen kann [12.1d, 12.7b, 12.68]. Auch der Frequenzhub und die

Linearität frequenzmodulierter Generatoren ist so zu ermitteln. Die Untersuchung der Oberwellenbildung und der Frequenzstabilität von Sendern, die Einstellung von Varaktorvervielfachern und parametrischen Verstärkern und die Aufnahme von Absorptionsspektren, z. B. von Gasen, sind weitere Anwendungsgebiete für Spektralanalysatoren. Ferner können mit derart gewobbelten Empfängern Filterkurven aufgenommen werden, wenn man als Sender Oberwellengeneratoren oder Rauschgeneratoren mit breitem konstantem Spektrum verwendet. Bei Anschluß an geeignete Antennen kann der Analysator als Panoramaempfänger zur Überwachung großer Frequenzbereiche dienen.

## Literatur


[12.1] *C. G. Montgomery:* Technique of Microwave Measurements. M.I.T. Rad. Lab. Series Bd. 11. McGraw-Hill, New York, Toronto, London (1947), a) S. 285, b) S. 377, c) S. 343, d) S. 408.

[12.2] *E. L. Ginzton:* Microwave Measurements. McGraw-Hill, New York, Toronto, London (1957), a) S. 346, b) S. 371, c) S. 375.

[12.3] *F. J. Tischer:* Mikrowellen-Meßtechnik. Springer, Berlin (1958), a) S. 2, b) S. 29, c) S. 35, d) S. 41.

[12.4] *H. M. Barlow* u. *A. L. Cullen:* Microwave Measurements. Constable & Co., London (1950), a) S. 74, b) S. 99, c) S. 112, d) S. 320.

[12.5] *G. Megla:* Dezimeterwellentechnik. Berliner Union, Stuttgart, 5. Aufl. (1962) S. 741.

[12.6] *A. F. Harvey:* Microwave Engineering. Academic Press, London und New York (1963), a) S. 193, b) S. 206, c) S. 280, d) S. 953, e) S. 938, f) S. 607, g) S. 949.

[12.7] *M. Wind* u. *H. Rapaport:* Handbook of Microwave Measurements. Edwards Broth., Ann Arbor, Michig. 2. Aufl. (1955), a) Sect. I, b) Sect. IX.

[12.8] *D. D. King:* Measurements at Centimeter Wavelength. D. v. Nostrand Inc., New York, Toronto, London (1952), a) S. 109, b) S. 115, c) S. 121, d) S. 153.

[12.9] *A. Lytel:* Microwave Test and Measurement Techniques. Sams & Co., Indianapolis (1964) S. 139.

[12.10] *F. Vilbig:* Hochfrequenzmeßtechnik. C. Hanser, München (1953) S. 172.

[12.11] *H. Döring* u. *W. Klein:* Hohlraumbandpässe bei Zentimeterwellen. Arch. Elektr. Übertr. 6 (1952) S. 47 u. 119.

[12.12] *L. Rohde* u. *A. Kraus:* Absorptionsfrequenzmesser von 500 bis 2600 MHz. Rohde & Schwarz-Mitteilungen (1952) H. 1, S. 2.

[12.13] *G. Pusch:* Frequenzweichen zum Betrieb mehrerer Dezimeterfunkgeräte an einer Antenne. Fernm. Techn. Zeitschr. 5 (1952) S. 262.

[12.14] *G. Pusch* u. *H. Groll:* Resonanzfrequenzmesser mit hoher Genauigkeit bei Dezimeterwellen. Nachr. Techn. Zeitschr. 8 (1955) S. 462.

[12.15] *W. W. Macalpine:* Coaxial Resonators with Helical Inner Conductor. Proc. Inst. Radio Engrs. 47 (1959) S. 2099.

[12.16] *P. Andrews:* The Design of Broadband Circular Wavemeters. Brit. Comm. and Electronics 6 (1959) S. 354.

[12.17] *M. C. Thompson, F. E. Freethey* u. *D. M. Waters:* End Plate Modification of X-Band $TE_{011}$ Cavity Resonators. Transact. Inst. Radio Engrs., MTT-7 (1959) S. 388.

[12.18] *D. C. Thorn* u. *A. W. Straiton:* Design of Open-Ended Microwave Resonant Cavities. Transact. Inst. Radio Engrs., MTT-7 (1959) S. 389.

[12.19] *J. D. McGee:* Tunable Two-Mode Cavity with Capacitative Loading. Transact. Inst. Radio Engrs., MTT-8 (1960) S. 569.

[12.20] *J. R. Cogdall, A. P. Deam* u. *A. W. Straiton:* Temperature Compensation of Coaxial Cavities. Transact. Inst. Radio Engrs., MTT-8 (1960) S. 151.

[12.21] *W. Culshaw:* Resonators for Millimeter and Submillimeter Wavelengths. Transact. Inst. Radio Engrs., MTT-9 (1961) S. 135.

[12.22] Firmenprospekt der Fa. Philips, Eindhoven (1965).

[12.23] *H. H. Meinke* u. *F. W. Gundlach:* Taschenbuch der Hochfrequenztechnik. 2. Aufl. Springer, Berlin (1962) S. 1547.

[12.24] *W. Oehrl:* Direkt zeigendes Frequenzmeßverfahren mit Kondensatorladung. Elektrotechn. Zeitschrift 64 (1943) S. 653.

[12.25] *H. M. Schmidt:* Direkte Frequenzmessung modulierter FM-Sender mittels Impulszählung. Frequenz 7 (1953) S. 203.

[12.26] *J. Hacks:* Direkt zeigende Frequenzmesser hoher Genauigkeit. Fernm. Techn. Zeitschr. 7 (1954) S. 394.

[12.27] A New Frequency Counter Plug-In Unit for Direct Frequency Measure-ments to 510 Mc. Hewlett-Packard Journ. 12 (1961) Nr. 5, S. 1.

[12.28] *A. Benjaminson:* An Instrument for Automatically Measuring Frequencies from 200 Mc to 12,4 Gc. Hewlett-Packard Journ. 13 (1961) Nr. 3–4, S. 5.

[12.29] *R. F. Pasos:* A New Instrument for Measuring Microwave Frequencies with Counter Accuracy. Hewlett-Packard Journ. 15 (1964) Nr. 8.

[12.30] Measuring Frequency from VHF up to and above 18 Gc with Transfer Oscillator/Counter Techniques. Fa. Hewlett-Packard, Appl. Note Nr. 2 (1964).

[12.31] 500 Mc Frequency-Measuring Assembley. General Radio Experimenter 39 (1965) Nr. 9, S. 13.

[12.32] *R. G. Talpey* u. *H. Goldberg:* A Microwave Frequency Standard. Proc. Inst. Radio Engrs. 35 (1947) S. 965.

[12.33] *L. E. Hunt:* A Method for Calibrating Microwave Wavemeters. Proc. Inst. Radio Engrs. 35 (1947) S. 979.

[12.34] *L. Essen:* The Design, Calibration and Performance of Resonance Wavemeters for Frequencies between 1000 and 25000 Mc/s. Journ. Inst. Electr. Engrs. 93 (1946) Pt. III A, S. 1413.

[12.35] *C. Steinbach:* Konstruktion und Bau eines Normalfrequenzvervielfachers zur Eichung von Wellenmessern in dem Frequenzbereich 350 bis 1500 MHz. Dipl. Arbeit Inst. f. HF-Techn., T.H. München (1953).

[12.36] *H. E. Stinehelfer* u. *J. G. Vogler:* Industrial Microwave Calibrator. Electronics 28 (1955) Juni, S. 168.

[12.37] *B. H. L. James* u. *M. T. Stockford:* A Microwave Frequency Standard. Electronic Engineering 31 (1959) S. 2 u. 82.

[12.38] *T. J. Rey:* Digital Rate Synthesis for Frequency Measurement and Control. Proc. Inst. Radio Engrs. 47 (1959) S. 2106.

[12.39] *P. Huhn:* Eine Frequenzmeßanlage mit Frequenzdekade. Radio Mentor 19 (1953) S. 454.

[12.40] Meßgeneratoren nach dem Verfahren der Frequenzsynthese. Rohde & Schwarz-Kurzinformation (1962) H. 5 u. 6, S. 42.

[12.41] Mikrowellen-Frequenzdekade FD 3. Gerätebeschreibung Fa. Schomandl KG., München (1963).

[12.42] Normalfrequenz-Generatoren, Frequenznormale. Rohde & Schwarz-Kurzinformation H. 5 u. 6 (1962).

[12.43] *E. Kettel:* Ein quarzgesteuerter Frequenzmesser und Steuergenerator hoher Genauigkeit. Telefunkenzeitung 27 (1954) S. 27.

[12.44] Erzeugung und Anwendung von quarzgenauen Meß-Signalen. Druckschrift d. Fa. Schlumberger GmbH., München (1964).

[12.45] Frequency Synthesizer. Firmenprospekt Fa. Hewlett-Packard, Palo Alto, Calif. (1965).

[12.46] *J. K. Clapp:* Locked Oszillators in Frequency Standards and Frequency Measurements. Transact. Inst. Radio Engrs. J-4 (1955) S. 128.

[12.47] *R. C. Allan:* A Phase-Locking Synchronizer for Stabilizing Reflex Klystrons. Hewlett-Packard Journ. 13 (1962) Nr. 9–10. S. 1.

[12.48] Frequency and Time Standards. Fa. Hewlett-Packard, Appl. Note Nr. 52 (1965).

[12.49] *L. Rohde:* Normalfrequenz und Frequenzmessung. Fortschritte der Hochfrequenz-Technik, Bd. 2. Akadem. Verlags-Ges. (1943) S. 242.

[12.50] *F. D. Lewis:* Frequency and Time Standards. Proc. Inst. Radio Engrs. 43 (1955) S. 1046.

[12.51] Standard Frequencies and Time Signals WWV and WWVH. Proc. Inst. Radio Engrs. 44 (1956) S. 1470.

[12.52] *F. G. Merrill:* Frequency and Time Standards. Transact. Inst. Radio Engrs., J-9 (1960) S. 117.

[12.53] *D. H. Andrews:* Standard Frequency and Time Services of the National Bureau of Standards. Frequency 3 (1965) Nr. 6, S. 30.

[12.54] *R. C. Mackey* u. *W. D. Hershberger:* Measurement and Control of Microwave Frequencies by Lower Radio Frequencies. Transact. Inst. Radio Engrs., MTT-5 (1957) S. 64.

[12.55] *J. Holloway, W. Mainburger, F. H. Reder, G. M. Winkler, L. Essen* u. *J. V. Parry:* Comparison and Evaluation of Cesium Atomic Beam Frequency Standards. Proc. Inst. Radio Engrs. 47 (1959) S. 1730.

[12.56] *W. E. Bell, A. Bloom* u. *R. Williams:* A Microwave Frequency Standard Employing Optically Pumped Sodium Vapor. Transact. Inst. Radio Engrs. MTT-7 (1959( S. 95.

[12.57] *R. C. Mockler, R. E. Beehler* u. *S. C. Snider:* Atomic Beam Frequency Standards. Transact. Inst. Radio Engrs. J-9 (1960) S. 120.

[12.58] *L. S. Cutler:* Examination of the Atomic Spectral Lines of a Cesium Beam Tube with the HP-Frequency Synthesizer. Hewlett-Packard Journ. 15 (1963) Nr. 4, S. 7.

[12.59] Cesium Beam Frequency Standard. Firmenprospekt Fa. Hewlett-Packard, Palo Alto, Calif. (1965).

[12.60] Mitteilungsblatt, Fa. Varian Ass., Beverly, Mass. (1964).

[12.61] *A. Bagley* u. *D. Hartke:* Measurement of the Carrier Frequency of RF Pulses. Transact. Inst. Radio Engrs. J-4 (1955) S. 132 und Appl. Note Nr. 3, Fa. Hewlett-Packard.

[12.62] *E. M. Williams:* Radio Frequency Spectrum Analyzers. Proc. Inst. Radio Engrs. 34 (1946) S. 18.

[12.63] *L. Apker, J. Kahnke, E. Taft* u. *R. Watters:* Wide Range Double Heterodyne Spectrum Analyzers. Proc. Inst. Radio Engrs. 35 (1947) S. 1068.

[12.64] *C. W. van Es, M. Gevers* u. *F. C. de Ronde:* Hohlleiterapparatur für 2 mm Wellenlänge. Philips Techn. Rundsch. 22 (1960/61) S. 212.

[12.65] *W. Frieß:* Anwendung des Polyskop SWOB für die Spektralanalyse im Mikrowellengebiet. Rohde & Schwarz-Kurzinformation Nr. 7 (1964) S. 20.

[12.66] *E. Baur:* Mikrowellen-Spektroskopie mit der dekadischen Frequenzmeßanlage XZH. Neues von Rohde & Schwarz Nr. 17 (1965) S. 10.

[12.67] *H. L. Halverson:* A New Microwave Spectrum Analyzer. Hewlett-Packard Journ. 15 (1964) Nr. 12, S. 1.

[12.68] Spectrum Analysis. Application Note Nr. 63 u. 63 A, Fa. Hewlett-Packard, Palo Alto, Calif. (1964).

[12.69] *D. Ilias* u. *G. Boudouris:* A Recording Microwave Spectrograph. Transact. Inst. Radio Engrs., MTT-9 (1961) S. 144.

[12.70] *M. Engleson* u. *G. Long:* Optimizing Spectrum Analyzer Resolution. Microwaves 4 (1965) Nr. 12, S. 36.

[12.71] Grundlagen und Grenzen des Wobbelverfahrens. Rohde & Schwarz Kurzinformation Nr. 6/7 (1962) S. 50.

[12.72] *H. M. Feigenbaum:* Introduction to Spectrum Analyzers. Microwaves 2 (1963) Nr. 4.

[12.73] *M. Engleson:* Interpreting Spectrum Analyzer Displays. Microwaves 5 (1966) Nr. 1, S. 22.

[12.74] *A. Benjaminson:* Phase-Locked Microwave Oscillator Systems with 0,1 cps Stability. Microwave Journ. 7 (1964) Nr. 12, S. 65.

[12.75] *N. Sawazaki* u. *T. Honma:* A New Microwave Frequency Standard by Quenching Oszillator Control. Transact. Inst. Radio Engrs., MTT-4 (1956) S. 116.

[12.76] Radio Frequency Measurement Methods and Standards. Special Issue, Proc. Inst. E.E.E. 55 (1967) S. 792–836.

[12.77] *W. N. Hoeck:* Echo Box Maintains High Q. Microwaves 5 (1966) Nr. 5, S. 44.

[12.78] *S. F. Adam* u. *A. S. Badger:* Wideband Cavity-Type Coaxial Frequency Meters. Hewlett-Packard Journ. 18 (Dec. 1966) Nr. 4, S. 10.

[12.79] *C. J. Zamites:* Wavemeter Gives 10 MHz Resolution at 100 GHz. Frequency 5 (1967) Nr. 1, S. 36.

[12.80] *N. C. Wenger:* Resonant Frequency of Open-Ended Cylindrical Cavity. Transact. Inst. E.E.E., MTT-15 (1967) S. 334.

[12.81] *G. Schulten* u. *J. P. Stoll:* A High Precision Wideband Wavemeter for Millimeter Waves. Transact. Inst. E.E.E., MTT-15 (1967) S. 430.

[12.82] *R. L. Allen:* Frequency Divider Extends Automatic Digital Frequency Measurements to 12,4 GHz. Hewlett-Packard Journ. 18, Nr. 8 (Apr. 1967) S. 1.

[12.83] *H. T. Friis:* Analysis of Harmonic Generator Circuits for Step Recovery Diodes. Proc. Inst. E.E.E. 55 (1967) S. 1192.

[12.84] *H. Hellwig:* Messung von Frequenzen und Spektren im Mikrowellengebiet mit Hilfe des Ammoniakmasers. Nachr. Techn. Zeitschr. 19 (1966) S. 558.

[12.85] *R. E. Beehler:* A Historical Review of Atomic Frequency Standards. Proc. Inst. E.E.E. 55 (1967) S. 792.

[12.86] *M. H. Feigenbaum:* Optimum Resolution for Swept Receivers. Microwave Journ. 8 (1965) Nr. 2, S. 80.

# KAPITEL 13 · MESSUNG DES RAUSCHFAKTORS

Die Empfindlichkeit eines Mikrowellenempfängers wird durch das Eigenrauschen seiner Eingangsstufen bestimmt [13.1 bis 13.16, 13.47 bis 13.50]. Sie wird durch den in Abschn. 3.1 definierten Rauschfaktor $F$ (auch Rauschzahl genannt) oder durch die minimale Eingangssignalleistung $P_{s\,min}$ (unter Angabe der Bandbreite), die ausgangsseitig zu einem Signal/Rausch-Verhältnis von 1 führt, beschrieben. Hierbei wird $P_{s\,min}$ oft in dBm – bezogen auf 1 mW – angegeben. Das Rauschverhalten von Vierpolen bezeichnet die „zusätzliche Rauschzahl" $F_z = F - 1$ oder die Rauschtemperatur $T_r = F_z \cdot T_0$. Die Rauschleistung von Rauschgeneratoren wird ebenfalls häufig durch die Rauschtemperatur $T_r = P_r/k\Delta f$ beschrieben [13.2]. Zur Messung des Rauschfaktors kann man Meßsender mit bekannter Ausgangsleistung über ein geeichtes Dämpfungsglied an den Empfängereingang schalten und die Signalleistung so groß machen, daß die durch das Rauschen allein hervorgerufene ZF-Spannung um den Faktor $\sqrt{2}$ erhöht wird. Zur Berechnung der Rauschzahl aus der Eingangsleistung muß die Bandbreite $\Delta f$ bekannt sein. Will man die Ermittlung der Bandbreite vermeiden, so kann man anstelle des Signalgenerators einen Rauschgenerator bekannter Rauschtemperatur verwenden. Als Rauschquellen kommen Dioden im Sättigungsgebiet, Gasentladungsröhren, Klystrons und spezielle Impuls- und Halbleitergeneratoren in Betracht. Zur Absoluteichung verwendet man auch Absorber besonderer Konstruktion, die auf eine definierte Temperatur gebracht werden [13.7b, 13.17 bis 13.19, 13.51]. Geräte zur direkten Anzeige des Rauschfaktors benutzen eine getastete Rauschquelle und einen im gleichen Rhythmus gesteuerten Gleichrichter. Zur Ermittlung des Frequenzrauschens von Generatoren werden Resonatoren als Flankendiskriminatoren eingesetzt.

## 13.1 Rauschgeneratoren

### 13.11 *Rauschdioden*

Durch das statistische Austreten der Elektronen aus der Kathode entsteht im Anodenstrom ein Rauschanteil. Dieser sog. Schrotstrom ist im Falle der Sättigung einer Diode „weißes Rauschen", er enthält also alle Frequenzen gleichmäßig. Die Sättigung ist daran erkennbar, daß bei Erhöhung der Anodenspannung kein Anstieg des Anodengleichstroms $I_s$ erfolgt. Die Einstellung des Anodenstromes geschieht über die Kathodentemperatur, d.h. über die Heizspannung. Die speziell als Rauschdioden konstruierten Röhren besitzen meist eine direkt geheizte Wolframkathode.

Das mittlere Rauschstromquadrat $\overline{I_r^2}$ und damit die Rauschtemperatur ist direkt proportional zum Sättigungsstrom $I_s$:

$$\overline{I_r^2} = 2e \cdot I_s \cdot \Delta f \tag{13.1}$$

Hierbei ist $e$ die Elementarladung $e = 1{,}6 \cdot 10^{-19}$ As. Damit ergibt sich, solange keine Fehler durch die Anpassungstransformation und durch die Elektronenlaufzeit auftreten, die Möglichkeit einer Absoluteichung und die Verwendung der Rauschdiode in Kombination mit einem Abschlußwiderstand als Rauschnormal [13.1, 13.2, 13.3, 13.4b, 13.5, 13.8b, 13.9a, 13.11, 13.14, 13.20 bis 13.26, 13.52 bis 13.54].

Die Rauschdiode kann ähnlich wie die Spannungsmeßdiode der Abb. 8.1 an eine Koaxialleitung geschaltet werden, die dann auf einer Seite mit einem Absorber abgeschlossen wird. Da dieser Abschlußwiderstand dem Leitungswellenwiderstand $Z_L$ entsprechen muß und der am gegenüberliegenden Ende angeschlossene Empfänger den gleichen Eingangswiderstand $Z_e = Z_L$ besitzen sollte, teilt sich die von der Diode abgegebene Rauschleistung in zwei Hälften. Die Rauschgeneratorleistung ist dann

$$P_{r\,gen} = \frac{\overline{I_r^2}}{4}\,Z_L = \frac{e}{2}\,Z_L I_s \Delta f. \tag{13.2}$$

Die relative Rauschtemperatur $T_r/T_0$ des Generators ist

$$\frac{T_r}{T_0} = \frac{P_{r\,gen}}{kT_0\Delta f} = \frac{eI_s Z_L}{2kT_0} = 20 \cdot I_s \cdot Z_L, \tag{13.3}$$

wenn man für $kT_0 = 4 \cdot 10^{-21}$ W/Hz einsetzt (Abschn. 3.1). Für $Z_L = 50\,\Omega$ wird $T_r/T_0 = I_s/\text{mA}$. In Gl. (13.2) müßte noch die vom Absorber, der die Temperatur $T_0$ besitzt, abgegebene Rauschleistung hinzugezählt werden. Da aber im Normalbetrieb des Empfängers der Antennenwiderstand meist in gleicher Größenordnung rauscht, braucht dies bei der Rauschmessung nicht berücksichtigt zu werden.

Bei Frequenzen über etwa 500 MHz macht sich einerseits die Transformationswirkung der Blindwiderstände der Diode und ihrer Halterung, andererseits der Einfluß der Elektronenlaufzeit bemerkbar. Das erste führt zu einer Erhöhung, das zweite zu

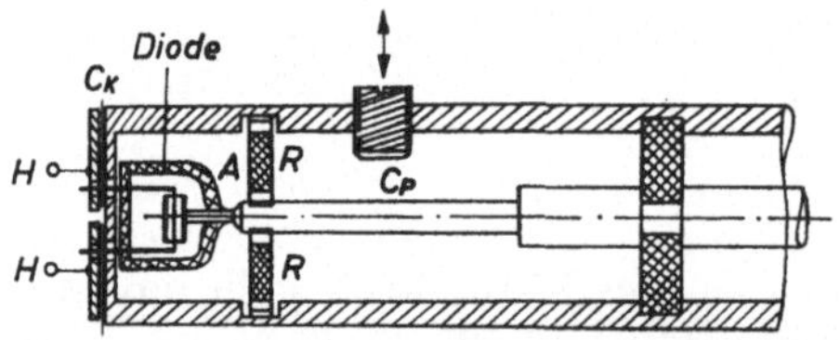


*Abb. 13.1  Rauschdiodenfassung*

einer Verminderung der abgegebenen Rauschleistung, so daß innerhalb eines gewissen Frequenzbereiches eine Kompensation beider Einflüsse gelingt [13.1, 13.23 bis 13.25, 13.37]. In Abb. 13.1 ist eine Fassung gezeigt, bei der die Diodenkapazität durch ein Leitungsstück höheren Wellenwiderstands kompensiert ist. Der Abschlußwiderstand wird durch sternförmig angebrachte Stabwiderstände $R$ gebildet und die Transformation kann durch eine verstellbare Querkapazität $C_p$ optimal gewählt werden [13.25]. Für Frequenzbereiche von 1 bis 3 GHz kommen Rauschdioden in Betracht, die z.B. nach Abb. 13.2 koaxial aufgebaut sind [13.23]. Auch die Verwendung des Heizfadens als Innenleiter und der Anode als Außenleiter einer Koaxial-

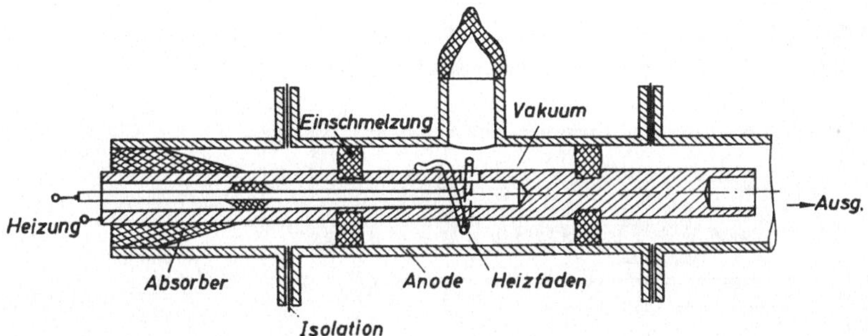


*Abb. 13.2 Rauschdiode in Koaxialausführung*

diode ist beschrieben [13.3, 13.8b, 13.25]. Der Frequenzgang der abgegebenen Rauschleistung solcher Dioden muß im allgemeinen oberhalb 500 MHz durch eine Vergleichsmessung mit einem Sinusgenerator oder mit einem aufgeheizten Absorber experimentell ermittelt werden [13.7b, 13.17 bis 13.19].

## 13.12 Rauschquellen mit Gasentladungsröhren

Als Rauschgeneratoren für höhere Frequenzen (1 bis etwa 40 GHz) werden vorwiegend Gasentladungsröhren verwendet, deren positive Säule sowohl ein konstantes Rauschspektrum relativ hoher Leistung abgibt als auch zu merkbarer Dämpfung innerhalb einer Mikrowellenleitung führt [13.3, 13.4b, 13.8b, 13.9a, 13.27 bis 13.35]. Die Gasentladungsröhren werden meist in flachem Winkel schräg durch

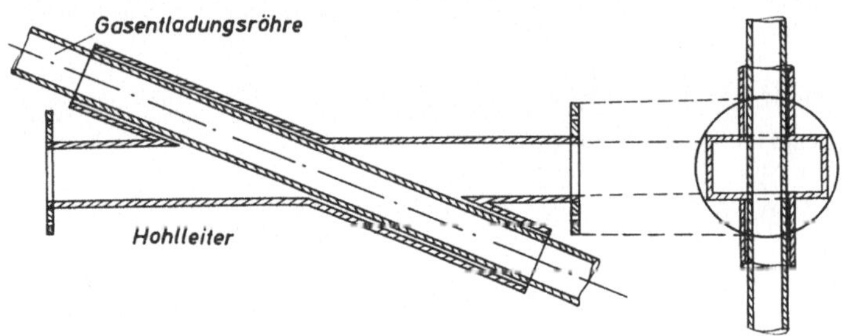


*Abb. 13.3 Rauschgenerator mit Gasentladungsröhre*

einen Hohlleiter parallel zu den E-Feldlinien geführt (Abb. 13.3), so daß sich durch die eigene Dämpfung gute Anpassung ergibt und sich ein Absorber am Ende der Hohlleitung erübrigt. Zur Erweiterung des Frequenzbereiches finden sich auch Steghohlleiter nach Abb. 1.1 g [13.27].

Ordnet man Gasentladungsröhren parallel zu Koaxialleitungen an [13.29], so benötigt man Baulängen, die größer als $4\lambda$ sind, um ausreichende Dämpfung bzw. Anpassung zu erhalten. Für tiefere Frequenzen (1 bis 2 GHz) ist deshalb die Anordnung innerhalb einer Wendelleitung zweckmäßig, um die Baulänge zu verkürzen (Abb. 13.4, [13.31 bis 13.33]).

Die Rauschtemperaturen $T_r$ der Gasentladungsrauschgeneratoren entsprechen etwa den Elektronentemperaturen $T_e$ und hängen in erster Linie von der Art des Gases, vom Gasdruck und vom Innendurchmesser des Entladungsrohres ab. Außentemperatur und Entladestrom spielen eine untergeordnete Rolle, so daß sich diese Gene-

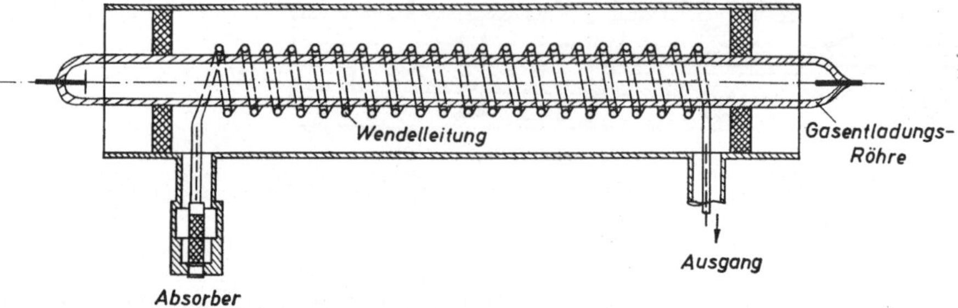


*Abb. 13.4  Gasentladungsröhre in Wendelleitung*

ratoren nach erstmaliger Eichung gut als sekundäre Rauschnormale eignen. Die Rauschtemperaturen liegen zwischen 9000 und 25000°K, die Gasentladungsgeneratoren eignen sich deshalb auch zur Messung von relativ hohen Rauschzahlen (15 bis 20 dB). Die abgegebene Rauschleistung ist allerdings nicht einstellbar, so daß derartige Rauschquellen meist in Verbindung mit geeichten Dämpfungsgliedern eingesetzt werden. Tabelle 13.1 zeigt einige Rauschtemperaturen bzw. Quotienten $T_e/T_0$ [13.2, 13.3].

| Gas | $T_e/°K$ | $T_e/T_0$ |
|---|---|---|
| Hg | 10800 (11000) | 37 (38) |
| A | 12600 (15000) | 43 (51) |
| H | 32000 | 110 |
| Xe | 10000 (9000) | 34 (31) |
| Ne | 23000 (25000) | 80 (86) |
| He | (29000) | (100) |
| $N_2$ | (11500) | (39) |

*Tabelle 13.1*
*Elektronentemperaturen*
*von Gasen*

(Werte nach [13.2], in Klammern nach [13.3])


## 13.13  *Sonstige Rauschgeneratoren*

Neben der Rauschdiode und dem Gasentladungsgenerator gibt es noch eine Reihe anderer Rauschquellen, die jedoch nur geringere Verbreitung gefunden haben. An erster Stelle steht das Reflexklystron (vgl. auch Abschn. 2.2), das innerhalb der Bandbreite seines Resonators eine Rauschleistung abgibt, wenn die Reflektorspannung so eingestellt ist, daß eine normale Selbsterregung nicht stattfindet [13.7b, 13.8b, 13.9a, 13.11]. Die Rauschleistung wird aus dem Resonator ausgekoppelt und ist zum Kathodenstrom proportional. Eine Absoluteichung ist jedoch nicht möglich.

Eine weitere Möglichkeit zur Erzeugung eines relativ breiten Rauschspektrums bieten Impulsgeneratoren, die entweder mit mechanischen Vibrationskontakten oder

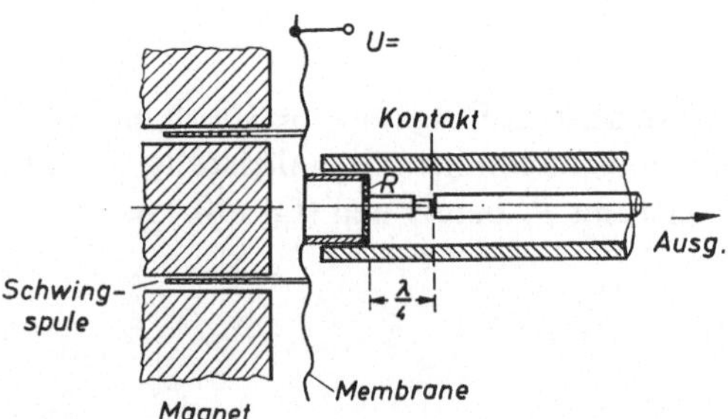


Abb. 13.5
Mechanischer Impulsgenerator
als Rauschquelle

mit quer zur Hochfrequenzleitung fallenden Quecksilbertröpfchen angeregt werden. Beide wurden im Frequenzbereich zwischen 0,1 und 30 GHz erprobt [13.9a]. In Abb. 13.5 ist ein derartiger Impulsgenerator skizziert, bei dem eine kleine $\lambda/4$-Resonanzleitung über einen Widerstand $R \neq Z_\mathrm{L}$ in tonfrequentem Rhythmus an eine Gleichspannung gelegt wird. Die Betätigung des in der Koaxialleitung liegenden Schaltkontaktes erfolgt über ein Schwingsystem, wie es für dynamische Lautsprecher verwendet wird. Die abgegebene Rauschleistung kann durch die Impulsspannung beeinflußt werden.

Als weitere Rauschquellen kommen für den Mikrowellenbereich zwar noch Halbleiterdioden in Betracht, doch sind diese wegen ihrer fehlenden Konstanz als sekundäre Rauschnormale nicht zu empfehlen [13.7b, 13.9a].

Die zur Eichung von Rauschgeneratoren verwendeten erhitzten Absorber erfordern meist erheblichen technologischen Aufwand, wie Platinhohlleiter, Temperaturisolationsstücke, komplizierte Temperaturmeßvorrichtungen u. dgl. [13.7b, 13.17 bis 13.19, 13.35]. Relativ einfach erscheint die Benutzung eines Fadenbolometers (s. a. Abschn. 5.3), bei dem die Temperatur mit Hilfe einer Widerstandsmeßbrücke kontrolliert werden kann [13.14].

## 13.2   Meßverfahren zur Bestimmung des Rauschfaktors

### 13.21   *Messung mit Sinusgenerator*

In Abb. 13.6a ist die Anordnung der Geräte skizziert, die man zur Messung des Rauschfaktors eines Überlagerungsempfängers benötigt. Man schließt am Eingang des (auf die Sollfrequenz abgestimmten) Empfängers zunächst einen Absorber (oder das Dämpfungsglied) an und stellt am Ausgang die Anzeige fest, die durch das Eigenrauschen des Empfängers allein hervorgerufen wird. Dann wird der Meßsender, dessen abgegebene Leistung $P_s'$ an Hand einer Leistungsmessung bekannt sein muß, über ein variables geeichtes Dämpfungsglied an den Empfängereingang gelegt. Die Dämpfung $a$ wird so weit verstellt, bis die Leistungsanzeige $P_a$ des Zwischenfrequenzausganges verdoppelt ist. Dann ist am Ausgang $P_{sa}/P_{ra} = 1$ und nach Gl. (3.1) ist der Rauschfaktor

$$F = \frac{P_{se}/P_{re}}{P_{sa}/P_{ra}} = \frac{P_{se}}{P_{re}} = \frac{P_{se}}{kT_0\Delta f}. \tag{13.4}$$

Der Empfänger rauscht demnach so, als ob an seinem Eingang eine Rauschleistung von $F \cdot kT_0\Delta f$ läge. Die dem Empfängereingang zugeführte Signalleistung $P_{se}$ läßt sich über die Dämpfung $a$ aus der Senderleistung $P_s'$ berechnen (Gl. (10.1)).

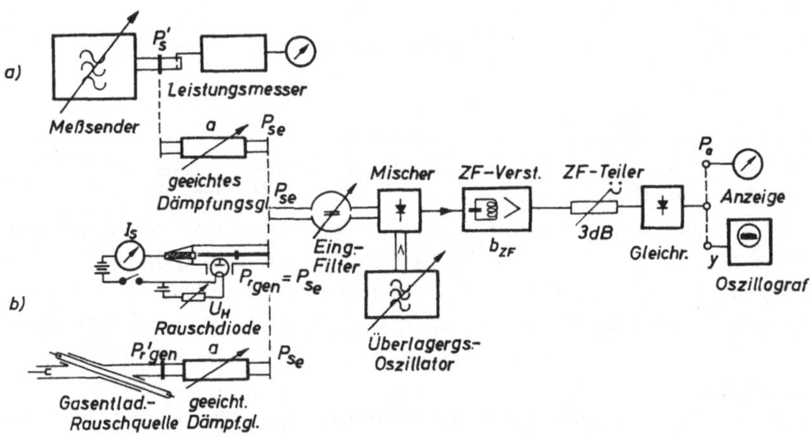


Abb. 13.6 *Meßschaltungen zur Ermittlung der Rauschzahl eines Empfängers*

Die Leistungsanzeige am Zwischenfrequenzverstärkerausgang wird zweckmäßig mit Hilfe eines quadratisch anzeigenden Detektors vorgenommen (Thermokreuz, Thermistor, Bolometer, Hitzdrahtstrommesser oder gering ausgesteuerte Diode). Ist die Anzeige in Spannungswerten geeicht, so muß man auf den $\sqrt{2}$ fachen Wert vergrößern, um $P_{sa}/P_{ra} = 1$ zu erhalten. Lineare Gleichrichter ergeben keinen großen Fehler, Spitzenspannungsanzeiger sind jedoch auf alle Fälle zu vermeiden, da diese durch kurzzeitig auftretende Rauschspitzen zu völlig falschen Ergebnissen führen können. Die Charakteristik des Gleichrichters kann außer acht gelassen werden, wenn man mit Hilfe des 3-dB-ZF-Dämpfungsgliedes mit und ohne Signal jeweils auf gleiche Ausgangsanzeige abgleicht [13.1 bis 13.7a, 13.9b, 13.12, 13.14, 13.38].
Die Oszillografenanzeige ist zum Vergleich einer Sinus- mit einer Rauschspannung wenig geeignet, wenn der Sinusgenerator im Dauerstrich betrieben wird. Ist der Meßsender jedoch impulsgetastet, so läßt sich das Verhältnis $P_{sa}/P_{ra}$ aus dem Schirmbild besser ablesen. Die Videobandbreite muß die halbe ZF-Bandbreite übersteigen. Es ergeben sich dann Oszillogramme, wie sie in Abb. 13.7a und b skizziert sind.

Stellt man die Signalleistung $P_{se}$ so ein, daß sich (bei quadratischem ZF-Gleichrichter) die geschätzte Rauschamplitude $A$ auf $2A$ erhöht (Abb. 13.7a) oder daß sich der untere Spitzenwert bei aufgetasteter Signalquelle in gleicher Höhe befindet wie der obere Spitzenwert ohne Signal (Abb. 13.7b), so ergibt sich nach [13.7a] ein

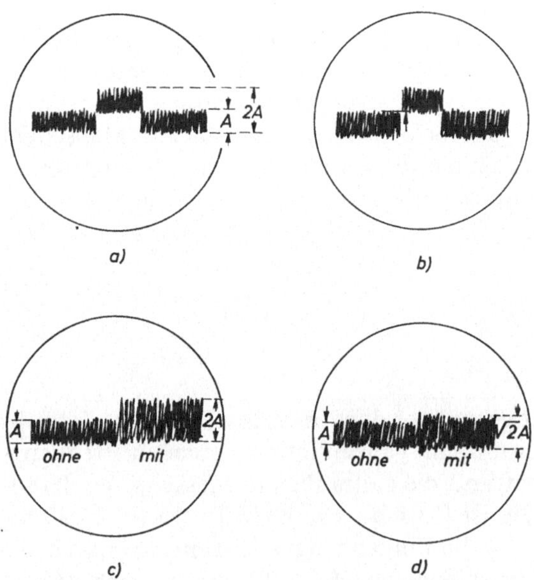


**Abb. 13.7  Rauschspannungsvergleich am Oszillografenschirmbild**
a) b) Vergleich von Rauschspannung mit getasteter Sinusspannung (etwa 10 dB Unterschied); c) Vergleich mit Rauschgenerator nach ZF-Gleichrichter; d) Vergleich mit Rauschgenerator ohne ZF-Gleichrichter

Ausgangsleistungsunterschied von $9,2 \pm 2$ dB, nach [13.11] einer von $9,8 \pm 1,3$ dB. Die Abweichungen erklären sich aus der subjektiven Einschätzung des Rauschpegels durch den Ableser. Geht man von dem abgelesenen Leistungsunterschied $N$ aus, so ist

$$\frac{P_{sa} + P_{ra}}{P_{ra}} = N \quad \text{bzw.} \quad \frac{P_{sa}}{P_{ra}} = N - 1 \tag{13.5}$$

und aus Gl. (13.4) wird

$$F = \frac{P_{se}}{kT_0\Delta f \cdot (N - 1)} \tag{13.6}$$

Bei der Ablesung nach Abb. 13.7b ist die Gleichrichtercharakteristik ohne Belang, da bei gleichem Pegel verglichen wird [13.11, 13.41].
Nachteilig bei Verwendung des Sinusgenerators zur Rauschmessung ist, daß die Bandbreite $\Delta f$ des ZF-Verstärkers in die Messung eingeht. Sie muß deshalb bei Verstärkern mit mehreren Schwingkreisen getrennt bestimmt werden. Dies kann mit Hilfe des Meßsenders und des ZF-Leistungsmessers erfolgen. Die leistungsbezogene

Bandbreite ist

$$\Delta f = \frac{\displaystyle\int_0^\infty v_{\mathrm{L}}(f)\,\mathrm{d}f}{v_{\mathrm{L}0}}, \tag{13.7}$$

wenn $v_{\mathrm{L}0}$ die Leistungsverstärkung in Bandmitte darstellt. Man kann den Frequenzgang der Verstärkung als Kurve auftragen und grafisch abschnittsweise integrieren. Bei der Rauschmessung mit Signalgeneratoren ist wegen der hohen zwischenzuschaltenden Dämpfung auf besonders gute Schirmung zu achten. Als Meßsender mit geeichtem Dämpfungsglied eignen sich hierfür vor allem solche Meßanordnungen, wie sie auch zur Eichung von Dämpfungsgliedern verwendet werden (Abschn. 10.22 und 10.3).

### 13.22   *Messung mit Rauschgeneratoren*

#### a) Mit Rauschdiode

Die Verwendung der Rauschdiode hat gegenüber dem oben beschriebenen Verfahren den Vorteil, daß eine Vergleichsleistung im ganzen interessierenden Frequenzgebiet gleichmäßig zur Verfügung steht und die zeitraubende Messung der Bandbreite des Meßobjektes nicht notwendig ist [13.1 bis 13.9 b, 13.12, 13.14, 13.20 bis 13.22]. Ersetzt man nämlich in Gl.(13.4) die Eingangssignalleistung $P_{\mathrm{se}}$ durch die Rauschgeneratorleistung $P_{\mathrm{rgen}}$ der Rauschdiode aus Gl.(13.2), so kürzt sich $\Delta f$ heraus und für $P_{\mathrm{sa}}/P_{\mathrm{ra}} = 1$ wird nach Gl.(13.3):

$$F = \frac{T_{\mathrm{r}}}{T_0} = 20\,I_{\mathrm{s}} \cdot Z_{\mathrm{L}}. \tag{13.8}$$

Schließt man also die Rauschdiode am Empfängereingang an, so muß man nur die Heizleistung so lange verändern, bis beim Einschalten des Diodenstromes die Ausgangsanzeige der ZF-Leistung gerade verdoppelt bzw. die Spannungsanzeige auf den $\sqrt{2}$ fachen Wert gebracht wird (Abb. 13.6 b). Für $Z_{\mathrm{L}} = 50\,\Omega$ ist dann $F = I_{\mathrm{s}}/\mathrm{mA}$. Bei höheren Frequenzen muß allerdings noch ein der Konstruktion entsprechender Korrekturfaktor, der die Transformations- und Laufzeiteinflüsse berücksichtigt, angebracht werden [13.1, 13.3, 13.23 bis 13.25]. Die Anzeige für die ZF-Leistung sollte in gleicher Weise wie oben mit quadratischem Gleichrichter gebildet werden. Benutzt man Oszillografen, so ergibt sich bei Anschaltung an den quadratischen Gleichrichter ein Bild nach Abb. 13.7 c. Man kann aber auch die ZF-Spannung ohne Gleichrichter oszillografieren und erhält dann bei richtig eingestellter Rauschleistung eine Anzeige nach Abb. 13.7 d.

Besitzt der zu messende Überlagerungsempfänger keine Vorselektion vor der Mischstufe, so empfängt er nicht nur im Sollfrequenzband, sondern auch im Spiegelfrequenzband (vgl. Abschn. 3.41). Bei Verwendung einer breitbandigen Rauschquelle dringt also auch eine Rauschleistung im Spiegelfrequenzband in den Empfänger ein und erhöht die Anzeige $P_{\mathrm{sa}}$, so daß sich ein zu geringer Rauschfaktor bei der Messung ergäbe. Man muß deshalb in diesem Fall vorher mit einem Meßsender das Verhältnis $S$ der Leistungsverstärkung $v_{Ls}$ bei der Spiegelfrequenz zur Leistungsverstärkung $v_{L0}$ bei der Sollfrequenz (jeweils in Bandmitte) bestimmen, um dann Gl. (13.8) entsprechend korrigieren zu können:

$$F = 20\,I_s \cdot Z_L \cdot (1 + S) \quad \text{mit} \quad S = \frac{v_{Ls}}{v_{L0}}. \tag{13.9}$$

### b) Mit Gasentladungsröhre

Rauschgeneratoren mit Gasentladungsröhren haben gegenüber solchen mit Rauschdioden den Vorteil, sehr viel größere Rauschleistungen abzugeben, den Nachteil, daß die Rauschleistung nicht geregelt werden kann. Zur Einstellung der dem Empfänger zugeführten Rauschleistung muß deshalb ein geeichtes Dämpfungsglied zwischengeschaltet werden, wie dies in Abb. 13.6b skizziert ist. Ist $a/\mathrm{dB}$ die Dämpfung, bei der die in den Empfänger eingespeiste Rauschleistung die am Ausgang gemessene Leistung gerade verdoppelt ($P_{sa}/P_{ra} = 1$), so ergibt sich mit $\alpha = P_{se}/P_{rgen} = 10^{-\frac{a}{10}}$ nach Gl. (13.4) ähnlich wie (13.8):

$$F = \frac{\alpha \cdot P_{rgen}}{kT_0\Delta f} = \alpha\,\frac{T_r}{T_0} \approx \alpha\,\frac{T_e}{T_0} \tag{13.10}$$

Man kann bei Empfängern mit hohem Eigenrauschen auch auf das Dämpfungsglied verzichten und wie unter Gl. (13.5) bzw. (13.6) vom abgelesenen Leistungsverhältnis $N$ der ZF-Leistung $P_a$ ausgehen. Dann wird

$$F = \frac{T_r}{T_0\,(N-1)} \tag{13.10}$$

Eine Übersteuerung des ZF-Verstärkers ist jedoch zu vermeiden. Zur Ermittlung von $N$ kann man natürlich auch ein Dämpfungsglied im ZF-Verstärker benützen.
Die Spiegelfrequenzkorrektur im Falle fehlender Eingangsselektion muß in gleicher Weise durchgeführt werden, wie unter a) beschrieben.
Die Messung des Rauschfaktors von Vierpolen mit nur kleiner Verstärkung ohne Frequenzumsetzung kann zwar im Prinzip dadurch erfolgen, daß an den Ausgang ein Leistungsmesser geschaltet und die Messung nach den oben beschriebenen Verfahren vorgenommen wird. In den meisten Fällen wird jedoch die Empfindlichkeit üblicher Leistungsmesser nicht ausreichen, um die Ausgangsrauschleistung noch genügend sicher anzuzeigen. Man wird dann einen Empfänger bekannten Rauschfaktors dem zu untersuchenden Vierpol nachschalten und die Rauschmessung wie üblich vornehmen. Der Rauschfaktor des Vierpols kann dann nach Gl. (3.3) aus der Änderung des Rauschfaktors der Gesamtanordnung ermittelt werden.

### 13.23 Rauschfaktormeßgeräte mit direkter Anzeige

Rauschfaktormeßgeräte mit direkter Anzeige sind z. B. für serienmäßige Abgleicharbeiten an Empfängern sehr zweckmäßig und erleichtern die Einstellung auf kleinsten Rauschfaktor. Die in den vorhergehenden Abschnitten erwähnte Oszillografen-

anzeige mit getasteter Rauschquelle kann im Prinzip ebenfalls zu dieser Kategorie
gezählt werden. Ansonsten bieten sich zwei Methoden an, die eine direkte Anzeige
gestatten [13.3, 13.4a, 13.8b, 13.41 bis 13.43, 13.46 und 13.47, 13.55]; sie sind in den
Abb. 13.8 und 13.9 im Prinzip gezeichnet. Im ersten Fall wird das mit der Tastung
des Rauschgenerators synchron in seiner Amplitude wechselnde Ausgangssignal im

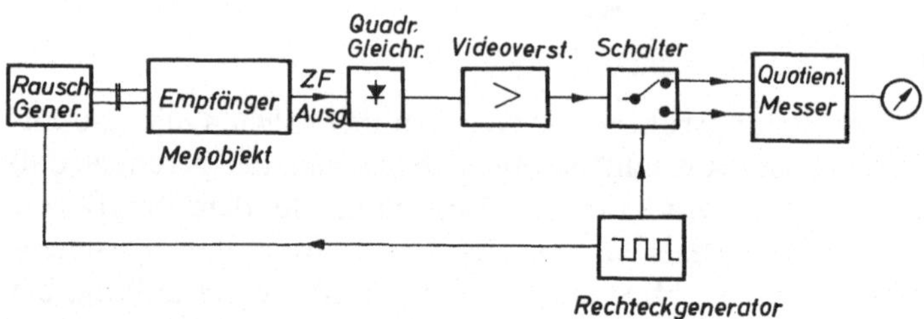


*Abb. 13.8  Direktzeigender Rauschfaktormesser*

Tastrhythmus wechselweise auf die beiden Eingänge eines Quotientenmessers gegeben. Ist die ZF-Gleichrichtung quadratisch, so entspricht der angezeigte Quotient
dem Leistungsverhältnis $N$ nach Gl. (13.5); ist die Leistung der Rauschquelle bekannt, so kann die Anzeige direkt in Rauschfaktoren geeicht werden. Die Umschaltung und die Tastung der Rauschquelle kann sowohl elektronisch als auch z. B. mit
umlaufenden mechanischen Schaltern bewerkstelligt werden. Bei der zweiten Anordnung (Abb. 13.9) wird das ZF-Dämpfungsglied innerhalb der Tastperiode dann
wirksam, wenn der Rauschgenerator eingeschaltet ist, und während derjenigen
Zeit überbrückt, bei der die Rauschquelle unwirksam ist und der Empfänger nur die

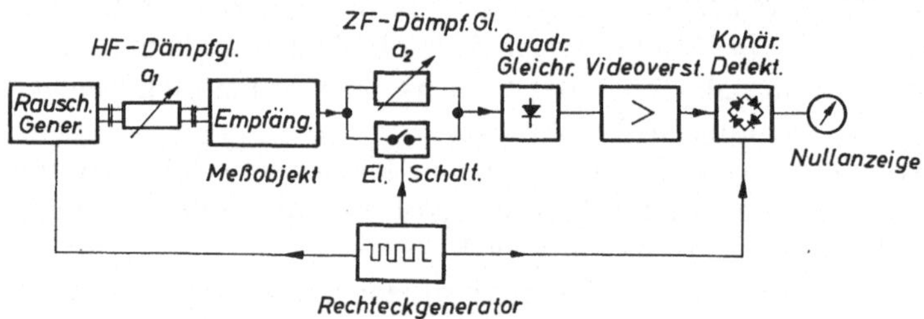


*Abb. 13.9  Rauschfaktormesser mit Nullabgleich*

Eigenrauschleistung abgibt. Ist die ZF-Dämpfung $a_2 = 3$ dB, so wird die Ausgangsanzeige dann zu Null, wenn die HF-Dämpfung $a_1$ so eingestellt wird, daß Gl. (13.10)
erfüllt ist. Das HF-Dämpfungsglied kann dann bei bekannter Leistung des Rauschgenerators in $F$-Werten geeicht werden. Leitet man von dem Kohärentdetektoraus-
gang eine Regelgröße ab, was vorzeichenrichtung möglich ist, so läßt sich z. B. das
HF-Dämpfungsglied mittels eines Motorantriebes verstellen und eine automatische
Anzeige erreichen. Auch Ferritdämpfungsglieder wären hierfür brauchbar. Anstelle
der Variation von $a_1$ ist die Veränderung des $a_2$ ebenfalls denkbar. Hier wäre die

Eichung über den Faktor $N$ der Gl. (13.5) möglich. Die Tastung des Rauschgenerators kann übrigens auch durch schaltbare Ferritisolatoren vor dem Empfängereingang ersetzt werden [13.43].


## 13.24 Sonstige Rauschmeßverfahren

### a) Generatorrauschen

Die von Generatoren abgegebenen Schwingungen sind nicht rein sinusförmig, sondern von mehr oder weniger starken Rauschkomponenten überlagert [13.8b, 13.44]. Man unterscheidet bei diesen Rauschkomponenten das sog. „Grundrauschen", das „Amplituden"- und das „Frequenzrauschen" des Trägers und definiert das Träger- zu Rauschverhältnis $P_T/P_r$. Das Grundrauschen tritt hinter den beiden anderen Komponenten weitgehend zurück; das Amplituden- und Frequenzrauschen ist bei Mikrowellengeneratoren meist stark miteinander korreliert (Kreuzkorrelationsfaktoren $> 0{,}7$), was auf gemeinsame Ursachen der beiden Rauschkomponenten schließen läßt. Die Messung des Amplitudenrauschens kann durch Überlagerung mit dem eigenen Träger an einem über Richtkoppler angeschlossenen Detektor erfolgen, wobei der Gleichstromwert vom Träger bestimmt ist und die Rauschkomponenten sich aus dem mit einem Spektralanalysator aufgenommenen Leistungsspektrum der Wechselstromanteile ergeben. Das Frequenzrauschen wird mit Hilfe eines Hohlraumresonators durch Flankendemodulation in Amplitudenrauschen umgewandelt. Um dieses von dem ursprünglichen Amplitudenrauschen trennen zu können, wird die gleiche Messung auf beiden Flanken der Resonatorkurve vorgenommen, wodurch sich eine Phasendrehung der Komponenten um 180° ergibt und eine Summen-' und Differenzbildung möglich wird [13.44]. In [13.8b] ist eine Hohlleiterbrückenschaltung angegeben, die für solche Messungen den Träger zu kompensieren gestattet. Um das zusätzliche $1/f$-Rauschen des Detektors gering zu halten, verwendet man vorteilhaft „Hot-Carrier-Dioden" (Abschn. 3.32) für solche Messungen.

### b) Messung von sehr kleinen Rauschleistungen

Für manche Anwendungen – z. B. in der Radioastronomie – ist die Feststellung sehr kleiner Signale oder Rauschleistungen, die erheblich unter dem Eigenrauschen der besten Empfänger liegen, notwendig. Man kann zu diesem Zweck das Prinzip des sog. „Dickeradiometers" anwenden [13.8c, 13.43, 13.45, 13.56]. Hier wird die zu messende Rauschquelle über ein mechanisch schaltbares Dämpfungsglied oder über einen elektromagnetisch gesteuerten Ferritisolator an den Empfängereingang gelegt. Auf den ZF-Gleichrichter folgt ein Niederfrequenzverstärker, der auf die Umschaltfrequenz des Eingangsdämpfungsgliedes abgestimmt ist, und dann ein Kohärentdetektor (vgl. Abschn. 3.51), der ebenfalls im Umschaltrhythmus gesteuert ist. Die geringe Zu- und Abnahme des Empfängerrauschens, die durch das Zu- und Abschalten der äußeren Rauschquelle hervorgerufen wird, ergibt dann am Ausgang des Kohärentdetektors ein deutlich wahrnehmbares Signal. Eine Absoluteichung kann mit Absorbern definierter Temperatur vorgenommen werden [13.51, 13.57].

**Literatur**

[13.1] *H. H. Meinke:* Meßgeräte und Meßverfahren für Dezimeterwellen. Als Manuskript gedruckt Techn. Hochschule München (1947) S. 80.

[13.2] *H. H. Meinke* u. *F. W. Gundlach:* Taschenbuch der Hochfrequenztechnik. Springer, Berlin, 2. Aufl. (1962) S. 1222.

[13.3] *F. J. Tischer:* Mikrowellen-Meßtechnik. Springer, Berlin (1958) S. 292.

[13.4] *G. Megla:* Dezimeterwellentechnik. Berliner Union, Stuttgart, 5. Aufl. (1962), a) S. 766 b) S. 32.

[13.5] *K. Fränz:* Über die Empfindlichkeitsgrenze beim Empfang elektrischer Wellen und ihre Erreichbarkeit. El. Nachr. Techn. 16 (1939) S. 92.

[13.6] *K. Fränz:* Fortschritte der Hochfrequenztechnik. Akad. Verlagsges. Leipzig, Bd. 2 (1943) S. 685.

[13.7] *C. G. Montgomery:* Technique of Microwave Measurements. M.I.T. Rad. Lab. Series Bd. 11. McGraw-Hill, New York, Toronto, London (1947), a) S. 222, b) S. 270.

[13.8] *A. F. Harvey:* Microwave Engineering. Academic Press, London & New York (1963), a) S. 747, b) S. 784, c) S. 773.

[13.9] *M. Wind* u. *H. Rapaport:* Handbook of Microwave Measurements. Edwards Broth., Ann Arbor, Michig. 2. Aufl. 1(955) Bd. 1, a) Sect. 14, b) Sect. 16.

[13.10] *F. Vilbig:* Hochfrequenzmeßtechnik. C. Hanser, München (1953) S. 678.

[13.11] *H. M. Barlow* u. *A. L. Cullen:* Microwave Measurements. Constable & Co., London (1950) S. 307.

[13.12] *D. D. King:* Measurements at Centimeter Wavelength. D. v. Nostrand Comp., New York, Toronto, London (1952) S. 106.

[13.13] *E. L. Ginzton:* Microwave Measurements. McGraw-Hill, New York, Toronto, London (1957) S. 124.

[13.14] *A. Lytel:* Microwave Test and Measurement Techniques. Sams & Co., Indianapolis (1964) S. 160.

[13.15] *O. Zinke* u. *H. Brunswig:* Lehrbuch der Hochfrequenztechnik. Springer, Berlin (1965), a) S. 258, b) S. 326.

[13.16] Rauschen. Nachrichtentechn. Fachber. 2 (1955).

[13.17] *E. Maxwell* u. *B. J. Leon:* Absolute Measurements of Receiver Noise Figures at UHF. Transact. Inst. Radio Engrs., MTT-4 (1956) Nr. 1, S. 81.

[13.18] *K. S. Knol:* A Thermal Noise Standard for Microwaves. Philips Res. Report 12 (1957) S. 123 u. 324.

[13.19] *A. J. Estin, C. L. Trembath, J. S. Wells* u. *W. C. Daywitt:* Absolute Measurement of Temperatures of Microwave Noise Sources. Transact. Inst. Radio Engrs. J-9 (1960) S. 209.

[13.20] *W. Pöhlmann:* Der Rauschgenerator als Hilfsmittel bei der Empfängerentwicklung. Rohde & Schwarz-Mitteilungen (1952) Nr. 2, S. 85.

[13.21] *W. Pöhlmann:* Rauschgeneratoren für Meßzwecke. Nachr. Techn. Fachberichte 2 (1955) S. 113.

[13.22] *W. Pöhlmann:* Rauschgeneratoren. Rohde & Schwarz-Kurzinformation Nr. 6/7 (1962) S. 56.

[13.23] *H. Johnson:* A Coaxial-Line Diode Source for UHF. RCA-Review 8 (1947) S. 169.

[13.24] *H. Johnson:* Methods to Extend the Frequency Range of Untuned Diode Noise Generators. RCA-Review 12 (1951) S. 251.

[13.25] *H. G. Kolb:* Fehler bei Messungen mit Rauschdioden im Höchstfrequenzgebiet. Nachr. Techn. Fachber. 2 (1955) S. 121.

[13.26] *H. Zucker, Y. Baskin, S. I. Cohn, I. Levner* u. *A. Rosenblum:* Design and Development of a Standard White Noise Generator and Noise Indicating Instrument. Transact. Inst. Radio Engrs. J-7 (1958) S.279.

[13.27] *H.Johnson* u. *K.R.De Remer:* Gaseous Discharge Super-High-Frequency Noise Sources. Proc. Inst. Radio Engrs. 39 (1951) S.908.

[13.28] *K.S.Knol:* Determination of the Electron Temperature in Gas Discharges by Noise Measurements. Philips Res. Report 6 (1951) S.288.

[13.29] *W.Friz:* Ein Mikrowellen-Breitbandrauschgenerator in Koaxialleitungsausführung. Fernmeldetechn. Zeitschr. 6 (1953) S.583.

[13.30] *W.Friz* u. *W.Klein:* Die Gasentladungsstrecke als Gerät zur Rauschmessung im cm-Wellengebiet. Nachr. Techn. Fachber. 2 (1955) S.117.

[13.31] *W.H.Spencer* u. *R.L.Schafersman:* Broadband UHF and VHF Noise Generators. Transact. Inst. Radio Engrs. J-4 (1955) S.47.

[13.32] *H.Schnittger* u. *D.Weber:* Über einen Gasentladungsrauschgenerator mit Verzögerungsleitung. Nachr. Techn. Fachber. 2 (1955) S.118.

[13.33] *H.Schnittger:* Gasrauschröhren im Bereich hoher Entladungsadmittanz. Nachr. Techn. Zeitschr. 10 (1957) S.236.

[13.34] *K.W.Olson:* Reproducible Gas Discharge Noise Sources as Possible Microwave Noise Standards. Transact. Inst. Radio Engrs. J-7 (1958) S.315.

[15.35] *T.Kubota:* Discharge Tubes as Microwave Noise Source. Journ. Inst. Electr. Comm. Engrs. Japan 47 (1964) Nr.2, S.3.

[13.36] *R.E.Davis* u. *R.C.Dearle:* A Method for the Accurate Measurement of the Noise Temperature Ratio of Microwave Mixer Crystals. Transact. Inst. Radio Engrs., MTT-3 (1955) Nr.6, S.27.

[13.37] *L.Mollwo:* Zur Präzisionsmessung der Rauschtemperaturen von Zweipolen im Dezimeterwellengebiet durch Substitution. Arch. El. Übertrag. 11 (1957) S.295.

[13.38] *A. van der Ziel:* Direct-Reading Instrument Measures Tube Noise. Electronics 25 (1952) April, S.132.

[13.39] *A.Brodzinsky* u. *A.C.Macpherson:* Noise Measurement of Negative Resistance Amplifiers. Transact. Inst. Radio Engrs. J-8 (1959) S.44.

[13.40] *R.Rasch:* Rauschmessungen bei Fernsehübertragungen. Fernm. Techn. Zeitschr. 5 (1952) S.440.

[13.41] *R.W.Peter:* Direct-Reading Noise-Factor Measuring Systems. RCA-Review 12 (1951) S.269.

[13.42] *P.D.Strum:* A Noise Figure Meter Having Large Dynamic Range. Transact. Inst. Radio Engrs., J-4 (1955) S.51.

[13.43] *C.H.Mayer:* Improved Microwave Noise Measurements Using Ferrites. Transact. Inst. Radio Engrs. MTT-4 (1956) Nr. 1, S.24.

[13.44] *R.Müller:* Rauschen und Frequenzstabilität von Höchstfrequenzgeneratoren. Nachr. Techn. Fachberichte 2 (1955) S.75.

[13.45] *R.H.Dicke:* The Measurement of Thermal Radiation at Microwave Frequencies. Rev. Scient. Instrum. 17 (1946) S.268.

[13.46] *H.C.Poulter:* An Automatic Noise Figure Meter for Improving Microwave Device Performance. Hewlett-Packard Journ. 9 (1958) Nr.5.

[13.47] *B.M.Oliver:* Noise Figure and its Measurement. Hewlett-Packard Journ. 9 (1958) Nr.5.

[13.48] *C.K.S.Miller, W.C.Daywitt* u. *M.G.Arthur:* Noise Standards, Measurements, and Receiver Noise Definitions. Proc. Inst. E.E.E. 55 (1967) S.865.

[13.49] *M.Pfeiler:* Über den Einfluß der Verbindungsleitung zwischen Rauschgenerator und Vierpol bei Rauschzahlmessungen. Nachr. Techn. Zeitschr. 18 (1965) S.531.

[13.50] *M.Kloza:* On the Superheterodyne Method of Microwave Noise Measurements. Transact. Inst. E.E.E., MTT-13 (1965) S.882.

[13.51] *P.G.Mezger* u. *H.Rother:* Kühlbare Eichwiderstände als Rauschtempeaturnormale. Frequenz 16 (1962) S.386.

[13.52] *K.H.Löcherer:* Rauschen von Raumladungsdioden im Laufzeitgebiet bei Berücksichtigung der Maxwellschen Geschwindigkeitsverteilung der Elektronen. Arch. Elektr. Übertrag. 12 (1958) H.5 u. 6.

[13.53] *R.Saier:* Rauschgeneratoren für Zentimeterwellen. Frequenz 14 (1960) S.68.

[13.54] *G.Wittig:* Rauschmessungen an planparallelen Dioden im Laufzeitgebiet. Nachr. Techn. Zeitschr. 16 (1963) S.8.

[13.55] Firmenprospekt, Noise-Figure Measurements, Airborne Instruments Laboratory, Deer Park, Long Island, N.Y. (1965).

[13.56] *F.Fujimeto:* On the Correlation Radiometer Technique. Transact. Inst. E.E.E., MTT-12 (1964) S.203.

[13.57] *P.G.Mezger:* Ein Verfahren zur Messung kleiner Rauschtemperaturen von Empfängern und Antennen. Frequenz 16 (1962) S.375.

# SACHWÖRTERVERZEICHNIS